ADVANCES IN IMAGING AND ELECTRON PHYSICS

CUMULATIVE INDEX

VOLUME 104

EDITOR-IN-CHIEF

PETER W. HAWKES

*CEMES / Laboratoire d'Optique Electronique
du Centre National de la Recherche Scientifique
Toulouse, France*

ASSOCIATE EDITORS

BENJAMIN KAZAN

*Xerox Corporation
Palo Alto Research Center
Palo Alto, California*

TOM MULVEY

*Department of Electronic Engineering and Applied Physics
Aston University
Birmingham, United Kingdom*

Advances in Imaging and Electron Physics
Cumulative Index

Edited by
PETER W. HAWKES

*CEMES / Laboratoire d'Optique Electronique
du Centre National de la Recherche Scientifique
Toulouse, France*

VOLUME 104

ACADEMIC PRESS
San Diego   London   Boston
New York   Sydney   Tokyo   Toronto

This book is printed on acid-free paper. ∞

Copyright © 1999 by ACADEMIC PRESS

All Rights Reserved.
No part of this publication may be reproduced or transmitted in any form or by any means, electronic or mechanical, including photocopy, recording, or any information storage and retrieval system, without permission in writing from the Publisher.
The appearance of the code at the bottom of the first page of a chapter in this book indicates the Publisher's consent that copies of the chapter may be made for personal or internal use of specific clients. This consent is given on the condition, however, that the copier pay the stated per copy fee through the Copyright Clearance Center, Inc. (222 Rosewood Drive, Danvers, Massachusetts 01923), for copying beyond that permitted by Sections 107 or 108 of the U.S. Copyright Law. This consent does not extend to other kinds of copying, such as copying for general distribution, for advertising or promotional purposes, for creating new collective works, or for resale. Copy fees for pre-1999 chapters are as shown on the title pages. If no fee code appears on the title page, the copy fee is the same as for current chapters.
0065-2539/99 $30.00

Academic Press
a division of Harcourt Brace & Company
525 B Street, Suite 1900, San Diego, California 92101-4495, USA
http://www.apnet.com

Academic Press
24-28 Oval Road, London NW1 7DX, UK
http://www.hbuk.co.uk/ap/

International Standard Book Number: 0-12-014746-7

PRINTED IN THE UNITED STATES OF AMERICA
98 99 00 01 02 03 IP 9 8 7 6 5 4 3 2 1

CONTENTS

Preface vii

Subject Index 1
Author Index 381
Appendix 389

PREFACE

These *Advances* originated in a series launched in 1948 by L. Marton with the title *Advances in Electronics*. By that time, Marton was at the National Bureau of Standards (now renamed the National Institute of Standards and Technology) but his earlier career had been intimately involved with the development of the transmission electron microscope. In Brussels, he began building electron microscopes in 1932 and published the first primitive images of biological specimens two years later. During the wartime years, he was a major actor in several microscope projects in the United States and, not surprisingly, many contributions to the early volumes of the *Advances* dealt with aspects of electron optics and microscopy. Soon, however, the range widened and the name was then changed to *Advances in Electronics and Electron Physics* (AEEP), to reflect this broader coverage. Marton continued to edit the series, aided by his wife, Claire, whose name began appearing as joint editor in Volume 49 (1979). After Marton's death in 1979, his wife edited the series alone for a short time (vols 56–58, 1981–2). When she felt unable to continue much longer, she invited me to take over, and very shortly after, she too died, even before we had come to a formal arrangement. I began as editor with Volume 59 (1982).

In the 1980s, we decided to merge with another Academic Press series, *Advances in Image Pickup and Display*. The editor, B. Kazan, was invited to act as associate editor; his first book in this role is Volume 65 (1985). He continues to commission occasional contributions in this area.

Finally, we turn to the *Advances in Optical and Electron Microscopy* (AOEM), which began publication in 1966 under the editorship of R. Barer (for optical microscopy) and V.E. Cosslett (for electron microscopy). After some years, C.J.R. Sheppard replaced R. Barer, and T. Mulvey took over from V.E. Cosslett. However, with shrinking library budgets, Mulvey suggested that the role of AOEM should be combined with *Advances in Electronics and Electron Physics*, a logical proposal since AEEP already regularly included chapters on topics in electron microscopy. Even before this development, discussions began with Academic Press about a change in the title of the series to reflect the increasing number of articles on aspects of digital image processing. Resulting from the amalgamation with AOEM, the present name, *Advances in Imaging and Electronic Physics*, was adopted. T. Mulvey joined B. Kazan as an Associate Editor.

In view of this complicated history, it seemed desirable to index the three series more fully than had previously been attempted. Excellent subject and author indexes of AEEP were prepared by the publisher when we reached the eightieth volume and are included in Volume 81. Volume 100 includes a subject index of AEEP and AIEP volumes numbering 82 and those over and the 14 AOEM volumes. It is, however, not easy to track down all the material included in the companion series and in the various supplements to AEEP and *Advances in Image Pickup and Display*. In order to remedy this, Academic Press has very generously agreed to devote a whole volume to more extensive subject and author indexes.

The author index includes all contributors to volumes 82–89 of *Advances in Electronics and Electron Physics* and volumes 90–103 of its successor, *Advances in Imaging and Electron Physics* as well as all the fourteen volumes of *Advances in Optical and Electron Microscopy*, and the four volumes of *Advances in Image Pickup and Display*. The twenty-four Supplements to AEEP and the single supplement to *Advances in Image Pickup and Display* are likewise included.

The subject index synthesizes the subject indexes of all the above-mentioned volumes. It goes far deeper than the subject index included in volume 81, which was based on keywords to be found in the titles of the contributions to volumes 1–81.

As a further tool for those in search of a chapter on a specific topic, an Appendix includes lists of contents for the same set of volumes.

A simple and, I hope, mnemonic code has been adopted to distinguish the various series:

E (Electron, Electronics) indicates volumes in *Advances in Electronics and Electron Physics* and *Advances in Imaging and Electron Physics*.
ES indicates supplements to *Advances in Electronics and Electron Physics*.
M (Microscopy) indicates *Advances in Optical and Electron Microscopy*.
D (Display) indicates *Advances in Image Pickup and Display*.
DS indicates the supplement to *Advances in Image Pickup and Display*.

I generally conclude my preface with a word of gratitude to all the contributors to the volume in question. For this unusual volume of AIEP, it is a pleasure to thank all those at Academic Press who have worked on it, notably Dr. Zvi Ruder, who masterminded it, Ms. Linda Hamilton who planned it, and also the staff at Technical Typesetting Inc. They reduced a huge mass of disparate material to the beautifully organized indexes you have before you.

Peter Hawkes

Subject Index

Bold letters indicate series, numbers following indicate volume.

A

A- and G-divergence, **E**:91, 40
   M-dimensional generalization, **E**:91, 79–82
AAS (atomic absorption spectroscopy), **M**:9, 290–292
Abbe, E., **ES**:16, 104, 168, 227; **M**:12, 244
Abbe sine law, **ES**:3, 205–206
Abbe's theory, **M**:5, 243, 244, 245, 286
   of image formation, **M**:8, 3–4, 20, 22; **M**:13, 268–272
      classical experiments, **M**:8, 14–17
      lateral diffraction limit, **M**:14, 200
Abbe's wave theory, **E**:91, 276
ABC (absorbed boundary conditions), **E**:102, 80
ABCD law, **E**:93, 186
ABCD matrix, **ES**:22, 291
Abele, **ES**:14, 32
Abelian group, **E**:93, 3–6
   duality, **E**:93, 3, 7, 8
   extended Cooley–Tukey fast Fourier transforms, **E**:93, 49–50
   Fourier transform, **E**:93, 14–15
   vector space, **E**:93, 7–8
Abelian transformation, **ES**:19, 109
Abel non-linear integral equations, **ES**:19, 243–257
   analysis-motivated investigations, **ES**:19, 244–246
   applications-motivated investigations, **ES**:19, 246–250
   first kind, **ES**:19, 255–257
   survey of literature, **ES**:19, 250–254
   survey of numerical methods, **ES**:19, 254–255
Aberration(s), **ES**:10, 3–4, 9; **ES**:13A, 45–47; **ES**:22, 167, 328; **M**:5, 163, 165, 167, 187, 211, 214, 216, 217, 244, 245, 287, 288, 298, *see also* Lens aberration(s)
   alignment, **M**:13, 195, 196
   anisotropic, **ES**:17, 46, 110–112
   asymmetric, *see* Asymmetric aberration
   asymptotic, *see* Asymptotic aberration
   characteristics, **M**:14, 322–323
   chromatic, *see* Chromatic aberration(s)
   correction, **ES**:13A, 109–132
      Darmstadt high-resolution project, **ES**:13A, 132–140
      foil lenses and space charge, **ES**:13A, 109–118
      high-frequency lenses, **ES**:13A, 118–121
      lens combinations, **ES**:13A, 105–109
      mirror correctors, **ES**:13A, 128–132
      quadrupoles and octopoles, **ES**:13A, 121–128
      system optimization, **ES**:13A, 91–109
   correction of, **ES**:17, 100
   deflection, *see* Deflection aberration

SUBJECT INDEX

determination by ray tracing, **M**:13, 206–207
diffraction, *see* Diffraction aberration
E × B mass separator, **ES**:13B, 69
effects on transformation theory, **ES**:3, 134–138
  beam masking, **ES**:3, 3–5, 53
electron beam lithography system, **ES**:13B, 82–83, 92–93, 96–103, 105–112
electron gun, **M**:8, 144–147
electron lens, **E**:83, 207, 228, 229
  chromatic, **E**:83, 207, 221–222, 229
  decelerating, lens, **E**:83, 228
  off-axis, **E**:83, 224, 230
  spherical, **E**:83, 207, 229
  table of coefficients for HR-LVSEMs, **E**:83, 229
  theoretical, resolution calculation, **E**:83, 231–232
electron off-axis holography, **E**:89, 8, 9, 21, 48
electron probe size, **M**:13, 195–199
in electron trajectories, **M**:13, 189–199
equations of motion, **ES**:13A, 49–51, 53–55
field ion guns, **ES**:13A, 289–294
filtered ion images, **ES**:13B, 16–17, 19–25
first order, **ES**:17, 249–250
geometrical, *see* Geometric aberrations
geometrical third-order, **M**:13, 191–194
of imaging lenses, **E**:102, 276, 277–278
immersion lens, **ES**:13B, 7–10, 15
ion microprobe, **ES**:13A, 327–328, 335, 338, 344
ion microscopy, **ES**:13A, 264–268, 270
ion probe, **ES**:13B, 36
isotropic, **ES**:17, 46
lens action of ion accelerators, **ES**:13B, 51, 59
magnetic sector field mass-dispersing system, **ES**:13B, 146–147
measurement of, **ES**:17, 92–99
in microscope objective, **M**:14, 257–270
  astigmatism, **M**:14, 260–265
  coma, **M**:14, 266–267
  curvature of field, **M**:14, 265–266
  distoration, **M**:14, 267
  sine condition in, **M**:14, 258–259
  spherical, **M**:14, 258–259
mirror-bank energy analyzers, **E**:89, 403–410

equations, **E**:89, 397–399
object width, **E**:89, 408–410
transaxial mirrors, **E**:89, 437–441
monochromatic, *see* Monochromatic aberration
multislice approach, **E**:93, 207–215
position, **ES**:17, 106, 111
projection electron beam lithography, **ES**:13B, 123–125
real, *see* Real aberration
rotationally symmetric third-order in electron optical transfer function, **M**:13, 280–284
scanning systems, **ES**:13A, 102–103
scanning transmission electron microscopy, **E**:93, 86–87
second order, *see* Second order aberration
slope, **ES**:17, 106, 111–112
in solenoid electron lens, **M**:5, 216
spherical, *see* Spherical aberration
in superconducting electron lens, **M**:5, 211, 214, 216, 234
third order, **ES**:17, 56, 118, 131, 134–150
wave, *see* Wave aberration
zero aberrations, definition of, **ES**:3, 4
Aberration coefficient(s), **ES**:13A, 46–47, 49, 59–90, 127–128
  computer algebra systems for calculation of, **ES**:13A, 82–90
  electrostatic anode lens, **M**:8, 243, 246, 247–248, 257–258
  extrema, **ES**:13A, 91–94
  ion microscopy, **ES**:13A, 266, 268
  lens combinations, **ES**:13A, 105
  matrix techniques for calculation of, **ES**:13A, 71–78
  microwave cavity lens, **ES**:13A, 119
  quadrupoles, **ES**:7, 35, 49–69
    thin-lens formulae, **ES**:7, 53
  round lenses, **ES**:7, 22
  scanning system, **ES**:13A, 103
Aberration constant, **E**:101, 27–28
Aberration corrector, **ES**:17, 239–242
Aberration figure, **ES**:17, 57–69
Aberration generating function, **ES**:17, 170–171, 174–175, 179–180
Aberration polynomials, quadrupoles, **ES**:7, 44–45
  round lenses, **ES**:7, 29, 32

SUBJECT INDEX

Aberration theory, eikonal functions, **E:**91, 1–35
Abingdon Cross benchmark, **E:**90, 125, 383–389
Abraham, **ES:**9, 236; **ES:**15, 1, 45, 95; **ES:**18, 34, 43, 46; **ES:**23, 52, 53
Abren, **ES:**14, 25
Abrikosov vortex lattice, **E:**87, 174–175
Absolute center, **E:**90, 86
Absolute space, **E:**101, 198–199
Absolute value circuit, **ES:**11, 142
Absorbed boundary conditions, **E:**102, 80
Absorber(s), **ES:**15, 27; **ES:**18, 37
  ferrite, **ES:**15, 27, 59
  material conductivity, **ES:**15, 39
  thickness, **ES:**15, 36
Absorbing potential, **E:**86, 186
Absorbing switch, *see* Blocking switches
Absorption, **ES:**15, 40; **ES:**22, 130, 143
  in atomic number correction, **ES:**6, 100–104
  band-to-band, **E:**82, 248
  depth of, **ES:**4, 141
  edge, **E:**82, 246
  effect of, **ES:**6, 46
  extremes of, **ES:**6, 118
  face-plate, **E:**101, 6, 112, 118, 121
  free-carrier, **E:**82, 255
  free-carrier-induced, **E:**82, 248
  in gold-aluminum systems, **ES:**6, 105–106
  in the host medium
    ionic crystals, **ES:**2, 15–16
    semiconductors, **ES:**2, 155, 161
  impurity-induced, **E:**82, 248
  matching, **ES:**15, 31, 36
  measurement of, **ES:**4, 161
  microanalysis of, **ES:**6, 12
  molecular, **ES:**23, 21
  radar signals, **ES:**18, 41
  of radiation
    from biological macromolecules, **M:**7, 282
    primary, **ES:**6, 63–64
  rain and fog, **ES:**23, 20
  relaxation phenomena, **E:**84, 321
  secondary distribution and, **ES:**6, 67
Absorption coefficient, **ES:**4, 132; **ES:**6, 47
  atomic number correction and, **ES:**6, 113–114
  for band-to-band transitions, **E:**82, 249
  due to free carriers, **E:**82, 249
  electron, **M:**2, 182, 184, 188
  in gold-silver systems, **ES:**6, 103
  integrated, **ES:**2, 14
  observed, **E:**82, 248
  positive and negative, **ES:**2, 13
  saturated, **ES:**2, 33, 102, 104
Absorption coherence, **ES:**4, 128
Absorption correction, **ES:**6, 47–54, 106
  defined, **ES:**6, 48
  geometry of, **ES:**6, 47
  for gold-silver systems, **ES:**6, 102–103
Absorption process, efficiency of, **ES:**4, 158
Absorption spectrochemical analysis, **ES:**6, 2
Absorptive atomic scattering factor, **E:**90, 217
Absorptive transitions from excited levels, **ES:**2, 88, 128, 132
Absorptivity, **ES:**4, 157
Accel–decel extraction optics, **ES:**13C, 221–223, 236, 256
  parameters characterizing accel-decel optics, **ES:**13C, 257–262
Accelerating electric field, high-current electron guns, **ES:**13C, 143
Accelerating lens, equidiameter, **E:**101, 27, 29
Accelerating voltage, **ES:**13C, 502
  atomic number correction and, **ES:**6, 88–90, 110
  extraction of ion beams from plasma sources, **ES:**13C, 211–212, 280–281
  solid emitters, **ES:**13C, 227–228
Acceleration, **ES:**13C, 49–50, 52, *see also* specific types of accelerators
  aberrations, **ES:**13C, 134
  beam postacceleration, **ES:**13C, 202–204
  beam transport systems, **ES:**13C, 27
  boundary conditions, **ES:**13C, 159
  bunched beams, **ES:**13C, 114–115, 119
  collective ion acceleration, **ES:**13C, 445–446, 452–469
  collisionless plasmas and beams, **ES:**13C, 60
  distribution functions in phase space, **ES:**13C, 56
  electron guns, **ES:**13C, 142–148
  Herrmansfeldt computer code, **ES:**13C, 197
  high-energy injector, **ES:**13C, 209

high-power pulsed ion beams, **ES:**13C, 390–394, 397–398, 408, 416–431, 435–439
ion beam diode, **ES:**13C, 311
momentum width and emittance, **ES:**13C, 131
plasma channel propagation, **ES:**13C, 336
processing, **ES:**14, 308
processor, **ES:**14, 308
resolver, **ES:**14, 313, 329
tune depression, **ES:**13C, 110
Acceleration coefficient k, **ES:**21, 326
Acceleration-collision mechanism for EL, **ES:**1, 8, 9, 163
in ZnS, **ES:**1, 52, 102–112, 114
Acceleration–deceleration extraction system, **ES:**13B, 49, 52–54, 151–152
Acceleration gap, ion beam accelerator, **ES:**13C, 391–393, 398–399, 416–421
Acceleration gradient, **ES:**22, 360
average, **ES:**22, 337, 359
effective, **ES:**22, 337, 340
Accelerator(s), **ES:**13A, 161–162
microprobe technology, **ES:**13A, 324–325, 344
optics, **E:**97, 337
trajectory tracing, **ES:**13A, 59–60
Accelerator structure, **ES:**22, 350
biperiodic, **ES:**22, 355
constant-gradient, **ES:**22, 359
disk-loaded waveguide, **ES:**22, 357, 359
side-coupled, **ES:**22, 358
standing-wave, **ES:**22, 356, 358, 366
superconducting, **ES:**22, 362
traveling-wave, **ES:**22, 357
Accelerometer, **E:**85, 2–4
Access function, **E:**88, 69
Access transistor, **E:**86, 3
Acclerative regime, electron guns, **ES:**13C, 163, 165
Accumulation of carriers as mechanism for EL, **ES:**1, 11
Accuracy
required in data, **ES:**10, 83, 93, 96, 122–123, 148, 150
of solutions, **ES:**10, 105–106, 122, 143, 144
Accuracy of approximation, **E:**94, 182
Acetylcholine
in motor end plate, **M:**6, 204, 206
as neurotransmitter, **M:**6, 206

Acetylcholinesterase
acetylthiocholine technique, **M:**6, 200, 220
distribution, **M:**6, 203, 206
function, **M:**6, 200
histochemistry, **M:**6, 196, 198
localization, **M:**6, 195, 204
occurrence, **M:**6, 200, 206, 208
ACF, *see* Autocorrelation function
Achromatic circle, **ES:**10, 15
Achromatic condition, **ES:**17, 233
Achromatic focal line, of mass spectrometer, **ES:**13B, 17, 21
Achromatic quadrupoles, **ES:**7, 228ff
imperfect field match, **ES:**7, 228–240
Achromat lens, **ES:**13A, 134
Achromat microscope objective, **M:**14, 277–278
and glass cover, **M:**14, 305–309
Achromobacter, **M:**5, 301, 302
Acid arylsulphatase, **M:**6, 181, 183
Acid hydrolase, **M:**6, 183, 184, 220
Acid phosphatase, **M:**6, 176, 183
distribution, **M:**6, 183
electron microscopy, **M:**6, 180, 181, 182
Gomori technique, **M:**6, 180, 191
optical microscopy, **M:**6, 181, 183
pH, **M:**6, 180
sources, **M:**6, 180
specificity, **M:**6, 182
ACO, **ES:**22, 5, 33
Acoustic
array, **ES:**11, 143
coupler, **ES:**11, 129
delay line, **M:**11, 157
images in air, **ES:**11, 13, 17
impedance, **M:**11, 155
lens, **ES:**11, 4, 9, 12, 13, 20
micrographs, **M:**11, 153
microscope, **ES:**11, 17, 128, 129
reflectivity, **M:**11, 163
tissue models, **E:**84, 321
tissue parameters, **E:**84, 323, 344
transducers, **M:**11, 154
velocity, **M:**11, 154
vibrations, **M:**11, 11
Acoustic holography, **ES:**11, 168; **D:**1, 291–292
Acoustic imaging
diffraction tomography, **ES:**19, 35–46
principle, **ES:**9, 190

SUBJECT INDEX

Acoustic phase microscope, **M**:11, 158
Acoustic power, phase shift and, **D**:2, 24
Acousto-optical cells, optical symbolic substitution, **E**:89, 81–82
Acoustooptic Bragg diffraction, **D**:2, 23
Acoustooptic deflection, diffraction angle in, **D**:2, 43
  in laser displays, **D**:2, 40–44
  performance of, **D**:2, 31
Acoustooptic devices, general concept of, **D**:2, 4
  wavelength-dependent scanning angles in, **D**:2, 5–6
Acoustooptic imaging, with pulsed laser, **D**:2, 55–58
Acoustooptic modulation, **D**:2, 22–27
  for 1125-line color-TV display system, **D**:2, 44–45
  frequency response of, **D**:2, 24, 26
  in laser facsimile system, **D**:2, 52
  laser intensity modulation and, **D**:2, 22
Acoustooptic modulator, length of, **D**:2, 57
  as spatial modulator, **D**:2, 56
Acoustooptic properties, of various materials, **D**:2, 25
Acousto-optic scanning, **M**:10, 70
Acoustospectrography, **E**:84, 323, 345
Acridine orange
  dye binding to DNA, **M**:8, 53
  purification, **M**:8, 58
Acriflavine, **M**:8, 53
Acrolein, **M**:2, 273, 276
ACRONYM, **E**:86, 92, 154, 156–157
Acrylates, development for embedding in electron microscopy, **ES**:16, 96
Actin
  electron micrographs, **M**:7, 352
  filament, three-dimensional reconstruction, **M**:7, 353
  myosin complex, reconstruction, **M**:7, 353
  tropomyosin complex, reconstruction, **M**:7, 354
Action-at-a-distance, **ES**:9, 419
Activation, **E**:83, 6
Activation energy, **E**:86, 24, 56, 62, 74
  of base current, **E**:82, 203
  of field evaporation, **ES**:20, 19, 25, 27, 48
  gas influence, **ES**:20, 32
  numerical calculation, **ES**:20, 29

of oxidation, **ES**:20, 138
reduction of, by gas adsorption, **ES**:20, 33
Activators
  Cu concentration, effect of in ZnS, **ES**:1, 23, 24, 45, 67, 70, 71, 186
  Mn concentration, effect of in ZnS, **ES**:1, 25, 213–216, 218, 220, 223
  saturation of, **ES**:1, 64
  in Zns, **ES**:1, 13–16, *see also* Zinc sulfide
Active beam forming, **ES**:11, 91, 127
  circuit, **ES**:11, 93
Active data model of computation, **E**:87, 294–295
Active matrix addressed display, flat panel technology, **E**:91, 248–251
Actual source radiance, **ES**:4, 114
Acyclic graphs, **E**:90, 52–54
Ada, **E**:88, 92
Adams–Bashforth formula, **M**:13, 202
Adams–Bashforth–Moulton technique, **ES**:22, 123, 201
Adams–Moulton formula, **M**:13, 202
Adaptation, in linear prediction
  backward, **E**:82, 129
  block, **E**:82, 129
  forward, **E**:82, 129
  forward-backward, **E**:82, 130
  recursive, **E**:82, 130
Adapted frames, **E**:103, 110–111
Adaptive contrast enhancement, **E**:92, 34–36
Adaptive extremum sharpening filter, **E**:92, 44–48
Adaptive pattern classification, **E**:84, 265–266, 270–271
Adaptive postfiltering, **E**:82, 170
Adaptive predictive coding, **E**:82, 154
Adaptive quantile filter, **E**:92, 14–16
Adaptive threshold compression, in bilevel display image processing, **D**:4, 194–197
Adaptive transform coding, **E**:82, 159
Adatoms, **M**:11, 80
  crystal-aperture scanning transmission electron microscopy, **E**:93, 90, 94–100
Addison, R.C., **ES**:11, 217
Addition
  of components of spot size, **ES**:3, 68, 151–152
  of effects per beam segment, *see* Beam segment

linear-time rational calculation, **E**:90, 106
maxpolynomials, **E**:90, 88–89
Minkowski addition, **E**:89, 328
optical symbolic substitution, **E**:89, 59–64, 70
Additive pattern transfer, **E**:102, 125–132
Additive property, **E**:91, 108
Additivity, Fisher information, **E**:90, 190–191
Adenosine crystals, **M**:5, 314
Adenovirus type 5, human, **M**:6, 232, 240
  capsomeres, **M**:6, 267, 269
  concentrated preparation, **M**:6, 265, 267
  disruption, **M**:6, 267
  electron micrograph, **M**:6, 266
  interference pattern, **M**:6, 269
  optical diffraction pattern, **M**:6, 266
  recrystallization, **M**:6, 267, 268
  structure, **M**:6, 240
Adenyl cyclase, **M**:6, 190
  histochemical staining, **M**:6, 194
  histochemistry, **M**:6, 194, 195
  localization, **M**:6, 195, 220
ADFSTEM, **E**:86, 197, 218
Adhesion mounting methods, **M**:8, 107
Adiabatic approximation, **ES**:22, 242, 371
Adiabatic damping, in space charge optics, **ES**:13C, 8, 13
Adiabaticity, **M**:12, 122, 125, 130, 133
Adjacency, **E**:85, 116
  4-and 8-adjacency, **E**:84, 198
  graph, **E**:84, 198–200
  relation, **E**:84, 198, 232
Adjugate matrix, minimax algebra, **E**:90, 115
Adjustment, **E**:86, 225, 234
Adler–Moser Polynomials, **ES**:19, 6, 8
Admittance of resonator, **ES**:2, 37, 256
ADP (NH$_4$H$_2$PO$_4$)
  modulator, **ES**:2, 218
  sum frequency in, **ES**:2, 215
Adsobate effects, field electron emissions, in, **M**:8, 220
Adsorbate structures, **M**:11, 81
Adsorbed gas
  influence of, **ES**:20, 32
  polarization of, **ES**:20, 33
Adsorption, **M**:2, 345, 365, 401
Advent Light Guide. projection tube, **D**:4, 145
AEAPS (Auger electron appearance spectroscopy), **ES**:13B, 262

AEG, *see* Allgemeine Electrizitäts–Gesellschaft
AEI Ltd.
  electron microscopes developed at, **ES**:16, 28, 58, 417–442, 499
  EM-1, **M**:10, 222–223
  AEI Research Laboratories, **E**:91, 269, 279–282
  commercial microscope production, **E**:96, 453–457, 463–464
  Corinth, **E**:96, 275, 498
  electron diffraction camera production, **E**:96, 490
  EM 6B, **E**:96, 475–477
  EM 6G, **E**:96, 480
  EM 801, **E**:96, 480–481
  EMMA-4, **E**:96, 490–481, 490–491
  scanning electron microscope research, **E**:96, 468–469
  withdrawal from microscope production, **E**:96, 469, 530–532
Aerial photography, stripe photomicrography, **M**:7, 81, 82
Aerodynamics, **E**:85, 80
Aerosols
  energetic aerosols, **M**:10, 206
  holographic analysis, **M**:10, 198–201
  study, by in-line holography, **M**:10, 141
  wet replication study, **M**:8, 77, 81–83, 99
AES, *see* Auger electron spectroscopy
Affine group, **E**:93, 10–11, 46–47
  fast Fourier transform algorithm, **E**:93, 3
  Cooley–Tukey, **E**:93, 46–47
  reduced transform algorithm, **E**:93, 30–31, 39–41
  point group, **E**:93, 31–39
  $X^\#$ invariant, **E**:93, 41–42
Affine monotonic transformations, **E**:103, 70–71
Affinity, **E**:99, 41
AFL (acriflavine), **M**:8, 53
AFM, *see* Atomic-force microscope
Africa, *see* Southern Africa
After-acceleration, **ES**:3, 158–159
Agar, A.W., **ES**:16, 370, 414
Agar filtration sample preparation, **M**:8, 114
AGC, *see* Automatic gain control
Agent, reasoning, **E**:86, 139–160–**E**:86, 161, 167–168
Aggregate formation, biological particles, **M**:8, 114

Agmon–Motzkin–Schoenberg algorithm, **E**:95, 178
Agrometeorological parameters, **ES**:19, 223
Aharonov–Bohm effect, **E**:89, 144–146; **E**:93, 174, 176, 178–181; **M**:5, 252, 253
 devices based on, **E**:89, 106, 142–178
 electron holography, **E**:99, 172, 187–192
 electrostatic, **E**:89, 145, 146, 157–178; **E**:99, 187–192
 magnetostatic, **E**:89, 146, 149–156
 mesoscopic physics, **E**:91, 215, 218–219
Aharonov–Bohm interferometer, **E**:89, 172–178, 180, 186, 199
Ahmed, M., **ES**:9, 37; **ES**:11, 223; **ES**:14, 130; **ES**:23, 333
AIF$_3$ films, **E**:102, 102–103, 104
Aiken tube, **E**:101, 194–195
Aiming error, **ES**:20, 77, 78
Air, glow discharge in, **M**:8, 127
Air accelerator, **ES**:13B, 56
Airborne radar, **ES**:14, 38, 39, 43
 delayed information, **ES**:14, 39
Aircraft, invisible, **ES**:14, 46
Airy diffraction pattern, **ES**:4, 134
Airy disc, **M**:2, 48, 49, 55; **M**:10, 17, 18
Airy formula, **M**:13, 267
Akashi Seisakusho, electron microscope manufacture by, **ES**:16, 321
Akrikosov-Vortex structure, imaging, **M**:4, 248
Al, **ES**:20, 34, 61
 Al–Ag, **ES**:20, 37, 224
 Al–based alloys, **ES**:20, 223
 Al–Cu, **ES**:20, 227
 Al–Li, **ES**:20, 198, 232
 Al–Li–Zr, **ES**:20, 232
 Al–Sc, **ES**:20, 234
 Al–Zn, **ES**:20, 234
AlAs, **E**:86, 49
Alatsatianos, **ES**:18, 237
Albers, V.M., **ES**:9, 367; **ES**:11, 126, 175; **ES**:15, 195; **ES**:18, 226
Alberta, Southern, crust model, **ES**:19, 182–185
Albite twins, **E**:101, 12
Albumin, fixation, **M**:2, 289, 293 *et seq.*
Al$_c$Ga$_{1-c}$As QWs, **ES**:24, 199
ALE, *see* Atomic layer epitaxy
Aleksandrov, **ES**:23, 330
Alexits, **ES**:9, 25

Alfvén limit, **ES**:13C, 352, 361, 364, 366
AlGaAs, **E**:86, 44, 48
AlGaAs/GaAs, **ES**:24, 216
Algebra
 associative, **E**:84, 271, 311
 Boolean, fuzzy set theory, **E**:89, 258
 Clifford, **E**:84, 277
 Davey-Stewartson, **ES**:19, 457–460
 definition, **E**:84, 311
 efficient rational algebra, **E**:90, 99–119
 group algebra, **E**:94, 2–78
 image algebra, **E**:90, 355–363, 368, 382
 Jordan, *see* Jordan algebra
 Lie, **E**:84, 262, 268; **ES**:19, 391, 457–462
 loop, **ES**:19, 457–462
 minimax algebra, **E**:90, 1–98
 Virasoro, **ES**:19, 460–462
 von Neumannn real, **E**:84, 272, 284
Algebraic product, fuzzy set theory, **E**:89, 261–262
Algebraic reconstruction
 image reconstruction, **E**:97, 160–162
 three-dimensional images, **M**:7, 324–327
Algebraic reconstruction technique, **E**:95, 177, 183
Algebra language, for computer programming, **ES**:13A, 82–90
ALGOL, **M**:5, 45
Algorithm(s), **E**:93, 2–3
 Abingdon Cross benchmark, **E**:90, 386, 388–389, 425
 All Global Coverings, **E**:94, 191–192
 All Rules, **E**:94, 192–193
 basis algorithms, **E**:89, 334–349, 383, 384
 block matching algorithms, **E**:97, 235–237
 characteristics, **E**:87, 265–267
 compression algorithm, **E**:97, 193
 Cook-Tom algorithm, **E**:94, 18
 Cooley-Tukey algorithms, **E**:93, 17–19, 27–30, 46–49
 design, architectural characteristics effects, **E**:87, 270–273
 discrete-event system
  evolution algorithm, **E**:90, 96–97, 100–102
 Floyd–Warshall algorithm, **E**:90, 54–56, 64
 Karp algorithm, **E**:90, 61–63
 merging lists, **E**:90, 89
 rectify algorithm, **E**:90, 105
 resolution algorithm, **E**:90, 100–101, 105

SUBJECT INDEX

domain segmentation, E:93, 304–307
edge-preserving reconstruction algorithms, E:97, 91–93, 118–129
extended-GNC algorithm, E:97, 132–136, 171–175
generalized expectation-maximization algorithm, E:97, 93, 127–129, 153, 162–166
graduated nonconvexity algorithm, E:97, 90, 91, 93, 124–127, 153, 168–175
EZW algorithm, E:97, 221, 232
fast local labeling algorithm, E:90, 407, 410–412
general basis algorithms, E:89, 337–349, 363–365, 370–374
general decomposition algorithm, E:89, 371
Gerchberg–Saxton algorithm, E:93, 110
Gibbs sampler algorithm, E:97, 119–120, 123
global operations, E:90, 369–371
Good–Thomas algorithms, E:93, 19–21
group algebra matrix transforms, E:94, 14, 44
GT-RT algorithm, E:93, 45–46
hybrid RT/GT algorithm, E:93, 110–111, 145, 148, 167
image discontinuities, E:97, 89–91, 108–118
image processing, E:90, 355, 368–425
image-template operations, E:90, 371–382, 417–420
implementation, E:102, 256
iterative algorithms, E:93, 110–E:93,111, 145, 148, 167
labeling, binary image components, E:90, 396–415
Levialdi's parallel-shrink algorithm, E:90, 390–396, 415, 425
local labeling agorithm, E:90, 400–415
log-space algorithm, E:90, 405
low-bit-rate video coding, E:97, 237–240
Metropolis algorithm, E:97, 119, 120
mixed annealing minimization algorithm, E:97, 122–123, 158
naive labeling algorithm, E:90, 398–E:90, 400
orientation analysis, E:93, 319–320, 323, 325
for OSS rules, E:89, 59–71

overlapped block matching algorithm, E:97, 235, 237–252
parallel image processing, E:90, 424–425
parameter estimation, E:94, 372–376
phase retrieval, E:93, 110–112
two-dimensional, E:93, 131–133
reduced transform algorithms, E:93, 16–17, 21–27, 30–46
relationship with architectures, E:87, 261–273
algorithmic characteristic effects, E:87, 263–267
architectural characteristic effects, E:87, 268–273
impact on hardware architectures, E:87, 267–268
row–column algorithm, E:93, 45
SA-W-LVQ algorithm, E:97, 220–226
simulated annealing minimization algorithm, E:97, 120–122, 155
Single Global Covering, E:94, 188–190, 191
Single Local Covering, E:94, 190–191
stack-based algorithm, E:90, 405, 417
suboptimal algorithms, E:97, 124–127
Winograd algorithm, E:94, 18
Algorithm switching, bilevel image processing and, D:4, 199–200
Aliasing, E:91, 244; ES:10, 37, 68, 188, 191, 196, 203; D:4, 193, see also Overlap distortion
Alias points, ES:11, 151
Alignment, ES:10, 28, 69, 120, 149, 162, 201–203, 207–208, 212; ES:24, 77
of beam, ES:3, 28, 37–39, 56–57, 187–188
of complex objects, ES:10, 212
in magnification, ES:10, 226–229
mirror EM, M:4, 215–217
in orientation, ES:10, 213–226, 258
of tilt series, ES:10, 212
Alignment aberrations, M:13, 195, 196
Alignment tolerance, ES:22, 328
Alkali feldspars
coarsening and iridescence in moonstone, E:101, 11–13
coarsening in, E:101, 10–11
exsolution and, E:101, 7–4
fluid phase in, E:101, 14
homogeneous nucleation in, E:101, 9–10
precipitation structures (perthites) in, E:101, 8
spinodal decomposition in, E:101, 8–9, 10

Alkali halides
  alpha particle scintillations in, **ES**:1, 197
  as cathodochromic materials, **D**:4, 88
  electroluminescence in, **ES**:1, 179
  enhancement of photoluminescene in, **ES**:1, 219
  tunneling of electrons in, **ES**:1, 4, 108
Alkali ion sources, **ES**:13C, 313
Alkali metals, **ES**:20, 100
Alkaline phosphatase
  azo dye technique, **M**:6, 186, 187, 188
  capture agents, **M**:6, 184
  colored FRP, **M**:6, 186
  distribution, **M**:6, 172
  electron microscopy, **M**:6, 173, 174, 184–188
  functions, **M**:6, 189
  Gomori method, **M**:6, 172, 173, 184, 191
  histochemical reactions, **M**:6, 173, 174
  histochemistry, **M**:6, 172, 173, 174, 180, 186
  hydrolysis of ATP, **M**:6, 190
  incubation, **M**:6, 184
  localization, **M**:6, 184
  Menten method, **M**:6, 173, 174
  optical microscopy, **M**:6, 173, 174, 184, 186
  resolution, **M**:6, 184
  specific inhibitors, **M**:6, 186
  specificity, **M**:6, 186
  substrates, **M**:6, 186
Alkylamines, basic film preparation, use in, **M**:8, 126, 128
Allgemeine Electrizitäts–Gesellschaft, **E**:91, 262, 274; **ES**:16, 13, 14, 485, 503, 568; **M**:10, 219
  electrostatic electron microscope of, **ES**:16, 50, 227, 232, 237, 248, 504, 589–590
  electrostatic EM, **M**:10, 224–225
  EM 5 development, **E**:96, 426–427
  EM 6, **E**:96, 428
  EM 7, **E**:96, 433, 438
  EM 8-I, **E**:96, 438–439
  EM 8-II, **E**:96, 445, 447
  World War II impact, **E**:96, 428
  Zeiss collaboration, **E**:96, 428, 433
All global coverings algorithm, **E**:94, 191–192
Allibone, T.E., **ES**:16, 27, 421, 431
Alloy(s)
  age-hardening studies on, **ES**:16, 264
  alloy 2017, **ES**:4, 165
  aluminum, *see* Aluminum alloys
  binary, specimen-current analysis of, **ES**:6, 193
  copper, *see* Copper alloy(s)
  dental, electron beam scanning of, **ES**:6, 252–254
  energy selected images, **M**:4, 356, 357, 358
  field ion source, **ES**:13B, 62
  HVEM use in studies on, **ES**:16, 127–143
  loss spectrum of electrons, **M**:4, 331, 333, 334, 337, 338–340
  nickel, oxidation of, **ES**:6, 282–283
  titanium, photoelectron microscopy, **M**:10, 298
Alloy scattering, **ES**:24, 3, 86, 87, 93, 145–147, 236, 239
Alloy systems, atomic number correction for, **ES**:6, 98–111
Alloy transistor, **E**:91, 144
All rules algorithm, **E**:94, 192–193
All-weather radar, frequency region, **ES**:14, 29
Al-Ni-Co phase, structure of, **E**:101, 8–9, 10
Al-Ni-Fe phases, structure of, **E**:101, 77–79
Al-Pd-Mn, structure of, **E**:101, 85–89
Al-Pd phase, structure of, **E**:101, 90–94
Alpha-blending, **E**:85, 139
Alpha channel, **E**:85, 92
Alpha emitter source, **ES**:6, 316–317
Alphanumeric display devices, **D**:2, 123–137
  interdigital arrays in, **D**:2, 125–128
  longitudinal mode scattering devices and, **D**:2, 123–125
  performance limitations in, **D**:2, 134–137
  PLZT 9/65/35 devices as, **D**:2, 123–137
  power considerations in, **D**:2, 131–133
  transverse mode interdigital array devices and, **D**:2, 125–137
Alphanumeric graphics computer terminal, **D**:4, 144–146
Alpha particle, **E**:86, 28
Alpha particle scintillations
  enhancement of, **ES**:1, 219–221, 223
  non-uniform excitation, effects of, **ES**:1, 221, 226
  quenching of, **ES**:1, 38, 196, 197
AlsSb, **E**:86, 50
Alternating gradient focusing, in space charge optics, **ES**:13C, 8
Alternating gradient principle, in quadrupole mass spectrometry, **ES**:13B, 173
Alternating process, **ES**:9, 51

Altshuter, **ES**:14, 25
Alumina substrate, **ES**:4, 181
Aluminium
  energy selected images, **M**:4, 346–350, 353
  loss spectrum of electrons, **M**:4, 265, 328, 332, 333, 336
Aluminium formate support films, **M**:8, 123
Aluminium support films, **M**:8, 112
Aluminum
  early electron microscopy of, **ES**:16, 105, 110, 112
  K band for, **ES**:6, 162, 165–166
  SEM micrographs of, **ES**:16, 452, 473
  X-ray depth distribution for, **ES**:6, 31
Aluminum alloys
  aluminum–copper
    copper distribution in, **ES**:6, 277
    K band for, **ES**:6, 165–166
  aluminum–silicon, specimen current methods for, **ES**:6, 38–39
  specimen preparation for, **ES**:6, 214–215
Aluminum antimonide, **E**:91, 175–176
Aluminum electron beam diode, **ES**:13C, 183–185
Aluminum film, **DS**:1, 90
Aluminum nitride, **ES**:1, 170
Aluminum oxide, **ES**:1, 161–166, 168
  Cr in, **ES**:1, 166
  Malter effect in, **ES**:1, 168
  Mn in, **ES**:1, 163, 166
  as substrate material, **E**:83, 34, 35, 37
Aluminum phophide, **ES**:1, 171
Alvarez, **ES**:18, 42
Alvarez, L.W., **ES**:22, 331
Amaldi, **ES**:18, 42
Ambient magnetic field, **E**:83, 134
Ambiguity-free interval, **ES**:9, 341
Ambiguity function
  Barker code, **ES**:14, 258
  perfect, **ES**:14, 304
Ambiguity resolving circuit, **ES**:11, 83
Amin, **ES**:18, 38
Aminopeptidase, histochemistry, **M**:6, 188
Amiri, **ES**:23, 335
Ammonium sulfide, **E**:86, 39
A-mode, **E**:84, 326
Amoeba, **M**:5, 336
Amoeba proteus, holography, **M**:10, 191, 192
Amorphous-silicon IGFET, cross section of, **D**:4, 71

Amorphous-silicon transistor addressed matrix displays, **D**:4, 70–71
Ampere's law, **E**:102, 5
  constitutive error approach and, **E**:102, 9
  electron guns, **ES**:13C, 153, 161
  neglecting displacement current in, **E**:102, 8
AMPFION, *see* Automagnetic plasma-filled ion diode
Amphiboles
  classification of, **E**:101, 15–16
  exsolution in, **E**:101, 14–27
  monoclinic
    AEM and EMPA studies of, **E**:101, 22–25
    exsolution in, **E**:101, 18–25
    exsolution of, from an orthoamphibole, **E**:101, 27
    gaps between members of calcic, **E**:101, 21–25
    tweed structure, **E**:101, 22–23, 25
    two-stage exsolution, **E**:101, 20–21
  orthorhombic
    exsolution between two, **E**:101, 25–27
    exsolution of monoclinic amphibole from, **E**:101, 27
    gaps in, **E**:101, 25
    homogeneous nucleation in, **E**:101, 25–26
    spinodal decomposition in, **E**:101, 27
  standard formula for, **E**:101, 14–15
Amplification, **ES**:22, 17
Amplifier(s), **ES**:22, 18, 27, 197
  class A, B, C, D, **ES**:11, 180
  history, **E**:91, 153–156, 194
  image, **ES**:2, 95
  lock-in, **M**:1, 92, 106
  regenerative, **ES**:2, 42–43
  transient, **ES**:2, 60–62
  traveling wave, **ES**:2, 32–34, 119–120
  traveling-wave tube amplifier, **E**:91, 194
Amplifier noise, **ES**:23, 19
Amplitude
  division of, **ES**:4, 92, 101, 103
  random, **ES**:4, 113
Amplitude contrast, **M**:11, 27
  electron, **M**:2, 204
Amplitude contrast devices
  KA, **M**:6, 82–86
  theory, **M**:6, 81, 82

SUBJECT INDEX

Amplitude demodulation, **ES**:14, 64
Amplitude diagrams
 computer plots, **ES**:9, 369, 370
 defined, **ES**:9, 267
Amplitude division interferometry, **E**:99, 193–194
Amplitude equation, **ES**:22, 88
Amplitude gratings, **M**:8, 6, 20; **M**:12, 52
Amplitude modulation
 nonsinusoidal carriers, **ES**:14, 72
 sinusoidal carries, **ES**:14, 56a
Amplitude object, **M**:6, 50, 51
Amplitude pattern, **ES**:15, 157
 lens, **ES**:11, 154
 line array, **ES**:11, 154
 round trip, **ES**:11, 155
Amplitude reversal, **ES**:14, 144
 experimental, **ES**:9, 317
Amplitude ring, **M**:6, 82
Amplitude transfer function, **E**:89, 8
Amplitude transmittance, **E**:89, 3, 10, 33, 34
 confocal systems, **M**:10, 22–23
Amplitude wave, **E**:101, 147, 159
Amplival microscope, **M**:6, 105, 108
AM (amplitude-modulated) signal, A-Psi GDE, **E**:94, 340
Anacker, **ES**:14, 110, 240
Analog delay, in CTD signal processing, **ES**:8, 201–207
Analog-digital multiplier, **ES**:11, 111
Analog optical fiber communication, **E**:99, 68
Analog optical memories, input for, **D**:1, 289–290
Analog recording photoplate, **M**:9, 26
Analog shift register, **ES**:11, 24
Analog system, **E**:91, 195
Analog-to-digital converter, in TV liquid-crystal displays, **D**:4, 32
Analog video data, conversion to digital, **M**:4, 88
Analog waveforms, generation, **ES**:8, 235
Analysis, **ES**:15, 24
 bottom-up, **E**:86, 160
 edge-based, **E**:86, 125, 129–130
 optical transforms, **M**:7, 55–62
 plan-guided, **E**:86, 125, 132–133
 region-based, **E**:86, 125, 129–130
 top-down, **E**:86, 160
Analysis-by-synthesis speech coding, **E**:82, 148

Analytical electron field emission calculation, **M**:8, 228–238
 aperture-ring combinations, **M**:8, 236–238
 cathode parameters, **M**:8, 233–236
 curved or polygonial contoured systems, application to, **M**:8, 238
 entire system potential, **M**:8, 237
 field strength, absolute value, **M**:8, 235
 general description of the model, **M**:8, 229–230
 general field, **M**:8, 236–238
 illustration of the meaning of the parameters appearing in the theory, **M**:8, 232
 logarithmic potential terms, **M**:8, 230–232
 vicinity of the apex, **M**:8, 232–236
Analytical electron microscope, **ES**:20, 197
Analytical electron microscope commercial development in Europe, **E**:96, 490–492
Analytical electron microscopy, **M**:10, 257–258
 analysis of calcic amphiboles using, **E**:101, 22–25
 analysis problems using, **E**:101, 2–6
 specimen damage using, **E**:101, 5–6
Analytical ray tracing, **ES**:21, 414–420
Analytic continuation of images, **ES**:10, 44–45, 87–89
 behavior a t infinity, **ES**:10, 45–47, 58, 64
 periodic images, **ES**:10, 52–53
 two-dimensional images, **ES**:10, 55–57
 zero product expansion, **ES**:10, 49, 53
Analytic delta pulsed beam, **E**:103, 38–40
Analytic function, information rate, **ES**:15, 2
Analytic signal, **ES**:4, 108
 representation, **E**:103, 15–16
Analytic time-dependent spatial spectrum, **E**:103, 18
Analyzer, Castaing and Henry's, **M**:10, 320
Analyzer, in electron spectroscopy, **ES**:13B, 261, 264, 266, 331–336, 351
 energy scanning, **ES**:13B, 344–38
 ghost peaks, **ES**:13B, 360–363
Anastigmatic lens, development of, **ES**:16, 356–358
Anazawa, N., **ES**:16, 124
Anderson, P.A., early U.S. electron microscope built by, **ES**:16, 600–601
Anderson, T.F., **ES**:16, 47
Andesite, **M**:7, 37
 pulse height spectrum for, **ES**:6, 342

AND gate, **E**:89, 229–231
  minimax algebra, **E**:90, 6–7
Andrews, **ES**:9, 10, 162, 178, 493
Andrews algorithm, **E**:85, 37
Anesthesia, effects, **E**:94, 290
Angle
  deflection, **ES**:17, 273, 281, 286, 290, 298–299, 309–310, 314–315
  entrance, **ES**:17, 280–285, 333–344
  exit, **ES**:17, 280–285, 333–344
  of rotation, **ES**:17, 28
Angle of illumination, phase object approximation, **M**:7, 194
Angle of incidence, **ES**:11, 20
Angle-resolved analyzers, **E**:103, 291–294
Angles-coded image, **E**:93, 239–243, 318, 320
Angular aberrations, mirror-bank energy analyzers, **E**:89, 403–404
Angular current distribution, from triode, **ES**:3, 30–35
Angular deflection, statistical, **ES**:21, 225–270
  in beam with crossover
    of arbitrary dimensions, **ES**:21, 244–264
    narrow, **ES**:21, 228–235, 512
  comparison of theories for, **ES**:21, 478–486
  definition of, **ES**:21, 5, 226
  distribution of, **ES**:21, 233
  general aspects of, **ES**:21, 226–228
  in homocentric cylindrical beam, **ES**:21, 235–244, 509–510
  table of resulting equations for, **ES**:21, 518
Angular divergence
  and chromatic aberrations, **M**:13, 285–292
  in electron wave optics, **M**:13, 288–289
Angular emission field distribution (AED), **M**:8, 215–27
  polar diagrams, **M**:8, 217
Angular error, tracking radar, **ES**:14, 236, 239
Angular intensity, **M**:11, 111
Angular measurement, **M**:3, 81, 82
Angular resolution
  classical limit, **ES**:9, 357, 360
  finite bandwidth, **ES**:14, 192
  liner difference, **ES**:11, 183
  phase difference, **ES**:11, 184
  quadratic difference, **ES**:11, 185
Angular spread, **E**:102, 276, 277, 278–279

Animal intelligence, **E**:94, 264, 267–272, 286–287
Animal table, **M**:6, 7–13, 46
  animal holder, **M**:6, 10–13
  animal preparation, **M**:6, 13
  illumination, **M**:6, 7, 9, 10
  layout, **M**:6, 8
  life-support system, **M**:6, 9
  load, **M**:6, 9
  materials, **M**:6, 9, 10
  positioning, **M**:6, 9
  size, **M**:6, 7
Animal viruses, **M**:6, 228
Animated video images, hysteretic thresholding technique for, **D**:4, 215
Animation circuitry, in bilevel imaging system design, **D**:4, 224–226
Anisotropic aberration, **ES**:13A, 65–66
Anisotropic aberration coefficient, **ES**:13A, 105
Anisotropic determinantal equation, **E**:92, 112–114
Anisotropic media
  chiral and chiral-ferrite media, **E**:92, 117–132
  computer simulations, **E**:92, 133
  electromagnetic properties and field behavior, **E**:92, 80–95, 114–117, 132–158, 200
  ferrite media, **E**:92, 158–183
  guided-wave structures, **E**:92, 183–200
  planar guiding structures, **E**:92, 95–132
Anisotropic reaction theorem, **E**:92, 119–120
Anisotropy
  adoptive extremum sharpening filter, **E**:92, 44–45
  crystalline magnetic materials, **E**:98, 325, 326
Anisotropy index, *see* Index of anisotropy
Anisotropy in high-temperature superconductivity, **M**:14, 29–30
Anisotropy instability, bunched beams, **ES**:13C, 114–119
Annan, **ES**:14, 31, 32
Annular beam, **ES**:4, 67, 68, 70
Annular detector, size, in STEM, **M**:7, 271
Anode, **E**:83, 49, 67
  diodes, **ES**:13C, 354, 380–382, 384
  electron beam diode, **ES**:13C, 180, 182–183, 186–189, 192, 201

SUBJECT INDEX

ion diode, **ES:**13C, 297, 303–304, 309, 313
Luce diode, **ES:**13C, 467–468
Luce-like diode, **ES:**13C, 468
vacuum diode, **ES:**13C, 193
electron guns, **ES:**13C, 143–148, 150, 163–169
in ion implantation system, **ES:**13B, 56
in ion micrograph, **ES:**13B, 39
voltage, **E:**83, 49
Anode driver, in SELF-SCAN displays, **D:**3, 133–134
Anode lens, electrostatic field emission, **M:**8, 242–243
potential, **M:**8, 246
Anode potential stabilized mode, **D:**3, 22–23
Anode to grid spacing
on cathode loading, **ES:**3, 48–50
on cutoff, **ES:**3, 19–21
effects on angular distribution of current from triode, **ES:**3, 30–35
on modulation constant, **ES:**3, 21–22
on spot density, **ES:**3, 69–72
on spot size, **ES:**3, 64–68
Anodized films, on metal specimens, **ES:**6, 221–223
Anomalous diffraction, **M:**11, 35
Anomalous ring patterns, **ES:**4, 189
Anomalous transmission, electron, **M:**2, 185
Anoptral contrast equipment, **M:**6, 66
Anpassung value, **E:**86, 178
Antenna
frequency independent, **ES:**14, 82
properties of
bandwidth, **E:**82, 16, 20–22
input impedance, **E:**82, 16, 19–24
polarization, **E:**82, 16, 19–24
radiation pattern, **E:**82, 7, 24–26, 35–40
radiation resistance, **E:**82, 16, 20–23
resonant length, **E:**82, 20–24
self-complementary, **ES:**14, 84
Antenna currents, composite, **ES:**15, 66
examples, **ES:**15, 65
Antenna noise temperature, **ES:**23, 18
Antenna pattern, **ES:**15, 157, 167
Anti-blooming control, **D:**3, 256–260
Anticontamination devices, Japanese contributions, **E:**96, 697–698
Anti-deflection defocusing, **ES:**3, 164–165
Anti-extensive t-mapping, **E:**89, 350–351

Antiferromagnetic materials, **ES:**5, 9
Antiferromagnetism, ground-state computing, **E:**89, 226–228
Antigens, fluorescence microscopy, **M:**6, 117
Antiparallel arc, definition, **E:**90, 37
Antiphase boundary, **ES:**20, 237
Anti-Stokes stimulated emission, **ES:**2, 205–206
Antisymmetric quadruplet, **ES:**7, 292, 303, 312–317
CCDD, **ES:**7, 301, 309–312
CDCD, **ES:**7, 301, 303–309
telescopic systems, **ES:**7, 312–330
Antisymmetry, effect on aberration polynomials, **ES:**7, 48
effect on focal characteristics, **ES:**7, 41
effect on potential functions, **ES:**7, 4–5
AO, *see* Acridine orange
AO modulation, *see* Acoustooptic modulation
APDs, *see* Avalanche photodiodes
Aperture(s), **ES:**10, 3, 9, 15, 22; **ES:**11, 22; **M:**5, 101, 176, 182, 183, 187
aberration figures, **M:**1, 234, 257
defined, **ES:**9, 196
dividing, **ES:**4, 103
finite size, *see* Band-limited functions
half-plane, *see* One-sided transform images
limiting, **ES:**4, 114
MC routine for, **ES:**21, 407–408
optimum (electron optical), **M:**1, 122, 136, 144, 147
in resonator, **ES:**2, 195–196
Aperture aberration(s), **ES:**13A, 67–68, 134, 137
asymptotic, **ES:**7, 45
bell-shaped model, **ES:**7, 146, 175
modified rectangular model, **ES:**7, 228
rectangular model, **ES:**7, 115–117
Aperture contrast, **M:**4, 71–74
Aperture effects, **ES:**4, 123
Aperture field, **E:**103, 37
Aperture imaging, **ES:**3, 38
Aperture lens, **ES:**13A, 5; **DS:**1, 135
Aperture-limited wet replication hydration chamber, **M:**8, 72–74
Aperture plasmons, **M:**12, 268
Aplanatic lens, **ES:**13A, 134–138
Apochromat lens, **ES:**13A, 134–135

Apochromat microscope objective, **M**:14, 277–278
  curvature of field, correction of, **M**:14, 295–297
Appearance potential spectroscopy (APS), **ES**:13B, 348
Apple chlorotic leafspot virus
  concentrated preparation, **M**:6, 263
  electron micrograph, **M**:6, 270
Apple system, **DS**:1, 159–163
Appleton, E., **ES**:16, 27, 275–276
Appleyard, E.T.S., **ES**:16, 25
Application-driven methodologies, **E**:87, 260, 263, 285–296
  hybrid parallel architectures, **E**:87, 285–291
  model-driven parallel architectures, **E**:87, 292–296
Applications, **ES**:22, 36
  industrial, **ES**:22, 2, 44
  of lattice transforms
    communications networks, **E**:84, 66
    dual transportation problem, **E**:84, 124
    generalized skeletonizing technique, **E**:84, 115
    image compelxity measure, **E**:84, 120
    minimax algebra properties, **E**:84, 90
    operations research, **E**:84, 67
    scheduling problem, **E**:84, 94
  low voltage SEM
    biology, **E**:83, 242–248, 251, 254–256
    polymers, **E**:83, 249
    semiconductors, **E**:83, 249–250
    table of recent LVSEM publications, **E**:83, 243–244
  medical, **ES**:22, 2, 40
  military, **ES**:22, 2, 48
  research, **ES**:22, 37
Applied biasing field, *see* Biasing magnetic field
Applied Computational Electromagnetic Society (ACES), **E**:102, 2
Applied field diode, **ES**:13C, 302, 305–308
Applied Research Laboratories, **ES**:11, 1, 143, 146
Approximation scaling factor, **E**:97, 211
Approximately analytical method, **E**:91, 3
Approximate maximum likelihood (AML) method, **E**:84, 302–309
Approximating function, **E**:82, 46, 50, 55, 56, 58, 62, 66, 67, 68

Approximation, **E**:84, 244–247
  effective mass, **E**:82, 236
  parabolic rigid band, **E**:82, 203
  plasmon pole, **E**:82, 205, 210
  property, **E**:82, 336
  random phase, **E**:82, 205
  Thomas–Fermi, **E**:82, 210
Approximations
  Chebyshev, **E**:90, 34–35
  distorted wave, **E**:90, 273–275
  distorted wve Born, **E**:90, 217, 218, 275, 279
  general, **E**:90, 111–112
Approximation vector, **E**:97, 211
APW, **E**:86, 221
AQUID, *see* Superconducting quantum interference
Ar, **ES**:20, 100, 106
ARA (autoresonant accelerator), **ES**:13C, 461–463
Arai, **ES**:23, 334
Arbitrary monotonic transformations, **E**:103, 70–71
Archard, G.D., **ES**:16, 431
Archard–Deltrap corrector, **ES**:7, 87, 88–89
Archard diffusion model, **ES**:6, 22–23, 88, *see also* Diffusion model
Archimedes, **ES**:14, 178
Architecture
  characteristics, **E**:87, 269–270
  circuit, **ES**:11, 133
  pipeline, **E**:85, 169
  relationship characteristic effects, **E**:87, 263–267
    algorithmic characteristic effects, **E**:87, 263–267
    architectural characteristic effects, **E**:87, 268–273
    impact on hardware architectures, **E**:87, 267–268
Architecture-driven methodologies, **E**:87, 260, 262–263, 273–285
  coarse-grained parallel architectures, **E**:87, 279–284
  fine-grained parallel architectures, **E**:87, 274–279
  mapping problem, **E**:87, 284–285
Arcing, **E**:83, 7
  destructive, **E**:83, 67, 80
  self quenching, **E**:83, 65

SUBJECT INDEX

Arc-set, definition, **E**:90, 37
Arc weighting, **E**:90, 37
Area, measurement of, **M**:3, 67–69
Area image sensors
  color television cameras, **ES**:8, 169–171
  examples, **ES**:8, 160–169
  interlacing, **ES**:8, 157–160
  readout organizations, **ES**:8, 152–157
  signal processing in, **ES**:8, 171–173
Area microkymography, **M**:7, 76, 79
  object display, **M**:7, 89
  quantitative evaluation, **M**:7, 89
  registration principles and techniques, **M**:7, 78
Area of coherence, **ES**:2, 181
Area scan
  combination with linear scan, **M**:6, 296
  correction for drift, **M**:6, 285
  counting statistics, **M**:6, 283
  maximum size, **M**:6, 279
  quantitative investigation, **M**:6, 277
  with ratemeter signal, **M**:6, 294
  speed, **M**:6, 288
  standard X-ray, **M**:6, 288
Area selection, **ES**:10, 189
Area weighting, in bilevel imaging system design, **D**:4, 223–224
Aresin function, inversion, **M**:8, 40–41
Argand diagrams, **ES**:19, 121, 122
  background scattering, **ES**:19, 137–138
Argon, **ES**:4, 163
  field ionization, **ES**:13A, 273, 275, 277, 301
  melting point, **E**:98, 9, 10
  plasma channel formation, **ES**:13C, 333–334
Argon atmosphere, **ES**:4, 176
Argon ion, high-intensity beams, **ES**:13C, 209
Argon-krypton gas laser, **D**:2, 12–14
Argon laser, **ES**:22, 42
Aristotle, **ES**:11, 207; **ES**:15, 23
Arithmetic
  combination digital systems, **E**:89, 233–234
  Minkowski addition and subtraction, **E**:89, 328
  optical symbolic substitution, **E**:89, 59–71
Arithmetic coding, **E**:97, 194
Arithmetic-geometric mean divergence, **E**:91, 38
ARMA systems, signal description, **E**:94, 322
Armored vehicle tracking radar, **ES**:14, 159
AR process, *see* Autoregressive process

Array(s), **E**:83, 14, 36, 43, 47, 76, 77, 80, 85; **ES**:11, 5, 12, 20, 29, 36, 95, 100; **ES**:23, 289
  correction, **ES**:11, 131
  curvature, **ES**:11, 130
  curved surface, **ES**:9, 218
  design, **ES**:11, 123
  electrical deviations, **ES**:11, 130
  empty, **ES**:11, 132
  filled, **ES**:11, 132
  flatness, **ES**:11, 130
  large-current radiator, **ES**:15, 153
    nonsymmetric, **ES**:15, 174
  mechanical, **ES**:11, 132
  mechanical deviations, **ES**:11, 130
  microemitter, **E**:83, 54
  receptor, **ES**:14, 117
  of rods, **ES**:23, 56
  surface, **ES**:23, 57
Array processor, **E**:85, 15, 26, 45–46, 62
Arrhenius plot
  for field adsorption, **ES**:20, 88
  heat of segregation, **ES**:20, 114
Arsenic, in Penning hot-filament ion source, **ES**:13B, 52
ART, *see* Algebraic reconstruction technique; Asymptotic ray theory
Artifact(s), **ES**:20, 199
  biological macromolecule-interface interaction, from, **M**:8, 114–119
  embedding, **M**:2, 319, 321, 323
  fixation, **M**:2, 254
Artificial intelligence, **E**:94, 277
  Turing test, **E**:94, 266–291
Asao, S., **ES**:16, 318
ASED–MO (Atom Superposition and Electron Delocalization Molecular Orbital), **ES**:20, 100, 106
Ash minerals, identification of, **M**:3, 135, 145, 152
  in bacteria, **M**:3, 126–131, 139
  in mitochondria, **M**:3, 118–123, 135
  in tissues, **M**:3, 150–152
  in viruses, **M**:3, 123–126, 152
Asia, electron microscope development in, **ES**:16, 601
Asian-Pacific electron microscopy conference
  first meeting, **E**:96, 605–606
  history of meetings, **E**:96, 607, 629

Aspergillus terrens, **M:**5, 333
Assembler code, **ES:**10, 187, 250
Assembling inaccuracies, **E:**86, 226, 270
Assembly process, ferrite media, **E:**92, 179–181
Assignment, minimax algebra, **E:**90, 114
Associativity, fuzzy relations, **E:**89, 286
Astanin, **ES:**23, 334
Astbury, W.T., **ES:**16, 407, 487–488, 492–493, 494, 495
Astigmatic object, **ES:**7, 16
Astigmatism, **ES:**10, 4, 9, 236; **ES:**13A, 64–65, 67, 69, 135, 137, 139; **ES:**17, 57, 64–68, 121, 170; **M:**11, 43
 antisotropic, **ES:**17, 51, 121, 170
 axial, *see* Axial astigmatism
 in beam scanning, **ES:**13B, 67
 check for absence of, **ES:**3, 57
 difference, **ES:**17, 89–92
 dimensional limits to avoid, **ES:**3, 39
 in electron beam lithography system, **ES:**13B, 97–98, 105–108, 110, 112
 in electron lenses, **ES:**16, 250, 252, 266, 294–295, 327–341, 399–400, 528–530
 in electron optics, **M:**1, 125, 154, 163, 250
 in ion microanalysis, **ES:**13B, 24
 isotropic, **ES:**17, 57, 121, 170
 in microscope objective, **M:**14, 260–265
 in projection electron beam lithography, **ES:**13B, 124
 quadrupoles, asymptotic, **ES:**7, 44
ASTM Plate 1, E112-68, optical transforms, **M:**7, 39
ASTM Plate III, E112-68, optical transforms, **M:**7, 40
Astron accelerator
 beam postacceleration, **ES:**13C, 203
 electron gun, **ES:**13C, 143–144, 148
 emittance, **ES:**13C, 162
 simulation, **ES:**13C, 165–166
Astronauts, lunar sample selection by, **ES:**6, 314
Astronomical telescope, **ES:**11, 130
Astronomy
 delayed-choice experiment, **E:**94, 298
 radioastronomy, **E:**91, 285–290
Astrophysics, stellar spreckle interferometry, **E:**93, 143–144
ASYEBR, MC routine, **ES:**21, 424
Asymetrical lens, **ES:**13A, 95

Asymmetric aberration, **ES:**17, 64–71
 of axial astigmatism, **ES:**17, 77
 of axial distortion, **ES:**17, 77
Asymmetry, studies on, **ES:**16, 257–258
Asympototic subtraction, **ES:**19, 142
Asymptotic
 focal point and focal length, **ES:**17, 20–21, 22
 for projective, **ES:**17, 22, 414–415
 image focal length, **ES:**17, 104
 image focal plane, **ES:**17, 104
 image plane, **ES:**17, 110–111
 object focal length, **ES:**17, 104
 object focal plane, **ES:**17, 104
 object plane, **ES:**17, 102, 110–111
Asymptotic aberration, **ES:**17, 101–109
 anisotropic, **ES:**17, 102
 isotropic, **ES:**17, 102
 for quadrupole lens, **ES:**7, 39
  chromatic aberration, **ES:**17, 231
  coma, **ES:**17, 227–228
  dependence on object position or magnification, **ES:**7, 44–45
  distortion, **ES:**17, 227
  field curvature and astigmatism, **ES:**17, 227
  general formulae, **ES:**7, 50–69
  spherical aberration, **ES:**17, 228–229
 for round lenses, **ES:**7, 28
  dependence on object position or magnification, **ES:**7, 28, 32
Asymptotic aberration coefficient, **ES:**13A, 60–63, 66, 86
Asymptotic cardinal elements, **ES:**7, 12, 16
Asymptotic ray theory, **ES:**10, 26; **ES:**19, 179
Asymptotic technique, **E:**86, 261
Atack, D., **ES:**16, 471
Atmosphere, group velocity, **ES:**18, 219
Atmospheric effects, **ES:**4, 176, 190
Atomic absorption spectroscopy, **M:**9, 290–292
Atomic beams, **ES:**4, 98
Atomic beam splitter, **ES:**4, 92, 96, 108, 135
 birefringent, **ES:**4, 92
 ferromagnetic nanotip application, **E:**95, 145–149
Atomic force microscope, **E:**87, 50
Atomic-force microscope, **E:**102, 89, 114
 exposure of resist materials, **E:**102, 116

localized electrochemical modification, **E:**102, 118–119
Atomic force microscope (AFM), **E:**83, 87, 88, 89
Atomic imaging
 history at international meetings, **E:**96, 402–403, 408
 Japanese contributions, **E:**96, 615–618, 623, 625–626
Atomic layer epitaxy, **E:**86, 66; **E:**89, 222
Atomic mass, determination of, **ES:**13B, 152–157
Atomic metlcallic ion emission, **E:**95, 94
Atomic number
 emission-concentration proportionality law and, **ES:**6, 75
 intensity ratios and, **ES:**6, 81–83
 mean, **ES:**6, 16
 vs. backscattered electron yield, **ES:**6, 179
Atomic number correction, **ES:**6, 73–114
 accelerating voltage and, **ES:**6, 88–90, 110
 for alloy systems, **ES:**6, 98–111
 application to experimental data, **ES:**6, 98–111
 in binary systems, **ES:**6, 104–109
 in copper-aluminum systems, **ES:**6, 93–94
 critical excitation voltage and, **ES:**6, 90–92
 electron incident angle and, **ES:**6, 92
 evaluation of formula, in, **ES:**6, 84–94
 example calculation, **ES:**6, 113
 factor for, **ES:**6, 83
 factors affecting, **ES:**6, 95–97
 formulation of, **ES:**6, 76–84
 in gold-aluminum systems, **ES:**6, 104–107
 in gold-silver systems, **ES:**6, 100–104
 for multicomponent system, **ES:**6, 109–111
 for nickel alloys, **ES:**6, 283
 selected binary compounds, **ES:**6, 107–109
 significance of, **ES:**6, 109
 thin-film model of, **ES:**6, 150
 universal correction tables for, **ES:**6, 95–98
Atomic number effect, **ES:**6, 46, 68–69
Atomic polarizability, **ES:**20, 28, 100
Atomic scattering factors, **ES:**4, 192; **ES:**10, 6
Atomic sites, **E:**83, 61
Atomic structure(s), **M:**12, 74
 crystal-aperture scanning transmission electron microscopy, **E:**93, 73–79

Atomic tunneling, **ES:**20, 143
Atom–probe
 imaging, **ES:**20, 66
 magnetic sector, **ES:**20, 61
 pulsed laser, **ES:**20, 140
 time of flight, **ES:**20, 51
Atoms, HVEM studies of, **ES:**16, 160–161
ATP
 histochemical localization, **M:**6, 190
 hydrolysis, **M:**6, 189, 190
 lead chelate complex, **M:**6, 192
 phosphate release, **M:**6, 189
 as phosphorylating agent, **M:**6, 190
 pyrophosphate release, **M:**6, 190
 spontaneous hydrolysis, **M:**6, 189
ATPase, **M:**6, 174, 204
 capture agent, **M:**6, 191
 electron microscopy, **M:**6, 191
 histochemical techniques, **M:**6, 191–195, 221
 optical microscopy, **M:**6, 191
 sensitivity
  to fixatives, **M:**6, 193
  to lead, **M:**6, 192, 193
 in transport, **M:**6, 310
AT & T, semiconductor history, **E:**91, 149, 168, 198
Attention, **E:**94, 289–291
Attenuation, **E:**84, 320–321, 323, 329, 332
 coefficients, **ES:**9, 125
 effect, **E:**84, 329
 function of frequency, **ES:**9, 356
 line-of-sight radar, **ES:**14, 28
 molecular absorption, **ES:**14, 25, 27
 rain and fog, **ES:**14, 24
 scattering, **E:**84, 321, 324
 in seawater, **ES:**9, 367; **ES:**11, 126; **ES:**14, 338
Attenuation coefficient, estimation
 centroid shift method, **E:**84, 324
 log-spectral difference method, **E:**84, 324
 quasi multi-narrow band method, **E:**84, 323
Attenuation constant, **ES:**18, 58
 nonreciprocal phase shifter, **ES:**5, 200
 resonance isolator, **ES:**5, 60
Attenuation correction, high frequency, **M:**4, 101–102
Attribute significance, rough set theory, **E:**94, 182–183

SUBJECT INDEX

Au, **ES**:20, 96, 259
  (5 x 1), **ES**:20, 263
  LMIS of, **ES**:20, 153, 161
Auger, P., **ES**:16, 262, 512
Auger analysis, **M**:11, 47
Auger electron appearance spectroscopy, **ES**:13B, 262
Auger electron microscope, **ES**:13A, 116–117
Auger electron spectrometry, **M**:11, 60
Auger electron spectroscopy, **ES**:13B, 262, 317–319, 340; **ES**:20, 109, 110, 119, 185, 235, 236; **M**:10, 303–304, 305–307
Auger microscope, **M**:12, 93
Auger spectrometer, **M**:12, 93, 108, 110, 112, 113
Auger voltage contrast, **M**:12, 148
Auld, A., **ES**:11, 218
Austenite-ferrite transition, **M**:10, 296
Australia
  Australian Society for Electron Microscopy
    awards, **E**:96, 46–47
    origin, **E**:96, 39–40, 46
    responsibilities, **E**:96, 46
  contributions to electron microscopy
    early history, **E**:96, 40–42, 52
    instrumentation, **E**:96, 50–51
    theory and techniques, **E**:96, 51–52
  electron microscope availability in, **ES**:16, 83
  electron microscopy centers, **E**:96, 47–50
  National Committee for Electron Microscopy
    initiatives, **E**:96, 44, 46
    national conferences, **E**:96, 42–44
    newsletter, **E**:96, 46
    origin, **E**:96, 42
  radioastronomy, **E**:91, 287
  research funding sources, **E**:96, 39
Austria
  Austrian Society for Electron Microscopy
    meetings and symposia, **E**:96, 55–56
    origin, **E**:96, 55
    publications, **E**:96, 57
  contributions to electron microscopy, *see* Glaser, W.
Autocorrelation, **M**:12, 35
Autocorrelation analysis, **ES**:20, 201
Autocorrelation function, **ES**:10, 26, 36, 201, 215–229; **ES**:23, 7; **M**:7, 108
  axial, **E**:84, 331, 334
  calculation, **ES**:10, 197
  lateral, **E**:84, 331, 334
  spatial, **E**:84, 328
Autocorrelation matrix, **E**:82, 121
Autocorrelation method, for linear prediction of speech, **E**:82, 123
Auto covariance function, **E**:84, 339
Automagnetic plasma-filled ion diode, **ES**:13C, 302, 308–309, 312
  simulation code, **ES**:13C, 324–327
Auto-magnification, direct imaging of nucleus, **E**:93, 87–89, 104
Automated cervical smear analysis, **M**:9, 350
Automated field-tracking system, functions, **M**:6, 38
Automated information retrieval, **E**:89, 306–307
  fuzzy relations, **E**:89, 272, 306–310
Automated microscopy systems, **M**:9, 326, 342–346
Automatic gain control, **E**:99, 73; **ES**:12, 200
Automatic microscope
  finding and framing, **M**:5, 53–55
  image analysis, **M**:5, 60–72
  image display, **M**:5, 55–60
  oscillating scanner, **M**:5, 50–53
  stage positioning, **M**:5, 53
  in white blood cell differential count, **M**:5, 50
Automatic programming, **E**:86, 98–99, 104, 107
Automation
  of beam emittance measurement, **ES**:13A, 235–240
  in electron beam lithography, **ES**:13B, 74, 76, 117–120
  orientation analysis, **E**:93, 320–322
Autoneutralization, **ES**:13C, 398–399, 416
  focusing limitations, **ES**:13C, 412
  longitudinal neutralization, **ES**:13C, 403–408
  in space charge ion beams, **ES**:13B, 48–49
  transverse neutralization, **ES**:13C, 399–403
Autoradiography, **E**:99, 264; **M**:2, 151
  absolute quantitation in, **M**:3, 263
  background and chemography, **M**:3, 239, 240
  background in, **M**:2, 158
  cross-fire effects, **M**:3, 259–263

of drugs and hormones, **M**:3, 226
effect of emulsion in, **M**:3, 260–263
efficiency, **M**:3, 266–267
electron microscopical, **M**:3, 219
embedding for, **M**:3, 219–228
grain distribution in, **M**:3, 243–245
junctional regions in, **M**:3, 243–245, 255
photographic technique, **M**:3, 238, 239
retention of lipids in, **M**:3, 221–228
retention of macromolecules in, **M**:3, 220, 221
silver grains in, **M**:3, 243–245
statistical analysis in, **M**:3, 241, 243–263
with tritium, **M**:2, 164
ultramicrotomy in, **M**:3, 228–238
Autoregressive process
experimental results, **E**:84, 302–309
final conditions, **E**:84, 299
initial conditions, **E**:84, 297–298
parameter estimation
Box-Jenkins, **E**:84, 297–298
covariance, **E**:84, 291
direct method, **E**:84, 288
exact likelihood, **E**:84, 296–297
finite sample size results, **E**:84, 292–293
forward-backward, **E**:84, 298–302
relation to Jordan algebra, **E**:84, 293, 295–296
transformation method, **E**:84, 288–289, 291
power spectral density, **E**:84, 287, 292, 302
signal description, **E**:94, 322, 325
used in example, **E**:84, 287
Autoresonant accelerator, **ES**:13C, 461–463
Autotasking, Cray computers, **E**:85, 292–297
Auxiliary grill, **DS**:1, 142
Avalanche buildup time, **E**:99, 86
Avalanche discharge, **ES**:22, 364
Avalanche effects, microplasmas, **M**:10, 61
Avalanche multiplication, **E**:99, 81–82, 84
Avalanche photodiodes
avalanche multiplication, **E**:99, 81–82, 84
bandwidth, **E**:99, 86
critical device parameters extraction, **E**:99, 102–120, 153, 155
error analysis, **E**:99, 110–113, 118–119, 155
dark current, **E**:99, 74, 88, 150–153, 154, 156
germanium, **E**:99, 89–90

indium phosphide-based, **E**:99, 142–146, 146
low-noise and fast-speed heterojunction APDs, **E**:99, 94–96
for multigigabit optical fiber communications, **E**:99, 65–156
multiplication excess noise, **E**:99, 84–86
multiquantum well-superlattice, **E**:99, 94–96
photocurrent, **E**:99, 87
photogain, **E**:99, 74, 120–135, 155
temperature dependence, **E**:99, 135–150
planar, **E**:99, 96–102, 121
quantum efficiency, **E**:99, 87
rate equations and photogain, **E**:99, 82–84
SAGCM InP/InGaAs, **E**:99, 73, 92–94, 99–156
SAM and SAGM InP/InGaAs, **E**:99, 90–92
silicon, **E**:99, 89
staircase avalanche photodiodes, **E**:99, 94–95
Avalanches, electron, **ES**:1, 4, 129, 168
Avalanching, **E**:83, 21, 29, 31, 34, 85
Average
displacement/shift of test particle, **ES**:21, 113, 335, 346–347
interaction force, **ES**:21, 62, 63, 336, 339
reference trajectory, **ES**:21, 306, 331–332
Average image surface, **ES**:17, 67
curvature of, **ES**:17, 67–68
Average period, **ES**:9, 9
Average power, **ES**:15, 115
Average power pattern, **ES**:14, 93
Average stage-time, **E**:90, 59
Average-to-peak power ratio, **ES**:14, 268
Average velocity, **ES**:18, 216
Average wavelength, **ES**:9, 9
Averaging, *see also* Lattice averaging; Rotational averaging
identification filters, **E**:94, 385
Avian salt gland, **M**:6, 194
Avogadro's constant, **ES**:17, 11
Awareness
mind, **E**:94, 262–263
neural network model, **E**:94, 289–291, 293
Axial astigmatism, **E**:86, 239, 240, 278; **ES**:17, 78, 80–81, 96–98
Axial astigmatism in electron optical transfer function, **M**:13, 278–279

and rotationally symmetric third order aberration, **M:**13, 280–284
Axial chromatic aberration, correction of, **M:**14, 270–277
Axial chromatic aberration coefficient, development of, **ES:**16, 322
Axial current density, **ES:**4, 74
Axial energy, **E:**103, 37
Axial field computation in magnetic lens, **M:**13, 51–54
Axial field curve, for lens, **ES:**13A, 41–42
Axially symmetrical system, paraxial ray equation, **ES:**13C, 4–7
Axial resonance scattering, Bloch waves, **E:**90, 302–310
Axial velocity, **ES:**4, 74
  spread
    generation of, *see* Boersch effect
    reduction of, **ES:**21, 45–46
    in terms of experimental parameters, **ES:**21, 29
Axioms, mathematical, **ES:**15, 23
Axiomtic justification, **E:**90, 16
Axion
  depiction, **E:**86, 144
  image, **E:**86, 144
  logical, **E:**86, 144–145
  scene, **E:**86, 144
Axis conventions, orientation analysis, **E:**93, 279–280
Aysmptotic ray theory, **ES:**10, 26
Azimuth, **ES:**11, 25
Azimuthally symmetric, **ES:**17, 249–255, 258, 268
Azimuthal symmetry, **ES:**17, 249
Azimuth pattern, **ES:**23, 255, 274
Azo dye technique
  for alkaline phosphatase, **M:**6, 186–188
  with aryl thioester azo dye, **M:**6, 188
  in electron microscopy, **M:**6, 186, 187, 188
  for esterases, **M:**6, 187, 197, 198
  with heavy metal diazonium salt, **M:**6, 186
  with hexazonium pararosaniline, **M:**6, 187, 188
  with indoxyl azo dye, **M:**6, 188
  in optical microscopy, **M:**6, 186
  with osmiophilic azo dye, **M:**6, 186, 187
  with p-mercuricacetoxyaniline diazotate, **M:**6, 186

B

B, **ES:**20, 239, 240
  segregation, **ES:**20, 243
  in 316L stainless steel, **ES:**20, 239
Bacillus anthracomorphe, **M:**5, 335
Bacillus megaterium, **M:**5, 310, 318
Bacillus mesentericus, **M:**5, 335
Bacillus mycoides, **M:**5, 335
Bacillus proteus vulgaris, **M:**5, 318
Bacillus subtilis, **M:**5, 318, 319, 335
Bacillus subtilis, HVEM studies on, **ES:**16, 156
Back depth of field, **ES:**11, 109
Background intensity, in atomic number correction, **ES:**6, 99
Background level, **ES:**10, 60, 68, 196
Background pulse height spectrum, **ES:**6, 318, 324, *see also* Pulse height spectra
Background radiation
  estimate, **M:**6, 287
  at low concentration levels, **M:**6, 287
  relation to emitter, **M:**6, 286
  variation, **M:**6, 287
Background subtraction, **E:**92, 21
  gray-value tracking, **E:**92, 24
  linear regression, **E:**92, 22–24
Background variations, **ES:**10, 188, 204
Bäcklund relations, non-linear, KdV equations, **ES:**19, 441–442
Bäcklund transformation, **ES:**19, 351, 371, 378
  and soliton solutions, **ES:**19, 382–385
Back projection, **ES:**10, 25–26
Backpropagation, **E:**94, 288
Back-reflection mode, in divergent beam X-ray technique, **ES:**6, 398, 414, 422
Backscatter coefficient, **ES:**6, 120, 190
Backscatter correction factor, **ES:**6, 84
Backscattered current, **ES:**6, 177, *see also* Specimen current, as analysis technique
  impurity concentration and, **ES:**6, 117–118
Backscattered electron current, **ES:**6, 33, *see also* Backscattered current
Backscattered electron method, application of, **ES:**6, 38–42, *see also* Backscattering
Backscattered electrons, **E:**83, 205–206, 217
  atomic number and, **ES:**6, 179
  beam voltage, **E:**83, 238, 253
  charging, to avoid, **E:**83, 256

colloidal gold labeling, **E:**83, 214-215, 226-227
composite target method for, **ES:**6, 185-190
composition of, **ES:**6, 33
cryo-techniques, **E:**83, 253-256
detectors, **E:**83, 133, 206, 233-226
and electrostatic charging, **M:**13, 225-226
energy distribution in, **ES:**6, 178
experimental techniques with, **ES:**6, 181-190
grid method for, **ES:**6, 182-185
images of, **E:**93, 231; **ES:**6, 194-195
low beam voltage, **E:**83, 225-226, 238, 253
in low-voltage inspection, **M:**13, 127
in magnetic field, **ES:**6, 301, 305, 308
Monte Carlo, electron scattering simulations, **E:**83, 218-219
peripheral current and, **ES:**6, 186-187
quantitative analysis of, **ES:**6, 190-195
radiation damage, **E:**83, 253-254
resolution, **E:**83, 238, 253
scanning images in, **ES:**6, 192-195
specimen current images and, **ES:**6, 36-38
suppression, **E:**83, 236
universal code for, **ES:**6, 180
yields in, **ES:**6, 190
z contrast images, **E:**83, 214-215, 224, 227, 248, 251
Backscattered emission, qualitative considerations, in, **ES:**6, 178-181
Backscattering, **ES:**6, 15-16; **ES:**13A, 321-322, *see also* Backscattered electrons
angle of incidence and, **ES:**6, 21
angular distribution of, **ES:**6, 27-28
spectrum, **E:**84, 320-321, 324
intercept, **E:**84, 324
slope, **E:**84, 324
Backside illumination
BIFT CCD, **D:**3, 232-233
of image sensors, **ES:**8, 190-195
Backstreaming secondary electrons, in beam measuring devices, **ES:**13A, 248
Backtracking, **E:**86, 98, 125
Backward Kalmam filter, **E:**85, 49-54, 57, 69
Backward orbit, **E:**90, 21
Backward predictor, **E:**84, 299
Backward recursion, **E:**85, 43; **E:**90, 19-21, 35

Backward-wave oscillators, **ES:**4, 64
Bacteria, **M:**5, 305, see also *specific organisms*
cryoultramicrotomy of, **ES:**16, 203
early electron microscopy of, **ES:**16, 493, 511, 513
electron microscopy, **M:**2, 242 *et seq.*
flagella studies, **E:**96, 280, 742
Japanese contribution to ultrastructural studies, **E:**96, 735, 741-744
manipulation on tracking microscope, **M:**7, 5-8
megavolt electron microscopy of, **ES:**16, 115-116, 117, 147-151
movement, **M:**7, 5
radiation damage, **M:**5, 335, 336, 343
tracking microscope and, **M:**7, 1, 12
vegetative, radiation damage repair, **M:**5, 338
viruses and DNA, **M:**10, 311-312
Bacterial flagella, **M:**5, 300, 301, 302
Bacterial rhodopsin, tree-dimensional reconstruction, **M:**8, 108
Bacterial spores
mineral content, **M:**3, 126-131, 139
radiation damage, **M:**5, 318, 319
Bacterial viruses, **M:**6, 228
structure, **M:**6, 241, 242
tailed, **M:**6, 242
Bacteriology, early electron microscope use in, **ES:**16, 112-144
Bacteriophage(s), **ES:**20, 261, 272; **M:**5, 314
DD6
electron micrograph, **M:**7, 357
protein units, rearrangement, **M:**7, 365
structure, **M:**7, 364
tails, geometrical parameters, **M:**7, 361, 363
structure, **M:**7, 363
early electron microscopy of, **ES:**16, 114, 169, 204, 549
electron micrograph, **M:**6, 228
half plane image, **M:**7, 233
HVEM studies on, **ES:**16, 151, 158
negative staining, **M:**6, 287; **M:**7, 288
ϕ, three-dimensional reconstruction, **M:**7, 368
Φ5, elementary disc, three dimensional reconstruction, **M:**7, 362
sheath sub units, structure, **M:**7, 360

radiation damage, **M**:5, 318
sheaths, three-dimensional structure, **M**:7, 338
tails, three dimensional structure, **M**:7, 295, 356
T_2, DNA arrangement, **M**:8, 66
T_4
  base plates, electron micrographs, **M**:7, 303
  DNA arrangement, **M**:8, 66
  electron micrograph, **M**:7, 313
  freeze-drying specimen preparation, **M**:8, 116
  geometrical parameters, **M**:7, 361
  polysheath, electron micrograph, **M**:7, 366
  tails, contraction, **M**:7, 361
T_6
  electron micrograph, **M**:7, 357
  tail, optical diffraction pattern, **M**:7, 359
  three-dimensional reconstruction, **M**:7, 359
  three-dimensional structure, **M**:7, 356–367
  tubes, three dimensional structure, **M**:7, 295
Bacteriophage-dye complexes, orientation, **M**:8, 60
Bahnmethode, for aberration coefficients, **ES**:16, 353
Bakelite, use in projector lens, **ES**:16, 241
Baker–Campell–Hausdorff formula, **E**:97, 347
Ballistic transport, **E**:83, 2, 68; **E**:89, 107
  Aharonov–Bohm effect-based devices, **E**:89, 144–145, 151–152, 166
  energy, **E**:83, 18
  motion, **E**:83, 18
  space charge effects, quantum mechanical analysis, **E**:89, 130–133
Balzers electron microscope, **ES**:16, 57
Banach, **ES**:9, 25
Banach's fixed-point principle, **ES**:19, 254
Banana system, **DS**:1, 196–200
Banana tube, **DS**:1, 196–198, 199–200
Band
  anisotrophy of, **E**:82, 209, 213, 221
  conduction, isotropic, **E**:82, 209
  impurity, **E**:82, 198, 206, 245
  rigid parabolic, **E**:82, 209
  valence, complex structure, **E**:82, 213

Band discontinuities, *see* Band offsets
d-Band emission freeze-drying specimen preparation, **M**:8, 218
Bandgap(s), **E**:82, 244; **ES**:24, 2, 3, 5, 69–76, 82, 86, 95, 98–115, 133–137, 142, 143, 147, 152, 159, 160, 163, 166, 173, 176, 178, 179, 181–189, 194, 199, 215, 216, 219, 227, 246, 249, 250
  of InAs, **ES**:24, 214
  quasi-direct, **ES**:24, 2, 124, 128
Bandgap narrowing, **ES**:24, 84, 86, 167, 168, 178, 194
Bandgap semiconductor, tunneling, **E**:99, 88
Bandler–Kohout compositions, **E**:89, 271–276
  associativity, **E**:89, 286
  cuttability, **E**:89, 287–288
  fuzzy relations, **E**:89, 279–289
Band-limited functions, **ES**:10, 39, 44–55, 87–89, 127–129, 134–136, 146–148
  not unimodular, **ES**:10, 51, 54
  periodic, **ES**:10, 39, 89–91, 94
  of two variables, **ES**:10, 55–57
Band offsets, **ES**:24, 3, 69, 71, 72, 74–78, 84, 123, 128, 166, 176, 192, 194, 216, 227
  of AlGaAs/GaAs, **ES**:24, 216
  effect of heavy doping on, **ES**:24, 82–86
  experimental studies of, **ES**:24, 77, 78
Bandpass filter, **ES**:13B, 266, 322
Band structure, **E**:82, 220, 244; **ES**:22, 350; **ES**:24, 5, 7, 69, 78, 89, 97, 104, 206, 220, 253
  of alloys, **ES**:24, 98
  anisotropy, effect on conductivity tensor, **E**:92, 90–93
  effect of electron-impurity interaction, **E**:82, 199
  effect of fluctuation of impurity concentration, **E**:82, 200
  effects, field electron emission, **M**:8, 218
  of silicon and germanium, **E**:82, 198
  of superlattices, **ES**:24, 69, 121–124
  of valence band, **ES**:24, 78, 89
Band tails, **E**:82, 206, 245
  formation of, **E**:82, 200
  Halperin–Lax, **E**:82, 234
  Kane, **E**:82, 232
  quantum mechanical theory of, **E**:82, 200, 232
  theory of, **E**:82, 198

Bandwidth, **ES:**12, 38, 141; **ES:**15, 189, 217; **ES:**22, 222; **ES:**24, 182–187, 191, see also *specific devices*
  avalanche photodiodes, **E:**99, 86, 92–94
  broadcast color, **ES:**12, 190, 210–212
  compression of, **ES:**12, 120, 122, 126, 153, 158
  defined, **E:**99, 76
  digital characters, **ES:**14, 333
  estimation, **M:**7, 160
  frame replenishment coding, and, **ES:**12, 190, 196
  of maser amplifier, **ES:**2, 33
  of maser oscillators, **ES:**2, 29, 175–176, 181–182
  moving images, **ES:**11, 137
  multiplexing, **ES:**11, 152
  redistribution, **ES:**12, 126, 129, 136
  relative, **ES:**14, 19; **ES:**15, 2
  requirements, **ES:**12, 120, 143, 153, 169
  resonance isolator, **ES:**5, 62, 66, 68
  of resonator, **ES:**2, 28
  spatial resolution, **ES:**14, 162
  TEM-mode cut-off switch, **ES:**5, 152
  videotelephone signals, **ES:**12, 79, 109, 190, 196–197, 205, 207, 211
  Y-junction circulator, **ES:**5, 123, 124
Banyan interconnections, **E:**102, 237, 238, 239
Bare mass of an electron, **E:**101, 211
Barer, R., **ES:**16, 59
Bargmann–Michel–Telegdi equation, **E:**95, 375
Bargmann-type solutions, equations without sources, **ES:**19, 142, 146, 147, 149–150
Barium ferrite, **ES:**5, 9, 56
Barium sulfide, **ES:**1, 167
Barium titanate, **ES:**1, 176
  early electron microscopy of, **ES:**16, 340, 341
Barker, **ES:**14, 139, 250; **ES:**15, 179
Barker code, **ES:**9, 337; **ES:**15, 12
  ambiguity function, **ES:**14, 258
  Doppler shift, **ES:**14, 251
Barker-like codes, **ES:**9, 117
Barlow, **ES:**15, 228
Barnes–Wall lattice, **E:**97, 217–218
Barometric height, **E:**85, 13–14
Bar patterns, Fourier optics, **M:**10, 25–27
Barrett, **ES:**23, 48
Barrier layer, **DS:**1, 17, 174–176

Barrow, **ES:**15, 219, 265
Barton, **ES:**9, 419; **ES:**14, 24, 144, 216, 257; **ES:**15, 17, 40, 165, 195; **ES:**23, 2, 17, 20
  radar reference system, **ES:**14, 27
Barut generalized approach, **E:**101, 159–160
Bas, E.B., **ES:**16, 57
Basal
  electron probe microanalysis, **M:**6, 276
  X-ray color composite, **M:**6, 293
  X-ray scan, **M:**6, 281, 295, 296
Basalt, pulse height spectrum for, **ES:**6, 323, 341
Baseband signal design, **ES:**9, 331
Base current, **ES:**24, 177
Base resistance, **ES:**24, 133, 140, 144, 148, 153–160, 162, 163, 169–171, 246
  extrinsic, **ES:**24, 1
  intrinsic, **ES:**24, 1
Base transit time t_B, **ES:**24, 169
Basic probability
  assignment, **E:**94, 171, 175
  number, **E:**94, 171
Basic processor, imaging, **ES:**11, 133
Basic protein film techniques, **M:**8, 125–127
Basic triode studies, **ES:**3, 10
Basin stabilization, quantitative particle motion, **E:**98, 50–51
Basis algorithms, **E:**89, 334–349, 383–384
  binary t-mappings, **E:**89, 336, 366
  general basis algorithm, **E:**89, 337–349, 363–365, 370–374
  gray-scale t-mappings, **E:**89, 336–337, 366–374
  rank order-statistic filters, **E:**89, 335
  translation-invariant set mapping, **E:**89, 361–366
Basis representation, **E:**89, 331–333
  dual basis, **E:**89, 348–349
  filtering properties, **E:**89, 349–358
  gray-scale t-mapping, **E:**89, 368
  transforming, **E:**89, 374–383
  translation-invariant set mapping, **E:**89, 359–360
Basis restriction MSE, **E:**88, 47–48
Bass, **ES:**9, 483
Bates, **ES:**18, 36
Bathtub-model electron microscope, **ES:**16, 82, 84, 86
Bauer's formula, **M:**13, 263

Bausch and Lomb
  blister microscope
    construction, **M**:5, 35
    operation, **M**:5, 35
  in-cell microscope, **M**:5, 35
Baxter, A.S., **ES**:16, 446
Bayesian approach, regularization, **E**:97, 87–88, 98–104
Bayesian classification, pixels, **E**:97, 68
Bayless, **ES**:9, 489
Bayrd, **ES**:18, 37, 239
BBGKY hierarchy, **ES**:21, 36
BCCDs, *see* Bulk channel charge-coupled devices
BCH codes, **ES**:12, 213
Be, **ES**:20, 61
Beam(s), **ES**:13C, 477–490; **ES**:15, 264, 265, 268, see also *specific types of beams and specific properties of beams*
  angular distribution from triode, **ES**:3, 30–35
  current calculations, **ES**:3, 38, 167–170
  equivalence in screen excitation, **ES**:3, 217–220
  groups of, **ES**:11, 147
  parameters, *see* Experimental parameters
  and plasma interface, *see* Plasma–beam interface
  simultaneous, **ES**:11, 93
  space charge spreading, **ES**:3, 68, 75–76, 83–84, 86–88
  stops, calculation of diameter, **ES**:3, 169, 184–186
  threshold condition, **E**:90, 331–332
Beam alignment, **E**:83, 127
Beam blanking, **E**:83, 129
Beam breakup, **ES**:22, 399
  cumulative, **ES**:22, 400
  instabilities, **ES**:22, 349, 365
  regenerative, **ES**:22, 401
  suppression, **ES**:22, 400
  threshold, **ES**:22, 400
Beam brightness, **ES**:13A, 159–259; **ES**:13B, 58; **ES**:13C, 481–483
  basic definitions, **ES**:13A, 176–184
  brightness-current curve, **ES**:13A, 229
  and entropy, **ES**:13C, 484
  field emission gun, **ES**:13B, 90
  field ion sources, **ES**:13B, 61–62
  intensity-brightness curve, **ES**:13A, 195, 197, 211–214
  invariance, **ES**:13A, 179–182
  lanthanum hexaboride gun, **ES**:13B, 86–87
  measurement of, **ES**:13A, 201–235
  negative ion beam, **ES**:13B, 68
  relation to emittance, **ES**:13A, 186–187
  scanning ion microscopes, **ES**:13A, 264–265, 268–289, 320
  specific brightness, **ES**:13A, 264–265
  symbols and conventions, **ES**:13A, 252–254
  tungsten hairpin gun, **ES**:13B, 85
Beam current, **ES**:4, 75
  and electron-electron interaction, **ES**:13B, 111–112
  electron gun, **ES**:13C, 148–151
  extraction of ion beams for plasma sources, **ES**:13C, 211
    solid emitters, **ES**:13C, 227
  field emission gun, **ES**:13B, 91–92
  limits, **DS**:1, 20, 28, 29, 31, 34
  thermionic gun, **ES**:13B, 87–89
Beam damage, **M**:11, 95
Beam deflection acoustooptic, **D**:2, 40–44
  digital system in, **D**:2, 41
  galvanometer type, **D**:2, 37–40
  in laser displays, **D**:2, 31–44
  raster irregularity compensation in, **D**:2, 36–37
  resolution capability and scanning speed in, **D**:2, 31
  rotating mirror polygon type, **D**:2, 32–36
Beam deflection system, **E**:87, 192
Beam deflector, **M**:11, 138–141
Beam density profile, **ES**:13C, 246–251
Beam diameter, **DS**:1, 31
  field emission gun, **ES**:13B, 91–92
  thermionic gun, **ES**:13B, 87–89
Beam divergence
  ion beams, **ES**:13C, 411, 423
  ion extraction optics, **ES**:13C, 243–252, 257–258, 262–264, 283–286
    effect of aberrations, **ES**:13C, 273–280
    effect of charge particle temperature, **ES**:13C, 267–268
    effect of density variations, **ES**:13C, 269–272

effect of ion transverse energy spread, **ES**:13C, 280–282
effect of plasma density, **ES**:13C, 282–283
mean quadratic energy broadening, **ES**:13C, 502–503
plasma channel beam transport, **ES**:13C, 332
Beam emittance, **ES**:13A, 159–259; **ES**:13B, 58, 148–150
  basic definitions, **ES**:13A, 184–186
  constant, **ES**:13A, 196–197
  coupling due to magnetic field, **ES**:13A, 187–189
  ellipse, **ES**:13A, 183, 185–186
  improvement of concept of, **ES**:13A, 192–194
  intensity-emittance characteristic curve, **ES**:13A, 194–198
  invariance, **ES**:13A, 184–185
  measurement of, **ES**:13A, 201–248
    automation and continuous display, **ES**:13A, 235–240
    possibilities and limitations of various methods, **ES**:13A, 250–251
    systematic errors, **ES**:13A, 240–248
  negative ion beam, **ES**:13B, 68
  in quadrupole lens, **ES**:13A, 128
  relation to brightness, **ES**:13A, 186–187
  root-mean-square emittance, **ES**:13A, 198–200
  symbols and conventions, **ES**:13A, 252–254
  transport system, **ES**:13A, 189–192
Beam energy, **E**:83, 120, 187
Beam entropy, **ES**:13A, 200
Beam envelope equation, **ES**:13B, 48
Beam extraction, *see* Ion beam, extraction of high-intensity beams from sources
Beam focusing, **E**:83, 181, 187
  target preparation, **E**:83, 183
Beam-foil experimentation, with STIM, **ES**:13A, 308, 310
Beam former/forming, **ES**:11, 33, 41; **ES**:15, 150, 178; **ES**:23, 305, 311
  active, **ES**:11, 91
  circuit, **ES**:11, 83, 94
  circuits, **ES**:15, 196
  coded carrier, **ES**:14, 208
  Doppler effect, **ES**:14, 195
  linear difference, **ES**:14, 164

  MTI technique, **ES**:14, 216
  passive, **ES**:11, 82
  pulse slopes, **ES**:14, 218
  quadratic difference, **ES**:14, 165
  resolvable points, **ES**:14, 161
  signal-to-noise ratio, **ES**:15, 193
  statistical, **ES**:15, 190
  two-dimensional, **ES**:11, 84
Beam generating function, **ES**:6, 126–128
Beam geometries, of metal specimens, **ES**:6, 220–221
Beam geometry quantities K, K_1 and K_2, **ES**:21, 180, 348, 510, 516
Beam hyperemittance, **ES**:13A, 176–180
  constant, **ES**:13A, 196–197
  current-hyperemittance curve, **ES**:13A, 229
  hole-screen method of measurement, **ES**:13A, 221
  intensity-hyperemittance curve, **ES**:13A, 195–198
  invariance, **ES**:13A, 180
  pepper-pot method of measurement, **ES**:13A, 215–219
Beam-index tube, **DS**:1, 15–16, 155–172
  Apple system, **DS**:1, 159–163
  circuit delay, **DS**:1, 169
  color pulling, **DS**:1, 158
  electron gun, **DS**:1, 163, 167
  frequency separation, **DS**:1, 158, 159, 164
  grid signal, **DS**:1, 167
  run-in stripes, **DS**:1, 166
  screen printing, **DS**:1, 161–162, 167
  secondary emission, **DS**:1, 159–163
  signal generation, **DS**:1, 160–161, 165–166
  three-beam, **DS**:1, 156
  UV-phosphor, **DS**:1, 163–167
Beam-induced conductivity, **E**:83, 234
Beam lag, in pyroelectric vidicon, **D**:3, 27–31
Beam line
  control and optimization, problem of, **ES**:13A, 161
  design, problem of, **ES**:13A, 161
Beam loading, **ES**:22, 340, 361
  single-bunch, **ES**:22, 398
Beam luminance, **ES**:13A, 177, 179
Beam-optical element matching, **ES**:13A, 189–192
Beam parameters, *see* Experimental parameters

Beam pattern, **ES**:11, 22, 23
  defined, **ES**:9, 197
  round trip, **ES**:11, 156
  two-dimensional, **ES**:9, 200; **ES**:11, 26, 27
Beam perveance, **ES**:4, 74, 75
Beam phase space, **ES**:13A, 162, 165–176, 189, 192, *see also* Density, in phase space
Beam-plasma interface, *see* Plasma–beam interface
Beam potential, **ES**:4, 74
Beam profile
  generation of, **ES**:6, 126–128
  monitor, **ES**:13A, 230, 233–235
Beam propagation method, **E**:93, 175
  basic equations, **E**:93, 175–178, 186–190
  improved equations, **E**:93, 202–207
Beam rider, **ES**:14, 225
Beam scanning, **ES**:11, 92; **ES**:13B, 66–67
  alternative schemes, **M**:10, 70–71
  construction, difficulties, **M**:10, 72
  noise and flare, **M**:10, 73
  using mirrors, **M**:10, 71
  vignetting, **M**:10, 71–72
Beam scraper, electron gun, **ES**:13C, 146
Beam segment
  addition of effects per, **ES**:21, 129–132, 360–362, 527–528
  classification of, **ES**:21, 31
  with crossover of arbitrary dimensions
    angular deflection in, **ES**:21, 244–264
    Boersch effect in, **ES**:21, 202–217, 515–521
    space charge effect in, **ES**:21, 525–526
    trajectory displacement effect in, **ES**:21, 292–297, 522–524
  cylindrical, homocentric, **ES**:21, 31
    angular deflections in, **ES**:21, 235–244, 509–510
    Boersch effect in, **ES**:21, 193–202, 508–509, 521
    space charge effect in, **ES**:21, 357–360, 526–527
    trajectory displacement effect in, **ES**:21, 290–292, 510, 524–525
  narrow
    angular deflections in, **ES**:21, 228–235, 512
    Boersch effect in, **ES**:21, 180–193, 510–511, 512–514
    space charge effect in, **ES**:21, 355–356

    trajectory displacement effect in, **ES**:21, 276–289, 511, 512, 514
Beam shaping, in electron beam lithography, **ES**:13B, 112–117
Beam splitter, *see* Atomic beam splitter
Beam spot size, **E**:93, 182
  in ion microscopy, **ES**:13A, 265–267
Beam temperature, **ES**:21, 40–49
  definition of, **ES**:21, 41
  longitudinal, in terms of experimental parameters, **ES**:21, 45
  transverse, in terms of experimental parameters, **ES**:21, 48
Beam transmission efficiency, of Penning hot-filament ion source, **ES**:13B, 52
Beam transport, *see also* High-intensity beam, transport and focusing of unneutralized beams; Plasma channel beam transport
  in ion implantation, **ES**:13B, 47–50
Beam transport system, **ES**:13A, 159–161, 189–192
Beam voltage, SEM (V0), **E**:83, 207
  contrast, **E**:83, 209, 235–236
  effects
    beam misalignment, **E**:83, 230
    radiation damage, **E**:83, 209–210
    resolution, **E**:83, 220–241
Beam waist, **ES**:4, 155
Beam width, *see* Maser radiation, spatial distribution
Bear, R. S., **ES**:16, 288–289, 292, 293
Beatty, **ES**:15, 267
Beat wave accelerator, **ES**:13C, 465–466
Beaver, L., **ES**:11, 12, 220
Becke line method, **M**:1, 65, 66
Becker, **ES**:9, 236; **ES**:14, 57; **ES**:15, 1, 45, 95, 264; **ES**:18, 34, 43, 46; **ES**:23, 52, 330
Beer, early electron microscopy of, **ES**:16, 488–489
Beer–Bouger law, **M**:6, 150
Belgium
  Claude, Nobel Prize, **E**:96, 76–77
  contributions to electron microscopy, *see* Marton, L.
  electron microscopy in, **M**:10, 221–222
  instrumentation
    Antwerp facilities, **E**:96, 77–78
    distribution, **E**:96, 76–77
    history, **E**:96, 72–74

Society for Electron Microscopy
  meetings and conferences, E:96, 75
  origin, E:96, 74–75
Belief function, E:94, 171
Bell, W., ES:9, 2; ES:16, 584
Bellin, J.L., ES:11, 218, 220
Bell Laboratories, D:2, 51–52, 120, 159
  semiconductor history, E:91, 143, 184, 193–195, 198, 200, 202
Bell-shaped field, round lenses, ES:7, 12
Bell-shaped model
  asymmetric, ES:7, 149–175
  symmetric, ES:7, 82
    single quadrupole formulae, ES:7, 144–149
Belt, E:84, 68
  identity element in, E:84, 69
  null element, E:84, 69
BEM, *see* Boundary element method
Bend extinction contour, E:93, 60
Bending magnet, in ion implantation, ES:13B, 46–47, 58
Benjamin-Ono equation, ES:19, 392
Bennet, ES:23, 44
Bennett, ES:14, 44
Bennett pinch
  electron beam propagation in gases, ES:13C, 361–364
  in space charge optics, ES:13C, 25, 41–42
Bent foil zone axis pattern (ZAP), E:93, 69, 75, 77
Bent-plate electrode systems, D:1, 169
Benzophenone, fluorescence from, ES:2, 132–133
Benzyldimethylalkyammonium chloride, basic protein film preparation, in, M:8, 125–126
Berauer, ES:9, 158
Berlin
  early work on electron microscope in, ES:16, 23–24, 226
  Fourth International Congress for Electron Microscopy (1958), ES:16, 376
  recollections of pre-World War II days in, ES:16, 23–24
Berlin University Electrotechnical Institute (Technische Hochschule), as scene of invention of electron microscope, ES:16, 2, 23, 105, 318

Bernal, J.D., in history of electron microscope, ES:16, 26, 39–40, 51
Bernfeld, ES:14, 257
Bernoulli, ES:18, 1
Bernoulli polynomials, ES:9, 22
Bernoulli's product method, ES:14, 18; ES:15, 222
Bernoulli trials, ES:12, 240, 246
Bertein, F., ES:16, 250, 251, 261, 328
Bertein method, E:86, 246, 249; E:103, 284–285
Bertein's corrector, ES:16, 252, 260
Bertram, ES:14, 30, 32
Bertram's model of potential distribution, M:13, 139, 144
Beryllium, K spectrum for, ES:6, 159–160
Beryllium fluoride support films, M:8, 123
Beryllium oxide, ES:1, 168
Bessel and Henkel functions, ES:19, 333
Bessel beams, E:103, 30
Bessel function(s), E:92, 109; ES:14, 12; ES:22, 71, 83, 203, 270, 345; M:13, 262–263
  resonant circuit, ES:14, 13
  series, E:94, 132–133
Bessel inequality, ES:9, 24
Besslich, ES:9, 145, 146; ES:18, 236
Best image voltage, ES:20, 83
  in field ion microscopy, ES:13A, 274, 277
Best transform, ES:9, 158, 178
βV_A, ES:24, 163, 164
Betatron
  motions, ES:22, 151, 152, 155, 368, 378
  oscillation, ES:22, 198, 295
  period, ES:22, 156, 157
  phase advance, ES:22, 295
  wavenumber, ES:22, 155
Betatron frequency, high-intensity beams, ES:13C, 51, 55–56, 65
  long bunched beams, ES:13C, 123–124
  matched beam, ES:13C, 76
Betatron orbit, in space charge optics, ES:13C, 8, 33
Betatron oscillation, in space charge optics, ES:13C, 9, 28, 32–33, 35, 38
Bethe diffusion theory, ES:6, 76–78
Bethe theory, *see also* Vickers Image-Shearing Module Mark I; Vickers Image-Shearing Module Mark II
  angular distribution, M:9, 97–100

binocular equipment, development of, **M**:9, 227-228
binocular image-shearing microscopes, **M**:9, 223-242
  coincidence setting shear, **M**:9, 240-242
    graticule, **M**:9, 241-242
  common path Sagnac interferometer, **M**:9, 226-227
  Compton scattering and, **M**:9, 99, 100
  condenser aperture and, **M**:9, 238-239
  design considerations, **M**:9, 228-230
  dichronic filter, **M**:9, 230-231
  Dyson's image-shearing eyepiece, **M**:9, 225-226, 229, 230
  energy distribution of scattered electrons, **M**:9, 100-108
  GOS, angular distribution and, **M**:9, 97-98
  historical development, **M**:9, 224-227
  Hopkins' image-shearing system, **M**:9, 226-227, 231
  imagery of edges, **M**:9, 236-237
  image-shearing
    eyepiece, **M**:9, 225-226, 228
    measurement procedure, **M**:9, 223-224
  low contrast conditions, **M**:9, 240
  Michelson system, **M**:9, 228-229, 230, 231
  phase shifts, object thickness and, **M**:9, 239-240
  precision, **M**:9, 236-240
  quasistatistical facility, **M**:9, 224
  removal of second image, **M**:9, 230
  ringing effect, **M**:9, 239
  setting precision, **M**:9, 237-238
  tilt threshold, **M**:9, 231-232
  transparency of objects and, **M**:9, 239
  vibrating mirror system, **M**:9, 225
Beyer phase contrast device
  construction, **M**:6, 89
  principles, **M**:6, 88, 89, 90
  strict phase contrast, **M**:6, 90
BGN, *see* Bandgap narrowing
Bhattacharyya's coefficient, **E**:91, 43
Bhattacharyya's distance, **E**:91, 43, 125
  symmetrized Chernoff measure, **E**:91, 128-129
  unified (r,s)-J-divergence measure, **E**:91, 131-132
Bianchi's formula, **ES**:19, 386
Bias, **E**:90, 132

Bias condition, in magnetic field measurements, **ES**:6, 309-311
Biasing magnetic field, **ES**:5, 5, 6, 8 16, 20, see also *specific devices*
  applied field, **ES**:5, 8
  internal field, **ES**:5, 6, 8
  normalized field, **ES**:5, 6
Bias voltage
  on beam density, **ES**:3, 34-35
  on cathode loading, **ES**:3, 48-49
  effects on beam angle, **ES**:3, 35-36
  on spot density, **ES**:3, 69-72
  on spot size, **ES**:3, 64-68, 73
  on total cathode current, **ES**:3, 17-19
BICFETS, **ES**:24, 223, 245, 247
BiCMOS, **ES**:24, 254
Biconical antenna, **ES**:14, 83; **ES**:15, 92
Bi-directional transformations, **ES**:3, 9, 135, 137-138, 180
Bierman algorithm, **E**:85, 23-24, 34, 36, 68
BiFET, **E**:86, 69
BIFT (backside-illuminated frame-transfer) CCD, **D**:3, 232-233
Bile canaliculi, **M**:6, 191
Bilevel display image processing
  adaptive algorithms in, **D**:4, 176-182
  adaptive or nonadaptive, **D**:4, 162
  adaptive threshold compression in, **D**:4, 194-197
  algorithms in, **D**:4, 160-185
  algorithm switching in, **D**:4, 199-200
  constrained average thresholding in, **D**:4, 176-182
  digital, **D**:4, 157-227
    halftone thresholding in, **D**:4, 174-176
  display sites in, **D**:4, 161
  dither thresholding in, **D**:4, 170-171
  dual-purpose algorithm techniques in, **D**:4, 194-200
  edge enhancement in, **D**:4, 167
  histogram-balanced thresholding in, **D**:4, 189-192
  modifications of basic algorithms in, **D**:4, 185-202
  modified local average thresholding in, **D**:4, 165
  and multiply display sites/pel, **D**:4, 182-185
  nongray scale algorithms in, **D**:4, 162-168

ordered dither thresholding in, **D**:4, 170–174
overflow counting in, **D**:4, 178–182
periodic intensity matching in, **D**:4, 192–194
picture elements in, **D**:4, 161
processing images for multilevel and color displays, **D**:4, 201–202
pseudogray scale algorithms, in, **D**:4, 162, 186–185
pseudogray scale enhancement in, **D**:4, 189–194
pseudogray scale image animation in, **D**:4, 213–216
quantization range in, **D**:4, 161
random and periodic random thresholding in, **D**:4, 168–170
representation and data reduction in, **D**:4, 202–213
single thresholding algorithm in, **D**:4, 160–163
system design in, **D**:4, 216–226, *see also* Bilevel imaging system design
Bilevel image
  Laplacian, **D**:4, 199–200
  representation
    block encoding and, **D**:4, 204, 209
    chain-link encoding and, **D**:4, 205
    data reduction in, **D**:4, 202–213
    image coding in, **D**:4, 203–211
    message coding in, **D**:4, 203–204, 211–213
    predictive encoding in, **D**:4, 210–211
    pseudogray scale images and, **D**:4, 206–211
    relative address coding and, **D**:4, 205
Bilevel imaging system design, **D**:4, 216–226
  algorithm selection in, **D**:4, 216–217
  animation circuitry in, **D**:4, 224–226
  area weighting in, **D**:4, 223, 224–226
  circuitry in, **D**:4, 220, 224–226
  conditional updating in, **D**:4, 225
  display medium in, **D**:4, 218
  flicker elimination in, **D**:4, 223–224
  special-purpose hardware in, **D**:4, 219–223
  system configuration in, **D**:4, 218–224
Billet's half lenses, **ES**:4, 92
Bimetallic wire, biprism, **E**:99, 188–190
Bimorph piezosensor, **E**:87, 192

Binary adders and multipliers, in logic transfer arrays, **ES**:8, 270–274
Binary alloys, specimen-current analysis of, **ES**:6, 193
Binary amplitude distribution, **ES**:15, 15
Binary Boolean set, image polynomials vs., **E**:101, 107–111
Binary diffusion, **ES**:6, 267
Binary image(s)
  algebra, **E**:90, 356
  components
    area, **E**:90, 420
    compactness, **E**:90, 421
    controid, **E**:90, 423
    diameter, **E**:90, 422–423
    height, **E**:90, 421, 423
    labeling, **E**:90, 396–415
      fast local labeling algorithm, **E**:90, 410–412, 507
      local labeling algorithm, **E**:90, 410–415
      log-space algorithm, **E**:90, 405
      naive labeling algorithm, **E**:90, 398–400
      stack-based algorithm, **E**:90, 405, 417
    moments, **E**:90, 423
    perimeter, **E**:90, 421
    shrinking, **E**:90, 389–396, 407–408
    width, **E**:90, 422, 423
  compression, **ES**:12, 219–272
    area algorithms, **ES**:12, 222, 266–271
    historical trends, **ES**:12, 222–224
    raster algorithms, **ES**:12, 222, 236–266, 271
    source characteristics, bounds and codes, **ES**:12, 224–236
  enhancement, **E**:92, 64–75
    contour chain processing, **E**:92, 70–72
    distance transform, **E**:92, 72–75
    polynomial filtering, **E**:92, 68–70
    rank-selection filters, **E**:92, 65–68
  mathematical morphology, **E**:89, 326–327
  polynomials, **E**:101, 110
  porosity analysis, **E**:93, 301–308
  representation, **E**:99, 38
Binary interaction approximation, **ES**:21, 81
Binary morphology, **E**:89, 326
Binary number system
  half adder, **E**:89, 233
  optical symbolic substitution, **E**:89, 58–59

spin-polarized single-electron logic devices, **E:**89, 223–235
Binary relations, **E:**89, 291–292
  fuzzy relations, **E:**89, 292–293
Binary threshold model, neurons, **E:**94, 276
Binary t-mappings, **E:**89, 336, 366
Binding energy
  of B at G. B., **ES:**20, 240
  of field adsorption, **ES:**20, 66, 100
  field dependent, of adsorbed noble gas, **ES:**20, 88, 89
  of He on W, **ES:**20, 92, 100
  of H on Mo, **ES:**20, 100
  of Ne on W, **ES:**20, 92, 100
Binding problem, **E:**94, 284–285
Binomial amplitude distribution, **ES:**15, 14
Biological cells, **M:**6, 83, 87, 105, 128
Biological macromolecules
  artifacts produced by interaction with surfaces, **M:**8, 114–119
  binding energies, **M:**8, 108
  damage to on mounting, **M:**8, 113, 115–117
  degree of ionization, **M:**8, 109
  distribution artifacts, **M:**8, 114–115
  environmental influence on structure, **M:**8, 109
  main bonds, **M:**8, 109
  morphological damage during sample preparation, **M:**8, 115–117
  SiO replication, **M:**8, 85
  structure preservation, **M:**8, 114–119, 122–124
  support surfaces for electron microscopy, **M:**8, 110, 119–124
  surface collapse, **M:**8, 116
  surface tension damage, **M:**8, 115–116
Biological samples, *see also* Biological specimen(s)
  microprobe analysis, **ES:**13A, 324, 341–345
  STIM imaging, **ES:**13A, 305–307, 309
Biological specimen(s)
  cytoplasmic streaming, **M:**5, 339
  damage to, *see* Biological specimen damage
  electrical effects, **E:**94, 97
    learning, *see* Animal intelligence
  electron probe microanalysis, **M:**6, 282
  homogeneity, **M:**5, 339
  irradiation effects, **M:**5, 303–309, 311–319, 335–338, 343

motility, **M:**5, 339, 340
phase contrast microscopy, **M:**6, 87
stained, **M:**6, 171
  brightfield microscopy, **M:**6, 82
  KA microscopy, **M:**6, 83
staining, **M:**5, 46, 47, 49, 54, 76, 102
thickness, **M:**5, 338, 339
viability, **M:**5, 335–338
Biological specimen damage
  in amorphous state, **M:**5, 314
  by atomic displacement, **M:**5, 308, 309
  avoidance, **M:**5, 303, 304, 306, 309, 310, 342, 343
  by contamination, **M:**5, 303, 304
  in crystalline state, **M:**5, 314
  dosage required, **M:**5, 312, 313, 314, 315, 343
  by electrostatic charge, **M:**5, 304, 305
  and high resolution, **M:**4, 87
  by ionization, **M:**5, 307, 308
  by ionizing radiation, **M:**5, 306–309, 313, 335–338, 342
  nature, **M:**5, 317, 318
  by sublimation, **M:**5, 304
  by temperature, **M:**5, 305, 306, 343
Biology, **ES:**22, 38
  applications, LVSEM, **E:**83, 242–248, 251, 254–256
  cell structure, **E:**83, 245
  histochemistry, **E:**83, 214
  yeast protoplast, **E:**83, 244
Bioluminescence, **M:**2, 1; **M:**14, 122
  development and data of, **M:**2, 31–39
  probes, **M:**14, 168–171
Biomagnetism, inverse problem, **ES:**19, 205–215
  graphical representations, **ES:**19, 210–214
  modeling sources, **ES:**19, 208
  patterns of biomagnetic signals, **ES:**19, 208–210
Biomedical applications
  image analysing computer, **M:**4, 381
  tomography
    attenuation correction, **ES:**19, 21–32
    in homogeneous media, **ES:**19, 28–32, 35–46
Biomolecule, **ES:**20, 261
Biophysics, **ES:**22, 24
Biopyriboles new, **E:**101, 28–30
  origin of term, **E:**101, 28
  polysomatic defects and, **E:**101, 27–32

SUBJECT INDEX

Biorthogonal functions, Gabor expansion, **E**:97, 27–29
Biotite, oligoclase porphyroblast in, **M**:7, 37
Biot–Savart law, **E**:82, 12, 70, 75; **E**:102, 41; **M**:13, 24, 38, 149, 161; **M**:14, 58
 and thin lens elements, **M**:14, 73–75
Bipolar bucket-brigade devices, **ES**:8, 17–18
Bipolar diode, **E**:87, 217, 230, 232, 244
Bipolar memory, **E**:86, 59
Bipolar technology, **ES**:24, 159
Bipolar transistor(s), **E**:82, 202; **E**:87, 230, 232, 244; **E**:89, 136; **ES**:24, 134–145
Bi-potential lens
 with elliptical defects, tolerance calculations, **M**:13, 55–57
 spherical aberration of, **M**:13, 48–51
Biprism
 electron, **E**:99, 173, 176–184
 electrostatic, **E**:99, 188–190, 193
 off-axis holography, **E**:89, 5, 7, 9–10, 22
Birbeck College, London, in history of electron microscopy, **ES**:16, 25–26
Bird's nest orchid root, early electron microscopy of, **ES**:16, 109
Birefringence, **M**:1, 74, 78, 81, 88, 95
 applied electric fields and, **D**:2, 86–88
 strain biasing and, **D**:2, 85–89
 effect in PLZT ceramics, **D**:2, 67
 in large-screen displays, **D**:1, 256–259
 measurement of, **M**:1, 89
 sign of, **M**:1, 92
 variable, **D**:2, 68
Birefringence device, transverse mode interdigital-array, **D**:2, 125–136
Birefringence-mode strain-biased image storage and display devices, **D**:2, 83–104
Birefringent crystals, **M**:8, 37
Birefringent objects, **M**:6, 120
Birkhoff, **E**:84, 72
Birks, **ES**:18, 37
Bisection method, **E**:82, 87
Bismuth, properties, **E**:92, 82
Bispectrum, **E**:94, 324
N,N-Bis-salicyloyl-hydrazine, copper complex of cryo-electron microscopy of, **ES**:16, 215–216
Bistability
 granular electron devices, **E**:89, 207
 quantum-couples devices, **E**:89, 219, 220, 224–225
 resonant tunneling devices, **E**:89, 130–133

Bit rate, **ES**:12, 1, 148–149
 in binary image compression, **ES**:12, 219
 bit error rate and, **ES**:12, 107
 component/composite coding and, **ES**:12, 100–102, 104
 distortion/noise and, **ES**:12, 107–108, 110, 182–183, 186, 211
 frame replenishment coding and, **ES**:12, 190, 192–193, 198–205, 211, 213
 hybrid coding and, **ES**:12, 186
 low, **ES**:12, 122, 158
 in NASA model, **ES**:12, 140
 PCM reduction of, **ES**:12, 74–76, 80, 110
Bit regrouping
 coding, **D**:4, 206
 strategies, one-and two-dimensional, **D**:4, 207
Bit-reversal, **ES**:10, 192–193, 196–197, 203
Bitter pattern technique, magnetic microstructure, **E**:98, 328–329
BIV, *see* Best image voltage
Bivariate entropy, unified (r,s), **E**:91, 95–96, 98–102
Bivicon camera, **D**:2, 176–178
BJTs, *see* Bipolar transistor(s)
Blackbody radiation, **ES**:2, 94, 104–105, 180
Blackett, P.M.S., **ES**:16, 25, 39
Black paper, **ES**:4, 156
Bláha, A., in history of electron microscope, **ES**:16, 64–66
Blake, **ES**:14, 26, 27; **ES**:15, 42; **ES**:23, 18, 21
Blattman, H., **ES**:16, 241, 261
Blind deconvolution, **E**:93, 144–152
Blind restoration problem, **E**:97, 141
Blizard, M., **ES**:11, 146
Bljumin, **ES**:14, 81
Blob encoding, bilevel image representation and, **D**:4, 204, 209
Bloch condition, **E**:86, 178
Bloch domain wall, **E**:98, 327, 388
Bloch wall, **E**:87, 177–180
Bloch wave(s), **E**:86, 176, 178, 180, 186, 187; **M**:8, 218
 axial resonance scattering, **E**:90, 302–310
 bound, **E**:90, 296
 channeling, **E**:90, 293 334
 electron diffraction, **E**:90, 226, 229, 240
 one-dimensional, **E**:90, 310–317
 perturbation method, **E**:90, 251–252

planar resonance scattering, **E:**90, 313–317
two-dimensional, **E:**90, 294–310
Bloch wave-excitation amplitude, **E:**86, 187
Block
  of block complex, **E:**84, 225
  coding, **ES:**12, 266–267
  diagrams, **E:**84, 247
  matching algorithms, motion estimation, **E:**97, 235–237
  rough set theory, **E:**94, 156
Blocking switches, **ES:**5, 148–162
  description, **ES:**5, 148
  scattering matrix, **ES:**5, 149
Block-parallel methods, image recovery projection, **E:**95, 216–217
Block pulses, **ES:**9, 22
Block transforms, joint space-frequency representation, **E:**97, 11
Blood
  brightfield microscopy, **M:**6, 85
  cells, *see* Blood cells
  flow of, *see* Blood flow
  KA amplitude contrast microscopy, **M:**6, 85
  KFA phase contrast micrograph, **M:**6, 74, 75, 76, 77
  KFS phase contrast micrograph, **M:**6, 79
Blood cells
  classification, **M:**5, 45, 46
  flow of, *see* Blood flow
  red cells, **M:**6, 34
    velocity measurement, **M:**6, 39
  SiO replication, **M:**8, 85
  by stripe microkymography, **M:**7, 96
  velocity, **M:**1, 6, 7, 8, 10, 16, 23, 24, 25, 26, 29; **M:**7, 13, 74
  red cells, **M:**6, 39
Blood flow, **M:**1, 1; **M:**6, 1, 45; **M:**7, 96
  rate, **M:**7, 90
  red cells, **M:**6, 34
    velocity measurement, **M:**6, 39
Blood microvessels, diameter change, **M:**6, 13
Blooming, in image sensors, **ES:**8, 178–183
Blowfly rectal papillae, **M:**6, 192
Blue Jay missile, **E:**91, 174
Blue luminescence, **ES:**4, 10, 13, 19
Blumlein transmission line, **ES:**13C, 175–176, 180
Blurring, **E:**103, 79

B-lymphocyte fibroblasts, SiO replication, **M:**8, 85
Blyth, **ES:**14, 38
BM, *see* Boltzmann machine
B-mode image, **E:**84, 325, 327
Body centered cubic metals, **ES:**4, 278
Boersch, H., **M:**12, 13
  in history of electron microscopy, **ES:**16, 2, 24, 45, 50–51, 53, 229, 241, 327, 376, 426, 432, 513
Boersch effect, **ES:**13C, 2, 475–530; **ES:**20, 164; **ES:**21, 177–224; **M:**1, 124; **M:**7, 160; **M:**8, 18, 178, 189, 220, 256; **M:**11, 4–44; **M:**13, 125
  analytic treatment of crossover broadening, **ES:**13C, 526–529
  in beam with crossover
    of arbitrary dimensions, **ES:**21, 202–217, 515–521
    narrow, **ES:**21, 180–193, 510–511, 512–514
  comparison of theories for, **ES:**21, 466–478
  conclusions, **ES:**13C, 525–526
  and Coulomb interaction, **M:**13, 216–220
  definition of, **ES:**21, 5, 178
  energetic, **ES:**13C, 493–515
    analytical calculations, **ES:**13C, 495–499
    mean quadratic energy broadening, **ES:**13C, 499–515
    Monte Carlo calculations, **ES:**13C, 494–495
  energy distribution of charged particles after passage through a crossover, **ES:**13C, 515–519
  experimental data of, **ES:**21, 12
  general aspects of, **ES:**21, 178–180
    beam properties, **ES:**13C, 477–490
  historical notes on, **ES:**21, 11–19
  in homocentric cylindrical beam, **ES:**21, 193–202, 508–509, 521
  introduction, **ES:**13C, 475–477
  means for reducing Boersch effect, **ES:**13C, 519–525
  reducing, **M:**13, 222–224
  resulting equations for, **ES:**21, 515–521
  table of, **ES:**21, 517
  spatial, **ES:**13C, 490–493
  using Fokker–Plank approach, **ES:**21, 85

SUBJECT INDEX

Boersch ray path
  Boersch effect, E:96, 793
  development, E:96, 139
Bohm's stability criterion, for ion space charge sheath, ES:13C, 214–215, 217, 221
Bohr–Bethe stopping, in collective ion acceleration, ES:13C, 448
Bohr hydrogen radius, E:6, 22
Bol, K., ES:16, 516
Bold intersection, fuzzy set theory, E:89, 263–264
Bolezalek, ES:14, 31
Boltsmann models
  1 + 1 dimensional solutions, ES:19, 481–491
  3 independent Ni, ES:19, 483–486
  4 independent Ni, ES:19, 486–488
  mean free path going to zero, ES:19, 488
  physical interpretation, ES:19, 488
  superposition 3-planar shock waves, ES:19, 491
Boltzmann entropy, E:90, 125, 186
Boltzmann equation, ES:13A, 169; ES:22, 76
  transport, ES:21, 36
Boltzmann machine, E:97, 150–151, 153
Boltzmann's constant, ES:17, 10; ES:21, 41; ES:23, 12
Boltzmann transport equation, E:89, 111; ES:6, 18–19, 19; ES:13C, 480; ES:21, 36
  deceleration law and, ES:6, 74
  electron diffusion model and, ES:6, 80
  energy distribution in, ES:6, 28
  Everhart theory of, ES:6, 19
  magnetic field and, ES:6, 292–293
  mass penetration and, ES:6, 84–88
  single vs. multiple, ES:6, 21
  as technique in electron probe analysis, ES:6, 177–195
Bolyai, ES:9, 16
Bond breaking theory, ES:20, 110, 125
Bond distances and angles, calculation of, E:88, 145
Bonita Spring chondrite, ES:6, 231
Bonne, R., ES:16, 245
Bonola, ES:9, 16
Booker, ES:14, 84; ES:15, 79, 91, 104
Boolean algebra, fuzzy set theory, E:89, 258
Booth, N.O., ES:11, 3, 15, 222, 468
Borcherdt, ES:18, 37

Bordet, J., ES:16, 509, 511
Boreholes
  electromagnetic probing from, ES:19, 51–59
  equivalent dipole method, ES:19, 54–57
  equivalent homogenous medium approximation, ES:19, 54–57
Born, ES:14, 245
Born approximation, E:95, 313; ES:10, 6; ES:19, 540; M:14, 220
Born–Oppenheimer approximation, ES:20, 91
Boron
  diatomic molecular bond, E:98, 72–74
  K spectrum for, ES:6, 159–160, 249
Boron diode, ES:13C, 313
Boron nitride, ES:1, 171, 172
Boron oxide, field ion source, ES:13B, 63
Borrmann effect, ES:6, 413
Botany, use of image analysing computer, M:4, 381
Boucher, ES:9, 485
Bouger law, M:6, 152
Boules, ES:18, 56, 78, 87, 109, 110, 220, 221, 227, 229; ES:23, 48, 331, 332
Bound
  Cramèr-Rao, E:84, 286–287, 292, 302, 304–306, 310
  sample size, E:84, 266, 271
  trace covariance, E:84, 285–286
Boundary(ies), E:84, 199–216
  in adjacency graphs, E:84, 199, 219–220
  area, E:84, 200, 216
  definition, E:84, 217
  difficulties with, E:84, 199
  intensity gradient analysis, E:93, 267–272
  reflection, ES:18, 159
  tracking, E:84, 220
  transmission, ES:18, 154
Boundary condition(s), ES:18, 2, 48, 89, 110, 165; ES:22, 342, 344, 347
  of current vector potential, E:82, 19, 28
  Dirichlet, E:82, 11, 12, 14, 18, 27, 44, 46, 51, 52, 54, 58, 62, 63, 67, 70, 85
  of eddy current field, E:82, 21
  edge elements, E:102, 25–30
  of electric scalar potential, E:82, 10, 26, 41
  of electric vector potential, E:82, 42
  electron guns, ES:13C, 159–160
  homogeneous, E:82, 40, 45

of magnetic scalar potential, **E**:82, 12, 28, 42, 80
of magnetic vector potential, **E**:82, 16, 26, 41
mirrors, **ES**:22, 298
Neumann, **E**:82, 11, 13, 14, 18, 34, 44, 46, 51, 52, 55, 58, 61, 70, 75
propagating, **ES**:18, 115, 138
of static field, **E**:82, 4, 5, 8, 9
three-dimensional circulator model, **E**:98, 198–212
impedance boundary condition, **E**:98, 288–301
two-dimensional circulator model, **E**:98, 90–98
of waveguide and cavity, **E**:82, 39
wave transmission, **ES**:18, 161
Boundary element method
comparison of, **M**:13, 169–173
modeling electron optical systems, **M**:13, 4
as numerical method, **M**:13, 154
Boundary value kernels, **E**:92, 175–179, 183
Boundary value problem
elliptic
discretized (2-0), **ES**:19, 523, 529–532
two point, **ES**:19, 523
integral systems and new inverse problems, **ES**:19, 423–428
non-linear evolution equation, **ES**:19, 409–421
Bound Bloch waves, definition, **E**:90, 296
Bounded lattice-ordered group, **E**:84, 67, 69
radicable, **E**:84, 113
Bounded sum, fuzzy set theory, **E**:89, 263–264
Bounding, box, **E**:85, 213
Bourne, G.H., **ES**:16, 192
Boussinesq equation, **ES**:19, 464
K-P hierarchy, **ES**:19, 312
Boutin, H., **ES**:11, 3
Bowden, P., **ES**:16, 33–34
Bowen, **ES**:23, 48, 331
Box, representation of, **M**:13, 29–30
BPM, *see* Beam propagation method
Brachet Telemicroscope
construction, **M**:5, 36, 37
operation, **M**:5, 36
Bradyon-tachyon compounds, photons as, **E**:101, 162–163
Brag, W.L., **ES**:16, 29, 37, 42
in history of electron microscopy, **ES**:16, 33–35, 415, 486, 493

Bragg, W.H.B., **ES**:16, 33
Bragg angle, **ES**:17, 92
Bragg condition, **M**:11, 90
Bragg diffraction, **E**:84, 322, *see also* Bragg's law
acoustooptic, **D**:2, 23
geometry in laser displays, **D**:2, 42–43
Bragg reflection, in laser displays, **D**:2, 40–43
Bragg's law, **E**:101, 191–192; **ES**:17, 92
Brain, **ES**:11, 15, *see also* Mind
invariants, **E**:94, 292–293
mind-body problem, **E**:94, 261–262
neural network model, **E**:94, 272–273
pathological activity, **ES**:19, 207
quantum neural computing, **E**:94, 266–310
as quantum system, **E**:94, 260
reductionist approach, **E**:94, 262–263, 285
scripts, **E**:94, 290–291
somatosensory cortex, **E**:94, 291
split-brain research, **E**:94, 261, 263
vision, **E**:94, 273, 283–284, 302
Brainerd, **ES**:15, 228
Brain tumor, early electron microscopy of, **ES**:16, 172, 174, 176
Branching ratio, **ES**:2, 102
Brattgard, S.O., **ES**:16, 194
Braun, F., **ES**:16, 418, 502, 558
Braun's tube, **ES**:16, 558–560, 572
Bravais compensator, **D**:1, 270
Breakdown, **E**:87, 211, 217, 236, 240, 245; **ES**:22, 334
field, **ES**:22, 335
Breakdown pulse, **ES**:4, 159
Breakdown voltage, temperature dependence, **E**:99, 135–146
Break-even point, **ES**:4, 106
Break point, **E**:84, 244, 248
Bremsstrahlung, **ES**:1, 11, 132, 172; **ES**:22, 9, 68
Brenden, B.B., **ES**:11, 3, 219
Bretones, **ES**:18, 236; **ES**:23, 333
Bretschneider, L.H., **ES**:16, 413, 414
Brewster, **ES**:18, 166
Brewster angle, **ES**:14, 149, 377, 379
window, **ES**:2, 146, 147
Bricka, M., **ES**:16, 243
Bridge, Lord, **ES**:16, 37
Bridge formation in liquid dielectrics, **ES**:1, 31, 50, 73

SUBJECT INDEX

Bridoux, E., **ES**:11, 217
Bright and dark sites, controlled spatial density of, **D**:4, 159
Bright-field conditions, **ES**:10, 9, 59, 169
Bright-field imaging, **E**:94, 220, 252
   phase problem solution and, **M**:7, 227, 228
Bright-field microscopy, **M**:6, 82, 83, 84, 85, 86, 87, 90, 116
   complementary half plane objective apertures, **M**:7, 251–252
   phase problem and, **M**:7, 239–242, 247–249
   tilted illumination, **M**:7, 249
Bright-field TEM, **E**:90, 211
Brightly-imaged, **ES**:20, 9
Brightness, **ES**:22, 152, 161, 163, 378, 403
   apple tube, **DS**:1, 163
   banana system, **DS**:1, 200
   beam, *see* Beam brightness
   concept of, **ES**:3, 69–73
   differential, **ES**:21, 40
   electron beam, **M**:8, 139
      beam cross-section, as a function of, **M**:8, 173
      beam current and, **M**:8, 181
      calculation, **M**:8, 166, 171
      cathode diameter and, **M**:8, 181–182, 183
      cathode temperature and, **M**:8, 179
      cathode Wehnelt and cutoff voltage difference, as a function of, **M**:8, 181
      curves, maxima in, **M**:8, 184–185
      experimental determination, **M**:8, 177–179
      grid bias, dependence on, **M**:8, 180
      maximum elucidation, light optical model, **M**:8, 185–186
      measured end values, **M**:8, 179–181
      measurement techniques
         implications for, **M**:8, 171–174
         lens method, **M**:8, 174–177, 182–183
         systematic errors in, **M**:8, 168–171
      measuring aperture, permissible values, **M**:8, 170
      scattering effect on, **M**:8, 185–186
      single-crystal cathode tip orientation, influence of, **M**:8, 183–186
      theoretical value, **M**:8, 168, 170, 179–181
      thermionic cathode emission, for, **M**:8, 166–168
      two-aperture method, **M**:8, 174, 179–182

electron sources, **E**:83, 221–222, 229
field electron emission, **M**:8, 248–251
limiting factors, **DS**:1, 19–20
normalized, **ES**:21, 39, 48; **ES**:22, 280, 379, 388, 407, 408
projected picture, **DS**:1, 208
relative, black and white and color tubes, **DS**:1, 37
screen, **DS**:1, 22
shadow-mask tubes, **DS**:1, 210
Brightness contrast, **M**:6, 51
Brightness distribution, calculating, **E**:102, 303–304
Brightness gain
   focus-mask, **DS**:1, 147
   matrix screen, **DS**:1, 122
Brillouin, **ES**:15, 219; **ES**:18, 3, 215, 216
Brillouin effect, **M**:14, 122
Brillouin flow, in space charge optics, **ES**:13C, 3, 29–30
Briotta, **ES**:9, 492
Bristol, England, in history of electron microscopy, **ES**:16, 24–25
British Cotton Industry Research Association, *see* Shirley Institute
British Thompson Houston Co., **E**:91, 28, 267
Br (Ar – Br) maser, **ES**:2, 240
Broadcasting, **E**:91, 207–209
Broadside direction, **ES**:11, 92
Broadwell model 6-velocity, **ES**:19, 484–483
   non-linear shock waves, **ES**:19, 489
   with 4 different densities, **ES**:19, 485–488
   periodic solution, **ES**:19, 490
Brome mosaic virus, **M**:6, 232
   concentrated preparation, **M**:6, 263
   electron micrograph, **M**:6, 264, 265
   optical diffraction pattern, **M**:6, 265
Bromosodalite, **D**:4, 107
   powder screen, **D**:4, 109
   undoped, **D**:4, 125–126
Bromwell, **ES**:15, 228
Bronze, **M**:5, 156
Brookhaven National Laboratory, **ES**:22, 36
Browder's admissible control, image recovery projection, **E**:95, 209–211
Brown, **ES**:9, 62, 491, 495; **ES**:14, 31; **ES**:18, 236, 238
Brown, A., **ES**:16, 45, 50
Brown, R.E., **ES**:11, 223

Brownian motion, in liquid biological specimens, **M:**5, 339, 340, 343
Brüche, E., in history of electron microscope, **ES:**16, 2, 49, 227, 297, 504, 507, 568, 590
Brück, H., **ES:**16, 28, 230-234, 237, 240, 249, 254, 261, 498
Brück electron gun, **ES:**16, 243-245, 258
Bruining, H., **ES:**16, 447
BS 242 desk transmission electron microscope
  development in Czechoslovakia, **ES:**16, 69-74
  diagram of, **ES:**16, 71
BS 300 scanning electron microscope, production in Czechoslovakia, **ES:**16, 75
BS 350 scanning electron microscope, production in Czechoslovakia, **ES:**16, 413
  desk electron microscope, **ES:**16, 500, 540
BSEs, *see* Backscattered electrons
BSH (*N,N*-bis-salicyloyl-hydrazine), copper complex of cryo-electron microscopy of, **ES:**16, 215-216
BT, *see* Bäcklund transformation
BTE, **E:**89, 111
Bubble chamber recording, **M:**10, 206-207
Bubbles, quantitative particle motion, **E:**98, 44-61
Bucket, **ES:**22, 111, 113, 136, 236, 247, 256, 375
  height, **ES:**22, 113, 117, 246
Bucket-brigade devices, **ES:**8, 1-2, *see also* Junction FETs, bucket-brigade devices
  types, **ES:**8, 15-18
  vs. CCDs, **ES:**8, 4-5, 201-202
Budker's parameter, in space charge optics, **ES:**13C, 18
Buffer(s), **ES:**12, 76
  buffer control algorithm and, **ES:**12, 153
  depth-coordinate, **E:**85, 137, 147
  feedback procedures, **ES:**12, 129, 132-133, 147, 152, 154
  frame, cubic, **E:**85, 163
  in frame replenishment coding, **ES:**12, 192-194, 196, 199, 203-206, 211, 213-214
  strip (binary image compression), **ES:**12, 266
  in transform image coding, **ES:**12, 128-139, 143, 147-149, 152-154
Buffer layer(s), **ES:**24, 39, 91, 192
Bugstore, **E:**91, 242

Build-up, **E:**83, 17
  of EL emission, **ES:**1, 65-67, 79, 83, 93, 100, 107, 113, 116
  field emission cathodes, **M:**8, 253, 257
Bulb, **DS:**1, 45-46, 107-112
Bulirsch-Stoer-Gragg formula, **M:**13, 202
Bulk channel charge-coupled devices, **ES:**8, 13-14
  charge transfer and, **ES:**8, 89-91
  charge trapping, **ES:**8, 106-108
  signal handling capabilities, **ES:**8, 67-69
Bulk probes, properties, **E:**87, 138-148
Bulk transfer channels, **ES:**8, 44-47
Bulk trap noise, **ES:**8, 113-116
Bulky superconductors, critical current density in, **M:**14, 36-38
Bullets, **E:**103, 30-31
Bunched beams
  long bunches with high intensity, **ES:**13C, 119-130
  stability of short ellipsoidal bunches, **ES:**13C, 114-119
  transport of rising current, **ES:**13C, 106
Buncher/bunching, **ES:**22, 15, 34, 57, 63, 214, 333
Bunsen-Roscoe law, photomicrography, **M:**4, 389
Burch, C.R., **ES:**16, 423, 490
Burch oil diffusion pump, **ES:**16, 246
Burckhardt, C.B., **ES:**11, 218
Burfoot, J., **ES:**16, 48
Burgers, J.M., **ES:**16, 406
Burg method, **E:**84, 302-309
Buried-channel CCD, **D:**3, 188-192, 292-293
  free-charge transfer in, **D:**3, 198
  two-phase, **D:**3, 192-194
Burman, **ES:**9, 484
Burns, V., **ES:**11, 222
Burroughs, **E:**91, 245
Burrows, **ES:**14, 104
Burstein effect, **M:**10, 69
Burstein shift, **E:**82, 201
Burst mode, **ES:**4, 149
Burst (popcorn or telegraph) noise, **E:**83, 58
Burton, E.F., **ES:**16, 276, 279, 280, 296, 584
Burton, Eli
  Burton Society of Electron Microscopy, **E:**96, 87
  contributions to electron microscopy, **E:**96, 79-82
  Kohl's influence, **E:**96, 80-81

SUBJECT INDEX

Busch's equation, **ES**:16, 390, 402
Busch's theorem, **ES**:4, 72, 73, 78; **ES**:17, 23
Bush, H., in history of electron microscope, **ES**:16, 2, 105, 107, 108, 226, 418, 420, 433, 484, 485, 506, 568, 583
Bush's theorem, in space charge optics, **ES**:13C, 5
Butler, **ES**:15, 269
Butt, **ES**:14, 31, 32, 37, 38
Butterfly interconnections, **E**:102, 237, 238, 239–240
   logic circuit implementation using, **E**:102, 254–256
Butterfly multiprocessor architecture, **E**:87, 280–281
Butterworth, second order case, **ES**:19, 88
Buttiker theory, **E**:91, 215, 216, 219, 227
   quantized Hall effect, **E**:91, 233–224
Butyl methacrylate, **M**:2, 318
Butz, **ES**:9, 487
Butzer, **ES**:9, 405
B waves, *see* de Broglie wave

C

C
   C^{13}, **ES**:20, 81
   C^+ ions, **ES**:20, 253
   redistribution, **ES**:20, 209
   segregation in Fe, **ES**:20, 239
C++, **E**:88, 70, 77, 92
C(m;p), effective transfer function, **M**:10, 80
C1 maser, **ES**:2, 241
Cable television, **ES**:9, 165
   TV camera applications in, **D**:2, 170–171
Cache memory, **E**:86, 4
CAD, *see* Computer-aided design
Cadmium selenide, **ES**:1, 166, 194
Cadmium sulfide
   electroluminescence in, **ES**:1, 127–130
   optical absorption, effect of field on, **ES**:1, 5, 196
   oxygen in, **ES**:1, 75
   quenching of luminescence of, **ES**:1, 194–196
Cadmium sulfide films, **D**:2, 140–148
   devices incorporating, **D**:2, 147
   photocurrent in, **D**:2, 146
   properties of, **D**:2, 142–147
   resistivity of, **D**:2, 144
   sputter deposition process, **D**:2, 141–142

Cadmium sulfide-zinc sulfide films, **D**:2, 147–156
   pulse response in, **D**:2, 154–155
Cadmium sulphide photoresistors, **M**:4, 396
Cadmium telluride, **ES**:1, 31, 33, 167
Caesium source, **M**:11, 108
$CaIrSn_4$, **ES**:20, 259
Calbick, CJ., **ES**:16, 227
Calcite, nonlinear processes in, **ES**:2, 216
Calcium sulfide, **ES**:1, 167
Calcium titanate ($CaTiO_3$)
   as cathodochromic material, **D**:4, 106–107
   for cathodochromic screen
      saturated CR vs. electron beam voltage for, **D**:4, 122
      screen weight and beam voltage for, **D**:4, 122–123
Calcium titanate ($CaTiO_3$) crystals
   bleach characteristics for, **D**:4, 124
   thermal decay characteristics for, **D**:4, 124
Calcium tungstate, **ES**:1, 177, 179
Calculus, **E**:89, 266–267
   classical relational, **E**:89, 267–276
   fuzzy relational, **E**:89, 266, 276–289
   of propositions, **ES**:9, 97
   rough set theory, **E**:94, 151–194
Calibration transforms, optical diffraction analysis, **M**:7, 27
Callier, A., **ES**:16, 512
Calligraphic systems, **E**:91, 235–236, 237, 242
Calorimeters, **ES**:2, 170
Calorimetric method, beam-intensity measurement, **ES**:13C, 247–248
CAM, OSS, **E**:89, 70–72, 88, 90
CAMAL, computer language, **ES**:13A, 84–90
Cambridge electron beam microfabricator, **ES**:13B, 83
Cambridge HVEM, **M**:10, 254–256
Cambridge Instruments
   computer control of microscopes, **E**:96, 510–511
   electron microprobe production, **E**:96, 469–470, 505–506, 509
Cambridge University
   in history of electron microscopy, **ES**:16, 29–33
   scanning electron microscope developed at, **ES**:16, 446–462
Cameras
   attachments for microkymography, **M**:7, 85

SUBJECT INDEX

Camebax instrument, E:96, 504
  electronic, digital image processing, M:4, 145–149
  electron microprobe production, E:96, 464–465, 519
  MEB 07, E:96, 471
  mirror EM, M:4, 214
  mirrors in, E:89, 460–464
  niche marketing, E:96, 532–533
  photomicrography, M:4, 387–389
  television, *see* Color-TV camera; Color-TV camera systems; TV camera
Camera tubes
  analog DQE of converter chains, M:9, 41–42
  distortion/edge unsharpness and, M:9, 43–44, 44
  normalization mode and, M:9, 45, 46
  pyroelectric material in, D:3, 11, *see also* Pyroelectric vidicons
  TV-image intensifier design and, M:9, 39–44
Camera tube systems, ES:10, 174, 175–176
Campanella, ES:9, 493
Campbell, ES:14, 32
Canada
  Burton Society of Electron Microscopy, E:96, 87
  contributions to electron microscopy, *see also* Burton, Eli; Hall, C.
    commercial contributions, E:96, 85–86
    transmission electron microscope prototype
      design, E:96, 82–84
      resolution, E:96, 84–85
  early electron microscope development in, ES:16, 275–296
  Microscopical Society of Canada
    founding members, E:96, 91
    meetings, E:96, 88, 90
    membership, E:96, 90
    origin, E:96, 88
    publications, E:96, 88
Canadian Forestry Institute, D:3, 69
Canberra, Eighth International Congress on Electron Microscopy (1971), ES:16, 124
Canberra distance, E:92, 35
Cancellation, E:84, 138
  invariance and uniqueness, E:84, 141
  of space charge by positive ions, ES:3, 68, 75–76
Cancellation error, E:82, 13
Cancer cells, M:10, 312–313
  electron microscopy of, ES:16, 169, 172
  using HVEM, ES:16, 161
  wet replication, M:8, 99
Cancer research, M:5, 99
Canonical aberration theory, ultrahigh order, E:97, 360–406
Canonical coordinates, E:84, 147–149
  rotations and dilations, E:84, 152
  smooth deformations, E:84, 154
  translations, E:84, 152
Canonical equation, ES:22, 66
  of eikonals, E:91, 16–28, 34
    computers, E:91, 235–236
    flat screen, E:91, 236
    monoscope, E:91, 240
    projection displays, E:91, 253
    rear-port tube, E:91, 236
    storage tube, E:91, 237–238
    vacuum fluorescent displays, E:91, 236
Canonical expansion, of eikonal functions, E:91, 1–35
Canonical isomorphism, finite abelian groups, E:93, 8–9
Canonical momentum, ES:22, 65, 78
Canonical variables, ES:22, 165
Canted pole faces, ES:22, 156, 184
Capacitance, interconnect, E:89, 209
Capacitance detection system, E:87, 191–192
Capacitive alignment of thin film stack
  basic principles, M:14, 81–82
  differential capacitive position sensor, M:14, 82–83
  pattern, M:14, 81–83
  procedure on prototype element, M:14, 103–109
Capacitive electrodes, in thin film stack pattern, M:14, 85–88
Capacitor, E:87, 240
Capillary action, E:87, 52–53
Capillary forces, E:87, 119–127
  critical probe-substrate separation, E:87, 124
  force-*versus*-distance curves, E:87, 121
  as function of probe-substrate separation, E:87, 122–123, 125–126
  hysteresis effect, E:87, 123

SUBJECT INDEX

Kelvin equation, **E**:87, 120
Kelvin radius, **E**:87, 120–121
  long-range, **E**:87, 125–126
  meniscus volume, **E**:87, 124
CAPSEM, *see* Committee of Asia-Pacific Societies for Electron Microscopy
Captive wave, **ES**:15, 241
Capture, **ES**:22, 248
  fraction, **ES**:22, 250, 251
Carbides, **ES**:20, 215, 222
  Cr., **ES**:20, 215
  Cr-Ti, **ES**:20, 215
  Mo, **ES**:20, 215, 246
  Mo-Ti, **ES**:20, 215
  V, **ES**:20, 215
  V-Ti, **ES**:20, 215
Carbocyanines, fluorescent probe, **M**:14, 152
Carbohydrates, fixation, **M**:2, 260, 267
Carbon
  amorphous, **ES**:4, 206; **M**:5, 308
  diatomic molecular bond, **E**:98, 72–74
  K bands of, **ES**:6, 161
Carbon blacks, electron microscopy of, in World War II, **ES**:16, 93
Carbon-coated tungsten ion emitter, **ES**:13A, 283–284
Carbon contamination
  cold plate and, **ES**:6, 144–148
  reduction of, **ES**:6, 145–148
Carbon dioxide, fluid bubbles in water, **E**:98, 44–61
Carbon dioxide laser, plasma channel propagation, **ES**:13C, 336–337
Carbon films
  images, **M**:7, 161
  thin, focus series, **M**:7, 202
Carbon layer, **M**:1, 155, 156, 160
Carbon plasma source, **ES**:13C, 312
Carbon steel, carbon intensities in, **ES**:6, 153
Carbon support films, **M**:8, 110, 112, 123
  basic, **M**:8, 126
  contamination in the STEM, **M**:8, 128–129
  glow discharge treatment, **M**:8, 29
Carbon whisker emitter, **ES**:13B, 155
Carcinogens, detection, **M**:10, 310–311
Carcinoma cells, *see* Cancer cells
Cardiac pulsation, **M**:1, 4, 6, 27, 30
Cardinal elements
  of quadrupoles, **ES**:7, 15
  of round lenses, **ES**:7, 11

Cardinality of set, **E**:84, 73
Cardinal points, **ES**:3, 3, 58, 170, 184
CARIDI, **E**:102, 33, 37–39
Carl, **ES**:9, 183
Carlson algorithm, **E**:85, 22
Carre's approximation method, **ES**:13A, 37–39
Carrick, **ES**:9, 496
Carrier coding, **ES**:14, 257
Carrier design, **ES**:9, 269, 331, 343
Carrier-free pulse, **ES**:11, 21, 180
Carrier-free radar, **ES**:15, 3; **ES**:18, 36
  airborne, **ES**:14, 38, 39, 43
  delayed information, **ES**:14, 39
  water penetration, **ES**:14, 40
Carrier-free signals, **ES**:14, 53
Carrier-free waveforms, **ES**:14, 39
Carrier freeze-out, **ES**:24, 163
Carrier frequency, electron off-axis holography, **E**:89, 22
Carrigan, **ES**:18, 42
Carry-free addition, **E**:89, 59, 61
CARS (coherent anti-Stokes Raman spectroscopy), **M**:10, 84–85
Carson, **ES**:15, 219
Carson integral, **ES**:18, 15
Cartan, L., **ES**:16, 228, 233
Cartan's theorem, **E**:103, 113
Cartesian ACC, **E**:84, 209
Cartesian coordinates, **E**:102, 14; **ES**:11, 6, 11
Cartesian product, fuzzy set theory, **E**:89, 264
Cartographical
  data structure, **E**:84, 254
  point objects, **E**:84, 250
Cartographic generalization, **E**:103, 68
Cartography, **E**:84, 250–254
Carver, **ES**:15, 26, 50, 117, 226, 253, 267; **ES**:18, 39, 215, 237
Cascaded function call, **E**:88, 77
Cascaded t-mapping, **E**:89, 345–348, 363–366, 381–383
Cascade image intensifier tubes, **D**:1, 52–53
  noise factor in, **D**:1, 58
Cascade maser transition, **ES**:2, 239 (Note 4)
Caspers, **ES**:14, 215
Caspersson, T., **ES**:16, 201
Castaing, R., **ES**:16, 265, 267, 414
Castaing Descampes depth distribution function, **ES**:6, 32
Castaing–Henry energy filter, **ES**:13A, 317

Castaing microprobe analyzer, **ES**:16, 265
CAT, **E**:86, 197
Catalase, **M**:5, 195, 299, 310, 316, 317, 329; **M**:6, 220; **M**:8, 115
    crystalline, **M**:5, 316
    DAB technique, **M**:6, 211
    diffraction image plane method and, **M**:7, 223
    electron diffraction pattern, wet specimen chamber, **M**:7, 299
    electron micrograph, **M**:7, 298, 299
    from erythrocytes, three-dimensional structure, **M**:7, 341
    freeze-dry specimen preparation, **M**:8, 116
    GS algorithm and, **M**:7, 222
    image enhancement, **M**:4, 105–112
    image reconstruction using Fourier transforms, **M**:7, 216
    as internal standard for virus preparations, **M**:6, 255
    lattice spacing, **M**:6, 255
    micrograph analysis using weak amplitude approximation, **M**:7, 213
    negatively stained, bright field images, optical diffraction patterns, **M**:7, 215
    ox liver, three-dimensional structure, **M**:7, 340–344
    phase problem, direct methods of solution, **M**:7, 220
    signal-to-noise ratio, **M**:7, 258
    structure of, **M**:3, 196–200
    three-dimensional structure, **M**:7, 332–335
    tube, three dimensional reconstruction, **M**:7, 339, 340, 344
    unstained, electron diffraction, **M**:7, 302
Catalysis, wet replication study of, **M**:8, 99
Catalyst, **ES**:20, 109
    bimetallic, **ES**:20, 109
    catalytic activity, **ES**:20, 122
        of Ni-Cu alloys, **ES**:20, 121
    catalytic reaction, **ES**:20, 130
Cat gingival microcirculation, **M**:6, 11
Cat heart
    atrial blood flow, **M**:6, 26, 27
    atrial microcirculation, **M**:6, 10
    frequency distribution in motion, **M**:6, 39
    power spectrum, **M**:6, 39
    vertical motion, **M**:6, 39
Cathode, **E**:83, 7, 11, 28, 33, 36, 50–53, 61, 65, 72, 77, 79; **ES**:22, 403; **M**:2, 2, 3, 14

barium oxide coated, **E**:83, 27, 28
beam temperature, **ES**:13C, 487–490
    cold, **E**:83, 6, 79
    MgO-type, **ES**:4, 10
    conical, **ES**:4, 77, 83
current
    distribution across face, **ES**:3, 41–52
    total, **ES**:3, 15–24
cylindrical, **ES**:4, 85
diodes, **ES**:13C, 354, 380–382, 384
    electron beam diode, **ES**:13C, 180–183, 185–186, 188–189, 192, 201
    ion diode, **ES**:13C, 297, 304, 309
    Luce diode, **ES**:13C, 467
    vacuum diode, **ES**:13C, 467
electron guns, **ES**:13C, 143–149, 154, 161–162, 166, 168
    orientation effects, **M**:8, 199–200
in electron spectroscopy, **ES**:13B, 259–261, 339
emitting area, **ES**:3, 41–43
energy distributions, **ES**:13C, 476, 487, 515–516
fabrication, **E**:83, 36–38
failure modes, **E**:83, 62
image, **ES**:3, 36–37
ion accelerator, **ES**:13C, 433
in ion implantation system, **ES**:13B, 56
loading (emission density), **ES**:3, 43, 47–50, 89–92, 153
modulation characteristic, **ES**:3, 15–26
orthicon, **M**:2, 9
smoothness of emission, **ES**:3, 29–30, 37
spectral sensitivity of, **M**:2, 3, 4, 9
temperature, **ES**:3, 10
thermionic, **E**:83, 7, 29, 75; **ES**:22, 404
tubules as, **E**:83, 34
Cathode-coaxial anode, electrostatic field, analytical models, **M**:8, 223–22
Cathode flux linkage, **ES**:4, 78
Cathode lens, equations of motion, **ES**:13A, 51–52
Cathode loading, limits to, **ES**:3, 89–92, 153
Cathodoluminescence, **E**:83, 205, 214
    screens, **E**:83, 81
Cathode projection electron beam lithography system, **ES**:13B, 77, 125–126
Cathode radius, **ES**:4, 67

Cathode ray oscillographs, **M**:10, 218–221
  high-resolution electron microscope and, **ES**:16, 557–582
Cathode rays, electron images and, **ES**:16, 418–420
Cathode ray tube(s), **E**:83, 6, 77–80, 204; **ES**:17, 4, 39–41, 46, 61, 187, 379
  bilevel display image processing and, **D**:4, 158
  cathodochromic, in slow-scan TV, **D**:4, 148
  cathodochromic material in screen of, **D**:4, 88
  channel image intensification of, **D**:1, 63–65
  in electron beam lithography system, **ES**:13B, 75–76
  in laser displays, **D**:2, 5
  with multilayer screens, **D**:4, 128
  S-doped chlorosodalite screens for, **D**:4, 125
  with sulfate-doped chlorosodalite and bromosodalite screens, **D**:4, 126
  with undoped bromosodalite screens, **D**:4, 125
Cathode ray tube screen
  for beam profile monitoring, **ES**:13A, 237–239
  gain, cathodochromic materials in, **D**:4, 117–119
Cathode space electrostatic field equipotential lines, **M**:8, 247
Cathode temperature, **ES**:21, 44, 404
Cathode to grid spacing, effects on beam angle, **ES**:3, 30–35
  on cathode loading, **ES**:3, 47–50
  on cutoff, **ES**:3, 19–21
  on modulation constant, **ES**:3, 21–22
  on spot density, **ES**:3, 69–72
  on spot size, **ES**:3, 64–68
Cathodic sputtering, **ES**:13B, 1, 75–76
Cathodochromic CRT, in slow-scan TV, **D**:4, 148, *see also* Cathodochromic tubes
Cathodochromic image, electron beam erasing of, **D**:4, 135–137, 150
Cathodochromic materials
  CaTiO$_3$ as, **D**:4, 106–107
  color centers in, **D**:4, 91–92
  complex KCl centers and, **D**:4, 106
  contrast ratio vs. flux for, **D**:4, 123
  defined, **D**:4, 88–89

detailed properties of, **D**:4, 104–119
F center decay and, **D**:4, 105
general properties of, **D**:4, 93
high-energy electron penetration of, **D**:4, 94
history of, **D**:4, 88–91
optical absorption coefficient of, **D**:4, 118
physical aspects of, **D**:4, 91–95
potassium chloride as, **D**:4, 104
properties and uses of an display systems, **D**:4, 87–151
sodalite color center and, **D**:4, 107
thermal and optical bleaching of, **D**:4, 109–111
Cathodochromic powders
  depositing of, **D**:4, 120
  contrast ratio of, **D**:4, 118–119
  electron-beam-induced coloration of, **D**:4, 135
  TV test image stored on, **D**:4, 142
  44-88-μm sodalite, room-temperature thermal decay rates for, **D**:4, 128
Cathodochromic sodalite
  alkali halide removal from, **D**:4, 102
  chemical dopants in, **D**:4, 115
  crystal structure of, **D**:4, 95–96
  fatigue and other life problems in, **D**:4, 116–117
  hydrothermal growth and, **D**:4, 100–104
  hydroxide and water contamination of, **D**:4, 115
  impurities in, **D**:4, 113–117
  iron doping, in, **D**:4, 114–115
  optical and thermal erase modes of coloration in, **D**:4, 107
  oxygen impurities in, **D**:4, 116
  preparation and chemical properties of, **D**:4, 95–104
  in radar applications, **D**:4, 114
  sintering method for, **D**:4, 98–100
  sodium hydroxide and, **D**:4, 98
  sulfur doping in, **D**:4, 113–114, 125
  thermal and optical bleaching of, **D**:4, 109–111
Cathodochromic systems, **D**:4, 137–150
  addressing formats in, **D**:4, 139–141
  address time considerations in, **D**:4, 137–139
  for buffer storage purposes, **D**:4, 149
  experimental, **D**:4, 139–141

TV rate addressing with, **D**:4, 141–143
two-way video system and, **D**:4, 143–144
Cathodochromic Technology, Inc., **D**:4, 145
Cathodochromic terminal, computer generated alphanumerics and graphics at, **D**:4, 140
Cathodochromic tubes, **D**:4, 120–137, *see also* Cathode ray tube(s)
  for compressed data facsimile application, **D**:4, 147
  copying machine and, **D**:4, 150
  earliest application of, **D**:4, 141
  flying spot scanner in, **D**:4, 147–148
  image storage capabilities for, **D**:4, 149
  KCl screens and, **D**:4, 89
  optical erase tubes and, **D**:4, 120–130
  for PPI radar information, **D**:4, 141
Cathodoluminescence, **ES**:6, 240; **M**:11, 77–86
  correlation with EL, **ES**:1, 63, 64
  enhancement by fields, **ES**:1, 168, 221–223, 226, 230, 232
  quenching by fields, **ES**:1, 197
Cathodothermoluminescence, **ES**:1, 60
Catholic University, **ES**:11, 143, 146
CaTiO$_3$, *see* Calcium titanate (CaTiO$_3$)
Cat mesentery
  clamp, **M**:6, 15, 38
  table, **M**:6, 22
Cat salivary gland, positive/negative phase contrast microscopy, **M**:6, 93
Cauchy-Green formula, **ES**:19, 360–361, 373, 377
Cauchy-Riemann equations, **ES**:19, 170
Cauchy values, **ES**:19, 80, 345, 381–382
Causality, **E**:99, 6; **ES**:18, 224
Causality law, **ES**:15, 24; **ES**:18, 4
Causal residual, **E**:84, 17
Causal theory, **E**:101, 144
Caustic images, formation of, **ES**:16, 358–366
Cavendish Laboratory
  early electron microscope at, **ES**:16, 486
  in history of electron microscopy, **ES**:16, 24, 29–32, 83, 84, 87, 123
Cavity(ies), **E**:82, 4, 38, 39, 40, 45, 61, 92
  analysis of resonant closed, **E**:102, 69–78
Cavity effect of Faraday rotation section, *see* Faraday-rotation section
Cavity instabilities, **ES**:4, 99
Cavity resonator, **ES**:15, 239

Cayley–Hamilton, **E**:90, 118–119
Cayley–Hamiltonian theorem, **E**:92, 102, 103
Cayley's natural districts, **E**:103, 99–102
CBED, *see* Convergent-beam electron diffraction
CCD, *see* Charge-coupled device(s)
CCIR, **ES**:14, 22, 24
  recommendations, **ES**:12, 79, 80, 96, 107
CCITT, *see* International Telephone and Telegraph Consultative Committee
CCITT ADPCM, **E**:82, 153
CD (critical dimension), SEMs in, **M**:13, 127
CDA, *see* Cylindrical deflector analyzer
CDM, *see* Charge density method
CDS, *see* Correlated double sampling
CdSe, **ES**:20, 170
CDT, *see* Darboux Transformation, classical
CE, *see* Constitutive equation
Cell(s)
  abstract, **E**:84, 202
  complex, abstract, **E**:84, 202–208
  connected, **E**:84, 208
  definition, **E**:84, 202
  k-dimensional, **E**:84, 202
  components, identification of, **M**:2, 325 *et seq.*
  d-dimensional, **E**:84, 202
  first electron micrographs of, **ES**:16, 108
  histogram, **M**:6, 149
  identification by enzyme content, **M**:6, 176
  list, **E**:84, 224–228, 247, 250, 254
  membrane movement, **M**:6, 77
  of uncertainty, **ES**:9, 415
  walls, **M**:5, 300, 301, 302
Cell cations, probing of with fluorescence microspectroscopy, **M**:14, 160–167
Cell cytoskeleton, **M**:10, 316–318
  probing of with fluorescence microspectroscopy, **M**:14, 150–152
Cell death, neuronal, **E**:94, 287
Cell metabolism, non-invasive probing, with microspectroscopy, **M**:14, 134–**M**:13, 137
Cell organelles
  identification by enzyme content, **M**:6, 176
  probing of with
    endoplasmic reticulum, **M**:14, 147–150
    fluorescence microspectroscopy, **M**:14, 137–160
    Golgi apparatus, **M**:14, 140–141
    lysosomal enzymes, **M**:14, 137–140

membrane potential, **M**:14, 152–158
  carbocyanines, **M**:14, 152
  merocyanines, **M**:14, 158
  oxonols, **M**:14, 152–156
  styryl dyes, **M**:14, 156–158
  mitochondrial probes, **M**:14, 141–147
  proton indicators, **M**:14, 158–160
Cell refractometer, **M**:1, 57, 59, 62, 70
  Becke line method, **M**:1, 66
  choice of liquids for, **M**:1, 64
  double diaphragm method, **M**:1, 66
  errors of, **M**:1, 73
  match conditions, **M**:1, 65
  phase contrast method, **M**:1, 67
CELLSCAN/GLOPR system, **M**:5, 44, 45
  applications, **M**:5, 72–77
  for chromosome counts, **M**:5, 75
  colored illumination, **M**:5, 56, 60
  contourograph, **M**:5, 57
  cytological data sheet production, **M**:5, 73
  display, **M**:5, 55, 56, 57
  for epithelial cell analysis, **M**:5, 76
  finding and framing, **M**:5, 53, 54, 55
  fully automatic, **M**:5, 72
  image processing, **M**:5, 56, 60–72
  image recording, **M**:5, 56
  layout, **M**:5, 50
  microscope stage positioning, **M**:5, 53
  oscillating mirror scanner, **M**:5, 50–53
  speed, **M**:5, 76, 77
  for white blood cell differential count, **M**:5, 72, 73
Cell surface imaging, **M**:10, 312–319
Cell surface receptor immuno-electron microscopic characterization, wet replication studies in, **M**:8, 99
Cellular array machines, **E**:84, 64; **E**:90, 355
Cellular automata, **E**:89, 217, 220, 224, 229, 240–241
Cellular membranes, **M**:5, 341
  radiation damage, **M**:5, 342
Cellulose fiber, **M**:6, 120
CELS, *see* Characteristic energy loss spectroscopy
Censor, **ES**:23, 48
Centering of beams, **ES**:3, 28, 37–39, 56–57, 187–188
Center of deflection, **ES**:17, 126–127, 133, 152; **DS**:1, 44
  displacement, **DS**:1, 64

Center of mass system
  angular momentum in, **ES**:21, 140
  coordinates in, **ES**:21, 138–139
  kinetic energy in, **ES**:21, 139
Center of potential, **E**:86, 202
Center-weight median filtering, **E**:92, 17
Centrable rotation apparatus, **M**:1, 54, 55
Central collision, **ES**:21, 153, 158
Central limit theorem, **ES**:21, 69, 80; **ES**:22, 128
Central nervous system, **M**:6, 204, 208
Central Research Laboratory, Hitachi, Ltd., **D**:2, 4
Centre National de la Recherche Scientifique, in development of electron microscope, **ES**:16, 109, 114, 117
Centrifugation, support film sample preparation in, **M**:8, 121
Centroid, **E**:82, 138
Centroid condition, **E**:82, 138
Centrosymmetric condition, **E**:86, 180
Ceramic imaging devices, **D**:1, 228–229
Ceramics
  HVEM use in studies of, **ES**:16, 136
  use of image analysing computer, **M**:4, 380
Cerampic(s)
  as ferroelectric photoconduction image storage and display device, **D**:2, 79–81
  properties and applications of, **D**:2, 104–122
Čerenkov radiation
  in collective ion acceleration, **ES**:13C, 448
  detector, for beam profile monitoring, **ES**:13A, 235–236
Cermet, **E**:83, 26
Certainty, rough set theory, **E**:94, 166
Cervical smear, **M**:5, 76, 77
Cervieal smears, pre-screening, **M**:4, 362
CESEM, *see* Committee of European Societies for Electron Microscopy
Cesium, **E**:83, 17, 28, 29, 30, 34
  ionization front accelerator, **ES**:13C, 455–456
  as liquid metal ion source, **ES**:13A, 284–286, 288
C evaporant gas, wet replication, in, **M**:8, 77
CGA (converging guide accelerator), **ES**:13C, 463–465, 468

Chadwick–Helmuth flash system, **M**:6, 34
Chain code, **E**:85, 103
Chaining, **E**:85, 25; **ES**:10, 185–186
Chain-width disorder in pyriboles, **E**:101, 30–31
Chait, **ES**:15, 263
Chalnicon, **M**:9, 343
Chambers, **ES**:9, 167
Chang, H., **ES**:11, 222; **ES**:14, 109
Change effect transistor, **E**:89, 204
Chang Yilin, **ES**:15, 147, 267
Channel capacity, **ES**:9, 287
Channeled secondary emission, in channel plate technology, **D**:1, 32
Channel electron multiplication, **D**:1, 1–67
  channel parameters in, **D**:1, 6–8
  channel plates in, **D**:1, 11–27
  channel plate technology in, **D**:1, 27–32
  current transfer characteristics in, **D**:1, 14–15
  detection efficiency in, **D**:1, 24–27
  direct detection in, **D**:1, 41–42
  field-ion microscopy and, **D**:1, 33–34
  future outlook of, **D**:1, 66–67
  gamma-ray image conversion in, **D**:1, 43–45
  in image conversion, **D**:1, 32–45
  image intensification in, **D**:1, 45–60
  image intensifier tubes in, **D**:1, 51–52
  indirect detection and, **D**:1, 42
  microchannel plates in, **D**:1, 11–12
  noise factor in, **D**:1, 58
  output energy distribution in, **D**:1, 15–17
  principle of, **D**:1, 2–10
  process of, **D**:1, 5–6
  pulse height distribution and noise factor in, **D**:1, 17–21
  saturation effects in, **D**:1, 21–24
  visual acuity and, **D**:1, 46–47
  in X-ray image conversion, **D**:1, 34–41
Channel electron multiplier, of gun microscope, **ES**:13A, 304
Channel image intensification
  cathode-ray tubes and, **D**:1, 63–64
  high-speed photography and, **D**:1, 61–63
  low-light-level television and, **D**:1, 64–66
  other applications of, **D**:1, 61–67
Channel image intensifier tubes, **D**:1, 54–60
Channel multipliers
  computed characteristics of, **D**:1, 8–10
  detection efficiency of, **D**:1, 26
  model of, **D**:1, 8–9
Channel parameters, in channel electron multiplication, **D**:1, 6–8
Channel plate(s), **ES**:20, 4, 70
  channeled secondary emission in, **D**:1, 32
  chevron, **ES**:20, 53, 58, 62
  curved chevron, **ES**:20, 66
  as detector of X-radiation, **D**:1, 37
  as electron emission amplifier, **D**:1, 25
  gas problems in, **D**:1, 12–14
  glass for, **D**:1, 28, 30
  in ion microanalysis, **ES**:13B, 25–29
  manufacturing technology for, **D**:1, 29–32
  output energy distribution and transit time spread in, **D**:1, 15–17
  performance characteristics of, **D**:1, 11–27
  technology, **D**:1, 27–32
Channeltron, **ES**:20, 58, 71
Chanson, P., **ES**:16, 113, 114
Chao, **ES**:9, 493
Chaotic dynamics, **E**:94, 288–289
Chapman, **ES**:9, 301, 306, 307; **ES**:14, 31, 34; **ES**:15, 152
Character basis, **E**:93, 8
Character capacities, of SELF-SCAN display systems, **D**:3, 135–143
Character generation, SELF-SCAN display systems, **D**:3, 134–135
Character group, **E**:93, 6–9; **ES**:9, 2, 14, 95
Characteristic energy loss spectroscopy, **ES**:13B, 263
Characteristic function, **E**:84, 7; **E**:89, 366; **ES**:7, 29, 37
  of image, **E**:84, 75
Characteristic lines, fluorescence due to, **ES**:6, 54–68
Characteristic mapping
  classical relational calculus, **E**:89, 275–276, 282
  fuzzy relations, **E**:89, 286–287
Characteristic maxpolynomial, **E**:90, 118
Characteristic orientations, of crystal, **M**:1, 48
Characteristic refractive indices, **M**:1, 43
Characteristics, **ES**:18, 1
Characteristic state, **E**:97, 410
Characteristic surface, spacetime algebra, **E**:95, 310–311

SUBJECT INDEX

Characteristic X-rays, **ES**:6, 78, 155, 177, *see also* X ray(s)
  angular distribution of, **ES**:6, 29
  depth distribution of, **ES**:6, 28–33
  nature of, **ES**:6, 155
  radiation of, **ES**:6, 78
Character plate, for beam shaping, in electron beam lithography, **ES**:13B, 117, 127
Charge, **E**:82, 5
Charge carrier, **E**:83, 73
Charge compensation in crystals, **ES**:2, 121–122, 124
Charge control method, in charge transfer, **ES**:8, 82–84
Charge-coupled concept, in imaging arrays, **D**:3, 171–295
Charge-coupled device(s), **E**:89, 221, 244; **ES**:8, 1, 3–5; **ES**:11, 24; **ES**:12, 3, 118, 125; **M**:9, 44, 45–46, 58, 60
  aliasing vs. MTF in, **D**:3, 243–252
  as analog shift register, **D**:3, 174
  anti-blooming control for, **D**:3, 256–258
  applications of, **D**:3, 287–291
  as area imager, **D**:3, 290–291
  average current formulation in, **D**:3, 231–233
  backside-illuminated frame-transfer, **D**:3, 232, 265
  bulk channel, **ES**:8, 13–14
  buried-channel, **D**:3, 177, 188–194, 292
  channel-potential profile in, **D**:3, 197
  chip responsivity in, **D**:3, 229–233
  clocking tradeoffs in, **D**:3, 208–210
  in color TV cameras, **D**:3, 287–289, 294
  conventional output circuit for, **D**:3, 220
  current technology, **ES**:8, 276–279
  dark current and, **D**:3, 203–204
  dark-current noise in, **D**:3, 217–218
  defined, **D**:3, 173–174
  detection at high energies, **M**:9, 52, 143, 144
  deterioration with prolonged irradiation, **M**:9, 45, 46, 145
  digital memory, *see* Digital memory
  diode input scheme for, **D**:3, 211
  distributed floating-gate amplifier and, **D**:3, 222–225
  dynamic sampling effect in, **D**:3, 253–255
  dynamics of charge transfer in, **D**:3, 194–209
  in EBIC mode, **D**:3, 260–263
  electrical input noise in, **D**:3, 210–213
  electrostatics and, **D**:3, 181–194
  fixed potential barriers in, **D**:3, 184
  floating diffusion input scheme and, **D**:3, 212
  four-phase, **D**:3, 208
  frame-transfer, *see* Frame-transfer devices
  free-charge transfer in, **D**:3, 194–198
  frontside-illuminated frame-transfer, **D**:3, 232
  image sampling effects in, **D**:3, 253–255
  image sensing, *see* Image sensors, charge-coupled
  implanted-barrier two-phase, **D**:3, 186
  impulse vs. transfer efficiency in, **D**:3, 201–202
  input scene filtering in, **D**:3, 246
  input schemes for, **D**:3, 211–212
  interline-transfer, *see* Interline-transfer devices
  irradiance vs. signal-to-noise ratio in, **D**:3, 271
  as linear and TDI imagers, **D**:3, 291
  linear imaging arrays and, **D**:3, 272–278
  low-noise output circuits for, **D**:3, 218–225
  majority carrier, **ES**:8, 15
  mechanical scanning and, **D**:3, 271–287
  military applications of, **D**:3, 289–291
  in monochrome TV cameras, **D**:3, 289
  noise in, **D**:3, 210–255, 293
  normalization mode and, **M**:9, 45, 46
  on-chip power dissipation in, **D**:3, 206–207
  100 x 100-element buried-channel, **D**:3, 177
  output vs. dark current in, **D**:3, 204
  photon noise in, **D**:3, 210
  picture acquisition and, **M**:9, 326
  polyphase full-well capacity in, **D**:3, 185–186
  potential equilibration input scheme for, **D**:3, 211
  power dissipation in, **D**:3, 205–207
  predicted low-light-level performance in, **D**:3, 263–271
  prefiltering, MTF's and, **D**:3, 248, 249
  responsivity
    for backside-illuminated frame-transfer types, **D**:3, 255
    prefiltering and, **D**:3, 242
    sampling effects in, **D**:3, 241–255

self-scanned, **D**:3, 226-271
silicon, **D**:3, 176
sinusoidal drivers in, **D**:3, 205-206
solid-state image converters and, **M**:9, 44, 45
spatial noise and, **D**:3, 213
square-wave driver power dissipation in, **D**:3, 205
surface channel, **ES**:8, 11-12
surface-channel design equations for, **D**:3, 181-188
system response in, **D**:3, 239-240
tandem optics, **M**:9, 45
test imagery for, **D**:3, 250-252
theory and design of, **D**:3, 108-225
three-phase, **D**:3, 175
threshold-insensitive input circuit for, **D**:3, 214
transfer inefficiency measurement in, **D**:3, 200-201
and transfer with interface states, **D**:3, 199-200
trapping noise in, **D**:3, 214-216
TV-image intensifier design and, **M**:9, 31
two-dimensional, **D**:3, 175-176
  transfer arrays and, **ES**:8, 261
two-phase
  charge transfer and, **ES**:8, 95-96
  full-well capacity of, **D**:3, 186
  vs. BBDs, **ES**:8, 4-5, 201-202
Charged dielectric spheres, electron holograms, **E**:99, 174, 207-216
Charge density, **E**:82, 2; **E**:86, 258, 259
  approximation, **ES**:10, 18-19
  electron guns, **ES**:13C, 154-156
  fluctuations, **ES**:13C, 494
  surface
    electric, **E**:82, 5, 6
    magnetic, **E**:82, 8
  weak phase approximation and, **M**:7, 367
Charge density method
  of calculation of electrostatic lenses, **ES**:13A, 3-5
  comparison of, **M**:13, 172-173
  modeling electron optical systems, **M**:13, 4
  as numerical method, **M**:13, 154, 162-165
Charge detection, CTD, **ES**:8, 52-58
Charge distribution, **ES**:20, 42
Charged microtips, electron holography, **E**:99, 229-235

Charged particle analyzers, parasitic beam, distortions in, **E**:103, 311-317
Charged-particle beam, in space charge optics, **ES**:13C, 2-46
Charged particle optics, perturbation theory and
  angle-resolved analyzers, **E**:103, 291-294
  background information, **E**:103, 278-283
  beam transport
    through gaps of multiple magnetic prisms, **E**:103, 318-328
    through gaps of quadrupole multiplets, **E**:103, 329-336
  calculation of particle trajectories in a poloidal analyzer, **E**:103, 352-361
  conical lenses, **E**:103, 293-294
  conical mirror analyzers, **E**:103, 293
  correct applications, **E**:103, 294-295
  electromagnetic field structures suitable for, **E**:103, 283-294
  electrostatic field
    of conical lens with longitudinal electrodes, **E**:103, 367-371
    of conical mirror analyzers, **E**:103, 363-367
    of poloidal analyzers, **E**:103, 348-352
    in sector field analyzers with split shielding plates, **E**:103, 336-343
    of slit conical lenses, **E**:103, 372-374
  elimination of beam deflection in conical lenses, **E**:103, 374-378
  focusing of hollow beams by conical lenses, **E**:103, 378-384
  focusing properties of a poloidal analyzer, **E**:103, 361-363
  fringing field integral method, **E**:103, 286-289
  magnetic analyzers, **E**:103, 302-306
  Matsuda plates, **E**:103, 290
    and effects on sector field analyzers and Wien filters, **E**:103, 344-346
  parasitic beam distortions in, **E**:103, 311-317
  poloidal analyzers, **E**:103, 291-293
  sector field analyzers, **E**:103, 289-291, 295-301
  shielding sector field analyzer with split shielding plates, **E**:103, 346-348
  Wien filters, **E**:103, 306-311

SUBJECT INDEX

Charged particles
  focusing, **E:**89, 392
  trajectories, **E:**89, 393–399
Charged-particle wave optics, **E:**97, 257–259, 336–339; **M:**13, 243–301
  and angular divergence, **M:**13, 288–292
  applications, **M:**13, 292–298
  and chromatic aberration, **M:**13, 285–288
  computer image processing, developments in, **M:**13, 245–246
  electron optical transfer function, **M:**13, 272–274
  Feshbach–Villars form of Klein–Gordon equation, **E:**97, 263, 322, 339–341
  Foldy–Wouthuysen representation of Dirac equation, **E:**97, 267–269, 322, 341–347
  Fraunhofer diffraction, **M:**13, 261–268
  Green's function
    for nonrelativistic free particle, **E:**97, 280, 350–351
    for system with time-dependent quadratic Hamiltonian, **E:**97, 351–355
  high-resolution microscopy, developments in, **M:**13, 244–245
  ideal imaging, proof of, **M:**13, 256–257
  image formation, theory of, **M:**13, 268–285
  Klein–Gordon equation, **E:**97, 259, 276, 337, 338
    Feschbach–Villars form, **E:**97, 263, 322, 339–341
    Magnus formula, **E:**97, 347–349
    matrix element of rotation operator, **E:**97, 351
  scalar theory, **E:**97, 316–317
    axially symmetric electrostatic lenses, **E:**97, 320–321
    axially symmetric magnetic lenses, **E:**97, 282–316
    electrostatic quadrupole lenses, **E:**97, 321–322
    free propagation, **E:**97, 279–282
    general formalism, **E:**97, 259–279
    magnetic quadrupole lenses, **E:**97, 317–320
  spinor theory, **E:**97, 258
    axially symmetric magnetic lenses, **E:**97, 333–335
    free propagation, **E:**97, 330–332
    general formalism, **E:**97, 322–330
    magnetic quadrupole lenses, **E:**97, 226
    wave function for rotationally symmetric fields, **M:**13, 247–255
    in paraxial condition, **M:**13, 255–261
Charge exchange model, **ES:**20, 26
Charge exchange reactions
  and isotopic contamination, **ES:**13B, 147
  of multiply charged ions in implantation system, **ES:**13B, 56–57
Charge injection device, **D:**3, 178–179, 226
  anti-blooming control and, **D:**3, 256
  chips, **D:**3, 226
  frontside-illuminated, **D:**3, 257
  integration process in, **D:**3, 227
  integration time in, **D:**3, 227
  readout of, **D:**3, 227
Charge input, CTD, **ES:**8, 47–52
Charge recovery, **ES:**22, 25
Charge separation sheath, ion beam transport by electron control, **ES:**13C, 415
Charge simulation method, of numerical analysis, **M:**13, 129, 152, 165–169
  comparison of, **M:**13, 172–173
Charge to mass ratio, **ES:**17, 10, 253
Charge transfer
  complete, **ES:**8, 80–91
  incomplete, **ES:**8, 91–108
Charge transfer devices
  background, **ES:**8, 1–5
  dark current, **ES:**8, 131–138
  digital memory, *see* Digital memory
  future developments, **ES:**8, 283–284
  input-output structures, **ES:**8, 47–61
  linearity, **ES:**8, 126–131
  logic arrays, **ES:**8, 268–274, 283
  modeling, **ES:**8, 275–283
  noise, **ES:**8, 109–125
  power, **ES:**8, 138–141
  principles, **ES:**8, 6–18
  signal handling, **ES:**8, 62–69
  signal processing, **ES:**8, 201–235, 280–281
  transfer channels, **ES:**8, 42–47
  transfer electrode structures, **ES:**8, 19–41
  transfer inefficiency, **ES:**8, 70–108
  two-dimensional arrays, **ES:**8, 261–268, 283
Charge transfer dynamics, in CCD, **D:**3, 194–209
Charge trapping, transfer inefficiency and, **ES:**8, 97–98

bulk channel devices, **ES**:8, 106-108
surface channel devices, **ES**:8, 98-106
Charging effects on insulating specimens,
    M:13, 77-78
  collection efficiency, **M**:13, 82-85, 89-91
  high beam energy scan, **M**:13, 79-86
  insulating sample, **M**:13, 78-79
  low beam energy scan, **M**:13, 86-92
  secondary electron computation, **M**:13, 82
  simulated line scan, **M**:13, 78
Charging in SEM, **E**:83, 233-235
  avoiding, **E**:83, 233-234, 254
  at low beam voltage, **E**:83, 234
Charles, D., **ES**:16, 230-232
Chebyshev approximation, **E**:90, 34-35
Chebyshev distance, **E**:90, 23
Chebyshev polynomials, **ES**:19, 271-275
  first/second kind, **ES**:19, 277
Chelates, see EuB_3
Chemical composition, intensity ratio and, **ES**:6, 350-357
Chemical ionization of organic molecules, **ES**:13B, 154
Chemical potential, **E**:82, 221
Chemiluminescence, **M**:14, 122
Chemisorption, **ES**:20, 33, 108
  field induced, **ES**:20, 94
  hydrogen, **ES**:20, 77
  of inert gas, **ES**:20, 105
  of O_2 on Si, **ES**:20, 176
Chemistry, **ES**:22, 38, 45
Chemotaxis, bacterial, tracking microscope, **M**:7, 11
Chen, **ES**:9, 493; **ES**:14, 24; **ES**:15, 17, 40
Chen Wei-ren, **ES**:18, 236
Chernoff measure
  generalized, **E**:91, 125
  symmetrized
    Bhattacharyya's distance, **E**:91, 128-129
    probability of error, **E**:91, 126-128
Cherry, **ES**:9, 2
Chicken, embryonic heart, contractions, stripe kymography and, **M**:7, 96
Chicken and egg problem, **E**:86, 88, 112, 166
Chicken erythrocytes chromatin
  higher order structure, **M**:8, 97, 100-101, 103
  SiO replication, **M**:8, 97, 100-101, 103
  superstructure, **M**:8, 95

Chi function, **E**:94, 327
Child-Langmuir current limitation, **ES**:13C, 354-355
Child-Langmuir equation, **E**:83, 49, 51
Child-Langmuir law, **ES**:22, 404; **M**:11, 105
Child-Langumir perveance, **ES**:13C, 230
Children's Christmas Lectures, **ES**:16, 35
Child's law
  electron guns, **ES**:13C, 148-150, 161
  ion diodes, **ES**:13C, 298-299
Chilton, L.V., **ES**:16, 409
China
  commercial production of electron microscopes
    cultural revolution impact on science, **E**:96, 819-823
    early history, **E**:96, 805-813
    electron opticians, listing, **E**:96, 846-847
    first prototype, **E**:96, 805-808
    market, **E**:96, 840-841, 843
    Nanjing Jiangnan Optical Factory
      DXS-3 SEM, **E**:96, 836
      DXT-10, **E**:96, 838
      XD-201, **E**:96, 838
      XD-301, **E**:96, 838
      X-ray microanalysis, **E**:96, 834-837
    Scientific Instrument Factory
      1000B SEM, **E**:96, 833
      AMRAY union, **E**:96, 831-833
      DX-2, **E**:96, 817-819
      DX-3, **E**:96, 825-828
      DX-4, **E**:96, 828, 830-831
      electrolytic tank production, **E**:96, 816
      first electron emission microscope, **E**:96, 815-816
      impact of politics, **E**:96, 814-817, 819-825
      KYKY 2000, **E**:96, 833
      KYKY 3000, **E**:96, 834
      origins, **E**:96, 814
      sales, **E**:96, 841
    Shanghai Electron Optical Institute, transmission electron microscopes, **E**:96, 838-839
    summary of manufacturing activities, **E**:96, 843-846
    XD-100, **E**:96, 810-812
  electron microscopy in, **ES**:16, 601
Chinese hamster chromosomes, SiO replication, **M**:8, 96, 98-99

SUBJECT INDEX

Chinese remainder theorem, **E**:93, 4–6
Chip architecture, **E**:89, 217–243
Chip density, **E**:87, 270–271
Chip responsivity
  MTF factors in, **D**:3, 23
  at nonzero spatial frequencies, **D**:3, 233–236
  at zero spatial frequency, **D**:3, 229–233
Chiral-ferrite media, **E**:92, 117, 132
  constitutive relations, **E**:92, 119
  dispersion relations, **E**:92, 126
  dyadic Green's function, **E**:92, 123
Chiral media, **E**:92, 117, 132
  constitutive relations, **E**:92, 118–119
  dispersion relations, **E**:92, 125–129
  electric field polarization, **E**:92, 130–132
  vector Helmholtz equations, **E**:92, 122–125
Chirp, **ES**:22, 119
Chirp radar, **ES**:9, 340; **ES**:15, 9
  Doppler resolution, **ES**:9, 343
  receiver, **ES**:9, 344
Chi-squared fit, **ES**:19, 129
Chlamydomonas, negative staining reaction, **M**:6, 234
Chlamydomonas reinhardtii, tracking microscopy, **M**:7, 9
Chlorine, K bands for, **ES**:6, 166–167
Chlorophyll, structure, **M**:10, 309–310
Chlorosodalite screens, S-doped, **D**:4, 125
Cholesky algorithm, incomplete, **E**:82, 72
Cholesky decomposition, **E**:85, 23, 27
Cholesteric liquid-crystal material, alignment of molecules in, **D**:4, 82
Cholesteric-nematic guest-host color displays, **D**:4, 83
Cholesteric-nematic phase-change guest-host displays, **D**:4, 81–83
Cholinergic neurones, **M**:6, 176, 200
Cholinesterase, **M**:6, 174, 195, 197, 209
  acetylthiocholine technique, **M**:6, 200, 201
  variations, **M**:6, 202, 203, 204
  azo dye technique, **M**:6, 197
  distribution, **M**:6, 207
  electron microscopy, **M**:6, 200, 202, 203
  fixation, **M**:6, 201
  gold capture agent, **M**:6, 203
  histochemistry, **M**:6, 196
  localization, **M**:6, 202, 203
  optical microscopy, **M**:6, 201, 202
  specificity, **M**:6, 200

  staining, **M**:6, 201
  substrate, **M**:6, 196, 198
  thiolacetic acid technique, **M**:6, 199
Cholinesterase technique, **M**:6, 176
Chopped beam, in one-dimensional scanning, **M**:10, 60
Chopping model, signal transfer function in, **D**:3, 32–37
Chow, **ES**:14, 112
Christy, **ES**:18, 238
Chromatic aberration(s), **E**:83, 207, 229; **E**:102, 96, 220–222; **ES**:13A, 264–267, 298; **ES**:17, 69–74; **M**:2, 189, 192, 193, 194; **M**:5, 165, 181, 193, 298; **M**:11, 68, 120, 125, 138; **M**:12, 68; **M**:13, 194–195, 196; **M**:14, 267–270
  and angular divergence of e-beams, **M**:13, 285–292
  Boersch effect, **ES**:13C, 477
  calculation of, **ES**:17, 418
  central, **ES**:17, 71–72, 96
  of C line, **M**:14, 318–320
  constant of, **ES**:21, 378, 406
  correction of, **ES**:13A, 109–111, 113–115, 118, 121, 128–130; **M**:14, 270–281
    achromat, **M**:14, 277–278
    axial, **M**:14, 270–277
    lateral, **M**:14, 278–281
    secondary spectrum, **M**:14, 276–277, 309–320
    two colors, **M**:14, 273–276
  Darmstadt project, **ES**:13A, 134, 136–137, 139
  of electromagnetic multipole systems, **ES**:17, 29–233
  electron beam lithography system, **ES**:13B, 98–99, 102, 105, 108, 110–112
  in electron optics, **M**:1, 125, 132, 267
  figure, **ES**:17, 72
  of filtered ion images, **ES**:13B, 17, 19
  high-intensity beams, **ES**:13C, 133–134
  in beam compression, **ES**:13C, 124
  immersion lens, **ES**:13B, 7, 9–10
  influence on wave function, **M**:13, 285–288
  ion probe, **ES**:13B, 36
  lens action of ion accelerator, **ES**:13B, 51, 59
  long working distance objective, **M**:14, 325–326
  at low beam voltage, **E**:83, 221–222

of magnification, **ES**:17, 71, 96
  dependence on aperture position, **ES**:7, 25
  MC routine for, **ES**:21, 406–408
  objective lens, **M**:7, 260
  plane parallel glass plate, **M**:14, 312–316
  projection electron beam lithography, **ES**:13B, 123–125
  quadrupoles
    Bell-shaped model, **ES**:7, 148
    General formulae, **ES**:7, 54–58
    Higher-order effects, **ES**:7, 57–58
    Modified rectangular model, **ES**:7, 228
    Rectangular model, **ES**:7, 118
    round lenses, **ES**:7, 23–24
  of rotation, **ES**:17, 71, 96
  scanning transmission electron microscopy, **E**:93, 87
  spot-width measures for, **ES**:21, 376–391
  thin film stack pattern, **M**:14, 96–97
  zeroth order, **ES**:17, 272
Chromatic aberration coefficient, **ES**:13A, 51, 91–93
Chromatic and spherical correction, **ES**:7, 1, 87–90
Chromatic partial coherence, **E**:89, 25–26
Chromatin
  DNA arrangement in, **M**:8, 52
  microsurface spreading, **M**:8, 93–97
  negative staining, **M**:7, 288
  wet replication investigation, **M**:8, 52–53, 85, 93–97
    higher order structure comparison, conventional preparation methods, with, **M**:8, 97
    methods, with, **M**:8, 97
    structural changes during the cell cycle and cellular ageing, of, **M**:8, 99
Chromatron, **DS**:1, 138, 148–152
Chrome-glass mask, in lithography, **ES**:13B, 76–78, 82
Chromium dioxide, fine magnetic particles, **E**:98, 415–422
Chromium tribromide, **M**:5, 293
Chromobacterium prodigiosum, as subject of first bacteriological electron micrograph, **ES**:16, 109, 513
Chromosome analysis, **M**:2, 136, 144
Chromosome-dye complexes
  dissociability determination, **M**:8, 58
  orientation, **M**:8, 60–63
  preparation, **M**:8, 58–60
Chromosomes, **M**:5, 75
  dipoles orientation distribution, **M**:8, 70
  DNA arrangement in, **M**:8, 52
  human, **M**:5, 159, 160
  microsurface spreading, **M**:8, 95–97
  microtubular bridges in, **M**:8, 95–96
  mitotic cells, isolation from, **M**:8, 93
  orientation, **M**:8, 66
  polarized fluorescence microscopy, **M**:8, 53–63
  subunit surface topography, **M**:8, 95
  surface tensional stretching, **M**:8, 95, 98–99
  transmission images, **M**:8, 95, 98–99
  wet replication examination, **M**:8, 52–53, 85, 93–97
    aberration characterization by, **M**:8, 99
    band characterization by, **M**:8, 99
Chrondrite, spectrometer scans for, **ES**:6, 231
Chrysochoides, **ES**:15, 270; **ES**:18, 239
Chu, **ES**:15, 219; **ES**:18, 235
Churchill, W., **ES**:16, 27, 37, 486
CID, *see* Charge injection device
CIE diagram, **D**:1, 264; **DS**:1, 7, 8
Cinematography
  micro-, **M**:4, 411
  movement determination by, **M**:7, 73
Ciné techniques, **M**:1, 5, 8, 24
Circle(s)
  of focus, **ES**:11, 97
  of least diffusion, in ion microanalysis, **ES**:13B, 7–8
  transforms, **M**:7, 26
Circuit architecture, **ES**:11, 133, 158
Circuit parameters
  ferrite media, **E**:92, 181–183
  two-dimensional microstrip circulator model, **E**:98, 108–116
Circuits
  beam forming, **ES**:15, 196
  distributed, **ES**:14, 14
  lumped, **ES**:14, 4
  solid state, imaging, **M**:4, 248
Circular aperture, in single-aperture extraction optics, **ES**:13C, 209
Circular beam
  finite emittance, effect of, **ES**:13C, 24–25
  high-current beams, **ES**:13C, 19

image fields, **ES**:13C, 26
scanning, **ES**:13B, 67
self-forces, **ES**:13C, 17
Circular frequency, **ES**:4, 93
Circular harmonic expansion, **E**:84, 144
Circular image, **ES**:11, 9
Circular interference fringes, **ES**:4, 95
Circular loop in magnetic lens, **M**:13, 140–141
Circular masking, **ES**:10, 196, 216, 220
Circular mean, orientation analysis, **E**:93, 281
Circular polarization, **ES**:5, 20, 39; **ES**:9, 273; **ES**:18, 45
  in resonance isolator, **ES**:5, 71
Circular standard deviation, orientation analysis, **E**:93, 282
Circular variance, orientation analysis, **E**:93, 282
Circular waveguide, ferrite-filled, **ES**:5, 41
Circular wavenumber, **ES**:4, 93
Circulator(s), **ES**:5, 86–147; **ES**:15, 262, see also *specific types of circulators*
  description, **ES**:5, 86
  scattering matrix, **ES**:5, 86
  three-dimensional theory, **E**:98, 127–129, 301–303, 316–317
    boundary conditions, **E**:98, 198–212, 288–301
    characteristic equation through rectangular coordinate formulations, **E**:98, 151–170
    diagonalization of governing equation, **E**:98, 139–151
    doubly ordered cavity, **E**:98, 283–287
    dyadic recursive Green's function, **E**:98, 128, 219–238, 316
    field equations, **E**:98, 129–139
    impedance boundary condition, **E**:98, 288–301
    limiting aspects, **E**:98, 246–260
    metallic losses, **E**:98, 195–198
    nonexistence of TE, TM, and TEM modes, **E**:98, 128, 174–176
    Nth annualus -outer region interface, **E**:98, 212–218, 234–238
    radially ordered circulator, **E**:98, 260–283
    scattering parameters, **E**:98, 238–245, 302
    three-dimensional fields, **E**:98, 176–187

    three-port circulator, **E**:98, 238–245
    transverse fields, **E**:98, 170–174
    z-field dependence, **E**:98, 188–195
    z-ordered layers, **E**:98, 260–283
  two-dimensional model, **E**:98, 80–81, 127, 316
    boundary conditions, **E**:98, 90–98
    circuit parameters, **E**:98, 108–116
    cylindrical coordinates, **E**:98, 83–86
    dyadic recursive Green's functions, **E**:98, 79–81, 81–82, 98–108, 121–127, 316
    governing Helmholtz wave equation, **E**:98, 86–87
    limiting aspects, **E**:98, 121–127
    numerical results, **E**:98, 303–315
    scattering parameters, **E**:98, 117–120
    three-port circulator, **E**:98, 117–120
    two-dimensional fields, **E**:98, 87–90
Citrus tristeza virus, concentrated preparation, **M**:6, 263
CL, *see* Cathodeluminescence
C language, **E**:88, 73, 106
  data types, **E**:88, 108
Clarendon Laboratory (Oxford), **ES**:16, 486
Clark, **ES**:9, 167, 168
Clarke, **ES**:9, 496; **ES**:14, 31
Classical approximation, **ES**:22, 56
Classical coherence theory, **M**:7, 105–116
Classical Darboux transformation, *see* Darboux transformation, classical
Classical electrodynamics
  information approach, **E**:90, 149–153
  Maxwell's equation, **E**:90, 186–187
    from vector equation, **E**:90, 196–198
Classical phase plane, **E**:94, 348
Classification, **DS**:1, 11–17
  of beams, **ES**:21, 31–32
  of collisions, **ES**:21, 135, 499
  of interaction phenomena, **ES**:21, 3–6, 496–498
  of particle densities, **ES**:21, 1–2, 507
  voxel
    binary, **E**:85, 142
    fuzzy, **E**:85, 142
Clathrates, **M**:8, 109
Clausius–Mossotti equation, **E**:87, 115
Clausius' theorem, **ES**:13A, 181
C library, **E**:88, 107
Click sonar, **ES**:11, 21
Cliff curves, **E**:103, 75, 76, 135–137

Clifford algebra, *see* Spacetime algebra
Clifford–Hammersley theorem, **E:**97, 90
Climatology, satellite measurements, **ES:**19, 217
C line, chromatic aberration of, **M:**14, 318–320
Clinton, Prof., **ES:**16, 484
CLIP7, **E:**87, 275–276
CLIP7A, **E:**87, 276
Clipping tolerance, **DS:**1, 120
Cliques, neighborhood system, **E:**97, 105–106
Clorfeine, **ES:**9, 244
Close, **ES:**14, 184; **ES:**18, 4, 5, 15
Close, C.M., **ES:**11, 207
Closed-circuit television, SIT tube and, **D:**1, 65
Closed-loop codebook design, **E:**82, 174
Closed-loop pitch prediction, **E:**82, 167
Closed-loop sensor, **ES:**15, 121, 142, 143; **ES:**23, 46–47
Closed subcomplex, **E:**84, 205
Closed system, **ES:**9, 24
Closest encounter
  approximation, **ES:**21, 101, 472, 483, 493
  techniques in Coulomb interaction, **M:**13, 218
Closing
  function, **E:**99, 9–10
  mathematical morphology, **E:**89, 329–330, 336, 345
    gray-scale, **E:**89, 372–374
  multiscale closing-opening, **E:**99, 22–29
Closure, **E:**84, 207
  math, fuzzy relations, **E:**89, 293–294
Cloud-in-cell simulation method, **ES:**13C, 316
Cloverleaf antenna, **ES:**15, 98
Cluster Bethe approximation, **ES:**20, 121
Cluster ion formation, **ES:**20, 49
Clutter cancellation, **ES:**14, 253, 282
CMA, *see* Cylindrical mirror analyzer
C (Ne-CO, Ne-CO$_2$) maser, **ES:**2, 240
CMOS, **E:**91, 150; **ES:**24, 155, 159, 254
CMT, **E:**88, 41
CMU Warp, **E:**87, 278–279
CNRS, *see* Centre National de la Recherche Scientifique
CO, **ES:**20, 134
  on Ni and Ru, **ES:**20, 134
  on Pt, **ES:**20, 268

Co, **ES:**20, 131
  fcc–hc- phase boundary in, **ES:**20, 237
  segregation in W, **ES:**20, 237
Coactivators
  C1 concentration in ZnS, effect of, **ES:**1, 23, 24, 45, 67, 70, 71
  in ZnS, **ES:**1, 13–16, 20, 22, 74–76
Coastal fog, **ES:**14, 24
Coated-particle screens, color gamut, **DS:**1, 188
  preparation, **DS:**1, 175–176
Coating, metal, **E:**83, 219, 233, 236–239
  conductivity, **E:**83, 237, 239
  decoration, **E:**83, 233
  double-layer coating, Pt-C, **E:**83, 247–248
  ion-beam sputtering, **E:**83, 239, 245, 247
  Penning sputtering, **E:**83, 236
  Pt-Ir-carbon, **E:**83, 239
  structure, **E:**83, 238
  thickness, **E:**83, 236–237, 247
  topographic z contrast, **E:**83, 236
Coaxial cable, **E:**91, 193–194
Coaxial dipoles, **ES:**14, 90
Coaxial line, ferrite-filled, analysis of, **ES:**5, 30
Coaxial phase shifter, **ES:**5, 174–183
  design, **ES:**5, 176–181
  effect of temperature, **ES:**5, 183
  figure of merit, **ES:**5, 175, 178
  frequency variation of phase shift, **ES:**5, 175, 180, 182
  high-power effects, **ES:**5, 179
  insertion loss, **ES:**5, 179
  performance, **ES:**5, 176
  propagation constant, **ES:**5, 174
  regions for operation, **ES:**5, 174, 176
Coaxial projection, three-dimensional reconstruction by, **M:**7, 305
Coaxial transfer switch, **ES:**5, 163–165
  description, **ES:**5, 163
  high-power operation, **ES:**5, 164
  insertion loss, **ES:**5, 164
  matching of, **ES:**5, 164
Coaxial transmission line, **ES:**13C, 175, 377–379
Coaxial waveguide, **ES:**15, 256
Cobalt, magnetic thin films, **E:**98, 389–397
Cobalt/copper, magnetic multilayers, **E:**98, 406–408
Cobalt crystal, mirror EM image, **M:**4, 257

Cobalt foil, **M:**5, 257
Cobalt/palladium, magnetic multilayers, **E:**98, 402–406
Cockcroft, J.D., **ES:**16, 26
Cockcroft–Walton accelerator, **ES:**16, 124, 381
CO_2 laser, **ES:**22, 4, 16, 28, 42, 60
Codebooks, **E:**82, 138
  lattice codebooks, **E:**97, 218–220, 227–230
  multiresolution codebooks, **E:**97, 202
  regular lattices, **E:**97, 218–220
  successive approximation quantization, **E:**97, 214–216
  training, **E:**82, 173
Coded carrier
  beam forming, **ES:**14, 208
  Doppler effect, **ES:**14, 204
Code excited linear prediction, **E:**82, 173
Co-diffusion, **ES:**24, 251
Coding, *see also* Image coding
  optical symbolic substitution, **E:**89, 52–59, 68–70
Coefficient
  of finesse of an etalon, **ES:**4, 129
  identification of, **ES:**19, 526
Coefficient selection functions, **E:**94, 45
Coello-Vera, A., **ES:**11, 220
Coercive force, **ES:**22, 261
Cognitive function
  animal intelligence, **E:**94, 264, 267–269
  reflection, **E:**94, 294
  scripts, **E:**94, 290–291
  Turning test, **E:**94, 266–272
Coherence, **E:**85, 85, 92; **ES:**10, 13–18, 28, 120–121, 149, 168–169, 237–239; **ES:**22, 14, 34, 76, 85, 135, 210, 286, 287; **M:**2, 45, 46, 50; **M:**12, 31, 43, 45, 46
  complex degree of, **ES:**4, 109, 110, 116, 117, 124, 125
  concept of, **ES:**2, 176–178
  degrees of, **ES:**4, 125
  determination, **ES:**10, 16–17, 237–239
  edge, **E:**85, 158
  in electron optics, **M:**7, 101–184
  of electron source, resolution and, **M:**7, 259
  face, **E:**85, 158
  instrumental aspects, **M:**7, 141–171, 259
  limit of, **ES:**4, 94

  mutual, **ES:**4, 94, 109, 110, 112, 114, 124, 130, 131
  perfect, **ES:**4, 129
  scanline, **E:**85, 158
  self, **ES:**4, 116
  spatial, **E:**85, 106, 222; **ES:**4, 100–106, 115, 116, 119–123, 129, 136; **ES:**10, 5, 14–18, 21–22, 168–169
  temporal, **ES:**4, 94–100, 107, 115–119, 135, 136; **ES:**10, 5, 14–18, 21
Coherence effects, imperfections in, **ES:**4, 94
Coherence functions, propagation through optical systems, **M:**7, 112
Coherence/incoherence, and illumination, **M:**10, 22
Coherence parameter (ratio), **M:**7, 141
Coherent anti-Stokes Raman spectroscopy, **M:**10, 84–85
Coherent area, of a source, **ES:**4, 103
Coherent detector, confocal imaging, **M:**10, 20
Coherent emission, **ES:**1, 169
Coherent illumination
  phase object approximation and, **M:**7, 193
  transfer theory and, **M:**7, 103
Coherent imaging, through turbulence, **E:**93, 152–166
Coherent integration, **ES:**23, 21
Coherent light image formation, **M:**8, 3
Coherent light sources, in laser displays, **D:**2, 11–21
Coherent node renumbering, **E:**90, 52
Coherent optical processing, basic principles of, **D:**1, 279–284
Coherent optical system, image processing, **M:**4, 129
Coherent oscillation, high-intensity beams, **ES:**13C, 51, 96–97
  energy modes, **ES:**13C, 90
  long bunched beams, **ES:**13C, 123
Coherent potential approximation, **ES:**20, 121
Coherent states, electromagnetic field, **M:**7, 172
Coherent transfer function, conventional and confocal systems, **M:**10, 26
Coiffard, **ES:**9, 484
Coincidence, **DS:**1, 9, 202
Coincidence setting shear, **M:**9, 240–242
  graticule, **M:**9, 241–242

Coincidence site lattice model, **ES:**20, 237
Cold beam, **ES:**13C, 3, 61
Cold cathode ion source, **ES:**13B, 68
Cold field electron emission, **M:**8, 255
Cold-field emission sources, **M:**9, 191
Cold plate, in carbon contamination problem, **ES:**6, 145–146
Coldrick, J.R., **ES:**11, 219
Collage, **E:**88, 237
Collagen
  band patterns in negative staining, **M:**6, 233
  early electron microscopy, of, **ES:**16, 288–289, 494, 498
Collection efficiency of electrons
  in energy scans, **M:**13, 82–85, 89–91
  in low-voltage inspection, **M:**13, 128
Collection field, secondary electrons, **E:**83, 223–224, 233
Collection system for SEM's, **M:**13, 113–119
Collective focusing devices, **ES:**13C, 446
Collective interaction, **ES:**21, 4, 10
Collective ion acceleration, **ES:**13C, 445–473
  accelerators, **ES:**13C, 452–469
  conclusions, **ES:**13C, 469
  naturally occurring, **ES:**13C, 449–452
  principles of, **ES:**13C, 447–449
Collective ion accelerator, **ES:**13C, 446, 452–469
  ion sources, **ES:**13C, 466–469
  naturally occurring, **ES:**13C, 449–452
  principles of, **ES:**13C, 447–469
  space charge accelerators, **ES:**13C, 453–460
  wave accelerators, **ES:**13C, 460–466
Collective neutralization devices, **ES:**13C, 446
Collective oscillations, **ES:**22, 5, 51, 57, 58
Collective particle accelerator, **ES:**13C, 466
Collective regime, **ES:**22, 63
Collector currents, in magnetic field measurements, **ES:**6, 309–311
Collector geometry, in magnetic field, **ES:**6, 298–301
Colliding particle, *see* Field particles
Collier, R.J., **ES:**11, 1
Collimation distance, **E:**103, 5, 17–18, 24
  frequency-independent, **E:**103, 29
  well-collimated condition, **E:**103, 28–29

Collimator(s)
  in microprobe technology, **ES:**13A, 325–326, 328–332, 335–336, 344
  mirrors, **E:**89, 460
Collins, S.C., **ES:**16, 208, 213
Collins closed-cycle superfluid-helium refrigerator, **ES:**16, 213–214
Collins Cryostat, **ES:**16, 198
Collision
  and beam temperature, **ES:**13C, 485–486, 489–490
  energy broadening, **ES:**13C, 495–498, 502, 505, 509, 515–516, 519
Collision-broadened lines, **ES:**4, 117
Collisionless Boltzmann equation, *see* Vlasov equation
Collisionless plasmas and beams, **ES:**13C, 60
Collisions, *see also* Frank–Condon principle
  atom-atom, **ES:**2, 138, 141, 142
  atom-molecule, *see* Dissociative excitation
  electron-atom, **ES:**2, 138, 140, 142, 151
  microdrops of water, **E:**98, 13–21, 22
Collodion, **M:**5, 298, 299
Colloidal gold labeling, SEM, **E:**83, 214–216, 226–227
Color(s)
  of emission in ZnS
    changes during life, **ES:**1, 68
    changes during sinusoidal cycle, **ES:**1, 83, 99
    changes for pulse excitation, **ES:**1, 79
    composition, effect of, **ES:**1, 16, 21–26
    difference for ac and dc excitation, **ES:**1, 50, 101
    frequency, effect of, **ES:**1, 25, 50–52
    temperature, effect of, **ES:**1, 25, 51–52
  of thin films, **ES:**11, 176
  vector addition of, **D:**2, 16
Color centers
  in cathodochromic materials, **D:**4, 91–92
  electron beam generation of, **D:**4, 93–95
  nature of, **D:**4, 92
Color contrast, **M:**6, 51
Color coordinates, **DS:**1, 7, 180
Color data display, **D:**1, 266–269
Color displays, **D:**3, 164–166
Color encoding
  in color TV camera systems, **D:**2, 170–178
  stripe system in, **D:**2, 216–231

time division multiplex systems in, **D:**2, 171–172
Color fidelity, **DS:**1, 7–10
Color gamut
coated-particle screen, **DS:**1, 188
layer-phosphor screen, **DS:**1, 185, 186
shadow-mask tube, **DS:**1, 7–8
Color group frequency, index frequency and, **D:**2, 197
Color imagery/images, **ES:**11, 174, *see also* Visual phenomena
color standards in, **ES:**12, 3, 190, 211
component/composite coding of, **ES:**12, 100–104, 109–110
DPCM signals, **ES:**12, 84
extension to encoding of, **ES:**12, 65–67
frame replenishment coding and, **ES:**12, 210–213
PCM coding for, **ES:**12, 6, 14, 15
predictive coding for, **ES:**12, 79, 100–104, 109
sensitivity to/perception of color and, **ES:**12, 8, 35, 40–44, 65
transform coding for, **ES:**12, 17
Colorimetry, NTSC standards in, **D:**2, 224–226
Colornetron, **DS:**1, 138, 152–153
Color phenomena
in microkymography, **M:**7, 92
in photomicrography, **M:**7, 90–92
Color pulling, **DS:**1, 158
Color Schlieren systems, **M:**8, 13–14
Color selection voltage, **DS:**1, 149
Colors subcarriers, frequency limits for, **D:**2, 183
Color systems, *see* Color-TV camera systems
Color television
chromaticity diagram for, **D:**1, 264
color mask in, **D:**1, 176
deflection defects in, **D:**1, 176–177
deflection defocusing in, **D:**1, 188–192
display
1125-scanning line laser in, **D:**2, 44–47
tricolor lasers in, **D:**2, 3
electron beams in, **D:**1, 165
film recording, scanned beam techniques in, **D:**2, 48–49
large-screen projection of, **D:**1, 263–266
magnetic deflection in, **D:**1, 188
projection, large-screen laser, **D:**2, 4

scan magnification and reversal in, **D:**1, 181–182
spot distortion in, **D:**1, 177
Color television tubes
multiple beam deflection in, **D:**1, 209–215
phosphor screen in, **D:**1, 212
quadrupole filed in, **D:**1, 214
shadow mask in, **D:**1, 212
Color-TV camera
area-sharing in, **D:**2, 177
CCD image sensing, **ES:**8, 169–171
CCD in, **D:**3, 287–289, 294
dual carrier system for, **D:**2, 178–183
frequency division in, **D:**2, 179–192
Kell/SRI system in, **D:**2, 179–186
noise spectrum of, **D:**2, 223
requirements for, **D:**2, 170
resolution photos of, **D:**2, 221–222
stripe color encoding systems and, **D:**2, 216–244
Color-TV camera systems
cross-color effects in, **D:**2, 202
index stripe signal in, **D:**2, 207–208
index systems and, **D:**2, 197–215
integrated strip filter vidicon for frequency multiplex systems, **D:**2, 195–197
performance characteristics of, **D:**2, 185–188, 192–195
spatial beats in, **D:**2, 227–231
spatial frequency encoding in, **D:**2, 197–215
specific high frequency index system description in, **D:**2, 208–215
striped filter spectral characteristics for, **D:**2, 235–244
three-carrier, two-interleaved frequency division, **D:**2, 188–193
three interleaved carrier frequency division in, **D:**2, 193–195
two-carrier interleaved frequency division in, **D:**2, 183–188
Colson, W.B., **ES:**22, 77
Columbia Broadcasting System, **D:**2, 171
Columbia University, **ES:**22, 5
Columbus, **ES:**9, 2
Column alignment, **M:**11, 31–32
Column design strategy, **E:**83, 119–122
Coma, **ES:**13A, 64–65, 67–68, 94–96, 135, 137; **ES:**17, 57, 58, 62–64, 240–241
as aberration, **M:**13, 199

anisotropic, **ES**:17, 57, 120, 170
deflection, *see* Deflection coma
in electron beam lithography system,
  ES:13B, 97–98, 105, 108, 110, 112, 124
in electron optical transfer function, **M**:13, 280–284
istropic, **ES**:17, 57, 120, 170
in microscope objective, **M**:14, 266–267
Comb filter circuit block diagram of, **D**:2, 233
1-H delay, **D**:2, 232–234
in striped index encoded TV tube systems, **D**:2, 231–235
Combination
  function, **E**:86, 128–129, 133
  of multiple analysis results, **E**:86, 126–127
  of operator
    heterogeneous, **E**:86, 86, 125–127, 129, 133–134, 138, 165
    sequential, **E**:86, 124–126, 130, 133
  of spot size components, **ES**:3, 68, 75–76, 89
Combined aberrations, **E**:97, 360–361
  to ninth-order approximations, **E**:91, 30–33, 34
Combined E/S lens, optical microscope, **M**:11, 146
Combined system, **ES**:17, 115–117, 181–186, 285–294
  for electrostatic round lens with magnetic deflector, **ES**:17, 175–180
  for magnetic round lens with magnetic deflector, **ES**:17, 158–175
Comman dyadic symmetry, **E**:88, 17
Comman imaging architecture, **E**:88, 72
Commercial steel, **ES**:20, 206
  Fe–0.6C–0.86Cr–0.66Mn–0.26wt.Si, **ES**:20, 207
  Fe–0.8C–0.7Mn–0.3wt.Si, **ES**:20, 206
  Fe–15Ni–1wt.C, **ES**:20, 209
Committee of Asia-Pacific Societies for Electron Microscopy
  conferences, **E**:96, 31–32, 597, 629
  international federation, **E**:96, 629–631
  origin, **E**:96, 31
Committee of European Societies for Electron Microscopy
  objectives, **E**:96, 29, 31
  origin, **E**:96, 28–29
Common features in all narrow angle gun systems, **ES**:3, 81–82

Communication(s), *see also* Telecommunications
  and radar, **ES**:2, 219–220
Commutability, **ES**:15, 108
Commutator, **E**:84, 139, 150, 186
Compagnie Generale de Systemes et de Projects Avances, megavolt electron microscope development at, **ES**:16, 123
Comparison
  of axial and lateral velocity displacements, **ES**:21, 243
  of beams with and without crossover
    space charge effect in, **ES**:21, 396
    trajectory displacement effect in, **ES**:21, 290–292
  of MC simulation and analytical theory, **ES**:21, 431, 447–463
  of theories on statistical interactions, **ES**:21, 98–106, 465–494
Compatibitity interlayer, **ES**:4, 165
Compensated samples, **E**:82, 251
Compensating converter, in electron spectroscopy, **ES**:13B, 280
Compensating plate, **ES**:4, 96, 108, 135
Compensation point, **ES**:5, 12, 13
Compensation ratio K, **E**:82, 230
Compensator, **ES**:4, 135; **M**:1, 79, 85, 86, 88
  phase shift, **M**:1, 97
  types of, **M**:1, 79
Complementarity, **E**:94, 262–263, 295–296
Complementary area, **M**:6, 52
Complementary codes, **ES**:14, 251, 288, 292
Complementary half plane aperture(s)
  images, phase problem solution and, **M**:7, 228–238
  method, phase determination and, **M**:7, 273
  objective, bright-field microscopy, **M**:7, 251, 252
Complete charge transfer mode
  bulk channel charge-coupled devices, **ES**:8, 89–91
  charge control method, **ES**:8, 82–84
  fringing fields, **ES**:8, 84–89
  self-induced drift, **ES**:8, 80–82
  thermal diffusion, **ES**:8, 80
Complete collision
  conditions for, **ES**:21, 153, 203
  definition of, **ES**:21, 70, 135, 499

dynamics of, **ES**:21, 70–71, 143–146
  energy shift by, **ES**:21, 181
Complete flux expulsion model, **E**:87, 186–187
Complete lattice, **E**:84, 63
Complete system, **ES**:9, 24
Complex degree of coherence, **M**:7, 109, 111
  calculation, **M**:7, 112
Complex field, **ES**:22, 89
Complex filtering and pattern recognition, **D**:1, 293–299
Complexity statement, definition, **E**:90, 13–14
Complex modes, quantum mechanics, **E**:90, 156–157
Complex potential, **E**:86, 184, 185, 186
Complex refraction index, **ES**:18, 170
Complex source pulsed beams, **E**:103, 31, 40
Complex spatial filters, **M**:8, 20–22
Complex spectrogram, conjoint image representation, **E**:97, 9–10
Complex zeros, **ES**:10, 44–51
  discrete images, **ES**:10, 54–55
  distribution, **ES**:10, 47–48, 50, 53, 63
  location, **ES**:10, 52
  number, **ES**:10, 49, 53
  periodic images, **ES**:10, 52–54
Component(s), **E**:84, 207
  minimax algebra, **E**:90, 50
  of spot size, **ES**:3, 7, 68, 89
Composite cathode lens, **ES**:13A, 51
Composite currents, **ES**:15, 66
Composite dielectric rod, **ES**:2, 108, 109
Composite enhancement filter, **E**:92, 16–17
Composite specimen, **ES**:6, 185–190
Composite target, for backscattered electrons, **ES**:6, 185–190
Composition, wavelength dependence on, **ES**:2, 161, 248
Compound, field ion source, **ES**:13B, 63
Compound eye (of insect)
  electron microscopy of, **ES**:16, 195, 196
  ultrathin sections of, **ES**:16, 184
Compounding, spatial, **E**:84, 341
  frequency, **E**:84, 342
Compound semiconductors, **ES**:20, 39
  III–V, **ES**:20, 39, 177
  II–VI, **ES**:20, 170
Compressed thresholds, periodic intensity matching with, **D**:4, 197–199

Compressibility, discrimination, **ES**:11, 176
Compression, *see also* Image compression
  algorithm, **E**:97, 193
  factor, **E**:84, 228
  logarithmic, **E**:84, 340
Compressive strain, **ES**:24, 39, 71, 123, 248, 252
Compton, K.T., **ES**:16, 287
Compton effect, **ES**:22, 54
Compton regime, **ES**:22, 63
Compton scattering, **M**:14, 122
Compton wave (C-wave), **E**:101, 145
  transformed, **E**:101, 147
Compton wavelength, **E**:97, 410; **ES**:22, 55
Computation
  combination digital systems, **E**:89, 233–234
  complexity of, **E**:82, 332
  optical symbolic architecture, **E**:89, 54–91
  paradigm, **E**:94, 261, 294
  of potential
    high beam energy scan, **M**:13, 79–82
    low beam energy scan, **M**:13, 89
  spin-polarized single-electron chips, **E**:89, 224–225
  reading and writing, **E**:89, 235–237
Computed radiography, imaging plate with, **E**:99, 242, 263–265
Computed sonography, **E**:84, 344
Computed tomography
  convex set theoretic image recovery, **E**:95, 177–178, 182–183
  image formation, **E**:97, 59–60
Computer(s), *see also* Peripherals; Processor; Storage; Time
  beam emittance measurements, **ES**:13A, 202, 235–240
  computation of fields, in electron optical system, **ES**:13A, 1–44
  digital image processing, **ES**:13A, 140–141; **M**:4, 153–158
  frame stores, **E**:91, 242, 244
  graphic displays, **E**:91, 234–236, 237, 244
  high resolution by, **M**:4, 113–119
  image analysing, **M**:4, 361–383
  image processing, enhancement, **M**:4, 87–102
    geometric correction, **M**:4, 89
    high frequency attenuation correction, **M**:4, 101–102
    photometric correction, **M**:4, 89

random noise removal, **M**:4, 95–97
scan-line noise removal, **M**:4, 101
system noise removal, **M**:4, 97–101
optical reconstruction by, **M**:7, 256
parallel image processing on, **E**:90, 353–426
quantum neural computing, **E**:94, 260–310
radioastronomy, **E**:91, 287
stereo images, **E**:91, 254
Turning test for intelligence, **E**:94, 272
virtual reality, **E**:91, 255
Computer-aided analysis, **E**:82, 4, 68
Computer-aided design, **E**:82, 1, 2, 3; **ES**:17, 367–420
in modeling electron optical system, **M**:13, 3
Computer-aided inversion, ray, amplitudes and travel times, **ES**:19, 179–189
Computer analysis, **E**:83, 140–145
of images, **M**:2, 77, 119
tape formats, **M**:2, 94, 95
Computer-assisted tomography, **ES**:19, 35
Computer communications applications, interconnections and, **E**:102, 262
Computer control, **M**:11, 50
Computer-controlled switching, **E**:91, 164, 201–204
Computer design electron beam lithography system, **ES**:13B, 74–76, 93–100
ion accelerator, **ES**:13B, 51–52
Computer-generated signals, **ES**:19, 289
wavelet transform, **ES**:19, 296
Computer image processing, developments in, **M**:13, 245–246
Computer metallography, **ES**:6, 260
Computer optimization, **E**:83, 145–152
complex method, **E**:83, 146–149
weight complex method, **E**:83, 149–150
Computer printers, ink-jet printer, **E**:91, 237
Computer printout, **ES**:13A, 87–90
Computer program/programming, *see also* Program/programming
algebra systems for aberration formulas, **ES**:13A, 82–90
in crystal analysis of Kossel technique, **ES**:6, 409–410
in divergent beam X-ray technique, **ES**:6, 399–400
Computer simulation(s)

aberration due to nonuniform space charge, **ES**:13C, 136
anisotropic media, **E**:92, 133
anisotropy instability, **ES**:13C, 116–119
of AP data, **ES**:20, 199
beam compression, **ES**:13C, 124–130
beam transport, **ES**:13C, 96–106
space charge effects, **ES**:13C, 106–109
crystal-aperture scanning transmission electron microscopy, **E**:93, 66–73
electron guns, **ES**:13C, 143, 165–169
EMS image structures, **E**:94, 135–140
of FI image of Si, **ES**:20, 166
high-power ion diodes, **ES**:13C, 314–328
of high TC superconductor, **ES**:20, 248
longitudinal beam control, **ES**:13C, 429–430
magnetically insulated acceleration gap, **ES**:13C, 419–420, 422
object reconstruction, **E**:93, 127–130, 133–134, 162–166
vacuum autoneutralization, **ES**:13C, 400, 404–406
vacuum diode, **ES**:13C, 195–200
Computer text-editing system, **ES**:13A, 90
Computer vision, **E**:86, 84
Computing models, **E**:94, 260–264, 283–284
Concave lens, **ES**:11, 3
Concavity, **E**:91, 38, 65–69
maxpolynomials, **E**:90, 107
Concentration discontinuity, **ES**:6, 124
Concentration effects
in ruby, **ES**:2, 116
in uranium doped CaF_2, **ES**:2, 128–129, 234
Concentration fluctuation, **E**:82, 233
effect on the band structures, **E**:82, 200
need of, **E**:82, 232
Concentration mapping technique, **M**:6, 297
Concept, rough set theory, **E**:94, 155
Condenser
cylindrical, **E**:86, 246, 247, 250, 256, 261, 274; **ES**:17, 260, 270–271, 280
spherical, **ES**:17, 260–261, 271, 280
toroidal, **E**:86, 243, 245, 261, 278; **ES**:17, 261, 271
Condenser lens, **ES**:17, 46
in electron beam lithography, **ES**:13B, 115
Condenser-objective (Riecke), *see* Single-field condenser-objective

SUBJECT INDEX

Condenser-objective lens, **M:**10, 234–236; **M:**11, 7
Condenser objective system
 aperture, **M:**6, 21, 22
 light scattering, **M:**6, 21
 long working distance, **M:**6, 21, 22
 mount, **M:**6, 22
 resolving power, **M:**6, 21
 stopping-down, **M:**6, 21
Condiant, **E:**94, 332
Conditional entropy, unified (r,s), **E:**91, 95–107, 121–123
Conditional information, **E:**90, 151–153, 185
Conditional synchronization, **E:**85, 266
Conductance
 of media, **ES:**18, 169
 quantum, conductance, **E:**89, 113–117
 universal conductance fluctuations, **E:**91, 216–218
Conducting layer, **ES:**23, 64, 66
Conducting medium, **ES:**18, 204, 210
 group velocity, **ES:**18, 219
 phase velocity, **ES:**18, 219
 step function, **ES:**18, 173
Conducting polymers, **ES:**20, 249
Conduction band(s), **E:**83, 2, 7–10, 20, 21, 24, 30; **ES:**24, 3, 69, 70–91, 98, 116, 122, 123, 129, 136, 137, 152, 166, 173, 185, 194, 199–202, 219, 220
Conduction cooling, **E:**83, 63, 64
Conductivity, **E:**82, 3, 23, 34, 38, 39
Conductivity tensor, **E:**92, 83–85, 90–93
Conductron Laser Scan C120 system for optical diffraction analysis, **M:**7, 52, 53
Cone(s), **E:**83, 14, 26, 36–38, 45, 56, 65, 72
 arrays, **E:**83, 43; **ES:**11, 15
 representation of, **M:**13, 29–30
Confidence interval, **ES:**15, 190
Confined systems, **E:**89, 96
Confinement effects, **ES:**24, 116, 125, 219
Confinement energy, **ES:**24, 110, 112, 116, 188, 199
Confocal lens, **M:**11, 15, 65
Confocal light microscope, **E:**83, 215
Confocal microscopy, **E:**93, 283, 325
 amplitude transmittance, **M:**10, 22
 annular pupils, **M:**10, 20–22, 27, 32
 axial scanning, **M:**10, 44, 45
 C(m;p), **M:**10, 30–33
 circular pupils, **M:**10, 21–22, 27, 32
 compared with conventional, **M:**10, 30–33
 confocal imaging, **M:**10, 14–16
 image intensity, **M:**10, 20
 multiwave three-dimensional imaging, **M:**14, 184–189
 optical sectioning, **M:**10, 34–49
 point object, **M:**10, 35, 42
 Raman, **M:**14, 198–199
 reflection system, **M:**10, 23, 24
  defocused transfer function, **M:**10, 27–29
 spherical aberration, **M:**10, 30
 stereoscopic image pair, **M:**10, 47–49
 straight edge response, **M:**10, 24
 theory of imaging, **M:**10, 16–34
 in tomography microscopy, **M:**14, 217
 transmission cross-coefficient C(m;p), **M:**10, 30
Confocal resonator, **ES:**2, 70–71
Confocal SAW microscopy, **M:**11, 165
Confocal scanning microscopy, **ES:**19, 225–239
Conformal mapping, **E:**86, 227, 246, 247, 269, 274
Conformal transformations
 detailed development, **ES:**3, 122–141
 elementary ideas, **ES:**3, 119–120
 examples of use, **ES:**3, 170–180
 logical sequence, **ES:**3, 120–121
 paths of transformation, **ES:**3, 123–124
Congenital disease anomaly characterization, wet replication studies in, **M:**8, 99
Congruent flow, **ES:**21, 343
Conical illumination in STEM, **M:**7, 147–158
Conical lenses, **E:**103, 293–294
 electrostatic field of, with longitudinal electrodes, **E:**103, 367–371
 electrostatic field of slit, **E:**103, 372–374
 elimination of beam deflection, **E:**103, 374–378
 focusing of hollow charged particle beams by, **E:**103, 378–384
Conical mirror analyzers, **E:**103, 293
 electrostatic field of, **E:**103, 363–367
Conical spiral antenna, **ES:**15, 105
Conjoint image representation, **E:**97, 2–4, 5
 Gabor wavelets, **E:**97, 19–37
Conjugacy
 in image algebra images, **E:**84, 74
 self-, **E:**84, 70

in semi-lattice, E:84, 70
templates, E:84, 78
Conjugate area, M:6, 52, 58
Conjugated directions, E:103, 88, 97, 112
Conjugated planes, optically, ES:21, 39, 273
Conjugate element in lattice, additive and multiplicative, E:84, 70
Conjugate gradient(s), E:82, 348; ES:19, 534
   method, preconditioned, E:82, 72, 77, 81
Conjugation
   inverting inequalities, E:90, 30–31
   matrix, E:90, 4
   products, E:90, 24–25
   scalars, E:90, 23–24
Conjunction, fuzzy sets, E:89, 261, 297–298
Connected
   4-, E:85, 188
   6-, E:85, 130, 144, 188
   8-, E:85, 188
   18-, E:85, 130, 191
   26-, E:85, 130, 144, 190
Connected complex, E:84, 208
   pairs of cells, E:84, 207
Connected components, minimax algebra, E:90, 50
Connected graphs, E:90, 48–51
Connectedness relation, E:84, 207
Connectionism, E:94, 298–299
Connection Machine, E:87, 274–275
Connective tissue, early electron microscopy of, ES:16, 497
Connectivity, E:90, 45–51
   of complexes, E:84, 207–208
   paradox, E:84, 198, 212
   resolution, E:84, 212–216
   strong connectivity, E:90, 48–49
Consciousness
   anesthesia, effects, E:94, 290
   mind, E:94, 261, 263
   neural network model, E:94, 289–291, 293
   as recursive phenomenon, E:94, 293
   Vedic cognitive science, E:94, 264–265, 267
Conservant, E:94, 328, 331
Conservation law, ES:22, 98
   brightness, ES:22, 166
   of canonical angular momentum, ES:17, 22
   emittance, ES:22, 166
   energy, ES:22, 90, 118, 124, 148
   of energy, ES:17, 6, 20
   phase-space density, ES:22, 166
Consistency ratio
   domain segmentation, E:93, 298
   orientation analysis, E:93, 282, 287, 292–293
Consistency relation, ES:22, 95, 96, 148
Consistent labeling, E:84, 232
Constant brightness theorem, ES:3, 72–73, 155–156
Constant-gradient ion accelerator, ES:13B, 50–51
Constellation of graph edges, E:84, 216
Constitutive equation, E:102, 6, 7
   space-variant image restoration, E:99, 305–3087
Constitutive error approach, E:102, 3, 9, 50
   analysis of resonant cavities, E:102, 69–78
   eddy current problem, E:102, 63–69
   magnetostatic problem, E:102, 51–54
   open boundary problems, E:102, 78–81
Constitutive relations, E:82, 2, 3, 5, 7, 10, 12, 16, 19, 23, 26, 27, 38, 41, 42
   chiral media, E:92, 118–119
   gyroelectric-gyromagnetic variational analysis, E:92, 136
   linear media, E:92, 135
Constitutive tensor, E:92, 114
Constrained average thresholding, in bilevel display image processing, D:4, 176–178
Constraint
   algebraic, E:86, 156
   graph, E:86, 149
   locational, E:86, 161
   network, E:86, 148
   property, E:86, 161
Constructability, E:94, 325
Construction, for maximum plate sensitivity, ES:3, 102–105
Constructive, solid geometry, E:85, 105, 205
Consultative system, for image processing, E:86, 86, 94–95, 99, 163
Contact angle, M:8, 111, 112
   water-hydrophobic substrate, M:8, 111, 112
Contact electroluminescence, ES:1, 19, 32, 107, 178, 179
Contact potential, ES:3, 12, 16
Contact potential difference, E:102, 300, 307, 309–311

Contacts, **E**:87, 234
  particle-to-particle, in ZnS, **ES**:1, 18, 19, 31, 89, 123
Contact technology, **ES**:24, 134
Contact value theorem, **E**:87, 103, 108
Contamination, **E**:83, 15; **M**:1, 155, 159, 160
  at low beam voltage, **E**:83, 221, 239, 240
  specimen borne, **E**:83, 238
  vacuum, **E**:83, 213, 237, 239, 240
Content-addressable memory, **E**:86, 40; **E**:89, 70–71
Contextual region, **E**:92, 36
Continuity equation, **ES**:15, 44; **ES**:21, 33; **ES**:22, 165
Continuity property, **E**:99, 4, 6
Continuous additive and multiplicative maximum, extension, **E**:84, 81
Continuous focusing, high-intensity beams, **ES**:13C, 85–91
  computer simulation, **ES**:13C, 100–101
  scaling laws in design of beam transport system, **ES**:13C, 113
Continuous functions, **ES**:18, 14
Continuous observation, **ES**:18, 95
Continuous signals, exact Gabor expansion, **E**:97, 23–30
Continuous tone imaging, in SELF-SCAN displays, **D**:3, 143–154
Continuum condition, **ES**:21, 341
Continuum topology, **ES**:15, 261
Contour, **E**:84, 138
  invariance, **E**:84, 138
  preservation, **E**:84, 343
  stack, **E**:85, 103
Contour(s)
  properties, signal description, **E**:94, 318
  visual, **E**:103, 67, 138–140
Contour chain processing, binary image enhancement, **E**:92, 70–72
Contour coding (binary image compression), **ES**:12, 268, 270, 271
Contour effect (image coding), **ES**:9, 225; **ES**:11, 151; **ES**:12, 14, 88, 92
  contour predictor and, **ES**:12, 91
Contour length measurements, **M**:8, 127
Contour maps, **ES**:10, 176–177, 180, 188, 256
  numerical simulation, **E**:99, 214–216, 227
Contourograph, **M**:5, 57, 58
Contraction, of bacteriophage tails, **M**:7, 361, 364

Contradiction, weakened law of, **E**:89, 260
Contraidentity matrix, **E**:84, 276
Contrapositivity, **E**:89, 277, 278
Contrast, **ES**:10, 10, 30–31; **DS**:1, 6, 41, 112, 117, 122, 141–142, 145, 200
  with absorbing face plate, **DS**:1, 112
  of an emulsion, **M**:1, 187
  aperture, **M**:4, 71–74
  Banana system, **DS**:1, 200
  curves for interference microscopy, **M**:1, 84, 85
  electron, **M**:2, 204, 211
  in electron image, **M**:1, 129, 131, 134
  in electron microscopy of biological macromolecules, **M**:7, 287
  of emulsions, table of, **M**:1, 191
  focus-grill tube, **DS**:1, 141–142, 145
  and high resolution, **M**:4, 86–87
  image, **M**:10, 232–233
  matrix screen, **DS**:1, 41, 117, 122
  mirror EM, **M**:4, 167–207
  by phase shift, **M**:4, 46–67, 81
    axial illumination, **M**:4, 46–64
    oblique illumination, **M**:4, 65–67
  in polarizing microscopy, **M**:1, 83
  in SEM, **E**:83, 205–206, 208–209, 213, 219, 234–235
    backscattered electrons, **E**:83, 215, 225–226
    beam voltage (V_0), **E**:83, 209, 235–236
    cathodeluminescent, **E**:83, 205, 213
    Monte Carlo, electron scattering simulations, **E**:83, 218–219
    topography, **E**:83, 206, 213, 218, 231, 236
    types, in SEM, **E**:83, 205–206
  transfer, **M**:4, 75–79
Contrast calculation, electron mirror system, **E**:94, 108–144
Contrast detail curve, **E**:84, 340
Contrast embedding, **M**:6, 228
Contrast enhancement
  adaptive, **E**:92, 34–36
  extremum sharpening, **E**:92, 32–34
  imaging plate, **E**:99, 285
  inverse contrast ratio mapping, **E**:92, 30–31
  local range stretching, **E**:92, 27–30
Contrast formation, basics, **E**:87, 133–138
Contrast range, radar images, **ES**:14, 215
Contrast ratio
  in bromosodalite power screen, **D**:4, 109

of cathodochromic screen, **D:**4, 118–199
in light modulation, **D:**2, 21
Contrast simulations, electrical microfield,
E:94, 135–140
Contrast-stop imaging, **M:**2, 206
Contrast-stop method, use to improve high-voltage electron microscopy of biological specimens, **ES:**16, 144–156, 159
Contrast stretching, **E:**92, 4–6
Contrast transfer function, **E:**86, 175
Control parallelism, **E:**87, 269
CONV (software package), **M:**13, 85, 91
Convective derivative, **ES:**22, 87, 165
Convective flow, in tracking microscope, **M:**7, 6
Conventional emitters, NEA emitters and, **D:**1, 74–75
Conventional lasers, **ES:**22, 19, 37
Conventional microscopy
   annular pupils, **M:**10, 17–18
   circular pupils, **M:**10, 17–18
   coherent/incoherent light, **M:**10, 30, 31
   image spatial frequency, **M:**10, 30, 31
   laser illumination, **M:**10, 81–82
Conventional updating, in bilevel imaging system design, **D:**4, 225
Convergence
   dynamic, **DS:**1, 47, 65
   in-line gun, **DS:**1, 130
   power series, **E:**90, 82
   precision in-line system, **DS:**1, 133
   properties of iterations, **ES:**10, 99–102, 109–115, 124, 126, 131–132, 156, 164
Convergence acceleration, **ES:**10, 100–101, 112–15, 131–132
Convergence bound, **E:**90, 81
Convergence cage, **DS:**1, 47, 93
Convergent beam diffraction, **M:**11, 47
Convergent-beam electron diffraction, **E:**86, 175, 197; **E:**90, 211, 214, 218–221
   apparatus, **E:**96, 587–588
   Gottfried's research, **E:**96, 585–591, 593–594
   imaging plate and, **E:**99, 269–270
   intensity minima, **E:**96, 593–594
   Japanese contributions, **E:**96, 766
   Kikuchi lines, **E:**96, 585, 591, 593
   Kossel effect, **E:**96, 585
   specimen preparation, **E:**96, 590

Convergent solution, **ES:**18, 46
Converging beam, **ES:**22, 172, 183
Converging guide accelerator, **ES:**13C, 463–465, 468
Conversion
   class D, **ES:**11, 180
   vs. demodulation, **ES:**11, 168
Conversion efficiency, **DS:**1, 22, 87–88
   layer phosphors, **DS:**1, 180
Convex/concave boundary, **E:**103, 137
Convex feasibility problem, *see also* Convex set theoretic image recovery
   convex feasibility in a product space, **E:**95, 171–172
   convex functionals, **E:**95, 165
   Fejér-monotone sequences, **E:**95, 170–171
   geometric properties of Hilbert space sets, **E:**95, 162–163
   inconsistent problem solution
      alternating projections in a product space, **E:**95, 203–206
      least-squares solutions, **E:**95, 202–203
      simultaneous projection methods, **E:**95, 206–209
   non-linear operators, **E:**95, 168–170
   projections
      distance to a set, **E:**95, 166
      operators, **E:**95, 166–167
      relaxed convex projections, **E:**95, 168
   steps in solution, **E:**95, 161, 199–200
   topologies of subsets, **E:**95, 163–164
Convexity, **E:**91, 46–48, 62–70
   majorization, **E:**91, 47
   maxpolynomials, **E:**90, 107
   in pairs, **E:**91, 68–70
   pseudoconvexity, **E:**91, 47, 66–67
   quasiconvexity, **E:**91, 48, 67–68, 70
   Schur-convexity, **E:**91, 48, 67–68, 70
Convex lens, **ES:**11, 2
Convex set theoretic image recovery
   affine constraints, **E:**95, 179, 259
   applications, **E:**95, 180–181, 183–184
      restoration problems, **E:**95, 182
      tomographic reconstruction, **E:**95, 182–183
   basic assumptions, **E:**95, 172
   confidence level, **E:**95, 198–199
   historical developments, **E:**95, 176–180
   image space models
      analog, **E:**95, 173

SUBJECT INDEX

digital, **E:**95, 173–174
discrete, **E:**95, 173
general, **E:**95, 172–173
information management, **E:**95, 198–199
non-convex problem solving
  convexification, **E:**95, 184–185
  feasibility with nonconvex sets, **E:**95, 186
  new solution space, **E:**95, 185
property sets in Hilbert space, construction
  data formation model, **E:**95, 190–192
  imaging system properties, **E:**95, 189–198
  moment information sets, **E:**95, 194–195
  range information sets, **E:**95, 193
  second-order information sets, **E:**95, 196–198
  spatial properties of image, **E:**95, 187–188
  spectral properties of image, **E:**95, 188–189
  transformed image, **E:**95, 189
set theoretic formulation, **E:**95, 174–176
Convex structuring functions, **E:**99, 13–14
Convolution(s), **E:**86, 190; **E:**88, 301, 311; **E:**93, 144; **ES:**10, 36, 61, 257–258; **ES:**15, 208; **ES:**18, 26
  calculation, **ES:**10, 197–199
  cyclic, **E:**94, 2, 4–7
  fast, **E:**94, 12–19
  filtering signals, **E:**94, 2–3, 4–8
  group, **E:**94, 3, 11–12
  linear, **E:**94, 2, 4–7, 12, 19
  by sections, **E:**94, 4–8
  sum, **E:**86, 205, 210
  symbol, **E:**86, 190
  theorem, **E:**86, 190, 191
  vector, **E:**94, 11
  Walsh, **E:**94, 19
Convolutional codes, **ES:**12, 213
Convolution equation, **E:**101, 100
Convolution integral, **ES:**18, 15
Convolution kernel, **E:**92, 55–58
Convolution paths, **E:**90, 373–379
Convolution property, matrices, **E:**94, 29–35
Convolution square pattern, **E:**93, 223
Convolution theorem, **E:**101, 106–107
Cook, **ES:**15, 93; **ES:**23, 1
Cook, C. E., **ES:**14, 257
Cook, J.C., **ES:**14, 30, 31, 32, 38, 39, 43, 45

Cook–Tom algorithm, **E:**94, 18
Cooley–Tukey algorithm, fast Fourier transform algorithm, **E:**93, 17–19, 27–30
  abelian affine group, **E:**93, 49–50
  abelian point group, **E:**93, 47–49
  affine groups, **E:**93, 3, 46–47
  extended, **E:**93, 47–52
  multidimensional, **E:**93, 28–30
Cooling, **ES:**22, 21, 32, 35, 340
  of electron microscope specimen, **M:**1, 164–171
Cooling chamber, **M:**1, 170
  for Elmiskop, **M:**1, 161, 162
Cooperative integration, **E:**86, 86, 125, 139, 142
Cooper pairs, **ES:**22, 362
Coordinate(s), **E:**84, 209
  system in orbital plane, **ES:**21, 140–143
  transformation
    from off-axis to on-axis reference system, **ES:**21, 311
    from orbital plane to laboratory system, **ES:**21, 142
Coordinated transformation, **E:**85, 3, 8
Coordinate frame
  body, **E:**85, 3–4, 8, 12
  earth, **E:**85, 3–4
  geographical, **E:**85, 3–4, 8
  navigation, **E:**85, 3–4, 12
  variation, **E:**86, 246, 252, 254, 258
Coordinate system(s), **ES:**11, 9
  cylindrical, **ES:**17, 21, 198, 201, 254, 368
  rectangular, **ES:**17, 19, 126, 162
    fixed, **ES:**17, 26, 28, 162
    rotating, **ES:**17, 16, 56, 70, 75, 163, 1314
Coordinate transformations, open boundary problems and, **E:**102, 79–80
Copernicus, **ES:**9, 2
Coplanar waveguide, **E:**83, 78
Copper
  crack development in stressed copper plate, **E:**98, 21, 22–30, 31–33
  $\phi(pz)$ curves for, **ES:**6, 56–57
  L spectrum for, **ES:**6, 172
  melting point, **E:**98, 6–9
  spot size of X-ray source for, **ES:**6, 26
Copper alloy(s)
  copper–nickel, specimen preparation for, **ES:**6, 216

copper–tin, backscattered electron and specimen current method for, **ES:**6, 40–41
copper–zinc, backscattered electron and specimen current method for, **ES:**6, 21
Copper-aluminum system
 atomic number correction in, **ES:**6, 93–94
 response curve for sandwich sheet in, **ES:**6, 126
 specimen current for, **ES:**6, 128
Copper/cobalt, magnetic multilayers, **E:**98, 406–408
Copper film substrates, **ES:**4, 189
Copper foil, crystal-aperture scanning transmission electron microscopy, **E:**93, 59, 90–91
Copper-grid specimen
 preparation of, **ES:**6, 206–207
 X-ray intensity measurements in, **ES:**6, 210–211
Copper-nickel, **ES:**4, 174
Copper–nickel alloy, specimen preparation for, **ES:**6, 216
Copper oxide, **E:**91, 142
 electroluminescence in, **ES:**1, 175, 176
 quenching of luminescence in, **ES:**1, 197
Copper phthalocyanines, **M:**5, 314, 316
Copper printed circuits boards, **ES:**4, 177
Copper ribbons, **ES:**4, 177
Copper–tin alloy, backscattered electron and specimen current method for, **ES:**6, 40–41
Copper–zinc alloy, backscattered electron and specimen current method for, **ES:**6, 21, 39–40
Corben tachyonic theory, **E:**101, 154–155
Core-loss peaks, **M:**11, 89
Cornu's spiral, **ES:**17, 89–90; **M:**13, 260
Corpuscular optics, **ES:**13A, 160
Correction coils, **E:**103, 317
Correction/correctors
 of abberation, **M:**12, 69
 quadrupole, **E:**103, 317
Correctionism, **E:**94, 265, 292
Correction lens, **DS:**1, 70
 degrouping, **DS:**1, 72, 74–77, 79
 discontinuous, **DS:**1, 85
 empirical design, **DS:**1, 78
 fabrication, **DS:**1, 79

 line screens, **DS:**1, 79
 radial, **DS:**1, 72–74
Correlated double sampling, in CCD, **D:**3, 218–222
Correlated noise, **E:**85, 24, 66, 68
Correlated uncertainty process, **E:**95, 197–198
Correlation coefficient, **E:**85, 15, 38
Correlation/correlator, **ES:**11, 27
 multiplexed, optical symbolic substitution, **E:**89, 82–84
 sliding, **ES:**15, 178
Correlation function, **ES:**2, 177
 of atomic displacements, **E:**90, 286
Correlation operation, CTD, **ES:**8, 232–233
Correlation quality, **M:**7, 139, 140
Corrosion, **ES:**20, 108, 246
 damage by, in early electron microscopes, **ES:**16, 84–85
 wet replication study of, **M:**8, 99
Corynebacterium diphtheriae, **M:**5, 335
 HVEM studies on, **ES:**16, 156
Cosine transform, *see* Transform image coding
Cosmic dust, electron probe analysis of, **ES:**6, 239
Cosmological principle, information approach, **E:**90, 170, 188
Cosslett, V.E.
 in history of electron microscopy, **ES:**16, 87, 90, 306, 407, 493, 498
 recollections of early electron microscopy by, **ES:**16, 23–61
Cossor Electronics, **E:**91, 234, 238–239
Cost, **ES:**12, 123, 215; **ES:**22, 31, 45
Cost functions, **E:**97, 88
 optimal estimators based on, **E:**97, 101–03
Cotte, M., **ES:**16, 228, 250, 254, 513–514
Cotton, A., **ES:**16, 107
Cotton fibers, early electron microscopy of, **ES:**16, 105, 424
Coulomb barrier/blockade, **ES:**19, 118, 125–126
 nanofabrication and, **E:**102, 162–168
Coulomb field, extended charge/point charge, **ES:**19, 136
Coulomb force
 definition of, **ES:**21, 60–61, 496
 displacements by components of, **ES:**21, 20

fluctuating and average component of, **ES**:21, 61
  in MC sample, **ES**:21, 409
  in terms of charge density distribution, **ES**:21, 61, 337
Coulomb gauge, **E**:82, 2, 18, 20, 26, 28, 30, 34, 35, 41, 42, 43; **E**:102, 12; **ES**:22, 65, 78, 341
Coulomb interaction(s), **M**:13, 216–231
  Boersch effect, **M**:13, 216–220
  effects of, **M**:13, 222–224
    trajectory displacement, **M**:13, 220–222, 222–224
  and electrostatic charging, **M**:13, 224–231
  energetic Boersch effect, **ES**:13C, 493–494, 515, 526–529
  phenomena of
    definition, **ES**:21, 4, 497
    final equations, **ES**:21, 515–528
    physical aspects, **ES**:21, 496–506
Coulomb logarithm, **ES**:21, 73, 75–79, 80, 82
Coulomb problem
  Hamiltonian, **E**:95, 306
  spacetime algebra solution, **E**:95, 306–307
Coulomb scaling, **ES**:21, 169–170
Coulomb scattering, spacetime algebra, **E**:95, 313–314
Counterrotating modes, in Y-junction circulator, **ES**:5, 104, 116
Coupled cavities, **ES**:22, 350
Coupled slot, surface field, **E**:92, 110–111
Coupling
  cavitis, **ES**:22, 355
  coefficient, **ES**:22, 351, 358
  of eddy current and static magnetic field, **E**:82, 29
  electromagnetic
    coupling coefficient, **E**:89, 213–214
    optical interconnecs, **E**:89, 210–213
    quantum devices, **E**:89, 209–243
    quantum mechanical
      coupling coefficient, **E**:89, 213–217
      between quantum wells, **E**:89, 195–199
      shortcomings, **E**:89, 221–223, 244–245
    spin-phonon, **E**:89, 241–242
  iris, **ES**:22, 357, 361
Coupling coefficients, **E**:89, 213–217
Coupling constant, inverse problem, **ES**:19, 175
Courant, **ES**:9, 421, 437

Covariance, **E**:85, 15, 19, 64, 68
  equation, **E**:85, 3–4, 36–37, 40
  graph, **E**:85, 56, 65
  information approach, **E**:90, 186
  matrix, **E**:85, 20–25, 33–48, 50–55, 63
  quantum mechanics, **E**:90, 154–156
Covariance matrix estimate explicit, **E**:84, 282, 284, 287
  general sample, **E**:84, 264–265, 268, 292–293
  inverse linear, **E**:84, 301
  isomorphic block diagonal, **E**:84, 280
  linear, **E**:84, 263, 269, 271, 282
  normal equations, **E**:84, 262, 289, 291, 297
  orthogonal subspace decomposition, **E**:84, 278
Covariance method, **E**:82, 124
Cover
  Minkowski, **E**:88, 207
  morphological, **E**:88, 218, 230
Covering, group theory, **E**:93, 10, 16
Cowpea mosaic virus
  chlorotic
    concentrated preparation, **M**:6, 263
    electron micrograph, **M**:6, 264
    optical diffraction pattern, **M**:6, 266
  reconstruction, **M**:7, 372, 373
  three-dimensional reconstruction, **M**:7, 370
CPA (coherent potential approximation), **ES**:20, 121
CPA (collective particle accelerator), **ES**:13C, 466
CPD (contact potential difference), **E**:102, 300, 307, 309–311
CPU time, **E**:85, 29, 62–64, 70
  for analytical ray tracing, **ES**:21, 413
  for numerical ray tracing, **ES**:21, 419
CR, *see* Contrast ratio
Cr, **ES**:20, 109, 207
  segregation
    in steel, **ES**:20, 239
    in W, **ES**:20, 237
Crack(s), **E**:84, 200, 203, 218, 220
  quantitative particle modeling, **E**:98, 21, 22–30, 31–33
Crack code, **E**:85, 103
Cramer–Rao bounds, **E**:94, 366, 371–372, 376
Cramer–Rao inequality, **E**:90, 129–133, 165–166, 177–178, 187
Crank–Link, **M**:3, 21

Cray computers, **E**:85, 271–297, *see also* Parallel programming
  architecture, **E**:85, 271–273
  autotasking, **E**:85, 292–297
    code generation, **E**:85, 297
    data dependence analysis, **E**:85, 292–294
    translation, **E**:85, 294–297
  macrotasking, **E**:85, 275–286
    events, **E**:85, 279–286
    locks, **E**:85, 278–279
    task declaration, **E**:85, 276–277
  microtasking, **E**:85, 286–292
    compiler directives, **E**:85, 286–287
    ruler for using, **E**:85, 290
  operating systems and languages, **E**:85, 273–275
Creep equation, **E**:103, 85, 102–106
Creep field
  congruence of level curves and, **E**:103, 85–86
  Eikonal equation, **E**:103, 96–98
  nature of, **E**:103, 94–98
  slope and tilt, **E**:103, 95
Creep line, **E**:103, 86
Crewe, A. V., in history of electron microscopy, **ES**:16, 5, 160
Crick, F., **ES**:16, 34
Critical angle, **ES**:14, 377, 380
Critical concentration *Nc*, **E**:82, 205, 206
Critical current density in hightemperature superconductivity, **M**:14, 31–36
  comparisons of, **M**:14, 36–38
Critical cycle, **E**:90, 41
Critical diagram, minimax algebra, **E**:90, 22
Critical dimension, SEMs in, **M**:13, 127
Critical distance, **ES**:20, 7
Critical events, **E**:90, 16–26
Critical field in high-temperature superconductivity, **M**:14, 31–36
Critical illumination, **M**:10, 7
  coherence and, **M**:7, 141
Critical path analysis, **E**:90, 2–23
Critical point(s)
  Morse, **E**:103, 72–73
  x_c, **ES**:20, 26
Critical-point drying method
  development for electron microscopy, **ES**:16, 97
  Japanese contributions, **E**:96, 783
Critical temperature, **ES**:22, 362

Critical thickness, **ES**:24, 5–25, 38, 40, 56, 114, 124, 125, 188, 228
Crittenden, **ES**:9, 51
Croissant, O., **ES**:16, 586
Crook, EM., **ES**:16, 486
Cross-array correlation coding, **ES**:12, 260
Cross-bar
  principle, **ES**:9, 181
  sampler, **ES**:9, 182
Cross-color effects, in TV color systems, **D**:2, 202
Cross correlation, **E**:84, 143–144; **ES**:10, 36, 200–229, 255, 258–259; **ES**:11, 28
  calculation, **ES**:10, 198–199, 203–204, 218–219, 225–226, 228, 255–256, 258–259
  with different signals, **ES**:10, 212–213
  generalized, **E**:84, 151
  against magnification, **ES**:10, 227–229
  Mellin-type, **E**:84, 158
  normalized, **E**:84, 143
  against orientation, **ES**:10, 215–216, 218–224
  peak detectability, **ES**:10, 207–208
  peak height, **ES**:10, 204–206
  weighted forms, **ES**:10, 202–203, 218–219, 228
Cross correlation function, **M**:7, 108
  improvement, **ES**:14, 297
Cross-correlation function, **ES**:4, 117
Cross-correlation integral, **ES**:4, 109
Cross-correlator, **E**:84, 142–143
Crossed fields, **E**:86, 239, 278, 279; **ES**:17, 268
  toroidal and homogeneous magnetic, **ES**:17, 316, 362–364
  toroidal and imhomogeneous magnetic, **ES**:17, 316–327
Crossed lenses, **ES**:13A, 125–127
Crossed magnetic and electrostatic selector, **ES**:13B, 281–285
Crossed scokets, **ES**:11, 136
Cross-grating Fourier transforms, **M**:8, 16
Crossover, **DS**:1, 20, 24, *see also* Beam segment
  beam, energy broadening, **ES**:13C, 475–476, 490–491, 494–506, 511–519, 524
  analytical treatment, **ES**:13C, 526–529
  polarized Fermi particles, **ES**:13C, 520

current distribution in, **ES**:3, 54
density in, **ES**:3, 53-75
diameter of, **ES**:3, 53-75
electron gun ray pencils, **M**:8, 140-144, 172-174
field electron emissions, **M**:8, 245, 251
meaning of narrow angle, **ES**:3, 3-5, 53
position parameter, definition of, **ES**:21, 29, 136, 496, 516
radius rc, definition of, **ES**:21, 28
  r_c, **ES**:21, 514, 516
  scaled $\bar{r}c$, **ES**:21, 182, 513, 516
virtual position, **ES**:3, 58, 64
Crossover gun, in pyroelectric vidicon, **D**:3, 56-57
Crossover interconnections, **E**:102, 237, 238, 239
Cross section for absorption, **ES**:2, 14
Cross-spectrally pure fields, **M**:7, 110
Crosstalk, electromagnetic, quantum devices, **E**:89, 209
Crowding, **DS**:1, 64-66
Crowe, G.R., **ES**:16, 29, 30, 486
Crowfoot-Hodgkin, D., **ES**:16, 26
CRT, *see* Cathode ray tube(s); Chinese remainder theorem
CRT screen, *see* Cathode ray tube screen
Cryo-electron microscopy, **ES**:16, 167-233
  of biological systems at liquid-helium temperatures, **ES**:16, 206-216
  using superconducting lenses, **ES**:16, 209-212
Cryofixation technique, **ES**:16, 208-209
Cryo-lenses, **M**:10, 239-241
Cryo-techniques, **E**:83, 252-253, 252-255, *see also* Low temperature
  recent developments in cryo-SEM, **E**:83, 252-253
Cryoultramicrotome
  development of, **ES**:16, 184
  schematic diagram of, **ES**:16, 217
Cryptosecure, **ES**:15, 13
Cryptosecure radar, **ES**:15, 17
  signals, **ES**:14, 304
Crypto signals, **ES**:15, 20
Crystal(s)
  color plates, **M**:8, 14-15 (between)
    charge distribution in, **D**:3, 5
  deformed, **E**:90, 238-241

dynamical elastic diffraction, **E**:90, 221-250
  boundary conditions, **E**:90, 226-230
  equations, **E**:90, 221-224
  reflection amplitude, **E**:90, 229-230
  reflection high-energu diffraction, **E**:90, 241-250
  transmission high-energy electron diffraction, **E**:90, 236-241
  two-beam approximation, **E**:90, 230-236
elastic scattering, **E**:90, 216
electron microscopy, **M**:7, 288
electron off-axis holography, **E**:89, 37-38, 44-47
GS algorithm and, **M**:7, 222
inelastic scattering and, **M**:7, 264
lattice spacings, **M**:4, 81
mirror electron microscopy, **E**:94, 96-97
mounting of, **M**:1, 46, 55
multilayer system, **E**:90, 238
optical properties of, **M**:1, 41
orientating of, **M**:1, 54
  universal stages for, **M**:1, 46
phase information and, **M**:7, 273
protein molecules in, **M**:7, 330-332
selvage, **E**:90, 241, 245-248
semi-infinite, **E**:90, 235, 243-248
slab, **E**:90, 229-230
  RHEED, **E**:90, 248-250
structure determination, **E**:90, 265
  linear least-squares method, **E**:90, 266-267
  nonlinear least-squares method, **E**:90, 268-272
structure factors, **E**:90, 257-265
substrate, **E**:90, 241, 243-245
lattice perfection studies in, **ES**:6, 427-428
Laue methods in, **ES**:6, 403-405
mechanical and thermodynamic characteristics of, **ES**:6, 406-414
mosaic and perfect, **ES**:6, 371-374
orientation studies in, **ES**:6, 427
symmetry of, pyroelectricity and, **D**:3, 5
Crystal-aperture scanning transmission electron microscopy, **E**:93, 57-107
  direct imaging of nucleus, **E**:93, 87-89, 104
  experimental, **E**:93, 66-87, 90-91
  imaging, **E**:93, 58-59, 63-66, 87-90, 94-106

resolution, E:93, 91–94
theory, E:93, 59–66
Crystal bending, ES:6, 428
  diffraction incoherence from, E:88, 152
  effect on structure analysis, E:88, 153
Crystal diffraction, ES:17, 92, 96
Crystal disorder
  binary solids
    lipids, E:88, 181, 183
    paraffins, E:88, 180
  effect on diffraction intensities, E:88, 174
  phase transitions
    cholesteryl esters, E:88, 177
    fluoroalkanes, E:88, 178
    paraffins, E:88, 176
    porin, E:88, 178
Crystal growth, M:2, 401
  epitaxial orientation
    on inorganic substrates, E:88, 119
    on organic substrates, E:88, 120
  Japanese contributions, E:96, 603–604, 608–610, 698–700, 751–752
  Langmuir–Blodgett films, E:88, 118
  reconstitution (proteins), E:88, 120
  solution crystallization
    evaporation of solvent, E:88, 118
    self-seeding, E:88, 118
Crystal implantation, in fabrication of electronic circuits, ES:13B, 163
Crystal lattice
  electrons, transmission through, E:93, 59–62, 66–73
  images, ES:10, 149–150
  zone axis tunnels, E:93, 73–79
Crystalline
  axes, M:1, 92
  fluorescence, M:1, 73
Crystalline approximant phase, structure of, E:101, 79–83, 89–90, 94–96
Crystallographic effects
  disorder in ZnS and effects on EL, ES:1, 31–35, 117–119, 152
  lattice vacancies in ZnS, ES:1, 13, 16, 75
  orientation of crystals, effects of, ES:1, 29–31, 73, 185
  structure of ZnS and effects on EL, ES:1, 13, 21, 22, 29–33, 118, 119, 186
Crystallographic phases determination
  direct methods
    crystal bending, effect of, E:88, 153

density modification, E:88, 141
electron microscope images, E:88, 130
examples of solved structures, E:88, 139
maximum entropy, E:88, 142, 171
phase invariant sums, E:88, 134
Sayre equation, E:88, 141
scattering, effect of, E:88, 149
secondary scattering, effect of, E:88, 151
Patterson function, E:88, 132
trial and error, E:88, 131
Crystallographic residual
  definition, E:88, 131
  significance, E:88, 131
Crystallographic shear planes, E:101, 30
Crystallography
  group-invariant transform algorithms, E:93, 1–55
    Fmmm group, E:93, 13–14
    P6$_1$/mmm group, E:93, 12–13
    Pmmm group, E:93, 13
  X-ray, phase retrieval, E:93, 167–168
Crystal refractometer, M:1, 75
Crystal spectrometer, ES:13A, 345; M:6, 281
Crystal structure(s)
  of chitosan, E:88, 137, 138, 165
  of copper perchlorophthalocyanine, E:88, 161
  of diketopiperazine, E:88, 157
  early determinations, E:88, 115
  factors, direct inversion, E:90, 257–265
    linear model, E:90, 259
    potential and, E:90, 338–341
    quadratic model, E:90, 260–265
  and luminescence, E:99, 243
  membrane proteins
    bacteriorhodopsin, E:88, 168
    porins, E:88, 168–169
  methylene subcells, E:88, 155
  of paraffins, E:88, 162
  of phospholipids, E:88, 163
  of poly(butene-1), E:88, 167
  of poly(ϵ-caprolactone), E:88, 166
  of polyethylene, E:88, 166
  polymer, E:88, 133
  solved by direct methods, E:88, 139
Cs, ES:20, 150
  LMIS of, ES:20, 153
CSF
  electron microscope development, E:96, 430, 437, 504
  M IX, E:96, 437, 446

SUBJECT INDEX

CSF electron microscope, **ES:**16, 53, 67, 246–247, 249, 256, 260
CSF electron microscopes, **M:**10, 225, 228
Csiszár's Φ-divergence, **E:**91, 41, 116
Csiszár's information matrix, **E:**91, 117, 120
CSL (coincidence site lattice) model, **ES:**20, 237
CSM, *see* Charge simulation method
CSPD (complex source pulsed beams), **E:**103, 31, 40
CSS, *see* Coincidence setting shear
Cs vapor
  maser, **ES:**2, 152–154, 183, 242
  two photon absorption in, **ES:**2, 199, 200
CT algorithm, *see* Cooley–Tukey algorithm
CTDs, *see* Charge transfer devices
CTEM, *see* Electron microscopy
Cu, **ES:**20, 33, 34
  concentration of G.P. zones, **ES:**20, 232
  CU–Fe alloys, **ES:**20, 146, 203
  Cu/H_2, **ES:**20, 98, 99
    heat of, segregation in Ni–Cu alloys, **ES:**20, 114
  rich precipitates, **ES:**20, 203
Cuccia, **ES:**9, 2; **ES:**14, 72
Cuckow, F.W., **ES:**16, 36, 44, 83, 486, 488, 491, 492, 495
Cuénod, **ES:**15, 210; **ES:**18, 26
Cumulant(s), **E:**94, 323, 324
  of displacement distribution, **ES:**21, 110
  generating function, **ES:**21, 111
Cuninghame-Green, **E:**84, 67
Curie, P. and M., **ES:**16, 512
Curie point, **ES:**5, 10
Curie–Weiss law, **D:**1, 231
Curl, defined, **ES:**9, 452
Current, **E:**82, 9, 13, 15, 19, 85
Current amplification, **E:**83, 21
Current density(ies), **E:**82, 2, 8, 12, 19, 27, 29, 77, 85; **E:**83, 5, 7, 10, 21, 28, 47, 57, 75–77; **ES:**22, 88
  displacement, **E:**82, 42
  effects
    electron gun, **M:**8, 200
    in ion extraction optics, **ES:**13C, 268–272
    in Schrödinger equation, **M:**13, 254–255
  space charge limited, **E:**83, 49
  surface
    electric, **E:**82, 8
    magnetic, **E:**82, 5, 11

  thermal limit, **DS:**1, 25
  vector potential, **E:**102, 11
Current density distribution, **E:**95, 74–76, 78; **E:**102, 320–322
  at emission, **ES:**21, 404
  of Gaussian spot, **ES:**21, 364
  general form, **ES:**21, 338
  of shaped spot, **ES:**21, 368, 436, 437
  of spot limited by
    chromatic aberration, **ES:**21, 378, 382
    space charge defocusing, **ES:**21, 395
    spherical aberration, **ES:**21, 391–392
    trajectory displacement effect, **ES:**21, 371
Current distribution
  cathode, **DS:**1, 26
  crossover, **DS:**1, 25
  spot, **DS:**1, 25, 95
Current driver, **ES:**15, 68
Current-emittance curve, **ES:**13A, 226–227
Current fluctuations, transfer theory and, **M:**7, 132
Current gain, **ES:**24, 163
Current injection, in p–n diodes, **ES:**2, 157–159
Current limiting devices, **E:**83, 70
Current pulses, **E:**83, 58, 59, 77
Current source, **ES:**23, 106
Current transfer characteristics, in channel electron multiplication, **D:**1, 14–15, 23
Current vortices, electron transport devices, **E:**89, 120
Curvature
  array, **ES:**11, 130
  of entrance field boundary, **ES:**17, 341
  of exit field boundary, **ES:**17, 341
  of field in microscope
    aberration, **M:**14, 294–298
    correction of monochromatic objective, **M:**14, 265–266
  wavepacket, transverse amplitude distribution and, **E:**103, 34–35
Curvature matrix, **E:**103, 34
Curvature measure, **E:**84, 244
Curved field boundary, **ES:**17, 325, 341 344, 348, 351, 354, 356
Curves, *see also* Fall curves; Level curves; Topographic curves

cliff, E:103, 75, 76, 135-137
De Saint-Venant's, E:103, 125-129, 135
parabolic, E:103, 88, 120-121
Curvilinear axis, ES:17, 253, 411
Cusp-on-a-cone shape, ES:20, 162, 163
Cusp points, E:103, 139
Cutaway view, E:85, 131
Cutoff
  on deflector plates, ES:3, 106-108
  high energy, E:82, 244, 260, 263, 266
  low energy, E:82, 244, 263, 266, 267
Cut-off condition
  for effective permeability, ES:5, 21
  Faraday-rotation, ES:5, 39
  ferrite-filled coaxial line, ES:5, 30
  field displacement isolator, ES:5, 47
  resonance isolator, ES:5, 65, 72
  in waveguide, ES:5, 26
Cut-off switch
  TEM-mode, ES:5, 152-155
    bandwidth, ES:5, 152
    construction of low-power device, ES:5, 154
    insertion loss, ES:5, 154
    magnetic loss, ES:5, 153
    matching, ES:5, 154
    operating point, ES:5, 154
    performance, ES:5, 155
    propagation constant, ES:5, 152
  in waveguide, ES:5, 150-152
    characteristic equation, ES:5, 150
    cut-off conditions, ES:5, 150
    high-power application, ES:5, 152
    material selection, ES:5, 151
    operating frequency, ES:5, 151
Cutoff voltage, see Mu (μ) determinations
Cutrona, L.J., ES:11, 185; ES:14, 165, 192
Cuts, fuzzy set theory, E:89, 264-265
Cutting plane, E:85, 213
Cutting surface, E:82, 13, 31
CVD, ES:24, 91, 110, 150, 151, 159, 233, 251, 252
  limited reaction processing, ES:24, 5, 95
  low-pressure, ES:24, 28, 33, 110, 112, 254
  low temperature ultra high vacuum, ES:24, 5
  plasma enhanced, ES:24, 228, 230

rapid thermal, ES:24, 28, 33, 112, 121, 157, 158, 163, 175, 230, 244
ultra-high vacuum, ES:24, 152, 156-158, 228, 235
CW solid masers
  Dy^{2+} : CaF_2, ES:2, 127, 230
  GaAs diode, ES:2, 163, 248
  InP diode, ES:2, 248
  InSb diode, ES:2, 248
  Nd^{3+} : $CaWO_4$, ES:2, 124, 231
  Nd^{3+} in glass, ES:2, 236
  Ruby, ES:2, 118-119, 230
  U^{3+} : CaF_2, ES:2, 129, 234
Cycle deletion, E:90, 40, 47
Cycle means, E:90, 40-41
Cyclic convolution, E:94, 4-7, 19
  fast, E:94, 12-19
Cyclic groups
  index notation, E:94, 8-9
  matrix representation, E:94, 13
Cyclic particle accelerator, paraxial ray equation, ES:13C, 4, 8
Cyclotron effective mass, E:92, 81
Cyclotron frequency, E:92, 81
Cyclotron mobility, E:92, 87
Cyclotron radius, M:12, 110
Cyclotron resonance, E:92, 89
Cyclotron wave, ES:13C, 460-461
CYDAC system, M:2, 79, 81, 145; M:5, 43, 44, 45
  electronic design of, M:2, 89, 91, 93, 111
  performance, M:2, 96
  specification of, M:2, 82, 83
Cylinder
  of focus, ES:11, 98
  representation of, M:13, 29-30, 34
Cylindrical cavity, ES:22, 343
Cylindrical deflector analyzer, ES:13B, 262-263, 268, 297-302, 324, 328, 335-336, 348, 351
  fringing fields, ES:13B, 365-366
  ghost peaks, ES:13B, 361-363
  parasitic fields, ES:13B, 369
  space charge, ES:13B, 356-358
Cylindrical deflector selector, ES:13B, 328-329
Cylindrical electrostatic analyzer, M:4, 267-287, 319-324, 340-342
Cylindrical ion beam, space charge effects, ES:13B, 48

SUBJECT INDEX

Cylindrical lens, **ES:**11, 99; **ES:**13A, 94
Cylindrical magnetic analyzer, **M:**4, 287–302, 324–327
Cylindrical mirror, **E:**86, 246, 279
Cylindrical mirror analyzer, **ES:**13B, 262–263, 268, 272, 285, 291–296, 324, 351
   fringing fields, **ES:**13B, 364
Cylindrical waveguide, **ES:**15, 249, *see also* Circular waveguide
Cytoanalyzer, **M:**4, 362
Cytochrome oxidase, **M:**6, 216
   DAB technique, **M:**6, 212
   negative staining, **M:**8, 123
Cytochrome reductase, negative staining, **M:**8, 123
Cytological smear preparations of isolated living cells, stripe photomicrography, **M:**7, 81
Cytologic specimens, contour lines, **M:**8, 20
Cytoplasm, **M:**6, 149, 181, 182, 230
Cytoplasmic granules, **M:**6, 77
Czechoslovakia, in history of electron microscopy, **ES:**16, 55–56, 63–79, 600

D

1-D, *see* One-dimensional
D (deuterium), **ES:**20, 81, 85, 133
Dabelow, A., **ES:**16, 169
DAB technique, *see* Diaminobenzidine technique
Dacite, microtransform, **M:**7, 48
D/A converter, *see* Digital-to-analog converter
Dahlquist's theory, **ES:**19, 255
d'Alembert, **ES:**9, 11, 389, 404; **ES:**14, 16; **ES:**18, 1, 3
d'Alembert wave equation, **E:**101, 159
Dales, **E:**103, 100–101
Damage
   radiation, *see* Radiation damage
   to specimens, *see* Biological specimen damage
Dameron, D.H., **ES:**11, 217
Damping, **ES:**22, 32, 61
Damping constant, **ES:**4, 117
Dangling bond, **ES:**20, 267

DAP (deformation of vertical-aligned phases), **D:**4, 72
DAPS (disappearance potential spectroscopy), **ES:**13B, 349
Darboux process, **ES:**19, 309–312
Darboux transformation, classical, **ES:**19, 445
   new, **ES:**19, 449–450
   two parameter, **ES:**19, 451–452
   vs. Dressing method, **ES:**19, 450–455
Dark current(s), **E:**99, 74; **ES:**8, 131–132; **M:**2, 10
   avalanche photodiodes, **E:**99, 88, 150–153, 154, 156
   in CCD, **D:**3, 203
   image sensor defects and, **ES:**8, 190
   numerical values, **ES:**8, 136–137
   practical problems, **ES:**8, 138
   sources, **ES:**8, 133–134
   time dependent, **ES:**8, 134–136
Dark-current noise, in CCD, **D:**3, 217
Dark field, **M:**11, 25, 154
Dark-field–bright-field illumination, **M:**6, 21
Dark-field/bright-field methods, phase determination and, **M:**7, 273
Dark-field conditions, **ES:**10, 20, 22, 31, 73–77, 93, 121, 126, 132, 140, 142, 156, 158, 160–162
Dark-field electron microscopy
   of biological specimens, **M:**5, 299, 300–303, 342
   disadvantages, **M:**5, 303
   for image improvement, **M:**5, 102, 299, 300–303
   resolution, **M:**5, 342, 343
   strioscopy, **M:**5, 300
Dark-field illumination, **M:**6, 17, 21
   with laser, **M:**6, 17, 18
Dark-field image(s)
   electron, **M:**2, 206, 212, 232
   formation, **M:**8, 123
   phase problem solution and, **M:**7, 227, 228
   pointed filament use to obtain, **ES:**16, 309
Dark-field microscopy, **M:**6, 116, *see also* Dark-field electron microscopy
   images, **M:**10, 25
   phase determination and, **M:**7, 274
   phase problem and, **M:**7, 243
   signal-to-noise ratio, **M:**7, 257

Dark-field technique, E:101, 27, 28
Darling, ES:15, 210, 265
Darmstadt high-resolution project, ES:13A, 132-140
DARPA, ES:23, 1
Darwin, C.G., in history of electron microscopy, ES:16, 35-36, 37, 57, 82, 87, 486, 488, 489, 490, 492, 493, 495, 498
Darwin's solution, E:90, 236
Das Gupta, N.N., ES:16, 516
DAS model, ES:20, 266
  pseudovelocity and, E:101, 157-158
Data, granularity, rough set theory, E:94, 151-194
Data analysis
  in MC program, ES:21, 424-428
  tracking microscope, M:7, 9-11
Database, fuzzy relations, E:89, 313-314
Data compression, E:94, 386-387
  generating differential equations, E:94, 387-391
Data formation model
  image recovery problem, E:95, 156-157
  set construction
    digital model, E:95, 191
    general model, E:95, 190-191
    notation, E:95, 190
Datalight, Inc., D:2, 46, 56
Data parallelism, E:87, 269
Data processing, M:2, 77, 119
Data structure, E:88, 63
  design in C, E:88, 73
  implementation, E:88, 81
    BOUNDARY structure, E:88, 85
    DEVICE structure, E:88, 89
    IMAGE structure, E:88, 82
    K – State structure, E:88, 88
    POLYLINE structure, E:88, 89
    Scalar types, E:88, 90
    SEQUENCE structure, E:88, 86
    TRACE structure, E:88, 87
    VIDEODISC structure, E:88, 87
    WINDOW structure, E:88, 84
  pyramid, E:86, 133, 138
  spatial, E:86, 147, 164
Datta, ES:23, 331
Daugman's neutral network, image reconstruction, E:97, 31, 52
Davey-Stewartson equations, ES:19, 389, 457-460, 474

Davidson, ES:14, 109
Davis, ES:9, 25
Davis, C. W., ES:14, 31
Davis, J. L., ES:14, 31, 32
Davis, J. R., ES:14, 39
Davis, L., ES:14, 31
Davisson, C.J., ES:16, 227, 503, 583
Davisson–Calbick formula, DS:1, 135
Dawes, ES:9, 421
Dawson, I.M., ES:16, 499
Dawson's integral, ES:13B, 354
Dc Polarization, induced, ES:2, 215
DCT, see Discrete cosine transform
DD, see Direct detection
d_{1288} and d_{2575} width, due to trajectory displacement effect resulting equations, ES:21, 522, 524
DDD, see Double-diffused drain
Deadtime, relation to counting rate, M:6, 285, 286
Dean, ES:14, 30, 31, 39
Debeye screening, ES:21, 51-55, 97, 500
  length, ES:21, 52, 75, 82
Deblurring
  image reconstruction, E:97, 155-159
  space-variant image restoration, E:99, 315-318
de Boer, J.H., ES:16, 447
de Broglie, M:12, 17, 18
de Broglie, L., E:101, 144; ES:16, 106, 113, 241, 583
de Broglie, M., ES:16, 228, 233
de Broglie–Bohm wave theory, E:101, 148-52
  extended
    background of, E:101, 213-214
    dynamical theorem, E:101, 225-227
    many-body problem, E:101, 228-230
    particle in a scalar field, E:101, 224-227
    particle on a line, E:101, 221-224
    tachyokinematic effect, E:101, 214-221
    uncertainty principle, E:101, 227
de Broglie equation, ES:16, 2, 106
de Broglie's formula, ES:17, 7
de Broglie's theory, of wave nature of particle, ES:16, 37, 106, 264, 583
de Broglie wave
  background of, E:101, 144-148
  conversion of light into, E:101, 163-165
  introduction of dual, E:101, 146
  three-wave particle model, E:101, 145-146

SUBJECT INDEX

de Broglie wavelength, **ES**:21, 32
Debye–Huckel approximation, **E**:87, 108
Debye length, **E**:82, 225; **E**:87, 107; **ES**:22, 61
   high-intensity beams, **ES**:13C, 63–64
Decagonal contrast, **E**:101, 58
Decagonal quasicrystals, *see* Quasicrystals, decagonal
Decay, **E**:83, 34, 35
Decelerating lens, **ES**:13B, 344
Decelerating power, **ES**:6, 74
Deceleration, **ES**:22, 248
Deceleration-acceleration technique, in electron spectroscopy, **ES**:13B, 332–335
Deceleration law, **ES**:6, 74, 111
Decelerative regime, electron guns, **ES**:13C, 163, 165–166, 168
Déchêne effect, **ES**:1, 192
Decimation
   finite abelian group, **E**:93, 8, 15
   weighed, **E**:93, 16
Decision tables, **E**:94, 154–157, 158, 185–187
   Dempster rule of combination, **E**:94, 176
Decision tree, **E**:84, 238
   compiler, **E**:84, 241, 243
   language, **E**:84, 241
   text file description, **E**:84, 241
Decker, **ES**:9, 400
Decoder, digital coding, **E**:97, 192
Decomposition, **E**:85, 26–42, 52–53
Deconvolution, **E**:87, 5–6; **E**:101, 100; **ES**:15, 209; **ES**:18, 26, 176, 181, 186, 191, 200, 209
   blind, **E**:93, 144–152
   fully-connected network and, **E**:87, 11f
Deconvolution technique, **ES**:6, 117–136
   concentration profile in, **ES**:6, 135
   data reduction in, **ES**:6, 129–133
   experimental measurements in, **ES**:6, 124–128
   Fourier transform, in, **ES**:6, 122
   mathematics of, **ES**:6, 121–124
   modified transforms in, **ES**:6, 122–124
   ridge analysis in, **ES**:6, 133
   simulated problem in, **ES**:6, 131
   theory of, **ES**:6, 119–121
Decorating, **M**:6, 176
Deep level transient spectroscopy, **E**:87, 226; **M**:10, 67
Deep-sea mining, **ES**:11, 16

Deep-sea sediments, electron probe analysis of, **ES**:6, 239
Defects, **E**:87, 216, 219, 222, 224–225, 232
   crystals, electron off-axis holography, **E**:89, 44–47
   detection of, filtering and, **M**:7, 67
   diffuse scattering, **E**:90, 282–285
   mirror electron microscopy, **E**:94, 97
   point, **E**:87, 219, 225
Deferent, **ES**:9, 1; **ES**:23, 327
Definable set, **E**:94, 158–159, 166
Definite matrix, **E**:90, 56–58
Deflection, **E**:83, 152; **D**:1, 197
   aberration, **E**:83, 156–162
   accelerator cavity, **ES**:22, 385
   accelerator entrance, **ES**:22, 391
   accelerator exit, **ES**:22, 393
   cardinal element of, **M**:13, 187–188
   of electron beams, **D**:1, 163–221, *see also* Electron beam
   first order, in electron trajectories, **M**:13, 186–188
   fundamental trajectories, **M**:13, 187
   of light
      inhomogeneous stratified media in, **M**:8, 9
      refractive index gradient relationship with, **M**:8, 8
   multiple cavities, **ES**:22, 389
   post-lens single deflection, **E**:83, 152–156
   pre-lens double deflection, **E**:83, 152
   pre-lens single deflection, **E**:83, 162
   system for SEMs, **M**:13, 113–119
   yokes, location, **E**:83, 152–156
Deflection aberration
   in electron optics, **ES**:13A, 102–103
   for electrostatic combined system, **ES**:17, 178–180
   for magnetic combined system, **ES**:17, 165–171, 174
   third order (electrostatic), **ES**:17, 154, 156
   third order (magnetic), **ES**:17, 129–131, 134–139
Deflection angle
   for complete collision, **ES**:21, 70, 145
   of deflector, **ES**:21, 407
   narrow, **ES**:17, 125, 160
   wide, **ES**:17, 125

Deflection bridge, mirror EM, **M:**4, 212–214
Deflection center, *see* Center of deflection
Deflection coils, **ES:**17, 126–129
Deflection coma, **ES:**17, 140, 145–148, 149–151, 157, 171, 174, 180
Deflection defocusing, **ES:**3, 97, 111–118
  corrective measures for, **D:**1, 188–192
  electric, **ES:**3, 98–111
  magnetic, **ES:**3, 113–116
  nomograms for, **ES:**3, 147–148
  sensitivity, **ES:**3, 100–101
Deflection distortion, **ES:**17, 140, 149, 171, 174, 180
  barrel, **ES:**17, 140, 141
  hammock, **ES:**17, 140, 141
  in ion microbeam implantation, **ES:**13B, 66–67
  pincushion, **ES:**17, 140, 141
Deflection energy analyzer, **ES:**13B, 268
Deflection field(s)
  curvature and astigmatism, **ES:**17, 140, 149–151, 171, 174, 180
    mean image surface for, **ES:**17, 144–145
    meridional image surface for, **ES:**17, 144
    sagittal image surface for, **ES:**17, 144
  in electron trajectories, **M:**13, 186–188
  electrostatic, **M:**13, 146–149
  magnetic, **M:**13, 149–152
  in SEMs, **M:**13, 146–152
  size limitation, in ion microbeam implantation, **ES:**13B, 65–66
Deflection linearity, **ES:**17, 133
Deflection plate
  multistage kinked, **ES:**17, 153
  planar parallel electrode, **ES:**17, 152
Deflection sensitivity, **ES:**17, 126, 153
Deflection system
  computer analysis, **ES:**13B, 93–100
  in electron beam lithography, **ES:**13B, 75–77, 80–83, 92–117, 127
  for ion microbeam implantation, **ES:**13B, 63–65
Deflection yoke(s), **DS:**1, 43
  110° systems, **DS:**1, 114–117
  electrostatic, **D:**1, 196–209
  line screens, **DS:**1, 131–133
  precision static toroid yoke, **DS:**1, 115–116
  toroidal, **ES:**17, 389
Deflector, MC routine for, **ES:**21, 407–408

Deflector plates
  construction for maximum sensitivity, **ES:**3, 102–105
  cutoff, **ES:**3, 106–108
  effect on deflection defocusing, **ES:**3, 111–113
  general design, **ES:**3, 98–102
  multiple section, **ES:**3, 99–102
  nomograms for sensitivity, **ES:**3, 100–101
  sensitivity equations, **ES:**3, 99–102, 105, 108–111
Defocus/defocusing, **E:**86, 233, 239, 243, 266, 269; **ES:**10, 4, 9, 236; **ES:**22, 154, 156, 158, 386, 393; **M:**5, 163, 165, 174, 179, 196–198, 240, 241, 245, 249, 294
  distance, *see* Space charge lens
  elastic image and, **M:**7, 264
  electron guns, **ES:**13C, 142, 152, 163
  of electron image, **M:**1, 172
  in electron optical transfer
    aberration, **M:**13, 281–284
    and axial astigmatism, **M:**13, 278–279
    function, **M:**13, 274–277
    and rotationally symmetric third-order aberration, **M:**13, 280–282
  error, phase problems and, **M:**7, 262
  extraction optical system, **ES:**13C, 227
  linear space charge force, **ES:**13C, 51, 131
  neutralized ion beam, **ES:**13C, 412–413
  Scherzer, **ES:**10, 11, 12
  thin carbon film image and, **M:**7, 186
Defocus pairs, **ES:**10, 23–24, 149–162, 168–170
Deformation, of gradient, **E:**103, 88
Deformed crystals, **E:**90, 238–241
Degaussing, **DS:**1, 112
Degeneracy factor, **ES:**2, 8
Degenerate Fermi–Dirac system, **E:**82, 208
de Gramont, A., **ES:**16, 113
Degree of coherence, measurement, **M:**7, 158–163
Degree of local spatial order, **E:**92, 45
Degree of polarization of fluorescence
  definition, **M:**8, 55–56
  measurement, **M:**8, 56–58
  sign, **M:**8, 56
  significance, **M:**8, 56
Degree of spatial coherence, *see* Complex degree of coherence
Degree of uncertainty, rough sets, **E:**94, 181

Degrees of freedom, edge elements, **E:**102, 23, 24–25
DeGroot, **ES:**23, 50
Degrouping, **DS:**1, 66
Degrouping lens, **DS:**1, 72, 74–77, 79
de Heer, H.J., **ES:**16, 389, 394, 398, 400, 403, 406
Dehydration, **M:**2, 256, 312 *et seq.*
Dehydrogenase, **M:**6, 209
　electron microscopy, **M:**6, 209, 214
　ferricyanide technique, **M:**6, 210
　histochemistry, **M:**6, 210
　tetrazolium salt technique, **M:**6, 209, 210, 212, 213, 214
Deirmendjian, **ES:**14, 25
Dekatron tube, **D:**3, 85–86
de Laszlo, H.G., **ES:**16, 24, 38, 39
Delaunay triangulations, **E:**103, 142
Delay, minimax algebra, **E:**90, 6–7
Delay circuits, **ES:**11, 23
　digital, **ES:**11, 162
Delay devices, focusing, **ES:**11, 101
Delayed-choice experiment, **E:**94, 297–298
Delayed dc ramp fringing field, **ES:**13B, 205–206, 215
Delayed interaction, **ES:**23, 289
Delay feedback loop, **ES:**9, 315, 317, 319
Delay line, **ES:**11, 4
Delay resonant circuit, **ES:**15, 5, 7
Delay time, **ES:**15, 26
Delesse principle, **M:**3, 69
Deley, **ES:**14, 203, 257
Delft
　early electron microscope development at, **ES:**16, 391–415
　First International Electron Microscopy Conference (1949), **ES:**16, 29, 41, 88, 413, 499
Delft particle optical system, **M:**13, 154, 217
Delocalization, **E:**83, 240, 241
Delong, A., in history of electron microscopy, **ES:**16, 56, 68, 600
Delta (δ), **E:**90, 54–58
Delta function, **E:**103, 25; **ES:**21, 106, 186
Delta gun(s), **DS:**1, 13, 35, 91–94
　in color TV tubes, **D:**1, 209–212
　in electron beam deflection, **D:**1, 176
Delta modulation, **ES:**12, 16, 74, 76, 220
Demagnetizing factors, **ES:**5, 8, 39, 61
Demagnetizing fields, **ES:**5, 8

Demagnification, **ES:**17, 107, 109, 225
Demagnifying systems
　cathode projection, **ES:**13B, 126
　electron projection, **ES:**13A, 104
　lens, **ES:**13A, 104–105
Dember voltage, **M:**10, 69
Demodulation, **E:**84, 328
　nonsinusoidal carriers, **ES:**14, 78
　vs. conversion, **ES:**11, 168
De Morgan's law, **E:**89, 231, 259
Dempster rule of combination, **E:**94, 176
Dempster–Shafer theory, *see* Evidence theory
Denisyuk hologram, **M:**10, 139
Denoising, image enhancement, **E:**97, 56–58
Dense electron gas, **E:**82, 199, 207
Denshi Kagaru Kenkyusho, early electron microscope manufacture by, **ES:**16, 89
Density
　functional theory, **ES:**20, 100
　of image, relation to exposure, **M:**1, 183
　as it affects SEM, **E:**83, 206, 209, 218, 231, 249, 251, 255
　　z contrast image, **E:**83, 215–216, 225, 227, 233, 247–248, 251
　microkymography and, **M:**7, 92
　of modes, **ES:**2, 12, 26, 44, 258
　in phase space, **ES:**13A, 165, 167, 169, 179
　in trace space, *see* Microscopic beam brightness
Density contours, **ES:**4, 156
Density-exposure curves for electrons, **M:**1, 188
Density of states, **E:**82, 204, 213, 227, 232, 237; **ES:**24, 78, 166
　in band tails, **E:**82, 201
　deep tail, **E:**82, 242
　distortion of, **E:**82, 201, 245
　effective mass, **E:**82, 203, 204, 209, 222
　effect of, **E:**82, 198
　in heavily doped silicon, **E:**82, 199, 200
　spatial distribution of the local, **ES:**20, 169
　in the tails, Sayakanit, **E:**82, 240
Dental alloy, electron beam scanning of, **ES:**6, 252–254
Department of the Navy, **ES:**11, 146
Deposition, **E:**83, 14, 54; **E:**102, 97
　electron-beam lithography, **E:**102, 105
　focused ion beam, **E:**102, 112–114

rate of, **ES**:4, 190
scanning probe microscopes, **E**:102, 121
Depressed betatron frequency (depressed phase advance), **ES**:13C, 51
Depth
 of field, **ES**:11, 95, 109, 128
  definition, **ES**:11, 109
 of focus, **E**:83, 110; **ES**:10, 7; **M**:3, 27
 of fusion front penetration, **ES**:4, 152
 of melting, **ES**:4, 145
 profiling, **M**:11, 147
Depth cue, **E**:85, 85, 114
Depth-distribution function, **ES**:6, 32, 59, *see also* X ray(s), depth distribution in
Derivatives
 expressions for, **ES**:10, 98–104, 115–116
 vector potential, **ES**:23, 68
Derivative spectroscopy, **M**:8, 44
Derived tube, **ES**:3, 9, 120
Derjaguin approximation, **E**:87, 67
 Electric force microscopy, **E**:87, 130
 geometrical errors, **E**:87, 93
 geometry, **E**:87, 65–66
Derjaguin–Landau–Verwey–Overbeck theory, **E**:87, 110
De Robertis, E., **ES**:16, 192
DES, *see* Discrete-event system
De Saint-Venant's curves, **E**:103, 125–129, 135
Description/descriptor
 0D, **E**:85, 97, 99
 1D, **E**:85, 97, 101
 2D, **E**:85, 97, 103
 3D, **E**:85, 97, 105
 algebraic, **E**:86, 149
 fuzzy, **E**:86, 148
 iconic, **E**:86, 148
 of scene, **E**:86, 90–91
Design system
 expert, **E**:86, 90
 rule-based, **E**:86, 86, 94, 111, 163
Desilets, C.S., **ES**:11, 222
Desk transmission electron microscope BS, **ES**:16, 242
 development in Czechoslovakia, **ES**:16, 69–74
 diagram of, **ES**:16, 71
Desmares, P., **ES**:11, 3, 220
Desorption microscope, **ES**:20, 66

Despain, **ES**:9, 400
Destructive method, of beam measurement, **ES**:13A, 202, 250–251
Desynchronism, **ES**:22, 134, 142, 144
Detail enahancement, **E**:92, 38–52
 adaptive extremum sharpening filter, **E**:92, 44–48
 mathematical morphology, **E**:92, 48–52
 multistage one-dimensional filter, **E**:92, 39–44
Detectability index, **E**:84, 339
Detection efficiency, **ES**:20, 70, 77, 89
 100%, **ES**:20, 59, 71, 73
 absolute, **ES**:20, 71, 76
 in channel electron multiplication, **D**:1, 24–27
 of channelplate, **ES**:20, 74
 of channeltron, **ES**:20, 72
 for electromagnetic radiation, **D**:1, 26–27
 for electrons, **D**:1, 25
 for positive ions, **D**:1, 25–26
Detective quantum efficiency, **E**:89, 32–33, 33, 34; **E**:99, 260–261; **M**:12, 57; **D**:1, 21
Detector(s), **E**:83, 205; **ES**:24, 181–183, 188, 189, 205, 213, 219, 220, *see also* Photodetector(s)
 backscattered electron, **E**:83, 206, 223–226
 bandwidth, **E**:83, 223, 225–226
 for beam profile monitoring, **ES**:13A, 236
 bolometric, **D**:3, 2
 CdHgTe, **ES**:24, 182
 comparison with other detectors, **ES**:24, 213–222
 cutoff wavelength(s) of, **ES**:24, 209, 212
 δ doped, **ES**:24, 191
 dead layer, **E**:83, 225
 design of, **ES**:24, 204
 efficiency, **M**:12, 100
 8-10 5m, **ES**:24, 220
 election-counting, **E**:83, 257
 gun microscope, **ES**:13A, 304
 homojunction, **ES**:24, 205–207, 213
 III-V semiconductor, **ES**:24, 182, 197, 219
 improvement, **E**:83, 223
 internal photoemission, **ES**:24, 181, 182, 185, 204–214
 intersubband absorption, **ES**:24, 185, 196–204
 ion microprobe, **ES**:13A, 345
 IR, **ES**:24, 181–222

low beam voltage, **E**:83, 223
microchannel plate, BSE, **E**:83, 225–226
misalignment caused by, **E**:83, 223–224, 230
MQW, **ES**:24, 191–204, 214, 219
noise, digital image processing, **M**:4, 141–145
noise in, **ES**:24, 183
normal incidence, **ES**:24, 198
photoconductor, **ES**:24, 183
photodiodes, **ES**:24, 182, 214
p-i-n detectors, **ES**:24, 188, 221
  on SOI substrate, **ES**:24, 191
position sensitive, **E**:83, 225
pyroelectric, *see* Pyroelectric detectors
QE of, **ES**:24, 204, 209
quantum, **D**:3, 2
response, **ES**:24, 191
response time of, **ES**:24, 191, 219
responsivity, **ES**:24, 197
Schottky barrier, **ES**:24, 185, 204, 205, 207, 209
secondary electron
  Everhart–Thornley, **E**:83, 222–223, 230
  TEM/SEM, **E**:83, 222
semiconductor, **E**:83, 225
sensitivity, tracking microscope, **M**:7, 12
spectral response of, **ES**:24, 125, 204, 216, 217
STEM, geometry, **M**:7, 143
Deuterated triglycine fluoroberyllate, **D**:3, 50, 61, 75–76
Deuterium plasma source, **ES**:13C, 312–313, 334
Deviation (relative)
  energy, **ES**:17, 289, 356
  of ion mass, **ES**:17, 267, 287, 295
  of ion momentum, **ES**:17, 307
  of ion velocity, **ES**:17, 289, 356
Dewar geometry, of gun microscope, **ES**:13A, 303
de Wolff, P.M., **ES**:16, 395
DFGA (distributed floating-gate amplifier), **D**:3, 222–225
DFT, *see* Discrete Fourier transforms
Dhamelincourt, Raman imaging, **M**:10, 58
DHBT, **ES**:24, 89
DHT (discrete Hartley transform), **E**:102, 259–262
DIA-Expert, **E**:86, 100

Diagonalization, cross correlation, **ES**:9, 325
Diagonal realization, DES, **E**:90, 108–109
Diamagnetic flux shield lens
  calculation of configuration, **M**:5, 229, 230, 231
  characteristics, **M**:5, 229
  construction, **M**:5, 228, 232
  flux density, **M**:5, 229, 230, 231
  flux density prediction, **M**:5, 232
  flux jumps, **M**:5, 233
  misaligned, **M**:5, 233
Diamagnetic shielding lenses, in electron microscopy, **M**:14, 20–21
Diameter
  Feret's 40, **M**:3, 46
  Martin's, **M**:3, 40
Diaminobenzidine technique, **M**:6, 210–212, 220
  for catalase, **M**:6, 211
  for cytochrome oxidase, **M**:6, 212
  in endogenous enzyme study, **M**:6, 210
  for haem proteins, **M**:6, 210
  for peroxidase, **M**:6, 210
  in tracer study, **M**:6, 210
Diamond, **ES**:1, 172–175; **ES**:4, 193; **M**:5, 308
Diamond knife
  application of, **ES**:16, 185–187
  development of for electron microscope sections, **ES**:16, 96–97, 171, 178–187
  improvement of, **ES**:16, 216, 218
  ultramicrotome and, **ES**:16, 182–184
Diamond powder, **M**:5, 153, 154, 155
Diaphragm, and brightness of beam, **ES**:13C, 483
Diatomic molecules
  melting points, **E**:98, 13, 14
  molecular bonds, **E**:98, 67–74
Diatoms
  early electron microscopy of, **ES**:16, 108, 110, 111
  HVEM studies on, **ES**:16, 157
  KFS phase contrast microscopy, **M**:6, 80
Dichroic dye, dissolving of in cholesteric liquid crystal, **D**:4, 81
Dichroic mirrors, **DS**:1, 201
Dichroic ratio, **M**:8, 65–66, 66–72
Dichroism, **M**:1, 72, 88, 93
Dick, D.E., **ES**:11, 218
Dicomed 36-image display, **D**:4, 140

DIC system, *see* Differential interference contrast system
Dictyostelium discoideum, **M:**5, 366
Dielectric breakdown, **ES:**1, 3
Dielectric constant, **E:**82, 3-8, 10-11, 15, 27, 41; **ES:**17, 10
Dielectric function, **E:**82, 210, 230
Dielectric loading
  latching phase shifter, **ES:**5, 23, 28, 203, 208
  resonance isolator, **ES:**5, 70-75
Dielectric loss tangent, **ES:**5, 16-17
Dielectric materials
  multiple cuts in FDM methods, **M:**13, 21-23
  single cuts in FDM methods, **M:**13, 11-21
Dielectric particles, **E:**83, 12
Dielectric permittivity, **E:**87, 56
  as function of frequency of water, **E:**87, 73-74
  solvation forces, **E:**87, 115
Dielectric profile, **ES:**19, 79-81
  one-dimensional, **ES:**19, 90-95
  reconstruction high frequency, **ES:**19, 89-95
Dielectric rod in air, **ES:**5, 32
Dielectric sleeve, Faraday-rotation isolator, **ES:**5, 42
Dielectric spheres, charged, electron holograms, **E:**99, 174, 207-216
Dielectric substrate, **E:**82, 3-6, 8, 41
Dielectric waveguides
  design, **ES:**19, 79-88
  and fibers, **ES:**2, 76-79
Dielectric wire, **ES:**5, 40, 45, *see also* Dielectric rod in air
Dieletric, transmission line, **ES:**13C, 176-177
Dierks, J., **ES:**9, 203; **ES:**11, 1, 143, 146
Dietrich, I., **ES:**16, 125
Difference equation(s), **ES:**22, 123; **M:**13, 7-8
  in computation of electrostatic and magnetic fields, **ES:**13A, 18-40
  for dielectric materials, **M:**13, 12-21
  finite spherical functions, **ES:**9, 428, 470
  for magnetic materials, **M:**13, 24-25
  matrix representation, **ES:**9, 424
  for multiple dielectric cuts, **M:**13, 21-23
  in ray tracing, **M:**13, 206
  solving, in FDM methods, **M:**13, 10
  stationary solutions, **ES:**9, 421

Difference frequency generation, **ES:**2, 215, 216
Difference of Gaussian, receptive field, **E:**97, 44-45
Difference operators, defined, **ES:**9, 422
Differential algebraic method, **E:**91, 3
Differential amplifier, **ES:**15, 143
Differential blood counting, **M:**9, 348-350
Differential capacitive position sensor in thin film stack pattern, **M:**14, 82-83
Differential cell refractometer, **M:**1, 57, 59, 70
Differential cross section, **ES:**21, 146
  scattering experiments, **E:**90, 208
Differential equation(s)
  of current vector potential, **E:**82, 19, 20, 27, 28
  of eddy current field, **E:**82, 21
  of electric scalar potential, **E:**82, 10, 26, 27, 41, 42
  of electric vector potential, **E:**82, 42, 43
  elliptic, **E:**82, 43
  Laplace, **E:**82, 17, 18, 34
    generalized, **E:**82, 10, 12
    vector, generalized, **E:**82, 18
  of magnetic scalar potential, **E:**82, 12, 14, 27, 28, 42, 43
  of magnetic vector potential, **E:**82, 16, 17, 26, 27, 41, 42
  parabolic, **E:**82, 43
  partial, **E:**82, 2, 43
  set of, ordinary, **E:**82, 47, 48
  spectral parameter, higher order
    Darboux process, **ES:**19, 309-312
    Euler operators, good, **ES:**19, 309-312
    K-P hierarchy, **ES:**19, 312-322
  of states, **E:**94, 336
  of static field, **E:**82, 4, 5, 7, 8
  of waveguide and cavity, **E:**82, 39, 45
Differential interference contrast system, **M:**6, 105
  advantages, **M:**6, 105
  effective optical sectioning, **M:**6, 105
  Nomarski system, **M:**6, 105
  relief image, **M:**6, 105
Differential invariants
  complete irreducible sets of, **E:**103, 90-91
  of first order, **E:**103, 86-87
  local shape of level curves, **E:**103, 93-94
  local surface shapes, **E:**103, 91-93
  of second order, **E:**103, 87-94

SUBJECT INDEX 79

Differential operators, **E**:82, 44, 45; **E**:94, 335
Differential phase contrast, **M**:10, 49–55
　imaging, **M**:10, 52
Differential phase contrast mode, **E**:82, 153
　geometrical optics, **E**:98, 351–357
　wave optics, **E**:98, 357–358
Differential-phase-shift circulator, **ES**:5,
　　89–96, 169
　bandwidth, **ES**:5, 95
　description, **ES**:5, 89
　performance, **ES**:5, 94
Differential power law index, **E**:87, 70
Differential pulse-code modulation, **E**:97, 51;
　　ES:12, 6, 16, 50, 57, 59, 73, 141, 200, 220
　adaptive prediction and quantization,
　　ES:12, 78, 90–97, 100–101
　as basic system, **ES**:12, 81–83
　composite color signal and, **ES**:12, 102,
　　110
　hybrid DPCM and, **ES**:12, 81
　hybrid transform/DPCM image coding
　　and, **ES**:12, 152, 157–186
　optimization of, **ES**:12, 52–56, 84–90
　transform coding compared to, **ES**:12,
　　157–158
　transmission errors in, **ES**:12, 104–107,
　　213, 214
Differential structure of relief, *see* Relief,
　differential structure of
Diffraction, **E**:83, 207, 225; **E**:84, 319, 332;
　　ES:22, 30, 51, 185, 189, 273, 290, 315;
　　M:11, 28, *see also* Dynamical elastic
　　diffraction; Electron diffraction; Fraun-
　　hofer
　Bragg, **E**:84, 322
　charged-particle beam
　　scalar theory, **E**:97, 279–282
　　spinor theory, **E**:97, 330–332
　by a circular aperture, **ES**:2, 227
　correction, **E**:84, 323
　crystal, **ES**:17, 92, 96
　crystal-aperture scanning transmission
　　electron microscopy, **E**:93, 63–65
　dynamical theory of electron diffraction,
　　E:93, 58, 60
　effect, **E**:84, 344
　election, **M**:4, 113–114
　electron, **M**:2, 197, 203, 212, 241
　Fraunhofer, *see* Fraunhofer diffraction
　Fresnel, *see* Fresnel diffraction
　intensity, **ES**:17, 83, 89

　in ion microscopy, **ES**:13A, 266
　limit, **ES**:22, 316
　loss, **ES**:2, 75
　in microscope objective, **M**:14, 254–255
　by a plane aperture, **ES**:2, 83–84
　term, **E**:84, 323
　theory, **M**:5, 260, 261
　X-ray, **M**:4, 113, 115, 118
Diffraction aberration, **ES**:17, 81–92
Diffraction contrast, Japanese contributions,
　E:96, 601–602
Diffraction curves, **ES**:6, 368–375
Diffraction effects, small apertures, **ES**:19,
　61–67
Diffraction efficiency, of stearate crystal,
　ES:6, 140–141
Diffraction electron microscope, **E**:91,
　278–279
Diffraction grating(s)
　as holograms
　　amplitude, **M**:10, 117
　　classification, **M**:10, 139–140
　　diffraction efficiency, **M**:10, 121
　　Lipmann–Bragg, **M**:10, 126
　　phase gratings, **M**:10, 122, 125
　　Sinusoidal profile, circular zone plate,
　　　M:10, 118–123, 129
　optical symbolic substitution, **E**:89, 72–73
　time invariant, **ES**:9, 400
　time variable, **ES**:9, 401
Diffraction-image plane method, phase de-
　termination and, **M**:7, 273
Diffraction integral(s)
　calculation of
　　condition, **M**:13, 265–268
　　for spherical aberration, **M**:13, 261–264
　　for spherical aberration-free condition,
　　　M:13, 265–268
　　stationary phase approximation, **M**:5, 263,
　　　264, 272
Diffraction limit, to spot size, **ES**:3, 86
Diffraction pattern, **ES**:11, 22, 23, 106, 107,
　108
　defined, **ES**:9, 197
　electron diffraction, **E**:90, 209–214
　focusing, **ES**:11, 103
　large angle, **ES**:4, 258
　two dimensions, **ES**:11, 26, 27
Diffraction tomography
　bilateral vs. nearest-neighbor transforma-
　　tion, **ES**:19, 40, 43

buried inhomogeneous target, **ES:**19, 39
cylindrical targets, **ES:**19, 37–39, 46, 48
experimental procedure, **ES:**19, 39–41
imaging inhomogeneities, **ES:**19, 36–46
key equations, **ES:**19, 48–49
point-spread function, **ES:**19, 37
Diffractogram, **ES:**4, 192; **ES:**10, 16, 28, 236–239
Diffractometers
  automatic data handling, **ES:**4, 231
  SED 1*, **ES:**4, 232
  SED 3*, **ES:**4, 232
  SED 4*, **ES:**4, 232
  SED 5*, **ES:**4, 232
Diffused emitter technology, **ES:**24, 155
Diffused transistor, **E:**91, 145
Diffuse pathological conditions, **E:**84, 344
Diffuse scattering, **E:**90, 217–218, 279–285
  defects diffuse scattering, **E:**90, 282–285
  real diffuse scattering, **E:**90, 348–349
  virtual diffuse scattering, **E:**90, 348–349
Diffusion, **E:**83, 16; **ES:**6, 17–25; **ES:**24, 134, 137
  approximation, **ES:**21, 66, 67–69
  equation, **ES:**21, 67
  tensor
    calculation of, **ES:**21, 67–74, 84
    definition of, **ES:**21, 66
  in velocity space, **ES:**21, 66, 80
Diffusion analysis, in metallurgy, **ES:**6, 266–272
Diffusion coefficient(s), **ES:**6, 268; **ES:**24, 93–95, 136, 156
  ambipolar, **ES:**24, 94
Diffusion couple technique, **ES:**6, 273–274
Diffusion current, **E:**86, 13
Diffusion equation, **ES:**6, 19
Diffusion gradient, **ES:**6, 271
Diffusion length, **ES:**24, 138
Diffusion model, *see also* Electron(s), diffusion of
  atomic number correction and, **ES:**6, 76–81
  backscattering and, **ES:**6, 80
Diffusive transport, **E:**89, 107
  Aharonov–Bohm effect-based devices, **E:**89, 151–152
Digital-analog converter, **ES:**11, 112
Digital-analog multiplier, **ES:**11, 111

Digital analysis, in optical diffraction analysis, **M:**7, 65
Digital attenuator, **ES:**14, 135
Digital circuits, **ES:**24, 1, 133, 134, 249
  Fourier transform, **ES:**11, 163
Digital coding, **E:**97, 192–194
Digital data processing, of deconvolution, **E:**101, 100
Digital delay circuit, **ES:**11, 162
Digital differential analyzer, **E:**85, 127–128
Digital display, *see* Bilevel display image processing, digital
Digital filtering, **E:**85, 16
Digital frame store, **M:**11, 155
Digital holographic memories, input for, **D:**1, 290
Digital image(s)
  acquisition, **E:**93, 229
  edge, **E:**93, 231
  formula for, **E:**101, 102
  noisy, **E:**93, 257, 277
  processing, **E:**101, 100; **ES:**13A, 140–141, *see also* Image enhancement
Digital integrator, **E:**91, 152
Digitally controlled waves, **ES:**14, 249
Digital memory, CTD, **ES:**8, 236, 281–283
  basic organizations, **ES:**8, 243–255
  capacity and error rates, **ES:**8, 238–243
  memory hierarchy, **ES:**8, 236–238
  nonvolatile, **ES:**8, 255–260
Digital optical receiver, **E:**99, 72
Digital processing, for conventional microscope images, **M:**14, 215–216
Digital reconstruction, electron off-axis holography, **E:**89, 5–6, 12–18, 21–24, 33–34, 36, 47
Digital revolution, telecommunications, **E:**91, 195–197
Digital signal processing, **E:**101, 100
Digital storage, **M:**10, 9
Digital straight segments, **E:**84, 225–226
Digital system, **E:**91, 195
  electron microscopy, **E:**89, 6
  image processing, **M:**4, 127–159
    computer system, **M:**4, 153–158
    data recording, **M:**4, 149–153
    electronic cameras, **M:**4, 145–149
    quantization, **M:**4, 135–145
    resolution, **M:**4, 130–135

spin-polarized single-electron device, **E:**89, 233–234
Digital tapes, conversion to visual presentation, **M:**4, 89
Digital-to-analog converter, in electron beam lithography system, **ES:**13B, 76, 78, 80
Digitization
  automatic maps, **E:**84, 250
    technical drawings, **E:**84, 254
  of micrographs, *see* Microdensitometer/microdensitometry
Dihedral groups
  index notation, **E:**94, 9
  matrix representation, **E:**94, 13
  matrix transforms, **E:**94, 32–35
Dilation
  function, **E:**88, 203; **E:**99, 8
  mathematical morphology, **E:**89, 328–329, 343–344
  multiscale dilation-erosion scale-space, **E:**99, 16–22
  set, **E:**88, 202
Dilution, **ES:**22, 167
Dimension, **E:**84, 202
  box-counting, **E:**88, 211
  entropy, **E:**88, 212
  Hausdorff, **E:**88, 204
  Minkowski–Bouligand, **E:**88, 206, 208, 209
  similarity, **E:**88, 206
Dimensional functionals, **E:**99, 41
Dimensionality, **E:**85, 91; **E:**99, 8, 40–42
  quantum mechanics, **E:**90, 163
Dimensional reduction, **E:**101, 209
Dimensionless
  equations, **ES:**22, 97
  variables, **ES:**22, 92, 97
  vector potential, **ES:**22, 66
N, N-Dimethylaniline (DMA), ionization front accelerator, **ES:**13C, 456
Diode, **ES:**13C, 354, see also *specific types of diodes*
  accel–decel extraction optics, **ES:**13C, 221–223
  collective ion acceleration, **ES:**13C, 452, 466–469
  electron gun, **ES:**13C, 145, 150
  extraction of ion beams from plasma sources
    cylindrical space charge flow, **ES:**13C, 232–235

noncylindrical space charge flow, **ES:**13C, 235–237
  perveance, **ES:**13C, 230–231
  magnetic field and beam focusing, **ES:**13C, 378–385
  post acceleration, **ES:**13C, 201–204
Diode array detectors, **M:**9, 143, 144, 326, 329
Diode reflector elements, use of, **D:**4, 51–54
Dipole(s)
  coaxial, **ES:**14, 90
  full wave, **ES:**15, 56
  large currents, **ES:**14, 108
  parallel, **ES:**14, 102
Dipole arrays, **ES:**14, 88
Dipole–dipole interaction, **ES:**20, 100
Dipole moment, **ES:**2, 8
  fluctuating, **ES:**2, 37, 255, 256
  induced, **ES:**2, 255, 256
  symmetry properties of, **ES:**2, 138, 208–209
Diptera, **M:**5, 337
Dirac, **ES:**18, 42, 229; **ES:**23, 48
  bispinor function, **E:**101, 204
  delta function, **E:**101, 107
  distributions, **E:**101, 175
  equation, **E:**101, 205–206, 207
Dirac equation, **E:**90, 154, 161–164, 179, 187
  CPT symmetry handling, **E:**95, 295
  Dirac adjoint, **E:**95, 292–293
  Foldy–Wouthuysen representation, **E:**97, 267–269, 322, 341–347
  Hamiltonian form, **E:**95, 299
    angular momentum operators, **E:**95, 302
    nonrelativistic reduction, **E:**95, 299–301
    notation, **E:**95, 298
    Pauli theory, **E:**95, 299–301
    spherical monogenics, **E:**95, 303–305
  Hermitian adjoint, **E:**95, 292–293
  observables, **E:**95, 292–296
  plane-wave states, **E:**95, 295–296, 316
  spacetime algebra version, **E:**95, 292, 297
  spinors, **E:**95, 293–296
Dirac matrix, **E:**84, 277
  defined, **ES:**9, 452
Dirac oscillator
  equation, **E:**95, 307
  Hamiltonian, **E:**95, 307
  negative k equation, **E:**95, 308–309
  positive k equation, **E:**95, 308

Dirac plane wave
  evanescent waves, **E**:95, 320–321, 3165
  Klein paradox, **E**:95, 328–330, 332
  matching at a potential step
    evanescent waves, **E**:95, 321–322
    oblique incidence, **E**:95, 315
    perpendicular incidence, **E**:95, 315
    traveling waves
      spin down, **E**:95, 319–320
      spin up, **E**:95, 318–319
  spacetime algebra equations, **E**:95, 295–296, 316
  spin precession at a barrier
    Pauli spinor in reflected wave, **E**:95, 323
    polarization operator, **E**:95, 324–325
    precession angle, **E**:95, 323–324
    reflection coefficient, **E**:95, 323
    rest-spin vector for reflected wave, **E**:95, 323
  traveling waves, **E**:95, 316–317
  tunneling time, see Tunneling
Dirac's function, **ES**:19, 292, 390
  distribution, **ES**:19, 354
Dirac spinor
  complex conjugation, **E**:95, 291–292
  Dirac–Pauli matrix representation, **E**:95, 289–290
  operator action of matrices, **E**:95, 288–289
  vector derivative operator, **E**:95, 280–281
  Weyl matrix representation, **E**:95, 290–291
Direct bandgap, **ES**:24, 128, 129, 199, 214, 216
  SL transitions, **ES**:24, 130
Direct detection, **E**:99, 68
  channel electron multiplication and, **D**:1, 41–42
Directed graphs, **E**:90, 36–41
Direct electron ray tracing, software for, **M**:13, 39–41
Direct-heating filament, **ES**:13B, 259–260, 339
Direct-imaging ionic microanalyzer, optical scheme for, **ES**:16, 269
Direct inversion, crystal structure factors, **E**:90, 257–265
Directional couplers, **E**:89, 193–199
Directional distortions, **ES**:15, 207
Directional effects, **ES**:15, 150
Directional insonification, **ES**:11, 156
Direction finding diagram, **ES**:9, 362
Direct iteration method, **E**:82, 52

Direct method(s)
  of beam measurement, see Destructive method
  convolution, **ES**:10, 198–199
  defocus pair data, **ES**:10, 151–152
  image/diffraction pair data, **ES**:10, 94–96
Direct product group algebra, **E**:94, 14–19
Direct radiation, **ES**:9, 330
Direct reconstruction, three-dimensional images, **M**:7, 304, 314–324
Direct scattering problem, **ES**:19, 156–161
Direct tensor product, group algebra, **E**:94, 16
Direct viewing, image intensifier for, **D**:1, 51–54
Dirichlet boundary(ies)
  conditions, electron guns, **ES**:13C, 159
  in FDM methods, **M**:13, 34–35, 36
  value, **ES**:19, 523–529
Dirichlet problem, **ES**:17, 368, 373, 374–375
  in computation of electrostatic and magnetic fields, **ES**:13A, 13
  magnetic, **E**:87, 140
  solution, **M**:8, 22, 237!251
Disappearance potential spectroscopy, **ES**:13B, 349
Disc(s), **ES**:10, 183–184, 187, 195
  of confusion, **ES**:17, 61, 72, 77, 87
  of least confusion, **M**:11, 135
Discontinuities
  image processing, **E**:97, 89–91
  image reconstruction, **E**:97, 108–118
    duality theorem, **E**:97, 91, 115–118
    explicit lines, **E**:97, 110–115, 154–166
    implicit lines, **E**:97, 108–110, 166–181
    line continuation constraint, **E**:97, 130–141, 142
Discontinuous potential, **E**:86, 251
Discrete cosine transform, **E**:88, 2, 7, 10; **E**:97, 11, 51, 52, 194
  the four versions, **E**:88, 12
  weighted, **E**:88, 9
Discrete energy spectrum, **ES**:6, 321
Discrete-event system, **E**:90, 2–4
  connectivity, **E**:90, 45–58
  critical events, **E**:90, 16–26
  efficient rational algebra, **E**:90, 99–119
  infinite processes, **E**:90, 75–84
  maxpolynomials, **E**:90, 88–98
  orbit, **E**:90, 13–14
  path problems, **E**:90, 36–45

Period-1 DES, **E**:90, 110–111
realizability, **E**:90, 117–119
scheduling, **E**:90, 26–36
steady state, **E**:90, 58–74
strong realization problem, **E**:90, 108–109
Discrete Fourier transforms, **E**:88, 6; **E**:101, 100
  approximation of integral transforms, **ES**:10, 36–41
  calculation, **ES**:10, 191–196, 250
  calculation in two dimensions, **ES**:10, 195–196
  calculation with real sequences, **ES**:10, 194
  definition, **ES**:10, 34
  inverse, **ES**:10, 35
  multidimensional forms, **ES**:10, 41–43
  periodic functions, **ES**:10, 38–39
  reciprocal width property, **ES**:10, 40
  symmetry properties, **ES**:10, 35
Discrete Hartley transform, **E**:102, 259–262
Discrete linear systems, signals description, **E**:94, 322
Discrete matrix transform, group algebra, **E**:94, 27–44
Discrete signals, exact Gabor expansion, **E**:97, 30–33
Discrete sine transform, **E**:88, 8, 28
  the four versions, **E**:88, 12
  integer, **E**:88, 27
Discrete spectrogram, **E**:97, 11
Discrete topology, **ES**:18, 21
Discrete transistor, **E**:91, 146
Discretization
  noise, distance transform to smooth, **E**:92, 72–75
  reciprocal space, **M**:7, 213
  three-dimensional reconstruction by, **M**:7, 305, 307
Discretized inverse problem, **ES**:19, 528–529
DISIC code, vacuum-diode simulation, **ES**:13C, 198–199
Disjunction, fuzzy sets, **E**:89, 261, 297
Disk, *see* Disc(s)
Dislocation(s), **E**:87, 222, 231, 233; **M**:2, 233, 382, 384, 400, *see also* Crystallographic effects
  dipoles in capped layers, **ES**:24, 12–15
  energy of non-periodic arrays, **ES**:24, 15, 16
  energy of periodic arrays, **ES**:24, 10–12
  heterogeneous nucleation of, **ES**:24, 49–51
  homogeneous nucleation of, **ES**:24, 45–49
  icosahedral quasicrystals, **E**:101, 63–66
  interactions, **ES**:24, 15, 17
  multiplication, **ES**:24, 43, 44
  velocity of, **ES**:24, 51–60
Dislocation propagation, **ES**:24, 53–60
  and dislocation velocity, **ES**:24, 51–60
  in capped layers, **ES**:24, 57–60
  double kink model of, **ES**:24, 53–55
  experimental results, **ES**:24, 56–60
  single kink model of, **ES**:24, 55–56
Disorder
  Fisher information as measure, **E**:90, 136–137
  information approach, **E**:90, 175, 186
Dispersion, **E**:86, 239, 243, 266; **ES**:9, 331, 393; **ES**:17, 285; **ES**:22, 144, *see also* Phase shift
  characteristics, **E**:82, 86, 87, 90
  in electron spectroscopy, **ES**:13B, 271
  energy, **ES**:17, 253, 272, 285
  high-intensity beams, **ES**:13C, 131–133
  magnetic, **ES**:22, 218
  mass, **ES**:17, 253, 272, 285, 290–291
  mirror-bank energy analyzers, **E**:89, 397, 403
  momentum, **ES**:17, 271–272, 285
  of optical directions, **M**:1, 72
  of refractive indices, **M**:1, 70
  relation, **ES**:22, 352
  theory of, **ES**:23, 49
Dispersion force, nonretarded, **E**:87, 76–77
Dispersion relations, chiral media, **E**:92, 125–129
Dispersion shifted fiber, **E**:99, 71
Dispersive energy selector, **ES**:13B, 265–266, 276–331, 345, 352
  space charge, **ES**:13B, 356–360
Dispersive lens spectrometer, **ES**:13B, 308–310
Dispersive waveguide, **ES**:15, 226
Displacement
  distribution
    for axial velocity
      in beam with crossover of arbitrary dimensions, **ES**:21, 210narrow, **ES**:21, 188–189
      in homocentric cylindrical beam, **ES**:21, 199
    calculation method for, **ES**:21, 106–109
    definition of, **ES**:21, 95, 106–107

for lateral position
  in beam with crossover, **ES:**21, 284
  in homocentric cylindrical beam, **ES:**21, 290
for lateral velocity
  in beam with crossoverof arbitrary dimensions, **ES:**21, 257narrow, **ES:**21, 233
  in homocentric cylindrical beam, **ES:**21, 240
moments and cumulants of, **ES:**21, 109–112
representation in k-domain, **ES:**21, 120–129, 502
shape of, **ES:**21, 123–125, 503
tails of, **ES:**21, 128
width measures of, **ES:**21, 126–128, 371–376, 377, *see also* Full width
spatial, in reference plane, **ES:**21, 167–169, 273–276, 511–512
vector Δn, **ES:**21, 94, 137
in velocity
  longitudinal component, **ES:**21, 163–165, 178–178, 511–512
  transverse component, **ES:**21, 156–166, 227–228, 511–512
as used in plasma physics, **ES:**21, 71, 77
Displacement current, **E:**83, 48
Displacement meter, **E:**91, 175
Display(s), **E:**83, 6, 78, 80–82
  of image, **ES:**11, 142
  on matrix liquid crystal panel, **D:**4, 46
Display cells
  design of, **D:**3, 113–114, 117–122
  priming of, **D:**3, 113–114, 119–121
Display devices, *see also* Color television, display; Laser displays
  birefringence in, **D:**2, 68
  direct-view, **D:**2, 8
  electrooptic effects in, **D:**2, 68
Display signals, in SELF-SCAN panel display, **D:**3, 126–127
Display systems, cathodochromics in, **D:**4, 87–151, *see also* Cathodochromic sodalite; Cathodochromic systems
Display timing, in SELF-SCAN displays, **D:**3, 128–129
Disputer Array, **E:**87, 287
Dissipant/dissipation, **E:**94, 328, 329–330; **ES:**22, 338, 363

Dissociative excitation, **ES:**2, 143–144
Distance
  source-to-film, **ES:**6, 393, 418–419
  vs. specimen current, **ES:**6, 125–128
  in X-ray divergent beam analysis, **ES:**6, 386–387, 393
Distance difference
  linear, **ES:**11, 183
  quadratic, **ES:**11, 185
Distance measurement, **E:**87, 36f; **ES:**9, 415
  effect, **ES:**9, 247
Distance transform, **E:**101, 136–138
  binary image enhancement, **E:**92, 72–75
Distant noise, **ES:**14, 367
Distorted wave approximation, **E:**90, 273–275
  Born approximation, **E:**90, 217–218, 275, 279
Distortion(s), **ES:**11, 5; **ES:**22, 197, 312; **M:**2, 5, *see also* Image degradation/distortion
  anisotropic, **ES:**17, 68, 170
  asymptotic
    for quadrupole lens, **ES:**7, 44
    for round lenses, **ES:**7, 28
  barrel shaped, **ES:**17, 68, 223
  in electron beam lithography system, **ES:**13B, 97–98, 105–106, 110–111, 123, 126
  hammock, **ES:**17, 223
  and information, **ES:**15, 127
  isotropic, **ES:**17, 68, 170
  in microscope objective, **M:**14, 267
  monopulse, **ES:**15, 213
  reduction, **ES:**15, 119
  in particle optics, **ES:**13A, 65, 67–71
  reduction, **ES:**13A, 105
  pincushion shaped, **ES:**17, 69, 223
  of plate radiator, **ES:**23, 39
  radar signals, **ES:**14, 29
Distortion fields, mirror electron microscopy, **E:**94, 109–124
Distortion-free line, **ES:**14, 16; **ES:**15, 256
Distortion measure, **E:**82, 137
Distributed floating-gate amplifier, **D:**3, 222–225
Distribution, **ES:**15, 228; **ES:**22, 161, 163, 248
  autoregressive process parameters, **E:**84, 297–300
  convergence, **E:**84, 309
  elliptical, **ES:**22, 168

equivalent energy, **ES:**22, 181
exponential family, **E:**84, 263, 274
function, **ES:**22, 76
Gauss-Markov, **E:**84, 271
heavy-tailed, **E:**84, 309
multivariate Gaussian, **E:**84, 264, 274, 380
sample set, **E:**84, 264, 297, 299
transverse, **ES:**22, 180
univariate Gaussian, **E:**84, 297
Wishart, **E:**84, 280–281
Distribution artifacts, **M:**8, 114–115
Dither, **E:**85, 6
Dithered-beam metrology, **M:**8, 44
Dither matrix, **D:**4, 170
Dither thresholding, **D:**4, 170–174
modification of, **D:**4, 186–187
Divalent rare earth ions, spectroscopy of, **ES:**2, 125–126
Divergence, of vector potential, **E:**82, 17, 35, 36
normal derivative of, **E:**82, 18, 27, 28, 30, 37
Divergence measures, **E:**91, 37–38, 41
A- and G-divergence, **E:**91, 40
M-dimensional generalization, **E:**91, 79–82
arithmetic-geometric mean divergence, **E:**91, 38
I-divergence, **E:**91, 40
J-divergence, **E:**91, 37, 113
Bhattacharyya's distance, **E:**91, 131–132
M-dimensional generalization, **E:**91, 40, 71–79
Jensen difference case, **E:**91, 38–40, 76–82
T-divergence, **E:**91, 40
M-dimensional generalization, **E:**91, 79–82
Divergent beam X-ray technique, **ES:**6, 361–428, *see also* Kossel technique
back-reflection mode in, **ES:**6, 398, 414, 422
choice of radiation, in, **ES:**6, 399–401
conics with multiple-exposure method, **ES:**6, 396–397
contributions to scientific research, **ES:**6, 424–428
crystal orientation in, **ES:**6, 403–406, 427
crystal properties and, **ES:**6, 406–414
early work in, **ES:**6, 364–366
electron beam heating in, **ES:**6, 401–402
error source in, **ES:**6, 388
experimental methods in, **ES:**6, 414–424
extinction in, **ES:**6, 369
gnomic projection in, **ES:**6, 376, 383, 385
instrumentation in, **ES:**6, 420–424
Kossel's method in, **ES:**6, 399–400, 402–424
lattice perfection studies with, **ES:**6, 427–428
lattice structure or spacing in, **ES:**6, 378–399, 424–427
lens method in, **ES:**6, 382–390
multiple exposure method in, **ES:**6, 395–399
pattern center in, **ES:**6, 394
pattern interpretation in, **ES:**6, 375–403
pattern projection in, **ES:**6, 375–377
propagation of, **ES:**6, 363
radiation choice in, **ES:**6, 415
source-to-film distance in, **ES:**6, 386, 393
specimen preparation in, **ES:**6, 414–418
temperature effects in, **ES:**6, 401–402
transmission mode in, **ES:**6, 415–418
wavelength uncertainty in, **ES:**6, 402–403
Diverging lens, **M:**11, 106
Dividing apertures, **ES:**4, 103
Division algorithm, **E:**84, 115, *see also* Skeletonizing technique
Division of gun into triode generator and final focusing lens, **ES:**3, 2–3, 82
Djadjunova, **ES:**9, 489; **ES:**14, 81
Djordvic, **ES:**23, 48
DKDP electrooptic material, **D:**1, 230–240, 256–260, 290
DLP theory, **E:**87, 54–56, 59, 82
macroscopic, **E:**87, 61–62
DLTS (deep level transient spectroscopy), **E:**87, 226; **M:**10, 67
DM (delta modulation), **ES:**12, 16, 74, 76, 220
Dmitriyev, **ES:**23, 334
DNA, **ES:**20, 272; **ES:**22, 38; **M:**5, 302, 303, 329
anistropy, **M:**8, 67
arrangement interpretation, **M:**8, 66–72
axial ratio, **M:**8, 51
degree of polarization of fluorescence, **M:**8, 66–72
dehydration, **M:**5, 329
dichroic ratio, **M:**8, 65–66

dipole orientation field distribution, **M**:8, 70
double-standed, contour length measurement, **M**:8, 127
dye binding, **M**:8, 53, 66-67
electron microscopy, **M**:7, 271
electron microscopy of, **ES**:16, 176
first-order coil, **M**:8, 68, 69
hybridization of, fluorescent probes for, **M**:14, 172
hydrophobic grooves, **M**:8, 67
interaction with solid surfaces, **M**:8, 117-119
intercalation, **M**:8, 53, 56
ionic charge, **M**:8, 109-110, 112
linear dichroism, **M**:8, 63, 64, 66-72
molecule length, sample preparation method effect on, **M**:8, 119
nucleosomes determination, **M**:8, 126
optical anisotropy, **M**:8, 52, 56
orientation, **M**:8, 64, 66, 70
packaging direction, **M**:8, 51-52, 67
photoelectron microscopy, **M**:10, 311-312
radiation damage, **M**:5, 318
single-stranded, spreading of, **M**:8, 127
spreading adsorption on various surfaces, **M**:8, 117-119
stacking orientation, **M**:8, 64
structure, **M**:7, 288
supercoiling, **M**:8, 68
  equations for, **M**:8, 68-69, 70
  objective lens numerical aperture effect, and, **M**:8, 69-70
  photograph, **M**:8, 71
support surfaces for electron microscopy, **M**:8, 126-127
ultraviolet absorption, **M**:8, 63
unranyl stained, images, **M**:7, 234, 235
zero-order, **M**:8, 67, 68
DNA-acridine orange complex
fiber pulling from, **M**:8, 60
intercalative binding, **M**:8, 59
polarization anisotropy, **M**:8, 56-58
DNA-dye complexes
depolarization, **M**:8, 63
dye-binding characteristics, **M**:8, 59
orientation, **M**:8, 54, 56, 60-63
partial polarization of fluorescence, **M**:8, 60, 63

polarized fluorescence microscopy, **M**:8, 53-63
preparation, **M**:8, 58-60
quantum yield, **M**:8, 54
relaxation time, **M**:8, 62
standard materials of known DNA packing, preparation, **M**:8, 59
DNase I, **M**:8, 60
DOD 4.8 kb/s speech coding standard, **E**:82, 175
DOD CELP, **E**:82, 175
Dodecapole, for aberration correction in electron lens, **ES**:13A, 135, 138
DOG (difference of Gaussian), receptive field, **E**:97, 44-45
Dogma of circle, **ES**:23, 326
Dolejšek, Prof., **ES**:16, 68
Domain, **E**:93, 227, 287
  decomposition, **E**:82, 362
  reduction, **E**:82, 356
Domain segmentation, **E**:93, 287-299, 325
  algorithms, **E**:93, 304-307
  anisotropy index, **E**:93, 298, 299
  image presentation, **E**:93, 296-298
  modal filter, **E**:93, 288-292
  multispectral analysis, **E**:93, 318-319
  radius, choice, **E**:93, 293-296
  Rayleigh statistical test, **E**:93, 292-293
  vector magnitude, **E**:93, 293
Domain structure
  magnetic, **E**:98, 324, 325-327, 388-389; **M**:3, 183-190
  mirror electron microscopy, **E**:94, 97
Domain walls, **E**:98, 327-328
  converging image, **M**:5, 275, 276, 282, 293, 294
  diverging image, **M**:5, 274, 275, 276, 277, 292
  Fresnel images, **M**:5, 282, 283
  interference fringes, **M**:5, 293
  image, **M**:5, 254, 255
  measurement, **M**:5, 240, 291-294
Donors, **E**:83, 8, 9, 20; **E**:87, 225
Donut-shaped erase spot, **D**:4, 136
Doping, **E**:91, 144, 1185-186
Doppler, **ES**:18, 228
  receiver, **ES**:9, 318
Doppler bandwidth, **ES**:11, 182
Doppler-broadened lines, **ES**:4, 117
Doppler effect, **ES**:9, 271

beam forming, **ES:**14, 195
coded carrier, **ES:**14, 204
in ion traps, **ES:**13B, 248–249, 252
longitudinal, transversal, **ES:**14, 245
nonsinusoidal carrier, **ES:**14, 201
Doppler images, **ES:**11, 172
Doppler processor, **ES:**23, 33
Doppler radar, **ES:**14, 67
Doppler resolution, **ES:**11, 136, 172
Doppler resolver, **ES:**14, 312, 323
nonlinear, **ES:**14, 283
Doppler shift, **ES:**15, 180; **ES:**22, 9
Barker codes, **ES:**14, 251
complementary codes, **ES:**14, 251
resolver, **ES:**14, 277
Doppler width, **ES:**4, 99, 100
Dorgelo, H.B., **ES:**16, 389, 391–393, 396, 410, 413
DOS, *see* Density of states
Dose, **E:**83, 187
radiation, **E:**83, 209
Dosse, J., **ES:**16, 341
Double-barrier resonant tunneling device, **E:**89, 130–135
Double cathode experiment, **ES:**3, 44–47
Double channel analyzer, **M:**12, 174, 177
Double-deflection system
in electron beam lithography, **ES:**13B, 77, 80, 92–93, 105, 109–111
in ion implantation, **ES:**13B, 65, 67
in scanning-type electron microscope, **D:**1, 218–220
Double diaphragm method, **M:**1, 65, 66, 67, 73, 74
Double diffraction, **M:**11, 82
Double-diffused drain, **ES:**24, 253
Double-exposure electron holography, **E:**99, 205–207, 207–210
Double-focusing energy selector, **ES:**13B, 270, 280–281, 306
Double-focusing instrument
for multiple mass, **ES:**17, 287, 290
for single mass, **ES:**17, 287
Double-focusing mass separator, **ES:**13B, 165
Double-focusing mass spectrograph/mass spectrometer, **ES:**13B, 139–141, 140, 156–157; **ES:**17, 3, 254, 285–290, 359–362
Double-grill tube, **DS:**1, 142–145
Double layer, electric, **E:**82, 5

Double-matrix liquid crystal displays, for television, **D:**4, 31–38
Double-matrix panel
driving waveforms for, **D:**4, 21–22
in matrix-type displays, **D:**4, 20–21
structure of, **D:**4, 20
Double orbit table, **E:**90, 22
Double-ordered cavity, three-dimensional microstrip circulators, **E:**98, 283–287
Double-passage coherent imaging, **E:**93, 152–154
Double-pass cylindrical mirror analyzer, **ES:**13B, 296
Double quantum wells, Aharonov–Bohm effect, **E:**89, 149–178
Double quantum wire Aharonov–Bohm interferometer, **E:**89, 172–178, 180, 186, 199
Double sideband holography, **M:**7, 251
Double siedband modulation, **ES:**11, 159
Double-stage retarding energy selector, **ES:**13B, 322–324
Doublet, transfer matrix for, **ES:**7, 20
properties of, **ES:**7, 90, 240–271
Double-trace oscilloscope display, block diagram of, **D:**4, 41–42
Dougall, **ES:**15, 264; **ES:**18, 235
Douglas, **ES:**9, 421, 437
Dove prism, **M:**1, 15, 38
Downen, **ES:**18, 37
DPCM, *see* Differential pulse-code modulation
$d_{p,1-p}$ width
for edge size, definition of, **ES:**21, 369–370
in MC program, **ES:**21, 427
of spot limited by
chromatic aberration, **ES:**21, 388, 390
space charge defocusing, **ES:**21, 396
spherical aberration, **ES:**21, 394
trajectory displacement effect, **ES:**21, 376
for spot size, definition of, **ES:**21, 366–367
DQE, *see* Detective quantum efficiency
Drahoš, V., in history of electron microscopy, **ES:**16, 56, 68
Dreams, script, **E:**94, 290
Dressing method, vs. new Darboux transformation, **ES:**19, 450–455
Driest, E., in history of electron microscopy, **ES:**16, 2

Drift
  diffusion formalism, **E:**89, 110–113
  diffusion transport, **ES:**24, 178
  of high voltage supply, **M:**1, 125
  thermal, **M:**1, 150
DRIFT1, MC routine, **ES:**21, 409, 449–450, 454, 458
DRIFT2, MC routine, **ES:**21, 414, 449–450, 454, 458
DRIFT3, MC routine, **ES:**21, 420
Drift electron velocity, and beam focusing, **ES:**13C, 384–385
Drift error, **E:**85, 7
Drift geometries, collective ion acceleration, **ES:**13C, 449, 451–452, 460, 463, 465
Drift section, **ES:**22, 214, 222
Drift space, **ES:**3, 82; **ES:**7, 13; **ES:**13B, 310
Drilling, pulsed laser, **ES:**4, 178
Drive amplifiers, **ES:**4, 230
Drive fraction, **ES:**3, 6, 11–12, 31–34, 51, 64–68
Drive signals, for SELF-SCAN system, **D:**3, 123–127
Driving circuit
  for matrix displays, **D:**4, 40–42
  radiator, **ES:**15, 142
Driving current, **ES:**15, 72
Driving schemes, principle of, **D:**4, 43–46
Driving voltage
  examples, **ES:**15, 81, 86
  waveforms
    or matrix displays, **D:**4, 39–40
    timing chart for, **D:**4, 25
    in TV liquid crystal displays, **D:**4, 33–37
    varistor elements in, **D:**4, 54–55
Dropping conditions, **E:**94, 188
Drops
  collisions of microdroups, **E:**98, 13–21, 22
  formation on solid surfaces, **E:**98, 30, 32–44
  motion within fluids, **E:**98, 44–61
Drosophila melanogaster chromosome, **M:**6, 167
Drude model, **E:**92, 114
Drummond, D.G., **ES:**16, 32, 424, 487, 492, 494
  reminiscences of early days of electron microscopy by, **ES:**16, 81–101
Drying forces, structural damage produced by, **M:**8, 116–117

Dry joint, **E:**87, 234, 240
Dry mass determination, **M:**6, 135, 136
Dry organic matter determination, **M:**1, 99
Dry-stripping technique, for electron microscope uses in metallurgy, **ES:**16, 98
DSE (Davey–Stewartson equations), **ES:**19, 389, 457–460, 474
DSF (dispersion shifted fiber), **E:**99, 71
DSS (digital straight segments), **E:**84, 225–226
DST, *see* Discrete sine transform
DTGFB (deuterated triglycine fluoroberyllate), **D:**3, 50, 61, 75–76
Dual-band width deflection system, in electron beam lithography, **ES:**13B, 127
Dual basis, **E:**89, 348–349, 354–358
  gray-scale τ-mappings, **E:**89, 371–372
  translation-invariant set mappings, **E:**89, 363
Dual carrier system, for striped color encoded single-tube systems, **D:**2, 179–183
Dual conorm, fuzzy set theory, **E:**89, 261
Dual covering, group theory, **E:**93, 10
Dual de Broglie wave
  conversion of light into, **E:**101, 163–165
  introduction of, **E:**101, 146
Dual gray-scale reconstruction, **E:**99, 49
Dualist theory, mind-body problem, **E:**94, 261–262, 294, 305–306
Duality, abelian group, **E:**93, 3, 7, 8
Duality theorem, image processing, **E:**97, 91, 115–118
Duality theory, minimax algebra, **E:**90, 26
Duality transformation, **ES:**18, 42
Dual radar, **ES:**14, 41, 43, 44
Dual rail coding, **E:**89, 68–69
Dual-trace image, from oscilloscope liquid crystal display, **D:**4, 44
Dual transportation problem, image algebra, **E:**84, 124
Duckworth, **ES:**14, 32
Dufour, A., **ES:**16, 559, 561
Du Hamel integral, **ES:**18, 15
Düker, H., **ES:**16, 310, 376
Duncomb, P., **ES:**16, 58
Duncomb–Shields atomic number correction, **ES:**6, 94, 106–107
Dunite, pulse height spectrum of, **ES:**6, 340, 348

Duoplasma ion source, **ES:**13B, 163
Duoplasmatron, **M:**11, 106
Duplexer, **ES:**15, 262
du Pont Company, **ES:**16, 185, 186
Dupouy, G., in history of electron microscopy, **ES:**16, 28, 53–55, 107–114, 309, 413
Durant, **ES:**14, 178
Durham, D.G., **ES:**16, 186, 187
Durisch, **ES:**14, 8, 9
Durling, **ES:**18, 26, 236
Dusek, **ES:**7, 14
Dust, **ES:**10, 189
  early electron microscopy of, **ES:**16, 494
  electron probe analysis of, **ES:**6, 238–239
Duty factor, **ES:**22, 366
DWA, *see* Distorted wave approximation
D-wave, *see* Dual de Broglie wave
DWBA, *see* Distorted wave approximation, Born approximation
Dwell time, **E:**89, 136
Dyadic Green's function, **E:**92, 103–106, 108, 112
  three-dimensional
    for hard magnetic wall circulators
      background information, **E:**103, 260
      three-port symmetric circulator, **E:**103, 260–273
    for homogeneous ferrite
      background information, **E:**103, 232–233
      construction of, **E:**103, 238–240
      electromagnetic fields and constraints, **E:**103, 233–238
    mode-matching for simple material
      background information, **E:**103, 1960197
      electromagnetic fields, mode-matching theory, and nonsource/source equations, **E:**103, 197–205
      implicit construction, **E:**103, 205–207
    mode-matching for vertically layered material
      background information, **E:**103, 153–156
      eigenvalues for TE_z modes, **E:**103, 173–176
      eigenvalues for TM_z modes, **E:**103, 170–173
      eigenvectors for TE_z modes, **E:**103, 179–182
      eigenvectors for TM_z modes, **E:**103, 177–179
      electromagnetic fields for, **E:**103, 182–183
      equations combined to form, **E:**103, 193–195
      implicit construction, **E:**103, 182–195
      mode-matching theory at interfaces, **E:**103, 184–185
      nonsource governing equations, **E:**103, 185–189
      self-adjoint operators, **E:**103, 156–182
      source governing equations, **E:**103, 189–193
      TE_z operator properties, **E:**103, 165–170
      TM_z operator properties, **E:**103, 157–165
    for penetrable walls
      background information, **E:**103, 213–214
      explicit constructions, **E:**103, 223–228
      formulation, **E:**103, 214–223
  two-dimensional
    for hard magnetic wall circulators
      background information, **E:**103, 240–241
      electric field within the annuli, **E:**103, 258–260
      four-ports symmetric circulator, **E:**103, 247–250
      reverse s-parameters, **E:**103, 255–257
      six-port symmetric circulator, **E:**103, 250–255
      three-port symmetric circulator, **E:**103, 241–246
    for homogeneous ferrite
      background information, **E:**103, 228–229
      construction of, **E:**103, 230–231
      electromagnetic fields and constraints, **E:**103, 229–230
      factor f, **E:**103, 231–232
    for penetrable walls
      background information, **E:**103, 208–209
      elements of, derived, **E:**103, 211–213
      formulation, **E:**103, 209–210

Dyadic group, ES:9, 34, 97, 404
Dyadic recursive Green's function, microstrip circulators
 three-dimensional model, E:98, 219–238
 two-dimensional model, E:98, 79–81, 98–108, 121–127, 316
Dyadic shifting, practical examples, ES:9, 87
Dyadic space-time, defined, ES:9, 405
Dyadic symmetry
 decomposition, E:88, 23–25
 definition, E:88, 17
 dependence, E:88, 20
Dyadic topology, defined, ES:9, 405
Dyadic wave equation, ES:9, 404
Dye-binding, M:8, 53–54
 DNA arrangement, effect on, M:8, 66–67
Dye compounds
 metachromasy of fluorescence, M:8, 53
 purification, M:8, 58
Dynamical elastic diffraction, E:90, 221–250
 boundary conditions, E:90, 226–230
 equations, E:90, 221–224
 reflection amplitude, E:90, 229–230
 reflection high-energy diffraction, E:90, 241–250
 transmission high-energy electron diffraction, E:90, 236–241
 two-beam approximation, E:90, 230–236
Dynamical friction, coefficient of
 calculation of, ES:21, 67–74, 84
 definition of, ES:21, 66
Dynamical matching, ES:13B, 23, 40
Dynamical part of calculation, in analytical theory
 definition of, ES:21, 93, 95
 in terms of interaction force, ES:21, 97–98, 335–336
Dynamical phase effects, E:89, 38–44
Dynamical scattering, E:88, 147–149
 multiple beam theory, E:88, 148
  phase grating approximation, E:88, 147
  slice methods, E:88, 147
 two-beam theory, E:88, 147
Dynamical theory, electron diffraction, E:93, 58, 60
Dynamical variables, ES:21, 137
Dynamic convergence, DS:1, 47, 65
Dynamic differential pumping, water vapour, of, M:8, 75
Dynamic diffraction, M:11, 89

Dynamic drain conductance effect, ES:8, 94
Dynamic inversion, ES:19, 181
Dynamic programming, for electron optics system optimization, ES:13A, 98–102
Dynamic RAM technology, E:86, 2; E:102, 188
Dynamic range, ES:10, 120, 171, 181, 188; ES:11, 154
Dynamic scale-measuring instruments, M:8, 49
Dynamic stigmator, in electorn beam lithography system, ES:13B, 107–108
Dynamic system, E:85, 19
Dynodes
 schematic of, M:13, 60, 66
 stack of, in photomultiplier tubes, M:13, 67–74
 structure of, M:13, 68–69
Dyson, J., ES:16, 431, 433
Dyson interferometer microscope, M:1, 68, 80
Dy^{2+} : CaF_2 maser, ES:2, 127, 230

E

Earth Resources Satellite Program, D:2, 50
Eastman Kodak company, electron microscope development at, ES:16, 280–286
EAXIAL (software package), M:13, 26
 axial fields in, M:13, 42–44
 and Wien filter, M:13, 115
EBBA (p-ethoxybenzylidene-p'-n-butylaniline), mixture with MBBA, D:4, 6
E-beam induced current, M:10, 61–65; M:12, 150
 analysis, M:13, 211
E-beam inspection system, M:13, 124–125
 deflection elements in, M:13, 179–180
E-beam lithography
 deflection elements in, M:13, 179
 deflection in, M:13, 188
E-beam testing, M:13, 124–125
 deflection elements in, M:13, 179–180
 deflection elments in, M:13, 179–180
 development of, M:13, 126–127
 and electrostatic charging, M:13, 230
 and magnetic lenses, M:13, 145
 planar multipole representation in, M:13, 130–135
 probe fields in, M:13, 153

Eberhard, **ES:**18, 235
EBES, *see* Electron-beam exposure system
EBIC, *see* E-beam induced current
EBIS, *see* E-beam inspection system
EBL, *see* Electron-beam lithography
EBMF-2 (Cambridge electron beam microfabricator), **ES:**13B, 83
EBMG, *see* Electron beam mask generator
EBMG (electron beam mask generator), **ES:**13B, 76–77
EBMII (electron beam pattern generator), **ES:**13B, 77
Ebonite, as lens insulator, **ES:**16, 238, 240
EBS tubes, **M:**9, 31, 40, 41, 43, 44, 60
EBT, *see* E-beam testing
E × B velocity filter, **ES:**13B, 46–47, 57, 69
ECB, *see* Electrically controlled birefringence
Eccentricity, **ES:**21, 144
Eccosorb, **ES:**15, 28, 143
Echo-location, **ES:**18, 36
Echo plane, **ES:**11, 3, 15
Echo principle, **ES:**11, 1, 15
ECONT (software package), **M:**13, 26
  computation, high beam energy scan, **M:**13, 82
  equipotential plots in, **M:**13, 41–42
Eddy current, field, **E:**82, 2, 3, 20
  equations, **E:**82, 21
  potential formulations
    A,V-A, **E:**82, 29
    A,V-A-v, **E:**82, 31
    A,V-v, **E:**82, 34
    A-v, **E:**82, 34
    T,Θ, **E:**82, 35
    T,v-A-v, **E:**82, 36
    T,v-v, **E:**82, 34
Eddy current problems computational electromagnetics and 3D
  background of, **E:**102, 3–4
  basic eddy current problem, **E:**102, 6–9
  conclusions, **E:**102, 81–82
  constitutive error approach, **E:**102, 3, 9, 50–81
  edge elements, **E:**102, 3–4, 15–30
  field equations and material properties, **E:**102, 4–9
  fields and, **E:**102, 10–11
  gauges, **E:**102, 12–15
  linear, **E:**102, 31–39

  nonlinear, **E:**102, 38–50
  vector and scalar potentials, **E:**102, 11–12
Edelmann, **ES:**14, 2
Edenitic substitution, **E:**101, 25
EDFAs (erbium-doped fiber amplifiers), **E:**99, 71
Edge(s), **E:**103, 141
  active, **E:**85, 131
  digital image, **E:**93, 231
  effect, in CCD, **D:**3, 200
  emphasis, **D:**4, 167
  enhancement, **M:**10, 10, 13; **D:**4, 167
  modeling of
    ramp, **E:**88, 322
    step, **E:**88, 321
  setting techniques, **M:**8, 44–46
Edge detection
  approaches to
    adaptive filters, **E:**88, 308
    Hilbert transform pair, **E:**88, 308
    linear filtering, **E:**88, 310
    model-based, **E:**88, 308
    nonlinear filtering, **E:**88, 307
    quadrature filters, **E:**88, 308
    region, **E:**88, 307
    robust, **E:**88, 308
    template matching, **E:**88, 308
    zero crossing, **E:**88, 332
  definition of, **E:**88, 299
  Gabor functions, **E:**97, 7
  group algebra, **E:**94, 45
  operators, **E:**93, 232–239, 259, 320, 323
  orientation analysis, **E:**93, 220, 231–239, 300
  OSS, **E:**89, 87–89
  performance assessment of, **E:**88, 340
  presentation of results, **E:**93, 239–244
  space-variant image restoration, **E:**99, 312–34
  wavelets, **E:**97, 63–64
Edge detection filters
  Canny, **E:**88, 321, 327
  desirable properties of, **E:**88, 311
  difference of boxes, **E:**88, 311
  Gaussian approximations, **E:**88, 326
  infinite impulse response, **E:**88, 329
    Deriche, **E:**88, 329
    drawbacks of, **E:**88, 331
    recursive implementation of, **E:**88, 330, 332

Sarkar and Boyer, E:88, 329
Shen and Castan, E:88, 331
matched, E:88, 318
Petrou and Kittler, E:88, 322
quality measure of
  composite performance, E:88, 320–321
  false maxima, E:88, 319
  good locality of, E:88, 315, 332
  signal-to-noise ratio, E:88, 312, 332
scaling of, E:88, 315, 318
Sobel, E:88, 304
Spacek, E:88, 321
spline, E:88, 339
zero crossing, E:88, 332
Edge elements
  boundary conditions, E:102, 25–30
  degrees of freedom, E:102, 23, 24–25
  development of, E:102, 3–4, 16
  shape functions, E:102, 17–22
  tree-cotree decomposition, E:102, 16, 20–25
  for vector potentials and 3D fields problems, E:102, 15–30
  Whitney, E:102, 19–20
Edgel, E:88, 304
Edge-preserving reconstruction algorithms, E:97, 91–93, 118–129
  extended GNC algorithm, E:97, 132–136, 171–175
  generalized expectation-maximization algorithm, E:97, 93, 127–129, 153, 162–166
  graduated nonconvexity algorithm, E:97, 90, 91, 93, 124–127, 153, 168–175
Edgerton, H.E., ES:16, 208
Edge states, mesoscopic physics, E:91, 223, 224
Edge-width, see $d_{p,1-p}$ width
Editing, computerized, ES:13A, 90
EDPCM, see Predictive image coding
EDX (energy dispersive X-ray analysis), M:13, 211
EELS, see Electron energy loss spectroscopy
Effect
  of finite temperature, E:82, 260
  of temperature on BGN, E:82, 265
Effective
  beam length, see Space charge lens
  current density, ES:22, 194
  defocusing distance, see Space charge lens

parameter γ, see Shape parameter γ
width measure
  for Gaussian distribution, ES:21, 220–222, 268–270, 300–301
  for truncated Gaussian distribution, ES:21, 397–399
Effective aperture, ES:9, 360, 397; ES:14, 195
Effective area, ES:4, 151, 152; ES:22, 59
Effective beam brightness, ES:13A, 187
Effective beam emittance, ES:13A, 187, 200
Effective Bohr radius a, E:82, 205, 207, 230
Effective density of states, ES:24, 166
Effective-domain model, E:87, 134–136, 145–147
Effective duration of signals, ES:9, 396
Effective field boundary, E:103, 287
  beam transport through gaps
    of multiple magnetic prisms, E:103, 318, 321–325
    of quadrupole multiplets, E:103, 330–336
  of mass-dispersing system, ES:13B, 142–143
Effective mass, E:82, 225; ES:24, 78
Effective permeability, ES:5, 21, see also Permeability tensor
Effective source, ES:4, 123
Effective susceptibility tensor, see Magnetic susceptibility tensor
Effective target area, ES:11, 175
Effective trajectory, E:103, 321–324
  beam transport through gaps
    of multiple magnetic prisms, E:103, 321–324
    of quadrupole multiplets, E:103, 330–336
Efficiency, ES:22, 3, 4, 26, 35, 118, 129, 131, 143, 360
  of an etalon, ES:4, 129
  capture, ES:22, 249
  deceleration, ES:22, 249, 252
  of electroluminescence, ES:1, 1, 7, 60–65, 169
    in Zns, ES:1, 60–65, 71, 94, 110–112
  extraction, ES:22, 118, 234, 249
  power conversion, ES:11, 179
  rf linac, ES:22, 339
  of three level masers, ES:2, 102
Efficient estimator, E:90, 169
Efficient radiators, ES:9, 299

SUBJECT INDEX

Efficient rational algebra, **E:**90, 99–119
Efficient velocity processing, **ES:**14, 316
EFPLOT (software package), **M:**13, 42, 43–44
EGDE, *see* Ensemble GDE
EGDE (ensemble GDE, **E:**94, 337–339
EG & G oscilloscope, **E:**91, 234
Egg white denaturation, **M:**8, 113
E-GNC (extended-GNC algorithm), **E:**97, 132–136, 171–175
EGR & G Recticon, **ES:**15, 179
EHD ion source, *see* Electrohydrodynamic ion source
Ehrenberg, C.G., **ES:**16, 168
Eichenberger, **ES:**18, 37, 236
Eidophor, **DS:**1, 18, 203–205
   in large-screen TV projection, **D:**1, 226
   rod cathode, **ES:**16, 57
Eigencoordinates, defined, **ES:**9, 412, 413
Eigenfunction, **E:**82, 40; **ES:**23, 53
Eigen-index, **E:**90, 56, 64
Eigenmodes, **ES:**22, 354
Eigen-node, **E:**90, 56
Eigenproblem, **E:**90, 60–61
   image algebra, **E:**84, 111–114
      eigenimage, **E:**84, 113
      eigennode, **E:**84, 112
         equivalent, **E:**84, 112
      eigenspace of template, **E:**84, 112
      eigenvalue, **E:**84, 112
         principal template, **E:**84, 113
      solutions, **E:**84, 114
Eigenvalues, **E:**82, 4, 40, 43, 45, 49, 62, 63, 86, 87; **E:**85, 33; **E:**90, 60–63
   problems, **E:**82, 363
   for TE_z modes, **E:**103, 173–176
   for TM_z modes, **E:**103, 177–179
Eigenvectors
   equivalent eigenvectors, **E:**90, 65–67
   finite eigenvectors, **E:**90, 63–67
   fundamental eigenvectors, **E:**90, 63–64
      independence, **E:**90, 67
   left-hand, **E:**90, 252
   right-hand, **E:**90, 251–252
   for TE_z modes, **E:**103, 179–182
   for TM_z modes, **E:**103, 177–179
Eigen wavepacket solutions, **E:**103, 31
8,2 formula
8,5 formula, **E:**93, 252, 253, 257, 261–**E:**93, 262, 264, 266, 269, 277

Eighth-order Hamiltonian function, power series expansion, **E:**91, 9–10, 13
Eikonal
   fourth order, **ES:**17, 54, 103, 167, 216, 225
   second order, **ES:**17, 70, 229, 230
Eikonal aberration theory, **E:**91, 1, 2
Eikonal ϵ_{10}, **E:**91, 22–26, 28, 33
Eikonal ϵ_4, **E:**91, 6–17, 27, 32
Eikonal ϵ_6, **E:**91, 17–19, 27, 32–33
Eikonal ϵ_8, **E:**91, 19–22, 27–28, 33
Eikonal equation, **E:**103, 96–98
Eikonal functions, power-series expansion, **E:**91, 13–35
Einstein, A., **ES:**16, 24, 52
Einstein, P.A., **ES:**16, 430, 437
Einstein A coefficient, **ES:**2, 9, 32, 257–258
Einstein B coefficient, **ES:**2, 8, 32, 52, 259
Einstein equations
   field, information approach, **E:**90, 174, 186
   photoelectric, **M:**10, 270
Einstein formula, **ES:**22, 11, 62
Einstein model, **E:**86, 186
Einstein–Podolsky–Rosen experiment, **E:**94, 302–304
Einzel lens, **ES:**13A, 125, 293–294, 310, 314; **ES:**13B, 56, 65, 68, 105, 147, 159, 308; **ES:**16, 504; **M:**11, 118; **M:**13, 134, 138
   deep-well, **ES:**4, 219
   performance of stacked, **E:**102, 225–232
   retarding, **ES:**4, 195
EL, *see* Electroluminescence
Elastic collision(s)
   collective ion acceleration, **ES:**13C, 448
   electrons, **E:**89, 100–103
   in ion trap, **ES:**13B, 244
Elasticity problems, **E:**82, 357
Elastic low-energy electron diffraction, **ES:**13B, 262
Elastic scattering
   electron, phase problem and, **M:**7, 245
   electron diffraction, **E:**90, 216–217
   as ion beam diagnostic, **ES:**13C, 339
   of light, **M:**12, 248
Elastin, negative staining, **M:**6, 233
Elbaz model, Lorentz transformations and, **E:**101, 158–159
ELEC3D (software package), **M:**13, 25
   flowchart for, **M:**13, 27
   and ray trace, **M:**13, 77–78

Electrical and Musical Industries, electrons optics research at, **ES:**16, 485
Electrical bandgap, **ES:**24, 166–168
Electrical bandwidth, defined, **E:**99, 76
Electrical current, detection, **E:**87, 180–181
Electrical injection noise, **ES:**8, 116–118
Electrical input noise, in CCD, **D:**3, 210–213
Electrically controlled birefringence
  matrix display based on, **D:**4, 75–76
  in matrix liquid-crystal displays, **D:**4, 72–76
Electrically erased devices, **D:**2, 112–115
Electrical properties, of ZnS, **ES:**1, 36, 39–42, 48, 49, 71, 72, 116, 150
Electrical supplies, mirror EM, **M:**4, 214
Electric dipole, **ES:**15, 44, 76
Electric field(s), **ES:**2, 7, 226, 253; **ES:**22, 79
  collective ion accelerators, **ES:**13C, 446
  complex, **ES:**22, 188
  cylindrical, **ES:**17, 192, 253, 273, 295–297, 327, 331, 361–362
  double planar symmetric, **ES:**17, 74, 75, 191
  effect in ruby, **ES:**2, 116–117, 135
  effect on image, **M:**1, 152
  effects on solids, **ES:**1, 3–5
    on excited phosphors, **ES:**1, 181–240
    field-induced non-radiative transitions, **ES:**1, 63, 99, 187, 204–207
    on infrared quenching, **ES:**1, 207–208
    on infrared stimulation, **ES:**1, 188–191
    on luminescence centers, **ES:**1, 10
    quenching of electroluminescence, **ES:**1, 98, 99
    on trapped electrons, **ES:**1, 4, *see also* Gudden–Pohl effect
  electron beam diode insulator, **ES:**13C, 177
  electron guns, **ES:**13C, 142–143, 145, 148–149, 151, 153–154, 158–166
  electron-optical properties, **E:**89, 401–403
  in electron optical systems, **M:**13, 3
  in gas-discharge cell, **D:**3, 97–99
  high-intensity beams
    beam compression, **ES:**13C, 125
    bunched beam, **ES:**13C, 55
    unbunched beam, **ES:**13C, 55
  high-power pulsed electron beams, **ES:**13C, 353, 356
    beam focusing, **ES:**13C, 378–380
    in dense plasma, **ES:**13C, 367–368
  magnetically insulated vacuum transmission lines, **ES:**13C, 373
  ion beam transport by electron control, **ES:**13C, 414–416
  ion diode, **ES:**13C, 297–298
  longitudinal, **ES:**17, 192
  magnetically insulated acceleration gaps, **ES:**13C, 416–420
  and magnetic fields, combined, **M:**13, 107–119
  neutralized ion beam, **ES:**13C, 412–413
  nonrotationally symmetric, **ES:**17, 187–193
  plasma channel beam transport, **ES:**13C, 331
  polarization in chiral media, **E:**92, 130–132
  rotationally symmetric, **ES:**17, 14–19, 46, 189, 368
  in second harmonic generation, **ES:**2, 216
  software for, **M:**13, 25–44
  space charge optics, **ES:**13C, 6–8
    high-current beams, **ES:**13C, 20
    uniform beam of elliptical cross section, **ES:**13C, 17, 19
  spherical, **ES:**17, 273, 327
  toroidal, **ES:**17, 253, 273, 294, 301–306, 327, 331
  transverse, **ES:**17, 193
Electric filter, **ES:**11, 10, 11
Electric force microscopy, **E:**87, 129–133
  constant-compliance measurement, **E:**87, 132
  Derjaguin approximation, **E:**87, 130
  electrostatic probe-sample interactions, **E:**87, 129–131
  Hamaker constant, **E:**87, 132–133
  operational conditions, **E:**87, 131–133
  polarizable probe, **E:**87, 130–131
  servo force, **E:**87, 129
Electric image, **ES:**11, 7, 134
Electric lens, **ES:**13C, 7–8, 27
  with elliptical defects, tolerance calculations, **M:**13, 54–59
Electric potential, **ES:**17, 14, 153–154, 188, 191, 198, 205, 294, 301, 316, 351–353, 368
  axial, **ES:**17, 15–16, 75, 191
  spatial, **ES:**17, 16, 353
Electric quadrupole, **ES:**9, 250
  two-dimensional, **ES:**9, 255

SUBJECT INDEX

Electric step function
  parallel polarized, **ES**:18, 129, 150
  perpendicularly polarized, **ES**:18, 120, 143
Electrocathodoluminescence, **ES**:1, 181
Electrochemical transistor, **E**:91, 144
Electrochromic display, flat panel technology, **E**:91, 251–252
Electrocomposeur (Thomson--CSF), **ES**:13B, 82–83
Electrode(s), **E**:83, 12, 14, *see also* Transfer electrode structures
  arrangement of, **M**:13, 132
  collecting, **E**:83, 49, 73
  curved, in FDM method, **M**:13, 8–9
  effect of metal on ZnS, **ES**:1, 34, 89
  electron guns, **ES**:13C, 143, 145, 148, 154, 161, 166
    boundary conditions, **ES**:13C, 159
  elliptical distortion, **ES**:17, 79–80
  extraction, **E**:83, 43, 47
  extraction optics, **ES**:13C, 209, 221–223, 258, 273
  gate, **E**:83, 30, 43, 47, 49, 78, 80, 85
  in high-current iron implanter, **ES**:13B, 53
  inclined end face, **ES**:17, 79–81
  interdigital, image, **M**:4, 255, 266
  ion accelerator, **ES**:13C, 433
    magnetically insulated acceleration gaps, **ES**:13C, 417, 419
    magnetically insulated vacuum transmission lines, **ES**:13C, 373
  pierce, **E**:83, 49, 73
  planar parallel, **ES**:17, 152
  representation of, **M**:13, 32–33
  transparent, **D**:2, 159–160
  in two-dimensional transfer arrays, **ES**:8, 261–263
Electrode-per-bit approach, **ES**:8, 247–249
Electrodynamics
  information approach, **E**:90, 149–153
  Maxwell's equations, **E**:90, 186–187
  from vector equation, **E**:90, 196–198
Electroflors, **ES**:1, 182
Electrohydrodynamic ion source, **ES**:13A, 263, 267, 270, 284–289, 320; **ES**:20, 150
  brightness, **ES**:13A, 287–289
  current generation, **ES**:13A, 284–287
  gun microscope, **ES**:13A, 311–314
Electroluminescence, **ES**:1, 1; **ES**:24, 5, 118, 120, 126

  distinction from photoluminescence, **ES**:1, 2
  materials in which observed, **ES**:1, 2
  pulsed dc, **E**:91, 245
  typed of, **ES**:1, 11
Electrolysis, **E**:83, 27, 28
Electrolyte solution, effect on ionic forces, **E**:87, 106–112
Electrolytic tank, **ES**:7, 74
Electromagnetic circulators, *see* Circulator(s)
Electromagnetic coupling
  coupling coefficient, **E**:89, 213–214
  optical interconnects, **E**:89, 210–213
  quantum devices, **E**:89, 208–243
Electromagnetic crosstalk, quantum devices, **E**:89, 209
Electromagnetic deflection system, **ES**:17, 119–182
Electromagnetic field(s)
  distributions, computing methods in, **M**:13, 4–6
  Hamiltonian of, **ES**:2, 253
  misalignment caused by, **E**:83, 223–224, 230
  multiple, **ES**:17, 194–200
  Schrödinger equation and solution in, **M**:13, 248–251
  stray, **E**:83, 221
  structures, perturbation methods and suitable angle-resolved analyzers, **E**:103, 291–294
    Bertein method, **E**:103, 284–285
    conical lenses, **E**:103, 293–294
    conical mirror analyzers, **E**:103, 293
    coordinate frame variation method, **E**:103, 285
    direct substitution of Taylor expansion, **E**:103, 286
    fringing field integral method, **E**:103, 283–289
    integral equation method, **E**:103, 285
    main vs. fringing fields, **E**:103, 283–284
    Matsuda plates, **E**:103, 290
    poloidal analyzers, **E**:103, 291–293
    sector field analyzers, **E**:103, 289–291
    weakly distorted electrode and pole: surfaces, **E**:103, 284–286
    Wien filters, **E**:103, 306–311
  transverse, SE collection, **E**:83, 223, 230

Electromagnetic lens(es), **E**:93, 187–188; **M**:2, 5
  multislice approach, **E**:93, 179, 181–182, 187
    cylindrical, **E**:93, 175–176
    Glaser–Schiske diffraction integral, **E**:93, 195–202
    improved phase-object approximation, **E**:93, 190–192
    paraxial properties, **E**:93, 194–207
    spherical aberration, **E**:93, 207–215
    spherical wave propagation, **E**:93, 194–195
    thick lens theory, **E**:93, 192–194
  optical, **E**:93, 185–186
  quadrupole, **E**:93, 181–185
  round symmetric, **E**:93, 186–202
Electromagnetic model
  classic, **E**:102, 4–5
  of extended particles, **E**:101, 174
    conclusions, **E**:101, 194–198
    degree of freedom, **E**:101, 181
    inner or self fields, **E**:101, 176
    one-dimensional linear time cavity, **E**:101, 183–185
    outer or radiating fields, **E**:101, 176
    three-dimensional rectangular space cavity, **E**:101, 175–178
    three-dimensional spherical space cavity, **E**:101, 178–183
    three-dimensional spherical time cavity, **E**:101, 185–187
    two-dimensional square space-time cavity, **E**:101, 187–194
Electromagnetic multiple system, **ES**:17, 187–200
Electromagnetic probing, boreholes, **ES**:19, 51–57
Electromagnetic problem, constitutive error approach and, **E**:102, 63–69
Electromagnetic properties, highly anisotropic media, **E**:92, 80–200
Electromagnetic radiation, detection efficiency for, **D**:1, 26–27
Electromagnetic scanners, **M**:8, 36
Electromagnetic simulation code, ion beam diode, **ES**:13C, 317
Electromagnetic waves, **E**:82, 3, 38
  underwater, **ES**:9, 292
Electromagnetophotonic effect, **ES**:1, 144

Electromechanical switching system, **E**:91, 192, 201–252
Electromigration, **E**:83, 16, 63; **E**:87, 208, 221, 241
Electron(s), *see also* Primary electrons; Secondary electrons
  advantages for scanning, **E**:83, 205
  affinity, **E**:83, 10, 20, 21, 24
    negative, **E**:83, 28
  backscattered, **E**:83, 205–206; **ES**:6, 15–25, *see also* Backscattered current; Backscattered electrons; Backscattering
  beams, **E**:83, 3, 113
    effect on specimen, **M**:1, 154
    exposure, linewidth control, **E**:83, 186–192
    lithography, **E**:83, 36
    manometer, **E**:83, 116
    vector scan, **E**:83, 113
  behavior in specimen, **ES**:6, 15–42
    Boltzmann transport equation for, **ES**:6, 18–19
  bombardment, **E**:83, 34, 65
  bound, **ES**:22, 2
  charge, **ES**:17, 6, 9
    effect of, **E**:83, 208
  cloud, **E**:83, 22
  collection efficiency, **M**:13, 82–85, 89–91
  collisions, **E**:83, 19, 21, 63
    elastic and inelastic, **E**:83, 208
  deflection of in electric field, **D**:1, 167
  detection efficiency for, **D**:1, 25
  diffraction dynamical theory, **E**:93, 58, 60
  diffusion of, **ES**:6, 16–25
    model, **ES**:6, 76–80
  disadvantages, **E**:83, 206
  drift diffusion formalism, **E**:89, 110–113
  elastically scattered, **ES**:4, 189
  elastic-inelastic collisions, **E**:89, 100–103
  emission, **E**:83, 19, 34
    cold, **E**:83, 32
    hot, **E**:83, 29, 30
  energy, **E**:83, 7; **ES**:17, 70
    loss in the specimen, **M**:1, 124
  free, **ES**:22, 2
  gun brightness, **M**:1, 135
  guns, **E**:83, 6, 35, 75–77; **ES**:22, 24, 332
  high energy, **M**:2, 169, 176
  hole pairs, **E**:83, 21, 28, 29

impact ionizer, **E**:83, 3
lenses, instability of, **M**:1, 153
limitations, as microscopic probes, **E**:83, 206–220
 in magnetic field, **ES**:6, 292–293
mass, **ES**:17, 6, 10, 11
mirror, **M**:1, 229, 230
noise, **M**:1, 195
optical index of refraction (refractive index), **ES**:17, 9, 48
optics, **E**:83, 222
particle behavior, **E**:89, 110–111, 118
particle-wave duality, **E**:98, 333–335
quantum-coupled spin-polarized single-electron logic devices, **E**:89, 223–235
range, **E**:83, 218
 in emulsions, **M**:1, 192
reference frame, **ES**:22, 53
scattering, **E**:83, 120, 208
secondary emission of, **ES**:6, 20
in SEM techniques, **M**:13, 75–76
small-angle deflection theory for, **D**:1, 170–172
sources, *see* Electron sources
stopping power and range of, **ES**:6, 17–18
trajectories, **E**:83, 61
 equation, **E**:91, 4, 13
transmission through crystal lattice, **E**:93, 59–62, 66–73
transport, **E**:89, 103–119; **ES**:22, 24
wave behavior, **E**:89, 103–110, 118
wavelength, **E**:83, 207, 221; **ES**:17, 8, 70, 92
X-ray generation and, **ES**:6, 18, 22, 46
Electron beam(s)
 applications of, **D**:1, 164–165
 basic electrostatic and magnetostatic deflection systems for, **D**:1, 166–178
 brightness, **M**:8, 248–251
 chopping system, **ES**:13A, 120–121
 collective acceleration of ions by intense relativistic electron beam, **ES**:13C, 445–473
  accelerators, **ES**:13C, 452–469
  conclusions, **ES**:13C, 469
  history of naturally occuring acceleration, **ES**:13C, 449–452
  introduction, **ES**:13C, 445–447
  principles, **ES**:13C, 447–449
 current limits, **DS**:1, 28, 29, 31
 deflection of, **D**:1, 163–221
  defocusing and distortion and, **D**:1, 176–178, 188–196
  power reduction and, **D**:1, 178–183
  sensitivity and, **D**:1, 173–175, 178–183
 electrostatic deflection yokes and, **D**:1, 196–209
 energy broadening in high-density beams (Boersch effect), **ES**:13C, 475–530
  analytic treatment of crossover broadening, **ES**:13C, 526–529
  conclusions, **ES**:13C, 525–526
  energetic Boersch effect, **ES**:13C, 493–515
  energy distribution of charged particles after the passage through a crossover, **ES**:13C, 515–519
  introduction, **ES**:13C, 475–477
  reduction of Boersch effect, **ES**:13C, 519–525
  spatial Boersch effect, **ES**:13C, 490–493
 energy dissipation, **DS**:1, 177–179
 erasing, with single gun, **D**:4, 135–137
 fluorescence under, **ES**:6, 240
 frequency limitations in deflection of, **D**:1, 175–176
 general beam properties, **ES**:13C, 477–490
 high-frequency deflection of, **D**:1, 183–188
 highly directional, **M**:8, 137
 high-power pulsed beam transport, **ES**:13C, 351–387
  beam focusing, **ES**:13C, 378–385
  introduction, **ES**:13C, 351–354
 large-angle deflection theory for, **D**:1, 172–173
 magnetic deflection of, **D**:1, 188–190
 as measuring device, **ES**:13B, 257–264
 microwave frequency deflection system for, **D**:1, 220–221
 monochromatic beam and nanotip, **E**:95, 115, 118
 neutralized beams in gases and low-density plasmas, **ES**:13C, 361–366
 orthogonal beam landing in, **D**:1, 215–218
 production and analysis, **ES**:13B, 331–353
  deceleration-acceleration technique, **ES**:13B, 332–335
  energy calibration, **ES**:13B, 350–353
  optical components, **ES**:13B, 335–341

propagation in dense plasmas, **ES:**13C, 366–372
quality of, **ES:**22, 24, 31, 32
in random-access storage tubes, **D:**1, 165
range, **DS:**1, 176
in scanning-type electron microscope, **D:**1, 218–220
in self-magnetically insulated vacuum lines, **ES:**13C, 373–377
small-angle deflection theory for, **D:**1, 170–172
special deflection problems in, **D:**1, 209–221
spot size of, **ES:**6, 23–26
traveling-wave deflection system for, **D:**1, 184–185
in vacuum, **ES:**13C, 354–361
Electron-beam-addressed devices, **D:**1, 236–244
ambient-temperature crystals in, **D:**1, 236–237
Curie-point crystals in, **D:**1, 238–244
Electron beam diode, **ES:**13C, 177–179
beam emission processes, **ES:**13C, 180–183
foil diodes, **ES:**13C, 183–185, 188–192
ion flow, **ES:**13C, 296–297
pinched beam diodes, **ES:**13C, 185–188
pinched electron flow, **ES:**13C, 303
Electron-beam exposure system, **E:**102, 138–146; **ES:**13B, 78–79
Electron beam generation, of color centers, **D:**4, 93–95
Electron beam heating effects, **ES:**6, 401–402
Electron beam holography, *see* Holograms/holography
Electron beam lithography, **ES:**13B, 73–131, 80–82; **ES:**21, 2
automation, **ES:**13B, 117–120
basic concepts of scanning systems, **ES:**13B, 75–76
deflection modes and beam shaping, **ES:**13B, 112–117
electron guns, **ES:**13B, 83–92
equipment, **ES:**17, 1, 181
final lens and deflection system, **ES:**13B, 92–112
future developments, **ES:**13B, 76–83
practical systems, **ES:**13B, 76–83
projection systems of, **ES:**13B, 122–126
proximity effects, **ES:**13B, 120–122
variable shaped spot system, **ES:**21, 3, 273, 368, 432
Electron-beam lithography, **E:**102, 88–89
damage and modification of materials, **E:**102, 104
deflection aberrations, **E:**102, 96
deposition and etching, **E:**102, 105
development of, **E:**102, 91–92
inorganic resists, **E:**102, 101–104
lanthanum hexaboride tips, **E:**102, 93, 95
organic resists, **E:**102, 97–101
systems, **E:**102, 92–97
thermal field-emission guns, **E:**102, 95
types of machines used, **E:**102, 91–92
vector vs. raster scan, **E:**102, 92
Electron beam mask generator, **ES:**13B, 76–77
Electron beam microanalysis, **M:**9, 299, 316, 317
microanalyzer history, **ES:**16, 1–2
Electron beam microlithography, **ES:**13C, 477
Electron beam optics, chromatic and geometric aberrations, **ES:**13C, 131
Electron beam pattern generator, **ES:**13B, 77
Electron beam scanning, in metallography, **ES:**6, 252–255
Electron beam space charge spreading, **ES:**3, 68
Electron beam system
fixed, **ES:**17, 121, 234–238
scanning, **ES:**17, 121, 181–186, 234, 239–242
Electron beam tester, **M:**12, 109, 110, 141
Electron biprism, **E:**91, 282; **E:**99, 173; **M:**12, 5, 11, 16, 17
image wavefunction and, **E:**99, 179–184
wave-optical analysis, **E:**99, 176–179
Electron-bombarded induced conductivity mode, **D:**3, 260–262, 260–263
Electron bombardment furnace, **ES:**4, 219, 231
double, **ES:**4, 286
Electron charge, conservation of, **M:**13, 254–255
Electron control, of ion beam transport, **ES:**13C, 414–416
Electron current
absorbed, **ES:**6, 17

SUBJECT INDEX

electron diffusion and, **ES:**6, 24–25
  vs. distance curve, **ES:**6, 120, 125–128
Electron deceleration law, **ES:**6, 74
Electron density
  backscatter current and, **ES:**6, 119
  generating function, **ES:**6, 120
Electron desorption, **ES:**13B, 258
Electron detector, in electron beam lithography system, **ES:**13B, 75–76
Electron deviation by microfields, calculating, **E:**102, 316–320
Electron diffraction, **E:**90, 206–350; **M:**2, 197, 203, 212, 241; **M:**4, 113–114, *see also* Convergent-beam electron diffraction
  of ash minerals, **M:**3, 135–138, 145
  selected area, **M:**3, 138, 161, 173
  small angle techniques, **M:**3, 155–218
    biological uses, **M:**3, 196–203
    camera length, **M:**3, 156, 173–175
    coherence, **M:**3, 175
    fine structure, **M:**3, 190–192
    four lens method, **M:**3, 164–166
    limiting resolution, **M:**3, 157, 168–173, 177
    photography, **M:**3, 168
    selected area method, **M:**3, 161–163, 173
    test specimens for, **M:**3, 168–175
    three lens methods, **M:**3, 157–161
    ultra high resolution, **M:**3, 166–168
    very long camera method, **M:**3, 163–164
  background, **E:**90, 206–207
  Bloch wave channeling, **E:**90, 293–334
  camera length, **E:**88, 123
  crystal structure factors
    direct inversion, **E:**90, 257–265
    potential and, **E:**90, 338–341
  data, weak phase approximation and, **M:**7, 199–211
  diffracted beam amplitude, **E:**90, 209
  diffraction geometries, **E:**88, 123
  diffraction pattern, **E:**90, 209–214
  dynamical elastic diffraction, **E:**90, 221–250
  filtered, **ES:**4, 243, 286
  goniometry, **E:**88, 124
  Green's functions, **E:**90, 334–338
  illumination of sample, **E:**88, 122
  imaging plate, **E:**99, 270–274
  intensity data, **E:**88, 125
  Lorentz microscopy, **E:**98, 358–360
  low dose, **ES:**16, 203–205
  low energy, **ES:**4, 192
  perturbation methods
    non-periodic structures, **E:**90, 272–293
    periodic structures, **E:**90, 250–272
  phase grating theory, **M:**5, 249
  phase problem solution and, **M:**7, 220–225
  potential, **E:**90, 251
    crystal structure factors, **E:**90, 338–341
    full potential mode, **E:**90, 245, 248
    optical potential, **E:**90, 216–217, 341–349
    truncated potential mode, **E:**90, 244–245
  of quasicrystals, *see* Quasicrystals, electron diffraction of
  recording diffraction patterns, **E:**88, 122
  scanning system, **ES:**4, 191, 192, 208, 221, 243
  scattering
    by average potential, **E:**90, 214–216
    axial resonance scattering, **E:**90, 302–310
    diffuse scattering, **E:**90, 217–218
    elastic scattering, **E:**90, 216–217
    planar resonance scattering, **E:**90, 313–317
    quasi-elastic scattering, **E:**90, 217–218
    real diffuse scattering, **E:**90, 348–349
    resonance scattering, **E:**90, 293–334
    selvage scattering, **E:**90, 241, 245–248
    substrate scattering, **E:**90, 241, 243–245
    TDS scattering, **E:**90, 286–287
    virtual diffuse scattering, **E:**90, 348–349
  scattering amplitude, **E:**90, 207–209
  scattering cross-section, **E:**90, 207–209
  spectroscopy, **M:**11, 94
  theory, **E:**90, 207–221
Electron diffraction camera
  commercial development in Europe, **E:**96, 427, 441, 489–490, 500–501, 519–520
  Japanese contributions, **E:**96, 599–600
Electron diffractometers
  automatic, **ES:**4, 189, 192
  design of, **ES:**4, 218

Electron distortion field, **E:**94, 109–114
Electron-electron interactions
  in electron beam lithography system, **ES:**13B, 82, 111, 115
  energy broadening, **ES:**13C, 476, 516
Electron emission
  metal surface emission
    current density distribution, **E:**95, 74–76, 78
    current stability, **E:**95, 78–81
    current-voltage characteristics, **E:**95, 71–72
    electron potential energy, **E:**95, 65–66
    energy distribution of electrons, **E:**95, 72–74
    extraction processes, **E:**95, 66
    field emission, **E:**95, 69–71, 73–76, 78–81
    metal/vacuum barrier, **E:**95, 64–66
    thermionic emission, **E:**95, 66, 68–69, 72–73, 75, 79
  nanotip, *see* Nanotip
  source, **ES:**20, 150
Electron energy loss spectroscopy, **ES:**20, 232; **M:**9, 65–171; **M:**11, 47, 77, 89
  2p edges in transition metals, **M:**9, 116
  analysing mode, **M:**9, 69, 130
  angular dependence of inelastically scattered electrons and, **M:**9, 71–72, 91–94
  background contribution, **M:**9, 76, 119–120
  background contribution, ELNES and, **M:**9, 124–127
  band structure effects, solid-state environment and, **M:**9, 113–114
  beam-induced damage, minimum detectable mass and, **M:**9, 159–160
  Bethe theory and, **M:**9, 95–111
  bidimensional pictures, **M:**9, 69
  biological applications, **M:**9, 150
  carbon, extended fine structures for K-edge, **M:**9, 111–113, 123–124
  carbon K-edge in nucleic acid bases, **M:**9, 113, 116, 163
  chemical mapping, energy filtered images, **M:**9, 163–166
  chemical shift
    edge shape and, **M:**9, 114–119
    oxidation state and, **M:**9, 115, 116, 118
    solid-state threshold and, **M:**9, 111, 113, 162
  classification of systems, **M:**9, 131–132
  core-loss excitation, **M:**9, 67, 95, 127–130
  coupling mode, **M:**9, 68, 69
  coupling of spectrometer to microscope column, **M:**9, 137–141
  cross-section, quantitative micro-analysis and, **M:**9, 154–155
  CTEM, energy filtered images, **M:**9, 130, 131–132, 165
  data processing, **M:**9, 145–146
  detection limits, **M:**9, 158–162
  detection unit, **M:**9, 141–145
  developments in instrumentation, **M:**9, 130–146
  diffraction conditions, quantitative micro-analysis and, **M:**9, 157–158
  earth sciences applications, **M:**9, 150
  edge shape classification, **M:**9, 102, 106–107
  elastic scattering and, **M:**9, 73–74
  elemental analysis and, **M:**9, 146
  elementary excitations and, **M:**9, 75–82
  energy filtered images and, **M:**9, 169–170
  energy losses on surfaces at glancing incidence, **M:**9, 170
  environmental information, **M:**9, 162–163
  experimental parameters, definition, **M:**9, 69–70
  extended fine structures, **M:**9, 111–113, 114, 120–124, 162–163
  filtering mode, **M:**9, 69, 130
  hematin, **M:**9, 75, 76
  high-energy loss region, **M:**9, 75, 94–130
  high-voltage microscopy and, **M:**9, 166, 168–169
  historical development, **M:**9, 66–67
  inelastical scattering and, **M:**9, 68–82
  intermediate energy loss domain, **M:**9, 124–130
  ionization edge, specimen composition and, **M:**9, 95
  iron distribution in macrophage vacuole, **M:**9, 166
  library of edges, **M:**9, 147–150
  low-energy loss region, **M:**9, 66, 75, 82–94
  material sciences applications, **M:**9, 150
  microanalytical application, **M:**9, 69, 146–166

minimum detectable mass, **M**:9, 158–160
  fraction, **M**:9, 160–161
multiple inelastic scattering, specimen thickness and, **M**:9, 76–77
near-edge fine structures, **M**:9, 113–114, 120, 162–163
oxygen-K near-edge fine structure, **M**:9, 118
parallel detection systems, **M**:9, 143–145
partially integrated cross-sections, **M**:9, 108–111
photodiode arrays, **M**:9, 143, 144
plasmon peak position, q dependence, **M**:9, 93–94
post-specimen lenses, **M**:9, 140
programs for elemental concentrations, **M**:9, 146
qualitative microanalysis, **M**:9, 147–150
quantitation of core-loss spectra, **M**:9, 67
quantitative microanalysis, **M**:9, 150–158
rare-earth oxide thin film, **M**:9, 75, 76
recovery of single loss spectra, **M**:9, 76–82
semiconductor detectors, **M**:9, 143–145
signal, quantitative microanalysis and, **M**:9, 150–154
single-electron excitations, **M**:9, 92–93
single energy loss spectrum scan, **M**:9, 143
solid-state environment and, **M**:9, 111–114, 162
solid thin films, **M**:9, 146–147
specimen thickness, quantitative microanalysis and, **M**:9, 156
spectrometer design parameters, **M**:9, 134–137
spectrometer working mode, **M**:9, 68–69
STEM, **M**:9, 130, 132–133, 140
  energy filtered images, **M**:9, 165
  surface barrier solid-state detector, **M**:9, 143
threshold shape, **M**:9, 162
total cross-section for inelastic scattering by valence electrons, **M**:9, 93–94
valence state of excited atoms, ionization edge features and, **M**:9, 95
yttrium, **M**:9, 87–88, 127
yttrium sesquioxide, **M**:9, 88–91, 127
Electron excitation, *see* Collisions
Electron film writer, **ES**:13A, 103
Electron filters, **ES**:4, 189, 192, 198

Electron gas, **ES**:24, 91
  energy distribution, **M**:8, 209
Electron gun(s), **ES**:13B, 77, 83–92, 331, 336–340; **ES**:13C, 210–211; **M**:10, 244–250, see also *specific types of gun*
  25V90, **DS**:1, 96
  Apple tube, **DS**:1, 162–163
  bipotential-lens, **DS**:1, 94
  cathode, **DS**:1, 96
  delta, **DS**:1, 13, 35, 91–94
  development of, **ES**:16, 236
  einzel-lens, **DS**:1, 95–96
  energy distributions, **ES**:13C, 476
  equations of motion, **ES**:13A, 47, 56
  field emission, **M**:10, 248
  high-current relativistic guns, **ES**:13C, 141–170
    approximate methods, **ES**:13C, 151–154
    computational procedures, **ES**:13C, 158–162
    electron sources, **ES**:13C, 148
    emittance, **ES**:13C, 162–165
    geometries, **ES**:13C, 143–145
    grids, **ES**:13C, 145–148
    introduction, **ES**:13C, 142–148
    limitation on beam current, **ES**:13C, 148–151
    rays and the distribution of charge and current, **ES**:13C, 154–158
    simulation, **ES**:13C, 165–169
  in-line, **DS**:1, 13, 37, 97–98
  lanthanum boride, **M**:10, 248, 250
  numerical simulation techniques, **ES**:13C, 315
  penetration tube, **DS**:1, 192
  performance, **DS**:1, 94–95
  solid emitter, **ES**:13C, 227–232
  telefocus, **M**:10, 247
  thermionic cathodes, **M**:10, 244–248
  triode, **M**:10, 248
  tungsten hairpin, **M**:10, 248–249
  UV beam-index tube, **DS**:1, 167
  Wehnelt electrode, **M**:10, 245–247
Electron gun beams
  aberrations, **M**:8, 144–147
  accelerating field, **M**:8, 139
  angle-dependent current density, **M**:8, 171
  Boersch effect, **M**:8, 178, 189, 220, 256
  brightness, **M**:8, 139, 166–186
  cathode surface poisoning, **M**:8, 179

cathode temperature measurement, **M**:8, 178
cathode tips, **M**:8, 178, 183–186
crossover position and source, **M**:8, 140–144
current densit distribution in the crossover plane, **M**:8, 173
emission current density, **M**:8, 167, 178, 180
emittance diagrams, **M**:8, 152–153, 157–162
energy characteristics, **M**:8, 166
energy distribution, **M**:8, 138–139, 186–204
geometry, **M**:8, 138, 147–166, 153–157
imaging field, **M**:8, 139–140
paraxial model, **M**:8, 140–141
pencil of rays, **M**:8, 139–140
production, **M**:8, 137
ray characteristics, **M**:8, 155–157
simplest model, diagram of, **M**:8, 139
thermionic cathodes, with, **M**:8, 166–168
total emission current density, **M**:8, 167
Electron-hole pairs, **ES**:24, 183, 184, 186
Electron holography, **E**:98, 331, 362–363, 422–423; **E**:99, 171–173, 235–236; **M**:7, 164–169; **M**:12, 34
Aharonov–Bohm effect, **E**:99, 172, 187–192
charged dielectric spheres, **E**:99, 174, 207–216
charged microtips, **E**:99, 229–235
development of, **ES**:16, 430–436
double-exposure electron holography, **E**:99, 205–207, 207–210
electron biprism, **E**:99, 173
image wave function and, **E**:99, 179–184
wave-optical analysis, **E**:99, 176–179
electron–specimen interaction, **E**:99, 174–176
off-axis electron holography, **E**:98, 323–324
phase-object approximation, **E**:99, 174, 175–175, 184–186
principles, **E**:98, 363–373
reverse-biased p–n junctions, **E**:99, 172–173, 174, 185, 216–229
STEM holography, **E**:98, 373–387, 422–423
Electronic beam metallization, **E**:86, 30
Electronic displays, **E**:91, 231–256
cathode ray tube, **E**:91, 231–233, 235, 238, 240, 253

flat panel technology, **E**:91, 244–252
light controller displays, **E**:91, 246, 247
light crystals with memory, **E**:91, 247, 252
light emitters, **E**:91, 245–246
frame store, **E**:91, 242, 244
graphic display, **E**:91, 234–236, 237, 244
oscilloscope, **E**:91, 233–234
projection display, **E**:91, 252–253
storage technology, **E**:91, 237–238
three-dimensional display, **E**:91, 252, 253
vaccum fluorescent display, **E**:91, 236
virtual reality, **E**:91, 208–209, 244, 255, 256
visual display unit, **E**:91, 238–242, 243
Electronic indexing, in color-TV systems, **D**:2, 198–203
Electronic newspaper, **E**:91, 209
Electronic permittivity, electrostatic limits, **E**:87, 80
Electronic processing, **ES**:11, 4
Electronics industry, mirror electron microscopy, **E**:94, 96–98
Electronic switching system, **E**:91, 202
Electronic wide-angle camera system, **D**:3, 291
Electron image, secondary, **ES**:6, 36
Electron image analysis, **M**:10, 9
Electron image converter, **ES**:13B, 25–29
Electron image data, phase problem solution and, **M**:7, 220–225
Electron impact ion source, **ES**:13B, 153–154
Electron interference, **M**:7, 164–0169
Electron interferometer, **M**:12, 7, 12, 20, 21
Electron lens(es), **E**:83, 207, 256; **ES**:17, 29–35, 35–45; **M**:11, 6–8
aberrations in, **E**:83, 207, 221, 229, 230; **ES**:16, 327–341
astigmatism, *see* Astigmatism
Boersch effect, **ES**:13C, 477
characteristics, **M**:2, 229
chromatic aberration, **M**:2, 189, 193
condenser-objective, **M**:2, 174
cylindrical, **E**:93, 175–176
deceleratin, **E**:83, 227
design, **M**:2, 225
development of, **E**:83, 222; **ES**:16, 26, 321
diffraction aberration, **M**:2, 172
electrostatic type, **M**:10, 241–244
immersion, **M**:10, 244
objective, **M**:10, 242–244

SUBJECT INDEX

low aberration (immersion), **E**:83, 222, 228
for low voltage SEM, **E**:83, 222
magnetic type, **M**:10, 234–241
  condenser-objective, **M**:10, 234–236
  second-zone, **M**:10, 236–237
  single-pole, **M**:10, 237–238
  superconducting, **M**:10, 238–241
manufacture accuracy of, **ES**:16, 339–341
objective, **M**:2, 224
quadrupole, **E**:93, 181–185
resolution parameter, **M**:2, 173
round symmetric, **E**:93, 186–202
short, **ES**:17, 34–36
special combinations, **ES**:13A, 105–109
spherical aberration, **M**:2, 171
stability, **M**:2, 190
strong, **ES**:17, 33
thin, **ES**:17, 34–36
weak, **ES**:17, 33–36
Electron Metrology, **M**:12, 154
Electron microcinematography, with aid of vacuum film camera, **ES**:16, 14
Electron micrograph(s)
  calibration, **M**:6, 255
  image reconstruction, **M**:6, 252, 253, 255–258
  image superimposition, **M**:6, 243
  integration, **M**:6, 243, 245, 246, 247, 249, 250, 253
  linear periodicity integration, **M**:6, 246, 249, 250
  with non-repeating features, **M**:6, 269
  optical diffraction analysis, **M**:6, 240, 250, 251, 252, 253, 254
  optical reconstruction, **M**:7, 253–256
  repeating feature reinforcement, **M**:6, 243, 245, 249
  with repeating features, **M**:6, 243, 253, 254, 257, 269
  two-dimensional lattice integration, **M**:6, 243, 244
Electron micrograph diffraction pattern
  diffraction spot filtering, **M**:6, 257
  effect of micrograph quality, **M**:6, 255
  formation, **M**:6, 249, 250, 251, 252, 253, 254
  information, **M**:6, 254
  masking, **M**:6, 255, 257, 258
  noise separation, **M**:6, 257
  noise spectrum, ??; **M**:6, 254

repeating feature representation, **M**:6, 267
resolution, **M**:6, 254
underfocusing, **M**:6, 254
of viruses, **M**:6, 253, 254, 256, 265, 266
Electron microprobe(s), **ES**:6, 31–38;
  ES:13A, 342, 345, *see also* Electron probe; Electron probe microanalysis
  commercial development in Europe, **E**:96, 460–461, 464–466
  examination by, **M**:5, 41
  history of, **ES**:16, 1–21
  Southern Africa research, **E**:96, 341–342
  table of fact on, **ES**:16, 4–5
Electron-microprobe analyzer, **E**:101, 1
  analysis of calcic amphiboles using, **E**:101, 22
Electron microscope(s), **E**:91, 259–283; **ES**:6, 10; **ES**:13A, 140–142; **ES**:17, 2, 32, 41, 44, 46, 61, 68, 69, 187, 231, 379, *see also* Transmission electron microscope; *specific microscopes*
  aberration correction, **ES**:13A, 110–111, 119, 121–122
  Darmstadt project, **ES**:13A, 133–140
  applications laboratory for, **ES**:16, 525–556
  teaching duties in, **ES**:16, 551–554
  in biology, **ES**:16, 439
  calibration of and high-resolution test specimens for, **ES**:16, 532–535
  combined with light microscope, **ES**:6, 10
  contamination and anticontamination device for, **ES**:16, 535–537
  contrast and aperture problems in, **ES**:16, 530–532, 539
  contrast in, **M**:1, 129
  correction, **ES**:16, 537–539
  developments in after World War II, **ES**:16, 558–567, 572–582
  diffraction electron microscope, **E**:91, 278, 289
  distribution artifacts, **M**:8, 114–115
  diversity of, **ES**:16, 229–230
  double deflection in, **D**:1, 218–220
  early
    in belgium, **ES**:16, 591
    in Canada, **ES**:16, 275–296
    development, **ES**:16, 105–107, 226
    in England, **ES**:16, 417–442, 591
    in france, **ES**:16, 597
    inconveniences of, **ES**:16, 86–87

in Japan, **ES:**16, 89, 297–386, 591
in The Netherlands, **ES:**16, 387–416
in Russia, **ES:**16, 591–592
in the United states, **ES:**16, 275–296, 600–601
early discoveries made with aid of, **ES:**16, 17–19
early specimen preparation for, **ES:**16, 89–90
electron beams in, **D:**1, 164
electrostatic electron microscope, **E:**91, 278, 284
elementary image, **M:**1, 128, 133
ellipticity aberration and resolving power of, **ES:**16, 249–255
errors of, **M:**1, 120
extra-high-voltage type, **ES:**16, 14, 28
first symposium on, **ES:**16, 28
future improvements in, **ES:**6, 12–13
high-resolution, **D:**1, 286–288
high-resolution type, **ES:**16, 203–205
high tension, **M:**1, 146
high-voltage, *see* High-voltage electron microscope
history of, **ES:**16, 1–61
  preparation techniques, **ES:**16, 15–17
industrial development of, **ES:**16, 417–442
interference and coherence in, **ES:**16, 309–314
ionic crystal studies using, **ES:**16, 302–306
later developments in, **ES:**16, 99–100
lens, **ES:**13A, 60
low-temperature, with microbeam illumination, **ES:**16, 203–205
magnetic lens type, *see* Magnetic electron lens
magnification, **M:**6, 253
Marton's contribution to development of, **ES:**16, 501–523
with optical diffractometer, **M:**6, 250–255
optics of, **ES:**16, 98–99
patents for, **ES:**16, 590
performance, **M:**6, 251
permissible disturbances in, **M:**1, 124
phase contrast effects in, **M:**1, 172
phase type, **ES:**16, 376–377
photographic plates for, **ES:**16, 91–92
preparation techniques for
  improvement, **ES:**16, 542–545
  Japanese studies on, **ES:**16, 299–301

replica technique for, **ES:**16, 545–547
residual gas in, **M:**1, 157
resolution, **M:**6, 251
  improvement in, **ES:**16, 581
  limit of, **M:**1, 115
sample preparation methods, **M:**8, 119–127
scanning, **ES:**4, 243; **ES:**6, 11; **ES:**17, 109, 181, 224
scanning transmission, **ES:**17, 2–3, 181, 224
specimen grids, **M:**3, 104
transmission, **E:**91, 260, 264, 280–282; **ES:**4, 239; **ES:**17, 3, 109, 121, 181, 224
use in metallurgy, **ES:**16, 97–98
wave mechanics in development of, **ES:**16, 105–107
Electron microscope-electron probe, **ES:**6, 255–258
Electron microscope/microscopy, **E:**89, 2, 4, 6; **M:**2, 167
Electron Microscope Society of America
  formation, **E:**96, 4, 357
  growth, **E:**96, 358–360
  international relationship, **E:**96, 358–359, 364, 368
  meetings, **E:**96, 357–358, 374–375
  presidents, **E:**96, 357, 374–375
  publications, **E:**96, 359–361, 851–875
Electron microscopy, **E:**89, 2, 4, 6; **E:**94, 197; **M:**5, 163, 165, 167, 187, 211, 214, 217, 244, 245, 287, 288, 298, *see also* Photoelectron microscopy; Scanning electron microscope/microscopy; Scanning transmission electron microscope/microscopy
  of acid phosphatase, **M:**6, 180, 181, 182
  of adenyl cyclase, **M:**6, 173, 174, 184–188
  of alkaline phosphatase, **M:**6, 173, 174, 184, 185, 186, 187, 188
  amplitude contrast, **M:**5, 176–178, 187–193
  analytical, **M:**10, 257–259
  aperture, **M:**5, 165
  approximations
    first order, **M:**5, 169–183
    for interpretation, **M:**5, 167, 168
    second order, **M:**5, 183–195
  of ATPase, **M:**6, 191, 192, 193, 194
  in azo dye technique, **M:**6, 186, 187, 188
  biological material
    applications, **M:**5, 341, 342
    aqueous, **M:**5, 324

SUBJECT INDEX

Brownian notion effect, **M:**5, 339, 340
construction, **M:**5, 320-328
cooling, **M:**5, 334
dark field technique, **M:**5, 299, 300, 302, 303
diffraction, **M:**5, 299
for dry specimens, **M:**5, 306
image enhancement, **M:**5, 309, 310
intrinsic contrast, **M:**5, 299
at low temperatures, **M:**5, 310
phase contrast technique, **M:**5, 299
resolution, **M:**5, 196, 298-303
by strioscopy, **M:**5, 300
Castaing and Henry analyzer, **M:**10, 320
cathode ray oscilloscopes, **M:**10, 218-221
of cholinesterase, **M:**6, 200, 202, 203
chromatic aberration, **M:**5, 181, 298
comparison with radiobiological data, **M:**5, 311, 312, 313
condenser-objective lens, **M:**10, 234-236
cryo-objective lens, **M:**10, 239-241
crystal-aperture scanning electron microscopy, **E:**93, 57-107
  experimental, **E:**93, 66-87, 90-91
  imaging, **E:**93, 58-59, 63-66, 87-90, 94-106
  resolution, **E:**93, 91-94
  theory, **E:**93, 59-66
in DAB technique, **M:**6, 210
defocusing, **M:**5, 163, 165, 174, 179, 196-198, 240, 241, 245, 249, 294
of dehydrogenase, **M:**6, 209, 214
diagram, **M:**10, 217
effect of radiation damage, **E:**88, 156
electron guns, **M:**10, 244-250
electron mirror, **M:**10, 229
electrostatic lenses, **M:**10, 224-226, 241-244, 325-326
element discrimination, **M:**5, 180
emission, **M:**10, 227-228, 246
of enzymes, **M:**6, 172, 174, 175, 176, 177, 178, 179, 204, 219, 220, 221, 222
of esterase, **M:**6, 187, 188, 195, 196, 197, 198, 199, 206
field emission guns, **M:**10, 248
  other types of gun, **M:**10, 248-250
and fluorescence microspectroscopy, **M:**14, 172-174
  superconducting lenses for, design trends, **M:**14, 24-25

superconductors in, **M:**14, 16-25
  diamagnetic shielding lenses, **M:**14, 20-21
  early work, **M:**14, 16-17
  shrouded coils and pole piece lenses, **M:**14, 21-23
  solenoid lenses, **M:**14, 18-19
  trapped-flux lenses, **M:**14, 19-20
high resolution, **M:**10, 233, 256-257
high-resolution, low dosage, **E:**88, 127
  lattice images, examples, **E:**88, 158
high-resolution electron microscopy, **E:**90, 216
high voltage, **M:**5, 305, 307, 308, 309, 312, 318, 320; **M:**10, 251-252, 254-256
historical, **M:**10, 251-218
  in Belgium, **M:**10, 221-222
  in Britain, **M:**10, 221-224, 254-256
  in Germany, **M:**10, 218-221
  in Holland, **M:**10, 222-223
image formation, **M:**10, 229-233
image formation theory, **M:**5, 164-167
image intensification, **M:**5, 309, 340, 343
image reconstruction, **M:**5, 197, 198
immersion lens, **M:**10, 244
in-focus image, **M:**5, 180
lens aberrations, **M:**10, 230-232
linear energy transfer value, **M:**5, 311, 312
of lipase, **M:**6, 109
of living material, **M:**2, 242
low-energy electron microscope, **E:**94, 86
low-magnification, diffraction-contrast, **E:**88, 126
low-temperature, **M:**5, 310
of lysosome, **M:**6, 183
magnetic lenses, **M:**10, 234-236
magnetic microstructure, **E:**98, 330-333
of metals, **M:**2, 231
Metioscopem, **M:**10, 228
mirror electron microscopy
  applications, **E:**94, 95-98
  history, **E:**94, 85-87, 144
  image formation, **E:**94, 87-95
  quantitative contrast technique, **E:**94, 98-144
Mulvey's Projector lens, **M:**10, 239
observation and recording, **M:**10, 251-253
optics, **E:**93, 174-176, 215, 216
origins, **M:**10, 218-229

of oxidation/reduction enzymes, **M**:6, 209, 210, 214, 215, 216
partial coherence, **M**:5, 182, 183
phase contrast, **M**:5, 169–176, 193–195
phase contrast transfer function, **E**:88, 129
phase problem in, **M**:7, 186–279
Phillips Analytical, **M**:10, 258–259
photoelectron emission microscopy, **E**:94, 87
photoelectron spectromicroscope, **M**:10, 228, *see also* Photoelectron microscopy
and photographic averaging, **M**:6, 243
photography, **M**:10, 252–253
reflection type, **M**:10, 228–229
replicas, **M**:5, 40
resolution, **M**:5, 173, 175, 176, 177, 188, 190, 191, 192, 211, 215, 233, 234, 240, 241–243, 298–303, 343
scanning transmission electron microscopy, **E**:90, 289; **E**:94, 197
  image formation, **E**:94, 221–231
  off-axis holography, **E**:94, 232–253
second-zone lenses, **M**:10, 236–237
shadow-electron type, **M**:10, 229
signal-to-noise ratio, **M**:5, 309, 310
single pole lenses, **M**:10, 237–238
specimen thickness effect, **M**:5, 180, 181
spherical aberration, **M**:5, 196, 197, 298
stereo examination, **M**:5, 339, 340
of sulphatase, **M**:6, 181, 182, 183
summary and conclusions, **M**:10, 258–260
superconducting lens, **M**:5, 202, 215–235
superconducting lenses, **M**:10, 238–241
in tetrazolium salt technique, **M**:6, 214
thermionic cathodes, **M**:10, 244–248
thin films, **M**:5, 40, 41
three dimensional structures of macromolecules from, **M**:7, 281–377
total image, **M**:5, 178
of tracer enzymes, **M**:6, 216, 217, 218
transmission electron microscopy, **E**:90, 210, 222; **E**:94, 197
  image formation, **E**:94, 203–213
  low-dose imaging, **E**:94, 207–213
  off-axis holography, **E**:94, 213–221, 252–256
two-stage imaging, **M**:10, 224
types of lenses, **M**:10, 234–244
ultra-short exposure, **M**:5, 340

underfocused image, **M**:5, 180, 196
viewing screens, **M**:10, 251–252
of viruses, **M**:6, 227, 228, 229, 230, 233, 239, 240, 241, 242, 243, 244, 245, 246, 261
Wehnelt electrode, **M**:10, 245–247
Electron Microscopy Summer School at Cavendish Laboratory (Cambridge), **ES**:16, 32, 90
Electron mirror, **M**:12, 45
  aberration correction, **ES**:13A, 128–132
  equations of motion, **ES**:13A, 49–52
  microscopes, **M**:10, 229
Electron mirror system (EMS)
  contrast mirror electron microscopy, **E**:94, 108–109
  mirror electron microscopy, **E**:94, 87–88, 99–108
Electron multiplier, **M**:2, 9, 10, 23, 24
Electron neutralization, **ES**:13C, 396–407
Electron off-axis holography, **E**:89, 1–48
  applications, **E**:89, 36–47
    crystal defects, **E**:89, 44–47
    dynamical phase effects, **E**:89, 38–43
    thickness measurement, **E**:89, 36–38
  phase distribution, displaying, **E**:89, 18–19
  problems, **E**:89, 25–35
    hologram recording, **E**:89, 32–35
    limited coherence, **E**:89, 25–31
    noise problems, **E**:89, 31–32
  reconstruction
    digital, **E**:89, 5–6, 12–18, 21–24, 33–34, 36–47
    light optical, **E**:89, 5–6, 10–12, 21–24, 33–34
Electron-optical bench two-lens experimental type, **ES**:16, 66
Electron optical column, of electron beam lithography system, **ES**:13B, 75–76, 80
Electron optical systems
  aberration in, **M**:13, 189–199
  design aims, **M**:13, 3–4
  electromagnetic field distributions in, **M**:13, 4–6
  Fourier–Bessel series in, **M**:13, 135–136
  inspection, low-voltage, **M**:13, 127–128
  modeling, **M**:13, 1–3
  numerical modeling of electron optical systems, *see* Numerical modeling

SUBJECT INDEX

planar multipole representation, **M**:13, 130–135
probe fields in, **M**:13, 153
Electron-optical techniques, magnetic microstructure, **E**:98, 331–332
Electron optical transfer function aberrations, **M**:13, 280–284
and axial astigmatism, **M**:13, 278–279
basic concepts, **M**:13, 272–274
and rotationally symmetric third-order aberrations, **M**:13, 280–284
and spherical aberration and defocus, **M**:13, 274–277
Electron optics, **E**:93, 64, 174–176, 187–190; **ES**:10, 1–5; **ES**:17, 1, 4, 8–9, 253, *see also* Particle optics
Aharonov–Bohm effect, **E**:93, 174, 176, 178–181
canonical aberration theory, **E**:97, 360–406
canonical aberration theory to ultrahigh-order approximations, **E**:91, 135
coherence in, **M**:7, 101–184
in development of electron microscopy in France, **ES**:16, 113–114, 225, 230–255
Glaser–Schiske diffraction integral, **E**:93, 195–202
history at international congress, **E**:96, 405–412
improved phase-object approximation, **E**:93, 190–192
lenses
axially symmetric electrostatic lenses, **E**:97, 320–321
axially symmetric magnetic lenses, **E**:97, 282–316, 333–335
magnetic quadrupole lenses, **E**:97, 317–320, 336
multislice approach, spherical aberration, **E**:93, 207–215
paraxial properties, **E**:93, 194–207
spherical wave propagation, **E**:93, 194–195
thick lens theory, **E**:93, 192–194
Electron Optics Program, *see* Herrmansfeldt code
Electron pairing in high-temperature
mechanisms for, **M**:14, 38–39
superconductivity, **M**:14, 38–39
Electron penetration, **M**:2, 176
in crystals, **M**:2, 182
model of, **ES**:6, 78

Electron phase microscope, development of, **ES**:16, 376–377
Electron plasma frequency, **ES**:4, 66
Electron probe(s), **ES**:13B, 75; **M**:13, 126, *see also* Electron probe microanalysis
backscattered electron image in, **ES**:6, 21–22
calculation of size, **M**:13, 292–295
carbon contamination of, **ES**:6, 144–148
deconvolution technique for, **ES**:6, 117–126
electron diffusion in, **ES**:6, 22–24
light element analysis with, **ES**:6, 148–153
light element Kits for, **ES**:6, 138
low atomic number element analysis with, **ES**:6, 137–154
response function for, **ES**:6, 35
scanning, **ES**:6, 291–311
size, and aberrations, **M**:13, 195–199
spot size of, **ES**:6, 23
stearate crystal analysis with, **ES**:6, 138–144
X-ray microanalyzer, **ES**:16, 100
X-ray spectrography and, **ES**:6, 4
Electron probe microanalysis, **M**:3, 146, 152
absorption effect, **M**:6, 287, 288
accuracy, **M**:6, 276, 279
area scanning with ratemeter, **M**:6, 294–296
atomic number correction tables for, **ES**:6, 73–114
atomic number effect, **M**:6, 287, 288
background, **M**:6, 286, 287
backscattering as technique in, **ES**:6, 177–195
beam excursion, **M**:6, 279, 281
beam size in, **ES**:6, 118
of biological material, **M**:6, 282
complete area scan, **M**:6, 277
deadtime, **M**:6, 285, 286
diffuser analysis and, **ES**:6, 268–271
display system, **M**:6, 278
electron beam stability, **M**:6, 284
electron diffusion, **M**:6, 282
in element analysis, **M**:6, 275
energy-dispersive solid state detector, **M**:6, 280, 281
father of, **ES**:6, 4
field aberrations, **M**:6, 282
fluorescence effect, **M**:6, 298, 299

future of, **ES:**6, 11-12
image recording, **M:**6, 278
Kossel patterns and, **ES:**6, 365, 370, 377, 383, 390-391, 403, 413
linear scanning, **M:**6, 296, 297
of magnetic fields, **ES:**6, 291-311
magnification, **M:**6, 278, 279
in mass transport processes, **ES:**6, 276-288
matrix scanning, **M:**6, 298, 299
mechanical scan, **M:**6, 282
in metallography, **ES:**6, 246-266
in metallurgy, **ES:**6, 245-288
metal specimen preparation in, **ES:**6, 197-225
of meteorites, **ES:**6, 237-238, 286-287
in mineralogy, **ES:**6, 227-241
model for, **ES:**6, 69-70
non-destructive analysis, **M:**6, 276
precision of, **ES:**6, 197-225
qualitative, **M:**6, 275, 277, 281
quantitative, **ES:**6, 69-70; **M:**6, 275, 277, 280, 281, 287
quantitative area scanning, **M:**6, 298, 299
quantitative area scanning instability, **M:**6, 284, 285
ratemeter signal manipulation, **M:**6, 297
scanning procedure, **M:**6, 277
scanning procedure duration, **M:**6, 277, 278, 297
with scanning provision, **M:**6, 277
second-order effects in, **ES:**6, 16
semi-focusing system, **M:**6, 280, 281
sharpness of image, **M:**6, 279
signal intensity, **M:**6, 282
signal intensity loss, **M:**6, 279
sources of instability, **M:**6, 284, 285
spatial resolution, **M:**6, 278, 281, 282
spatial selectivity, **M:**6, 276, 277
specimen displacement, **M:**6, 281
specimen movement, **M:**6, 282
spectrometer defocusing, **M:**6, 280, 281, 282, 297
standard X-ray area scan, **M:**6, 288-292
three methods of, **ES:**6, 12-13
width of scan, **M:**6, 278, 279, 280
X-ray
  excitation, **M:**6, 276, 277, 285
  intensity measurement, **M:**6, 283, 284
  line choice, **M:**6, 282
  line interference, **M:**6, 281

production, secondary, **M:**6, 282
scan color composites, **M:**6, 292-294
Electron projection system, low aberration, **ES:**13A, 104-107
Electron range, electron beam diode, **ES:**13C, 185
Electron ray model, **E:**93, 60-61
Electron ray simulation, predictions, zone axis pattern, **E:**93, 66-73
Electron ring accelerator, **ES:**13C, 145, 202, 452
Electron scattering, **M:**2, 177 *et seq.;* **M:**11, 19; **M:**12, 26, *see also* Backscattered electrons; Backscattering
  inelastic, **M:**2, 180
  plural, **M:**2, 179, 210
  small angle theory, **M:**3, 206-214
Electron shield, **DS:**1, 103
Electron sources, **E:**83, 6, 31, 32, 207; **ES:**13C, 433
  addressable, **E:**83, 35
  brightness, Langmuir, **E:**83, 221-222
  coherence, **M:**7, 106
  for electron guns, **ES:**13C, 148
  energy spread, **E:**83, 206, 208, 225, 229
  field emission, **E:**83, 222, 228-229, 256-257
  high-power relativistic beam sources, **ES:**13C, 171-206
    computer simulation of vacuum diodes, **ES:**13C, 195-200
    concluding comments, **ES:**13C, 204
    current limits in vacuum diodes, **ES:**13C, 192-195
    electron beam diodes, **ES:**13C, 179-192
    instability in beam generation, **ES:**13C, 200-201
    introduction, **ES:**13C, 171-173
    postacceleration diodes, **ES:**13C, 201-204
    pulse power technology, **ES:**13C, 173-179
  ion, **E:**83, 82
  lanthanum hexaboride, **E:**83, 222
  liquid metal, **E:**83, 32
  low voltage, **E:**83, 221, 257
  Schottky, **E:**83, 229
  silicon, **E:**83, 33
Electron spectroscopy, **ES:**13B, 257-381
  for chemical analysis, **ES:**13B, 262, 307; **M:**10, 319-321

energy selectors, **ES:**13B, 265-276, 353-370
  dispersive selectors, **ES:**13B, 276-331
  production and analysis of electron beams, **ES:**13B, 331-353
Electron spin, electron optical coherence and, **M:**7, 172
Electron temperature, effect on plasma, **ES:**13C, 267
Electron theory, **ES:**23, 49
Electron trajectories, **M:**13, 173-216
  aberrations in, **M:**13, 189-199
  deflection, first order, **M:**13, 186-188
  displacement effect in Coulomb interaction, **M:**13, 220-222
  equation of motion in, **M:**13, 174-176
  first order or paraxial optics, **M:**13, 179-188
  focusing, first order, **M:**13, 181-186
  fundamental laws in, **M:**13, 176-178
  Mount Carlo calculation of, **ES:**6, 27-29
  optimization, *see* Optimization, of electron trajectories
  reducing displacement effect, **M:**13, 222-224
  and Schrödinger equation, **M:**13, 249
Electron transport
  ballistic, **E:**89, 107
  diffusive, **E:**89, 107
  drift diffusion formalism, **E:**89, 110-113
  electron wave devices, **E:**89, 103-110
  quasi-dissipative, **E:**89, 118-119
Electron tunneling, **E:**87, 191
Electron wave devices, **E:**89, 99-120
  Aharonov-Bohm devices, **E:**89, 142-178
  current and conductance formulas, **E:**89, 113-118
  directional couplers, **E:**89, 193-199
  electron transport, **E:**89, 99-113
  energy dissipation, **E:**89, 119-120
  potential drop, **E:**89, 119-120
  quasi-dissipative transport, **E:**89, 118-119
  resonant tunneling devices, **E:**89, 123-124
  T-structure transistors, **E:**89, 178-193
Electron wave directional couplers, **E:**89, 193-199
Electron wave function, **E:**90, 216
Electron wave guides, **E:**89, 193
Electron wavelength, **ES:**3, 83, 86; **M:**2, 170

Electron wave optics, *see* Charged-particle wave optics
Electron wave theory, **E:**93, 60-61
Electro-optical characteristics, of liquid-crystal devices, **D:**4, 10-12
Electro-optical converter, **ES:**11, 7, 8
Electro-optical light modulator, **M:**1, 89, 90, 103
Electro-optic effects, *see also* Pockels effect
  lanthanum and temperature dependence in, **D:**2, 81-83
  in PLZT ceramics, **D:**2, 67-69
  temperature dependence of, **D:**2, 135
  wavelength-dependent scanning angles in, **D:**2, 5-6
Electro-optic light modulator, **E:**89, 199-200
  modulating crystals, **M:**6, 136
Electro-optic modulation
  automatic bias control for, **D:**2, 30
  for 1125-line color-TV displays, **D:**2, 44-45
  in laser displays, **D:**2, 27-31
  in laser TV projection, **D:**2, 4
  transverse mode, **D:**2, 29
Electro-optics, **M:**12, 149
Electro-optic switch, T-structure transistor, **E:**89, 191-193
Electro-optic techniques, laser-intensity modulation in, **D:**2, 22
Electrophoretic display, flat panel technology, **E:**91, 252
Electrophotoluminescence, **ES:**1, 60
Electroplating, **E:**102, 130-132; **ES:**20, 246
Electrostatic accelerators, **ES:**22, 6, 24, 334
  lens aberrations, **M:**8, 246
Electrostatic Aharonov-Bohm effect, **E:**89, 145-146; **E:**99, 187-192
  disordered structures, **E:**89, 165-178
  double quantum wells, **E:**89, 157-165
  interferometer, **E:**89, 172-178, 180, 186, 199
Electrostatically scanned energy spectrometer, **ES:**4, 198
Electrostatic analyzer
  energy calibration values, **ES:**13B, 330
  in ion implantation system, **ES:**13B, 58
Electrostatic anode lens, field electron emission, **M:**8, 242-243
Electrostatic biprism, **E:**99, 188-190, 193

Electrostatic charging
  Boersch effect, **M:**13, 216–220
  and Coulomb interaction, **M:**13, 224–231
  of specimens, **M:**3, 193–196
Electrostatic deflection/deflectors, **ES:**4, 223; **M:**13, 146–149
  in electron beam lithography, **ES:**13B, 127
  plantation, **ES:**13B, 47
  systems, **ES:**17, 151–157; **D:**1, 216–217
  electrode systems for, **D:**1, 169
Electrostatic deflection yokes, **D:**1, 196–209
  comparison of types, **D:**1, 208–209
  horn structures for, **D:**1, 207–208
  multiple, **D:**1, 201–205
  pattern yokes in, **D:**1, 205–207
  resistance yoke boxes and, **D:**1, 199–200
Electrostatic electron microscope/microscopy, **E:**91, 274, 278; **M:**10, 224–226, 241–244
  development at Japanese universities, **E:**96, 51–256, 247–248, 263–267
  French type, **ES:**16, 225–274
  invention and development, **E:**96, 137–141
  origins, **M:**10, 219, 222
  transmission electron microscope, commercial production, **E:**96, 141
Electrostatic energy analyzers, mirror bank, **E:**89, 391–478
  charged particle focusing, **E:**89, 399–410
  charged particle trajectory equations, **E:**89, 393–399
Electrostatic energy filter, aberration, **ES:**13A, 81–82
Electrostatic field(s), **E:**82, 4, 6, 10
  analytical calculation, **M:**13, 128–153
  of conical lens with longitudinal electrodes, **E:**103, 367–371
  of conical mirror analyzers, **E:**103, 363–367
  electron deflection in, **D:**1, 166–167
  ion separation in, **ES:**13B, 135, 140
  numerical calculation, **M:**13, 153–173
  numerical computation of, **ES:**13A, 1–44
  of poloidal analyzers, **E:**103, 348–352
  in sector field analyzers with split shielding plates, **E:**103, 336–343
  of slit conical lenses, **E:**103, 372–374
  space charge effects, **ES:**13B, 151
Electrostatic focusing, ion beam accelerator, **ES:**13C, 419, 425–426, 434

Electrostatic lens(es), **E:**83, 62; **ES:**13A, 296; **ES:**13B, 4, 16–17
  aberration coefficient, **ES:**13A, 60, 63–66, 86, 91
  aberration correction, **ES:**13A, 14, 110, 116, 127
  cathode, **ES:**17, 42
  charged-particle wave optics, **E:**97, 320–321
  circular aperture, **ES:**17, 41–42
  computation of fields, **ES:**13A, 1–5
  dynamic programming, **ES:**13A, 98, 100, 102
  Einzel lens, **E:**96, 139
  in electron beam lithography system, **ES:**13B, 76, 105
  with elliptical defects, tolerance calculation, **M:**13, 55–57
  equations of motion, **ES:**13A, 47, 52
  fabrication of, **E:**102, 189–211
  FEM and FDM on, **M:**13, 129, 153
  first order focusing, **M:**13, 181, 182–185
  IEM on, **M:**13, 153–154
  ill fate in supermicroscopy, **ES:**16, 263–268
  immersion, **ES:**17, 38–39
  integration transformation, **E:**97, 396–403
  in ion implantation system, **ES:**13B, 49, 58, 61, 65
  Japanese contributions, **E:**96, 685–688, 705–707
  lens fields of, **M:**13, 137–140
  in mass spectrometry, **ES:**13B, 145, 148, 159
  multislice approach, **E:**93, 177–178, 182–184, 187–188
  octopole, **ES:**17, 187
  optimization of, **M:**13, 207–216
    by synthesis, **M:**13, 209–210
  patent, **E:**96, 137
  quadrupole, **ES:**17, 187
  revival in ion microprobe analyzers, **ES:**16, 263–268
  scaling laws for, **E:**102, 189
  sextupole, **ES:**17, 187
  spherical aberration of, **M:**1, 219
  unipotential, **ES:**17, 39–41
Electrostatic-magnetic quadrupole lens, **ES:**13B, 65

Electrostatic matrix printers, **ES:**10, 176, 178
Electrostatic mirror, **ES:**13A, 128–132
  equations of motion, **ES:**13A, 50
Electrostatic multipole, **E:**85, 241–245
  induced transformation of M function, **E:**85, 243–245
  M function, **E:**85, 241
  symmetry transformations, **E:**85, 245
  transformation, **E:**85, 241–243
Electrostatic point projection microscope, **M:**10, 325–326
Electrostatic potential, **ES:**7, 3, 4
  canonical aberration theory, to tenth order approximation, **E:**91, 5
  surface, **E:**87, 106–107
Electrostatic reflex diode, **ES:**13C, 309–311
Electrostatics, equations of, **ES:**13A, 2–3
Electrostatic scanning deflection system, of gun microscope, **ES:**13A, 300, 311
Electrostatic scanning system, in ion implantation, **ES:**13B, 46, 54–55
Electrostatic sector field, **ES:**13B, 147–148
Electrostatic selector, in electron spectroscopy, **ES:**13B, 271–272, 285–324, 360
Electrostatic stigmator, in electron beam lithography system, **ES:**13B, 107–108
Electrotechnical Laboratory, *see* Japan
ELEED (elastic low-energy electron diffraction), **ES:**13B, 262
El Elmiskop, I, **ES:**16, 203, 535, 553, 580
Elementary excitations, **M:**9, 75–82
  general classification, **M:**9, 75–76
  recovery of single loss spectra, **M:**9, 76–82
Elementary path, **E:**90, 39, 40
Elementary state functions, **E:**94, 329–333
Elementary unit of length, **ES:**9, 417
Elements, low atomic number, **ES:**6, 137–154, 159
Elevation angle, **ES:**11, 25, 37
  patterns, **ES:**15, 161
Elevation pattern, **ES:**23, 264, 279, 287
ELI (electron beam lithographic system), **ES:**13B, 80–82
Elliot, S., **ES:**11, 222
Elliott, S., **ES:**9, 485, 495
Ellipse(s)
  in Hamiltonian system, **ES:**13A, 166
  transforms, **M:**7, 26

Ellipsoidal co-ordinates, **ES:**19, 111–113
Elliptical defects, in lenses
  in bore, **M:**13, 57–59
  tolerance calculations, **M:**13, 54–59
Elliptical electron mirror, **ES:**13B, 324
Elliptical lamp housing, **ES:**2, 108, 109, 130
Ellipticity, **E:**86, 239, 245, 250, 260
  of polarization, **ES:**5, 59, 70–71
Elliptic spot, **DS:**1, 39, 167
Elmiskop, **ES:**16, 46
  cooling chamber for, **M:**1, 161
Elongated–single–domain mechanism, **ES:**20, 213
El-Shandwily, **ES:**23, 48
EM (expectation-maximization approach), image processing, **E:**97, 127–129
Em1 electron microscope, **ES:**16, 24, 27
  development of, **ES:**16, 420–424
EM2 electron microscope, **ES:**16, 27, 28
  development of, **ES:**16, 425–426
EM3 electron microscope, **ES:**16, 36
  development of, **ES:**16, 426–427
EM3A electron microscope, development of, **ES:**16, 430–436, 499
EM4 electron microscope, development of, **ES:**16, 427–429
EM5 electron microscope, development of, **ES:**16, 429–430
EM6 electron microscope, development of, **ES:**16, 436–437
EM 100 electron microscope, **ES:**16, 409
Embedding, **M:**2, 252, 317 *et seq.*
  with epoxy resins, **M:**2, 322
  with methacrylates, **M:**2, 318, 324
  with polyesters, **M:**2, 320
  with water-soluble resins, **M:**2, 323
Embedding media, **M:**3, 107, 143, 150
  development for electron microscopy, **ES:**16, 96
  resin, French research contributions, **E:**96, 98–99
EMB electron microscope, **ES:**16, 58, 585
Emergent behavior, mind, **E:**94, 262
Emergent property, **E:**94, 262
Emerson, **ES:**15, 31; **ES:**18, 36
Emerson & Cummings Inc., **ES:**15, 28, 143; **ES:**18, 40, 41
EMI (Electrical and Musical Industries), electrons optics research at, **ES:**16, 485

Emission
  current, **E**:83, 7, 55
  field, **E**:87, 218
  fluctuations (noise), **E**:83, 7, 58–61
  of light
    delayed, ZnS, **ES**:1, 78–83, 85–109, 116
    edge, in ZnS, **ES**:1, 13, 27, 116, 120
    mechanisms of, **ES**:1, 7, 11
  photoelectric, **E**:83, 28
  thermionic, **E**:83, 26–29; **E**:87, 218
Emission-concentration proportionality law, **ES**:6, 74–75
Emission density, **ES**:4, 67
  at cathode, **ES**:3, 43–51
Emission electron microscope, **M**:4, 162–163; **M**:10, 227–228, 246
  commercial development in Europe, **E**:96, 486, 489–490
Emission lens, **M**:11, 122
Emission microanalysis, **ES**:6, 12
Emission spectra in fluorescence microspectroscopy, **M**:14, 127–132
Emission spectroscopy, **ES**:13B, 258
Emission system, **E**:86, 240
Emission tomography
  homogenous media, **ES**:19, 28–32
  PET, of radiopharmaceuticals, **ES**:19, 21–22, 24–27
  rotational invariant case, **ES**:19, 24–28
  SPECT, **ES**:19, 22–23, 24
Emission velocity
  effect on cutoff, **ES**:3, 12, 16
  Maxwellian form, **ES**:3, 5, 84–85, 93–94, 205, 209
Emittance, **ES**:13C, 482; **ES**:22, 152, 161, 172, 179, 184, 378
  absolute, **ES**:22, 166
  beam, see Beam emittance
  effective, **ES**:22, 167, 388
  electron guns, **ES**:13C, 142, 148, 152, 162–165
    Astron accelerator, **ES**:13C, 165
    ETA gun, **ES**:13C, 166–169
  growth, **ES**:22, 386
  high-intensity beams, **ES**:13C, 56, 58–59, 64, 67–68, 70
    in accelerator design, **ES**:13C, 131
    computer simulation of beam transport, **ES**:13C, 102–106, 108–109
  envelope instability, **ES**:13C, 84
  and temperature, **ES**:13C, 62
  invariance of, **ES**:21, 37–38
  ion beam accelerator, **ES**:13C, 423–424
  ion beams extracted from plasma, **ES**:13C, 210, 245, 251–252, 257, 262–264, 266, 284
    effect of aberrations, **ES**:13C, 274–278
    effect of ion transverse energy spread, **ES**:13C, 280–282
  limitations, **ES**:22, 195
  normalized, **ES**:22, 166, 379, 381, 388
  plasma-sheath interface, **ES**:13C, 215
  plots of, **ES**:21, 38
  rms, **ES**:22, 161, 167, 381
  in space charge optics, **ES**:13C, 12–13, 15, 21–22, 35, 43–44
    beam spreading and beam pinching, **ES**:13C, 24–25
    in Larmor frame, **ES**:13C, 30
    in periodic focusing, **ES**:13C, 32
    and temperature, **ES**:13C, 40–41
Emittance angle, **ES**:13C, 13, 23
Emittance diagrams
  calculated and measured, comparison of, **M**:8, 157–162
  construction from shadow curves, **M**:8, 152–153
  emission energy, dependence on, **M**:8, 160–161
  evaluation, **M**:8, 162
  field-emission guns, from, **M**:8, 163–165
Emittance growth
  high-intensity beams, **ES**:13C, 95–96
    computer simulation of beam transport, **ES**:13C, 106
  ion beam accelerator, **ES**:13C, 425
  in space charge optics, **ES**:13C, 38
Emittance meter, **ES**:13A, 201–202, 204, 207, see also *specific meters*
  absolute resolution, **ES**:13A, 243
Emittance transfer, in beam dynamics, **ES**:13C, 114–115
Emitter-down structure, **ES**:24, 143
Emitter material, **ES**:4, 7
Emitters, **E**:83, 3
  cold electron, **ES**:4, 2
  cones, **E**:83, 36–38, 45, 56
  etched wire, **E**:83, 47, 53
  results, **E**:83, 55

SUBJECT INDEX

lifetimes, **E:**83, 13
rf stimulated, **ES:**4, 2
silicon, **E:**83, 3, 24, 46, 47
silicon $n-p-n$, **ES:**4, 49
wedge, rim and edge, **E:**83, 38–42, 43, 46, 75, 76, 78
whiskers, **E:**83, 54, 55
Emitter-up structure, **ES:**24, 143
Emitting area, cathode, **ES:**3, 41–43; **DS:**1, 26, 30
EMMA (electron microscope-electron probe), **ES:**6, 255–258, 257–258
EMMII (electron beam pattern generator), **ES:**13B, 77
EMOPAP, *see* Extrapolated method of parallel approximate projections
EMOPNO, *see* Extrapolated method of parallel nonexpansive operators
EMOPP, *see* Extrapolated method of parallel projections
EMOPSP, *see* Extrapolated method of parallel subgradient projections
EMPA, *see* Electron-microprobe analyzer
Empty array, **ES:**11, 132
EMS, *see* Electron mirror system
EMSA, *see* Electron Microscope Society of America
EMU 2 electron microscope, **ES:**16, 66, 596
EMU2A electron microscope, **ES:**16, 68, 70
EMU electron microscope, **ES:**16, 58, 201, 248, 496, 585
Emulsification reaction kinetics, wet replication study of, **M:**8, 99
Emulsions (photographic)
  electron diffusion in, **M:**1, 199
  electron range in, **M:**1, 192
  granularity, **M:**1, 196
Enclosed current, electron guns, **ES:**13C, 154, 156–157
Encoder, digital coding, **E:**97, 192
End-fire antenna, **ES:**9, 310; **ES:**15, 103
Endoplasmic reticulum, **M:**6, 183, 220
  fluorescent probe of, **M:**14, 147–150
Energetic Boersch effect, **ES:**13C, 477, 493–515, 527
Energy
  absorption spectrum, **E:**87, 72
  binding, **E:**82, 234
  correlatioin, **E:**82, 199, 210
  effective Rydberg R, **E:**82, 205

equation, **ES:**22, 84
exchange, **E:**82, 199, 208
exchange and correlation, **E:**82, 210
extraction, **ES:**22, 118
Fermi, **E:**82, 209
gain, **ES:**22, 385
hole, self, **E:**82, 205, 210, 212, 217
kinetic, **E:**82, 209
kinetic, of localization, **E:**82, 234, 239
oscillations, **ES:**22, 375
recovery, **ES:**22, 21
in resonator, **ES:**2, 7, 253, 259
shift, **ES:**22, 182, 184
Energy analysing and selecting microscopes, **M:**4, 263–360
  cylindrical electrostatic analyzer, **M:**4, 267–287
  cylindrical magnetic analyzer, **M:**4, 287–302
  energy analysing microscopes, **M:**4, 318–340
  energy selecting microscopes, **M:**4, 340–358
  mirror prism device, **M:**4, 302–318
Energy analyzer(s), **ES:**13A, 59, 81
  mirror bank, *see* Mirror-bank energy analyzers
  x-ray source, **M:**10, 319–321
Energy axiom, **ES:**9, 73
Energy band gap
  in III–V compounds, **ES:**1, 169
  in II–VI compounds, **ES:**1, 13
Energy bands, anisotropic, **E:**92, 85–88
Energy broadening, *see* Boersch effect
Energy calibration, in electron spectroscopy, **ES:**13B, 350–353
Energy Compression Research Co., **ES:**23, 44
Energy conservation law, **ES:**19, 290
Energy density
  blackbody, **ES:**2, 105
  monochromatic, **ES:**2, 7
Energy dispersive analysis, **M:**11, 48
  X-ray, **M:**13, 211
Energy distribution, **ES:**20, 64, see also *specific types of distributions*
  after passage through a crossover, **ES:**13C, 515–519
  and axial velocity distribution, **ES:**21, 45, 191, 201, 317, 377, 507

control, **ES:**14, 76
electron gun beams, **M:**8, 138–139
  aperture, effect of, **M:**8, 186–188
  asymmetry, **M:**8, 195
  axial beamlets, **M:**8, 193–197
  Boersch effect, **M:**8, 178, 189
  current density, plane of measurement in, **M:**8, 194–195, 197
  energy half-width, **M:**8, 194
  experimental determination, **M:**8, 190–193
  measurement interpretation, **M:**8, 199–200
  off-axis beamlets, **M:**8, 192–193, 197–199
  total beam, **M:**8, 199, 200–203
at emission, **ES:**21, 43
of field evaporated ions, **ES:**20, 46, 48, 177
of field ionization of imaging gas, **ES:**20, 83
generated by Coulomb interactions, *see* Boersch effect
of liquid metal ion source, **ES:**20, 153
in MC calculation, **ES:**21, 403, 423–424, 438, 459
Energy eigenfunction, **E:**90, 216
Energy filter/filtering, **ES:**13A, 81–82; **M:**11, 119
Energy function, rotational, **ES:**4, 75
Energy loss
  of desorbed ions, **ES:**20, 94
  electron, **M:**2, 192, 193; **DS:**1, 176
  electron beam diode, **ES:**13C, 184–185
  of evaporated ions, **ES:**20, 53, 81, 171, 177, 179
  of imaging gas, **ES:**20, 85
  ion beam diode, **ES:**13C, 301–302
  measurement, in electron spectroscopy, **ES:**13B, 331
  of molecules, **ES:**20, 141
  of noble gas ions, **ES:**20, 87
  spectrum, **M:**4, 264–266, 329–340, 353–358
Energy loss spectrometer, **M:**11, 44
Energy loss spectroscopy, **ES:**13B, 261
Energy-mass relation, quantum mechanics, **E:**90, 159–160, 187
Energy pattern, **ES:**15, 157, 183; **ES:**23, 8
  transport, **ES:**23, 231
Energy radiation efficiency, **ES:**15, 73

Energy resolving power, of mass-dispersing system, **ES:**13B, 137–139
Energy scanning, **ES:**13B, 341–350
Energy selector, in electron spectroscopy, **ES:**13B, 265–276, 331–334
  analytical method for study of trajectories, **ES:**13B, 271–276
  dispersive selectors, **ES:**13B, 276–331
  energy calibration, **ES:**13B, 352
  energy scanning, **ES:**13B, 344–345
  figures of merit, **ES:**13B, 266–271
  fringing fields, **ES:**13B, 364–369
  ghost peaks, **ES:**13B, 360–364
  imperfections and limitations, **ES:**13B, 353–370
  optical components, **ES:**13B, 335–341
  parasitic fields, **ES:**13B, 369–370
  space charge, **ES:**13B, 353–360
Energy spectrometers, **ES:**4, 193
Energy spectrum, **ES:**13B, 342; **ES:**24, 78
Energy spread, **ES:**10, 14; **ES:**22, 117, 185, 221, 242, 250, 257, 377, 378; **M:**11, 5, 106
  effective, **ES:**22, 183, 184, 221
  electron guns, **ES:**13C, 150–151
  electron sources, **E:**83, 7, 43, 55, 57, 75, 76, 206, 208, 225, 229
  equivalent, **ES:**22, 185
  estimation in electron microscope, **M:**7, 135
  of incident beam, **M:**7, 160
  ion beam focusing, **ES:**13C, 410
Energy-time relation, uncertainty principle, **E:**90, 167–168, 187
Energy transfer, **ES:**13C, 485, 495
  instability, **ES:**13C, 94–96
  in phosphors, **ES:**1, 17
  in solids, **ES:**2, 124, 131, 231, 234
England, *see* United Kingdom
Engraved devices, in transverse-mode, alpha-numeric display devices, **D:**2, 129–131
Engstrom, A., **ES:**16, 188
Enhanced mobilities, **ES:**24, 77
Enhancement, *see also* Image enhancement
  of luminescence
    in EL ZnS, **ES:**1, 230–240
      Cu emission, **ES:**1, 234–236
      mechanism of, **ES:**1, 236–240
      Mn emission, **ES:**1, 230–232
      P, As, Sb emission, **ES:**1, 231–232

photoconductivity, connection with, **ES:**1, 234, 236, 240
self-activated emission, **ES:**1, 233
in non-EL phosphors, **ES:**1, 208–230
  additives, effect of, **ES:**1, 218, 221, 225
  infrared, effect on, **ES:**1, 223–225
  mechanism of, **ES:**1, 225–230
  Mn, importance of, **ES:**1, 208, 212, 219, 223, 225
  Mn concentration, effect of, **ES:**1, 213–216, 218, 220, 223
Enhancement ratio, definition, **ES:**1, 192
Ennos, A.E., **ES:**16, 430, 433, 437
Enomoto, **ES:**9, 172
Enrico Fermi Institute (Chicago), **ES:**16, 268
Ensemble average, **ES:**21, 33, 334
Ensemble GDE (EGDE), **E:**94, 337–339
Entanglement, **E:**84, 28
Entire functions, phase retrieval by, **E:**93, 109–168
Entrance and exit plane, for ray tracing, **ES:**21, 412, 417
Entrance pupil, **M:**11, 120
Entropy, **E:**84, 8; **E:**91, 37; **ES:**22, 161
  beam, *see* Beam entropy
  Boltzmann entropy, **E:**90, 125
  information approach, **E:**90, 186, 189
  Kullback–Leibler cross-entropy, **E:**90, 144, 145
  sample set, **E:**84, 264
  Shannon entropy, **E:**90, 1250; **E:**91, 37, 38, 96
  unified (r,s)-entropy, **E:**91, 41–42
    bivariate, **E:**91, 95–96, 98–102
    conditional, **E:**91, 95–107, 121–123
    multivariate, **E:**91, 95, 102–107
    properties, **E:**91, 73–75
Entropy coding, **E:**82, 117; **E:**97, 193–194; **ES:**12, 99–100, 154, *see also* Huffman coding
  difficulty with, **ES:**12, 119, 122
  entropy definitions and, **ES:**12, 232–233
  frame-differential, **ES:**12, 196–197
  zero-order, **ES:**12, 137
Entropy conservation, **ES:**13C, 484–485
Envelope, **ES:**22, 168
Envelope equations, **ES:**22, 171, 172, 204
  electron guns, **ES:**13C, 152
  high-intensity beams, **ES:**13C, 56, 62–63, 67

basis of, **ES:**13C, 54
beam transport, **ES:**13C, 75–84
distribution and stability of long bunched beams, **ES:**13C, 120
final focusing on target, **ES:**13C, 130–131
hydrodynamic approach, **ES:**13C, 62
nonuniform beam, **ES:**13C, 67–68
stability of short ellipsoidal bunched beams, **ES:**13C, 114–115
neutralized ion beams, **ES:**13C, 412–413
in space charge optics, **ES:**13C, 10–13, 18, 28
hydrodynamic mode, **ES:**13C, 21
Envelope function, **ES:**22, 171; **M:**12, 31, 60
electron off-axis holography, **E:**89, 25–27, 29
Envelope representation, partially coherent illumination, **M:**7, 135
Envelopes, **E:**103, 67, 138–140
Envelope scalloping in pinched beam, **ES:**13C, 25–26
Envelope signal description, **E:**94, 318
Environmental chambers
  dynamic, **M:**5, 320, 321, 322, 324, 329, 331, 339, 341
  effect of temperature, **M:**5, 333–335
  halo effect, **M:**5, 329
  at high voltage, **M:**5, 305, 320, 331, 335, 338
  inert gas medium, **M:**5, 328
  medium, **M:**5, 328–334
  for organic material, **M:**5, 299, 319–341
  oxygen, presence of, **M:**5, 328
  oxygen effect, **M:**5, 328
  problems, **M:**5, 298
  protection, **M:**5, 328
  at raised temperature, **M:**5, 306
  specimen dehydration, **M:**5, 329, 331
  specimen freezing, **M:**5, 333, 334, 335, 343
  specimen motility, **M:**5, 339, 340
  specimen support, **M:**5, 324, 325, 327
  specimen thickness, **M:**5, 338, 339
  specimen viability, **M:**5, 335–338
  static, **M:**5, 304, 320, 321, 323, 324, 325, 326, 327, 336, 339
  water, presence of, **M:**5, 329–333
  windows, **M:**5, 324
Environmental scanning electron microscope, development, **E:**96, 510

Enzyme(s), **M:**5, 317
   activity reduction at interfaces, **M:**8, 113
   localization, **M:**2, 332
   radiation damage, **M:**5, 317, 318
   species variation, **M:**6, 178
Enzyme cytochemistry, **M:**6, 175, 204, 206, 208, 212
Enzyme distribution, **M:**6, 172, 173, 175, 176
   at myoneural junction, **M:**6, 204, 206
   quantitative assessment, **M:**6, 176, 177
Enzyme histochemistry, **M:**6, 171, 172, 216
   aims, **M:**6, 176, 177
   applications, **M:**6, 176
   development, **M:**6, 219–222
   effect of instrumentation, **M:**6, 221, 222
   with electron microscopy, **M:**6, 172, 173, 174, 176–179, 181, 182–184, 186, 188, 191, 195–198, 200, 202–205, 209, 210, 214, 219, 220
   improvement in technique, **M:**6, 220, 221
   principles, **M:**6, 172
   specificity, **M:**6, 221
   with X-ray microanalysis, **M:**6, 221, 222
Enzyme localization, **M:**6, 171
Enzyme techniques
   for acid phosphatase, **M:**6, 180, 181, 182, 183
   for alkaline phosphatase, **M:**6, 184–188
   capture reaction, **M:**6, 174
   control methods, **M:**6, 179
   dehydration, **M:**6, 177
   diffusion, **M:**6, 174, 175
   diffusion problems, **M:**6, 175, 176, 178, 179
   embedding, **M:**6, 177
   fixation, **M:**6, 175, 177
      aldehyde, **M:**6, 177, 178
      formaldehyde, **M:**6, 178
      glutaraldehyde, **M:**6, 178
      by perfusion, **M:**6, 178
      problems, **M:**6, 177, 178
      response, **M:**6, 178
   fixative
      osmium tetroxide, **M:**6, 178
      potassium permanganate, **M:**6, 178
      pre-incubation, **M:**6, 177
   FRP
      nature, **M:**6, 176
      stability, **M:**6, 179
   incubation
      conditions, **M:**6, 174, 179
      problems, **M:**6, 178, 179
      sections, **M:**6, 175
      of tissue, **M:**6, 177
   localization
      accuracy, **M:**6, 176
      degree, **M:**6, 174, 175
      sharpness, **M:**6, 179
   methodology, **M:**6, 177–179
   nomenclature, **M:**6, 174
   pre-incubation state, **M:**6, 176
   PRP release rate, **M:**6, 175, 178
   sectioning, **M:**6, 179
   for sulphatase, **M:**6, 181, 182, 183
   theory, **M:**6, 174–176
   tissue
      dissection, **M:**6, 177
      incubation, **M:**6, 177
      preparation, **M:**6, 188
   tracer, *see* Enzyme tracer techniques
   ultrastructure preservation, **M:**6, 177, 178
Enzyme tracer techniques
   in electron microscopy, **M:**6, 217
   with exogenous enzymes, **M:**6, 217
   with horseradish peroxidase, **M:**6, 217, 218, 219
   in immuno-histochemistry, **M:**6, 218, 219
   with peroxidases, **M:**6, 218
   for tissue permeability, **M:**6, 217, 218
EO modulation, *see* Electro-optic modulation
EPI, *see* Principle(s), of extreme physical information
Epibase technology, **ES:**24, 153–155, 161
epi-CID arrays, **D:**3, 226
   frontside-illuminated, **D:**3, 232
Epicycle, **ES:**9, 1, 2, 7; **ES:**23, 327
Epidotite, granoblastic texture, **M:**7, 37
Epi-illumination, **M:**6, 36
   gas laser source, **M:**6, 28
   with mirror objective, **M:**6, 28
   Ploem system, **M:**6, 28, 29
Epilayers, with small lateral dimensions, **ES:**24, 35
Epi-Technoscope, **M:**5, 10
Epithelial cell(s)
   Fourier transforms, **M:**8, 18
   oral
      KFA phase contrast photomicrograph, **M:**6, 72, 73, 74, 77

KFS phase contrast photomicrograph, **M:**6, 80, 81
Epithelial cell walls, first electron micrographs of, **ES:**16, 108
Epithelial fibroblasts, SiO replication, **M:**8, 85
Epival microscope, **M:**6, 105
Epoxy embedding media
  development for electron microscopy, **ES:**16, 96
  resins, **M:**2, 322
EPPM, *see* Extrapolated parallel projection method
EPREVIEW (software package), **M:**13, 26
EPR experiment, *see* Einstein–Podolsky–Rosen experiment
Equalizers., **ES:**14, 16
Equation(s), see also *specific equations*
  of motion, **ES:**22, 211, 244
  electron guns, **ES:**13C, 158–161
  Hamiltonian, **ES:**21, 32
  Newtonian, **ES:**21, 497
  for the reference structure, **E:**90, 252
Equiangular transformations, **ES:**3, 9, 132, 135–138
Equilateral pulse pattern, **ES:**15, 185
Equilibrium, in mass transport processes, **ES:**6, 277
Equilibrium contact angle studies, **M:**8, 97
Equilibrium phase diagram, **ES:**6, 272–276
Equipotential
  plotting of, **ES:**17, 374–379, 387–389, 390
  surface, radius of curvature, **ES:**17, 253
Equipotential surface, in ion extraction optics, **ES:**13C, 244, 265–266
Equivalence
  of electron beams, **ES:**3, 217–220
  fuzzy relations, **E:**89, 278–279
Equivalent aperture, **ES:**15, 115
Equivalent beams, **ES:**13C, 58–59
Equivalent eigenvectors, **E:**90, 65–67
Equivalent emissive surface, extraction of ion beams from plasma sources, **ES:**13C, 212, 217–219, 224, 241
Equivalent pass band, **M:**7, 139
Equivalent perfect beam, **ES:**13A, 198–200, 208–209, 229, 232
Equivalent series, of lenses, **ES:**22, 290
ERA (electron ring accelerator), **ES:**13C, 145, 202, 452

Erbium-doped fiber amplifiers, **E:**99, 71
Erickson, **ES:**14, 251, 260, 271, 275, 286, 288, 292, 295; **ES:**15, 180; **ES:**23, 7
Erikson, K.R., **ES:**11, 220
Erosion
  function, **E:**88, 203; **E:**99, 8
  mathematical morphology, **E:**89, 328–329, 343–344, 374
  multiscale dilation-erosion scale-space, **E:**99, 16–22
  set, **E:**88, 202
  support-limited, **E:**88, 219, 231
Error(s), **ES:**18, 221, *see also* Image degradation/distortion; Noise; Visual phenomena
  channel, adaptivity in, **ES:**12, 151–152, 180
  communication model and, **ES:**12, 127
  encoding efficiency and, **ES:**12, 22, 48, 158
  error image and, **ES:**12, 123
  in frame replenishment coding, **ES:**12, 213–214
  handling in imaging, **E:**88, 78, 90
  mean-square, *see* Mean-square error
Error-free transmission, **ES:**15, 25
Error probability, **ES:**23, 16, 17
Error rates, in CTD memory, **ES:**8, 238–243
Er^{3+} : $CaWO_4$ master, **ES:**2, 121, 230
Erythrocytes, **M:**5, 45, 46, 342
  catalase, three-dimensional structure, **M:**7, 341
  flow velocity, **M:**6, 13, 27
  in small vessels, **M:**6, 27
ESCA (electron spectroscopy for chemical analysis), **ES:**13B, 262, 307
Escape electron current, **ES:**6, 24
Escherichia coli, **M:**5, 310, 314, 336
  HVEM in studies of, **ES:**16, 146
  stereo display, **M:**7, 10
  tracking microscopy, **M:**7, 9
ESD, *see* Elongated–single–domain mechanism
ESEM (environmental scanning electron microscope), development, **E:**96, 510
ESES (electron-beam exposure system), **ES:**13B, 78–79
ESETUP (software package), **M:**13, 26
  equations for, **M:**13, 31–38
Eskowitz, W.H., **ES:**16, 268

ESOLVE (software package), M:13, 26, 31–32
  solving equations in, M:13, 38–39
Esterases
  azo dye techniques, M:6, 187
    coupling, M:6, 197
  electron microscopy, M:6, 187, 188, 195, 196, 197, 198, 206
  functions, M:6, 195
  gold technique, M:6, 199
  histochemistry, M:6, 195, 196–199
  indoxyl technique, M:6, 197
  localization, M:6, 198
  non-specific, M:6, 195, 197
    acetoxyquinoline/bismuth technique, M:6, 199
    indoxyl technique, M:6, 198
  optical microscopy, M:6, 195, 197
  specificity, M:6, 195
  substrates, M:6, 195, 196, 197
  thiocholine technique, M:6, 206
  thiolacetic acid technique, M:6, 198, 199
Estimation, E:85, 20–21, 56, 65
  probability law-estimation procedure, E:90, 145–146
  of volume, 3-D, space, E:84, 122
ETA, see Experimental Test Accelerator, electron gun
Etalon
  coefficient of finesse of, ES:4, 129
  efficiency of, ES:4, 129
  Fabry–Perot, ES:4, 92, 128
  resolving power of, ES:4, 129
Etchant/etching, E:102, 133; M:6, 276
  anisotropic, E:83, 46
  dry, E:102, 134–137
  electron-beam lithography, E:102, 105
  focused ion beam, E:102, 110–111
  isotropic, E:83, 45
  of metal specimens, ES:6, 219–220
  tungsten, E:83, 43
  wet, E:102, 133–134
Etendue, in electron spectroscopy, ES:13B, 270
ϵ tensor, E:92, 114
Ethidium bromide, M:8, 53, 125
Ethylene, dissociation on Pt, ES:20, 269
ETRAJ (software package), M:13, 26
  charging effect on insulating specimens, M:13, 78
  direct electron ray tracing, M:13, 39–41

Etxold, K.F., ES:11, 221
EuB_3, Eu^{3+} benzoylacetonate maser, ES:2, 131–132, 237
Euclidean geometry, ES:9, 16
Eudoxus, ES:9, 1
Euler–Cauchy formula, M:13, 202
Euler equation, ES:17, 50, 131, 161, 269, 317
Euler–Lagrange equations, E:90, 127; ES:22, 203
Euler operators, good, ES:19, 309–312
Europe
  early work on electron microscope in, ES:16, 42–57
  electron microscope production
    chronology of microscope manufacture, E:96, 538–571
    manufacturers and model numbers, E:96, 535–538
    production and use trends, E:96, 571–573
  postwar electron microscopy conferences in, ES:16, 88–89
European Regional Meetings
  biological research history, E:96, 387–391
  timetable, E:96, 386
Eutectic ion sources, ES:13B, 62–63; M:11, 113
Eu^{2+} : CaF_2, two photon absorption in, ES:2, 199, 200
Eu^{3+} - dibenzolmethide, stimulated emission in, ES:2, 132
Evanescent field, M:12, 281
Evanescent spectra, E:103, 10, 19–20
Evanescent waves, M:12, 246, 283
Evans, ES:9, 496; ES:23, 331
Evaporated films, structure of, M:3, 178–183
Evaporation/evaporators, ES:4, 231; M:11, 76, see also Field evaporation
  rate, ES:20, 19, 20
    absolute, ES:20, 20, 22
    AP measurement of absolute, ES:20, 22
    as a function of tip temperature, ES:20, 20
Evaporation field, ES:20, 26, 87, see also Field evaporation
  near tip surface, ES:20, 83
  numerical calculation, ES:20, 29
  reduction of, due to ambient gas, ES:20, 32

at the surface, **ES**:20, 84
  temperature dependence of, **ES**:20, 20, 28
  for various elements, **ES**:20, 87
Event times, **E**:90, 16-23
Everhart, T.E., in history of electron microscopy, **ES**:16, 5, 458, 462
Everhart theory, **ES**:6, 19-20
Everhart-Thornley detector, **E**:83, 223, 226; **M**:13, 127
Evidence theory, and rough set theory, **E**:94, 171-182
Evolution, minimax algebra, **E**:90, 94-98, 100-102
EWACS (electronic wide-angle camera system), **D**:3, 291
Ewald's solution, **E**:90, 236
EWPP, *see* Extermal-weight path problem
Exact identification filters, **E**:94, 384
Excess stress, **ES**:24, 61
Exchange principle, **E**:89, 277, 278
Exchange proton/neutron, **ES**:9, 412
Exchange switch system, **E**:91, 201-204
Excitation
  collective, **ES**:4, 203
  notation, **ES**:18, 120
  of waves, **ES**:18, 117
Excitation error, **E**:86, 178, 180, 197
Excitation methods, *see also* Collisions; Current injection; Optical pumping
  novel, **ES**:2, 106
  summary of, **ES**:2, 96
Excitation power, **ES**:4, 99
Excitation spectra, **E**:82, 202
  in fluorescence microspectroscopy, **M**:14, 132-134
Excitons, **ES**:1, 5, 142, 143, 146, 147
Excluded middle, weakened law of, **E**:89, 260
Exclusion principle, electron optical coherence and, **M**:7, 172
Exclusive OR gate, **E**:89, 232-233
Exhaustive search, **E**:82, 157
Exotic tube constructions, **ES**:3, 163-164
Expanded contrast technique, **ES**:6, 255; **M**:6, 297
Expansion function, **E**:82, 47, 50, 53, 54, 56, 58, 60, 62, 63, 66, 67
Expectation-maximization approach, image processing, **E**:97, 127-129
Expected function, **ES**:11, 28, 29

Experiment(s), **E**:84, 245-246, 250-251, 255-256; **ES**:22, 3, 4, 22, 24, 26, 28, 31, 39
Experimental parameters, **ES**:4, 167
  definition of, **ES**:21, 28-30, 496
  dependency of interaction phenomena on, **ES**:21, 507-515
Experimental results, **ES**:11, 144, 145
Experimental Test Accelerator, electron gun, **ES**:13C, 143, 145, 147-148, 150; **ES**:22, 6, 26
  emittance, **ES**:13C, 162-164, 168-169
  simulation, **ES**:13C, 165-169
Expert system, **E**:86, 81, 90, 124, 148
  vision, **E**:86, 85-86, 164
Expitaxial thin films, **M**:11, 60
EXPLAIN, **E**:86, 95, 98, 100
Explicit learning, **E**:94, 286
Explicit lines, image reconstruction, **E**:97, 110-115, 154-166
Exploded view, **E**:85, 156
Exponential distribution, **ES**:21, 439-441
Exponential filter, phase retrieval, **E**:93, 111-112, 116-118
Exponentially decaying tails, **E**:82, 232
Exponential map, **E**:84, 170, 185
Exponential ramp function, **ES**:18, 9
Exponential step function, **ES**:18, 10
Exponential surface antenna, **ES**:15, 105
Exponential tails, **E**:82, 244
Exposure, photomicrography
  determination, **M**:4, 396-402
  long, **M**:4, 389-391, 400
Exposure time
  for electrons, **M**:1, 192, 201
  in microkymography, **M**:7, 87
  in stripe photomicrography, **M**:7, 87
Exposure tools, **E**:83, 110
Exsolution, **E**:101, 3
  in alkali feldspars, **E**:101, 7-14
  in amphiboles, **E**:101, 14-27
  homogeneous nucleation and growth of equilibrium phase, **E**:101, 7
  spinodal decomposition, **E**:101, 6-7
  x-ray diffraction study of, **E**:101, 6
Extended beam
  definition of, **ES**:21, 31, 501
  interaction force in, **ES**:21, 118, 120
Extended boundary, **E**:84, 219
Extended Cooley-Tukey fast Fourier transform, **E**:93, 47-52

Extended-GNC algorithm, **E**:97, 132–136, 171–175
Extended Prony method, **E**:94, 369
Extended space-time description of matter, **E**:101, 146
Extended two-particle model
  and, **ES**:21, 3
  in, **ES**:21, 1, 2
  basic assumptions of, **ES**:21, 180, 303–304, 448–450, 498–500
  in Coulomb interaction, **M**:13, 218
  dimensions, **ES**:21, 113–115
  fundamentals of, **ES**:21, 89, 103, 107–109
Extended unit cell, **E**:86, 191, 204, 205, 210
Extend sources, transfer functions, **M**:7, 123
Extension function, **E**:90, 360
Extensive t-mapping, **E**:89, 350–351
Extermal-weight path problem, **E**:90, 41–42
  strong form, **E**:90, 45–46
External addressing circuits, TFT-controlled matrix with, **D**:4, 61–63
External field, uniform axial
  within analytical theory, **ES**:21, 324–328
  within MC program, **ES**:21, 411–412, 417–419
External-focusing energy selector, **ES**:13B, 276–277
Extinction
  factor, **M**:1, 81, 82
  point, **M**:1, 79, 85
  primary and secondary, **ES**:6, 369–370
Extinction contours, **M**:2, 186, 233, 238
Extinction distance, for electrons, **M**:2, 183
Extinction thickness, **E**:89, 41
Extraction
  of carriers, **ES**:1, 195
  selective, **M**:2, 259, 325, 331
Extraction electrode,electron guns, **ES**:13C, 148–149
Extraction optics, *see also* Ion beam, extraction of high-intensity beams from sources
  of high-current ion implantation system, **ES**:13B, 52
Extrapolated method of parallel approximate projections
  algorithm, **E**:95, 225–226
  convergence results, **E**:95, 226
  image recovery projection, **E**:95, 223–226
  problem statement, **E**:95, 223–224

Extrapolated method of parallel nonexpansive operators
  algorithm, **E**:95, 230
  convergence results, **E**:95, 230, 231
  image recovery projection, **E**:95, 229–231
  problem statement, **E**:95, 229–230
Extrapolated method of parallel projections
  control strategies, **E**:95, 218–219
  convergence results, **E**:95, 219–223
  image recovery projection, **E**:95, 217–223
  image restoration with bounded noise, **E**:95, 248
  iteration, **E**:95, 217
Extrapolated method of parallel subgradient projections
  algorithm, **E**:95, 228, 257
  control, **E**:95, 234
  convergence results, **E**:95, 229, 234, 256
  image recovery projection, **E**:95, 226–229, 252–253
  practical considerations, **E**:95, 234–235
  problem statement, **E**:95, 226–227
  relaxations, **E**:95, 235
  set theoretic formulation, **E**:95, 253–256
  stopping rule, **E**:95, 235
  subgradient projections, **E**:95, 228
  superiority to POCS, **E**:95, 234, 257
  weights, **E**:95, 234
Extrapolated parallel projection method, image recovery projection, **E**:95, 213–216
Extrapolation
  in microanalysis, **ES**:6, 1–13
  structural properties method, **E**:94, 391–392
Extrema product forms, **E**:90, 92–93
Extreme information, principle of, **E**:90, 139–147
Extreme ultraviolet, **ES**:22, 35
Extremum sharpening filter, image enchancement, **E**:92, 32–34, 44–48
Extrinsic geometry, **E**:103, 70
Eye, **ES**:11, 15
  performance of, **D**:1, 47–49
Eyepiece
  graticule, **M**:1, 10
  velocity meter, **M**:1, 9
EZW algorithm, **E**:97, 221, 232

F

$F(T)$, *see* Evaporation field
Fabrication techniques, **E**:83, 36
Fabry–Perot
  etalon, **ES**:4, 92, 128
  interferometer, **ES**:4, 129
    confocal, **ES**:4, 98
    resonator, **ES**:4, 132
    transmission analogue of, **ES**:4, 130
Fabry–Perot interferometers, **M**:6, 115; **M**:8, 34
Fabry–Perot plates, as mode discriminators, **ES**:2, 80–81, 196
Fabry–Perot resonance/resonator, **ES**:2, 64–69
  condition, **E**:89, 125, 126, 128
Face(s), **E**:84, 201, 204; **E**:103, 141
  of the element entrance, **E**:86, 228
  exit, **E**:86, 229
  relation, **E**:84, 204
Face-centered cubic metals, **ES**:4, 200, 208, 268, 272, 277, 283
Face-centered-cubic rings, **ES**:4, 213
Face centered interference functions, **ES**:4, 263
Face-plate transmission, **DS**:1, 6, 41, 112
Facsimile systems
  devices, **E**:91, 204; **ES**:12, 223–224, 266
  image transmission in, **D**:4, 146–148
Factorization, **E**:85, 23, 33–41, 63
Faddeer–Lippmann–Schwinger equation, **ES**:19, 169–173
Fading, imaging plate system, **E**:99, 258–259
Fahrenschon, **ES**:9, 494
Fairchild, semiconductor history, **E**:91, 145, 149, 150
Fair-weather radar, **ES**:14, 144
Falcone, **ES**:14, 25
Falcon miniculture dish, **M**:8, 60
Fall curves, **E**:103, 75, 86
  consistent labeling of, **E**:103, 140–106
  regular, **E**:103, 104
False alarm, **E**:84, 230; **ES**:18, 221; **ES**:23, 15, 17, 20, 31
False maximum curve, **E**:103, 74
False minimum curve, **E**:103, 74
Fan Changxin, **ES**:14, 30, 81, **ES**:15, 103
Fano, **ES**:18, 235
Faraday cage, **ES**:3, 28, 54–57

Faraday cage analyzer, **ES**:13B, 315–317
Faraday cup
  beam-intensity measurement, **ES**:13C, 247–248
  hole closure, **ES**:13C, 338
Faraday effect, **ES**:15, 262
Faraday rotation, **ES**:5, 20
  infinite ferrite medium, **ES**:5, 39
  in waveguides, **ES**:5, 38–41
Faraday-rotation circulator, **ES**:5, 87–89
  description, **ES**:5, 87
  design for millimeter wave, **ES**:5, 89
  for X-band, **ES**:5, 89
  isolation, **ES**:5, 88
  performance, **ES**:5, 91, 92
Faraday-rotation isolator, **ES**:5, 37–45
  broadbanding techniques, **ES**:5, 41
  design, **ES**:5, 41–45
  performance, **ES**:5, 42–45
Faraday-rotation section, **ES**:5, 97, 157–159
  cavity effect, **ES**:5, 158–159
  normally open, **ES**:5, 158
  performance, **ES**:5, 159
Faraday-rotation switch, **ES**:5, 155–161
  description, **ES**:5, 155
  design, **ES**:5, 159
  normally closed, **ES**:5, 158
Faraday's law, **E**:82, 25, 42; **E**:102, 5, 8–9
  constitutive error approach and, **E**:102, 9
Farber, **ES**:9, 485
Far boundary, **ES**:11, 170
Far-field approximation, **ES**:4, 113, 114, 119, 125
Far-field diffraction, **E**:103, 30, 38
Far-field divergence angle, **ES**:4, 155
Far-field radiation, **M**:12, 245
Far infrared, **ES**:22, 37, 38, 39
  generation, *see* Difference frequency
  masers, **ES**:2, 246 (Note 6)
Farnett, **ES**:14, 204
Far-out-of-focus holography, **E**:98, 373–387, 422–423
Farrah, H.R., **ES**:11, 3
Far ultraviolet, **ES**:22, 37, 38
Far-zone, defined, **ES**:9, 237, 242
Fast atom bombardment, **M**:11, 76
Fast computation algorithm
  of ICT, **E**:88, 57 58
  of Walsh transforms, **E**:88, 25
Fast convolution, **E**:94, 17–19

Fast electron diffractometer, **ES:**4, 198
Fast Fourier transform, **ES:**11, 43; **ES:**19, 40–41, 45; **M:**9, 57–58
  algorithm, **E:**86, 191, 202, 205, 210; **E:**93, 16
    Cooley–Tukey algorithm, **E:**93, 17–19, 27–30
    extended, **E:**93, 47–52
    Good–Thomas algorithm, **E:**93, 19–21
    reduced transform algorithm, **E:**93, 16–17, 21–27
Fast hopping, **ES:**15, 18
Fast local labeling algorithm, **E:**90, 407, 410–412
Fast Monte Carlo simulation, **ES:**21, 415
Fatty acid synthetase, three-dimensional reconstruction, **M:**7, 332
Fat zero, in CCD bias charge, **D:**3, 200
Fault lines, **E:**83, 33
Faure-Fremiet, E., **ES:**16, 54
Fay, **ES:**15, 262, 270
FBLP (forward-backward linear prediction method), **E:**94, 370
FBP (filtered backprojection), image reconstruction, **E:**97, 160–162
FCC (Federal Communications Commission), **D:**2, 171, 224
f(χ) curves, in sandwich sample technique, **ES:**6, 53–54
$\phi(pz)$ curves
  area under, **ES:**6, 66
  calculation of, **ES:**6, 33
  fluorescence and, **ES:**6, 55
  primary radiation and, **ES:**6, 55, 65
  secondary radiation and, **ES:**6, 56–58
FD, *see* Frequency-domain
$\phi(pz)$ distribution function, **ES:**6, 48–49
FDM, *see* Finite difference methods
Fe, **ES:**20, 29, 34, 131
  alloys
    Fe–C, **ES:**20, 239
    Fe–C–Cr–Mn–Si, **ES:**20, 207
    Fe–C–Mn–Si, **ES:**20, 206
    Fe–C–Mo–P, **ES:**20, 246
    Fe–Cr, **ES:**20, 109, 209
    Fe–Cr–Co, **ES:**20, 211, 212, 213
    Fe–Cr–Co–Al–Zr, **ES:**20, 213
    Fe–Cr–Mo, **ES:**20, 243
    Fe–CU, **ES:**20, 203
    Fe–Mo, **ES:**20, 244

    Fe–Mo–N, **ES:**20, 214
    Fe–Ni–Ci, **ES:**20, 209
  H/FE, **ES:**20, 98
Feasibility assessment, **ES:**3, 145–154
Feasible solutions, image recovery problem, **E:**95, 159–160
Feature, **E:**84, 230–234
Feature frequency matrix, texture representation, **E:**95, 388, 390
  classification scheme, **E:**95, 402–403, 405
  distance measure, **E:**95, 402, 406
  feature image, **E:**95, 390–391
  generalized, **E:**95, 393
  moment feature vectors, **E:**95, 393, 400, 406
  one-dimensional, **E:**95, 393
  partitioned feature frequency vector, **E:**95, 400–401, 406
  two-dimensional, **E:**95, 393
Federal Communications Commission, **D:**2, 171, 224
Feedback
  analysis, **E:**86, 88, 125
  buffer procedures and, **ES:**12, 129, 132–133, 147, 152, 154
  delay circuit, **ES:**15, 5
  DPCM and, **ES:**12, 164, 180
  error correction and, **ES:**12, 213
Feedback delay filter, **ES:**9, 315
Feedback loop, resonance, **ES:**14, 17
Feedback networks, **E:**94, 265, 276–278
Feedback radiator, **ES:**9, 302
Feedforward networks, **E:**94, 265, 276–278, 288
FE electron source, *see* Field emission, electron source
FEF, *see* Function elimination filters
FEF (function elimination filters), generating differential equations, **E:**94, 381–382
FEG, *see* Field-emission guns
Feigenbaum number, **E:**94, 282
Feinberg wave equation, **E:**101, 155
Fejér-monotone sequence, **E:**95, 170–171
Feldspar, microtransforms, **M:**7, 49
FEM, *see* Finite element methods
FEM-BEM, *see* Finite element method-boundary element method
Femtosecond-pulse measurement, phase retrieval, **E:**93, 167–168

SUBJECT INDEX

Fericon, as scattering-mode display device, **D:**2, 81
Fermat's principle, **ES:**7, 29; **ES:**17, 8, 161
Fermi–Dirac distribution, **E:**83, 18
Fermi level, **ES:**1, 28, 135, 143
  E_F, **ES:**24, 78
Fermi particles, **ES:**13C, 480–481, 483, 520–523
Fernández-Morán, H.
  development of diamond knife by, **ES:**16, 96–97, 178–187
  reminiscences on history of electron microscope, **ES:**16, 167–223
  ultramicrotome developed by, **ES:**16, 182–184
Ferpics
  applications and characteristics of, **D:**2, 83–104
  interdigital-array, **D:**2, 73–77
  Plexiglas substrate of, **D:**2, 84–86
  reset and write steps in structure of, **D:**2, 74–75
  rudimentary, **D:**2, 70–73
  strain-biased, **D:**2, 77–79, 85
Ferricyanide technique
  in electron microscopy, **M:**6, 214
  for mitochondrial enzymes, **M:**6, 214
  in mitochondrial staining, **M:**6, 215, 216
  specificity, **M:**6, 215
Ferrite, **M:**5, 149
Ferrite absorber, **ES:**15, 27, 59
Ferrite crystals, concentration profiles of, **ES:**6, 286–287
Ferrite devices, *see* Linear ferrite devices
Ferrite-loaded waveguide
  longitudinal magnetization, **ES:**5, 28–29
  transverse magnetization, **ES:**5, 22–28
Ferrite media, **E:**92, 117, 132; **ES:**5, 5–18
  assembly process, **E:**92, 179–181
  chiral-ferrite media, **E:**92, 117, 119, 123, 126, 132
  circuit parameters, **E:**92, 181–183
  constitutive relations, **E:**92, 119, 120
  finite-element 2-D equations, **E:**92, 162–167
  Helmholtz wave equations, **E:**92, 159–162
  millimeter wave applications, **ES:**5, 11
Ferrite nonlinearity, **ES:**5, 14–16
Ferrite rod in air, **ES:**5, 30–35

Ferrites, **ES:**15, 41; **ES:**18, 37, 166, 200
  description, **ES:**5, 1, 9
  loss-free materials, effective permeability for, **ES:**5, 21
  low-loss materials, magnetic properties, **ES:**5, 20
  properties of commercial materials, **ES:**5, 7, 16, 17
  wave propagation in infinite medium, **ES:**5, 20–22
Ferrite slabs in waveguide, **ES:**5, 22–28
  single slab geometries, **ES:**5, 25
Ferritin, structure of, **M:**3, 200
Ferritin molecules, water layer thickness determination using, **M:**8, 81, 83–84
Ferroelectric, **E:**86, 69
Ferroelectric crystals
  in optically addressed devices, **D:**1, 244–250
  in Pockels-effect imaging devices, **D:**1, 230–235
Ferro-electric domains, use of mirror EM, **M:**4, 226, 244
Ferroelectric liquid crystal, **E:**91, 248
  interconnections, **E:**102, 250–251
Ferroelectric materials
  EL in, **ES:**1, 176, 177
  mirror electron microscopy, **E:**94, 96
Ferroelectric-photoconduction image storage and display devices, *see also* Ferpics; Image storage, and display devices
  basic ceramic in, **D:**2, 79–81
  Fericon and, **D:**2, 81
  scattering-mode, **D:**2, 79–81
Ferroelectrics
  classes of, **D:**3, 7–8
  displacement type, **D:**3, 7
  hysteresis and poling of, **D:**3, 6
  order-disorder type, **D:**3, 7
  spontaneous polarization of, **D:**3, 5–6
Ferromagnetic films
  electron microscopy, **M:**7, 190
  GS algorithm and, **M:**7, 224
Ferromagnetic material
  in focusing element of microprobe, **ES:**13A, 331
  magnetostatics, **ES:**13A, 5–6
Ferromagnetic materials, mirror electron microscopy, **E:**94, 97–98

SUBJECT INDEX

Ferromagnetic microprobes
  bulk probe properties, **E**:87, 138–148
    demagnetization coefficient, **E**:87, 141
    equipotentials, **E**:87, 142
    magnetic monopole and dipole moments, **E**:87, 146–147
    magnetocrystalline anisotropy field, **E**:87, 138–139
    o-contributions, **E**:87, 147–148
    radial stray field, **E**:87, 144–146
    shape-anisotropy field, **E**:87, 142–144
  thin film probes, **E**:87, 148–157
    equipotentials, **E**:87, 151–153
    magnetic moments, **E**:87, 155–156
    radial stray field, **E**:87, 154–157
    two-probe model, **E**:87, 149, 155
    type of sensors, **E**:87, 150
    vertical stray field, **E**:87, 152–154
Ferromagnets
  interdomain boundaries, **E**:87, 176–180
  strong exchange interactions, **E**:98, 325
Ferrous alloys, **ES**:20, 203
Ferroxdure, *see* Barium ferrite
FES, *see* Field emission spectroscopy
FES (field emission spectroscopy), **ES**:13B, 263, 307, 341, 344
FET, *see* Field effect transistor
FET (field-effect transistor), **D**:4, 59
Feynman path integral method, **E**:82, 201, 239, 242
FFM, *see* Feature frequency matrix
FFT, *see* Fast Fourier transform
FIAT reports, electron microscope mention in, **ES**:16, 43
Fiber-optic communication, **ES**:24, 182
Fiber optics, **ES**:6, 12; **M**:2, 12, 13
Fiber plates
  LLL-TV and, **M**:9, 51–52, 60
  radiation damage, **M**:9, 36, 51–52
  thermal treatment to eliminate opacity, **M**:9, 52
  TV image intensifier input stage, **M**:9, 34–36, 37
Fiber pulling, dye complexes, **M**:8, 62
Fibers, use of image analysing computer, **M**:4, 381
Fibonacci sequence, **E**:101, 38
Fibrillar proteins, negative staining, **M**:7, 288
Fibrin, early electron microscopy of, **ES**:16, 493

Fibroblastic animal cells, SiO replication, **M**:8, 85
Fibronectin, imaging, **M**:10, 318–319
Fibrous proteins, three-dimensional structure, **M**:7, 282
FIBs, *see* Focused ion beams
FICID, *see* Epi-CID arrays, frontside-illuminated
Fidelity, **M**:7, 139, 140
Fiducial setting, photoelectric microscopes, **M**:8, 39
Field(s)
  crossed, *see* Crossed fields
  deflection, **ES**:17, 189
  eddy current and, **E**:102, 9–10
  emission, **ES**:22, 335, 364
  equation, **ES**:22, 89
  fringing, *see* Fringing field
  Glaser's bell-shaped, **ES**:17, 44
  octopole, **ES**:17, 190
  quadrupole, **ES**:17, 189
  quantization, **ES**:22, 54
  rotationally symmetric, **ES**:17, 189
  sector, *see* sector field
  sextuple, **ES**:17, 190
  on source, *see* Field on source
  of view, *see* Field of view
Field adsorption, **ES**:20, 6, 49, 87
  energy of hydrogen, **ES**:20, 98
  of gas, **ES**:20, 17
  of He, Ne, and Ar on W, **ES**:20, 89, 101
  of hydrogen, **ES**:20, 94
  of imaging gas, **ES**:20, 88
  of N_2, CO, and O_2 on Ir, W, and Fe, **ES**:20, 99, 101, 106
  of noble gas, **ES**:20, 88
  probability, **ES**:20, 88
  theoretical approach to, **ES**:20, 99
Field astigmatism, **ES**:13B, 24
Field behaviour, electromagnetic, highly anisotropic media, **E**:92, 80–200
Field boundary(ies)
  ideal effective electric, **ES**:17, 353
  ideal effective magnetic, **ES**:17, 346
  of mass-dispersing system, **ES**:13B, 141–143

Field calibration, **ES:**20, 83
Field curvature, **ES:**17, 57, 64–68, 170, 241
  in electron beam lithography system, **ES:**13B, 97–98, 105–107, 111–112, 124
  in particle optics, **ES:**13A, 64
Field desorption, **ES:**13A, 284–285, 287; **ES:**20, 2, 18; **M:**2, 345
  electron stimulated, **ES:**20, 89, 92
  of He and Ne on W and Nb, **ES:**20, 92, 98
  ion source, for organic molecule ions, **ES:**13B, 154–155
  microscopy, **ES:**20, 17
Field displacement isolator, **ES:**5, 45–57
  description, **ES:**5, 45–46
  high-frequency design, **ES:**5, 56
  millimeter wave device, **ES:**5, 57
  partial-height slabs, **ES:**5, 53
  performance, **ES:**5, 49–52
  propagation constant, **ES:**5, 47–50
  transfer matrix, **ES:**5, 46–47
  two-slab device, **ES:**5, 53
  waveguide modes, **ES:**5, 49–52
Field dissociation, **ES:**20, 49, 140
  of field adsorbed molecular hydrogen, **ES:**20, 95
Field distortion, in quadrupole mass spectrometer, **ES:**13B, 174, 215–226
Field disturbance, **E:**86, 226, 234, 235, 245, 261
Field-effect transistor(s), **E:**89, 98, 136; **E:**91, 149–150, 216
  addressed matrix liquid-crystal panels, **D:**4, 64
  FET-SEED, **E:**102, 241, 242, 249
  junctional, *see* Junction FETs
  in stripe color encoding systems, **D:**2, 219
  switching elements, **D:**4, 69–71
  vacuum fluorescent displays, **E:**91, 236
Field electron emission
  adsorbate effects, **M:**8, 220
  analytical field calculation, **M:**8, 228–238
  angular emission distribution, **M:**8, 215–217
  band structure effects, **M:**8, 218
  brightness properties, **M:**8, 248–251
  conservation laws, **M:**8, 209
  crossover positions, **M:**8, 245
  emission current density, **M:**8, 211, 212, 213
  field strength increase, adsorbate layers, using, **M:**8, 220
  many-body effects, **M:**8, 218–220
  numerical field calculation, **M:**8, 226–228
  point source model, **M:**8, 221–223, 255–256
    applications, **M:**8, 255–256
  relativistic acceleration potential, **M:**8, 244
  sphere-on-orthogonal-cone model, **M:**8, 223–225
  supply-function, **M:**8, 211–213
  temperature-field domains, **M:**8, 214
  theory, **M:**8, 208–220
    Fowler–Nordheim, **M:**8, 209
    modifications, **M:**8, 217–220
  thermionic emission in, **M:**8, 253
  total current density, **M:**8, 211–213, 218
  total energy distribution, **M:**8, 214–215
  transmission probability, **M:**8, 210–211
  tunneling of electrons process, **M:**8, 208, 209
Field-electron microscope, **M:**2, 344, 350
  resolution of, **M:**2, 350
Field emission, **E:**83, 3, 10, 12, 13, 16, 33, 35, 55, 67, 72, 87; **M:**2, 348, *see also* Tunneling
  electron probe system, **ES:**13A, 289
  electron source, **E:**83, 3, 6, 222, 228, 255–257; **ES:**13A, 262
  crystal structure, **ES:**13A, 282–283
  guns, *see* Field-emission guns
  operating conditions for, **ES:**21, 192
  sources, *see* Field emission sources
  system, **E:**83, 195
  tips, **E:**83, 12–14, 17, *see also* Nanotip
  triodes, **M:**8, 221
Field-emission diodes, **M:**8, 238–241
  electric field, converging effect, electron beam, on, **M:**8, 238–240
  electrostatic lens, **M:**8, 239
  field strength, **M:**8, 238–239
  lens aberrations, **M:**8, 241
  meridional trajectory, election field, of, **M:**8, 239–240
  normal trajectory, electron beam, of, **M:**8, 239–240
  spherical potential, **M:**8, 239
  virtual source, lateral extension of, **M:**8, 240

Field-emission guns, **E**:95, 63–64; **ES**:13B, 76, 82, 88–92; **M**:8, 139, 242–248; **M**:10, 248; **M**:11, 46, 75; **M**:13, 164
  aberrations, **M**:8, 247–248, 257–258
  adsorption effects, work function, on, **M**:8, 253
  applications, **M**:8, 208
  asymmetric electric lens, **M**:8, 242
  brightness properties, **M**:8, 248–251, 256
  cathode space electrostatic field equipotential lines, **M**:8, 247
  cathode stability, **M**:8, 252
  CD measurement with, **M**:13, 128
  crossover, **M**:8, 245, 251
  current density, **M**:8, 255–256
  destroyed cathode micrographs, **M**:8, 255
  dipole perturbation field, **M**:8, 230
  electrical breakdown, **M**:8, 255
  electron energy-spread, **M**:8, 208
  electron optical properties, **M**:8, 221–251
  electrostatic anode lens optimization, **M**:8, 242–243
  electrostatic triode schematic representation, **M**:8, 229
  emission current fluctuations, **M**:8, 253, 255, 256
  emittance diagrams, **M**:8, 163–165
  energy exchange balance, **M**:8, 253, 255
    protrusions in, **M**:8, 255
  field calculation, **M**:8, 226–238
  first and second anode shapes, **M**:8, 242
  French development, **E**:96, 118
  holography application, **E**:96, 709–712
  Japanese contributions, **E**:96, 710–713
  magnetic focusing, **M**:8, 246–247
  mechanical stability, **M**:8, 252–253
  meridional section
    cathode, through, **M**:8, 232–233
    whole configuration, through, **M**:8, 229
  optimizing, **M**:8, 252, 258
  potential evaluation, **M**:8, 230
  probe current, **M**:8, 255
  scanning electron microscopes, **E**:96, 143–144, 712–713
  sputtering, **M**:8, 253
  stability problems, **M**:8, 252–255
  theoretical design, **M**:8, 208
Field-emission microscopes, **ES**:20, 1, 16
  operation principles, **M**:8, 238
  resolution limit, **M**:8, 223

Field emission sources
  diode perveance, **ES**:13C, 181
  energy broadening, **ES**:13C, 492
    Monte Carlo calculations, **ES**:13C, 494
  energy distributions, **ES**:13C, 476
  for reduction of Boersch effect, **ES**:13C, 520
  spatial coherence, measurement, **M**:7, 158
Field emission spectroscopy, **ES**:13B, 263, 307, 341, 344
Field emission theory, *see* Electron emission
Field emission tips, **E**:93, 58, 79, *see also* Nanotip
Field emitters, **ES**:4, 2, 3–10
Field enhanced secondary emission, **ES**:4, 10, 11
Field equations, and material properties, **E**:102, 4–9
Field etching, **M**:2, 365
Field evaporation, **ES**:13A, 284, 287; **ES**:20, 18; **M**:2, 345, 357, *see also* Evaporation field
  anomolous, **ES**:20, 171
  gas promoted, **ES**:20, 88
  of impurities, **M**:2, 363
  laser pulse assisted, **ES**:20, 47, 48
  ordered, **ES**:20, 19
  random, **ES**:20, 36
  rate of, **M**:2, 367
  as self-cleaning technique, **ES**:20, 1
  theoretical models of, **ES**:20, 24
Field-free interval, **E**:86, 230
Field/heat forming, **E**:83, 52
Field-induced
  adsorption, **ES**:20, 133
  barrier lowering, **E**:86, 27
  charge transfer, **ES**:20, 104
  chemisorption, **ES**:20, 94, 105
  molecular hydrogen, **ES**:20, 129
Field integrals, **E**:103, 327–328
Field intensity
  electric, **E**:82, 4, 10, 26, 36
  magnetic, **E**:82, 4, 12, 22, 27
Field ion gun, **ES**:13A, 289–294
Field ionization, **ES**:20, 1, 7, 106; **M**:2, 348, 351
  mechanism of, **ES**:13A, 271–272
Field-ion microscope/microscopy, **ES**:20, 1; **M**:2, 343, 345, 391, 397, 399; **M**:8, 238; **D**:1, 33–34

applications, **M:**2, 399
bulk structure, **M:**2, 400
computer analysis, **M:**2, 384, 390
crystallographic analysis, **M:**2, 386
gas supply, **M:**2, 353, 391
image interpretation, **M:**2, 370 *et seq.*
image recording, **M:**2, 393
ion current, **M:**2, 355
resolution of, **M:**2, 346
specimen preparation, **M:**2, 399
surface structure, **M:**2, 371, 401
vacuum system, **M:**2, 396
Field ion sources, **M:**11, 110
for ion microbeam implantation, **ES:**13B, 61–63
for organic molecule ions, **ES:**13B, 154
Field ion tip, **ES:**13A, 279–282
Field of view, **ES:**11, 123
angle, **ES:**11, 123
Field on source, **ES:**13A, 262–263, 267, 270–279, 320
best operating conditions, **ES:**13A, 279
brightness, **ES:**13A, 275–277, 320
compared with EHD sources, **ES:**13A, 287–289
crystal orientation and angular confinement, **ES:**13A, 282–284
energy distribution, **ES:**13A, 277–278
gun microscopes, **ES:**13A, 300–311
ion current, **ES:**13A, 272–275
noise, **ES:**13A, 278–279
STIM applications, **ES:**13A, 279–284
Field particles
correlations in coordinates of, **ES:**21, 96, 97, 500
definition of, **ES:**21, 3, 92, 497
within MC program, **ES:**21, 420–421
unperturbed configuration of, **ES:**21, 93–94, 96, 500
unperturbed trajectories of, **ES:**21, 94, 136, 305
Field patterns
field displacement isolator, **ES:**5, 46, 53
four-port circulator, **ES:**5, 139, 140
lumped element circulator, **ES:**5, 101, 103
near and far, **ES:**2, 84, 85, *see also* Mode(s)
resonance isolator, **ES:**5, 77
Y-junction circulator in stripline, **ES:**5, 118
in waveguide, **ES:**5, 134, 137

Field proportionality factor, **ES:**20, 83
Field reversal, **ES:**4, 70–71
Field-reversed mirror, **ES:**13C, 172
Field strength on axis, **ES:**23, 253
FIFT (frontside-illuminated frame-transfer CCD), **D:**3, 232–233
Fifth-order aberration coefficients, relations between, **ES:**7, 66
Fifth-order aberration formula, **ES:**16, 330
Fifth order aberrations
quadrupolesm, **ES:**7, 65–69
analytical expressions for, **ES:**7, 68–69
effect of electrode shape, **ES:**7, 80
round lenses, **ES:**7, 65
56,34 formula, **E:**93, 286
56,55 formula, **E:**93, 286
Figure-eight motion, **ES:**22, 34, 53, 67, 74, 88
Figure of merit, **ES:**5, 37, see also *specific devices*
for ferrite material, **ES:**5, 124
nonreciprocal phase shifters, **ES:**5, 200
phase shifters, **ES:**5, 172
resonance isolator, **ES:**5, 67
Figure of merit, in beam transport, **ES:**13C, 110–111
Figure tolerance, **ES:**22, 328
Filament, electron emission, **ES:**13B, 259–261, 339
Filamentary conduction, mirror electron microscopy, **E:**94, 129–131
Filamentation, of beam emittance domain, **ES:**13A, 191, 193
Filled array, **ES:**11, 132
Filling, interior, of closed curve, **E:**84, 222
Filling factor, **ES:**11, 132
Fill time, **ES:**22, 359
Film(s)
grain, digital image processing, **M:**4, 138–139
indium-tin-oxide, **E:**83, 81
Langmuir-Blodgett, **E:**83, 32
and long exposure, **M:**4, 389–391
molybdenum, **E:**83, 36, 37
moving, recording with, **M:**7, 75–79
silver, **E:**83, 31
thin, **E:**83, 28, 36, 49
Filmwriters, **ES:**10, 177, 179–180, 249
Filtered backprojection, image reconstruction, **E:**97, 160–162
Filtered electron diffractograms, **ES:**4, 194

Filtered images, Fourier transforms and, **M:**7, 19-29
Filtered singular value decomposition, **ES:**19, 263
Filter/filtering, **ES:**12, 60, 67, 77, 134, 200; **ES:**22, 144, 308
  adaptive extremum sharpening, **E:**92, 44-48
  adaptive mean, **E:**84, 342
  adaptive non-linear, **E:**84, 343
  adaptive quantile, **E:**92, 14-16
  adaptive weighted mean, **E:**84, 343
  adaptive weighted median, **E:**84, 343
  center-weight median, **E:**92, 17
  composite enhancement, **E:**92, 16-17
  in CTD signal processing
    recursive, **ES:**8, 209-216
    transversal, **ES:**8, 216-232
  definition, **ES:**15, 177
  extremum sharpening, **E:**92, 32-34, 44-48
  by human eye, **ES:**12, 8
  for image correction, **ES:**10, 239-247
    complex objects, **ES:**10, 242-244, 246
    image series, **ES:**10, 241-244, 246-247
    inverse filter, **ES:**10, 240
    phase correction filter, **ES:**10, 240-241
    threshold filter, **ES:**10, 240-241, 246
    Wiener filter, **ES:**10, 240-244, 246
  iterative noise peak elimination, **E:**92, 17-18
  linear, **E:**92, 55-62
  low-pass, **E:**92, 21
  low-pass, **ES:**12, 4, 122, 199, 205; **ES:**13B, 322-323; **ES:**18, 4
  majority, **E:**92, 65-68
  in mass spectrometry, **ES:**13B, 11-12, 16-25
  mathematical morphology, **E:**89, 349-358
    anti-extensive mappings, **E:**89, 350-351
    extensive t-mappings, **E:**89, 350-351
    over-filtering, **E:**89, 351-354
    self-duality, **E:**89, 351-354
    under-filtering, **E:**89, 351-354
  max/min-median, **E:**92, 40-42
  mean, **E:**84, 342
  molecular, LVSEM images, **E:**83, 250
  morphological, **E:**92, 49-52, 75
  multistage one-dimensional, **E:**92, 39-44
  non-adaptive rank-selection, **E:**92, 66-68
  non-linear mean, **E:**92, 18
  polynomial, **E:**92, 68-70
  quadratic, **E:**92, 68
  rank-order, **E:**92, 14-18
  recursive, **E:**92, 21-22, 57
  scale-space filtering, **E:**99, 2
  signals
    convolution, **E:**94, 2-3, 4-8
    structural properties method, **E:**94, 379-383, 385
  smoothing, **E:**84, 342
  SNR, **E:**84, 344
  soft morphological, **E:**92, 49-52
  spatial, **ES:**22, 315, 316
  surface acoustic wave transversal, **ES:**12, 171-173
  temporal, **ES:**12, 201-206, 211, 212, 215
  thickness, finite, effects on scattering, **ES:**19, 61-67
  two-dimensional, **E:**88, 326
  window, **E:**84, 343
  zero thickness apertures, **ES:**19, 62-64
  zonal, **E:**92, 25
Filtering algorithm, space-variant image restoration, **E:**99, 314
Final lens, **DS:**1, 20
Finch, G.I., in history of electron microscopy, **ES:**16, 38-39
Finch, P., **ES:**16, 38
Finch camera, **ES:**16, 38
Finean, J.B., **ES:**16, 188, 192
Fine magnetic particles, **E:**98, 408-409
  chromium dioxide, **E:**98, 415-422
  phase image simulations, **E:**98, 409-415
Fine structure, pulse position coding, **ES:**14, 262
Fingerprints
  database for, image compression, **E:**97, 54
  morphological scale-space, **E:**99, 4-5, 29-30, 55
    equivalence, **E:**99, 30-32
    reduced, **E:**99, 32-37
Finite
  nonconforming, **E:**82, 340, 341
  p-version, **E:**82, 361
  spectral, **E:**82, 360
Finite abelian group, **E:**93, 3-6
  Fourier transform, **E:**93, 14-15
  vector space, **E:**93, 7-8
Finite difference(s), **E:**82, 333
Finite difference equation, **ES:**17, 368

SUBJECT INDEX

Finite difference methods, **ES**:17, 368–379, 401
  basic formulation, **M**:13, 6–10
  comparison of, **M**:13, 171–173
  curved electrodes in, **M**:13, 8–9
  on electrostatic lens, **M**:13, 129–153
  field calculation, of, **M**:8, 226–228, 243
    thermionic electron emission, in, **M**:8, 228
  formulating equation in, **M**:13, 6–25
  Laplace's equation in, **M**:13, 7–8, 9–10
  magnetic lens, **M**:13, 129, 153
  of modeling electron optical systems, **M**:13, 5–6
  multiple dielectric cuts, **M**:13, 21–23
  as numerical method, **M**:13, 155–157
  single dielectric cuts, **M**:13, 11–21
  software for, **M**:13, 31–32
  solving equations in, **M**:13, 38–39
Finite-dimensional inversion problems, **ES**:19, 129–139
Finite eigenvectors, **E**:90, 63–67
Finite element(s), **E**:82, 335, 337
  mesh, **E**:82, 71, 77, 81, 87, 90, 92
  method, summary of, **E**:82, 64
Finite element analysis, **E**:85, 79
Finite element approach
  to linear eddy current problems, **E**:102, 31–38
  to nonlinear eddy current problems, **E**:102, 44–50
Finite element method–boundary element method, **E**:102, 16
  open boundary problems and, **E**:102, 80
Finite element methods, **ES**:17, 390–399
  anisotropic media, **E**:92, 132–134, 145–157, 183
  comparison of, **M**:13, 172–173
  in computation of electrostatic and magnetic fields, **ES**:13A, 29–36
  computing method in, **M**:13, 4–5
  on electrostatic lens, **M**:13, 129–153
  field calculation, of, **M**:8, 226, 243
  on magnetic lens, **M**:13, 129
  of modeling electron optical systems, **M**:13, 2–3
  as numerical method, **M**:13, 157–162
  propagating structures, **E**:92, 94–95
  2-D equations, ferrite media, **E**:92, 162–167

Finite energy spread, transfer functions and, **M**:7, 129–134
Finite frequency band, fallacy, **ES**:14, 51
Finite groups
  cyclic group, **E**:94, 8–9
  dihedral group, **E**:94, 9
  index notation, **E**:94, 8–11, 55–57
  quaternion group, **E**:94, 9–10
Finite-impulse-response (FIR) filter, **E**:94, 4
Finiteness, minimax algebra, **E**:90, 14–16, 26–27
Finite sample size
  effective, **E**:84, 271
  estimation, **E**:84, 262–263, 265–266, 289, 291, 296
  Fisher information matrix, **E**:84, 285–286
  initial conditions, importance, **E**:84, 298
  Morgera-Cooper coefficient, **E**:84, 271
  performance
    adaptive pattern classification, **E**:84, 265–266, 270–271
    autoregressive parameter estimation, **E**:84, 292–293, 302–309
    covariance estimation, **E**:84, 287
Finite scalars, **E**:90, 5
Finite-size effects, **ES**:21, 421–424, 430, 460
Finite source size, transfer functions and, **M**:7, 124–129
Finite state scalar quantization, **E**:97, 203
Finkel'shteyn, **ES**:23, 330
Finland, electron microscope development in, **ES**:16, 597
FIR (finite-impulse-response) filter, **E**:94, 4
First fundamental form, **E**:84, 189
  coefficients, **E**:84, 173
First lens, **DS**:1, 24
First order perturbation, **E**:90, 253–254
  approximation, for reduction of N-particle problem, **ES**:21, 98–100
  dynamics, **ES**:21, 76–77, 156–160, 499
    conditions for, **ES**:21, 156, 203, 416
  theory for space charge effect, **ES**:21, 345–347
First order properties, of space charge lens, **ES**:21, 347–351
Fisher, R.M., **ES**:16, 117
Fisher information, **E**:90, 124–125, 128–139
  additivity, **E**:90, 190–191
  classical electrodynamics, **E**:90, 149–153, 186–187, 196–198

Cramer–Rao inequality, **E**:90, 129–133, 165–166, 177–178, 187
general relativity, **E**:90, 170–174, 188
information divergence, **E**:90, 144–145, 194–196
matrix, **E**:84, 285–286
maximal information and minimal error, **E**:90, 191–193
measure of disorder, **E**:90, 136–137
multidimensional parameters, **E**:90, 133–135
new interpretation, **E**:97, 409
parameter estimation channel, **E**:90, 128–129
Poisson information equation, **E**:90, 139
power spectral $1/f$ noise, **E**:90, 174–185, 188
quantum mechanics, **E**:90, 154–165, 184, 185, 187
scalar information, **E**:90, 135
shift information, **E**:90, 135
shift-invariant case, **E**:90, 135–136
special relativity, **E**:90, 147–149, 186
unified (r,s)-divergence, **E**:91, 41, 115–120
Csiszár's Φ-divergence, **E**:91, 116–117
unvertainly principle, **E**:90, 165–169, 187–188
zero information, **E**:90, 143–144, 164, 185
FI source, *see* Field ion sources
Fission, **M**:5, 2
Fit algorithm, for MC program, **ES**:21, 427, 442–445
Fit functions, within analytical theory
error introduced by, **ES**:21, 461
for full width at half maximum, **ES**:21, 191, 201, 215–216, 242, 263, 287–288, 296, 515–520, 521, 522–523, 524
for full width median, **ES**:21, 216, 264, 288, 515–520, 521, 522–523, 524
for small k-behaviour, **ES**:21, 186, 198, 210, 232, 239, 257, 282–283, 296
Fitzgerald, **ES**:15, 107
Fitzsimmons, K., early U.S electron microscope built by, **ES**:16, 600–601
Five-electrode lens, **ES**:13A, 123, 125–127
Five-pint difference formula, **ES**:17, 369–370, 386
Fixation, **E**:83, 232–233; **M**:2, 251, 293; **M**:3, 106, 141, 150
artifacts of, **M**:2, 254

Fixatives, **M**:2, 255
aldehydes, **M**:2, 264, 286, 303, 326, 334
osmium tetroxide, **M**:2, 255, 276, 283, 293
potassium permanganate, **M**:2, 262, 287
Fixed image scanning, setting on a line by, **M**:8, 31–35
Fixed point, **E**:93, 9
Fixed segment extraction technique, **E**:82, 103
Fixed-shape beam, in electron beam lithography, **ES**:13B, 114–115, 119
Fixed spot size transformation, **ES**:3, 125
Flagella, tubulin, three-dimensional structure, **M**:7, 341
Flashboard, ion source, **ES**:13C, 431
Flash electron microscopy, **M**:5, 340, 343
Flashing image, **ES**:11, 142
Flash X-radiography, in ion beam diagnostics, **ES**:13C, 342–344
Flatbond theory, **E**:89, 132
Flat button cathode, **ES**:4, 66, 75, 83
Flat gray-scale mapping, **E**:89, 367–368
Flatness, acoustic-electric, **ES**:11, 131
Flat panel technology, **E**:91, 244–252
active matrix addressed display, **E**:91, 248–251
electrochromic display, **E**:91, 251–252
electrophoretic display, **E**:91, 252
light controller display, **E**:91, 246–257
light emitter, **E**:91, 245–246
liquid crystal, **E**:91, 246–252
polymer dispersed liquid crystal film, **E**:91, 248
subtractive display, **E**:91, 246–247
Flat screen, **E**:91, 236
Flat structuring function, **E**:99, 44
Flat tube, **DS**:1, 17, 194–196
Flegler, A., **ES**:16, 562, 567
Fleischer, **ES**:18, 42
Fleming, A.P.M., **ES**:16, 423, 484
Fleming, J.E., **ES**:11, 221
Fleury, Prof., **ES**:16, 46
Flexibly coupled multiprocessor architectures, **E**:87, 290–291
Flicker, **DS**:1, 6, *see also* Visual phenomena
Flicker noise, avalanche photodiodes (APDs), **E**:99, 74, 151–153, 154
Flight
data, **E**:85, 54
guidance, **E**:85, 8, 10
path, **E**:85, 55, 58, 60–61, 67

SUBJECT INDEX

Floating, **ES:**10, 196–203
Floating gate amplifiers, **ES:**8, 124–125
Floating gate memory, **E:**86, 49, 71
Floating point numbers, **ES:**10, 181, 187, 250
Flow orientation, dye complexes, **M:**8, 61–63
Flow velocity
  moving graticule technique, **M:**1, 8
  moving grating technique, **M:**1, 28
  moving spot technique, **M:**1, 9, 31
  slit image technique, **M:**1, 29
  streak image technique, **M:**1, 26, 32
Floyd–Warshall algorithm, **E:**90, 54–56, 64
Fluctuating interaction force
  distribution of, **ES:**21, 86–87, 115–120
  model for, **ES:**21, 16, 63–67, 104–106
  separation from average force, **ES:**21, 61–62, 80
  time scale of, **ES:**21, 63, 82
Fluctuation(s), **E:**82, 234; **E:**83, 58, 61; **ES:**22, 57
Fluctuation-dissipation theorem, example of, **ES:**21, 69
Fluid bubbles, carbon dioxide in water, **E:**98, 44–61
Fluid dynamics, **E:**85, 79
Fluorescence, **ES:**6, 2; **M:**14, 122–127
  after photobleaching, recovery, **M:**14, 174–177
  analysis with, advantages, **M:**14, 126–127
  definition, **M:**14, 122–124
  due to characteristic lines, **ES:**6, 54–68
  due to continuum, **ES:**6, 46
  from electron beam, **ES:**6, 118
  extremes of, **ES:**6, 118
  history, **M:**14, 125–126
  intensity of, **ES:**6, 65
  multiwave three-dimensional imaging, **M:**14, 184–189
  new methods in, **M:**14, 174–204
    confocal Raman microspectroscopy, **M:**14, 198–199
    delayed fluorescence imaging, **M:**14, 191–196
    fluorescence lifetime imaging, **M:**14, 199–204
    phosphorescence, **M:**14, 191–196
    polarized photobleaching recovery, **M:**14, 180
    quantitative imaging, **M:**14, 183–184
    ratio imaging, **M:**14, 180–182
    relaxation microscopy, **M:**14, 196–198
  resonance energy transfer, **M:**14, 189–191
  total reflection, **M:**14, 178–180
Fluorescence corrections, primary X-ray intensities and, **ES:**6, 54, 64
Fluorescence illumination, **M:**6, 21
Fluorescence microanalysis, **ES:**6, 13
Fluorescence microscope/microscopy, **ES:**19, 225–226; **M:**6, 18, 24, 117; **M:**8, 54; **M:**10, 55–58
  shot noise, **M:**10, 75
  in transmitted light, **M:**6, 117
Fluorescence microspectroscopy, **M:**14, 127–134
  applications, **M:**14, 134–174
    bioluminescent probes, **M:**14, 168–171
    cell cations, probing of, **M:**14, 160–167
    cell cytoskeleton, probing of, **M:**14, 150–152
    cell metabolism, non-invasive probing, **M:**14, 134–137
    cell organelles, probing of, **M:**14, 137–160
    DNA, hybridization of, **M:**14, 172
    and electron microscopy, **M:**14, 172–174
    gene expression, **M:**14, 171–172
    probing methods, latest, **M:**14, 168–174
  emission spectra, **M:**14, 127–132
  excitation spectra, **M:**14, 132–134
Fluorescent cytotoxic agents, use of, **M:**14, 172–174
Fluorescent efficiency, **ES:**2, 87
  variation with temperature, **ES:**2, 115–116
Fluorescent screen-photocathode sandwich, **D:**1, 52
Fluorescent screens, **M:**9, 212–213
  with fiber plates, **M:**9, 34–36, 37, 58
  TV image intensifier input stage, **M:**9, 31, 33–38, 34–36, 37
Fluorogenic probes
  carbocyanines, **M:**14, 152
  of cell cytoskeleton, **M:**14, 150–152
  of endoplasmic reticulum, **M:**14, 147–150
  for Golgi apparatus, **M:**14, 140–141
  of lysosomal enzymes, **M:**14, 137–140
  of membrane potential, **M:**14, 152–158
  merocyanines, **M:**14, 158
  mitochondria, **M:**14, 141–147
  oxonols, **M:**14, 152–156
  proton indicators, **M:**14, 158–160
  styryl dyes, **M:**14, 156–158

SUBJECT INDEX

Flux, **E**:82, 8, 15, 16, 17
  plotting of, **ES**:17, 387–389
Flux density
  electric, **E**:82, 4, 19
  magnetic, **E**:82, 4, 14, 16, 17, 28, 72, 85
Flux line, magnetic field, **ES**:17, 127–128
Flux linkage, **ES**:4, 67, 75, 78, 85
Fluxon
  criterion, **M**:5, 270–272, 275
  physical manifestations, **M**:5, 282, 285
  unit, **M**:5, 268, 282
Flying spot microscopy, **M**:2, 74, 80, 82, 85, 88, *see also* Scanning microscope/microscopy
Flying spot photo-electronic technique, **M**:1, 30
Flying-spot scanner/scanning, **M**:4, 362; **M**:10, 2, 61–62
  advantages, **M**:10, 70
Fmmm group, **E**:93, 13–14, 52–53
Focal characteristic, quadrupoles, **ES**:7, 43
  round lenses, **ES**:7, 30
Focal elements, **E**:94, 171, 173–180
Focal length
  definitions of
    quadrupoles, **ES**:7, 16
    round lenses, **ES**:7, 12
  image, **ES**:17, 29–32, 278, 284
  of microscope objective, **M**:14, 251–253
  object, **ES**:17, 29–32, 278, 284
  for quadrupole lens, **ES**:17, 214–216, 224
  real and focal point, **ES**:17, 33–35, 414–415
Focal plane
  image, **ES**:17, 30
  object, **ES**:17, 30
Focal plane arrays, **ES**:24, 204
Focal point, **ES**:22, 300
  image, **ES**:17, 30–32, 227, 284
  of microscope objective, **M**:14, 251–253
  object, **ES**:17, 30–32, 227, 284
  for quadrupole lens, **ES**:17, 214–216
  real, and focal length, **ES**:17, 33–35, 141–415
Focused ion beams, **E**:102, 89
  deposition, **E**:102, 112–114
  etching, **E**:102, 110–111
  implantation, **E**:102, 111–112
  lithography, **E**:102, 108–110
  mass separators, **E**:102, 107
  uses for, **E**:102, 105–107

Focused ion beam system, **ES**:21, 3
Focused radiation, **ES**:2, 226–227
Focus/focusing, **E**:84, 331, 344; **ES**:9, 204; **ES**:11, 96; **ES**:22, 184, 393, *see also* Defocus/defocusing; FODO focusing, high-intensity beams; Transducer
  alternating-gradient, **ES**:22, 394
  of attention, **E**:86, 128, 132
  axial, **ES**:17, 271–272, 301, 306, 311, 359
  canted pole faces, **ES**:22, 156
  cardinal element of, **M**:13, 185–186
  cartesian coordinates, **ES**:9, 210, 213; **ES**:11, 98
  cavity, **ES**:22, 393
  charged particle, **E**:89, 392, 433–441
  circuits, **ES**:11, 111
  collective ion acceleration, **ES**:13C, 446
  curved surface, **ES**:11, 121
  definitions of
    quadrupoles, **ES**:7, 16
    round lenses, **ES**:7, 12
  delay devices, **ES**:11, 101
  diffraction pattern, **ES**:11, 103
  directional (angular), **ES**:17, 285, 289–290
  distance, **ES**:11, 107
  double, **ES**:17, 273, 285–294
  electron guns, **ES**:13C, 142, 144–148, 163–164, 168
  envelope equation, **ES**:13C, 152
  energy broadening, **ES**:13C, 475, 477, 492
  error in electron microscopy, **M**:1, 125, 132
  extraction optical system, **ES**:13C, 227
  first order, in electron trajectories, **M**:13, 181–186
  frequency conversion, **ES**:11, 101
  high-intensity beams, **ES**:13C, 50–51
    bunched beams, **ES**:13C, 54
    computer simulation, **ES**:13C, 100–106
    envelope stability,., **ES**:13C, 80–84
    final focusing on target, **ES**:13C, 130–135
    matching of beam to focusing channel, **ES**:13C, 75–78
    nonuniform beam, **ES**:13C, 66–74
    scaling laws in design of beam transport system, **ES**:13C, 110–113
    stationary distributions, **ES**:13C, 85–94
    unbunched beam, **ES**:13C, 55
  high-power pulsed electron beams, **ES**:13C, 351, 353, 378–385

SUBJECT INDEX

high-power pulsed ion beams, ES:13C, 393–395, 408–414, 425–426, 434
magnetically insulted acceleration gaps, ES:13C, 419
multigap effects, ES:13C, 423–424
of hollow charged particle beams, by conical lenses, E:103, 378–384
ideal, ES:17, 133, 294
ion beam diode, ES:13C, 300–301, 310
microprocessor, ES:11, 115
natural, ES:22, 152
nonlinear, ES:22, 167
one-direction radial, ES:17, 272–273
parabolic pole faces, ES:22, 157
phase, ES:11, 102
plasma channel beam transport, ES:13C, 331–332, 334
principal and fundamental trajectories, M:13, 182–185
properties of poloidal analyzer, E:103, 361–363
quadrupole, ES:22, 156
radial, ES:17, 271–272, 301, 306, 311, 359
 angular and energy, ES:17, 273, 286
sextupole, ES:22, 158
solenoid, ES:22, 156, 164
in space charge optics, ES:13C, 2, 8, 10–14, 16, 39–41
 nonparaxial beams, ES:13C, 37–39
 paraxial beams with external focusing, ES:13C, 27–36
3D system for SEMs, M:13, 113–119
trajectories, M:13, 182–185
two-direction radial and axial, ES:17, 273
velocity (energy), ES:17, 285, 289–290
without approximation, ES:9, 216; ES:11, 102
wrong distance, ES:11, 107, 108
Focus-grill tube, DS:1, 14–15, 135–142
 brightness gain, DS:1, 146–147
 double-grill, DS:1, 142–145
 grill deflection, DS:1, 149–151
 grill mounting, DS:1, 154
 grill vibration, DS:1, 145, 154
 screen printing, DS:1, 138
 signal voltage, DS:1, 152
 single-beam, DS:1, 148–153
 three-beam, DS:1, 137–142
 voltage ratio, DS:1, 137–140

Focusing circuits
 frequency conversion, ES:11, 116
 no approximation, ES:11, 119
 phase shifting, ES:11, 111, 119
 sampled storage, ES:11, 122
Focusing lens, see Poschenrieder lens
Focusing monopole, ES:13B, 188
Focus-mask tube, DS:1, 135–154
 brightness gain, DS:1, 146–147
 three-beam, DS:1, 145–148
 voltage ratio, DS:1, 137
Focus shift with modulation, ES:3, 64–68
Focus voltage ratio, ES:3, 12, 61–62, 64
Focus wave mode, E:103, 30
FODO focusing, high-intensity beams, ES:13C, 77–79, 84–85
 computer simulation, ES:13C, 102–103, 107–108
 instability bands, ES:13C, 93
 scaling laws in design of transport system, ES:13C, 111–113
Fog
 coastal, ES:14, 24
 inland, ES:14, 25
Foggy image, ES:11, 170
Foil diode, ES:13C, 183–185
Foil lens, for aberration correction, ES:13A, 109–111, 113–118
Foilless diode, ES:13C, 188–192
 computer simulation, ES:13C, 199
Fokker–Planck
 approach, ES:21, 63–67
 discussion of, ES:21, 79–80
 validity of, ES:21, 82–86
 equation, ES:21, 66
Folded dipole, ES:15, 57
Folded states, ES:24, 122
Foldy–Wouthuysen representation, Dirac equation, E:97, 267–269, 322, 341–347
Foner, ES:14, 110
Fontana, J.R., ES:11, 218
Föppl, ES:15, 1
Force-free motion, ES:13C, 378–379
Force-free particle, ES:9, 422, 425
Forces, due to space charge, ES:3, 83–84, 86–88
Forest fire mapping system, pyroelectric vidicons in, D:3, 69
Formaldehyde fixation, M:2, 265, 276

Formal power series, theory of, **E:**101, 100–101, 105
FORTRAN, **M:**5, 45
  Cray computers, **E:**85, 273–275
Forward-backward linear prediction method, **E:**94, 370
Forward equations, **E:**90, 4–5
Forward Kalman filter, **E:**85, 49–50, 54, 69
Forward modulus, phase retrieval, **E:**93, 110–112, 131–132, 144, 167
Forward orbit, **E:**90, 13
Forward predictor, **E:**84, 299
Forward recursion, **E:**90, 4–9, 35
Forward scattering, **E:**86, 179, 180, 193
Fossils, ultrastructure studies on, **ES:**16, 587
Foucault contrast, **M:**5, 249
Foucault mode, Lorenz microscopy, **E:**98, 360–362
Fountain spectrometer, **ES:**13B, 290–291
Four-body problem, melting points, **E:**98, 4–13
Four-cylinder electrode lens, **ES:**13B, 340
Four-electrode mirrors, energy analyzers, **E:**89, 421–425
Fourier, **ES:**9, 13, 389; **ES:**15, 127; **ES:**18, 1
  description deficiency, **ES:**14, 49
  expansion, *see* Fourier expansion
  integral, **ES:**22, 147
  real-time spatial differentiation of, **D:**1, 274–278
  spectrum, **M:**12, 27
  transform, *see* Fourier transform
Fourier analysis, **E:**88, 6; **E:**101, 100; **ES:**20, 201, 219
  limits, **ES:**15, 3, 22
  locals, **E:**82, 335
  of multigrid methods, **E:**82, 333
  use, **ES:**14, 151
Fourier–Bessel series, in potential theory, **M:**13, 135–136
  in electrostatic lenses, **M:**13, 139
Fourier coefficient, **E:**87, 171; **ES:**17, 381, 383
Fourier expansion, **ES:**15, 255
  for electric and magnetic potentials, **ES:**17, 198, 203
  for electromagnetic multiple fields, **ES:**17, 379–380
Fourier inversion, of measured visibility curves, **ES:**4, 96

Fourier–Laplace transform, **E:**101, 100, 101
Fourier–Mellin transform, **E:**84, 159
Fourier method, of standing waves, **ES:**23, 327
Fourier optics, **ES:**11, 27, 41; **M:**7, 18–33
  applications to microscopy, **M:**7, 29–33
  bar patterns, **M:**10, 26–27
Fourier potential, of crystal, **M:**3, 190
Fourier representation, complex signals, **ES:**14, 284
Fourier series, **ES:**11, 41, 85
  convergence, **ES:**14, 152
  differentiation, **ES:**14, 86, 87
  expansion, phase retrieval, **E:**93, 118–124, 131–133
    Hartley transform, **E:**93, 140–142
  Fourier-like series, **ES:**15, 254
  matrix notation, **ES:**11, 85
  samples, **ES:**11, 49, 50, 57, 78
Fourier series, in magnetic field calculations, **ES:**6, 293–296
Fourier space
  in image processing with SEMs, **M:**13, 295–296
  reconstruction, three-dimensional, **M:**7, 304, 310–314
Fourier spectroscopy, **ES:**4, 96, 116–117
Fourier's theorem, application to optical transmission, **M:**7, 18
Fourier transform
  circuits, **ES:**9, 29
  sampled version, **ES:**9, 27
Fourier transforms, **E:**84, 135; **ES:**10, 3; **ES:**11, 21, 27, 31, 33, 41; **ES:**22, 12, 73, 94, 202, 203, 309; **M:**3, 169, 172, 215; **M:**5, 163, 164, 165, 167, 170, 172, 173, 184, 191, 197, 244, 271, 284, 286, 287, 288; **M:**8, 2; **M:**12, 26; **D:**1, 279–282, *see also* Discrete Fourier transforms; Transform image coding
  analytic, **E:**103, 23
  circuits, **ES:**11, 44, 51, 76, 79
  digital, **ES:**11, 163
  savings, **ES:**11, 81
  computer processing, **ES:**11, 164
  cross-grating produced, **M:**8, 16
  in deconvolution method, **ES:**6, 121–122
  discrete, **E:**84, 62, 84

SUBJECT INDEX

dust contaminated wire mesh produced, **M:**8, 16–17
fast, **E:**84, 62
formation, **M:**8, 3–4
group invariant algorithms
    fast Fourier transform algorithm, **E:**93, 16–30, 47–52
    finite abelian group, **E:**93, 3, 14–15
    one-dimensional symmetry, **E:**93, 53–55
    three-dimensional symmetry, **E:**93, 1–53
holograms, **M:**10, 140
of images, **D:**1, 279–282
inverse, **E:**103, 15, 20, 52
inversion formula, **ES:**19, 410
    fast Fourier transforms, **ES:**19, 40–41, 45
lens, **D:**1, 297
maxima, **M:**8, 15
off-axis hologram, **E:**94, 215–218, 244–246
one-sided inverse, **E:**103, 15
oval stacks, **M:**7, 28
pairs, **E:**88, 172ff; **ES:**18, 51, 124; **M:**7, 24
PC card, **ES:**11, 77
phase retrieval
    blind-deconvolution problem, **E:**93, 146–148
    coherent imaging through turbulence, **E:**93, 155, 160
    Hartley transform and, **E:**93, 140
    stellar speckle interferometry, **E:**93, 143–144
    two-dimensional, **E:**93, 131
photochromic glass in the plane of, **M:**8, 18–19
point light source produced, **M:**8, 15
production, **M:**7, 19
    flow charts, **M:**7, 21
short-time Fourier transforms, **E:**94, 320
signal description, **E:**94, 320
time filters, **ES:**11, 137
truncated functions, **M:**7, 25
Four-phase CCD, **D:**3, 208–209
Four-port junction circulator
    in stripline, **ES:**5, 138–147
        description, **ES:**5, 138
        design, **ES:**5, 141–145
        mode problem, **ES:**5, 138–139
        performance, **ES:**5, 139–141
    in waveguide, **ES:**5, 145–147
        construction, **ES:**5, 146

Four quadrant multiplier, **ES:**11, 112
Fourth-order Hamiltonian function, power-series expansion, **E:**91, 8, 13
4,2 formula, **E:**93, 234, 237–239, 252, 253, 257, 261–262, 266, 277
Fowle, **ES:**9, 8
Fowler, **ES:**14, 31
Fowler–Nordheim equation, **E:**83, 10, 12, 19, 55, 64, 91; **E:**95, 69–72, 99, 111–112; **ES:**4, 18, 19, 26; **ES:**20, 83; **ES:**22, 335; **M:**2, 349; **M:**8, 209–218
    plots, **E:**83, 47, 50
Fox, **ES:**15, 263
Fox, Y.R., **ES:**16, 268
Fox–Li equation, **ES:**4, 131
Fox–Li theory of laser modes, **ES:**4, 131
Fox–Smith resonator, **ES:**22, 309
FPM, *see* Fresnel projection microscopy
Fractal dimension, **E:**88, 204
    image, **E:**97, 69–70
Fractal set, **E:**88, 204
    Cantor, **E:**88, 205
Fractal signal, **E:**88, 213
    fractal interpolation function, **E:**88, 214
    fractional Brownian motion, **E:**88, 216
    Weierstrass cosine function, **E:**88, 213
Fraction, of cathode current used in beam, **ES:**3, 4–5, 167
Fractures, quantitative particle modeling, **E:**98, 21, 22–30, 31–33
Fragile membrane-bound systems, wet replication, **M:**8, 93
Frame, **E:**86, 117, 154
    buffer, **E:**85, 170, 195
    distributed, **E:**85, 176
    of discernment, **E:**94, 171
    grabber, **E:**85, 170
    image feature, **E:**86, 117–119
    processor, **E:**85, 170
    transfer process, **E:**86, 118–119
Frame replenishment coding, **ES:**12, 18, 189–215
    AGC in, **ES:**12, 200
    buffer use in, *see* Buffer(s)
    coder-decoder, **ES:**12, 189, 196, 210
    color coding in, **ES:**12, 210–213
    error control in, **ES:**12, 213–214
    movement resolution/compensation in, **ES:**12, 202–211
    predictive coding in, **ES:**12, 193–198

requirements of, **ES:**12, 192–194
segmenting picture, **ES:**12, 198–201, 204–206, 211, 212
temporal filtering in, *see* Filter
Frame store, **E:**91, 242, 244; **M:**12, 214
Frame-transfer devices, **ES:**8, 172; **D:**3, 226–27
interlacing in, **ES:**8, 157–160
France
  electron microscope development in, **ES:**16, 53–55, 107–114
    electrostatic type, **ES:**16, 225–274
    high voltage type, **ES:**16, 115–120
  electron microscopy
    commercial development, **E:**96, 484
    early pioneers, **E:**96, 93–95, 97–98, 101–102, 104–106
    facilities, **E:**96, 96
    first application for financial support, **E:**96, 102–104
    historical contributions
      biology, **E:**96, 93–100
      electron guns, **E:**96, 118
      electron probe microanalysis, **E:**96, 120–127
      high-voltage electron microscopy, **E:**96, 112–115, 117–120
      metallurgy, **E:**96, 106–110
      radiation defects, **E:**96, 118–119
      specimen holders, **E:**96, 117–118
      thin films, **E:**96, 110–112, 120
  French Society for Electron Microscopy
    meetings, **E:**96, 128
    origin, **E:**96, 128
    publications, **E:**96, 128–129, 861–876
  high voltage electron microscopy, **M:**10, 254–256
Françon–Nomarski variable phase contrast system
  distinction from Polanret system, **M:**6, 104
  reflection phase plate, **M:**6, 104
Frank, **ES:**9, 357, 369, 370, 387
Frank, T., **ES:**11, 143
Frank–Condon principle, **ES:**2, 142–143
Frankel–Young approximation method, **ES:**13A, 37, 39
Frank–Kasper type of icosahedral phase, **E:**101, 58
Franklin, R.E., **ES:**16, 189, 191, 280
Fraunhofer approximation, **E:**94, 202

Fraunhofer condition, **ES:**17, 120, 184, 185
Fraunhofer diffraction, **E:**84, 319; **M:**7, 20; **M:**10, 140
  and Abbe's theory of image formation, **M:**13, 271
  circular aperture and, **ES:**17, 83–88; **M:**13, 261–268
  from discontinuous film, **M:**5, 257, 258
  in image transfer, **M:**5, 287, 289
  for isolated objects, **M:**5, 279
  in paraxial condition, **M:**13, 257–258
  pattern, **D:**1, 280
  for periodic structures, **M:**5, 284, 285
  magnetic, **M:**5, 256, 257
  for rectangular aperture, **M:**13, 258–261
  and rotationally symmetric third order aberrations, **M:**13, 280
  theory, **M:**5, 261–263
Fraunhofer holography, **E:**94, 216, 227; **M:**7, 166
Fraunhofer zone, **E:**103, 18, 24
Frechet derivative, **ES:**19, 403
Fredholm equations
  convolution, **ES:**19, 553
  integral, **ES:**19, 225–239, 381
Fredman, **ES:**9, 492
Free Bloch waves, definition, **E:**90, 296
Free-charge transfer, in CCD, **D:**3, 194–198
Free propagation, charged-particle beam
  scalar theory, **E:**97, 279–282
  spinor theory, **E:**97, 330–332
Free space Green's function, **E:**90, 334
Free-space optical interconnections, **E:**102, 237–242
  applications, **E:**102, 253–256
  architectures, **E:**102, 249–250
  problems and possibilities, **E:**102, 264–265
Free will, **E:**94, 264
Freeze-drying, **M:**2, 252
  sample preparation, **M:**8, 114, 115–116, 122–124
  technique
    of soft virus preparations, **M:**6, 237, 238
    system, **M:**6, 238
    of virus negative stain-carbon material, **M:**6, 268
Freeze-etching sample preparation, **M:**8, 114, 122

Freeze-fracture, **E:**83, 237–238, 253
  sample preparation, **M:**8, 123
  thaw-fix, SEM, **E:**83, 242, 245
Freeze-substitution, **M:**2, 252
Freezing-point depression, **M:**2, 291
Freezing techniques, **E:**83, 252
  rapid, Japanese contributions, **E:**96, 740–741, 783–784
Frequency
  axial, **ES:**17, 270
  effect of on ZnS
    on color of EL emssion, **ES:**1, 25, 50–52
    on efficiency of EL, **ES:**1, 61, 110–112
    in enhancement of luminescence, **ES:**1, 209, 210, 213, 216–218, 220, 221, 223, 225, 232
    in Gudden-pohl effect, **ES:**1, 183
    on intensity of EL emission, **ES:**1, 53–56, 83, 104, 105, 112
    on maintenance of EL output, **ES:**1, 70, 77
    in quenching of luminescence, **ES:**1, 194, 195, 197, 199
    and temperature, interrelation, **ES:**1, 52, 53
    on waveform of EL emission, **ES:**1, 85–101, 203
  radial, **ES:**17, 270, 286
Frequency agility, **ES:**15, 17
Frequency allocations, **ES:**11, 157
  broadcasting, **ES:**14, 22
  radio location, **ES:**14, 23
Frequency conversion, **ES:**11, 165
  focusing, **ES:**11, 101
Frequency dependence, see also *specific devices*
  of coaxial phase shifters, **ES:**5, 180, 192
Frequency deviation, definition of, **ES:**5, 62
Frequency division, **DS:**1, 166
  in color-TV camera systems, **D:**2, 178–192
Frequency-domain
  evanescent spectrum and, **E:**103, 20
  interpretation, **E:**103, 29
  isodiffracting vs. isowidth apertures, **E:**103, 41–44
  phase-space pulsed beams and, **E:**103, 46–51
  problems with using, **E:**103, 3
Frequency domain speech coding, **E:**82, 158
Frequency hopping, **ES:**11, 177; **ES:**15, 17

Frequency independent antennas, **ES:**14, 82
Frequency limits, for color subcarriers, **D:**2, 183
Frequency modulation, **ES:**14, 69
  signal, A-Psi GDE, **E:**94, 341
Frequency multiplexing, **ES:**11, 148, 155
  imaging, **ES:**9, 221
  systems for color-TV camera systems, **D:**2, 195–197
Frequency pulling, **ES:**2, 29–32, 184, 257
  power dependent, **ES:**2, 47, 183–185
Frequency spreading, limits, **ES:**14, 74, 75
Fresnel, **ES:**18, 159, 167
  integrals, **ES:**22, 239
  number, **ES:**22, 315, 326
Fresnel approximation, **E:**94, 202, 203
Fresnel biprism, **M:**12, 53
Fresnel diffraction, **M:**10, 139–140; **M:**12, 39
  from domain walls, **M:**5, 282, 283
  and Helmholtz inequality, **M:**5, 272
  for isolated objects, **M:**5, 272–279
  in paraxial condition, **M:**13, 257–258
  for periodic structures, **M:**5, 284
  for rectangular aperture, **M:**13, 258–261
  at straight edge, **ES:**17, 88–92
  TEM off-axis holography, **E:**94, 253–256
  theory, **M:**5, 261–263
Fresnel distance, **E:**103, 5, 17–18, 24
  frequency-independent, **E:**103, 29
Fresnel fringes, **ES:**17, 88–92; **M:**7, 158
  electron microscopy of, **ES:**16, 307, 308, 310, 327, 376, 399, 415, 437, 494
Fresnel holography, **E:**99, 173; **M:**7, 166; **M:**12, 53
Fresnel integral, **ES:**17, 89
Fresnel–Kirchhoff formula, **E:**95, 127, 128; **ES:**17, 82
Fresnel–Kirchoff formula, **M:**13, 254
Fresnel–Kirchoff integral, **M:**5, 260, 261
Fresnel mode, **E:**98, 335–337
  geometric optics, **E:**98, 337–341
  wave optics, **E:**98, 341–350
Fresnel number, **ES:**2, 63
Fresnel projection microscopy
  coherence, **E:**95, 139, 140
  experimental procedures, **E:**95, 129, 130
  field emission current, **E:**95, 126, 127
  Fraunhofer diffraction, **E:**95, 127–129
  instrumentation, **E:**95, 124–126
  irradiation effects, **E:**95, 143, 144

magnetic stray field, **E:**95, 142, 144
magnification factor, **E:**95, 124, 125
nanotip application, **E:**95, 124–126
 nanometric carbon fibers, **E:**95, 130–132
 ribonucleic acid, **E:**95, 132, 134, 136, 144
 synthetic polymers, **E:**95, 132, 134, 136–139
resolution, **E:**95, 140
sample preparation, **E:**95, 132
virtual projection point, **E:**95, 126, 127
Fresnel propagation factor, **M:**7, 194
Fresnel's equations, **ES:**18, 118
Fresnel zone plates, **M:**10, 126–130
Freundorfer, **ES:**15, 267
Frick, **ES:**15, 267; **ES:**18, 237
Friedel's law, **E:**89, 17; **E:**94, 209; **E:**101, 80; **M:**12, 70
Friedrichs, **ES:**9, 486; **ES:**18, 236
Friel, D., **ES:**16, 186
Friend leukaemia virus, **M:**6, 237
 fixation, **M:**6, 237
 staining, **M:**6, 237
Friis, **ES:**15, 53, 54, 98, 105, 269
Fringe contrast, electron off-axis holography, **E:**89, 32
Fringe pattern, finesse of, **ES:**4, 129
Fringes
 of equal inclination, **ES:**4, 104
 of equal thickness, **ES:**4, 103
Fringe-setting, photoelectric, **M:**8, 42
Fringing, straight-edge response, **M:**10, 24
Fringing field(s), **ES:**17, 126, 152, 294, 345–358
 in charge transfer, **ES:**8, 84–89
 in energy selector, **ES:**13B, 364–369
 of mass-dispersing system, **ES:**13B, 141–143
 in particle optics, **ES:**13A, 76–78
 in quadrupole mass spectrometer, **ES:**13B, 174, 189–191, 194–207, 228–233
Fringing field integral method, **E:**103, 286–289
 beam transport through gaps of multiple magnetic prisms, **E:**103, 318–328
 beam transport through gaps of quadrupole multiples, **E:**103, 329–336
 field integrals, **E:**103, 327–328
Fritz, R., **ES:**16, 228
Fritzler, D., **ES:**11, 3, 168, 220, 221
Fritzsche, **ES:**14, 77; **ES:**15, 106

Frog blood, **M:**5, 158, 159
 microdensitometry, **M:**6, 157
 phase contrast/fluorescence microscopy, **M:**6, 118
Frog erythrocyte nucleus, **M:**6, 160
Frog heart, screen microkymography, **M:**7, 97
Frog red cell nucleus, **M:**6, 161
Front depth of field, **ES:**11, 109, 110
Frontside illumination
 epi-CID, **D:**3, 232
 frame-transfer CCD, **D:**3, 232–233
 of image sensors, **ES:**8, 183–184
Frustrum, representation of, **M:**13, 29–30
f_t, **ES:**24, 169
Fujita, H., **ES:**16, 124
Fukai, K., **ES:**16, 124
Fukami, A., **ES:**16, 318
Full collision dynamics, **ES:**21, 416, 499
Full potential mode, **E:**90, 245, 248
Full-wave dipole, **ES:**15, 56
Full width at half maximum
 of angular displacements
  in beam with crossover
   of arbitrary dimensions, **ES:**21, 263–264
   narrow, **ES:**21, 234
  in homocentric cylindrical beam, **ES:**21, 242–244
  table of results for, **ES:**21, 518
 of axial velocity distribution
  in beam with crossover
   of arbitrary dimensions, **ES:**21, 210–216
   narrow, **ES:**21, 191
  in homocentric cylindrical beam, **ES:**21, 200–201
 of displacement distribution (general), **ES:**21, 121–128
 for different shapes (γ-values), **ES:**21, 125–128, 505
 of energy distribution
  in beam with crossover
   of arbitrary dimensions, **ES:**21, 216, 515
   narrow, **ES:**21, 191–193
  in homocentric cylindrical beam, **ES:**21, 201–202, 521
  table of results for, **ES:**21, 517
 of field ion energy distribution, **ES:**13A, 277–278, 288–289

of lateral velocity distribution
in beam with crossover, narrow, **ES:**21, 223–235
in homocentric cylindrical beam, **ES:**21, 240–242
in MC program, **ES:**21, 427, 459–461
of trajectory displacement distribution
in beam with crossover, **ES:**21, 285–288, 289, 294–296, 522
for different shapes (γ-values), **ES:**21, 125–128, 375–376
in homocentric cylindrical beam, **ES:**21, 290, 524
table of results for, **ES:**21, 519
Full width median
of axial velocity distribution, **ES:**21, 216
definition of, **ES:**21, 121, 367
of displacement distribution (general), **ES:**21, 121–128
for different shapes (y-values), **ES:**21, 126–128, 505
of energy distribution, **ES:**21, 515, 521
of lateral velocity distribution, **ES:**21, 264
of trajectory displacement distribution, **ES:**21, 288, 522, 524
Functional, **E:**86, 128–129; **E:**99, 41
Function elimination filters, generating differential equations, **E:**94, 381–382
Function implementation, **E:**88, 91
color conversion, **E:**88, 97
convolution, **E:**88, 98
differencing, **E:**88, 94
efficiency, **E:**88, 104
neighborhood operation, **E:**88, 101
portability, **E:**88, 105
sobel operator, **E:**88, 101
thresholding, **E:**88, 96
Function interface design, **E:**88, 74
Fundamental eigenvectors, **E:**90, 63–64
Fundamental gains, in performance, **ES:**3, 156–165
Fundamental theorem of surface theory, **E:**84, 173, 192
Furry distribution, for photomultiplier, **D:**1, 19, 24
Fusion, **ES:**22, 47
Fusion front, **ES:**4, 159
Fusion injector, ion beam technology, **ES:**13C, 208
Fusion interface, **ES:**4, 143, 145, 166
Fusion process, **ES:**4, 172

Fusion welding, **ES:**4, 164
Fusion zone, **ES:**4, 166
Fuzzy derivatives, **E:**103, 83–84
Fuzzy entropy
conditional, **E:**88, 256
higher-order, **E:**88, 256
hybrid, **E:**88, 252–255
positional, **E:**88, 256
rth-order, **E:**88, 252–255
Fuzzy geometry, **E:**88, 256–260
breadth, **E:**88, 258
center of gravity, **E:**88, 259
compactness, **E:**88, 257
degree of adjacency, **E:**88, 260
density, **E:**88, 259
height, **E:**88, 257
index, area coverage, **E:**88, 258
length, **E:**88, 258
major axis, **E:**88, 258–259
minor axis, **E:**88, 259
width, **E:**88, 257
Fuzzy inference engine, **E:**89, 317–318
Fuzzy knowledge base, **E:**89, 313–316
Fuzzy relational calculus, **E:**89, 266, 276–289
Fuzzy relations
binary relations, **E:**89, 292–293
calculus, **E:**89, 266, 276–289
closures and interiors, **E:**89, 293–294
likeness relations, **E:**89, 296–297
similarity relations, **E:**89, 294–296
theory, **E:**89, 255–264
Fuzzy set theory, **E:**89, 255–264; **E:**94, 151
f-value, **ES:**2, 14–15
for rare earths, **ES:**2, 121, 125
FW_{50}, *see* Full width median
FW_f spot-width
definition of, **ES:**21, 367
of energy distribution, **ES:**21, 377
in MC program, **ES:**21, 426, 458–461
of spot limited by
chromatic aberration, **ES:**21, 388–389
space charge defocusing, **ES:**21, 396
spherical aberration, **ES:**21, 394
trajectory displacement effect, **ES:**21, 375
FWHM, *see* Full width at half maximum
FWM (focus wave mode), **E:**103, 30
FXR accelerator, electron gun, **ES:**13C, 145–146, 148
emittance, **ES:**13C, 162

G

Ga
  LMIS of, ES:20, 154, 155
  selective evaporation of, ES:20, 40
GaAlAs, ES:20, 170
GaAs, ES:20, 39, 40, 165, 177–184
  GaAs/Al, ES:20, 188
  GaAs/Pd, ES:20, 191
  GaAs/Ti/Pd, ES:20, 191
  Si-doped, ES:20, 190
  Zn-doped, ES:20, 190
GaAs diode maser, ES:2, 161–167, 248
GaAs$_{1-x}$ P$_x$, ES:2, 161, 248
  harmonic generation in, ES:2, 214, 216
  interference of light from, ES:2, 181
  spectral width of, ES:2, 162, 176
GaAsFET, E:87, 227, 244
Gable, ES:15, 210
Gabor, D., E:91, 259–283; ES:9, 189; ES:11, 1; ES:16, 24; M:12, 31
  in history of electron microscope, ES:16, 2, 28, 40–42, 45, 51, 87, 105, 306, 407, 414–415, 418–421, 431–433, 485, 493, 494, 501, 506, 508, 557, 589, 591
Gabor-DCT transform, E:97, 52
Gabor expansion
  biorthogonal functions, E:97, 27–29
  exact Gabor expansion, E:97, 23–30
  image enhancement, E:97, 54–55
  quasicomplete, E:97, 34–37
Gabor focus, M:12, 49
Gabor functions (Gabor wavelets, Gaussian wave packets, GW), E:97, 3–4, 5, 7
  applications, E:97, 78
  human visual system modeling, E:97, 41–45
  continuous signal, E:97, 23–27
    biorthogonal functions, E:97, 27–29
    Zak transform, E:97, 29–30
  discrete signals, E:97, 30–33
    Daugman's neural network, E:97, 31–32
    direct method, E:97, 32–33
  drawbacks, E:97, 6–7
  image analysis and machine visions, E:97, 61–78
  image coding, E:97, 50–54
  image enhancement, E:97, 54–59
  image reconstruction, E:97, 59–60
  machine vision, E:97, 61–66

  mathematical expression, E:97, 5
  orthogonality, E:97, 6, 11, 13, 22
  quasicomplete Gabor transform, E:97, 34–37
  receptive field of visual cortical cells, E:97, 41–45
  vision modeling, E:97, 17, 34–35, 41–45
Gabor holography, M:10, 139, 140–144
  invention of, E:96, 139, 398
Gabor transform, quasicomplete, E:97, 34–37
Gabor tube, DS:1, 196, 197
Gain, ES:22, 17, 75, 90, 98, 129, 185, 189; ES:24, 160
  bandwidth, ES:22, 107
  defined, E:99, 76
  effect of tube diameter on, ES:2, 140, 147
  function, ES:22, 105, 229, 283
  guiding, ES:22, 197, 199
  of mode, ES:2, 28, 43, 187
  per pass, fractional, ES:2, 30, 31
  of regenerative amplifier, ES:2, 43
  saturation, ES:2, 31, 93; ES:22, 232
  of traveling wave amplifier, ES:2, 33
GaIn, LMIS of, ES:20, 152
GaInAs, ES:20, 170
Gain-bandwidth product, E:99, 86, 110; ES:2, 29; ES:15, 217; ES:24, 183, 184
Gain curve, ES:4, 99, 100
Gain shift, in nondispersive X-ray analysis, ES:6, 334–336
Galactic noise, ES:15, 43
Galejs, ES:14, 358, 368
Galena, M:6, 290
  electron probe analysis of, ES:6, 233–234
Galerkin's equations
  for A, V-A-ψ formulation, 54
  of eigenvalue problem, E:82, 49
  for magnetic vector potential, E:82, 52
  of second order elliptic differential equation, E:82, 47
  for total and reduced scalar potential, E:82, 50
  of transient problem, E:82, 47
  for T, ψ-A-ψ, E:82, 57
Galerkin's method
  application to potential formulations, E:82, 49
  in eddy current case, E:82, 53
  general description of, E:82, 46

SUBJECT INDEX

in static case, **E**:82, 50
  for waveguide and cavity, **E**:82, 61
Galilean region, **E**:101, 199
Gallium
  field ion source, **ES**:13B, 62–63
  as liquid metal ion source, **ES**:13A, 284, 286–288, 301, 311–314, 320
  semiconductors doped with, **ES**:8, 198
Gallium antimonide, **ES**:1, 168
Gallium arsenide, **E**:91, 175–184, 216; **ES**:1, 168, 169; **ES**:4, 234
  properties, **E**:92, 82, 117
  target, **ES**:13B, 68
  for transmission photocathodes, **D**:1, 114–118
Gallium nitride, **ES**:1, 98, 155, 169–171
Gallium phosphide, **E**:91, 179; **ES**:1, 98, 154–161
  in photomultipliers, **D**:1, 5
  relationship to ZnS, **ES**:1, 154
Galloway, P., **ES**:11, 217
Galvanoluminescence, **ES**:1, 1
  in Al_2O_3 and other oxides, **ES**:1, 161–168
  of Ge, **ES**:1, 142
  of Si, **ES**:1, 153
  of SiC, **ES**:1, 132
Galvanomagnetic devices, **E**:91, 174–175
Galvanometer
  deflector, in laser displays, **D**:2, 37–40
  limiting resolution for, **D**:2, 38–39
    performance characteristics of, **D**:2, 39–40
Gamma, **E**:90, 46–47; **DS**:1, 9, 26
  corrections, **E**:103, 71
  photographic, **M**:1, 187
  radiation, in ion beam diagnostics, **ES**:13C, 340–341
Gamma-ray image conversion, **D**:1, 43–45
Gamow, G., **ES**:16, 188
Gamow factor, **M**:8, 210
GaP, **ES**:20, 165, 177–184
Garbor kernel, **E**:103, 47
Garnet, *see* Yttrium iron garnet
Garten, L., **ES**:16, 57
Gas(es)
  adsorption and desorption, **E**:83, 63
  for beam profile monitoring, **ES**:13A, 233–234
  field ionization of, **ES**:13A, 271–272
  phase space, **ES**:13C, 43, 45

  phase space representation, **ES**:13A, 165, 167
  problems in channel electron multiplication, **D**:1, 12–12
  propagation of neutralized beams in, **ES**:13C, 361–366
  refractive index gradient, **M**:8, 11
Gas cells
  brightness modulation, **D**:3, 143–144
  matrix of, **D**:3, 87
Gas chromatograph-mass spectrometer coupling, **ES**:13B, 156
Gas density, control of, **ES**:6, 150
Gas discharge, *see also* Collisions
  analogy to EL, **ES**:1, 127–128
  arrays, **D**:3, 87
  cells or devices
    basic properties of, **D**:3, 90–107
    breakdown condition in, **D**:3, 94
    brightness and efficacy of, **D**:3, 106–107
    cell life characteristics in, **D**:3, 103–104
    concept of, **D**:3, 84
    counting or stepping tubes in, **D**:3, 85
    discharge environment in, **D**:3, 91
    discharge mechanism and cell voltages in, **D**:3, 91–96
    electric field in, **D**:3, 97–99
    formative delay in, **D**:3, 102–103
    fundamental mechanisms of, **D**:3, 90–104
    light emission in, **D**:3, 104–107
    memory margin in, **D**:3, 99–100
    mercury cycling in, **D**:3, 104
    Penning effect in, **D**:3, 96–97
    priming in, **D**:3, 101
    region of gas discharge in, **D**:3, 97–98
    response times in, **D**:3, 101–104
    scan glow transfer in, **D**:3, 110–112
    self-sustained discharge in, **D**:3, 95–96
    statistical delay in, **D**:3, 101–102
    Townsend coefficients in, **D**:3, 92–94
  panels with internal line sequencing, **D**:3, 83–167, *see also* SELF-SCAN. displays
  television displays, **D**:3, 84–85
Gaseous field ion source, **ES**:13B, 62–63
Gas evaporation method, Japanese contributions, **E**:96, 785–786
Gas-filled reaction chamber, light-ion-beam propagation, **ES**:13C, 329

Gas inlet system, **M**:11, 91
Gas-insulted accelerator, **ES**:13B, 56
Gas-insulted ion implantation system, **ES**:13B, 56
Gas-intense relativistic electron beam, collective ion acceleration, **ES**:13C, 449–451
Gas ionization, in ion implantation system, **ES**:13B, 48
Gas jet isotope transport system, **ES**:13B, 168–169
Gas laser, **E**:91, 179
Gas law interpretation, in space charge optics, **ES**:13C, 15
Gas pressure, **ES**:3, 29, 68, 75–76, 153
Gas puff arrangement, Luce-like diode, **ES**:13C, 468–469
Gasser, H.S., **ES**:16, 192
Gas stirring, **M**:1, 60
Gas supply
  field-induced, **ES**:20, 99
  function, **ES**:20, 88
Gate(s), **E**:83, 30, 43, 47, 49, 78, 80, 85
  disruption, **E**:83, 63, 65
  logic, spin-polarized single electrons, **E**:89, 229–232
Gate delay(s), **ES**:24, 1, 134, 140, 141, 149–162, 170, 180
Gate leakage, **E**:86, 37
Gatignol planar model, **ES**:19, 481, 482
Gaubatz, **ES**:9, 28
Gaubatz, D.A., **ES**:11, 43
Gauge(s), **E**:102, 12–15
Gauge transformation, **E**:82, 17
Gauss deformed spheroidal potential, **ES**:19, 103–104
Gauss–Hermite modes, **ES**:22, 197, 202
Gaussian, weak
  collision, *see* First order perturbation, dynamics
  complete collision regime for lateral velocity distribution, **ES**:21, 234–235, 259
  for trajectory displacement distribution, **ES**:21, 286
Gaussian algorithm, **E**:85, 37, 43
Gaussian beams, **E**:93, 184–185, 186; **E**:103, 29; **ES**:22, 59, 60, 189, 191, 192
  in laser display resolution, **D**:2, 6–7
Gaussian brackets, **ES**:7, 18–19

Gaussian curvature, **E**:84, 174, 191
  universal beam spreading curve, **ES**:21, 344
Gaussian curve, of current density, **ES**:3, 201–203
Gaussian deflection, **ES**:17, 129, 133, 154, 155, 164
  property, **ES**:17, 125, 132–134
Gaussian density/distribution, **ES**:12, 47, 62–63, 67–69, 115; **ES**:13C, 507–509, 511–513, 515, 517–518, 527
  amplitude, **ES**:15, 14
  angular and spatial, **ES**:21, 96, 217–222, 266–270, 300–301, 379, 439–441
  in Coulomb interaction, **M**:13, 219–221
  displacement, **ES**:21, 121
  electron beam diode, **ES**:13C, 183
  high-intensity beams, **ES**:13C, 58
  eigenfrequencies, **ES**:13C, 88, 90
  long bunched beams, **ES**:13C, 128–126
  stability, **ES**:13C, 86–87
  model, **ES**:12, 6
  in space charge optics, **ES**:13C, 15–16, 40
  two-particle function, *see* Gaussian two-particle distribution function
  variables, **ES**:12, 28–31, 34, 120
Gaussian derivatives
  edge detection, **E**:97, 64
  vision modeling, **E**:97, 17, 19, 45
Gaussian dioptics, **ES**:17, 16, 19, 24–35, 109, 210–216, 272–280, 280–285, 328
Gaussian distribution, of amplitudes, **ES**:4, 132
Gaussian elimination
  in direct electron ray tracing, **M**:13, 41
  in FDM method, **M**:13, 10
Gaussian filter, **E**:99, 2–3
Gaussian fit, **E**:86, 221
Gaussian illumination, in laser displays, **D**:2, 10
Gaussian image plane, **ES**:17, 53, 217, 221
Gaussian Markov random fields, **E**:97, 107
Gaussian optical parameter, **ES**:17, 29, 411–420
Gaussian optical transfer matrix, **ES**:17, 110–112
Gaussian processor, **E**:85, 17, 19

Gaussian reference sphere, **ES:**17, 56
Gaussian regime
  for axial velocity distribution
    in beam with crossover
      of arbitrary dimensions, **ES:**21, 213
      narrow, **ES:**21, 188
    in homocentric cylindrical beam, **ES:**21, 200
  for lateral velocity distribution
    in beam with crossover
      of arbitrary dimensions, **ES:**21, 257
      narrow, **ES:**21, 233–234
    in homocentric cylindrical beam, **ES:**21, 240–241
  for trajectory displacement distribution, **ES:**21, 285–286
  truncated distribution, **ES:**21, 379, 397–399
Gaussian scale-space, **E:**99, 3–5, 55
Gaussian spot, **DS:**1, 22
  modulation transfer function, **DS:**1, 23
Gaussian statistics, **E:**82, 234; **M:**5, 69
Gaussian trajectory
  equation, *see* Trajectory equation, Gaussian
  in Hamiltonian representation, **E:**91, 13–15, 30
  parameter, **ES:**17, 117–122, 165
  unperturbed
    within analytical model, *see* Field particles
    within MC model, **ES:**21, 415, 418, 425
Gaussian two-particle distribution function
  for axial velocity displacements, in homocentric cylindrical beam, **ES:**21, 194–196
  definition of, **ES:**21, 108
  for lateral velocity displacements, in homocentric cylindrical beam, **ES:**21, 235–237
  for off-axis reference trajectories, **ES:**21, 306, 312
  for trajectory displacements, in beam with crossover, **ES:**21, 276–280
Gaussian two-particle dynamics, **ES:**21, 135–176, 499
  calculation scheme for, **ES:**21, 149, 416
  of collision with zero initial relative velocity, **ES:**21, 160–163

  of complete collision, **ES:**21, 70–71, 143–146
  in Fast Monte Carlo program, **ES:**21, 415–417
  of nearly complete collision, **ES:**21, 151–156, 170–176
    numerical approach to, **ES:**21, 150–151
  of weak collision, **ES:**21, 76–77, 156–160
Gaussian velocity
  axial, *see* Axial velocity
  scaled, transverse, v_o, **ES:**21, 206, 514, 516
  shift in, *see* Displacement
  Z-dependent velocity correction, **ES:**21, 423
Gaussian virtual spatial displacement, *see* Displacement, spatial
Gaussian Vlasov equation, for single component, nonrelativistic, **ES:**21, 62
Gaussian wavefront propagation, **E:**93, 204–207
Gaussian wavelets
  machine vision, **E:**97, 61, 63
  texture analysis, **E:**97, 64–68
Gaussian wave packets, *see* Gabor functions
Gaussian width measures, **ES:**21, 125–128, 363–399
Gaussian window example
  frequency-domain formulation, **E:**103, 49–51
  time domain formulation, **E:**103, 55–57
Gauss–Laguerre modes, **ES:**22, 202, 204
Gauss' law, **ES:**22, 383
  electron guns, **ES:**13C, 161
Gauss–Seidel approximation method, **ES:**13A, 37, 39
Gauss' theorem, **E:**82, 24, 25, 40; **ES:**21, 337
Gauss–Weingarten equations, **E:**84, 176, 191
  of classical surface theory, **E:**103, 110–113
Gauze lens, for aberration correction, **ES:**13A, 109–111
Gavin, **ES:**23, 48, 330
GBM (generalized Boltzmann machine), **E:**97, 150–151
GBW, *see* Gain-bandwidth product
GDE, *see* Generating differential equations
Gd^{3+} in glass, fluorescence from, **ES:**2, 121
Ge, **ES:**20, 37, 39, 165
  (2 x 8), **ES:**20, 261
Gear method, **ES:**22, 201

G.E.C. Plessey Semiconductors, E:91, 150, 168, 223
Gedanken experiment, E:90, 125, 133, 138, 147
  classical electrodynmics, E:90, 149–150
  general relativity, E:90, 170, 171
  power spectral 1/f noise, E:90, 176–177, 188
  quantum mechanics, E:90, 155, 165
  special relativity, E:90, 147
Gefland–Levitan–Marchenko
  analogue, ES:19, 149–150
  equation, ES:19, 9, 11–13
  solution, ES:19, 194
    1-D generalization, ES:19, 171, 173
  theory
    inverse scattering, exact solution, ES:19, 80–81, 87, 92
    iterative methods, ES:19, 71–76, 80–81
Geissler tube, ES:16, 558
Gelatin, M:5, 317
GEM, see Generalized expectation-maximization algorithm
Ge MOSFETs, ES:24, 223–224
Gene expression, fluorescent probes for, M:14, 171–172
General approximation, minimax algebra, E:90, 111–112
General basis algorithm, E:89, 337
  gray-scale function mapping
    dual basis, E:89, 371–372
    opening and closing, E:89, 372–374
  t-mapping
    cascaded mappings, E:89, 345–348
    dilation, E:89, 343–345
    dual basis, E:89, 348–349
    erosion, E:89, 343–345
    intersection, E:89, 339–343
    translation, E:89, 337–338
    union, E:89, 338–339, 342–343
  translation-invariant mapping
    cascaded mapping, E:89, 363–365
    dual basis, E:89, 363
General Electric Microwave Laboratory, ES:22, 3
Generalized Boltzmann machine (GBM), E:97, 150–151
Generalized Chernoff measure, E:91, 125
Generalized cylinder, E:86, 154–155

Generalized expectation-maximization algorithm
  image processing, E:97, 93, 153
  tomographic reconstruction, E:97, 162–166
Generalized information measures, E:91, 37–41
  unified (r,s)-information measures, E:91, 41–132
Generalized integration transformation, eikonals
  electrostatic lenses, E:97, 396–403
  magnetic lenses, E:97, 389–392, 396–381
Generalized Lloyd algorithm, E:84, 10
Generalized matrix, E:90, 112–113
  product, E:84, 67
Generalized phase planes
  signal description, E:94, 324–325, 347–365
  signal detection, E:94, 379
Generalized probability density function, E:91, 112
Generalized quantizer, E:94, 386
Generalized sampling, E:94, 386
Generalized soft dilation, E:92, 52
Generalized soft erosion, E:92, 52
Generalized spectral theory, E:94, 319
Generalized transitive closure, E:90, 79–80
Generalized units, see Normalized units
General linear dependence, minimax algebra, E:90, 114–117
General polarization, ES:18, 46
General relativity, information approach, E:90, 170–174, 188
General solution, ES:18, 2
General Telephone and Electronics Laboratories, Inc., D:2, 3
General theory of image formation, E:93, 174–176, 215–216
Generating differential equations
  A-Psi type, E:94, 339–347, 388
  data compression, E:94, 387–391
  ensemble GDE, E:94, 337–339
  parameter estimation, E:94, 366
  signal description, E:94, 324, 327, 336–347
  three coeffecients, E:94, 343–347
Generating phase trajectories, E:94, 324
Generation
  lifetime, E:86, 13, 29
  noise, ES:8, 115
  width, E:86, 15
Generation-limited memory, E:86, 49, 71

Genericity, E:103, 82
Genetic algorithms, E:88, 288–290
  crossover, E:88, 288–289
  enhancement, E:88, 289–290
  fitness function, E:88, 289
  mutation, E:88, 288–289
  parameter selection, E:88, 289–290
  reproduction, E:88, 288–289
Gentner curve, DS:1, 176, 178
Geological dating, by isotope abundance ratios, ES:13B, 157
Geologic maps, Pennsylvania, transforms, M:7, 41
Geometric aberrations, ES:17, 57–69
  coma, ES:17, 62–64
  distortion, ES:17, 68–69
  field curvature and astigmatism, ES:17, 64–68
  figures, ES:17, 57–69
  high-intensity beams, ES:13C, 134
  by space charge, see Space charge lens
  spherical abberation, ES:17, 59–62
  of thin-lens, ES:21, 10, 406
  of thin-quadrupole, ES:21, 408
  third order, ES:17, 50–57, 117–121, 216–220
Geometrical extension, of radiating surfaces, ES:13A, 179
Geometric algebra, see also Spacetime algebra
  discovery, E:95, 272
  electron physics, E:95, 272
Geometrical meaning, of differential relations, E:103, 110–114
Geometrical optics, ES:22, 290
  differential phase contrast mode, E:98, 351–357
  Fresnel mode, E:98, 337–341
Geometrical roughness, ES:6, 205–211
Geometrical variables, ES:21, 137, 160, 305, 311, 328
Geometric correction, computer image processing, M:4, 89
Geometric optics, ES:11, 109
Geometric theorem, E:86, 151, 153
  proving, E:86, 86, 149, 153, 164
Geometric transformations, see Conformal transformations

Geometry
  algebraic, E:86, 149
  of crystals, M:1, 42
Geophysical Survey Systems, ES:18, 41
Geophysics, see also Seismology
  borehole probing, ES:19, 51–57
  iterative matrix inversion techniques, ES:19, 179–189
Gerchberg–Papoulis algorithm, E:87, 14, 16, 20; E:95, 178–179
Gerchberg–Saxton algorithm, E:93, 110
  iterative, M:13, 297–298
Geren, B., ES:16, 295
German Democratic Republic
  contributions to electron microscopy
    biology, E:96, 175
    materials science, E:96, 175, 178
    metallurgy, E:96, 175
    microscope production, E:96, 171–172, 175, 448–449
  international activity, E:96, 179–180
  monographs, E:96, 178–179
  national conferences, E:96, 178, 180
  resignation from German Society for Electron Microscopy, E:96, 157
  societies, E:96, 178
Germanium, ES:1, 139–145; ES:4, 206
  alloys with Si, ES:1, 168
  amorphous films, lattice fringes, M:7, 156
  avalanche photodiodes, E:99, 89–90
  dislocations, mirror EM image, M:4, 247
  forward-biased junctions, ES:1, 139–144
  magnetic field, effect of, ES:1, 140, 141, 144
  oxygen in, ES:1, 144
  properties, E:92, 82
  reverse-biased junctions, ES:1, 144–145
  semiconductor history, E:91, 143, 144, 149, 171, 173
German Navy, stealth technology, ES:15, 31
German Society for Electron Microscopy
  board members
    original members, E:96, 151, 153
    table, E:96, 165–168, 802–803
  constitution, E:96, 153, 155, 161–165
  dues, E:96, 158–159
  Ernst Ruska Prize Foundation, E:96, 158
  honorary members, E:96, 170, 803
  meetings
    first conference, topics, E:96, 151–152

international conferences, E:96, 155-157
locations, E:96, 802
minutes of first meeting, E:96, 151, 159-160
origins, E:96, 150-153, 155-159, 801
publications, E:96, 157-158, 852-876
working groups, E:96, 157
Germany
contributions to electron microscopy, see also Knoll, M.; Ruska, Ernst
electrostatic electron microscope, E:96, 137-141
field emission microscope, E:96, 143-144
magnetic electron microscope, E:96, 132-137
scanning electron microscope, E:96, 142-143
electron microscope development in, ES:16, 1-24
effect on research outside of Germany, ES:16, 228-229
electron microscopy, M:10, 218-221
electron microscopy growth, E:96, 149-150
GESPA (Compagnie Generale de Systemes et de Projects Avances), ES:16, 123
Gestalt law, E:86, 111-112
Get-lost-line, ES:9, 302
Gettering, ES:24, 252
Getters, ES:4, 17
g-factor, ES:5, 6
Ghost charge, ES:21, 423
Ghost suppression, ES:14, 214
Ghost targets, ES:14, 196
Giant magnetroesistance, magnetic multilayers, E:98, 400, 402
Giant pulses, see Q-spoil maser
Gibbs, ES:9, 64, 93, 404
Gibbs differentiation, ES:9, 404
Gibbs distributions, Markov random fields, E:97, 106-108
Gibbs phenomenon, ES:9, 6, 7; ES:12, 116, 123
Gibbs sampler algorithm, E:97, 119-120, 123
Giem, ES:9, 231
Gila fibrils, early electron micrograph of, ES:16, 174
Gilbert, R., ES:11, 217
Gilmouir, G.A., ES:11, 12, 219
Ginzberg-Landau theory of superconductors, M:14, 9-11

Ginzburg-Landau equations, E:87, 172-173
GIRL image, ES:12, 7
Givens transformation, E:85, 28-32, 37, 43, 53, 62
Glaser, W.
Grundlagen der electronenoptik, E:96, 59-64, 66
in history of electron microscope, E:96, 59-66, 795; ES:16, 47-48, 49, 53, 226, 250, 324, 326, 331, 332, 341, 342, 358, 394, 398, 439, 504
Glaser model of axial flux density, M:13, 143
bell shaped, M:13, 143-144
Glaser's bell-shaped field, ES:17, 44
Glaser-Schiske diffraction integral, E:93, 195-202
Glaser's equation, ES:16, 321
Glass
bulb, DS:1, 110
for microchannel plates, D:1, 28
Glass core, in channel plate technology, D:1, 29-30
Glass frit, DS:1, 46
Glass knife, development for electron microscope section, ES:16, 95-96
Glasslike materials, ES:4, 178
Glass masers, ES:2, 112, 125, 236
Glass optical fiber technology, E:91, 199-201
Glass plate
fused multimultifibers in, D:1, 30
manufacturing technology for, D:1, 29-32
substrate, for electron beam lithography system, ES:13B, 74
Glass spheres, Ronchi-grid photomicrographs, M:8, 13
Glassy carbon field emission cathodes, M:8, 252, 257
G-L-M, see Gefland-Levitan-Marchenko
Global covering, E:94, 156, 185
LERS LEMI option, E:94, 188-190, 191
Global functions, ES:9, 51
Global positioning system, E:85, 54-55, 62, 66
Global predicate, E:84, 236-239, 245
Global property, E:103, 81
Global reduce operation, E:84, 79; E:90, 361
Global structure of relief, see Relief, global structure of
Global warming, LERS, E:94, 194
Globular macromolecules, M:8, 113

Globular proteins
  negative staining, **M:**7, 288
  three-dimensional structure, **M:**7, 282
  tubular crystals, three-dimensional structure, **M:**7, 339–340
GLOL, **M:**5, 44, 45, 62, 75, 76, 77
  coding, **M:**5, 65
  command structure, **M:**5, 88–93
  Karnaugh map, **M:**5, 80
  in measurement analysis, **M:**5, 69–72
  procedures, **M:**5, 66, 67, 68
  sets, **M:**5, 80
  shrinking, **M:**5, 87, 88
  simple statements, **M:**5, 80–88
  structure, **M:**5, 45
  uses, **M:**5, 63, 65
GLOPR computer, **M:**5, 68, 69
Glove box, **M:**5, 3
Glow discharge
  apparatus, **M:**8, 130–132
  support film treatment by, **M:**8, 120, 127–130
Glucose-6-phosphatase
  histochemical technique, **M:**6, 184, 185, 186
  pH optimum, **M:**6, 185
  stability to fixatives, **M:**6, 185, 186
  substrate specificity, **M:**6, 184
Glucose oxidase
  three dimensional structure, **M:**7, 341, 344, 345
  tubular crystals, three-dimensional structure, **M:**7, 339
Glushner, **ES:**15, 265
Glutaraldehyde, **M:**2, 268, 303
Glycogen, fixation, **M:**2, 262, 263, 270, 274, 280
GMRFs, *see* Gaussian Markov random fields
GNC (graduated nonconvexity algorithm), **E:**97, 90, 91, 93, 124–127, 153, 168–175
Gnomic projections, in divergent beam X-ray technique, **ES:**6, 376, 383–385
Goetz, G.G., **ES:**11, 3
Goguen implication operator, **E:**89, 280
Gohberg–Semencul decomposition, **E:**84, 296
GOI electron microscope (Russia), **ES:**16, 591, 593, 596
Golay, **ES:**14, 260, 351
Golay pattern transformation
  in CELLSCAN/GLOPR system, **M:**5, 62–68
  conversion, **M:**5, 63
GLOL procedures, **M:**5, 66–68
Golay statement, **M:**5, 65, 88, 89
Golay surrounds, **M:**5, 65
hexagonal lattice arrangement, **M:**5, 64
nearest-neighbor configurations, **M:**5, 65
procedures, **M:**5, 65
Gold
  colloidal, imaging technique, **M:**10, 318–319
  crystal-aperture scanning transmission electron microscopy, **E:**93, 59, 90–105
  energy selected images, **M:**4, 351–352, 353
  field ion source, **ES:**13B, 62–63
  as liquid metal ion source, **ES:**13A, 287
Golden, **ES:**9, 403
Gold grid, electron probe microanalysis, **M:**6, 280, 286
Gold labels, *see* Colloidal gold labeling
Gold–palladium cracks, **E:**83, 182
Gold–palladium film, in electron beam lithography, **ES:**13B, 127
Gold plating, **ES:**4, 177
Gold–silver system, atomic number correction for, **ES:**6, 100–104
Golgi apparatus
  discovery, **E:**96, 97
  HVEM in studies of, **ES:**16, 151, 153
  probes for, **M:**14, 140–141
Golgi complex, **M:**6, 181, 183, 189
Golikov, **ES:**23, 334
Gölz, E., **ES:**16, 237
Gomez, **ES:**18, 43
Gomori method
  for acid phosphatase, **M:**6, 180, 181
  for alkaline phosphatase, **M:**6, 172, 173, 174, 184, 191
Gonda, S., **ES:**16, 124
Gondran–Minoux theorem, **E:**90, 115–117
Good–Thomas algorithm, **E:**93, 2
  fast Fourier transform algorithm, **E:**93, 19–21
  hybrid RT/GT algorithm, **E:**93, 25–26
Gopinath formula, **M:**12, 173
Goryachev, **ES:**23, 333
Goryunova, **ES:**23, 333
Goulet, **ES:**9, 490, 495
Gouy, **ES:**9, 13
Gow, **ES:**14, 32
GPP, *see* Generalized phase planes

GPS (global positioning system), **E:**85, 54–55, 62, 66
Grabel, **ES:**15, 265
Grad, defined, **ES:**9, 452
Grad B drift, **M:**12, 124
Graded layers, **ES:**24, 234
Gradient(s), definition of, **E:**88, 304, *see also* Derivatives
Gradient functions, homotopy modification, **E:**99, 46, 48–51, 54
Gradient-index optics, **M:**8, 6–7, 20
Gradient watershed region, scale-space, **E:**99, 51–53
Gradiometers, in biomagnetism, **ES:**19, 207
Gradshteyn, **ES:**18, 233
Graduated nonconvexity algorithm, image processing, **E:**97, 90, 91, 93, 124–127, 153, 168–175
Graeme, J.G., **ES:**9, 141; **ES:**11, 142; **ES:**14, 5, 12, 223, 319; **ES:**15, 144; **ES:**23, 47
Grafted branch, **E:**84, 16
Graft residual, **E:**84, 17
 centroid, **E:**84, 16, 18
Grahame relation, **E:**87, 106
Grain(s)
 optical diffraction analysis, **M:**7, 33
 per electron in emulsions, **M:**1, 194, 197
 shape, **M:**3, 35
 size, discrimination in optical diffraction analysis, **M:**7, 35
 size, photographic, **M:**2, 153
 yield in autoradiography, **M:**2, 156
Grain boundary(ies), **ES:**20, 4, 5, 6, 146, 235, 236; **M:**2, 231, 386
 idealized model of, **ES:**6, 269
 photographic transparencies for optical diffraction analysis, **M:**7, 52
 segregation, **ES:**20, 6, 69, 235, 236
 segregation of, **ES:**4, 164; **ES:**6, 118
Grain cracking boundary, **ES:**4, 163
Grain growth, **ES:**4, 166
Grain-oriented specimens, **ES:**4, 198
Grandiorite, pulse height spectrum of, **ES:**6, 343
Grandmother neurons, **E:**94, 284
Granger, **ES:**9, 393
Granite
 pulse height spectrum of, **ES:**6, 344, 349
 transforms, **M:**7, 47

Granular electron devices, **E:**89, 203–208, 244
 quantum-coupled, shortcomings, **E:**89, 221, 244–245
Granular flow, **M:**1, 3
Granularity
 of data, rough set theory, **E:**94, 151–194
 of emulsions, **M:**1, 196
 imaging plate system, **E:**99, 259–262
 of stains for biological macromolecules, **M:**7, 290
Granular materials, **E:**87, 210, 219, 231, 234, 239, 243
Granulite, **M:**7, 37
Granulocytes, **M:**5, 46; **M:**6, 77
Granulometries, **E:**99, 11
Graph, and-or, **E:**86, 138
Graphical construction, for optimum plate, **ES:**3, 102–105
Graphical surfaces, **E:**103, 67
Graphical user interface, **E:**88, 107
Graphic display, **E:**91, 234–236, 237, 244
Graphite, **M:**5, 146
 crystalline, **M:**5, 308
 liquid drop formation on, **E:**98, 30, 32–44
Graphs
 acyclic graphs, **E:**90, 52–54
 connected graph, **E:**90, 48–51
 directed graphs, **E:**90, 36–41
 underlying finite graph, **E:**90, 38
Graph theory, **E:**84, 107
 circuit, length, weighted graph, **E:**84, 113
 correspondence between graph and template, **E:**84, 107
 weighted, associated with template, **E:**84, 107
GRASP library, **E:**94, 63–78
Grassman algebra, quantum theory, **E:**95, 377–379
Grassman's law of color mixtures, **ES:**12, 41
Grass-noise, **ES:**20, 53
Graticule(s), **M:**1, 7, 8, 10; **M:**3, 41, 42, 44, 47, 73–75
 B.S., **M:**3, 47
 Chalkley, **M:**3, 47
 Curtis, **M:**3, 74
 Fairs, **M:**3, 44
 Freere-Weibel, **M:**3, 79–80
 globe and circle, **M:**3, 44

Porton, **M**:3, 44
Weibel, **M**:3, 78
Zeiss I and II, **M**:3, 74
Grating, **ES**:4, 92; **ES**:22, 144, 309; **M**:1, 28, 29
Grating beams, **ES**:11, 147
Gray, **ES**:23, 48, 305, 332, 333
Gray levels
 and final image, **M**:10, 10
 porosity analysis, **E**:93, 308–311
Gray level statistics, **E**:84, 328, 337
 cooccurrence matrix, **E**:84, 338–339
 first order, **E**:84, 329–330
 histogram, **E**:84, 328–329
 kurtosis, **E**:84, 329–330
 mean, **E**:84, 329–330
 probability, density function
  circular, **E**:84, 327
  exponential, **E**:84, 328
  Gaussian, **E**:84, 327
  joint, **E**:84, 327, 333
  Rayleigh, **E**:84, 328, 330
  Rice, **E**:84, 333
 Rician variance, **E**:84, 333, 336
 second order, **E**:84, 328, 337
 signal-to-noise ratio, **E**:84, 329, 333
 standard deviation, **E**:84, 329–330
 structural variance, **E**:84, 336
Gray model, of axial flux density, **M**:13, 141–142, 144
Gray-scale images, mathematical morphology, **E**:99, 39
Gray-scale morphology, **E**:89, 326, 336; **E**:99, 8
Gray-scale panels, characteristics of, **D**:3, 154–155
Gray-scale picture, **E**:91, 242, 244, 252
 coding, **ES**:12, 219–220
Gray-scale reconstruction, **E**:99, 48–49
Gray scales, product of, **E**:101, 104
Gray-scale t-mapping, **E**:89, 336–337, 366–374
 general basis algorithm, **E**:89, 370–375
Gray-scale transformations, histogram equalization, **E**:92, 6–9
Gray tones, for controlled spatial density of bright and dark sites, **D**:4, 159, *see also* Pseudogray scale
Gray value, **E**:92, 4–5, 9, 19, 20, 27, 38
Gray-value function, **E**:92, 6, 29, 62–63

Gray-value transformations, **E**:92, 4–9
Grazing-incidence mirrors, **ES**:22, 35
Great Britain, *see* United Kingdom
Greatest lower bound, **E**:84, 68
Greatest-weight path problem, **E**:90, 41–42
 matrix power series, **E**:90, 80, 84
 max algebra, **E**:90, 42–44
Green, **ES**:9, 73, 107, 486
Greenleaf, J., **ES**:11, 218
Green's function(s), **E**:82, 225; **E**:98, 81–82; **ES**:19, 65, 170, 171, 537
 dyadic admittance, **E**:92, 108, 112
  chiral-ferrite media, **E**:92, 123–125
  impedance, **E**:92, 103–106, 108
 electron diffraction, **E**:90, 334–338
 microstrip circulators, **E**:98, 128
 three-dimensional model, **E**:98, 219–238, 316
 two-dimensional model, **E**:98, 79–81, 98–103, 121–127, 316
 Newtonian heating, **ES**:19, 246–247
 for nonrelativistic free particle, **E**:97, 280, 350–351
 for system with time-dependent quadratic Hamiltonian, **E**:97, 351–355
Green's function method, **E**:82, 210, 242
Green's function representation, *see also* Dyadic Green's function, three-dimensional; Dyadic Green's function, two-dimensional
 time-domain representation of radiation, **E**:103, 16–18, 45, 48
 time-harmonic radiation, **E**:103, 3, 4, 7–8
Green's identity, **E**:82, 44, 45, 47, 48, 49, 50, 51, 52, 53, 54, 56, 57
Gregory, N.L., **ES**:11, 221
Greninger chart, **ES**:6, 403
Grid
 to anode gap, *see* Anode
 aperture diameter influence, **ES**:3, 42–43, 49–50, 68–69, 128–130, 168–185
 bias effects, **ES**:3, 17–19, 35–36, 48–49, 64–73
 to cathode gap, *see* Cathode
 drive fraction, **ES**:3, 6, 11–12, 31–34, 51, 64–68
 electron guns, **ES**:13C, 145–148, 150, 154, 161, 163–168
 material thickness, **ES**:3, 23
Grid lens, **ES**:13B, 341, 343

Grid method, **ES:**6, 182–185
Grigson coils, **E:**94, 221
Grill wire vibration, **DS:**1, 145, 154
Grimes, **ES:**18, 37
GRIN lenses, refractive index, **M:**8, 6–7
Grivet, P., description of electron microscopy development in history of electron microscopy, **ES:**16, 28, 53–55, 113, 498
Grivet–Lenz model
  of axial flux density, **M:**13, 142, 144
  density, **M:**13, 142, 144
  in lens aberrations, **ES:**13A, 61–62
Grobner basis, **E:**86, 151–153
Gross, **ES:**14, 380
Ground-ground support information, **E:**85, 54–55, 62, 66
Ground probing radar, mining, **ES:**14, 43
Ground profile, Alaska pipeline, **ES:**14, 42
Ground state computing, **E:**89, 218–220
  antiferromagnetism, **E:**89, 226–228
Group, **E:**85, 233–241
  of beams, **ES:**11, 147
  direct product, generating set., **E:**85, 234
Group algebra, **E:**94, 10
  convolution by sections, **E:**94, 4–8
  direct product group algebra, **E:**94, 14–19
  finite groups and index notation, **E:**94, 8–10
  GRASP class library, **E:**94, 55–63
  source code, **E:**94, 63–78
  group convolution, **E:**94, 3, 11–12
  history, **E:**94, 3
  inverses of group algebra elements, **E:**94, 22–27
  matrix representation, **E:**94, 12–14
  matrix transforms, **E:**94, 27–44
  semidirect product group algebra, **E:**94, 19–22
  signal and image processing, **E:**94, 44–54
Group class, **E:**94, 55–57
  algebra, **E:**94, 58–60
  matrices, **E:**94, 60–62
Group convolution, filtering signals, **E:**94, 3, 11–12
Group elements, matrix representation, **E:**94, 12–14, 24
Group III-V compounds, semiconductors, **E:**91, 171–188
Group-invariant transform algorithms, **E:**93, 1–55

Group theory, **E:**86, 181; **E:**93, 2–3
  affine group, **E:**93, 10–11
  character group, **E:**93, 6–9
  finite abelian group, **E:**93, 3–6
  point group, **E:**93, 9–10
Group time, **ES:**4, 110
Group velocity, **ES:**18, 215; **ES:**22, 353, 358, 359
  in seawater, **ES:**14, 339
GS algorithm
  dark field microscopy, **M:**7, 243
  magnetic structures, **M:**7, 224, 240
  phase problem solution and, **M:**7, 220
GT algorithm, *see* Good–Thomas algorithm
GT-RT algorithms, **E:**93, 45–46
Guard bands, **DS:**1, 40, 41, 162, 167
Gudden–Pohl effect, **ES:**1, 5, 182–193, 205–207
Guest-host liquid-crystal cell, for polarized light, **D:**4, 80
Guidance formula, **E:**101, 151
Guided missiles, **E:**91, 149, 174
Guided-wave optical interconnections, **E:**102, 248
  applications, **E:**102, 262–263
  architectures, **E:**102, 253
  problems and possibilities, **E:**102, 266–267
Guided-wave structures, **E:**92, 183–200
Guiding
  gain, **ES:**22, 199
  importance, **ES:**22, 200
Guinea-pig sperm, stripe photomicrograph, **M:**7, 98
Guinier, A., **ES:**16, 264, 265
Guinier–Preston zones, **ES:**20, 5, 197, 199
  of Al-Ag alloys, **ES:**20, 224
  of Al-Cu alloys, **ES:**20, 227
  Cu concentration of, **ES:**20, 232
  I, **ES:**20, 228
  II, **ES:**20, 228
Guinn, **ES:**9, 73, 497
Guldberg, **ES:**9, 429, 432, 446, 496
Gun, **E:**83, 125, *see also* Electron gun(s)
  alignment, **E:**83, 127
Gun brightness, **M:**11, 3–6, 104
Gun centering, **ES:**3, 28, 37–39, 56–57, 187–188
Gun microscope
  with EHD sources, **ES:**13A, 311–314
  with FI sources, **ES:**13A, 300–311

Guoy phase shift, **ES**:22, 192, 196
Gupta, **ES**:9, 489
Gurevich, S.B., **ES**:11, 217
Gutiérrez Alfaro, P.A., **ES**:16, 187–188, 199
GWPP, *see* Greatest-weight path problem
Gyro, **E**:85, 2–7
  mechanical, **E**:85, 4–5
  optical, **E**:85, 5–7
    fiber, **E**:85, 6
    laser, **E**:85, 5–6
Gyroelectric-gyromagnetic variational analysis, **E**:92, 136–138
  isotropic case, **E**:92, 139–141
Gyromagnetic ratio, **ES**:5, 6
Gyrotron, Hermansfeldt computer code, **ES**:13C, 197

H

Haar, Hadamard transforms, *see* Transform image coding
Haar functions, **ES**:9, 51
Hach, **ES**:18, 236
Hadamard, **ES**:9, 46
Hadamard matrix, **E**:97, 217–218; **ES**:9, 46
Hadwiger, **E**:84, 63, 87
Haemocyanin
  gastropod, three-dimensional structure, **M**:7, 351
  three-dimensional structure, **M**:7, 349–352
Haemoglobin, **M**:6, 211
  structure, **M**:10, 310
Haem proteins, DAB technique, **M**:6, 210, 211
Haggarty, **ES**:14, 206
Haine, M.E., in history of electron microscope, **ES**:16, 28, 29, 32, 44, 45, 87, 100, 306, 370, 406, 411, 414, 424, 426, 427, 430, 432, 437, 439, 498, 499
Haines, K.A., **ES**:11, 219
Hairpin tungsten filaments, **M**:9, 191–192
  grid cap design, brightness and, **M**:9, 192
Halbach configuration, **ES**:22, 261, 263, 266
Halbach formula, **ES**:22, 262
Half-complete collision, **ES**:21, 161
Half plane aperture images, phase problems and, **M**:7, 262
Half plane aperture methods, phase problem and, **M**:7, 242, 243
Hall, **ES**:9, 484, 489; **ES**:14, 165; **ES**:15, 265

Hall, A.M., **ES**:11, 185, 218, 221
Hall, C., **ES**:16, 59
  contributions to electron microscopy, **E**:96, 81–82
  recollections of early electron microscope development in Canada and U.S., **ES**:16, 275–296
Hall effect, **E**:91, 175
  anomalous, mesoscopic devices, **E**:91, 224
  quantized, **E**:91, 223–224
Halma, H., **ES**:16, 57, 58, 85, 496–497
Halo effect, **M**:6, 58, 59, 87, 88, 90, 98 101, 104, 129
  advantages, **M**:6, 59
  reduction, **M**:6, 87
  relation to phase plate properties, **M**:6, 59, 60, 61, 62
Hamaker approach, **E**:87, 54–55
Hamaker constant, **E**:87, 72–87; **E**:102, 153
  density-modulated, **E**:87, 117
  electric force microscopy, **E**:87, 132–133
  entropic, **E**:87, 58, 77, 81
  macroscopic, **E**:87, 93
  nonretarded, **E**:87, 59–60, 62, 77–78
    evaluation, **E**:87, 75–76
    as function of absorption frequencies, **E**:87, 78
    as function of optical refractive indices, **E**:87, 76
    spectral contributions, **E**:87, 74–75
  oscillating, **E**:87, 116
  partial Van der Waals forces pressures, **E**:87, 91
  particle-substrate, **E**:87, 99
  retarded, **E**:87, 59, 63
    as function of effective refractive indicies, **E**:87, 79–80
    metallic half space, **E**:87, 64
  senitivity to spectral features, **E**:87, 74
Hamemagglutinin, electron microscopy, **M**:7, 258
Hamermesh, **ES**:15, 268
Hamilton
  equations of motion, **ES**:21, 32
  formalism, **ES**:21, 32–33
  function, **ES**:21, 33
Hamilton analogy, **M**:5, 268
Hamilton equation, **ES**:22, 80, 245, 373
Hamiltonian, **ES**:22, 65, 78, 154, 206, 373, 374, 377, 379

Hamiltonian equation, **E:**91, 4
Hamiltonian formalism, **ES:**19, 389, 399–400
  in beam study, **ES:**13A, 160, 162, 164–168
Hamiltonian functions
  power-series expansions, **E:**91, 8–13
  up to tenth-order approximations, **E:**91, 4–13
Hamiltonian mechanics, **E:**91, 4
Hamiltonian representation, Gaussian trajectory, **E:**91, 13–15, 30
Hamilton–Jacobi equation, **E:**101, 151; **E:**103, 96; **M:**5, 269
Hammer–Rostoker model, electron beam propagation in gases, **ES:**13C, 364–366
Hamming distance, **E:**89, 305; **ES:**9, 97, 405
Hamming multistep method, **ES:**17, 408–411
Hamming's predictor-corrector formula, **ES:**17, 408
Hamming's predictor-corrector method, **ES:**17, 410
  modified, **M:**13, 203
    in difference form, **M:**13, 203, 205, 207
Hammond, **ES:**23, 44
Hampsas, G.D., **ES:**11, 222
HAN (hybrid-aligned nematic), **D:**4, 74–75
H and D curve
  for charged particles, **M:**1, 188
  for light, **M:**1, 185
Hand-made drawings, **E:**84, 240, 244, 247
Handwritten characters, **E:**84, 245–247
Hanger, R.O., **ES:**11, 182
Hankel matrix, **E:**90, 119
Hankel transform, **ES:**22, 203
Hardware
  parallel, **E:**85, 161
  pipeline, **E:**85, 161
Hardware implementations, **ES:**12, 205, 269–271
  in image coding, **ES:**12, 152, 153, 158, 168–174
Harger, **ES:**9, 360; **ES:**14, 162; **ES:**23, 333
Harmonic(s), **ES:**22, 34, 71, 73, 107, 177, 179, 208, 217, 263, 266, 271, 279
  cosine, **ES:**17, 198, 199, 202
  electric potential, **ES:**17, 198–202, 381, 384, 386
  even, **ES:**22, 179, 185
  higher order, **ES:**17, 242, 247
  lower order, **ES:**17, 242, 247

magnetic potential, **ES:**17, 198
odd, **ES:**22, 179
sine, **ES:**17, 198, 199
Harmonic detection, setting on a line by, **M:**8, 33–34
Harmonic microscopy, **M:**10, 84, 85–87
Harmonic oscillator, **ES:**22, 302
  coupled, **ES:**22, 350
Harmuth, H.F., **ES:**9, 189, 219, 233, 249, 285, 293, 319, 393, 394, 403, 404, 421, 486; **ES:**11, 1, 41, 43, 105, 146; **ES:**14, 11, 21, 28, 32, 49, 57, 59, 67, 77, 109, 146, 158, 197, 204, 224, 225, 241, 247, 337, 359, 369; **ES:**15, 10, 11, 13, 14, 17, 21, 30, 40, 46, 57, 59, 115, 117, 195, 222, 256; **ES:**18, 21, 36, 43, 46
Harrison, **ES:**14, 32; **ES:**15, 269; **ES:**18, 238
Hart, **ES:**18, 236
Hartley, **ES:**14, 16
Hartley transform, **E:**93, 139–143
Hartog, J.J., **ES:**11, 220
Hartree–Fock equation, **E:**86, 221
Hartree potential, **E:**86, 181, 221
Harwitt, **ES:**9, 400, 490
Hashimoto, H., **ES:**16, 123; **ES:**18, 237
  career
    Cambridge, **E:**96, 607–611
    Hiroshima, **E:**96, 598–599
    Kyoto, **E:**96, 599–604, 612, 618
    Osaka, **E:**96, 619–620, 622–623
  reflections of historic events in electron microscopy, **E:**96, 597, 605–607, 626–631
Hatakeyama, **ES:**18, 37
Hatori, **ES:**9, 495
Havlice, J., **ES:**11, 218
Hawkes, P. W., recollections of history of electron microscopy by, **ES:**16, 589–617
Hayakawa, **ES:**9, 494
HBT (bipolar memory), **E:**86, 59
HBT (heterojunction bipolar transistor), **E:**99, 79
HBTs, *see* Heterostructure bipolar transistor(s)
HDTV (high-definition television), **E:**83, 6, 77, 79; **E:**88, 2
He
  field adsorbed, **ES:**20, 94
  on W, **ES:**20, 88
Head-tail instability, **ES:**22, 401

Health physics, **M**:5, 3, 5
Hearing, **E**:85, 81
Heart
  beating, **M**:6, 2, 38, 46
    mechanically coupled focusing system, **M**:6, 44, 45
    surface tracking, **M**:6, 39, 44, 45
    three-dimensional tracking correction, **M**:6, 45
    chicken embryo, contractions, stripe kymography and, **M**:7, 96
    ventricular muscle, **M**:6, 28
    hypodermic needle illumination, **M**:6, 28
Heart microcirculation
  apparatus, **M**:6, 36, 37, 38
  with epi-illumination, **M**:6, 36
  with light pipe illumination, **M**:6, 36
  recording, **M**:6, 38
Heat, of segregation, of Cu segregation, **ES**:20, 114, 121
Heat affected zone, **ES**:4, 141, 147, 172
Heat conduction, Newtonian, **ES**:19, 246–250
Heat equation, **E**:99, 6
Heat flux, **ES**:4, 143, 145, 147, 148, 149, 151, 152
Heating, of specimen, **M**:1, 150
Heat input parameter, **ES**:4, 156
Heaviside function, **E**:101, 107, 140; **E**:103, 26
Heavy atoms
  discrimination in STEM, **M**:7, 192
  phase information and, **M**:7, 270–272
Heavy doping, **ES**:24, 82–86
  effects of, **ES**:24, 82, 136, 145, 187, 194, 216
  in the emitter, **ES**:24, 159
Heavy hole, **ES**:24, 78
Heavy-ion elastic scattering, **ES**:19, 117–126
Heavy-ion fusion, **ES**:13C, 27, 33, 50, 52, 106, 110, 412
  beam compression, **ES**:13C, 124
  focusing on target, **ES**:13C, 130, 132
  plasma channel beam transport, **ES**:13C, 335, 398
Hebb's rule, **E**:94, 278, 281, 286
Heidbreder, G., **ES**:11, 220
Heidenreich, R.D., **ES**:16, 376
Height, fuzzy set theory, **E**:89, 265–266
Heijn, F.A., **ES**:16, 395
Heine condenser, **M**:6, 116

Heisenberg inequality, **M**:5, 270
  in Fraunhofer diffraction, **M**:5, 270, 271, 272
  in Fresnel diffraction, **M**:5, 272
Heisenberg principle information approach, **E**:90, 167, 169, 187–188
Heisenberg relation, **ES**:22, 56
Heisenberg uncertainty, crystal-aperture scanning transmission electron microscopy, **E**:93, 57–58, 64
Heitler, **ES**:15, 45; **ES**:18, 34
Helgason consistency, **ES**:19, 22
Helical flash lamp, **ES**:2, 106, 107
Helical symmetry, biological macromolecules, **M**:7, 209, 337–339
Helides, **ES**:20, 35, 88
Helium
  field ionization, **ES**:13A, 272–273, 277
  melting point, **E**:98, 11–13
  plasma channel beam transport, **ES**:13C, 334
Helium-filled cold finger, development of, **ES**:16, 198–199
Helium I, II UV light source, **M**:10, 271
Helium-neon-cadmium laser, **D**:2, 13
Helium-neon laser, **D**:2, 3
Helium-neon light
  interference image, **M**:10, 77
  optoelectronics, **M**:10, 66
  pulsed lasers, **M**:10, 197
Helium-selenium laser, in color-TV film recording, **D**:2, 49
Helix-controlled accelerator, **ES**:13C, 459–460
Helix radiators, **ES**:9, 297, 300
Hellinger's distance, **E**:91, 43
Helmholtz equation, **E**:101, 166, 175, 184, 187; **E**:103, 216; **ES**:19, 171; **ES**:22, 342, 345; **M**:5, 268, 269, *see also* Helmholtz wave equation
  and inverse scattering, **ES**:19, 71
Helmholtz equations, **ES**:4, 112
Helmholtz–Lagrange, law of, **ES**:21, 39
Helmholtz–Lagrange theorem, **ES**:13A, 161; **M**:13, 185
Helmholtz theorem, **M**:13, 176, 197
  reciprocity, **M**:5, 261
Helmholtz wave equation
  ferrite media, **E**:92, 159–162

154   SUBJECT INDEX

three-dimensional circulator model, **E:**98, 137–138
two-dimensional circulator model, **E:**98, 86–87
Hematin, EELS, **M:**9, 75, 76
Hematoporphyrin derivative (HpD), **ES:**22, 43
Hemermesh, **ES:**18, 237
Hemispherical detectors, **M:**12, 186
Hemispherical ES analyzer, **M:**12, 109
Hemispherical gas laser cavities, **ES:**4, 130
HEMT, *see* High electron mobility transistor
He-Ne maser, **ES:**2, 238–239, 242
  design and characteristics, **ES:**2, 146–148
  effect of imperfect mirrors, **ES:**2, 48
  frequency separation of modes, **ES:**2, 183
  interaction of oscillating transitions, **ES:**2, 148–150
  interference experiments, **ES:**2, 147, 180, 181
  mode coupling by saturation, **ES:**2, 48
  mode patterns, **ES:**2, 66–68
  mode selection, **ES:**2, 196–197
  power dependent mode pulling, **ES:**2, 183–185
  power dip with tuning, **ES:**2, 47
  power output, **ES:**2, 93–94
  spectral width and stability, **ES:**2, 176
  spiking, **ES:**2, 193
  use as a Raman source, **ES:**2, 223
    in second harmonic generation, **ES:**2, 214
  Zeeman effects, **ES:**2, 150, 193
Henneberg, W., **ES:**16, 513
Henriot, E., **ES:**16, 503, 511, 512
Hcnsgc, **ES:**15, 268
Herčik, Prof., history of electron microscopy, **ES:**16, 76
Hermite polynomials, **ES:**19, 278–279; **ES:**22, 196
Hermitian, **E:**86, 180, 186
Hermitian object functions, phase retrieval, **E:**93, 123–124, 126, 133
Herpes virus, three-dimensional reconstruction, **M:**7, 367, 368
Herrmansfeldt code, computer simulation of vacuum diodes, **ES:**13C, 195
Hertz, **ES:**9, 4; **ES:**14, 1; **ES:**15, 1
Hertzian dipole, **ES:**14, 47, 49, 85; **ES:**23, 36
  arrays, **ES:**9, 293

electric, **ES:**9, 235; **ES:**15, 44, 76
  sensor, **ES:**15, 109
magnetic, **ES:**9, 248; **ES:**15, 94
radiation pattern, **ES:**14, 91
Hess, R., **ES:**16, 92
Hessian determinant, **E:**103, 87–88
Hessian matrix, **E:**84, 282, 303
Heterochromatin, SiO replication, **M:**8, 97, 100–101, 103
  higher order structure comparison, conventional preparation methods, with, **M:**8, 95, 97
Heterochromatin super-structure study, surface spreading technique and, **M:**8, 95
Heterocyclic dyes
  absorption and emission characteristics, **M:**8, 58
  extinction coefficient, **M:**8, 58
  metachromasy of fluorescence, **M:**8, 53
  purification, **M:**8, 58
Heterodyne detection, **ES:**2, 170–173
Heterodyne microscopy, **M:**10, 82–84
Heterogeneous algebra, **E:**84, 72
Heterojunction bipolar transistor, **E:**99, 79
Heterojunction memory, **E:**86, 44
Heterojunction technology, **ES:**24, 1, 160
Heterostructure(s), **ES:**24, 69, 74, 75, 78, 82, 84, 90, 133, 134, 176, 185, 214–219, 234
  devices, **ES:**24, 66
  geometries, **ES:**24, 45
  lattice-matched, **ES:**24, 2
  mechanical, **ES:**24, 3
  symmetrically strained, **ES:**24, 78
  type I, **ES:**24, 113, 216
Heterostructure bipolar transistor(s), **ES:**24, 1, 5, 82, 95, 133–180, 233
  graded-bandgap base, **ES:**24, 134
Heun formula, **M:**13, 202
Heuristic approach, multislice approach to lens analysis, **E:**93, 173–216
Hexagonal-oriented quadrature pyramid, joint space-frequency representations, **E:**97, 19, 20
Hexamethylbenzene, electron density map, **M:**4, 115, 118
HEX gas, corrosion caused by, electron microscopy of, **ES:**16, 93
Hf, **ES:**20, 13
Hg vapor maser, **ES:**2, 152, 241

SUBJECT INDEX

Hibi, T., **ES**:16, 376
   in development of electron microscope in Japan, **ES**:16, 297–315, 318, 327
Hibische Katod, **ES**:16, 308
Hickman, K.C.D., **ES**:16, 281, 283
Hidden
   line, **E**:85, 114
   surface, **E**:85, 114–198
   volume, **E**:85, 114
Hierarchical bases, **E**:82, 351
Hierarchical bus architecture, **E**:87, 282–283
Higashi, N., **ES**:16, 318
Higginbotham, **ES**:15, 265
Higgs-field particles, **E**:101, 15
High beam energy scan, *see also* Low beam
   Charging effect on insulating specimens, **M**:13, 79–86
   collection efficiency, **M**:13, 82–85
   computation, potential, **M**:13, 79–82
   and secondary electron computation, **M**:13, 82
   simulated line scan, **M**:13, 85–86
High-brightness negative-ion source, **ES**:13B, 68
High-current density, in ion implantation system, **ES**:13B, 47, 49
High-current ion implantation, **ES**:13B, 52–55
High-current magetron ion source, **ES**:13B, 68
High-definition television, **E**:83, 6, 77, 79; **E**:88, 2
High density limit, **E**:82, 200
High density regime, **E**:82, 207, 232
High electron mobility transistor, **E**:91, 186; **E**:99, 79; **ES**:24, 233
High-energy ion
   implantation, **ES**:13B, 55–58
   microprobes, **ES**:13A, 321–347
   surface analysis by, **ES**:13A, 321–324
Higher-order modes, **ES**:22, 195, *see also* Cut-off condition; Faraday rotation *entries*
   suppression of, in coaxial phase shifters, **ES**:5, 176
Higher-order spectra, signal description, **E**:94, 322–324
High field synthesis technology, **ES**:20, 130
High-frequency lens(es), **M**:1, 224
   aberration correction, **ES**:13A, 118–121

High-frequency scanning techniques, **M**:8, 36
High gain gaseous masers, **ES**:2, 152, 242, 243
High-gain regime, **ES**:22, 317
High-impedance diode, computer simulation, **ES**:13C, 195–197
High information image, **ES**:10, 86, 129, 170
High-intensity beam, **ES**:13C, 19–21, 209, *see also* Electron beam; Ion beam
   beam pinching, **ES**:13C, 23
   transport and focusing of unneutralized beams, **ES**:13C, 49–140
      basic properties of beams with space charge, **ES**:13C, 53–70
      beam transport, **ES**:13C, 70–114
      computer simulation, **ES**:13C, 96–106
      concluding remarks, **ES**:13C, 135–137
      design of transport systems, **ES**:13C, 110–114
      envelope descriptions, **ES**:13C, 75–84
      final focusing on target, **ES**:13C, 130–135
      introduction, **ES**:13C, 49–53
      long bunches with high intensity, **ES**:13C, 119–130
      space charge effects, **ES**:13C, 106–109
      stability of short ellipsoidal bunches, **ES**:13C, 114–119
      stationary distributions and their stability, **ES**:13C, 84–96
High-order Laue Zone, **E**:90, 239, 302–303, –240
High-pass filter, **ES**:13B, 322–323
High-perveance extraction optics, **ES**:13C, 209
High-perveance ion beam, in ion implantation, **ES**:13B, 49
High-power applications
   coaxial phase shifter, **ES**:5, 176
   coaxial transfer switch, **ES**:5, 164
   cut-off switch in waveguide, **ES**:5, 152
   latching phase shifter, **ES**:5, 207
   transfer switch with phase shifters, **ES**:5, 169
High-power devices, *see* High-power applications
High-power handling capability, **ES**:5, 16

High-power instabilities, **ES**:5, 14
High power pulsed masers
　He-Ne, **ES**:2, 147-148
　ruby, **ES**:2, 112
High-power radiators, **ES**:9, 305
High quality layers, **ES**:24, 188
High-resolution electron beam lithography, **ES**:13B, 127
High-resolution electron microscope/microscopy, **E**:90, 216; **ES**:20, 4; **M**:9, 179-218; **M**:10, 256-257; **M**:11, 3
　amorphous film structure, **M**:9, 189-190
　astigmatism correction, **M**:9, 202-203
　atom clusters, image contrast theory and, **M**:9, 189-190
　beam current, energy spread and, **M**:9, 191
　beam-related damage, **M**:9, 209-211
　brightness, illumination system, **M**:9, 190
　at Cambridge University, **ES**:16, 33
　condenser aperture, **M**:9, 195-197
　contamination, **M**:9, 204-206
　contrast transfer function and, **M**:9, 186
　critically important variables and, **M**:9, 180
　current reversal centre alignment, **M**:9, 198-202
　dark-field microscopy, single-atom imaging and, **M**:9, 189
　development of Met-Vick EM6 as, **ES**:16, 436-437
　developments in, **M**:13, 244-245
　electron micrograph analysis, **M**:9, 214-218
　electrostatic charging of specimens, **M**:9, 210-211
　Elmiskop I as, **ES**:16, 535
　emulsion transfer response and, **M**:9, 215
　enhanced shadow contrast, objective aperture and, **M**:9, 204
　fluorescent screens and, **M**:9, 212-213
　focus fluctuations, **M**:9, 206-207
　graphitized carbon black as test object, **M**:9, 182, 207-208, 209
　hairpin tungsten filaments, **M**:9, 191-192
　heavy atom clusters and, **M**:9, 182, 202
　high-brightness illumination sources, **M**:9, 191
　holey films and, **M**:9, 182, 197, 198, 199, 205, 209-210
　hollow cone illumination, condenser aperture and, **M**:9, 196-197
　illumination system adjustment, **M**:9, 190-197
　image contrast theory, **M**:9, 183-190
　image intensifiers and, **M**:9, 211
　imaging plate with, **E**:99, 274-285
　imaging system alignment, **M**:9, 197-204
　instrument operation, **M**:9, 180-182
　instrument problems, **M**:9, 204-207
　Japanese contributions, **E**:96, 759-765
　lens aberrations, alignment and, **M**:9, 197
　many-beam crystal images, **M**:9, 186-189
　micrograph viewing conditions, **M**:9, 217-218
　objective apertures, **M**:9, 204
　object supports, **M**:9, 208
　observation of high-resolution images, **M**:9, 211-214
　operator physical condition and, **M**:9, 214
　optical binoculars and, **M**:9, 211-212
　optical diffractograms of micrographs and, **M**:9, 181, 202
　phase-shifting apertures, **M**:9, 204
　plane-wave illumination, condenser aperture and, **M**:9, 196
　pointed oriented single-crystal filaments, **M**:9, 192-195
　600-kV type, **ES**:16, 439-440
　specimen limitations, **M**:9, 207-211
　specimen stage vibration/drift, **M**:9, 207
　spot size, illumination system, **M**:9, 190
　test objects, **M**:9, 182
　thin film apertures, **M**:9, 204
　through-focus series, **M**:9, 216-217
　tilted beam dark-field illumination, condenser aperture and, **M**:9, 196, 197
　tilting of crystal films, contamination and, **M**:9, 209
　two-beam crystal lattice fringes and, **M**:9, 183-185
　United States contributions, **E**:96, 367, 369
　visual perception, high resolution viewing and, **M**:9, 213-214
　voltage centre alignment, **M**:9, 198
High-resolution electron spectroscopy, **ES**:13B, 257-381
High resolution profile imaging, **M**:11, 67
High resolution SIMS, **M**:11, 121
High-resolution transmission electron microscopy, **E**:101, 2, *see also* Quasicrystals, high-resolution

electron microscopy of biopyriboles and polysomatic defects studied using, E:101, 27–32
High resolution tube derivation, ES:3, 170–175
High-speed photography, D:1, 61–63
High T_c superconductor., ES:20, 246
High-temperature superconductivity, M:14, 26–40
  applications, M:14, 39–40
  critical field and critical current density, M:14, 31–36
  electron pairing, mechanisms for, M:14, 38–39
  elements, substitution of, M:14, 30–31
  layered structure and anisotropy, M:14, 29–30
  magnetic shielding, M:14, 38
  materials for, M:14, 26–29
  potential applications, M:14, 113–116
  present state of in particle optics, M:14, 110–116
  properties of, M:14, 29–38
High tension electron microscope, M:1, 146
High-voltage electron microscope/microscopy, ES:13A, 133; ES:16, 542; M:2, 167; M:10, 251–252, 254–256
  advantages of, M:2, 173, 201
  applications of, ES:16, 125–158; M:2, 231
    in biology, ES:16, 143–158
    in metallurgy and materials science, ES:16, 127–143
  chromatic aberration in, ES:16, 126; M:2, 193
  commercial production in Europe, E:96, 440–441, 492–494
  contrast in, M:2, 204
  design, M:2, 213
  development of, ES:16, 54
    in Germany, ES:16, 578–581
    in Japan, ES:16, 379–381
    in The Netherlands, ES:16, 400
  diffraction in, M:2, 197
    contrast, ES:16, 126
  effect on object, M:2, 196
  French contributions, E:96, 112–115, 117–120
  future prospects of, ES:16, 161–162
  generators for, M:2, 213–220
  history of use, E:96, 394–395
  Japanese contributions, E:96, 612–615, 700–704, 736–754, 756–759
  microchamber, M:2, 242
  million-volt type, development of, ES:16, 115–117
  objective lens, M:2, 174, 224, 229
  penetrating power of, ES:16, 126
  resolution and contrast in, ES:16, 126, 158–161
  resolving power, M:2, 173, 175, 194, 224
  three-million-volt type, development of, ES:16, 117–120
  United States contributions, E:96, 366, 369
  worldwide development of, ES:16, 123–125
High-voltage ion implantation, ES:13B, 57
High-voltage transmission electron microscope, M:8, 97
Higuchi, ES:15, 270
Hilbert function, E:93, 115
Hilbert phase, E:93, 115–116
Hilbert space, *see* Convex feasibility problem; Convex set theoretic image recovery
Hilbert transform(s), E:103, 16, 23, 28, 36; ES:4, 108; ES:10, 58, 63, 68–70, 256; ES:19, 23; M:7, 243
  background level, ES:10, 60, 68
  calculation, ES:10, 60, 197–198, 256
  as convolutions, ES:10, 61
  discrete, ES:10, 62, 68
  as filters, ES:10, 61
  finite (periodic), ES:10, 60, 66, 76
  logarithmic, ES:10, 39–71, 63–68, 72–73; M:7, 243
Hilbert transform method, M:7, 230, 231, 237
Hilbert transform relation, M:7, 242
Hildebrand, B.P., ES:9, 493; ES:11, 3
Hildebrand's depth flow, E:103, 69
Hildebrandt–Schiske procedure, M:13, 145
Hilger and Watts microscopes, M:8, 30
  scanning mechanisms, M:8, 35
Hillier, J., ES:16, 69
  in history of electron microscopy, ES:16, 5, 57, 58–59, 251, 280, 367, 400, 424, 443, 503, 514, 584
Hillier microanalyzer, ES:6, 4–5
Hills, E:103, 66, 100
Hilltops, E:103, 91–92
H-invariance, E:93, 10

Hiroshima University
  electron diffraction research, E:96, 598–599
  nuclear attach, E:96, 598–599
Hirsch, P.B., ES:16, 123
Histochemistry, E:83, 213–214
  of ATPases, M:6, 189, 190, 191, 192, 193, 194, 195
  of cholinesterases, M:6, 200, 201, 202, 203
  with electron microscopy, M:6, 172–174, 176–179, 181–184, 186, 188, 191, 195–198, 200, 202–205, 209, 210, 214, 219, 220
  of enzymes, M:6, 171, 172, 176, 177, 216, 219, 220, 221, 222
    as tracers, M:6, 217, 218, 219
  of esterases, M:6, 187, 195, 196, 197, 198, 199
  with optical microscopy, M:6, 172, 173, 174, 175, 181, 184, 186, 191, 195, 201, 202, 209, 213
  of oxidation-reduction enzymes, M:6, 209, 210, 211, 212, 213, 214, 215, 216
  of phosphatases, M:6, 179, 180, 181, 182, 183, 184, 185, 186, 187, 188
  of sulphatases, M:6, 181
  techniques, M:6, 174–176, 177–179
Histogram, ES:10, 27, 188
  equalization, E:92, 6–9, 28–30; M:10, 10
  measures, ES:12, 12
  stretching, E:92, 27–28
Histogram-balanced thresholding, D:4, 189–192
  gray scale image of, D:4, 191–194
Histological specific staining, M:6, 276
History, ES:22, 1
Hitachi Company, D:2, 4, 44
  early electron microscope manufacture by, ES:16, 89, 124, 300, 318, 379, 601
  800X, M:10, 257
  HF-2000, E:96, 716
  HFS-2, E:96, 712
  HS series, E:96, 688
  HU-1, E:96, 653–654
  HU-2, E:96, 654–655
  research by
    anticontamination devices, E:96, 697–698
    electron energy loss, E:96, 691–692
    pointed cathode, E:96, 690–691
    S-900, E:96, 713
    World War II impact, E:96, 655
Hit-or-miss mapping, E:89, 358
Hodgkin–Huxley neuronal model, E:94, 279–280
Hogan, ES:15, 262
Holder, condition of order, ES:19, 252
Holder's inequalities, E:91, 46, 94–95
Hölder theorem, ES:9, 416
Hole(s), *see also* Inhomogeneous broadening, effect on maser action
  in conductor, E:82, 31, 75, 80
Hole burning, ES:22, 307
Hole effective mass, ES:24, 167
Hole gas, ES:24, 91
Hole-screen method, of beam measurement, ES:13A, 220–221, 250–251
Hole-slit method, of beam measurement, ES:13A, 225–227, 250–251
  sensitivity, ES:13A, 242
Holland, *see* Netherlands
Hollow beams, ES:4, 69
Hollow cathode ion source, ES:13B, 161–162
Hollow cone mode, M:11, 25
Holograms/holography, E:89, 2; E:91, 260, 276, 278, 280; E:94, 197–198; E:98, 362; ES:4, 90; ES:10, 28–30, 78, 172; ES:11, 1, 3, 168, 169; M:7, 166, 167, 246–256; M:8, 22; M:12, 25, 36, 73, 86
  acoustical, D:1, 291–292
  Boersch's first ideas of, ES:16, 51
  content-addressable memory, E:89, 70–71
  definition, E:89, 8
  electron holography, E:98, 331, 362–363, 422–423; E:99, 171–173, 235–236
    charged dielectric spheres, E:99, 174, 207–216
    charged microtips, E:99, 229–235
    double-exposure electron holography, E:99, 205–207
    electron biprism, E:99, 173, 176–184
    electron-specimen interaction, E:99, 174–176
    electrostatic Aharonov–Bohm effect, E:99, 187–192
    phase-object approximation, E:99, 174–175, 184–186
    reverse-biased p-n junctions, E:99, 172–173, 174, 185, 216–229
  electronic, E:99, 173–174

image reconstruction, **E:**99, 200–205, 207–210, 218–221
  double-exposure electron hologram, **E:**99, 207–210
  in-line optical bench, **E:**99, 200–203, 207
  Mach–Zender interferometer, **E:**99, 203–215, 219
  recording, **E:**99, 192–200, 207–210
in electron microscopy, **M:**7, 167
electron microscopy application, **E:**96, 140–141, 181, 183, 398, 410, 709–712, 753–754, 800–801
Fraunhofer holograms, **E:**94, 216, 227
Fresnel holography, **E:**99, 173
fringes, in electron off-axis holography, **E:**89, 23–24, 32
Gabor's idea of, **ES:**16, 42, 414, 432
historical review, **E:**89, 2–3
history, **E:**91, 259–260, 269, 274, 276–283
image holography system, **M:**6, 127
imaging techniques, **M:**6, 126
in-line, **E:**89, 3, 5
in-line holography, **E:**94, 198–199, 252
invention, **E:**96, 139, 398
in ion beam diagnostics, **ES:**13C, 342
Japanese contributions, **E:**96, 709–712, 753–754
lens-less system, **M:**6, 126
microholographic system, **M:**6, 126
off axis, **E:**89, 4, 5
  applications, **E:**89, 36–47
  phase distribution, displaying, **E:**89, 18–19
  problems, **E:**89, 25–35
  reconstruction, **E:**89, 10–18, 21–24
off-axis holography, **E:**94, 199
optical symbolic substitution, **E:**89, 70–71, 74, 77–79
phase detection, **E:**89, 5–6
principles, **E:**89, 2–3
recording, electron holograms, **E:**89, 32–35, 47
recording of, **D:**1, 291
scattering amplitude, **E:**94, 200–203
ultrasonic, **M:**4, 258
Holographic display, **E:**91, 254
Holographic interferomertry, plasma channel propagation, **ES:**13C, 336

Holographic microscopy
  Amoeba proteus, **M:**10, 191–192
  applications, **M:**10, 190–208
    biomedical, **M:**10, 190–194
    materials science, **M:**10, 194–196
    particle analysis, **M:**10, 196–208
  CCTV system, **M:**10, 197
  characteristics and principles, **M:**10, 100–101, 104–139
  classification of holograms, **M:**10, 101, 139–140
  coherent noise elimination, **M:**10, 159–173
    patterns, **M:**10, 159–161
    techniques, **M:**10, 161–163
    unidirectional suppression, **M:**10, 163–173
  collimating transfer system, **M:**10, 200–201
  collimation of reference beams, **M:**10, 162
  Denisyuk hologram, **M:**10, 139
  diffraction gratings as holograms, **M:**10, 117–126
  empty holograms, **M:**10, 167
  equation of holography, **M:**10, 134–135
  fog droplets, **M:**10, 201–202
  Fourier-transform, **M:**10, 103
  Fresnel zone plates, **M:**10, 126–130
  Gabor hologram, **M:**10, 139
  Gabor in-line system, **M:**10, 140–144
  historical note, **M:**10, 101–104
  image plane holograms, **M:**10, 149, 162–163
  in-line microscopy, **M:**10, 140–144
  interference microscopy
    basis of, **M:**10, 112
    DIC, **M:**10, 178
    double exposure, **M:**10, 183–185
    noise reduction, **M:**10, 186
    Phase objects, **M:**10, 186–190
    plane and spherical waves, **M:**10, 114
    real-time, empty wavefront, **M:**10, 179–181
    shearing, **M:**10, 181–183
    of solids, **M:**10, 195
    two plane waves, **M:**10, 109–114
    two spherical waves, **M:**10, 115–117
    uniform interference, **M:**10, 113
  lasers, types, **M:**10, 197, 204
  lateral or transverse magnification, general formula, **M:**10, 141
  lensless systems, **M:**10, 140–148

Mach–Zender type, **M**:10, 173, 176
MGI-1, **M**:10, 153–154, 194, 195
Michelson interferometer, **M**:10, 176
microholographic systems, direct wavefront reconstruction, **M**:10, 148–153
  in-line, **M**:10, 140–144
  off-axis, **M**:10, 144–147
  other lens assisted systems, **M**:10, 157–158
  other lensless systems, **M**:10, 147–148
  reversed wavefront reconstruction, **M**:10, 153–157
microinterferometry, **M**:10, 171, 173–190, *see also* Holographic microscopy; Interference microscope/microscopy
  noise and speckle patterns, **M**:10, 159–161
  techniques, **M**:10, 161–163
  unidirectional suppression, **M**:10, 163–173
  objective lenses, with/without, **M**:10, 140–153
  with objective lenses, **M**:10, 148–159
    direct wavefront reconstruction, **M**:10, 148–153
    other systems, **M**:10, 157–159
    reversed wavefront reconstruction, **M**:10, 148–153, 153–157
  off-axis microscopy, **M**:10, 144–147, 157–158
  oil mist, **M**:10, 202–206
  on-line microscopy, **M**:10, 140–144
  particle analyzing systems, **M**:10, 198–201
  particles 3-D distribution, **M**:10, 196–197
  Pawluczyks design, **M**:10, 169–175
  Physarum polycephalum, **M**:10, 191, 193
  plasmas, **M**:10, 196
  principles, **M**:10, 104–139
  pulsed and double pulsed lasers, **M**:10, 197, 204
  recording and read-out, image reconstruction, **M**:10, 133–136
    light-reflecting objects, **M**:10, 136–139
    transparent objects, **M**:10, 130–133
  signal to noise ratio, **M**:10, 161
  speckle patterns, **M**:10, 160–162
  stereomicroscope, **M**:10, 196
  summary and conclusions, **M**:10, 208–209
  without objective lenses, **M**:10, 140–148
Holst, G., **ES**:16, 395, 397

Holtsmark distribution, **M**:13, 220–221
  1-dimensional form, **ES**:21, 119
  2-dimensional form, **ES**:21, 118
  3-dimensional form, **ES**:21, 117
  definition of, **ES**:21, 13, 86–87, 501–502
  relation with energy distribution, **ES**:21, 88
  representation in kdomain, **ES**:21, 122
Holtsmark regime
  for axial velocity distribution
    in beam with crossover, **ES**:21, 213
    in homocentric cylindrical beam, **ES**:21, 200
  for lateral velocity distribution
    in beam with crossover, **ES**:21, 259
    in homocentric cylindrical beam, **ES**:21, 241
  for trajectory displacement distribution, **ES**:21, 286–287
Holweck, F., **ES**:16, 228, 233
Holweck rotary molecular pump, **ES**:16, 28, 56
HOLZ, *see* High-resolution electron microscope/microscopy
HOLZ lines, **M**:11, 47
Homocentric beam, *see* Beam segment
Homodyne detection, **ES**:2, 170–173
Homo-epitaxy, **M**:11, 82
Homogeneous broadening, **ES**:2, 21; **ES**:22, 306, *see also* Absorption coefficient, saturated; Optimum resonator coupling
Homogeneous nucleation and growth of equilibrium phase, **E**:101, 7
  in alkali feldspars, **E**:101, 9–10
  orthorhombic amphiboles, **E**:101, 25–26
Homogeneous sample, **ES**:6, 263–264
Homogeneous space, **ES**:9, 97
Homogeneous time, **ES**:9, 97
Homomorphism
  definition, **E**:84, 312
  Jordan algebra, **E**:84, 279–280
  semi-lattice, right linear, **E**:84, 69
Homothety, defined, **E**:99, 41
Homotopy modification, gradient functions, **E**:99, 46, 48–51, 54
Honda, T., **ES**:16, 124
Hong, Y.K., **ES**:9, 317, 490; **ES**:11, 143
Hooge equation, **E**:87, 212, 224
Hooke's law, crystal structure and, **ES**:6, 412
Hoorocks, B., **ES**:16, 497

SUBJECT INDEX

Hopfield neural network, **E:**87, 2f, 7, 8ff
  binary form, **E:**87, 18f
  convergence, **E:**87, 17
  energy function and, **E:**87, 10, 16f
  matrix inverse and, **E:**87, 23ff
  nonbinary form, **E:**87, 19f, 27f
  regularization and, **E:**87, 17
  superresolution and, **E:**87, 36, 42
H-orbit, **E:**93, 9
Hori, T., **ES:**16, 318
Horizontal focalization, in mass spectrometry, **ES:**13B, 16
Horn antenna, **ES:**15, 105
Horne, R. W., **ES:**16, 31, 32
Horodecki–Kostro theory, **E:**101, 147
  two-wave hypothesis and, **E:**101, 156–157
Horvat, **ES:**14, 338
Hot electron damage, **E:**87, 230
Hot electrons, **ES:**1, 4, 9
  in ZnS, **ES:**1, 40, 112–114
Hoteling transform, *see* Transform image coding
Hot hole cascade decays theory, **M:**8, 219
Hot oxide cathode, electron gun, **ES:**13C, 148
Ho^{3+} : $CaWO_4$ maser, **ES:**2, 121, 231
Householder transformation, **E:**85, 27–28
Houtermans, F.G., **ES:**16, 297
  in history of electron microscopy, **ES:**16, 2
Hovanessian, **ES:**23, 2
Howell, **ES:**18, 37, 239
HpD (hematoporphyrin derivative), **ES:**22, 43
HREM, *see* High-resolution electron microscope/microscopy
HRTEM, *see* High-resolution transmission electron microscopy
Hsiao, **ES:**9, 485; **ES:**15, 265
Hubble's law, information approach, **E:**90, 170, 188
Huelsman, **ES:**15, 266; **ES:**23, 331
Huffman coding, **E:**82, 118; **E:**97, 51, 194; **ES:**12, 15, 30, 99–100, 121, 140, 229, 249, 259, 267
Hughes Aircraft Company, **E:**91, 199
Human chromosomes, **M:**6, 160
Human erythrocyte, **M:**6, 160
Human red blood cell, SiO replication, **M:**8, 85–86
Human viewing, **ES:**11, 15

Human vision
  Gabor functions, **E:**97, 17, 34–37, 41–45
  joint representations, **E:**97, 16–19, 37–50
  receptive field, **E:**97, 40–44
  sampling, **E:**97, 45–50
Human wart virus, **M:**6, 260
  reconstruction, **M:**7, 370, 371
  three-dimensional reconstruction, **M:**7, 323, 368, 370
Hund, **ES:**14, 72
Hungary
  contributions to electron microscopy, *see also* Marton, L.
  holography, **E:**96, 181, 183
  pioneers, **E:**96, 183
  history of electron microscopy, **E:**96, 184
Hungarian Group for Electron Microscopy
  future developments, **E:**96, 191
  history, **E:**96, 181, 184
  international congresses, **E:**96, 184–186, 189
Hussain, **ES:**15, 174, 176, 187, 188; **ES:**18, 67, 102, 109, 110; **ES:**23, 48, 305, 332
Hutter, R.G.E., **ES:**16, 514, 516
Huxley, H., **ES:**14, 374; **ES:**15, 228; **ES:**16, 191
Huygens, **ES:**9, 13, 400; **ES:**18, 163
Huygens–Fresnel construction, **M:**5, 165, 167, 169, 170, 178, 184, 185
Huygens–Fresnel principle, **ES:**17, 82–83; **M:**5, 258, 259, 260
Huygens' principle, **E:**86, 187; **ES:**22, 202
Huygens' representation, *see* Green's function representation
Hu Zheng, **ES:**14, 81; **ES:**15, 103, 147
HVEM, *see* High-voltage electron microscope/microscopy
Hybrid-aligned nematic, matrix liquid crystal displays and, **D:**4, 72–76
Hybrid multistage filter, **E:**92, 40
Hybrid parallel architectures, **E:**87, 285–291
Hybrid RT/GT algorithm, **E:**93, 25–26
Hybrid transform/predictive image coding, **ES:**12, 17–18, 152, 157–186
  adaptivity in, **ES:**12, 164–168, 179–180
  inter-/intraframe, **ES:**12, 159–186
Hyden, H., **ES:**16, 194
Hydride, **ES:**20, 55, 81
  metal, **ES:**20, 34

mono-, di-, tri-, and tetra-, **ES:**20, 95
noble gas, **ES:**20, 61, 81
Si, **ES:**20, 172, 173
Hydrocarbon, see Contamination
Hydrodynamic approach to high-intensity beam, **ES:**13C, 61–62
Hydrogen, **ES:**20, 16, 33, 92, 129
  adsorption site of, **ES:**20, 98
  chemisorbed (chemisorption), **ES:**20, 77, 95, 100, 132, 270
  desorption, **ES:**20, 96
  field adsorption energy of, **ES:**20, 98
  field adsorption of, **ES:**20, 94
  field ionization, **ES:**13A, 271–272, 275–278, 288, 300–301, 320
  HD, **ES:**20, 130
  physisorbed, **ES:**20, 94
  pressure dependence on adsorption, **ES:**20, 99
  reaction with Si and Ge, **ES:**20, 166
Hydrogen ion, Boersch effect, **ES:**13C, 525
Hydrogen molecule, simulations, **E:**98, 68–72
Hydrogen promotion, **ES:**20, 17, 32, 129
  of Si, **ES:**20, 39, 171
Hydrophilic support film preparation, **M:**8, 119–120, 127–130
Hydrophobic grids, water vapour dropwise condensation studies on, **M:**8, 80–81, 97–99
  equilibrium contact angle, **M:**8, 97
Hydrophobic support films, **M:**8, 121
  glow discharge treatment, **M:**8, 129
Hydrophone, **ES:**11, 10
  arrays, **ES:**11, 126
  radiation and reception, **ES:**11, 128
Hydrothermal sodalite, see Cathodochromic sodalite
Hydrothermal synthesis
  cathodochromic sodalite and, **D:**4, 100
  high-temperature, **D:**4, 100
  hydrothermal growth and, **D:**4, 100–104
  low-temperature, **D:**4, 100
Hyllested, K., **ES:**11, 217
Hymenoptera, **M:**5, 337
  ooplasm, movement, strip kymography studies, **M:**7, 96
Hyperarc, **E:**86, 133–134, 137
Hyperbolic cathode-planar anode, electrostatic field, analytical models, **M:**8, 223–224

Hyperbolic electron lenses, **M:**1, 212
Hyperbolic electron mirror, **ES:**13B, 324
Hyperboloid approximation, **ES:**20, 83
Hyperemittance
  beam, see Beam hyperemittance
  high-intensity beams, **ES:**13C, 58
Hypergeometric difference equation, **ES:**9, 429
Hypergraph, **E:**86, 133–138
Hyperparameters
  MRF hyperparameters, **E:**97, 146–149
  regularization, **E:**97, 141–143
Hypophysis, electron microscopy of, **ES:**16, 177–178
Hysteresis error, **E:**83, 194–195
Hysteresis loop, **ES:**18, 38
Hysteresis losses, **ES:**18, 36
Hysteresis thresholding, **E:**88, 336
Hysteretic thresholding technique, for animated video images, **D:**4, 215–216

I

IC, see Integrated circuit
ICBM, **ES:**14, 307, 308
  scattering, **ES:**14, 241
ICBM radar, **ES:**14, 27
ICCG, see Incomplete Cholesky Conjugate Gradient
ICD, see Infinitesimal current dipole
ICEM, see International Congresses for Electron Microscopy
Ice nucleation, wet replication study of, **M:**8, 99
Ice profiling, **ES:**14, 37, 39, 43
Ice survey, **ES:**14, 36, 37, 38, 39, 40
ICF, see Inertial confinement fusion
ICI (Imperial Chemical Industries), **ES:**16, 24, 29
ICM (iterated conditional modes), **E:**97, 92
Iconic maps, **E:**92, 53–55
Iconic memory, **E:**94, 289
Icosahedral quasicrystals, see Quasicrystals, icosahedral
ICP (Inductively-Coupled Plasma Spectrometer), **M:**9, 292
IC-SE (software package), **M:**13, 76
  and secondary electron computation, **M:**13, 82

SUBJECT INDEX

ICSU, see International Council of Scientific Unions
ICT, see Integer cosine transform
I_c, **ES:**24, 169
Ideal, group algebra, **E:**94, 25
Ideal a absorber, **ES:**9, 284
Ideal data interval, **E:**90, 177
Ideal definition, **E:**84, 312
　role in orthogonal decomposition, **E:**84, 278
Ideal effective electric field boundary, **ES:**17, 353
Ideal effective magnetic field boundary, **ES:**17, 346
Ideal focusing, **ES:**17, 133, 394
Ideal image/imaging
　condition for, **ES:**17, 276, 278, 283
　in microscope objective, **M:**14, 254-257
　plane, see Image plane, ideal
　properties, **ES:**17, 24-29
Ideal observe, **E:**84, 339
Ideal solution model, **ES:**20, 109, 111
Idempotence, **E:**99, 9
Identical direction
　combination, for mass spectrometer, **ES:**17, 287, 290
　for deflected ion, **ES:**17, 286
Identity theory, mind-body problem, **E:**94, 261
I-divergence, **E:**91, 40
IEEE Int. Symp. EMC, **ES:**14, 29
IEEE resolution chart, single thresholding in, **D:**4, 166
IEM, see Integral equation methods
IEMM, see Incident energy modulation methods
IFA, see Ionization front accelerator
IFA (ionization front accelerator), **ES:**13C, 453-457
IFSEM, see International Federation of Societies for Electron Microscopy
I.G. Farben Werke, first electron microscope installed at, **ES:**16, 82
IGFETs (insulated-gate field-effect transistors), **D:**3, 213; **D:**4, 70-71
Iguchi, **ES:**18, 238
III-V compound semiconductors, **ES:**24, 1, 30, 78, 83, 84, 182, 214, 220, 240
Ikeda, O., **ES:**11, 221
Ikola, **ES:**9, 486

ILEED (inelastic low energy electron diffraction), **ES:**13B, 262, 319
Il'in, **ES:**23, 334
Ill-conditioned problem, **E:**87, 13, see also Regularization
Illner model 2-velocity, **ES:**19, 481
Ill-posed inverse problems, **ES:**19, 129-139
　optimality in regularization, **ES:**19, 553-562
　regularizers, **ES:**19, 261-262
　in seismic prospecting, **ES:**19, 534
Illumination, see also Coherence
　contrast transfer, **M:**4, 75-79
　of image sensors
　　backside, **ES:**8, 190-195
　　frontside, **ES:**8, 183-184
　incoherent, **ES:**10, 18
　in micrography, **M:**7, 82
　in mirror EM, **M:**4, 207-210
　nonuniform, **ES:**10, 29, 188
　optical transfer theory, **M:**4, 7-9
　photomicrography, **M:**4, 389
Illumination systems, coherence and, **M:**7, 141-147
Ilmenite, x-ray spectrum, **ES:**13A, 342
ILS, see Ionization loss spectroscopy
ILS (ionization loss spectroscopy), **ES:**13B, 263
IM, see Intensity modulation
IM (intensity modulation), **E:**99, 68
Image(s), **E:**84, 208, see also Relief, differential structure of
　addition and subtraction of, **D:**1, 270-273
　additive conjugate, **E:**84, 74
　analysis, **E:**86, 84, 87-88, 92-93
　　coarse-to-fine, **E:**86, 125, 132
　　cooperative, **E:**86, 139
　　plan-guided, **E:**86, 125
　　problems in, **E:**86, 87-89
　　process
　　　abstract, **E:**86, 94, 102, 109
　　　executable, **E:**86, 94
　　strategy, **E:**86, 124-126, 129, 132-134, 136, 165
　automation of, **M:**3, 56
　base, **E:**86, 107-110
　binary, **E:**88, 298
　binary operations between, **E:**84, 73-74
　characteristic function, **E:**84, 75
　coded, **D:**1, 291

color, E:88, 298
complex, E:84, 235
on a complex, E:84, 208-212
complexity measure, E:84, 120
constant, E:84, 74
continuous, E:85, 87
correspondence with mathematical morphology set, E:84, 88
deblurring, E:97, 155-159
defined by gradient, E:103, 71
definition, E:84, 73
definition of, E:88, 297
digital, E:85, 87
display, ES:11, 142
electric, ES:11, 134
feature, E:86, 116-120, 123-124, 133-134, 137
formation, M:4, 1-3
fractal, E:88, 237
generation, ES:11, 12
graph, E:84, 229
gray, E:88, 298
image analysing computer, M:4, 361-383
induced unary operation, E:84, 75
local structure of, E:103, 81
multiresolution, E:86, 125, 132
n-dimensional, E:84, 210
normalization, E:87, 277
operations between template and, E:84, 79
parametric, E:84, 344
posterization, E:103, 68-69
processing, E:84, 338
  abstract algorithm, E:86, 95, 105
  digital system, M:4, 127-159
    computer system, M:4, 149 153
    data recording, M:4, 149-153
    electronic cameras, M:4, 145-149
    quantization, M:4, 135-145
    resolution, M:4, 130-135
  enhancement, M:4, 85-125
    computer system, M:4, 87-102
    high resolution, M:4, 86-87
    periodic images, M:4, 102-112
    resolution by computer synthesis, M:4, 113-119
    sensor noise, M:4, 87
  operator library, E:86, 87-88, 93
  problems in, E:86, 87-89
3D, E:85, 178

qualitative structure of
  applications, E:103, 71-72
  inloop and outloop structure, E:103, 73-75
  Morse critical points, E:103, 72-73
  topographic curves, E:103, 75-76
quality, E:86, 88, 105, 113, 128
reconstruction of, see Image reconstruction
recovery of, see Image recovery
reference, E:86, 105, 107, 129
restoration of, see Image restoration
scalar fields in 2D, E:103, 66-70
sections, ES:11, 152
segmentation
  bottom-up, E:86, 86, 93-94, 111-114, 116, 146, 163
  line-based, E:86, 114
  region-based, E:86, 114
  top-down, E:86, 86, 93-94, 111-112, 114, 116, 146, 163-164
of set
  classical relational calculus, E:89, 267-276
  fuzzy relations, E:89, 289-290
  fuzzy sets, E:89, 284-285
size of, E:88, 297
space, E:85, 86, 117
three-dimensional, ES:9, 233
understanding, E:86, 90, 114, 142-144, 146, 153, 156, 164, 166
  system, E:86, 90-93, 112, 147, 154, 164
use of term, E:103, 66, 67
voltages, ES:11, 23
Image algebra, E:84, 72
  correspondence with
    mathematical morphology, E:84, 88
    minimax algebra, E:84, 85
  first to use term, E:84, 65
  image processing, E:84, 64
  minimax algebra properties mapped to, E:84, 90
  origin, E:84, 65
  parallel image processing, E:90, 355-426
    global operations, E:90, 360-361, 369-371, 424
    image-template operations, E:90, 361-363, 371-382, 417-420, 424
    pixelwise operations, E:90, 360, 369, 424
    templates, E:90, 359-360

Image ambiguity, uncertainty measures, E:88, 251–260
  grayness, E:88, 252–256
    correlation, E:88, 252–253, 255–256
    fuzzy entropy, E:88, 252–256
  spatial, E:88, 256–260
Image-analysing equipment, M:8, 36
Image analysis, E:97, 61–63; M:2, 141
  edge detection, E:97, 7, 63–64
  motion analysis, E:97, 72–74
  quantitative, imaging plate system, E:99, 274–285
  sterevision, E:97, 74–75, 76–78
  texture analysis, E:97, 64–72
Image characterization, M:2, 119, 121, 129, 133
Image coding
  algorithms
    EZW coding, E:97, 221, 232
    SA-W-LVQ, E:97, 221–226
  arithmetic coding, E:97, 194
  in bilevel image representation and data reduction, D:4, 203–211
  digital coding, E:97, 192–194
  entropy coding, E:97, 193–194
  Gabor expansion, E:97, 50–54
  Huffman coding, E:97, 51, 194
  low-bit-rate video coding, E:97, 232–252
  partition priority coding, E:97, 201
  predictive coding, E:97, 51, 193
  regularization, E:97, 147–148
  standards, E:88, 2
  still images, E:97, 226–232
  transform coding, E:97, 51, 193
  wavelets, E:97, 198–205
Image-coding techniques, ES:12, 2, 4, 13–18, see also Color imagery; Differential pulse-code modulation; Frame replenishment coding; Hybrid transform/predictive image coding; Interpolative coding; PCM; Predictive image coding
  applications of vision models and, ES:12, 21–70
  simulation of implementable and optimum coding methods and, ES:12, 48–67
  video FM, ES:12, 25
Image components, binary
  computing properties, E:90, 415–424
  labeling, E:90, 396–415
  shrinking, E:90, 389–360

Image compression, E:97, 192
  applications, E:97, 50–51, 54
  fingerprint database, E:97, 54
  methods, E:97, 51
  standards, E:97, 51, 194
  wavelet transforms, E:97, 52–53, 194, 198–205
Image contrast, ES:20, 9; M:1, see Contrast; M:6, 51, 88; M:12, 48
  in dark-field technique, M:5, 102, 299, 300–303
  in defocused mode, M:5, 241
  discussion at international meetings, E:96, 397–398
  enhancement, M:5, 102
  in environmental chamber technique, M:5, 298, 299–303
  in focused operation mode, calculating, E:102, 311–322
  in Fraunhofer diffraction, M:5, 279
  in Fresnel diffraction, M:5, 272–279, 280
  geometrical approximation, M:5, 272, 275, 277, 278, 279, 280, 281, 282
  in image transfer theory, M:5, 287
  inequality criterion, M:5, 277, 278, 280
  interpretation, M:5, 241
  for isolated objects, M:5, 272–279
  for periodic objects, M:5, 279–282, 284, 285
  in phase contrast technique, M:5, 102, 299
  pseudo-classical approximation, M:5, 265, 266, 272
  semi-classical approximation, M:5, 246–249, 265, 266, 272
  stationary phase approximation, M:5, 265, 266, 273, 279
  for strong objects, M:5, 273
Image conversion
  direct detection in, D:1, 41–42
  in Pockels-effect imaging devices, D:1, 276–278
Image converter, see Electron image converter
Image defect
  by imperfection in in manufacture and alignment, ES:17, 242–250
  by inhomogeneity of magnetic material, ES:17, 242–250

Image degradation/distortion, **ES:**12, 4, 115, 167, *see also* Filter; Noise; Signal-to-noise ratio; Visual phenomena
  amplitude quantization and, **ES:**12, 74–76
  bit rate and, **ES:**12, 107–08, 110, 182–183, 186, 211
  frame replenishment coding and, **ES:**12, 191, 193, 201, 204
  measurement techniques and, **ES:**12, 125–126
  rate distortion theory and function and, **ES:**12, 23–35, 47–48, 54, 57–58, 61–64, 88, 123, 133–135
  resolution loss/control, **ES:**12, 3, 203, 205
  three classes of, **ES:**12, 122–123
  transmission rate tradeoff, **ES:**12, 14
  visibility of, **ES:**12, 8, 22, 49, 67, 77, 81
Image/diffraction pairs, **ES:**10, 78–148
  existence and uniqueness, **ES:**10, 79–93
  numerical methods, **ES:**10, 94–115
  numerical trials, **ES:**10, 120–141
Image discontinuities, *see* Discontinuities
Image displays, in magnetic field measurements, **ES:**6, 305–308
Image dissector tracking system, **M:**6, 45
Image enhancement, **E:**92, 1–3
  binary image enhancement, **E:**92, 64–75
    contour chain processing, **E:**92, 70–72
    distance transform, **E:**92, 72–75
    polynomial filtering, **E:**92, 68–70
    rank-selection filters, **E:**92, 65–68
  denoising, **E:**97, 56–58
  detail enhancement, **E:**92, 38–52
    adaptive extremum sharpening filter, **E:**92, 44–48
    mathematical morphology, **E:**92, 48–52
    multistage one-dimensional filter, **E:**92, 39–44
  Gabor expansion, **E:**97, 54–55
  gray-scale transformations, **E:**92, 4–9
    histogram equalization, **E:**92, 6–9
  image fusion, **E:**97, 58–59
  line pattern enhancement, **E:**92, 52–64
    iconic maps, **E:**92, 53–55
    linear filters, **E:**92, 55–62
    top-hat transformation, **E:**92, 63–64
    topographical approach, **E:**92, 62–63
  local contrast enhancement, **E:**92, 26–38
    adaptive contrast enhancement, **E:**92, 34–36

  background extraction, **E:**92, 22–24
  extremum sharpening, **E:**92, 32–34
  inverse contrast ratio mapping, **E:**92, 30–31
  local range stretching, **E:**92, 27–30
  pyramidal image model, **E:**92, 36–38
  rank-order statistics, **E:**92, 25–26
  shading compensation, **E:**92, 20–26
  weighted unsharp masking, **E:**92, 24–25
uniformity enhancement
  adaptive quantile filter, **E:**92, 14–16
  center-weight median filter, **E:**92, 17
  composite enhancement filter, **E:**92, 16–17
  iterative noise peak elimination filter, **E:**92, 17–18
Image equation, mirror-bank energy analyzers, **E:**89, 403
Image faithfulness, **M:**6, 58, 59, 88
  in positive/negative phase contrast microscopy, **M:**6, 92
Image fields, in space charge optics, **ES:**13C, 26
Image force model, **ES:**20, 24
Image formation, **ES:**10, 3–5
  Abbe's theory, **M:**8, 3–4, 14–17; **M:**13, 268–272
  angular aperture and, **M:**8, 4
  conical illumination, **M:**7, 147
  by contrast production, **M:**5, 164
  electron, **M:**2, 171, 204, 207, 211
    partial coherence and, **M:**7, 116–140
  electron microscope, **M:**10, 229–233
  formula for, **ES:**17, 33, 37, 284
  ideal proof of, **M:**13, 256–257
  linear, **ES:**10, 9–19, 22
  mirror electron microscopy, **E:**94, 87–95
  nonlinear, **ES:**10, 19–22
  one-sided, **ES:**10, 10
  in partially coherent illumination, **M:**7, 103
  process, **M:**5, 165, 166, 243, 244
  scanning transmission electron microscopy, **E:**94, 221–231
  single lens, **M:**8, 3
  in STEM, **M:**7, 102, 143, 198
  theory of, **M:**13, 268–285
  titled illumination and, **M:**7, 152
  transmission electron microscopy, **E:**94, 203–213
  wave process, **M:**5, 243, 244, 245

SUBJECT INDEX

Image formation wave theory
  Abbe theory, **M:**5, 243, 244, 245, 286
  aberration, **M:**5, 165, 167, 244, 245, 287
  amplitude contrast, **M:**5, 168, 169, 183
  approximations, **M:**5, 167–169
  defocusing, **M:**5, 165, 245, 287
  exact derivation, **M:**5, 167
  first-order approximation
    amplitude, phase contrast contribution, **M:**5, 178, 179, 180
    amplitude contrast image, **M:**5, 176–178
    chromatic aberration, **M:**5, 181
    Fourier transforms, **M:**5, 170, 172, 173
    Huygens–Fresnel construction, **M:**5, 169, 170, 178
    image resolution limits, **M:**5, 173, 175
    partial coherence, **M:**5, 182, 183
    phase contrast image, **M:**5, 169–176
    phase contrast transfer function, **M:**5, 173, 174, 175
    specimen thickness effect, **M:**5, 180, 1811
    total image amplitude contrast, **M:**5, 178, 179, 180
    total image phase contrast, **M:**5, 178, 179, 180
  Huygens–Fresnel construction, **M:**5, 165, 167
  image transform, **M:**5, 167
  objective aperture, **M:**5, 165, 167
  phase contrast, **M:**5, 168
  second-order approximation
    amplitude contrast, **M:**5, 183, 187–193
    amplitude contrast generation, **M:**5, 191, 192, 193
    amplitude contrast image transform, **M:**5, 190
    model object, **M:**5, 188
    in one dimension, **M:**5, 184–187
    phase contrast image, **M:**5, 193–195
  theory, **M:**5, 163, 164–167
Image fusion, image enhancement, **E:**97, 58–59
Image intensification/intensifier, **ES:**10, 32, 175–176; **M:**2, 1, 2, 3, 8, 393; **M:**10, 253; **M:**12, 71
  cascade, **M:**2, 7, 11, 25, 26
  channel electron multiplier in, **D:**1, 45–60
  compared with film, **M:**2, 14–17
  development of, **ES:**16, 437–438

focusing of, **M:**2, 4, 5, 7
gain, **M:**2, 7, 9, 13, 16, 25
noise, **M:**2, 10, 11, 12, 22
resolution of, **M:**2, 5, 7, 13, 14, 22
T.S.E.M., **M:**2, 8, 9, 10, 11, 17, 24, 25, 27
Image intensifier tube
  cascade, **D:**1, 52–53
  channel, **D:**1, 54–60
  for direct viewing, **D:**1, 51–54
Image intensity, **E:**103, 68
  in bright field microscopy, **M:**7, 187
  classical, **M:**5, 264, 265
  comparison of methods, **M:**5, 265, 266
  diffraction integral approximation, **M:**5, 263, 264
  diffraction theory, **M:**5, 260, 261
  distribution, from wave optics, **M:**5, 270
  equations, reduced parameters, **M:**5, 266–268
  with Fraunhofer diffraction, **M:**5, 263
  with Fresnel–Kirchhoff integral, **M:**5, 260, 261
  Huygens–Fresnel principle, **M:**5, 258, 259, 260
  Kirchoff diffraction integral, **M:**5, 260
  phase determination from, **M:**7, 190
  reduced equation parameters, **M:**5, 266, 267, 268
Image interchange format, **E:**88, 72
Image interpretation, **M:**12, 26
  specimen preservation and, **M:**7, 186
Image inverter tube, **D:**1, 145–147
Image logic algebra, **E:**90, 356
Image method, **E:**83, 110
Image of islands, calculating, **E:**102, 300–311
Image pick-up, **M:**11, 10, 77
Image plane, **ES:**17, 27, 28; **ES:**21, 10, 29, 39, 273, 508
  asymptotic, **ES:**17, 413
  correction of monochromatic aberration, **M:**14, 290–294
  Gaussian, *see* Gaussian image plane
  ideal, **ES:**17, 279–285
  position parameter, definition of, **ES:**21, 29, 496, 516
  real, **ES:**17, 413
Image-plane holography, **M:**7, 168
  off-axis, **E:**89, 4, 6
    applications, **E:**89, 36–47
    crystal defects, **E:**89, 44–47

dynamical phase effects, E:89, 38–43
thickness measurement, E:89, 36–38
phase distribution, displaying, E:89, 18–19
problems, E:89, 25–35
hologram recording, E:89, 32–35
limited coherence, E:89, 25–31
noise problems, E:89, 31–32
reconstruction
digital, E:89, 12–18
light optical, E:89, 10–12, 21–24
Image polynomials
for color images, E:101, 111–113
convolution, E:101, 99–100
convolution theorem, E:101, 106–107
digital processing of deconvolution, E:101, 100
distance transform, E:101, 136–138
formal power series, E:101, 100–101, 105
generalized inverse of Toeplitz operator, E:101, 121–125
geometric properties of the product of, E:101, 115–117
inversion of Toeplitz equation, E:101, 115–119
iterative method for inversion of Toeplitz equation, E:101, 118–119
mask operations, E:101, 107
mathematical preliminaries, E:101, 102–103
morphological operation, E:101, 136
numerical analysis of deconvolution, E:101, 100
numerical examples, E:101, 119–121
properties of, E:101, 105–107
pyramid transform and, E:101, 125–134
description of pyramid transform, E:101, 130–131
inversion of pyramid transform, E:101, 131–132
numerical examples of supperresolution, E:101, 133–134
subpixel image, E:101, 125–128
subpixel superresolution, E:101, 128–130
quotient fields of, E:101, 113
of real values, E:101, 103–107
regularity of, E:101, 114
shape analysis using, E:101, 134–138
skeletonization, E:101, 138
vs. binary Boolean set, E:101, 107–111

Image processing, M:10, 9–14
Abingdon cross benchmark, E:90, 383–389, 425
algorithms, E:90, 355–396
Abingdon cross benchmark, E:90, 386, 388–389, 425
fast local labeling algorithm, E:90, 407, 410, –412
global operations, E:90, 369–371
image-template operations, E:90, 371–382, 417–420
labeling of binary image components, E:90, 396–415
Levialdi's parallel-shrink algorithm, E:90, 390–396, 415, 425
local labeling algorithm, E:90, 400–415
log-space algorithm, E:90, 405
naive labeling algorithm, E:90, 398–400
stack-based algorithm, E:90, 405, 417
analysis, E:88, 247–296
contour detection, E:88, 267
enhancement, E:88, 269
FMAT, E:88, 269–272, 290
fuzzy disks, E:88, 270
fuzzy segmentation, E:88, 264–267
fuzzy skeleton, E:88, 269–272
pixel classification, E:88, 267
threshold selection, E:88, 264–267
computing component geometric properties, E:90, 415–424
image-template product, E:90, 417–420
contrast enhancement, E:99, 285
design, E:88, 67
for flexibility, E:88, 69
object-oriented, E:88, 68
for portability, E:88, 71
for speed, E:88, 67
discontinuities, E:97, 89–91, 108–118, see also Discontinuities
duality theorem, E:97, 91, 115–118
explicit lines, E:97, 110–115, 154–166
implicit lines, E:97, 108–110, 166–181
line continuation constraint, E:97, 130–141, 142
duality theorem, E:97, 91, 115–118
electron off-axis holography, E:89, 7–47
error handling, E:88, 78, 90
expectation-maximization approach, E:97, 127–129

SUBJECT INDEX

generalized expectation-maximization algorithm, **E**:97, 93, 127–129, 153, 162–166
graduated nonconvexity algorithm, **E**:97, 90, 91, 93, 124–127, 153, 168–175
gray-scale morphology, **E**:89, 326, 336, 366–374
group algebra, **E**:94, 46–50
imaging plate, **E**:99, 253, 285–286
international standard, **E**:88, 72
iterated conditional modes, **E**:97, 92
labeling of binary image components, **E**:90, 396–415
mathematical morphology, **E**:89, 325–389
optical super-resolution, **ES**:19, 281–286
optical symboilic substitution, **E**:89, 82–84
and restoration with SEMs, **M**:13, 295–298
SIMD mesh-connected computers, **E**:90, 353–426
spatial frequency filtering, **E**:99, 285
theory, **E**:97, 2–3
Image quality measures, **E**:97, 61; **ES**:12, 9–13, 153, 210
 subjective scales, **ES**:12, 10–11, 13, 206, 211
Image reconstruction, **E**:97, 86–87, 181–184; **M**:12, 40, 41, *see also* Image restoration
 algebraic reconstruction, **E**:97, 160–162
 applications, **E**:97, 153–154
  explicit lines, **E**:97, 110–115, 154–155
  implicit lines, **E**:97, 91, 108–110, 166–181
 blind restoration problem, **E**:97, 141
 computer processing, **M**:6, 258, 259
 Daugman's neural network, **E**:97, 31, 52
 deblurring, **E**:97, 155–159
 direct, **M**:6, 255
 discontinuities, *see also* Discontinuities
  duality theorem, **E**:97, 91, 115–118
  explicit treatment, **E**:97, 110–115, 154–156
  implicit treatment, **E**:97, 108–110, 166–181
  line continuation constraint, **E**:97, 130–141, 142
 double-exposure electron holography, **E**:99, 207, 210
 edge-preserving algorithms, **E**:97, 91–93, 118–129

 extended GNC algorithm, **E**:97, 132–136, 171–175
 GEN algorithm, **E**:97, 93, 127–129, 153, 162–166
 GNC algorithm, **E**:97, 90, 91, 93, 124–127, 153, 168–175
 edge-preserving regularization, **E**:97, 93–94, 104–118
  theory, **E**:97, 104–118
 from electron micrograph, **M**:6, 255
 in electron microscopy, **M**:7, 186
 filtered backprojection, **E**:97, 160–162
 with fluorescence, **M**:14, 184–189
 gray-scale reconstruction, **E**:99, 48–49
 holograms, **E**:99, 200–205, 207–210, 218–221
  double-exposure electron holoram, **E**:99, 207–210
  in-line optical bench, **E**:99, 200–203, 207
  Mach–Zender interferometer, **E**:99, 203–205, 219
 inverse problem, **E**:97, 94–98, 99–101
 mathematics of, **M**:14, 222–229
  missing cone, **M**:14, 222–225
  non-negative-constrained, **M**:14, 226–229
  regularized, **M**:14, 222–225
  support-constrained, **M**:14, 225–226
 optical diffraction analysis, **M**:7, 19, 21, 27
 from optical diffraction pattern, **M**:6, 255, 256
 purple membrane, signal to noise ratio, **M**:7, 215
 radiation damage and, **M**:7, 192
 regularization, **E**:97, 87–89
  Bayesian approach, **E**:97, 87–88, 98–104
  discontinuities, **E**:97, 89–91, 108–118
  inverse problem, **E**:97, 94–98, 99–101
  three-dimensional, **E**:97, 59–60
 tomographic reconstruction, **E**:97, 159–166
 of virus protein tube, **M**:6, 256, 257
Image recording
 contrast, **M**:6, 35
 with epi-illumination, **M**:6, 35
 film camera, **M**:6, 30, 34
 high-resolution, **D**:2, 49
 image intensifier, **M**:6, 35
 with laser source, **M**:6, 35
 magnification, **M**:6, 34
 in monochromatic light, **M**:6, 34, 35

optical/camera platform, **M:**6, 31, 32, 33
oscilloscope, **M:**6, 30
pin-registry cine camera, **M:**6, 34
in polarized light, **M:**6, 35
resolution, **M:**6, 34, 35
sensitivity, **M:**6, 34
sharp focusing, **M:**6, 30
SIT system, **M:**6, 30, 34, 35, 36
television camera, **M:**6, 30, 34
video-tape recorder, **M:**6, 34
viewing screen, **M:**6, 30
Image recovery
  deconvolution with bounded uncertainty
    experiment, **E:**95, 240–242
    results, **E:**95, 243
    set theoretic formulation, **E:**95, 243
  problem solving
    convex feasibility problem, *see* Convex feasibility problem
    data formation model, **E:**95, 156–157, 190–192
    elements required, **E:**95, 156
    feasible solutions, **E:**95, 159–160, 259, 260
    optimal solutions, **E:**95, 158–159, 260
    point estimates, **E:**95, 158–159
    set theoretic estimates, **E:**95, 159–160
    solution method, **E:**95, 157–158
  projection methods
    block-parallel methods, **E:**95, 216–217
    Blowder's admissible control, **E:**95, 209–211
    extrapolated method of parallel projections, **E:**95, 217–223
      extrapolated method of parallel approximately projections, **E:**95, 223–226
      extrapolated method of parallel nonexpansive operators, **E:**95, 229–231
      extrapolated method of parallel subgradient projections, **E:**95, 226–229
    unification of methods, **E:**95, 231–232
    Pierra's extrapolated iteration, **E:**95, 211–216
  reconstruction, **E:**95, 156

restoration, **E:**95, 156
  image with bounded noise
    bounded vs. unbounded noise, **E:**95, 251–252
    experiment, **E:**95, 246
    numerical performance, **E:**95, 248
    results, **E:**95, 248
    set theoretic formulation, **E:**95, 246, 248
  subgradient projections
    experiment, **E:**95, 253
    numerical performance, **E:**95, 256–257, 259
    results, **E:**95, 259
    set theoretic formulation, **E:**95, 253–256
Image representation, **E:**88, 65; **E:**97, 75, 78–79
  Gabor schemes, **E:**97, 19–23
    continuous signals, **E:**97, 23–30
    discrete signals, **E:**97, 30–33
    quasicomplete Gabor transform, **E:**97, 34–37
  image analysis, **E:**97, 61–63
    edgedetection, **E:**97, 7, 63–64
    motion analysis, **E:**97, 72–74
    stereovision, **E:**97, 74–75, 76–78
    texture analysis, **E:**97, 64–72
  image coding, *see* Image coding
  image compression, **E:**97, 192
    applications, **E:**97, 50–51, 54
    fingerprint database, **E:**97, 54
    methods, **E:**97, 51
    standards, **E:**97, 51, 194
    wavelet transform, **E:**97, 52–53, 194, 198–205
  image enhancement and reconstruction, **E:**97, 37, 54–56
    denoising, **E:**97, 56–58
    Gabor expansion, **E:**97, 54–55
    image fusion, **E:**97, 58–59
    image quality metrics, **E:**97, 10, 61
    three-dimensional reconstruction, **E:**97, 59–60
  joint space-frequency representations, **E:**97, 3, 8
    block transforms, **E:**97, 11
    complex spectrogram, **E:**97, 9–10
    multiresolution pyramids, **E:**97, 13–16

vision-oriented models, **E**:97, 16–19
wavelets, **E**:97, 11–13
Wigner distribution function, **E**:97, 9
machine vision, **E**:97, 61–78
oct-tree, **E**:88, 66
orthogonality, **E**:97, 6–7, 11, 13, 22
pryamid structure, **E**:88, 66
quad-tree, **E**:88, 65
symbolic, **E**:88, 66
theory, **E**:97, 2–7
vision modeling
   Gabor functions, **E**:97, 17, 34–37, 41–45
   sampling in human vision, **E**:97, 45–50
   visual cortex image representation, **E**:97, 37–41
Image restoration, **E**:87, 3, 11ff, 42; **E**:99, 292–293, *see also* Image reconstruction
filtered pulse, **ES**:15, 205
and image processing with SEMs, **M**:13, 295–298
neutral network and, **E**:87, 15ff
optimization and, **E**:87, 3f
parallel processing and, **E**:87, 6f, 43
space variant, *see* Space-variant image restoration
space-variant realization, **E**:99, 308–312
superresolution and, **E**:87, 2, 11
Image-sampling effects, **D**:3, 253–254
Image scanner and recorder, **D**:2, 49–52
in laser displays, **D**:2, 48–52
Image sensors, charge-coupled, **ES**:8, 142–200
area image sensors, **ES**:8, 152–173
backside illumination, **ES**:8, 190–195
blooming in, **ES**:8, 178–183
defects, **ES**:8, 188–190
infrared image sensors, **ES**:8, 195–200
linear image sensors, **ES**:8, 143–152
low light level imaging, **ES**:8, 184–188
quantum efficiency, **ES**:8, 183–184
resolution, **ES**:8, 173–178
signal processing in, **ES**:8, 234
spectral responsivity, **ES**:8, 183–184
Image-shearing devices, **M**:3, 52–59
Image signal, **E**:99, 294–295
space-variant image restoration, **E**:99, 294–295
Image smoothing, *see* Smoothing
Image speckle intensity, **M**:7, 162

Image storage
and display devices, *see also* Ferroelectric-photoconduction image storage and display devices
brightness and contrast ratio of projected image in, **D**:2, 95–96
electrically erased, **D**:2, 112–115
ferroelectric photoconduction and, **D**:2, 69–80
gray-scale capability in, **D**:2, 96–97
high lanthanum materials in, **D**:2, 105–110
lifetime of ceramic materials in, **D**:2, 120
optical transmission in, **D**:2, 93–95
performance capabilities of, **D**:2, 90–97
photoconductive films in, **D**:2, 115–118, 137–165
PLZT ceramics and, **D**:2, 83–104
reflection-mode, **D**:2, 97–100
resolution in, **D**:2, 92
scattering-mode, **D**:2, 79–81, 104–122
stored image erasure in, **D**:2, 90
thermally erased, **D**:2, 105–111
transmission-mode, **D**:2, 83–97
writing and viewing of stored image in, **D**:2, 89–90
in rudimentary ferpic, **D**:2, 70–73
in thermal erase sodalite transmission mode storage display tubes, **D**:4, 146–147
Image structures, computer simulation, **E**:94, 135–140
Image-template operations, **E**:90, 361–363, 424
algorithms, **E**:90, 371–382, 417–420
Image thresholding, using characteristic function, **E**:84, 75
Image transfer theory, **M**:5, 286–288; **M**:11, 13–15
aberration, effect of, **M**:5, 287, 288
aperture, effect of, **M**:5, 287, 288
contrast transfer function, **M**:5, 287
in electron microscope performance, **M**:5, 286
magnetization ripple, **M**:5, 289, 290, 291
for small deflections, **M**:5, 288, 289
for thin polycrystalline films, **M**:5, 289, 290, 291
wave aberration term, **M**:5, 287, 288

Image transforms, optical diffraction analysis, **M**:7, 19
Image transmission techniques, **ES**:12, 1–18
  human observer and, **ES**:12, 2, 8, 14
  source characterization (deterministic, stochastic models), **ES**:12, 3–7
  system characterization, **ES**:12, 2–9
Image tube, **ES**:17, 69
  with channel electron multiplication, **D**:1, 1–67
  distortion in, **D**:1, 60
  proximity-focused, **D**:1, 58–59, 147–159
Imaging
  basic processor, **ES**:11, 133
  biological specimens, **M**:7, 186
  crystal-aperture scanning transmission electron microscopy, **E**:93, 58–59, 63–66, 87–90
    gold adatoms, **E**:93, 94–100
    subatomic detail, **E**:93, 100–105
  defined, **ES**:11, 2
  devices for, *See* Imaging devices
  distance lens-array, **ES**:11, 130
  double-passage coherent imaging, **E**:93, 152–154
  with fluorescence
    delayed, **M**:14, 191–196
    lifetime, **M**:14, 199–204
    multiwave three-dimensional, and image reconstruction, **M**:14, 184–189
    quantitative, **M**:14, 183–184
    ratio, **M**:14, 180–182
  general theory of image formation, **E**:93, 174–176, 215–216
  of linear lattices, **M**:1, 116
  magnetic microstructure, **E**:98, 328–333
  multispectral processing, **E**:93, 313–319
  nonconventional, **D**:1, 291–293
  orientation analysis, **E**:93, 220–232, 275–276, 323–326
    algorithms, **E**:93, 319–320
    applications, **E**:93, 300–319
    automation, **E**:93, 320–322
    domain segmentation, **E**:93, 278–299
    edge detection operators, **E**:93, 231–239
    image acquisition, **E**:93, 228–231
    image analysis, **E**:93, 219–228
    image processing, **E**:93, 231–239
    image resolution, **E**:93, 275–276

    intensity gradient operators, **E**:93, 246–287
    presentation of results, **E**:93, 239–244
    quantitative parameters, **E**:93, 244–246
  phase retrieval
    blind-deconvolution problem, **E**:93, 144–145
    coherent imaging through turbulence, **E**:93, 152–166
    representative figures, **ES**:11, 124
  resolution
    asubatomic, **E**:93, 64
    crystal-aperture scanning transmission electron microscopy, **E**:93, 91–94
    orientation analysis, **E**:93, 275–276
    of single atoms, **M**:1, 124
    theory, **M**:10, 16–34
    two-stage, **M**:10, 224
  Z-contrast imaging, **E**:90, 289–293
Imaging atom-probe FIM, **ES**:20, 6, 22, 66, 137, 255
Imaging devices
  ceramic, **D**:1, 228–229
  light-valve, **D**:1, 226
  negative electron affinity materials for, **D**:1, 71–160
  Pockels-effect, *see* Pockels-effect imaging devices
Imaging efficiency, partially coherent illumination and, **M**:7, 135
Imaging gas (atoms), **ES**:20, 8
Imaging optics
  aperture, **M**:6, 13, 14
  darkfield transillumination, **M**:6, 17, 18, 19
  depth of field, **M**:6, 14
  dipping objective, **M**:6, 15, 16, 17
  fluorescence, **M**:6, 18, 19
  high-dry objective, **M**:6, 14, 16
  K-mirror, **M**:6, 13, 14
  mirror objective, **M**:6, 19, 20, 21
  object plane positioning, **M**:6, 13
  photomicrography, **M**:4, 388–389
  reflection objective, **M**:6, 17
  resolution, **M**:6, 14
  water-immersion lens, **M**:6, 15
  water-immersion objective, **M**:6, 16, 17
Imaging plate, **E**:99, 241–242, 242, 248–250
  CBED pattern with, **E**:99, 269–270
  computed radiography and, **E**:99, 242, 263–265

SUBJECT INDEX

dynamic range, **E**:99, 269–274
electron diffraction with, **E**:99, 270–274
erasing, **E**:99, 253
exposure, **E**:99, 250–251
fading, **E**:99, 258–259
granularity, **E**:99, 259–262
high-resolution electron microscopy with, **E**:99, 274–285
image processing, **E**:99, 253, 285–286
quantitative image analysis, **E**:99, 274–285
radio luminography and, **E**:99, 242, 263–265
reading, **E**:99, 251–253
resolution, **E**:99, 257
RHEED and, **E**:99, 286–288
sensitivity, **E**:99, 254–257, 262, 265–269
transmission electron microscopy and, **E**:99, 262–263, 265–269, 288
Imaging system, mirror EM, **M**:4, 210–211
Imaging tomography inhomogeneous media, **ES**:19, 36–46
I maser, **ES**:2, 241
Immersion lens(es), **ES**:13B, 4–16, 37, 40, 337; **M**:10, 244, 245; **M**:12, 94
descriptions of, **M**:13, 94–103
magnetic, **M**:13, 92–107
Immits, **E**:103, 72, 92–93
Immuno-cytochemistry, **M**:6, 212
Immunoelectron microscopy, Japanese contributions, **E**:96, 740
Immunofluorescence microscopy, **M**:10, 316–317
Immuno-histochemical technique
  antiserum reagent, **M**:6, 218
  coupling reagent, **M**:6, 218
  diffusion problems, **M**:6, 218
  disadvantages, **M**:6, 218
  with enzyme marker, **M**:6, 218
  with horseradish peroxidase marker, **M**:6, 218, 219
  HRP-specific immunoglobulin reagent, **M**:6, 218
  immunoglobulin specific reagent, **M**:6, 218
  limitations, **M**:6, 219
  specific site coupling by HRP, **M**:6, 219
Impact ion acceleration, **ES**:13C, 447–448
Impact ionization, **E**:99, 81–82

Impact parameter
  definition of, **ES**:21, 14, 71, 101, 140
  distribution of, **ES**:21, 16, 102, 472–473
IMPATT diode, **ES**:24, 249
Impedance, **ES**:18, 91, 141
  generalization, **ES**:15, 107
  matching, **ES**:15, 32, 36
  waveguide, **ES**:15, 226
  of seawater, **ES**:14, 373
  sinusoids, **ES**:18, 59
Impedance boundary condition, three-dimensional microstrip circulators, **E**:98, 288–301
Imperfect crystals
  oscillation in, **ES**:2, 43–45, 117, 190–191
  threshold in, **ES**:2, 117, 189
  wavefront in, **ES**:2, 79, 190
Imperfect data, methods of handling, **E**:94, 151, 194
Imperfect plasma, **ES**:13C, 220–221
Imperfect symmetry, effect on potential functions, **ES**:7, 5
Imperial Chemical Industries, **ES**:16, 24, 29
Implantation, **E**:83, 29, 110; **E**:102, 97, 111–112
Implication operator, fuzzy relations, **E**:89, 277–279
Implicit lines
  image processing, **E**:97, 91
  image reconstruction, **E**:97, 108–110, 166–181
Implosion protection, **DS**:1, 111–112
IMPRESS, **E**:86, 105, 107, 109, 112
Imprint technology, **E**:102, 123
Improc, **ES**:10, 249–268
  implementation, **ES**:10, 251–233, 259–262, 264
  syntax, **ES**:10, 253–255, 260, 265–268
Improved phase-object approximation, **E**:93, 190–192
Improvement, of electron guns, **ES**:3, 155–165
Impulse approximation, **ES**:22, 266
Impulse response, series expansion, **ES**:19, 270–271
Impurity(ies)
  conduction band due to, **ES**:1, 32, 135
  energy levels of in II-VI compounds, **ES**:1, 15
  periodic distribution of, **E**:82, 215

Impurity atoms, **ES**:20, 72, 123
Impurity concentration, deconvolution of, **ES**:6, 118
In, LMIS of, **ES**:20, 153, 154
Inaccuracy measure, **E**:91, 37, 38
InAlAs, **E**:86, 50
InAs, **E**:86, 50
InAs diode maser, **ES**:2, 167, 168, 248
Incandescence, comparison of EL with, **ES**:1, 162, 163
Incidence angle
  atomic number correction and, **ES**:6, 92
  vs. backscattered ratio, **ES**:6, 21
Incidence relation, **E**:84, 207
Incident beam, energy spread, **M**:7, 160
Incident cells, **E**:84, 207
  subcomplexes, **E**:84, 219
Incident energy modulation methods, **ES**:13B, 348
Incident wave, **E**:90, 208
Inclusion analysis
  errors in, **ES**:6, 248
  objective of, **ES**:6, 246
Inclusions, in steel, image analysis, **M**:4, 364–368
Incoherent dark field illumination, **M**:7, 148
Incoherent imaging, **M**:7, 271
Incoherent tunneling, **E**:89, 128
Incomplete charge transfer mode
  dynamic drain conductance effect, **ES**:8, 94
  intrinsic, **ES**:8, 91–93
  JFET BBDs, **ES**:8, 94–95
  thermal emission effects, **ES**:8, 95
  two-phase CCDs, **ES**:8, 95–96
  waveforms and transfer efficiency, **ES**:8, 93–94
Incomplete Cholesky Conjugate Gradient, **E**:102, 53–54; **M**:13, 10
Indanthrene, diffraction pattern, **M**:4, 119
Indefinable set, **E**:94, 159, 166
Independence relation, defined, **ES**:9, 421
Index guided interconnections, **E**:102, 237
Index of anisotropy
  domain segmentation, **E**:93, 298, 299
  orientation analysis, **E**:93, 223, 245–246, 324, 325

Index of refraction, **ES**:22, 60, 91, 98, 108, 185, 189, 197, 311; **M**:1, see Refractive index
  complex, **ES**:22, 199
Index stripe(s), **DS**:1, 16, 155
  secondary-emission, **DS**:1, 160
  signal generation, **D**:2, 207–208
  UV-phosphor, **DS**:1, 164
  vs. index frequency, **D**:2, 211
Index stripe slot, electron beam positioning due to, **D**:2, 213
Index systems
  ambiguity resolving signal waveforms and block diagram for, **D**:2, 210–215
  in color-TV camera systems, **D**:2, 197–215
  high-frequency, **D**:2, 208–215
  pulse sampling in, **D**:2, 202–203
  sine wave sampling in, **D**:2, 203–207
India, electron microscopy beginnings, in, **ES**:16, 601
Indicatrices of Dupin, **E**:103, 92–93, 112
Indirect detection, **D**:1, 42–43
Indirect estimation, of beam current, **ES**:3, 169
Indirect method, of beam measurement, see Nondestructive method
Indiscernibility, **E**:94, 152–157
Indiscernibility relation, **E**:94, 152
Indium, **E**:91, 144
Indium antimonide, **ES**:1, 169–170
  semiconductor history, **E**:91, 173–175, 179
Indium phosphide, **ES**:1, 169
  avalanche phosphodiodes based on, **E**:99, 142–146, 156
  ionization rates, **E**:99, 116–118
Indium phosphide/indium gallium arsenide avalanche photodiodes
  SACGM, **E**:99, 73, 92–94, 96–156
  SAM and SAGM, **E**:99, 90–92
Indium stibnite, properties, **E**:92, 82
Induced emission, see Stimulated emission
Induction accelerator, **ES**:13C, 203, see also Linear induction accelerator
Induction field, defined, **ES**:9, 237
Induction linacs, **ES**:22, 6, 23, 26
Inductive field mechanisms, in collective ion acceleration, **ES**:13C, 447–448
Inductively-Coupled Plasma Spectrometer, **M**:9, 292
Induni, G., **ES**:16, 56, 65, 248–249, 597

Inelastic atomic collisions, **ES:**4, 205
Inelastic collisions, electrons, **E:**89, 100–103
Inelastic electron scattering, **ES:**10, 8–9, 15, 19, 27, 120–121, 162; **M:**3, 180–183, 190, 201, 207–211; **M:**9, 68–82
  angular conditions and, **M:**9, 71–72, 91–94
  annular detector aperture and, **M:**7, 122, 271
  coherence and, **M:**7, 122
  contribution in dark field and bright field images, **M:**7, 228
  definitions, **M:**9, 70–74
  effect on image contrast and resolution, **M:**7, 218
  effect on object wave function, **M:**7, 211
  effects, field electron emissions and, **M:**8, 220
  energetic Boersch effect, **ES:**13C, 493
  general instrumental considerations, **M:**9, 68–70
  mean free path, **M:**9, 72
  partially integrated cross-section, **M:**9, 72
  phase determination and, **M:**7, 191, 274
  phase object approximation and, **M:**7, 195, 263
  quantum electron transport, **E:**89, 134–135
  radiation damage and, **M:**7, 263
  total cross-section, **M:**9, 72
  weak phase approximation and, **M:**7, 268
Inelastic low energy electron diffraction, **ES:**13B, 262, 319
Inequalities
  Holder, **E:**91, 46, 94–95
  inverting, **E:**90, 30–31
  Jensen, **E:**91, 46, 63, 64, 82–87, 100, 106, 110, 131
  Minkowski, **E:**91, 46, 64, 101, 106
  Shannon–Gibbs, **E:**91, 38, 42, 53–57
  unified (r,s)-measures, **E:**91, 57–62
    M-dimensional generalization, **E:**91, 82–95
Inertial confinement fusion
  accelerators, **ES:**13C, 438–439
  beam current generation, **ES:**13C, 124
  focusing neutralized ion beams, **ES:**13C, 408
  focusing on target, **ES:**13C, 130
  heavy-ion beams as drivers for, **ES:**13C, 27, 33, 50, 52
  high-power pulsed electron beam transport, **ES:**13C, 372–373
  initiation by ion beams, **ES:**13C, 208
  intense electron beams, **ES:**13C, 172
  intense ion beams, **ES:**13C, 314
  longitudinal beam control, **ES:**13C, 427
  plasma transport of pulsed ion beams, **ES:**13C, 398
Inertial navigation, **E:**85, 2–16, 54, 57, 60
  error description, **E:**85, 11–16
  support, **E:**85, 2, 19, 24, 53–54, 61, 65–66
Inessential terms, maxpolynomials, **E:**90, 102–103
Infectious development, **M:**1, 191
Inference, **E:**86, 83
  classical, **E:**89, 316–317
  deductive, **E:**86, 146
  engine, **E:**86, 83
  fuzzy, **E:**89, 317–318
  method of cases, **E:**89, 322–323
  modus ponens, **E:**89, 316, 318–320
  syllogism, **E:**89, 322
Inf-generating mapping, **E:**89, 378
Infinite cut-off idealization, **ES:**14, 47, 50
Infinite ferrite medium, *see* Ferrites, wave propagation in infinite medium
Infinitely thin element, **E:**86, 228
Infinite processes, minimax algebra, **E:**90, 75–84
Infinite sequence, of rays, **ES:**4, 126
Infinitesimal current dipole, **ES:**19, 208–214
Infinitesimal operator, **E:**84, 136, 138, 146, 184
  dilations, **E:**84, 152
  rotations, **E:**84, 152
  smooth deformation, **E:**84, 154
Inflections, **E:**103, 93–94
Influenza virus, **M:**6, 237
Infons, **E:**101, 231–232
Information, *see also* Fisher information; Physical information
  and distortion, **ES:**15, 127
  spatial, **ES:**15, 148
  transmission, **ES:**11, 179, 181
  transmittable, **ES:**11, 207
Informational uncertainty, **E:**97, 10
Information divergence, **E:**90, 144–145, 194–196
Information flow rate, **E:**90, 173

Information function, **E:**94, 153
Information measures, **E:**91, 37–41
  unified (r,s), **E:**91, 41–132
Information processing
  biological, **E:**94, 260, 262–263, 264, 292
  chaotic dynamics, **E:**94, 289
Information radius, **E:**91, 37–38
  unified (r,s), **E:**91, 113
    M-dimensional, **E:**91, 76–77
Information retrieval, **E:**89, 306–307
  fuzzy relations, **E:**89, 272, 307–310
Information storage, magnetic materials, **E:**98, 324
Information tables, **E:**94, 152–154
Information technology, **E:**91, 150–190
  impact on the future, **E:**91, 210–212
  unlimited database, **E:**91, 210
Information theory
  EPR experiment, **E:**94, 302–304
  resolving power and, **ES:**6, 34–35
  statistical, **E:**91, 37–41, 110–132
Information transmission, **ES:**14, 16
Infrared camera, **M:**12, 347
Infrared catastrophe, **E:**90, 179
Infrared image sensors
  basic considerations in, **ES:**8, 195–196
  hybrid, **ES:**8, 199–200
  monolithic, **ES:**8, 197–199
  operational techniques, **ES:**8, 196–197
Infrared microscopy, **M:**10, 8
  confocal imaging, **M:**10, 15
Infrared radiation, **E:**83, 29
  effects of in CdS, **ES:**1, 130
    in electroluminescent ZnS, **ES:**1, 65, 78, 90, 100
    enhancement of luminescence, **ES:**1, 210, 223–225
    on Gudden-pohl effect, **ES:**1, 184, 185
    quenching of luminescence, **ES:**1, 90, 100, 207, 208
    quenching of photoconductivity, **ES:**1, 130, 208
    stimulation of luminescence, **ES:**1, 188–191
Infrared scanning technique, **M:**12, 351
Infrared spectrum, imaging regions, **ES:**8, 195
InGaAs, **E:**86, 50
InGaAs bandgap, **ES:**24, 214
Ingalls, **ES:**14, 178
Inheritance, **E:**88, 69

Inhomogeneities, use of mirror EM
  electrical surface, **M:**4, 242–246
  geometric, **M:**4, 241–242
  magnetic, **M:**4, 247
Inhomogeneous broadening, **ES:**2, 21; **ES:**22, 307, see also Absorption coefficient, saturated; Optimum resonator coupling
  effect on maser action, **ES:**2, 45–47, 183–185
  effect on population inverstion, **ES:**2, 103
Inhomogeneous media permittivity function, **ES:**19, 90
Initial conditions, **E:**82, 22, 23, 40, 45, 48, 54; **ES:**18, 2; **ES:**22, 103, 122, 152, 182, 184
Initial field distribution, **E:**103, 24–26; **ES:**22, 122, 152
Initial phase estimate, **ES:**10, 111, 123, 130, 136, 154
Injection locking, **ES:**22, 311
Injection of carriers, as mechanism for EL, **ES:**1, 5–8, 172
  in SiC, **ES:**1, 1, 6, 131–134
  in ZnS, **ES:**1, 114–120
Injector, **ES:**22, 24, 28, 403
  photoelectric, **ES:**22, 406
Injector gap, in beam accelerator, **ES:**13C, 392, 420–422, 433–435
Ink-jet printer, **E:**91, 237
Inland fog, **ES:**14, 25
In-line gun, **DS:**1, 13, 37, 97–98, 99
  in color TV tubes, **D:**1, 212–215
  in electron beam deflection, **D:**1, 177
In-line holography, **E:**89, 3, 5; **E:**94, 198–199, 252
Inloop structure, **E:**103, 73–75
Inner points, **ES:**11, 151
Inner potential, **M:**12, 19
Inokuchi, **ES:**9, 185, 187
Inorganic resists, **E:**102, 101–104
Inorganic transparent oxide films, **D:**2, 160–165
Inouem, Y., **ES:**16, 328, 330
InP, **E:**86, 50
InP diode maser, **ES:**2, 167, 168, 248
Input, single-electron devices, isolation, **E:**89, 238–240
Input files, for MC program, **ES:**21, 433
Input reflection coefficient, **E:**92, 181
INS, see Ion neutralization spectroscopy

SUBJECT INDEX

INS (ion neutralization spectroscopy), **ES**:13B, 263
InSb diode maser, **ES**:2, 167, 168, 248
Insects
 flight muscle, **M**:6, 193
 radiation damage, **M**:5, 337
Insect virus inclusions
 electron microscopy of, **ES**:16, 197
 ultrathin sections of, **ES**:16, 184
In situ specimen treatment, **M**:11, 75
In situ sublimation, **M**:11, 76
Insonification, directional, **ES**:11, 156
Instability
 electron beam generation, **ES**:13C, 200–201
 of electron lenses, **M**:1, 153
 plasma, **ES**:13C, 221, 334
 transport of high-intensity beams, **ES**:13C, 80–96
  long bunches, **ES**:13C, 120–123
  short ellipsoidal bunches, **ES**:13C, 114–119
Institute of Nuclear Physics, **ES**:22, 6
Institute of Physics, Electronics Group, **E**:91, 139–140, 260, 269, 270
Instrumentable, **E**:84, 4
Instrumental factors, phase determination and, **M**:7, 191
Instrumental problems, phase problems and, **M**:7, 259–263
Instrument instability, **M**:4, 86
Insulated gate field-effect transistors, **D**:4, 70–71
Insulating materials
 beam-induced conductivity, **E**:83, 234
 coating, metal, **E**:83, 219, 233
 conductive chemical treatment, **E**:83, 233
 scintillators, **E**:83, 225
 SEM specimens, **E**:83, 208, 219
Insulators, **E**:83, 22, 24
 mirror electron microscopy, **E**:94, 96–97
 photoelectron microscopy, **M**:10, 300–305
Inteference functions, face centered, **ES**:4, 263
Integer cosine transform, **E**:88, 10
 derivation
  order-8, **E**:88, 31
  order-16, **E**:88, 42–44
 fast computation algorithm, **E**:88, 57–58
 fixed-point error performance, **E**:88, 52–56

 implementation, **E**:88, 49–52
 performance, **E**:88, 44–49
Integer number
 space-time, defined, **ES**:9, 405
 topology, defined, **ES**:9, 405
Integrability, quadratic, **ES**:18, 12
Integral equation(s), **E**:86, 193
 Abel, non-linear, **ES**:19, 243–257
 Fredholm, **E**:86, 258, 260
 in variations, **E**:86, 246, 258
Integral equation methods, **E**:103, 285
 on lenses, **M**:13, 153–154
  comparison of, **M**:13, 169–173
Integral transform, **E**:84, 134
 condition for invariance, **E**:84, 135
 condition for uniqueness, **E**:84, 135
 covariant, **E**:84, 161, 164
 invariant in the strong sense, **E**:84, 146–151, 155
 kernal, **E**:84, 154
 with respect to dilations and rotations, **E**:84, 153
Integrated circuit, **E**:87, 233, 245; **E**:91, 146–169
 history, **E**:91, 181
 images, **M**:10, 4, 6, 7, 12, 13
  conventional/confocal images, **M**:10, 6
 planar, **E**:91, 147–148, 195
 United Kingdom, **E**:91, 150–151, 168–169
Integrated circuits, **E**:83, 14, 67, 76
 LSI, VLSI, ULSI, **ES**:11, 164
 and use of SEMs, **M**:13, 126, 153
Integrated digital network, **E**:91, 197
Integrated stripe filter vidicon, in color-TV camera frequency multiplex systems, **D**:2, 195–197
Integrated transformation
 signal processing, **E**:94, 320
Integrating microdensitometry, **M**:6, 135
Integrating transistor circuit, **M**:1, 34
Integration transformation
 electrostatic lenses, **E**:97, 396–403
 Glaser's bell-shaped magnetic field, **E**:97, 393–395
 magnetic lenses, **E**:97, 369–381, 389–392
Integrator, **ES**:9, 141
Intel, semiconductor history, **E**:91, 169, 195
Intelligence, *see also* Animal intelligence
 biological, **E**:94, 264, 267–269
 gradation, **E**:94, 269–270

SUBJECT INDEX

learning, **E**:94, 255–293
Turing test, **E**:94, 266–272
Intense relativistic electron beam
   collective acceleration of ions, **ES**:13C, 445–473
   diode, **ES**:13C, 452
   sources, **ES**:13C, 171–206
Intensified silicon intensifier tube (ISIT), **D**:1, 145
Intensity
   of ion source, **ES**:13A, 264
   light definition, **M**:10, 105, 107
Intensity coding optical symbolic substitution, **E**:89, 58, 77
Intensity contours, **ES**:4, 156
Intensity distribution
   electron spot, **DS**:1, 25, 95
   lighthouse dot, **DS**:1, 125–128
Intensity gradient, **E**:93, 231
   analysis, **E**:93, 228, 230, 246–272, 246–278, 319–320
      boundaries, **E**:93, 267–272, 324
      image resolution, **E**:93, 275–276
      noisy images, **E**:93, 257, 277
      numbering, **E**:93, 268, 284
      pixels
         numbering, **E**:93, 233
         rectangular aspect ration, **E**:93, 272
         rectangular aspect ration, **E**:93, 274–275
      statistical analysis of data, **E**:93, 278–284
      three-dimensional, **E**:93, 284–287
Intensity histogram, of ideal bilevel image, **D**:4, 164
Intensity modulation, **E**:99, 68
Intensity ratio
   calculation of, **ES**:6, 81–83
   chemical composition and, **ES**:6, 350–357
   composition and, **ES**:6, 95
   weight concentration and, **ES**:6, 75, 95
Intensity transmittance, **E**:89, 33, 34
Intentionality, **E**:94, 294
INTERAC program, **ES**:21, 448, 451, 454, 458; **M**:13, 217
Interaction(s), **E**:85, 83, 94, 223
   delayed, **ES**:23, 289
   great distance, **ES**:23, 302
   simplified, **ES**:23, 294
   electron-electron, **E**:82, 199
   electron-impurity, **E**:82, 199, 223
   exchange, **E**:82, 208

image formation, **E**:93, 174–176
many-body, **E**:82, 268
mechanism, **ES**:21, 504
phenomena, *see* Coulomb
range, **ES**:21, 413, 421–422
Interaction length
   in parametric amplification, **ES**:2, 265
   in second harmonic generation, **ES**:2, 263
Interaction loop, **E**:85, 87
Interaction scheme, phase problem solution and, **M**:7, 226
Interaction volume, in SEM, **E**:83, 206, 217–219, 234
   finite size, **E**:83, 215
Intercalating drugs, **M**:8, 125
Interconnect capacitance, **E**:89, 209
Interconnection, PC cards, **ES**:11, 135
Interconnectless architecure, **E**:89, 219, 224
Interconnects, optical, coupling, **E**:89, 210–213
Interdiffusion coefficient, **ES**:6, 268
Interdigital-array devices, **D**:2, 125–136
Interdigital-array ferpic, in PLZT ceramics, **D**:2, 73–76
Interdigital electrode, mirror EM image, **M**:4, 255–266
Interdomain boundaries, ferromagnets, **E**:87, 176–180
Intereferometer, triangular, **M**:10, 158
Interface, **ES**:24, 2
Interface condition
   of eddy current field, **E**:82, 21, 22, 27, 29, 30, 35, 55, 57, 59
   for magnetic scalar potential, **E**:82, 15, 50, 51
   treatment as boundary condition, **E**:82, 32, 36
Interface signals, timing chart of, **D**:4, 25
Interface states, **E**:87, 228, 230, 234, 245
Interfacial segregation, **ES**:20, 235
   AP study of, **ES**:20, 239
Interfacial tension, **M**:8, 111
Interference, **E**:84, 319, 326, 329; **M**:12, 14, 15, 19
   electron wave devices, **E**:89, 103–110
   of light, **ES**:2, 178
   of maser light, *see* He-Ne maser; Ruby maser
Interference, two-beam, **ES**:4, 92–94, 125
Interference contrast, **M**:1, 68, 83

SUBJECT INDEX

Interference experiments, **E**:94, 296–297
Interference fading, **ES**:9, 284
Interference field, **M**:12, 57
Interference filter, **ES**:4, 105
Interference fringes, **M**:8, 34
 Aharonov–Bohm effect, **M**:5, 253
 in domain wall images, **M**:5, 254, 255, 293
Interference microscope/microscopy, **M**:3, 67, 81; **M**:5, 102; **M**:10, 75–83, *see also* Holographic microscopy
 advantages, **M**:6, 104
 applications, **M**:6, 105
 diffraction effects, **M**:10, 79
 Dyson, **M**:1, 68, 80
 extinction factor of, **M**:1, 82
 heterodyning, **M**:10, 82, 83
 Leitz, **M**:1, 68, 80
 multiple beam, **M**:10, 79–80
 polarizing, **M**:1, 80
 resonant microscope, **M**:10, 79–80
 scanning systems, **M**:10, 76
 spatial resolution, **M**:1, 87, 111
 systematic errors of, **M**:1, 100
 thin film circuits, **M**:10, 81
 uses of, **M**:1, 99
Interference phenomena, **ES**:18, 203
Interferometer, **ES**:22, 309
 division-of-amplitude, **ES**:4, 101, 103, 116, 120
 division-of-wavefront, **ES**:4, 101, 103
 double quantum wire Aharonov–Bohm interferometer, **E**:89, 172–178, 180, 186, 199
 Mach–Zender interferometer, **E**:89, 11, 146–149
 optical symbolic substitution, **E**:89, 77
 radioastronomy, **E**:91, 286, 287, 289
Interferometer-based systems, **E**:87, 192–193
Interferometric measuring machines, **M**:8, 49
Interferometric reconstruction, **E**:89, 13–16
Interferometric retardation, ??
Interferometry, **ES**:9, 276; **M**:10, 58, 113, 176
 amplitude division interferometry, **E**:99, 193–194
 long-path, **ES**:4, 99, 100, 106, 118
 Mach–Zender interferometer, **E**:99, 203–205, 219
 wavefront division interferometry, **E**:99, 194–200
 wavelength measurement, **M**:8, 39

Intergrated circuits, **M**:12, 140
 quantum-couled architectures, **E**:89, 217–243
 quantum devices, **E**:89, 183–184, 208
 T-Structure transistors, **E**:89, 183–184
 ULSI, **E**:89, 208
 VHSIC, **E**:89, 208–210, 215–217
Interlacing, in TV systems, **ES**:8, 157–160
Interline-transfer devices, **ES**:8, 172; **D**:3, 226–227
 interlacing in, **ES**:8, 160
Intermediate lens, **ES**:17, 32
Intermediate node, **E**:90, 39
Intermediate sequency filter, **ES**:9, 321; **ES**:14, 133
Intermolecular pair potentials, additivity, **E**:87, 54–55
Internal biasing field, *see* Biasing magnetic field
Internal friction, **E**:87, 244
Internal kinetic energy
 definition of, **ES**:21, 13, 41
 relaxation of, *see* Relaxation
Internally undefinable partition, **E**:94, 169–170
International Assembly for Electron Microscopy, formation, **E**:96, 6
International Committee for Electron Microscopy, record of meetings, establishing the committee, **E**:96, 6, 12–16
International Congresses for Electron Microscopy
 biological research history, **E**:96, 387–391
 content of meetings, **E**:96, 33
 electron optics research history, **E**:96, 405–412
 history, **E**:96, 386–387
 instrument exhibitions, **E**:96, 3, 394–395
 materials science research history
  applications sessions, **E**:96, 399–400
  atomic resolution, **E**:96, 402–403, 408
  commercial developments, **E**:96, 394–395
  holography, **E**:96, 398
  home-built projects, **E**:96, 395–397
  image contrast, **E**:96, 397–398
  workshops, **E**:96, 401
 oversight, **E**:96, 32–33
 proceedings, **E**:96, 403, 406, 408, 411
 value of attendance, **E**:96, 385

International Council of Scientific Unions, association with IFSEM, E:96, 3, 5-7, 9-10
International Electrical and Electronic Engineers, D:2, 66
International Federation of Societies for Electron Microscopy
  congresses, see International Congresses for Electron Microscopy
  constitution, E:96, 8-10, 18-19, 21, 32
  Executive Committee, E:96, 22-23
  General Assembly, E:96, 22, 33
  General Secretary, E:96, 23, 25
  growth, E:96, 9, 25, 27, 34-35
  industry relations, E:96, 33-34
  international congresses, E:96, 32-33
  International Council of Scientific Unions, association, E:96, 3, 5-7, 9-10
  Joint Commission, rise and fall, E:96, 5-7
  membership, E:96, 30
  member societies, E:96, 25, 27, 30, 34
  objectives, E:96, 21
  origin, E:96, 3-5, 155-156
  presidents and secretaries, E:96, 9, 20, 22, 24
  proposal by International Committee, E:96, 7, 16-18
  regional committees, E:96, 28-29, 31-32
  responsibilities, E:96, 10-11
International Radio Consultative Committee, ES:12, 79, 107
International Symposium on Nerve Ultrastructure and Function at Caracas (1957), ES:16, 191-198
International Symposium on Telegraph Consultative Committee, E:91, 201, 204
International System of Units, ES:17, 9-10
International Telephone and Telegraph Consultative Committee
  standards, ES:12, 224, 249, 252, 255, 259, 270
International Thermonuclear Experimental Reactor, E:102, 39
Inter-particle distance, ES:20, 201
Interphako system
  applications, M:6, 108, 109
  color phase contrast, M:6, 107
  construction, M:6, 105, 106
  field interference, M:6, 110
  fringe interference, M:6, 106, 110
  interference images, M:6, 106
  optical system, M:6, 106
  phase contrast, M:6, 107
  phase interference contrast, M:6, 107, 108, 109, 115
  shearing interference, M:6, 107, 110
Interpolation, ES:10, 189-191, 263
  in microanalysis, ES:6, 1-13
  nearest neighbor, E:85, 127
  trilinear, E:85, 127
Interpolative coding, ES:12, 8, 49, 56-60
Interpretation of images, ES:10, 5, 19, see also Object reconstruction
Interpretation relation, E:84, 231
Intersection, E:85, 126, 130, 158
  t-mapping, E:89, 339-343, 376-377
Interstitials, ES:20, 2
Intersubband absorption, ES:24, 194, 195
Intervening tissue, E:84, 344
Into-the-ground radar, ES:14, 31, 33
Intracellular organelles, M:6, 183
Intravital microscope
  adaptations, M:6, 2
  animal table, M:6, 7-13, 46
  applications, M:6, 2, 46
  darkfield image, M:6, 17, 18, 19
  design, M:6, 2-4, 46
  design concept, M:6, 5-7
  epi-illumination, M:6, 4, 9, 11, 18, 28-30
  fiber optic illumination, M:6, 2, 10
  fluorescent image, M:6, 18, 19
  illuminating system, M:6, 2
  illumination, M:6, 21-30
  image recording system, M:6, 30-36
  imaging optics, M:6, 13-21
  imaging system, M:6, 2, 35
  light pipe illumination, M:6, 2, 4, 9, 10, 26-28
  light sources, M:6, 2
  recording system, M:6, 4
  relative movement, M:6, 5, 6
  servo-controlled focusing, M:6, 2
  specimen life support system, M:6, 2, 7, 9
  specimen manipulation, M:6, 2, 7
  stage, M:6, 2, 5
  system, M:6, 4
  telescopic optical system, M:6, 6
  transfer lens, M:6, 6, 7
  transillumination, M:6, 4, 9, 11, 13, 17, 18, 21-28
  vibration, M:6, 4, 5

Intravital microscopy, **M**:7, 73
  problems, **M**:6, 38
  in study of physiology, **M**:6, 1, 2, 45, 46
Intrinsic aberrations, to ninth-order approximations, **E**:91, 28–30, 34
Intrinsic beam brightness, **ES**:13A, 214
Intrinsic charge transfer, **ES**:8, 91–93
Intrinsic color, **ES**:11, 176
Intrinsic description of scalar field, **E**:103, 107–110
Intrinsic geometry, **E**:103, 70
Intuition, in science, **ES**:9, 397
Inui, **ES**:18, 37, 237
Inuzuka, H., **ES**:16, 318
Invariance, **E**:84, 131, 134
  condition of, **E**:84, 147, 149
  strong, **E**:84, 133
  weak, **E**:84, 133–134
Invariant coding, **E**:84, 132, 136
  three dimensions, **E**:84, 167
Invariant functions, **E**:84, 155, 157
Invariant recognition, **E**:84, 131, 142
  human visual system, **E**:84, 131
Invariants, brain function, **E**:94, 292–293
Inverse coherent drag, in collective ion acceleration, **ES**:13C, 447–448
Inverse contrast ratio mapping, **E**:92, 30–31
Inverse convolution, **ES**:15, 209
Inverse direction
  combination for mass spectrometer, **ES**:17, 287, 290, 292, 333
  for deflected ion, **ES**:17, 286
Inverse early effect, **ES**:24, 160
Inverse filter, **E**:82, 122
Inverse Fourier transform, **ES**:11, 84
  circuit, **ES**:11, 90
Inverse matrix, **ES**:11, 86, 87
Inverse mobility tensor, **E**:92, 87
Inverse operator, **ES**:15, 109
Inverse problem, *see also* Inverse scattering problem
  computational molecules, **ES**:19, 215
  definition, **ES**:19, 205
  identification technique, **ES**:19, 55
  image reconstruction, **E**:97, 94–98, 99–101
  inversion methods, **ES**:19, 55–57
  multidimension, **ES**:19, 141, 153–166
  multiparticle systems, **ES**:19, 99
  Newton-Sabatier methods, **ES**:19, 107–108
  quantum three, **ES**:19, 99–113
  quantum three-particle, **ES**:19, 141–150
  three-dimensional, **ES**:19, 99–113
  WKB approximation, **ES**:19, 100, 109–112, 117
Inverse processes, **ES**:18, 25
Inverses
  group algebra elements, **E**:94, 22–27
  matrices with group algebra elements, **E**:94, 42–43
Inverse scattering problem
  characterization of data, **ES**:19, 156, 162–166
  compatibility conditions, **ES**:19, 155
  linearly superposed reflection coefficients, **ES**:19, 79–88
  one-dimensional electro-magnetic numerical and approximate methods, **ES**:19, 71–76
  ^{12}C on ^{12}C, **ES**:19, 120–126
Inverse scattering transform, **ES**:19, 359–368
  analytic eignefunctions, **ES**:19, 413
  direct/inverse, **ES**:19, 359–368
  on half-line, **ES**:19, 409–421
  inverse problem, **ES**:19, 414–515
  linear boundary problem, **ES**:19, 415–416
  non-linear partial differential evolution equations, **ES**:19, 429–431
  spatial transform methods, **ES**:19, 436–437
  time evolution, **ES**:19, 367, 383
  weak compatibility condition, **ES**:19, 369–378
Inverse transformation, **ES**:11, 27, 33
  spectral, **ES**:19, 365–367
Inversion
  formulas, **E**:94, 332–333
  of a matrix, **E**:85, 21–22, 37, 43, 50
  process, crystal structure factors, **E**:90, 257–265
  technique, **ES**:19, 90–93
    modifies Newton methods, **ES**:19, 118–120, 125
    practical example, **ES**:19, 93–95
    reconstruction, **ES**:19, 154
    stability, **ES**:19, 154
Inversion theory
  asymptotic techniques, **ES**:19, 89–95
  high frequency techniques, **ES**:19, 89–95
Inverter channel image intensifier tube, **D**:1, 54–56
  ion feedback in, **D**:1, 59–60
  picture distortion in, **D**:1, 60
  proximity tube and, **D**:1, 58–59

Invisible aircraft, **ES**:14, 46
Iodinated sugar metrizamide, **M**:8, 123
Iodosodalite, **D**:4, 111
    as optical erase material, **D**:4, 127
Iodosodalite cathodochromic screen, **D**:4, 129
Ion(s), **E**:83, 63
    -beam milling, **E**:83, 45
    bombardment, **E**:83, 7
    charge of, **ES**:17, 267
    current, **E**:83, 63
    effect of positive ions on space charge, **ES**:3, 75-76
    energy of, **ES**:17, 267
    mass of, **ES**:17, 267
    momentum, **ES**:17, 367
    sources, **E**:83, 82
    trajectories, **E**:83, 63
Ion acceleration/accelerator, **ES**:13B, 46, 50-52, 57-59; **ES**:13C, 194, 390
    acceleration gaps, **ES**:13C, 391-393
    magnetically insulated, **ES**:13C, 416-421
    collective acceleration by intense relativistic electron beam, **ES**:13C, 445-473
    electron sources, **ES**:13C, 433
    experiments, **ES**:13C, 431-439
    focusing of neutralized beams, **ES**:13C, 408
    inertial fusion accelerators, **ES**:13C, 438-439
    ion injectors, **ES**:13C, 433-434
    ion sources, **ES**:13C, 431-432
    longitudinal beam control, **ES**:13C, 427-431
    multigap effects, **ES**:13C, 421-431
    neutralization, **ES**:13C, 397-398
    periodic lens array, **ES**:13C, 393-395
    postacceleration and transport, **ES**:13C, 434-438
    theory, **ES**:13C, 416-431
    transverse beam control, **ES**:13C, 423-427
Ion beam
    energy broadening in high-density beams (Boersch effect), **ES**:13C, 475-530
        analytic treatment of crossover broadening, **ES**:13C, 526-529
        conclusions, **ES**:13C, 525-526
        energetic Boersch effect, **ES**:13C, 493-515
        energy distribution of charged particles, after passage through a crossover, **ES**:13C, 515-519
        introduction, **ES**:13C, 475-477
        reduction of Boersch effect, **ES**:13C, 519-525
        spatial Boersch effect, **ES**:13C, 490-493
    extraction of high-intensity beams from sources, **ES**:13C, 207-293
        beam extraction optics, **ES**:13C, 232-256
        beam-to-optics matching in triode optics, **ES**:13C, 256-286
        conclusion, **ES**:13C, 286-287
        introduction, **ES**:13C, 207-212
        plasma-sheath and plasma-beam interfaces, **ES**:13C, 212-232
    general beam properties, **ES**:13C, 477-490
    high-intensity beam, definition of, **ES**:13C, 209
    high-power pulsed beam acceleration and transport, **ES**:13C, 389-444
        accelerator theory, **ES**:13C, 416-431
        conclusions, **ES**:13C, 439-441
        experiments on intense ion beam acceleration, **ES**:13C, 431-439
        introduction, **ES**:13C, 389-390
        neutralization of ion beams, **ES**:13C, 390-399
        transport of intense ion beams, **ES**:13C, 399-416
    lithography, **ES**:20, 150
    matching, **ES**:13C, 207-208
    sputtering, **ES**:13C, 208
Ion beam current, space charge effects, **ES**:13B, 49-50
Ion beam diode, **ES**:13C, 296-314, 389
    concepts, **ES**:13C, 302-303
    electrostatic reflex diode, **ES**:13C, 309-311
    historical review, **ES**:13C, 296-297
    magnetically insulated diodes, **ES**:13C, 303-308
    numerically simulation techniques, **ES**:13C, 314-328
    plasma motion, **ES**:13C, 299-300
    power concentration, **ES**:13C, 300-303
    sources, **ES**:13C, 312-314
    space-charged-limited flow, **ES**:13C, 297-299
Ion beam-driven target implosion, **ES**:13C, 343, 345
Ion beam generation, **ES**:13C, 172-173
    high power pulsed beams, **ES**:13C, 295-349
    diagnosis of ion beams, **ES**:13C, 338-345

diode physics, **ES:**13C, 296–314
introduction, **ES:**13C, 295–296
light-ion-beam propagation, **ES:**13C, 328–338
numerical simulation for high-power diodes, **ES:**13C, 314–328
magnetic insulation, **ES:**13C, 179
Ion beam system, trajectory tracing, **ES:**13A, 60
Ion beam transport, *see* Beam transport
Ion collector, of spectrometer or separator, **ES:**13B, 145
contamination countermeasures, **ES:**13B, 147–148
Ion collisions, in ion trap, **ES:**13B, 243–248
Ion containment
quadruple mass spectrometer, **ES:**13B, 174
quadrupole mass spectrometer, **ES:**13B, 174
Ion current, **ES:**13A, 272–275
from liquid metal, **ES:**13A, 284–285
Ion electron collisions, in ion trap, **ES:**13B, 243–248
Ion emission microscopy, **M:**11, 121
Ion etching, Japanese contributions, **E:**96, 784
Ion extraction optics, space charge, **ES:**13B, 48
Ion gun, solid emitter, **ES:**13C, 227–232
Ionic forces, **E:**87, 102–112
characteristic separation length, **E:**87, 104
contact value theorem, **E:**87, 103, 108
Derjaguin–Landau–Verwey–Overbeck theory, **E:**87, 110
diffuse counterion atmosphere, **E:**87, 102, 107–108
double layer, **E:**87, 102
electrolyte solution effect, **E:**87, 106–112
Possion–Boltzmann equation, **E:**87, 111
Probe-sample charging in ambient liquids, **E:**87, 102–106
repulsive ionic pressure, **E:**87, 108–109
two-slab ionic pressure, **E:**87, 103–104
unwanted, **E:**87, 110–111
weak overlap approximation, **E:**87, 108
Ionic mobility
in Cu2O, **ES:**1, 175
in ZnS, **ES:**1, 40, 67, 73–76
Ionic species, **M:**11, 113

Ionic transport mechanism, histochemical study, **M:**6, 194
Ion implantation, **ES:**13B, 45–71; **ES:**20, 150
acceleration of space-charge ion beams, **ES:**13B, 50–52
high-current, **ES:**13B, 52–55
high-energy, **ES:**13B, 55–58
ion sources, **ES:**13B, 68–69
mass separator, **ES:**13B, 69
space charge and beam transport, **ES:**13B, 47–50
system components, **ES:**13B, 67–69
Ion-implanted technology, **ES:**24, 153
Ion implanter extractor, **ES:**13B, 52–54
Ion-ion interactions, in ion trap, **ES:**13B, 243–247
Ionising radiation, **E:**87, 231, 245
Ionization, **ES:**22, 335
photodiode absorption layer, **E:**99, 110–113
in semiconductors, charge and grading layers, **E:**99, 113–115
of specimen in electron microscope, **M:**1, 157
Ionization disk (zone), **ES:**20, 9, 84, 143
Ionization-dissociation mechanism, **ES:**20, 98
Ionization distribution, **ES:**20, 18
Ionization efficiency, of field ion source, **ES:**13B, 62
Ionization energy, **ES:**13B, 158; **M:**11, 107
Ionization front accelerator, **ES:**13C, 453–457
Ionization loss spectroscopy, **ES:**13B, 263
Ionization probability, **ES:**13A, 272; **ES:**20, 9, 13, 43
Ionization rates, indium phosphide, **E:**99, 116–118
Ionization spectroscopy (IS), **ES:**13B, 263, 348
Ionized gaseous masers, **ES:**2, 241
Ionizing radiation, *see* Radiation damage
Ion lens, **ES:**17, 268–294
octopole, **ES:**17, 272
quadrupole, **ES:**17, 272
sextupole, **ES:**17, 272
Ion microanalysis, **ES:**13B, 1–43
direct imaging instruments, **ES:**13B, 16–35
in-depth analysis, **ES:**13B, 32–35
ion probe, **ES:**13B, 35–41
limits, **ES:**13B, 2

SUBJECT INDEX

mass filtering system, **ES**:13B, 17–25
microanalyzer, **M**:11, 128, 129
observation of images, **ES**:13B, 25–32
secondary ions, collection of, **ES**:13B, 2–16, 22–24
Ion microbeam implantation, **ES**:13B, 46, 58–66
  deflection field limitation, **ES**:13B, 65–66
  deflection scanning, **ES**:13B, 63–65
  field ion sources, **ES**:13B, 61–63
  microfocusing, **ES**:13B, 63–65
Ion micrograph, **ES**:13B, 29–32, 37–39
Ion microprobe, **ES**:13A, 262–270
  collimator systems, **ES**:13A, 328–331
  current, **ES**:13A, 263–266, 268–270, 274, 311
  focusing elements, **ES**:13A, 331–332
  formation, **ES**:13A, 263–270
  future developments, **ES**:13A, 344–345
  of gun microscope, **ES**:13A, 310–311
  Harwell microprobe, **ES**:13A, 332–334
  Heidelberg microprobe, **ES**:13A, 336–341
  high-energy, **ES**:13A, 321–347
  Karlsruhe microprobe, **ES**:13A, 341
  noise, **ES**:13A, 278
  Zurich microprobe, **ES**:13A, 334–335
Ion microprobe analyzer, electrostatic lens, use in, **ES**:16, 263–268
Ion microscope, comparison with ion probe, **ES**:13B, 36–41
Ion–molecule interactions, **ES**:13B, 248, 251
Ion–neutral collisions, in ion trap, **ES**:13B, 243–247
Ion neutralization spectroscopy, **ES**:13B, 263
Ion optics, **ES**:17, 1–4, 8–9, 253, *see also* Particle optics
Ionosphere
  characteristic values, **ES**:14, 377
  conductivity, **ES**:14, 376
  propagation factor, **ES**:14, 374
  wave indedance, **ES**:14, 374
Ion potential, **E**:86, 181, 221
Ion probe, **ES**:13B, 23, 35–41, 158–159
  development, **M**:10, 220
Ion probe mass spectrometry, **M**:6, 276
Ion scintillations, **D**:1, 59
Ion source(s), **ES**:13C, 431–432
  collective ion acceleration processes, **ES**:13C, 466–469
  hydrogen ions, **ES**:13C, 525

  for ion implantation, **ES**:13B, 46, 68–69
  for isotope abundance measurements, **ES**:13B, 158–159
  in mass-dispersing system, **ES**:13B, 148–152
  for mass separator, **ES**:13B, 160–163
  for organic molecules, **ES**:13B, 152–155
  for quadrupole mass spectrometer, **ES**:13B, 174–175, 203, 207–215
Ion source on-line separator, **ES**:13B, 166–168
Ion sputter gun, **M**:11, 61, 76
Ion temperature, effect on plasma, **ES**:13C, 267–268
Ion thinning, HVEM use in studies of metals and alloys during, **ES**:16, 136–138
Ion thrasher, **ES**:13C, 209–210
Ion trap, three-dimensional, *see* Three-dimensional ion trap
Ion tunneling, **ES**:20, 36
Ioshida, N., **ES**:11, 217
IPS, *see* Inverse problem
Ir, **ES**:20, 16, 45, 96
  twin boundary in, **ES**:20, 237
IREB, *see* Intense relativistic electron beam
Ireland, **ES**:9, 404
Iridium, field ion emitter, **ES**:13A, 279, 281, 301, 320
Iron, *see also* Fe *and* Ferrite *entries*
  in focusing element of microprobe, **ES**:13A, 331, 338
  K radiation of, **ES**:6, 250
  lattice parameter determination in, **ES**:6, 381
  scanning electron micrograph of, **ES**:16, 475
Iron-carbon phase diagram, **M**:10, 295
Iron pole piece electron lens
  construction, **M**:5, 225
  flux density, **M**:5, 225
  resolution, **M**:5, 224, 225
Iron poles, **ES**:22, 260, 265
Iron-shrouded solenoid electron lens
  astigmatism, **M**:5, 220
  construction, **M**:5, 218, 219
  flux density, **M**:5, 218, 219
  parameters, **M**:5, 219
  resolution, **M**:5, 220
Irradiance, definition, **M**:10, 105, 107
Irregular-geometry circulator, **E**:92, 183

SUBJECT INDEX 185

Irreproducibility, quantum-coupled devices, **E:**89, 222, 244
IS, *see* Ionization spectroscopy
IS (ionization spectroscopy), **ES:**13B, 263, 348
Ishida, **ES:**9, 491
Ishii, J., **ES:**11, 221
Ishino, **ES:**18, 37
ISIT (intensified silicon intensifier tube), **D:**1, 145
Island formation, **M:**11, 85
Islands, **ES:**24, 29, 37
Isoaxial astigmatic pulsed beam, **E:**103, 35–36
Isobaths, **E:**103, 68
Isoclines, **E:**103, 97
Isoconcentration line, **ES:**6, 269–270
Isocon tube, **M:**9, 40, 42–43, 44, 60
Isodiffracting vs. isowidth apertures, **E:**103, 41–44
Isogyre, **M:**1, 51, 53
Isohypses, **E:**103, 68, 75, 143–144
Isolated node, **E:**90, 50
Isolated zero, **E:**97, 224
Isolation, definition, **ES:**5, 37
Isolators, **ES:**5, 36–85, see also *specific types of isolators*
  comparison of, **ES:**5, 81, 85
  definition, **ES:**5, 37
  figure of merit, **ES:**5, 37
  scattering matrix, **ES:**5, 36
  switched, *see* Switched isolators
ISOLDE, on-line isotope separator, **ES:**13B, 167
ISOMET, Inc., **D:**2, 44
Isometry, **E:**84, 281
Isomorphism
  embedding minimax algebra into image algebra, **E:**84, 85
  finite abelian groups, **E:**93, 6–9
  labelled subgraphs, **E:**84, 231
  subgraphs, **E:**84, 229
Iso-phase axis, **E:**94, 232, 235, 236, 240, 241
Isophotes, **E:**103, 68
Isoplanatic imaging, **M:**12, 28
Isotope, **ES:**20, 55, 64, 81
  abundance measurements, **ES:**13B, 157–160
  effect, **ES:**20, 143
Isotope separator, **ES:**13B, 133–172
  adjustment, **ES:**13B, 145
  contamination, **ES:**13B, 147

double-focusing, **ES:**13B, 165
general aspects, **ES:**13B, 135–152
in ion implantation, **ES:**13B, 46–47, 50, 69
in ion microbeam implantation, **ES:**13B, 59
ion sources, **ES:**13B, 148–149, 160–163
magnet, **ES:**13B, 54
on-line separators, **ES:**13B, 165–169
for preparation of pure samples, **ES:**13B, 164–165
space charge effects, **ES:**13B, 150–152
systems, **ES:**13B, 163–169
technical problems and limitations, **ES:**13B, 141–148
Isotopic contamination, **ES:**13B, 147–148
Isotopy subgroup, **E:**93, 9
Isotropic aberration coefficient, minimization, **ES:**13A, 105
Isotropic intrinsic aberrations, **E:**97, 360–361
Isotropic operator, **E:**93, 235, 236, 266, 267, 269, 277
ISP, *see* Inverse problem
ISS (Ion Scattering Spectroscopy), **ES:**20, 17, 235
Italy
  contributions to electron microscopy
    biomedical sciences, **E:**96, 202–204
    fixation and staining, **E:**96, 203
    specimen stages, **E:**96, 205–206, 208, 213
    superconductors, **E:**96, 213
  electron microscope development in, **ES:**16, 597–600
  electron microscopy laboratories
    Ispra, **E:**96, 199
    Rome, **E:**96, 193–194, 202, 212
    University of Bologna laboratory
      Cambridge connection, **E:**96, 204–206, 209
      diploma for technical experts, **E:**96, 211–212
      founding, **E:**96, 195–197
      internal collaborative projects, **E:**96, 201–202
      LAMEL materials laboratory, **E:**96, 209–210
      microscope acquisition, **E:**96, 196–198, 200
      objectives, **E:**96, 194
      publications, **E:**96, 210

recent organization of departments, E:96, 210–211
solid-state physics group, E:96, 199–200
support service for external users, E:96, 200–202
teaching activity, E:96, 210, 213
industry-related research, E:96, 202
Italian Society of Electron Microscopy
founding, E:96, 198–199
international congresses, E:96, 208–209, 213
publications, E:96, 861–876
Itek Corp., D:2, 50
ITER (International Thermonuclear Experimental Reactor), E:102, 39
Iterated conditional modes, image processing, E:97, 92
Iterative algorithms, E:93, 110–111, 167
blind-deconvolution problem, E:93, 145, 148
Iterative calculations, on deflector plates, ES:3, 106–108
Iterative method
Algorithm B, E:84, 287, 302
annealing, E:84, 303
convergence factor of, E:82, 332
electron gun calculations, ES:13A, 56
electrostatic and magnetic fields, computation of, ES:13A, 37–40
Levinson, E:84, 303
Newton-Raphson, E:84, 288, 300–302, 313–314
Iterative noise peak elimination filter, E:92, 17–18
Iterative procedures, nonlinear eddy current problems and, E:102, 41–44
Iterative regularization methods, ES:19, 261–267
Iterative technique, ES:4, 63–64, 72
Iterative transformations
methods, ES:10, 109–115, 130–143, 154–167
locked iterations, ES:10, 112, 132, 135–136, 163, 165–167
neural networks, E:94, 278–284
Ito, K., ES:16, 379
ITO (inorganic transparent oxide) films, D:2, 160–165
I-V characteristics, ES:24, 160

IVNIC (Venezuelan Institute for Neurobiology and Brain Research), ES:16, 184

J

Jackson, ES:18, 41, 42
Jacob, Prof., ES:16, 242
Jacobian, E:84, 291
Jacobian determinant of Schrödinger equation, M:13, 251–254
Jacobi's relativistic equation, E:101, 150
Jacobi-Trudi identities, ES:19, 316
Jacobs, ES:18, 236
Jacobs, G., ES:16, 213
Jakus, M.A., ES:16, 288, 289, 292
James, ES:9, 403; ES:15, 264; ES:18, 38, 235
Japan
commercial production of microscopes
companies, see *specific companies*
history, E:96, 217, 226, 243, 257–258, 662–664
contributions to electron microscopy, see also *specific universities*
accelerating voltage elevation, E:96, 707–709
anticontamination devices, E:96, 697–698
atomic imaging, E:96, 615–618, 623, 625–626
bacterial ultrastructure, E:96, 735, 741–744
biological specimen preparation, E:96, 725, 727–729, 733
convergent-beam, electron diffraction, E:96, 766
critical-point drying method, E:96, 783
cryoelectron microscopy, E:96, 739
crystal growth experiments, E:96, 603–604, 608–610, 698–700, 751–752
cytology, E:96, 682
diffraction contrast experiments, E:96, 601–602
electron diffraction, E:96, 599–600, 693–694
electron lens aberrations, E:96, 685–688, 705–707
electron microscope development, E:96, 599–601, 679–680

SUBJECT INDEX 187

electropolishing methods, E:96, 750-751
field-emission gun, E:96, 710-713
gas evaporation method, E:96, 785-786
high-resolution electron microscopy,
  E:96, 759-765
high-voltage electron micrscopy, E:96,
  612-615, 700-704, 736-737, 754,
  756-759
holography, E:96, 709-712, 753-754
immunoelectron micrscopy, E:96, 740
ion etching, E:96, 784
materials science, E:96, 619-620, 622,
  749-768
microbiology, E:96, 681-682
microcharacterization, E:96, 766-768
microgrid development, E:96, 775-778
nanoprobe analytical electron micro-
  scope, E:96, 713-716
rapid freezing techniques, E:96,
  740-741, 783-784
replicas, E:96, 774-775
scanning electron micrsocopy, E:96,
  704-705, 712-713
specimen manipulation, E:96, 694-696,
  773-774
spin-polarized SEM, E:96, 716-718
thin films, E:96, 611, 614
thinning methods, E:96, 750-751,
  781-783
ultrahigh-vacuum microscope, E:96, 716
ultramicrotomy, E:96, 778-781
ultrathin sectioning, E:96, 725
virus ultrastructure, E:96, 68-683,
  735-741
wet-cell microscopy, E:96, 786-787
X-ray microanalysis, E:96, 696
yeast ultrastructure, E:96, 744-745
early development and manufacture of
  electron microscopes in, ES:16, 89,
  297-386, 601
Electrotechnical Laboratory
  electron lens contributions, E:96, 258
  instrumentation, E:96, 257-258
  specimen temperature research, E:96,
    258, 260-261
high-voltage electron microscope develop-
  ment at, ES:16, 124
high voltage electron microscopy, M:10,
  254

history of early research
  cradle period, E:96, 232-234
  improvement and reformation period,
    E:96, 235-236, 239-241
  period of application and newcomers in
    manufacturing, E:96, 241-243
semiconductor industry, E:91, 146, 149,
  168-169
Japan Broadcasting Corporation, D:2, 4, 44,
  46, 175
Japan Electron Optics Laboratory
  DA-1, E:96, 660
  early electron microscope manufacture by,
    ES:16, 89, 321, 365, 375, 379, 601
  founding, E:96, 659-660
  JE-100B, E:96, 714
  JEM-5 reflection electron microscope,
    E:96, 694
  JEM-T1, E:96, 661-662
  JEOL 200CX, M:10, 257
Japanese Society for the Promotion of Sci-
  ence
  activities reported in presented papers
    aberration calculations in electron op-
      tics, E:96, 232, 235, 243
    microscope construction, E:96, 233-236,
      238-239
    stabilization of high tension, E:96, 233,
      235
  establishment
    background, E:96, 217, 227-228
    committee members, E:96, 229
    first meeting, E:96, 229-231, 723
    prospectus, F:96, 229-230
  industrial research, E:96, 240-241, 243
  open-invitation to member's laboratories,
    E:96, 236, 239
  policies, E:96, 231-232
  37th Subcommittee, ??
  training of young researchers, E:96, 240
  translation of von Ardenne's book, E:96,
    240
  World War II impact, E:96, 234, 241-242
Japanese Society of Electron Microscopy
  founding, E:96, 217, 723
  historical activities in electron microscopy,
    E:96, 223, 724
  honorary members, E:96, 225

membership, E:96, 225
papers submitted to meetings, growth, E:96, 724–725
presidents, E:96, 224, 227
publications, E:96, 225–226, 627, 852–877
Ronbun Prize, E:96, 222, 226
Seto Prize, E:96, 218–221, 226, 732
symposia themes, history, E:96, 730–731
Jaroslavskij, ES:14, 81
Jasik, ES:14, 83; ES:15, 104
Jauch, ES:9, 15, 97
J-divergence, E:91, 37, 113
Bhattaharyya's distance, E:91, 131–132
M-dimensional generalization, E:91, 40, 71–79
Jeffrey, ES:18, 236
Jeffrey's invariant, E:91, 37
Jellium model, E:82, 199, 207, 208, 219
Jellium surface, ES:20, 100
Jena LMA 10 laser micro-analyzer, M:9, 253–263, 266
autocollimation beam path, M:9, 258
auxiliary spark gap, M:9, 258–260
with EM 10 measuring apparatus, M:9, 267
observation in polarized light, M:9, 257
with optical multichannel analysis, M:9, 282–283
optical path
incident illumination, M:9, 257
transmitted light, M:9, 253–255, 257
photomicrography, M:9, 257
projection of electrodes by imaging condenser, M:9, 258
scanning stage, M:9, 266
vacuum specimen chambers, M:9, 260–263
Jennison–Drinkwater electromagnetic theory, E:101, 153–154
Jensen difference divergence, E:91, 38
Jensen's inequalities, E:91, 46, 63, 64, 82–87, 100, 106, 110, 131
JEOL, see Japan Electron Optics Laboratory
JESM, see Japanese Society of Electron Microscopy
Jodrell Bank Observatory, E:91, 286–287, 289
Johannson, H., in history of electron microscopy, ES:16, 2, 504
Johnson, ES:9, 485; ES:14, 11; ES:15, 262; ES:23, 12

Johnson, S., ES:11, 218; ES:16, 57–58
Johnson limit, E:89, 243
Johnson noise, D:3, 77
Johnstone, ES:18, 37
Joint optimization, E:82, 167
Joint space-frequency representations, E:97, 3, 8
block transforms, E:97, 11
complex spectrogram, E:97, 9–10
multiresolution pyramids, E:97, 13–16
vision-oriented models, E:97, 16–19
wavelets, E:97, 11–13
Wingner distribution function, E:97, 9
Joliot, F., ES:16, 114, 512
Joliot, I., ES:16, 512
Jones, ES:9, 40, 167
Jones, E., ES:11, 12, 218
Jordan, ES:14, 148, 150
Jordan algebra
definition, E:84, 311
dimension, E:84, 275–276
generation, E:84, 274
homomorphism, E:84, 279–280, 312
multiplication tables, E:84, 312–313
simple, E:84, 276–277, 280
special, E:84, 312
symmetric linear mapping, E:84, 273
symmetric product, E:84, 272–273, 311
Jordan theorem, E:84, 198, 212
proof, E:84, 212
Joseph, ES:9, 485
Joseph algorithm, E:85, 21
Josephson junction effect, ES:14, 110, 240
Jost functions, boundary value problem solutions, ES:19, 423–428
Jost solutions, ES:19, 332–334–ES:19, 339, 344, 346, 352, 383
1-D Schrödinger equation, ES:19, 445–446
Joule heating, E:83, 63
Jover–Kailath algorithm, E:85, 39
JPEG, E:97, 51, 54
Jugoslav Iskra, microscope production, E:96, 484–485
Jump moments, ES:21, 65, 66, 68, 70, 74
definition of, ES:21, 65
results for, ES:21, 74
Jump scanning, in alphanumeric graphics computer terminal, D:4, 144–146
Jump-to-contact phenomenon, E:87, 128

SUBJECT INDEX

Junction circulators, **ES:**5, 99–147
  lumped element, *see* Lumped-element junction circulator
Junction FETs, **E:**87, 225, 227, 231, 245
  bucket-brigade devices, **ES:**8, 17
  charge transfer and, **ES:**8, 94–95
  memory, **E:**86, 32
Junction finding, **E:**88, 337
Junctions, *p*–*n*
  electroluminescence at, **ES:**1, 5–8, 11
  in Zns, **ES:**1, 114–120
Junction transistor, **E:**91, 143, 144

K

K absorption, changes in, **ES:**6, 155
Kadanoff–Baym–Keldysh formalism, **E:**89, 118–119, 134–135
Kadomstev–Petviashvili equation, **ES:**19, 466
  directional derivatives, **ES:**19, 402–403
  hereditary symmetry, **ES:**19, 403–406
  hierarchy, **ES:**19, 312–322, 389–392
  modified, **ES:**19, 457
  potential, **ES:**19, 457
  recursion operator and bi-Hamiltonanian structures, **ES:**19, 401–406
KA equipment
  advantages, **M:**6, 83, 85, 86
  amplitude ring, **M:**6, 82, 83
  applications, **M:**6, 83–86
  construction, **M:**6, 82
  defects, **M:**6, 86
  image contrast, **M:**6, 83
  objective quality, **M:**6, 82
Kaiser, **ES:**15, 268
Kaiser Wilhelm–Gesellschaft, in history of electron microscopy, **ES:**16, 14
Kaiser Wilhelm Institute for Physical Chemistry, **ES:**16, 13, 23, 24
Kalman filter, **E:**85, 2
  adaptive algorithm, **E:**85, 24–25
  backward algorithm, **E:**85, 49–54, 57, 69
  forward algorithm, **E:**85, 49–50, 54, 69
  gain matrix, **E:**85, 20–21, 39, 42
  Kalman-Bucy algorithm, **E:**85, 17–22
  square-root algorithm, **E:**85, 22–24
Kalman filtering, space-variant image restoration, **E:**99, 292, 293, 295
  estimation algorithm, **E:**99, 297–298
  state-space representation, **E:**99, 295–297

steady-state solution, **E:**99, 299
Kaluza–Klein space, two-wave model of, **E:**101, 207
  conclusions, **E:**101, 212–213
  field theory, **E:**101, 208–210
  five-dimensional tachyonic bootstrap, **E:**101, 210–212
Kalvar Corp., **D:**2, 52
Kamacite, in meteorities, **ES:**6, 286–287
Kamal, **ES:**9, 489
Kamal, J., **ES:**11, 143, 219
Kamaya, **ES:**9, 484
Kamogawa, H., **ES:**16, 318
Kanaya, K., recollections of and contributions to electron microscope development in Japan, **ES:**16, 317–384
Kane, **ES:**9, 493
Kanning acoustic microscope, **M:**11, 154
Kant, **ES:**15, 23
Kaolin, scanning electron micrograph of, **ES:**16, 471
Kapchinskij–Vladimirskij distribution, **ES:**13A, 187, 196
  high-intensity beams, **ES:**13C, 51, 57–59, 63, 65, 67
  bunched beams, **ES:**13C, 116
  computer simulation of beam transport, **ES:**13C, 100–101
  in FODO lattice, **ES:**13C, 93
  hydrodynamic approach, **ES:**13C, 61–62
  instabilities, **ES:**13C, 85–87, 90–91, 94, 96–97, 101–103
  long bunched beams, **ES:**13C, 123, 127
  matched beam, **ES:**13C, 76
  periodic channels, **ES:**13C, 92
  in space charge optics, **ES:**13C, 14, 17, 21, 24–26, 30, 35–36, 45
Kapchinskij–Vladimirskij equations, **ES:**13A, 198
Karhunen–Loeve expansion, **E:**94, 319
Karhunen–Loeve transform, **ES:**9, 153, 158, 159, 172, *see also* Transform image coding
Karnaugh maps, **E:**89, 66
Karnaugh matrix, **M:**5, 80, 83, 84
Karolinska Institute, **ES:**16, 169
  diamond knife development at, **ES:**16, 184
Karp algorithm, **E:**90, 61–63

Karpovsky, **ES:**18, 235
Kasai, K., **ES:**16, 318
Kato, N., **ES:**16, 330
Kato, S., **ES:**16, 124
Kaufmann, W., **ES:**16, 483
KCI screens, **D:**4, 89
KD*P, second harmonic images, **M:**10, 87, 88
KDP, *see* Potassium dihydrogen phosphate
KdV, *see* Korteweg-de-Vries
Keating, P.N., **ES:**11, 3, 168, 221
Keep-alive cells, in SELF-SCAN system, **D:**3, 126
Keetly, **ES:**14, 31
Keidel, F., **ES:**16, 186
Keiser, **ES:**14, 109, 358
Kelley, **ES:**9, 421
Kell factor, **DS:**1, 5
Kell/SRI color-TV camera system, **D:**2, 179–186
Kelly, **ES:**18, 226, 238, 239
Kelvin equation, **E:**87, 120
Kendrew, J., **ES:**16, 34
Kepler, **ES:**9, 2; **ES:**23, 327, 328
 problem, **ES:**21, 135, 498
 trajectory-equation, **ES:**21, 144
Keratin, **M:**5, 300
 early electron microscopy of, **ES:**16, 498
Kernel constraint, **E:**89, 333
Kernel regularity, **ES:**19, 557–558
Kernel representation, **E:**89, 330–331
 translation-invariant set mapping, **E:**89, 359
Kerr-cell optical switch, **ES:**2, 133
Keyani, H., **ES:**11, 220
Keystone error, **DS:**1, 203
KFA equipment
 applications, **M:**6, 72, 73, 74, 75, 76, 77
 for biological microscopy, **M:**6, 71
 comparison with KFS device, **M:**6, 77, 78, 79
 construction, **M:**6, 71
 with high-resolution cine micrography, **M:**6, 77
 image contrast, **M:**6, 72
 for immersion refractometry, **M:**6, 77
 for living cell study, **M:**6, 74, 77
 sensitivity, **M:**6, 71, 72
 for tissue culture study, **M:**6, 77

KFS equipment
 comparison with KFA device, **M:**6, 77, 78, 79
 construction, **M:**6, 77, 78
 image contrast, **M:**6, 79, 81
 performance, **M:**6, 79, 80
 sensitivity, **M:**6, 78, 79, 81
 soot/dielectric phase rings, **M:**6, 77, 78, 79
Khalimsky space, **E:**84, 210
K-harmonics, **ES:**19, 142
KH_2PO_4, *see* Potassium dihydrogen phosphate
Kidger, M., **ES:**11, 222
Kikuchi, **M:**12, 3
Kilpatrick, W.D., **ES:**22, 335
Kilpatrick limit, **ES:**22, 335, 337
Kinder, E., in history of electron microscopy, **ES:**16, 2, 45
Kindig, N.B., **ES:**11, 218
Kinematic inversion, **ES:**19, 181
Kinetic energy distributions, in ion traps, **ES:**13B, 248–250
Kinetic equation, *see* Vlasov equation
Kinetics, rapid, **E:**98, 61–67
Kinetic theory of gases, relation with methods of, **ES:**21, 61
Kingslake, R., **ES:**11, 109
Kink site, **ES:**20, 92, 130
 atoms, **ES:**20, 46
Kino, G., **ES:**11, 218, 222
Kirchhoff approximation, **ES:**19, 62, 64–65
Kirchhoff representation, *see* Green's function representation
Kirchner–Roeckl ion sources, **ES:**13B, 162
Kirchoff diffraction integral, **M:**5, 260, 272
Kirchoff–Fresnel integral, **E:**93, 197, 207
Kirchoff's current law, **E:**89, 115
Kirisawa, **ES:**9, 492
Kirkpatrick, **ES:**14, 145
Kirstein's cylindrical cathode, **ES:**4, 82, 83
Kisslo, **ES:**9, 349
Kisslo, J., **ES:**11, 4, 181
Kitai, **ES:**9, 7, 146, 147, 487, 495
Kitten gingival microcirculation, **M:**6, 12
Kleehammer, R.J., **ES:**11, 218
Kleene–Dienes operator, **E:**89, 278
Klein, **ES:**15, 25

Klein–Gordon equation, E:92, 88; **Kullback**–Leibler cross-**entropy**144–E:90, 145
  charged-particle wave optics, E:97, 259, 276, 337, 338
  Feschbach–Villars form, E:97, 263, 322, 339–341
Klein–Gordon wave equation, E:101, 149, 150, 154–155, 166
  one-dimensional linear time cavity, E:101, 185
  three-dimensional rectangular space cavity, E:101, 176
  three-dimensional spherical space cavity, E:101, 180
Klein paradox, E:95, 328–330, 332
Klein's hotel, ES:15, 25
Klemperer, H., ES:16, 566, 567
Klemperer, O., ES:16, 485
K limit, ES:6, 8
Klingler, ES:18, 37
KLT (Karhunen–Loeve transform), *see* Transform image coding
Kluyver, A.J., ES:16, 391
Klystron, ES:22, 214, 332, 366
  invention of, ES:16, 516
  limiting perveance of typical beams, ES:13C, 20
K-mirror, M:1, 15, 32, 34, 38
Knauer, ES:9, 231, 232
Knife-edge scans, ES:21, 364–368, *see also* $d_{p,1-p}$ width
Knoll, M.
  early SEM, E:83, 204
  electron microscope invention, E:96, 132–135, 142
  electron microscopy contributions, E:95, 13–14, 16–18, 39, 42
  in history of electron microscope, ES:16, 2, 4, 7, 25, 46, 105, 168, 226, 229, 279, 295, 297, 317–318, 420, 421, 443, 507, 568, 583, 590, 592–593, 602–608
Knollman, G.C., ES:11, 218
Knowledge
  about image processing technique, E:86, 86–87, 92–94
  acquisition, rough set theory, E:94, 184, 191
  base, E:86, 83
  control, E:86, 114
  declarative, E:86, 82, 93
  in edge detection, E:88, 299
  image domain, E:86, 91–92, 144–145
  meta, E:86, 83
  procedural, E:86, 82, 87, 89, 146
  representation, E:86, 87, 89, 149
    algebraic, E:86, 86, 149–150, 153, 166, 167
    in computer vision, E:86, 84–86
    declarative, E:86, 81–86, 89, 91, 144, 146, 154, 163–164, 166, 168
    in logic, E:86, 143, 166–167
    network, E:86, 117–118, 135, 157
    procedural, E:86, 85, 89
    scene domain, E:86, 91–92, 144–145
    shallow, E:86, 83
Kobayashi, K., ES:16, 318, 379
Kock, W.E., ES:11, 1
Koda, T., ES:11, 221
Koestler, ES:9, 1
Kohl, W.H., ES:16, 276
Köhler illumination, M:7, 141; M:10, 7; M:11, 131
Köhler illumination system, M:6, 25, 26, 53
Koike, M:12, 96
Kolmogorov's addition axiom, E:94, 171
Kong, ES:23, 331
Kontorovich, ES:15, 267
Koppelmann, R.F., ES:11, 219, 220
Korea, electron microscopy in, ES:16, 601
Korn, ES:14, 11
Kornyushin, ES:23, 335
Korpel, A., ES:11, 3, 219, 220
Korteweg-de-Vries equation, ES:19, 347, 348, 360–362
  Backlund transformation, ES:19, 445
  boundary value problem, ES:19, 410
  'cylindrical,' ES:19, 465
  fixed point, ES:19, 426–428
  higher, ES:19, 440
  K-P hierarchy, ES:19, 312
  spherical, ES:19, 465
  two-dimensional, ES:19, 370
Kossel camera, ES:6, 413
  exposure time in, ES:6, 418–420
  instrumentation and, ES:6, 421
  rotary table for, ES:6, 423
Kossel cone axis, in crystal orientation, ES:6, 405
Kossel conic sections, ES:6, 366–367

Kossel lines, **M**:12, 2
Kossel patterns, **ES**:6, 365, 370
  crystal reorientation and, **ES**:6, 403
  deficiency line contrast in, **ES**:6, 413
  as gnomic projection, **ES**:6, 383
  intersection points in, **ES**:6, 390-391
  stereographic representation of, **ES**:6, 377
Kossel technique
  crystal characteristics and, **ES**:6, 406-414
  crystal orientation in, **ES**:6, 403-406
  exposure time in, **ES**:6, 418-420
  film type in, **ES**:6, 419
  instrumentation in, **ES**:6, 420-424
  in lattice space determination, **ES**:6, 379-381
  radiation of sample in, **ES**:6, 399-400, 415
  wavelength uncertainty in, **ES**:6, 402
Kostanty, R.G., **ES**:11, 47
Kösters prism, **M**:8, 44
Kostylev, **ES**:23, 334
Kotel'nikov, **ES**:14, 28
Kotel'nikov theorem, **ES**:19, 147
Kotzer, **ES**:18, 226, 235
Kovacs, **ES**:14, 31, 32, 39, 41, 42, 43, 44
Kovalenko, **ES**:23, 331
Kovaly, J.J., **ES**:11, 182; **ES**:14, 162, 178
K photoelectrons, **ES**:6, 7
K radiation, *see also* Pulse height spectra
  pulse height of, **ES**:6, 151, 158-168, 249-250
  satellite bands of, **ES**:6, 163
Kramer, J., **ES**:16, 410
Kramers, H.A., **ES**:16, 389
Kramers-Kronig relation, **E**:87, 56
Kraus, **ES**:9, 168-171; **ES**:15, 26, 50, 54, 105, 117, 133, 226, 253; **ES**:18, 39, 215
Krause, F., in history of electron microscopy, **ES**:16, 2, 108
Kraynyukov, **ES**:23, 331
Kreuser, J.L., **ES**:11, 221
Kronecker product, defined, **ES**:9, 46
Kronecker symbol, **ES**:19, 285
Krylov, **ES**:18, 2, 49
Krypton
  melting point of, **E**:98, 10
  standard line of, **ES**:4, 98, 118
Krypton ion laser, **D**:2, 3-4
  in color-TV film recording, **D**:2, 49
  in laser displays, **D**:2, 11-13
Kuester, **ES**:23, 48

Kuipers test, domain segmentation, **E**:93, 283
Kullback-Leibler's relative information, **E**:91, 60
Kummer, absolute bandwidth, **ES**:14, 22
Kupiec, **ES**:14, 145
KV distribution, *see* Kapchinskij-Vladimirskij distribution
Kymography, projection, **M**:7, 94
Kyoto
  Fifth International Conference of High Voltage Electron Microscopy (1977), **ES**:16, 123, 124, 132
  Sixth International Conference on Electron Microscopy (1966), **ES**:16, 138
Kyoto University
  atomic imaging
    dark-field images, **E**:96, 616-618, 623
    magnification and contrast, **E**:96, 615-616
  crystal growth experiments, **E**:96, 603-604, 608-610
  cytology, **E**:96, 682
  diffraction contrast experiments, **E**:96, 601-602
  electron diffraction camera development, **E**:96, 599-600
  electron microscope development, **E**:96, 599-601, 679-680
  high-voltage electron microscopy, **E**:96, 612-615
  microbiology, **E**:96, 681-682
  thin films, **E**:96, 611, 614
  virology, **E**:96, 682-683

L

LaB$_6$, **ES**:20, 170, 184
Label/labeling
  binary image components, **E**:90, 396-415
  fast local labeling algorithm, **E**:90, 407, 410-412
  local labeling algorithm, **E**:90, 400-415
  log-space algorithm, **E**:90, 405
  membership, **E**:84, 210, 224
  naive labeling algorithm, **E**:90, 398-400
  segmentation, **E**:84, 224
  semantic, **E**:84, 230
  stack-based algorithm, **E**:90, 405, 417
Laboratoire pour l'Utilisation du Rayonment Electromagtnetique, **ES**:22, 5, 32

SUBJECT INDEX

LACBED, see Large-angle CBED
LACES system, **E:**91, 239
Lag constant, for pyroelectric vidicon, **D:**3, 48–50
Lagrange coordinates, **E:**86, 260
Lagrange–Helmholtz law, **ES:**17, 29
Lagrange–Helmholtz relation, **ES:**13B, 3, 11, 15; **M:**8, 145
Lagrange–Helmhotz theorem, **ES:**13A, 181
Lagrange interpolation formula, **ES:**17, 376
  four point, **ES:**17, 376–377, 416
Lagrange mechanics, **E:**91, 4
Lagrange multipliers, **ES:**12, 242
Laguesse polynomials, **ES:**19, 278
La Haie, **ES:**23, 1
Lake Travis Test station, **ES:**11, 1, 143
Lallemand, A., **ES:**16, 113, 114
Lally, **ES:**9, 285, 317
Lambert's law
  for angle-dependent emission density, **M:**8, 171
  cosine, **ES:**21, 4
  of emission, **ES:**3, 93, 205
Lame's parameters, **ES:**19, 192
Laminar beam, **ES:**13A, 160–161, 188–189
Laminar flow
  condition for, **ES:**21, 344
  definition of, **ES:**21, 10, 341
  space charge model based on, **ES:**21, 342–345
  in space charge optics, **ES:**13C, 3
Laminar paraxial beam, **ES:**13C, 23
Lamont, **ES:**15, 228
LAMPF (Los Alamos Meson Physics Physics Facility), **ES:**22, 21
Lamps, of electroluminescent ZnS, **ES:**1, 121–125
  concentration of phosphor, **ES:**1, 122, 125
  dielectric material, **ES:**1, 40–42, 53, 57, 58, 60, 69, 72, 73, 84, 122, 125
  electrode reflectance, **ES:**1, 124, 125
  electrode resistance, **ES:**1, 123
  metal electrode, effect of, **ES:**1, 121
Landau, **ES:**9, 417; **ES:**18, 46
Landauer formula, **E:**89, 117, 119
Landau–Lifshitz principle, **E:**98, 325
Landau solution, **ES:**4, 152
Landé g factor, **ES:**15, 262
Landford, **ES:**23, 331

Landscapes, geographical
  cartographic generalization, **E:**103, 68
  inverted, **E:**103, 72
  Morse critical points, **E:**103, 72–73
  scalar fields in 2D, **E:**103, 66–70
  use of term, **E:**103, 66, 67
Landt, **ES:**18, 237
Landweber's iteration, **ES:**19, 266
Lang, H.R., **ES:**16, 495, 496
Lange, **ES:**14, 139, 250
Langer, **ES:**15, 268
Langmuir
  basis of constant brightness theorem, **ES:**3, 62, 68–73
  formal proof of limit theorem, **ES:**3, 205–215
  limit to current density, **ES:**3, 62
  nearness of approach to limit, **ES:**3, 73–75
  relation to fraction of current used, **ES:**3, 213–215
  use in beam current estimation, **ES:**3, 169
Langmuir–Blodgett method, **ES:**6, 139
  preparation technique for electron microscopy specimens, **ES:**16, 15–16
Langmuir isotherm, **ES:**20, 88
Langmuir probe, plasma diagnostics from, **ES:**13C, 254–256
Langmuir relation, **E:**87, 104
Langmuir's equation, **ES:**21, 48
Langmuir's relation, **M:**11, 107
Langrangian formulation, **ES:**22, 203
Languages
  Cray computers, **E:**85, 273–275
  for image processing, **ES:**10, 186–187, 249, 251
Lanthanum, in thermally erased devices, **D:**2, 105–111
Lanthanum boride electron gun, **M:**10, 248, 250
Lanthanum hexaboride, **M:**11, 4
  crystal-aperture, scanning transmission electron microscopy, **E:**93, 93
Lanthanum hexaboride gun, **ES:**13B, 77–78, 82–83, 85–89; **M:**9, 191
Laplacean determinant, **E:**103, 87, 88
Laplace equation, **E:**86, 250, 252, 256, 263; **E:**87, 131, 140; **ES:**17, 5, 14, 153, 188, 198, 245, 254, 346, 353, 368, 370, 371; **M:**12, 124; **M:**13, 9–10, 25

in computation of electrostatic and magnetic fields, **ES:**13A, 1–3, 11, 13–17
discretized form in FDM methods, **M:**13, 7–8
and field emission sources, **M:**13, 152
in numerical method, **M:**13, 154, 156
in potential theory, **M:**13, 135–136
Laplace fields, rotationally symmetric, computation, **M:**8, 228
Laplace filter, **M:**10, 10
  edge enhancement, **M:**10, 13
Laplace pressure, **E:**87, 121
Laplace transformation, **E:**85, 16, 60; **E:**102, 55
Laplacian, **ES:**22, 187, 189, 342
  of bilevel image, **D:**4, 199–200
Laplacian operation, **ES:**12, 13, 87, 162, 178
Laplacian pyramid, image compression, **E:**97, 51–52
Laplume, J., **ES:**16, 236
Lapped orthogonal transform, **E:**97, 11
L-arabinase operon, **M:**8, 128
Large-angle CBED, **E:**90, 238, 240–241
Large area display, **E:**91, 250–252, 253
Large-current dipoles, **ES:**14, 108
Large-current radiator, **ES:**15, 53, 57, 60, 141; **ES:**23, 36, 111
Large-peak currents, **ES:**14, 295
Large-relative-bandwidth radar, **ES:**18, 36
Large-scale integration, **ES:**11, 164
Large-screen displays or projection
  black-and-white television, **D:**1, 259–263
  color television, **D:**1, 263–266
  contrast ratio in, **D:**1, 256–257
  modulation efficiency in, **D:**1, 259
  natural birefringence in, **D:**1, 256–259
  with Pockels-effect imaging devices, **D:**1, 256–259
Large screen tube derivation, **ES:**3, 170–173
Largest voltage detector, **ES:**9, 328
Large-voltage radiator, **ES:**15, 90
Larmor frame, **ES:**13C, 28–31
  focusing, **ES:**13C, 55
  KV instabilities, **ES:**13C, 87
  of reference, **ES:**13A, 188
Larmor frequency, **ES:**22, 164
Laser(s), **E:**87, 246; **M:**1, 69
  CO_2N_2, **ES:**4, 178, 179
  CW, **ES:**4, 140
  emission, **ES:**22, 76

frequency-stabilization, **M:**8, 34
gas, **E:**91, 179, *see also* Laser gas
  axial mode operation of, **ES:**4, 129
  cavities, **ES:**4, 130, 132
  hemispherical, cavities, **ES:**4, 130
  single-moded, **ES:**4, 99, 129
gyro strapdown system, **E:**85, 65
helium-neon, **D:**2, 3
He Ne, **ES:**4, 99, 100, 102
in high-resolution microfilm recording, **D:**2, 51–52
history, **E:**91, 179–180, 182, 184
holography, **E:**91, 282
infrared, **ES:**4, 157
krypton-ion, **D:**2, 3–4
and laser microscopy
  beam intensity fluctuations, **M:**10, 10
  beam photocurrents, **M:**10, 66–67
  chopped laser illumination, **M:**10, 58
  continuous wave, data, **M:**10, 148
  fusion experiments, **M:**10, 196
  gallium arsenide, **M:**10, 84
  heterodyne principle, **M:**10, 82–84
  non-linear optical effects, **M:**10, 84–87
  pulsed, data, **M:**10, 148
  in holography, **M:**10, 197
  in spectroscopy, **M:**10, 58
  ruby, **M:**10, 197
  second harmonic generation, **M:**10, 84, 85–87
  time-of-flight mass spectrometer, **M:**10, 81
  trace element analysis, **M:**10, 81
  types, **M:**10, 197
lethargy, **ES:**22, 134
luminous efficiency of, **D:**2, 16
multimode operation of, **ES:**4, 105
phase-locked, **ES:**4, 90
projections systems, **E:**91, 253
pulsed, **ES:**4, 140, 156
Q-switched, **ES:**4, 156, 181
quantum-well laser, **E:**91, 187
radar, **E:**85, 66, 68
radiation, **ES:**22, 85
rare gas ion type, **D:**2, 11–14
ruby, **ES:**4, 139, 147, 152, 156, 162, 178
scalpel, **ES:**22, 38
servocontrolled, **ES:**4, 100

SUBJECT INDEX

in TV projection, **D:**2, 47
types of used as light sources, **D:**2, 11–14
YAG, **ES:**4, 178
Laser-addressed light valve, **D:**2, 53
Laser atomic absorption, **M:**9, 288–292
   LMA 10 microscope with AAS (Atomic Absorption Spectroscopy), **M:**9, 290–292
   sensitivity for high concentrations of elements, **M:**9, 288, 289
Laser beam
   continuous wave, **D:**2, 2
   eye hazards and, **D:**2, 55
   intensity modulation of, **D:**2, 22
   radii of, **ES:**4, 153
   random access and, **D:**2, 2
   sequential-access format and, **D:**2, 2
   television terminology used with, **D:**2, 3
Laser cavity, **ES:**4, 152
Laser-diode feedback system, **E:**87, 193
Laser displays, **D:**2, 1–58, *see also* Color-TV camera systems; Image storage, and display devices
   1125-line color-TV, **D:**2, 44–47
   acoustooptic deflection in, **D:**2, 40–44
   beam deflection in, **D:**2, 31–44
   Bragg reflection in, **D:**2, 40–43
   coherent and incoherent sources in, **D:**2, 11–21
   color and luminance in, **D:**2, 14–21
   in color-TV applications, **D:**2, 44–49
   components and arrangement of, **D:**2, 5–6
   concept of, **D:**2, 2
   direct-view, **D:**2, 53
   dual-beam scanning in, **D:**2, 34–35
   galvanometer deflection in, **D:**2, 37–40
   historical summary of, **D:**2, 3–4
   laser types used in, **D:**2, 11–14
   light modulation in, **D:**2, 21–31
   Nd: YAG laser in, **D:**2, 54
   polyvinyl carbazole and, **D:**2, 70, 83, 89–91
   primary colors related to, **D:**2, 15
   pulsed laser in, **D:**2, 55–58
   raster irregularity compensation, in, **D:**2, 36–37
   resolution in, **D:**2, 6–11
   scanned beam techniques in, **D:**2, 47–54
   speckle pattern, in, **D:**2, 55
   three-color, **D:**2, 6
   vector addition of colors in, **D:**2, 16
   white luminous flux in, **D:**2, 17–19
Laser drilling, **ES:**4, 149
Laser facsimile system, **D:**2, 52
Laser gas, **ES:**4, 89, 99, 103, 105, 107, 130
Laser image processing scanner, **D:**2, 50–51
Laser-initiated plasma channel formation, **ES:**13C, 332–333, 336–337
Laser interferometer, in electron beam lithography system, **ES:**13B, 75–78, 83, 119
Laser irradiation, **ES:**20, 48
Laser machining, **ES:**4, 150
Laser microanalysis, **M:**9, 243–318, *see also* Jena LMA 10 laser micro-analyzer
   accuracy, **M:**9, 287, 318
   applications, **M:**9, 287, 293–299, 317, 318
   archaeological applications, **M:**9, 285, 299, 318
   area analysis, **M:**9, 246, 287, 318
   autocollimation beam path, diaphragm adjustment and, **M:**9, 258
   auxiliary spark gap, **M:**9, 258–260
   commercially manufactured microanalyzers, **M:**9, 272–275
   consumption of material, **M:**9, 285
   control apparatus development, **M:**9, 286
   detection sensitivity, **M:**9, 286, 287, 316, 318
   distribution analysis, **M:**9, 246, 287, 318
   economic aspects, **M:**9, 317, 318
   electronic area detectors, **M:**9, 280–283
   element specificity, **M:**9, 286, 299, 316
   EM 10 measuring apparatus, **M:**9, 267
   energy measuring apparatus, **M:**9, 266–270
   evaluation of efficiency, **M:**9, 299, 316–317
   extension of range into vacuum UV, **M:**9, 286
   external ignition of auxiliary spark discharge, **M:**9, 286
   forensic science, applications, **M:**9, 284–285, 299, 318
   glass laser, **M:**9, 247
   instrumental technique, **M:**9, 247–283
   investigations without damage to objects, **M:**9, 285
   lateral spatial resolving power, **M:**9, 317
   layer analysis, **M:**9, 246
   line analysis, **M:**9, 246, 287, 318
   local analysis, **M:**9, 245–246, 287

medical applications, **M**:9, 285, 299
metallography, applications, **M**:9, 284
metallurgy, applications, **M**:9, 284, 293, 299, 318
microatomic absorption, *see* Laser atomic absorption
microchemical method, **M**:9, 244-245
microemission method with infrared microabsorption spectrophotometry, **M**:9, 292
microemission spectral analysis, **M**:9, 245
micromass spectrography, **M**:9, 287-288
microplasma spectrometry, **M**:9, 292
microprobe mass analyzer, **M**:9, 288
microscope equipment, **M**:9, 253-266
mineralogy, applications, **M**:9, 284, 293, 318
mode of action, **M**:9, 244
nonconductor analysis, **M**:9, 284, 285
observation, polarized light, **M**:9, 257
observation under microscope, **M**:9, 285
optical media, **M**:9, 247
optical path of transmitted light, **M**:9, 253-257
optical pumping, **M**:9, 247
photoelectric recording, **M**:9, 279-283
photographic recording, **M**:9, 257, 278-279
projection of electrodes by imaging condenser, **M**:9, 258
Q-switching
 electro-optical switches, **M**:9, 248-253
 rotating reflectors, **M**:9, 249
 saturable absorbers, **M**:9, 249-253
 solid-state lasers, **M**:9, 286
qualitative analytical technique, **M**:9, 278
quantitative analytical technique, **M**:9, 278-279, 318
radiation detectors, **M**:9, 271-284
reduction in fluctuations of laser out-put energy, **M**:9, 286
reduction in width of spectral lines, **M**:9, 287
reproducibility, **M**:9, 286, 287, 316, 318
resonator, **M**:9, 247
ruby laser, **M**:9, 247, 250-253
sample preparation, **M**:9, 284, 285, 317
sample size, **M**:9, 285
scanning stages, **M**:9, 263, 265-266
secondary electron multipliers, photoelectric recording and, **M**:9, 279-280
silicate technology, applications, **M**:9, 284, 299, 3128
size of area of analysis, **M**:9, 285
spectral apparatus, **M**:9, 271-284
spectrographs, **M**:9, 271, 276-278
spike number measuring apparatus, **M**:9, 266-270
transparent samples, **M**:9, 286
vacuum chambers, **M**:9, 260-263
volume analysis, **M**:9, 246, 287, 318
YAG laser, **M**:9, 247, 250
Laser microemission spectral analysis, **M**:9, 245
 with infrared microabsorption spectrophotometry, **M**:9, 292
Laser micromass spectrography, **M**:9, 287-288
Laser micrometaling, **ES**:4, 140
Laser microplasma spectrometry, **M**:9, 292
Laser microprobe mass analyzer, **M**:9, 288
Laser modes
 Fox-Li theory of, **ES**:4, 131
 theory of, **ES**:4, 131
Laser neodymium-doped glass, **ES**:4, 140
Laser pattern generation, **D**:2, 53
Laser photoionization, ionization front accelerator, **ES**:13C, 453, 455-457
Laser power, **ES**:4, 135
 contrast ratio and, **D**:2, 21
Laser probe emission spectrography, **M**:6, 276
Laser pulse, **ES**:20, 6, 46, 236
 adsorbates desorption by, **ES**:20, 89
 assisted field evaporation, **ES**:20, 47, 48
Laser pulsed drilling, **ES**:4, 178
Laser pulse mass spectrometry, **ES**:13B, 158
Laser Scan Laboratories, **E**:91, 238
Laser scanners, **M**:8, 36
Laser spot, **E**:83, 28
Laser-target ion source, Luce-like diode, **ES**:13C, 468-469
Laser tomography microscope, **M**:14, 230-233
 hardware, **M**:14, 232-233
 optics, **M**:14, 230-232
Laser TV projection, **D**:2, 3-4, *see also* Color-TV camera systems
Laser wavenumber, **ES**:4, 100
Laser welding, **ES**:4, 164
LASS, **ES**:23, 44

SUBJECT INDEX

Lasunkiy, **ES**:23, 334
Latching phase shifter, **ES**:5, 22, 23, 189, 197, 203–207
  characteristic equation for, **ES**:5, 28
  in coaxial cable and stripline, **ES**:5, 25, 27, 205
  design of, **ES**:5, 206
  ferrite materials for, **ES**:5, 206
  high power operation, **ES**:5, 207
  performance, **ES**:5, 204
  phase shift, **ES**:5, 206
  in round waveguide, **ES**:5, 25, 27
  switching time, **ES**:5, 205
  temperature dependence, **ES**:5, 205
Latent image, photographic, **M**:1, 182
Lateral chromatic aberration
  correction of, **M**:14, 278–281
  monochromatic aberration, **M**:14, 288–289
Lateral confinement, **ES**:24, 189
Lateral displacement, *see* Displacement
Lateral magnification
  and distortion, **M**:14, 267
  in microscope objective, **M**:14, 253–254
Lateral semiconductor quantum devices, Aharonov–Bohm effect-based, **E**:89, 106, 142–178
Lateral structures, mesoscopic devices, **E**:91, 213–214, 225
Latex particles, scanning electron micrograph of, **ES**:16, 459
Latex spheres, water layer thickness determination using, **M**:8, 81–83
Lattice(s)
  cubic and noncubic, **ES**:6, 389–390, 425
  images in electron microscopy, **M**:7, 163
  regular, **E**:103, 141–142
  relationship to complex numbers, **E**:84, 68
Lattice averaging, **ES**:10, 26, 121, 230–235
  determination of lattice vectors, **ES**:10, 233–234
  direct and Fourier methods, **ES**:10, 230–231
  effect of window size, **ES**:10, 231–232
  spot profiles, **ES**:10, 232–233
Lattice cell, **E**:83, 9, 13
  defects, **E**:83, 67
Lattice codebooks, **E**:97, 218–220, 227–230
Lattice constant(s), **ES**:24, 2, 3, 8
Lattice filters, **E**:82, 134
Lattice fringes, **M**:11, 90

Lattice-ordered group, **E**:84, 66
Lattice packing, **E**:97, 216
Lattice perfection studies, **ES**:6, 427–428
Lattice resolution, **M**:12, 31, 49
Lattice spacings and determinations, in divergent beam X-ray technique, **ES**:6, 378–379, 386–395, 424–427
  intersection methods for, **ES**:6, 390–395
  multiple exposure with, **ES**:6, 395–399
  wavelength in, **ES**:6, 402
Lattice transforms, definition, **E**:84, 71
Lattice vector quantization, **E**:97, 194
Laurent series, **ES**:10, 53
Law(s)
  of conservation, *see* Conservation law
  of contradiction, **E**:89, 260
  of Lagrange–Helmholtz, *see* Lagrange–Helmholtz law
  physical, **ES**:15, 24
  of sines, **ES**:3, 205–206
Lawrence Livermore National Laboratory, **ES**:22, 6, 27, 48, 60, 63
Lawrence tube, **DS**:1, 2, 137, 148–153
Lawson limit, **ES**:13C, 353
Lax compatibility condition, **ES**:19, 359, 369, 378, 379, 383
Lax pair IST, time-evolution, **ES**:19, 411–412
Lax representation, **ES**:19, 377
Layer-by-layer analysis
  composition, **ES**:20, 200, 222, 230
  evaporation, **ES**:20, 19, 71, 113
  of semiconductor, **ES**:20, 177, 184
Layer-doubling method, **E**:86, 212, 216
Layered half-space, surface elastic waves, **ES**:19, 191–203
Layer phosphors, **DS**:1, 173–188
Layers, protein molecules in, **M**:7, 330–332
LCD (liquid crystal display) module, **D**:4, 27
LDD (lightly doped drain), **ES**:24, 253
Leaching, of metal specimens, **ES**:6, 219–220
Lead hydroxide staining, **M**:2, 280, 326
Lead sulfide, selenide, and telluride, **ES**:1, 176
Lead zirconate-titanate ceramics, *see* PLZT ceramics
Leakage current method, in pyroelectric vidicon, **D**:3, 22
Leakage-limited, **E**:86, 44
Leap-frog method, particle modeling, **E**:98, 4–6, 40

Learning
  from examples based on rough sets, *see* LERS
  quantum neural computing, **E:**94, 285–293
  rough set theory, **E:**94, 184, 191
Least action, principle of, **ES:**17, 2, 8, 48, 267
Least-squares
  forward-backward method, **E:**84, 302–309
  generalized, **E:**84, 282
Least-squares analysis
  flow diagrams for, **ES:**6, 337
  meteorite study and, **ES:**6, 358–359
  and nondispersive X-ray emission calculation, **ES:**6, 338–339
  relative intensities for, **ES:**6, 346
Least-squares fit method, **M:**13, 207
Least-squares fitting, **ES:**10, 232–233, 237–238, 242
Least time, principle of, **ES:**17, 2
Least upper bound, **E:**84, 68
Least-weight path problem, **E:**90, 41–42
Leaving tolerance, **DS:**1, 120
LED, *see* Light-emitting diode
Lee, **ES:**15, 268
Lee, B., **ES:**11, 143
LEED, *see* Low-energy electron diffraction
Leeds University, early electron microscopes at, **ES:**16, 83, 487
LEELS, *see* Low-energy energy loss spectroscopy
LEEM, *see* Low-energy electron microscope
LEEM (low-energy electron microscope), **E:**94, 86
LEERM (low energy electron reflection microscope), **M:**10, 306
Legendre functions, **M:**8, 224
Legendre polynomials, **ES:**9, 23; **ES:**14, 8, 11; **ES:**19, 276, 277
Legendre transform, **E:**103, 21–22, 27
Leibnitz, **ES:**15, 228
Leibnitz' rules, **ES:**19, 313
Leibniz' rule, **E:**95, 283
LEIS (low energy ion scattering), **ES:**20, 110, 118, 123
Leisegang, S., **ES:**16, 46
Leisegang liquid-nitrogen stage, **ES:**16, 203
Leitz interference microscope, **M:**1, 68, 80

Leitz intravital microscope, **M:**6, 6
Leitz MMS RT microscope
  construction, **M:**5, 31, 32
  operation, **M:**5, 32
Leitz UMK objective, **M:**6, 15
Leitz UM objective, **M:**6, 15, 16, 17
Lemmas, **ES:**19, 1–10, 156–161
Lemons, **ES:**23, 44
Lenard, P., **ES:**16, 483
Lenard's law, **DS:**1, 177
Length, standard of, **ES:**4, 98, 118
Length interferometry, **ES:**4, 107
Length metrology, **ES:**4, 118
Lennander's machine, **ES:**4, 194
Lennard–Jones potential, **E:**98, 9, 10, 11; **E:**102, 154
Lens(es), **ES:**11, 2, 9, 12, 24, 27; **ES:**13B, 81–83, 92–112; **ES:**13C, 7–8, 27, *see also* Microscope objective; *specific types of lenses and specific instruments*
  aberrations, *see* Lens aberration(s)
  cathode, **E:**86, 240, 246, 251, 278
  computer analysis, **ES:**13B, 93–100
  condenser-objective, **M:**10, 234–236
  cryolens, **M:**10, 39–241
  double planar symmetric, **ES:**17, 74
  electromagnetic, *see* Electromagnetic lens(es)
  electron, *see* Electron lens(es)
  in electron microscopy
    diamagnetic shielding, **M:**14, 20–21
    polepiece, **M:**14, 20–21
    solenoid, **M:**14, 18–19
    trapped-flux, **M:**14, 19–20
  in electron spectroscopy systems, **ES:**13B, 335–337, 340–344
  electrostatic, **M:**2, 5
  foil, **M:**10, 232
  high resolution, **M:**10, 256–257
  image formation, **E:**93, 174–176
  immersion, **M:**10, 244, 245
  intermediate, **ES:**17, 32
  ion, *see* Ion lens
  ion beam accelerators, **ES:**13C, 393–395, 423–428
  in ion implantation system, **ES:**13B, 46–47, 49–50, 55–56, 58
  in ion microbeam implantation system, **ES:**13B, 59, 61, 63–65
  in ion probe, **ES:**13B, 36–37

SUBJECT INDEX

Luce diodes, **ES**:13C, 468
magnetic, *see* Magnetic lens
for matching of ion sources in mass filter, **ES**:13B, 207–209, 214
MC routine for, **ES**:21, 406–407, *see also* Space charge lens
multipole, **ES**:17, 100
multislice approach, **E**:93, 173–216
Mulvey's projector, **M**:10, 239
neutralized ion beam focusing, **ES**:13C, 408–411
nonrotationally symmetric, **ES**:17, 100
objective, double, **M**:10, 258, 259
octopole, *see* Octopole lens
optical, **E**:93, 174–176, 185–186
pancake, **M**:10, 237, 238
projector, mirror EM, **M**:4, 214
propagation
  basic equations, **E**:93, 175–178
  improved equations, **E**:93, 202–207
  light, quadratic index media, **E**:93, 185–186
quadrupole, **E**:86, 270, 278
rotationally symmetric, **ES**:17, 13
round, **E**:86, 239, 249, 254, 260, 278
secondary ions, collection of, **ES**:13B, 4–16
sextupole, *see* Sextupole lens
single pole, **M**:10, 237–238
snorkel, **M**:10, 238
spatial beam broadening, **ES**:13C, 492
superconducting, **M**:10, 238–241
  design trends, **M**:14, 24–25
  microscopes with, **M**:14, 23–24
thick, chromatic effect of, **M**:14, 316–317
thin film, *see* Thin film lens elements
thin helical
  focal properties, **M**:14, 58–62
  introduction to, **M**:14, 58–66
  sperical aberration, **M**:14, 62–66
  transport and focusing of high-intensity unneutralized beams, **ES**:13C, 124, 130–134
Lens aberration(s), **ES**:3, 4–5; **ES**:13C, 37–39; **M**:10, 230–232; **M**:12, 29, 65
Boersch effect, **ES**:13C, 477, 527
brightness, **ES**:13C, 482
ion extraction optics, **ES**:13C, 237–238, 264–265, 267–268, 272–279, 283–284
multislice approach, **E**:93, 207–215

scanning transmission electron microscopy, **E**:93, 86–87
Lens-coupling fluid interface, **M**:11, 156
Lens current fluctuations, **ES**:10, 14
Lens diffraction
  limit, **ES**:4, 135
  patterns, **ES**:4, 135
Lens fields, **M**:13, 136–145
  eletrostatic lens, **M**:13, 137–140
  magnetic lens, **M**:13, 140–145
Lens method, for lattice determination, **ES**:6, 382–389
Lens method measurement of brightness, **M**:8, 174–177, 182–183
  two-aperture method, comparison with, **M**:8, 182–183
Lens-spot ratio, optimal, **ES**:4, 134–35
Lens transducer, **M**:11, 154
Lenticular filter, **DS**:1, 171
Lenticular screen, **E**:91, 254
Leong, **ES**:15, 189, 190, 191, 208; **ES**:23, 305
Lepine, P., **ES**:16, 28, 113, 114, 241, 586
Le Poole, Jan
  commercial collaboration, **E**:96, 278–279, 287, 289
  contributions to electron microscopy
    metallic and semiconductor materials science, **E**:96, 289–292
    solid catalysts, **E**:96, 294
    vapor-deposited metal films, **E**:96, 293
  microscope development, **E**:96, 273–275, 284, 288, 395, 433–435
Le Poole, J.B.
  in history of electron microscopy, **ES**:16, 28, 47, 49, 100, 124, 426, 493, 498, 501, 585
  recollections of early electron microscopy in The Netherlands, **ES**:16, 387–416
LERS, **E**:94, 184–184
  All Global Coverings, **E**:94, 191–192
  All Rules, **E**:94, 192–193
  LEM1 option, **E**:94, 188–190, 191
  LEM2 option, **E**:94, 190–191
  real-world applications, **E**:94, 193–194
  Single Global Covering, **E**:94, 188–190, 191
  Single Local Covering, **E**:94, 190–191
Lesion detection, **E**:84, 338, 341
  focal, **E**:84, 338
  SNR, **E**:84, 339–340, 342

Letromesh screen, use for EM specimens, **ES:**16, 283-284
Leucine aminopeptidase, three-dimensional structure, **M:**7, 331, 332
Leucocyte, KFA phase contrast microscopy, **M:**6, 77
Leukemia viruses, SiO replication, **M:**8, 85
Leukocytes, **M:**5, 45, 46
 measurement, **M:**5, 69, 70, 71
Leung, H., **ES:**11, 218
Levallois, electron optics research at, **ES:**16, 231-234, 242-243
Level curves, **E:**103, 68
 creep field and congruence of, **E:**103, 85-86
 envelopes of, **E:**103, 138-140
 inloop and outloop structure, **E:**103, 73-75
 local shape of, **E:**103, 93-94
 nesting of, **E:**103, 72
Levialdi's parallel-shrink algorithm, **E:**90, 390-391, 415, 425
Levinson's theorem, **ES:**19, 161, 252
Levi-Setti, R., **ES:**16, 268
Levy, **ES:**9, 490
Lewis, T.G., **ES:**16, 185
Lewy, **ES:**9, 486; **ES:**18, 236
LFE, *see* Local field effect
Li, new LMIS of, **ES:**20, 164
Library components, correlations in, **ES:**6, 347
Library functions, in nondispersive X-ray emission calculations, **ES:**6, 324-328
Lichte focus, **E:**94, 219-220
Lichterfelde scanning electron microscope
 destruction of, **ES:**16, 10, 14
 wedge-cut microtome for, **ES:**16, 16
Lie algebra, **E:**84, 262, 268; **ES:**19, 391
 infinite dimensional, **ES:**19, 457-462
Lie algebraic method, **E:**91, 2-3
Liebmann, G., **ES:**16, 85, 411, 429, 430, 498
Liebmann iterative method, **ES:**17, 373
Lie bracket, **E:**84, 139, 150, 186
Liedl, **ES:**9, 8
Lie groups, **E:**84, 136, 181-188
Lienard-Wiechert potentials, **ES:**22, 64, 86
Life, **E:**83, 63, 91
Lifetime, **ES:**24, 93-96, 135, 137, 151, 177, 178, 182, 186, 197, 251

 of EL phosphors, *see* Maintenance, of EL output in ZnS
 of excited centers in ZnS, **ES:**1, 37, 54, 67-69, 80, 100
 field emitted ions, **ES:**13B, 62
 nonradiative, **ES:**2, 22, 100
 radiative, **ES:**2, 9
Lifetime imaging with fluorescence, **M:**14, 199-204
LiF films, **E:**102, 103-104
Lifshitz, **ES:**15, 268; **ES:**18, 46, 237
Lifshitz random field approach, **E:**87, 53-59
Lifshitz-Slyozov-Wagner theory, **ES:**20, 213, 214, 222
Lifshitz theory, **E:**102, 153
Liftoff, **E:**102, 125-130
LIGA lathe, **E:**102, 203-211
Light cone, **ES:**18, 225
Light element analysis
 detection in, **ES:**6, 317-318
 emission measurements in, **ES:**6, 249
 of iron meteorite, **ES:**6, 281-282
 as qualitative method, **ES:**6, 251
Light element kits, **ES:**6, 138
Light element spectrometer, **ES:**6, 138-139
Light-emitting array, **ES:**11, 142
Light-emitting diode, **E:**87, 246; **E:**91, 179, 182, 246
 electronic 3-D system, **E:**91, 254
 optical symbolic substitution, **E:**89, 81-82, 84, 86
Light flashes, **ES:**14, 368
 representation, **ES:**18, 2
Lighthouse principle, **DS:**1, 44, 45, 90
Lighting model, **E:**85, 211
Light intensity
 average, **ES:**4, 124-125
 definition, **M:**10, 105, 107
 measurement, **M:**4, 391-396
  data processing, **M:**4, 396-413
Lightly doped drain, **ES:**24, 253
Light microscope
 limits of, **ES:**16, 104
 resolution limit of, **M:**1, 116
Light modulation
 acoustooptic modulation in, **D:**2, 22-27
 contrast ratio in, **D:**2, 21
 electrooptic modulation and, **D:**2, 27-31
 in laser displays, **D:**2, 21-31

Light optical model, scattering effect on electron beam brightness, of, **M**:8, 185–186
Light-optical reconstruction, electron off-axis holography, **E**:89, 5–6, 10–12, 21–24, 33–34
Light pen, **E**:91, 235, 244
Light pipe, **ES**:4, 156, 178
   clad rod, **M**:6, 26
   illumination, **M**:6, 26–28, 36
      with clad rod, **M**:6, 26, 27
      with hypodermic needle, **M**:6, 27, 28
Light scattering
   in PLZT ceramics, **D**:2, 67, 119–120
   variable, **D**:2, 68
Light sensor irradiation
   aperture, **M**:5, 101
   illumination uniformity, **M**:5, 101
   spectral band width, **M**:5, 100
   spectral density, **M**:5, 100
Light source(s)
   beam deflector assembly, **M**:6, 23, 26
   for closed circuit television, **M**:6, 24
   color and luminance in, **D**:2, 14–21
   high-pressure short arc, **M**:6, 2
   hypodermic needle type, **M**:6, 27, 28
   Köhler system, **M**:6, 25, 26
   laser, **M**:6, 24, 28
   in laser displays, **D**:2, 11–21
   mounting, **M**:6, 23, 24, 25
   for photography, **M**:6, 24
   pulsed source, **M**:6, 22, 24
   pulsed xenon arc, **M**:6, 22, 24, 26
   quartz halogen lamp, **M**:6, 22
   rotation, **E**:85, 198, 200
   source table, **M**:6, 23, 24, 25
   in stripe color encoding systems, **D**:2, 216
Light valve system, **E**:91, 252–253; **DS**:1, 18, 203–207
Light waves
   common phase of, **ES**:4, 93
   principles, **M**:10, 104–109
Likelihood function, **E**:97, 88
Likelihood ratio distortion measure, **E**:82, 139
Likeness relations, **E**:89, 296–297
Limit concept, **ES**:3, 25, 53, 67–68, 81–94, 136–138, 146–152, 170–174, 180, 187–188

current density, *see* Langmuir diagram, **ES**:3, 151
Limiting current, **ES**:22, 59, 62
   density, **ES**:22, 59, 61, 62
   electron guns, **ES**:13C, 151
Limiting perveance, in nonrelativistic beams, **ES**:13C, 20
Limiting sensitivity of MEM, calculating, **E**:102, 293–300
Lindeman, F.A., **ES**:16, 26, 27, 486, 498
Lindhard dielectric function, **E**:82, 199
Line(s)
   of force, **ES**:15, 233, 238, 247
   structure and asymmetry, **M**:8, 40–41
Line aperture, **ES**:11, 20
Linear, **E**:82, 3, 38, 47, 48, 49, 52, 72, 77, 81
   time-variable, **ES**:14, 4
Linear accelerator
   high-energy injectors, **ES**:13C, 209
   ion acceleration, **ES**:13C, 445–446
Linear analysis
   automatic
      advantages, **M**:5, 126
      contrast resolution, **M**:5, 127, 128, 129
      using television microscope, **M**:5, 130–132
   visual
      distance quantization, **M**:5, 124
      linear analyzer, **M**:5, 125, 126
      point-line pattern, **M**:5, 124
Linear convolution, **E**:94, 2, 4–7, 12, 19
Linear dependence, minimax algebra, **E**:90, 36
Linear dichroism microscopy, **M**:8, 51–52
   apparatus, **M**:8, 63–65
   diagrammatic representation, **M**:8, 64
   dichroic ratio, **M**:8, 65–66
   methods for analysis of, **M**:8, 66–72
   principles, **M**:8, 63–65
   wavelength selection, **M**:8, 65
Linear difference, **ES**:14, 164
Linear distance difference, **ES**:11, 183
Linear dynamic system, **E**:85, 18–19
Linear eddy current problems
   finite element approach to, **E**:102, 32–39
   formulation, **E**:102, 31–32
Linear equations, **E**:90, 30–35
   elliptic type identification of leading coefficient, **ES**:19, 523–532

Linear ferrite devices
  classification, **ES:**5, 2
  longitudinal magnetization, **ES:**5, 28–35
  multiple-slab geometry, **ES:**5, 27–28
  operating region, **ES:**5, 21
  single slab geometry, **ES:**5, 24–27
  theory, **ES:**5, 19–35
  transverse magnetization, **ES:**5, 22–28
Linear filters, **E:**92, 21, 55–62
Linear image sensors, **ES:**8, 143–152
Linear imaging arrays, **D:**3, 272–278
Linear independence, **ES:**9, 18
Linear induction accelerator, **ES:**13C, 50, 52, 427–428, 435–439
  beam compression, **ES:**13C, 124
  electron gun, **ES:**13C, 143, 165
  long bunched beams, **ES:**13C, 119–120, 122–123
Linear inverse problems, **ES:**19, 509–510
Linearity, **ES:**11, 24
  in CTDs, **ES:**8, 126
    charge injection, **ES:**8, 130–131
    electrical charge injection, **ES:**8, 126–130
    optical charge injection, **ES:**8, 126
    transfer, **ES:**8, 126
Linearized overrelaxtion method, for computation of electrostatic and magnetic fields, **ES:**13A, 38–39
Linear lattices
  imaging of in electron microscope, **M:**1, 124
  resolution limit of, **M:**1, 126, 134, 136, 148
Linear least-squares analysis, **ES:**6, 324–331, see also Least-squares analysis
Linear mapping
  definition, **E:**84, 310–311
  isometry, **E:**84, 281
Linear media, **ES:**18, 12
  constitutive relations, **E:**92, 135
Linear minimum square error technique, **E:**92, 10
Linear operator, defined, **ES:**9, 124
Linear particle density, see Particle, density
Linear phason strain, **E:**101, 43, 44
  in icosahedral quasicrystals, **E:**101, 61–63
Linear polarization, **ES:**18, 45
Linear polarized waves, **ES:**14, 147
Linear proton accelerator, **ES:**13C, 114

Linear ramp function, **ES:**18, 9
Line array, **ES:**11, 19, 29, 30, 91; **ES:**23, 9
  radiation, **ES:**9, 259
  reception, **ES:**9, 265
Linear response regime, **E:**89, 103
Linear scan
  calibration, **M:**6, 296, 297
  combination with area scan, **M:**6, 296
  precision, **M:**6, 297
  simulation, **M:**8, 40
  superimposition on X-ray scan, **M:**6, 296
Linear spot size determination, **ES:**4, 156
Linear step function, **ES:**18, 10
Linear time-invariant system, signal description, **E:**94, 322
Linear transformation, **ES:**11, 2, 11, 18; **ES:**17, 117–122, 165, 171, 174, 181; **ES:**18, 27
Linear transient idealization, **ES:**14, 48, 50
Linear transport response, **E:**89, 109
Linear waves, in collective ion acceleration, **ES:**13C, 447–448
Line broadening, in solids, **ES:**2, 19–21
Line continuation constraint, **E:**97, 130
  extended GNC, **E:**97, 132–136
  mean field approximation, **E:**97, 131–132
  sigmoidal approximation, **E:**97, 137–141
Line-difference coding, **ES:**12, 260–261
Line element, **E:**103, 110
Line image, **ES:**11, 37, 39
Line-image formation, **ES:**7, 95
Line-of-sight radar, **ES:**15, 200
  attenuation, **ES:**14, 28
Line pattern enhancement
  iconic maps, **E:**92, 53–55
  linear filter, **E:**92, 55–62
  top-hat transformation, **E:**92, 63–64
  topographical approach, **E:**92, 62–63
Line pattern input, optical diffraction analysis, **M:**7, 23
Line printers, **ES:**10, 176–177, 188, 255; **ES:**13A, 90
Line process, **E:**88, 307
Line shape, **E:**82, 261; **ES:**22, 12, 73, 128, 147, 148, 217, 240
  folded Lorentz-Gaussian, **ES:**2, 18, 19
  Gaussian (Doppler), **ES:**2, 10
  Lorentz, **ES:**2, 10
  in saturation, **ES:**2, 22–23, 102, 104
Line-shape analysis, **E:**82, 263, 266

Line spectrum pair, **E:**82, 145
Line vector, **ES:**11, 85
Line width, **E:**82, 261
Linewidth, **ES:**5, 13–14, 20; **ES:**22, 13, 73, 239; **ES:**24, 107
  frequency dependence, **ES:**5, 15
  homogeneous, **ES:**22, 306
  inhomogeneous, **ES:**22, 307
Linguistics
  animal and machine behavior, **E:**94, 270–271
  LERS used, **E:**94, 194
Linkens, **ES:**15, 270
Linking cell lists, **E:**84, 254
Linlor, **ES:**15, 265
Liouville equation, **E:**89, 118
Liouville theorem, **ES:**13A, 162–163, 167–170, 172–173, 175; **ES:**13B, 3, 148–149; **ES:**13C, 43–45, 56, 59, 421, 478–482, 480, 484–485; **ES:**22, 164, 256, 376; **M:**8, 153, 249; **M:**13, 176
  consequences of, **ES:**21, 36–40
  definition of, **ES:**21, 34, 36
  derivation of, **ES:**21, 33–34
  in simulation beam, **ES:**13C, 99–100
Lipase, **M:**6, 195, 197
  electron microscopy, **M:**6, 198
  histochemistry, **M:**6, 196
  substrate, **M:**6, 196
Lipids, **M:**5, 299, 300; **M:**6, 237
  binary solids, **E:**88, 183
  fixation, **M:**2, 255, 263, 266
  methylene subcells, **E:**88, 155
  phase transitions, **E:**88, 176
  retention of, **M:**3, 221–228
Lipoprotein envelope, **M:**6, 237
Lipoproteins, radiation damage, **M:**5, 318
Lipperheide parameters, **ES:**19, 148
Lippmann–Bragg gratings, **M:**10, 126
Lippmann's color photography, **M:**10, 123
Lippman–Schwinger equation, **ES:**19, 170
LIPS, *see* Laser image processing scanner
Lipschitz condition, **E:**102, 43
Lipschitz constant, **ES:**19, 254
Liquid crystal(s), **E:**91, 246–248; **ES:**11, 171; **M:**6, 120
  character display, transmission-type matrix, **D:**4, 31
  display panel, **D:**4, 12–13, *see also* Matrix-type panel

  equivalent circuit of diode-addressed matrix type, **D:**4, 52
  nematic-to-cholesteric phase change storage type, **D:**4, 51
  light valve, **E:**91, 252–253
  matrix displays, **D:**4, 1–84, *see also* Matrix type displays
  amplitude-selective X-Y addressed, **D:**4, 12–38
  scattering effects in, **D:**4, 2
Liquid crystal cell
  displayed image on storage type panel, **D:**4, 50
  driving procedures in, **D:**4, 49–50
  phase-change mode operation of, **D:**4, 48
  response characteristics of, **D:**4, 13
  twisted nematic, *see* Twisted nematic liquid crystal cells
Liquid crystal devices
  electro-optical response in, **D:**4, 10–11
  frequency dependence in, **D:**4, 11
  operating principles and characteristics of, **D:**4, 3
  voltage integrating effect and transient response in, **D:**4, 12
Liquid crystal display module, **D:**4, 27
Liquid-crystal implementation, **E:**102, 245–246
Liquid-crystal materials
  characteristics of, **D:**4, 3
  defined, **D:**4, 3
  mesomorphic range of, **D:**4, 5
  storage displays based on phase change of, **D:**4, 47–50
  types of, **D:**4, 3
Liquid-crystal molecules, chemical structure of, **D:**4, 4
Liquid crystal scanner, **ES:**9, 185
Liquid field ion source, **ES:**13B, 62–63
Liquid helium cryoshrouds, **M:**11, 95
Liquid-helium temperatures, cryo-electron microscopy at, **ES:**16, 206–219
Liquid masers, **ES:**2, 237
Liquid metal, **ES:**20, 6, 66
  field ionization, **ES:**20, 49
  ion source, **ES:**20, 150
Liquid-metal sources, **E:**83, 32
  ions, **ES:**13A, 263, 284; **M:**11, 111, *see also* Cesium; Gallium
Liquid phase, **ES:**4, 150

Liquid-phase epitaxy, **D**:1, 107
Liquids
　ambient, probe-sampling charging, **E**:87, 102–106
　for refractometry, **M**:1, 64, 65
Lissajous figures, **M**:8, 34
Literal brackets, **ES**:10, 254
Lithium, diatomic molecular bond, model, **E**:98, 72–74
Lithium noibate, harmonic images, **M**:10, 87, 89
Lithium sulfate, pyroelectric properties of, **D**:3, 5
Lithium tungsten trioxide, **E**:91, 251
LITHO (software package), **M**:13, 43, 113
Lithography, **E**:83, 110
　electron-beam, **E**:83, 36, 76, 110, 112
　ion-beam, **E**:83, 110, 111
　light, **E**:83, 110
　photolithography, **E**:83, 36
　x-ray, **E**:83, 110, 111
Littrow angle, **ES**:22, 309
Liu, **ES**:9, 485
Liver
　diffuse disease, **E**:84, 336
　lobular structure, **E**:84, 333
　sub-resolution structure, **E**:84, 333
　triads of Kiernan, portal, **E**:84, 322, 333
Living cells
　DIC microscopy, **M**:6, 105
　phase contrast microscopy, **M**:6, 50, 59, 65, 74, 77
　Schlieren microscopy, **M**:6, 65
　stereoscopic microscopy, **M**:6, 124
　u.v. microscopy, **M**:6, 120, 121
Living specimens, SEM, **E**:83, 209
Living tissue
　automated tracking system, **M**:6, 38, 39
　clamping, **M**:6, 38
　mechanically coupled tracking system, **M**:6, 44, 45
　microcirculation, **M**:6, 2, 46
　motion, **M**:6, 28, 34, 38
　seeing in, **M**:6, 13
Livius, **ES**:14, 178
LLL, *see* Low light level
Lloyd's algorithm, **E**:82, 113
Lloyd's mirror, **ES**:4, 92
LLVE, **E**:86, 116–117, 120–122, 124, 133–135, 137–138, 157–158, 163

LMMSE, *see* Linear minimum square error technique
LMTO, **E**:86, 221
Lo, M., **ES**:11, 222
Loaded radiator, **ES**:23, 109
Lobachevski, **ES**:9, 16
Local absolute center, **E**:90, 85–86, 94, 106
Local anisotropy measure, **E**:92, 53–55
Local average, defined, **D**:4, 166
Local contrast enhancement
　adaptive contrast enhancement, **E**:92, 34–36
　extremum sharpening, **E**:92, 32–34
　inverse contrast ratio mapping, **E**:92, 30–31
　local range stretching, **E**:92, 27–30
Local covering, **E**:94, 156, 185
　LERS LEM2 option, **E**:94, 190–191
Local decomposition, **E**:84, 84
Local defect, **E**:86, 274
Local degree of anisotropy, **E**:92, 44
Local field effect, **M**:12, 146
　in EBT, **M**:13, 126
Local functions, **ES**:9, 51
Local image-template operation, **E**:90, 362
Localization, plane of, **ES**:4, 103
Local jet space, **E**:103, 81, 84–85
Local labeling algorithm, **E**:90, 400–415
Local maximum/maxima, **E**:88, 301, 335
　minimax algebra, **E**:90, 92
Local neighborhood, **E**:84, 78
Local noise, **ES**:14, 367
Local range stretching, **E**:92, 27–30
Local space
　conclusions, **E**:101, 206–207
　quantum mechanics, in, **E**:101, 202–206
　special relativity in, **E**:101, 198–202
Local spatial order, **E**:92, 45–48
Local spectral distribution
　example, **E**:103, 57–59
　frequency-domain formulation, **E**:103, 46–47
　time domain formulation, **E**:103, 51–53
Local structure, **E**:103, 81
Local surface shapes, differential invariants and, **E**:103, 91–93
Local tip radius, **ES**:20, 85
Local variation coefficient, **E**:92, 15
Local work function, mirror EM, **M**:4, 226–227
Lochs, **ES**:9, 8

Lock-in-effect, **E**:85, 6
Locquin, M., **ES**:16, 47, 376
Log-area coefficients, **E**:82, 145
Logarithmic Hilbert transform, phase retrieval, **E**:93, 111–116, 120–121
Logic, mathematical, **E**:86, 144, 146, 167
Logical tasks, animal and machine behavior, **E**:94, 272
Logic cells, elementary, **ES**:8, 268–270
Logic circuit, **E**:91, 149
Logic devices, spin-polarized single-electron devices, **E**:89, 223–235
  digital system, **E**:89, 233–234
  input nd output isolation, **E**:89, 238–240
  AND and NAND gates, **E**:89, 229–231
  NOT gates, **E**:89, 229
  OR gates, **E**:89, 231–232
  performance figures, **E**:89, 241–243
Logic gates, spin-polarized single electron, **E**:89, 229–232
Logic transfer arrays, **ES**:8, 268
  binary adders and multipliers, **ES**:8, 270–274
  elementary logic cells, **ES**:8, 268–270
  universal, **ES**:8, 274
Loglikelihood
  Box-Jenkins, **E**:84, 297–298
  constrained, **E**:84, 267, 282, 301
  exact forward-backward, **E**:84, 296, 298–300
  maximization, **E**:84, 300–302, 313–314
  modified, **E**:84, 288, 296
  perturbed, **E**:84, 264
  surface, **E**:84, 265
  unconstrained, **E**:84, 264–265
Logons, **E**:97, 4
Log-periodic antenna, **ES**:15, 104
  dipole, **ES**:14, 84, 85
Log-space algorithm, **E**:90, 405
Log-spiral antenna, **ES**:14, 84; **ES**:15, 103
LOHENGRIN, recoil isotope separator, **ES**:13B, 166, 168
Lohman, **ES**:9, 173, 174
Lommel function, **M**:13, 265–266
London
  1954 electron microscopy conference in, **ES**:16, 500, 580
  Sixth International Conference on Electron Microscopy (1947), **ES**:16, 498–499

Third International Conference on Electron Microscopy (1946), **ES**:16, 496, 497
London model, **E**:87, 184
London penetration depth, **E**:87, 187–188
London theory of superconductors, **M**:14, 7–9
Long cutoff wavelength, defined, **E**:99, 76
Longitudinal amplitude, **E**:103, 34
Longitudinal distribution, **ES**:13C, 120–123
Longitudinal magnetization, *see* Linear ferrite devices
Longitudinal-mode scattering devices, **D**:2, 123–125
  performance for 10:1 contrast ratio in, **D**:2, 124
Longitudinal-mode spectrum, **ES**:22, 302, 303
Longitudinal oscillation, **ES**:22, 67
Longitudinal recording media, **E**:87, 159–164
  line charge approximation, **E**:87, 159
  stray field, **E**:87, 159, 161
Longitudinal velocity, *see* Axial velocity
Long-pulse lasers, **ES**:22, 305
Long-term power density, **ES**:15, 18
Long-term prediction, **E**:82, 125
Long wire antenna, **ES**:23, 38
Long-wire radiator, **ES**:9, 307
Look-down radar, **ES**:14, 244
  surveillance gap, **ES**:14, 247
  technical problems, **ES**:14, 255
Look-up table, **E**:85, 91
Loop, **ES**:20, 253
  definition, **E**:90, 37
Loop memory organization, **ES**:8, 249–255
Lopez de Zavalia, **ES**:9, 139
Lopresti, **ES**:9, 483
Lorentz, **ES**:18, 34; **ES**:23, 50
  contraction, **ES**:22, 53, 58, 392, 394
  distribution, **ES**:21, 122, 189, 439–441
  force, **ES**:22, 384, 390
  transformation, **ES**:21, 329
Lorentz convention, **ES**:9, 236; **ES**:15, 45
  modified, **ES**:23, 51
Lorentz deflection, **M**:5, 284, 285
Lorentz distribution, in Coulomb interaction, **M**:13, 220
Lorentz electron microscopy, **M**:3, 183–189
Lorentz equation(s), **E**:90, 189–190; **ES**:13C, 158
  of motion, **M**:13, 174, 178

SUBJECT INDEX

Lorentz force, **M:**5, 245, 246, 253; **M:**12, 94, 123, 126
 expression, **M:**5, 239
Lorentz force law, **E:**95, 374
Lorentz formula, **ES:**17, 134
Lorentz gauge, **E:**102, 12
Lorentz geometry, **ES:**9, 407, 415
Lorentzian filter, phase retrieval, **E:**93, 124–126
Lorentzian halfwidth, **ES:**4, 117
Lorentzian/Rayleigh pulse, **E:**103, 25
Lorentzian regime, **ES:**21, 188–189, 215
Lorentz invariance, **ES:**9, 272, 273
Lorentz microscopy, **E:**98, 422–423; **ES:**10, 141–143; **M:**5, 241
 differential phase contrast mode, **E:**98, 350–351
  geometrical optics, **E:**98, 351–358
  wave optics, **E:**98, 341–350
 particle-wave duality of electrons, **E:**98, 333–335
 small-angle electron diffraction, **E:**98, 358–360
 small scattering angles in, **M:**7, 164
Lorentz oscillations, **E:**87, 73
Lorentz trajectories, computation of, **M:**8, 243–244
Lorentz transformations, **E:**90, 149
 Elbaz model and, **E:**101, 158–159
 local space and, **E:**101, 201–202
 one-dimension linear time cavity, **E:**101, 185
 tachyokinematic effect, **E:**101, 216–220
 three-dimensional rectangular space cavity, **E:**101, 176
 three-dimensional spherical space cavity, **E:**101, 180
 two-dimensional square space-time cavity, **E:**101, 191
Lorenz, E., in history of electron microscopy, **ES:**16, 2
Loretan, **ES:**9, 484
Los Alamos Meson Physics Physics Facility, **ES:**22, 21
Los Alamos National Laboratory, **ES:**22, 5, 19, 29, 30, 60, 63, 408
Loss controller, **ES:**14, 135
Losses, **ES:**22, 338
Loss per pass, fractional, **ES:**2, 30, 75
Lossy media, profile inversion, **ES:**19, 71
Lovell, B., **ES:**16, 25

Love surface waves, **ES:**19, 192–195
Low-angle radar, **ES:**14, 145
 conventional, **ES:**14, 158
 range resolution, **ES:**14, 154
 tracking, **ES:**14, 144
Low atomic number elements
 electron probe analysis for, **ES:**6, 137–154
 K spectra for, **ES:**6, 159
Low–Balian theorem, **E:**97, 23, 28
Low beam energy scan, *see also* High beam
 charging effects on insulating specimens, **M:**13, 86–92
 collection efficiency, **M:**13, 89–91
 and secondary electron computation, **M:**13, 89
 simulated line scan, **M:**13, 86–92, 91–92
Low-bit-rate video coding, **E:**97, 232–252
 algorithm, **E:**97, 240
Low-delay speech coding, **E:**82, 177
 low-delay CELP, **E:**82, 177
 low-delay VXC, **E:**82, 177
 lattice LD-VXC, **E:**82, 183
Low-dimensional structure, **E:**83, 109
Low-dose imaging, transmission electron microscopy, **E:**94, 207–213
Low energy electron diffraction, **ES:**4, 192; **M:**10, 305–306
 LEED-AES, **M:**11, 65
Low-energy electron diffraction, **E:**86, 212; **E:**90, 256; **ES:**13B, 317–139; **ES:**20, 173; **M:**10, 305–306
 with mirror electron microscopy, **E:**94, 86–87
Low-energy electron microscope, **E:**94, 86
Low energy electron reflection, **M:**10, 306
Low-energy energy loss spectroscopy, **ES:**13B, 263
Lower approximation, of a set, **E:**94, 157–165
Lower boundary, **E:**94, 164
Lower substitutional decision, **E:**94, 185
Low field loss, *see* Magnetic loss
Low-frequency noise, avalanche photodiodes, **E:**99, 150, 156
Low-impedance diode, computer simulation, **ES:**13C, 198–199
Low-intensity beam, **ES:**13A, 45
Low light level, TV technique analog mode, **M:**9, 14, 15, 16, 17–22, 46, 49, 59–60
 analog storage system, **M:**9, 25–26, 53–54
 automatic adjustment of microscope, **M:**9, 58

SUBJECT INDEX

background influence, **M:**9, 15–16
backscattering of electrons, scintillators and, **M:**9, 46–48
CCDs and, **M:**9, 58
computational accumulation of image with high statistical definition, **M:**9, 56–57
detection quantum efficiency, **M:**9, 8–11
digital signal processing, **M:**9, 22–24
digital storage of single electron signals, **M:**9, 58
digital storage system, **M:**9, 26–29, 54–55
dimensioning requirements, **M:**9, 8–11
DQE, single-electron signal and, **M:**9, 13–14
DQE measurement, **M:**9, 58–59
energy dependence of DQE, scintil-lators and, **M:**9, 49–52
fiber plates and, **M:**9, 51–52, 60
fluorescent screens with fiber plates and, **M:**9, 58
Fourier transformation and, **M:**9, 57–58
image processing, **M:**9, 57–58
light absorption, scintillators and, **M:**9, 48–49
LMA 10 microscope with Atomic Absorption Spectroscopy, **M:**9, 290–292
modulation transfer functions of converter stages, resolution and, **M:**9, 10
normalization/counting mode, **M:**9, 14, 15, 23–24, 46, 49, 58, 60–61
pixel number and, **M:**9, 57
primary pulse height distribution of scintillators, **M:**9, 46–52
radiation sensitive specimens, image series and, **M:**9, 56
signal amplification by quantum conversion stages, **M:**9, 14–15
single-electron response, **M:**9, 11–14
single image storage, **M:**9, 52–55
slow-scan readout, **M:**9, 22
storage of image series, **M:**9, 55–57
storage system, **M:**9, 25–29
storage target requirement, **M:**9, 8
tandem optics and, **M:**9, 52
target readout, **M:**9, 16–24
theoretical aspects, **M:**9, 8–29
TV-image intensifier design, **M:**9, 29–46
video amplifier noise, DQE degradation and, **M:**9, 17, 20
Low light level imaging, in image sensors, **ES:**8, 184–188
Low-noise output circuits, for CCD, **D:**3, 218–225
Low-pass filtering, see Filter/filtering, low-pass
Low power examination
Boroscope, **M:**5, 16
Intrascope, **M:**5, 16
macro camera, **M:**5, 13–16
epi-luminar, **M:**5, 16
luminar, **M:**5, 15
periscope, **M:**5, 11–13
in concrete cell, **M:**5, 12, 13
in lead cell, **M:**5, 11, 12
through window, **M:**5, 10, 11
binocular, **M:**5, 10
stereo-microscope, **M:**5, 10, 11
Low temperature, **E:**83, 212
contamination, **E:**83, 213
cryo-preparation, **E:**83, 252–255
freeze-fracture/cryo-SEM comparison, **E:**83, 237–238
freeze-fracture/thaw-fix, SEM, **E:**83, 242, 245
frozen-hydrated SEM, **E:**83, 252–256
SEM, **E:**83, 213–214
Low-voltage scanning electron microscopes, **E:**83, 203–273
applications
biology, **E:**83, 242–248
polymers, **E:**83, 249
semiconductors, **E:**83, 249–250
table, **E:**83, 243–244
backscattered electrons, **E:**83, 215, 225–226, 251
charging, **E:**83, 234–245
coating, metal, **E:**83, 219, 233
contrast, **E:**83, 205–206, 209, 213, 235
cryo-techniques, **E:**83, 252–255
deceleration, **E:**83, 228
detectors, electron, **E:**83, 223–226
difficulties, **E:**83, 221, 222
early use, **E:**83, 220, 222
economics, **E:**83, 225–257
freeze-drying, **E:**83, 232
freeze-fracture/thaw fix, SEM, **E:**83, 242, 245
frozen-hydrated SEM, **E:**83, 252–256
future developments, **E:**83, 255, 259
high resolution, **E:**83, 228
high scan speed, **E:**83, 234
history, **E:**83, 205, 256–257

instrumentation, **E**:83, 229
lenses, **E**:83, 222
modifications, instrumental, **E**:83, 230
optimum voltage, **E**:83, 240–242, 253
performance, **E**:83, 230–231
prototpe, **E**:83, 256, 259
radiation damage, **E**:83, 208–209, 219, 251
reemergence, **E**:83, 222
resolution, **E**:83, 220–241
secondary electron imaging, **E**:83, 216–218
semiconductors, **E**:83, 227–228
simulations, **E**:83, 218–219
sources, **E**:83, 229
stray fields, effect of, **E**:83, 221
wavelength, **E**:83, 221
z contrast, SE mode, **E**:83, 216
LPCH transform, **E**:84, 145
invariance, **E**:84, 145
LPCVD, *see* CVD, low pressure
LPMS, *see* Laser pulse mass spectrometry
LRP, *see* CVD, limited reaction processing
LSFM (least-squares fit method), **M**:13, 207
L spectra, changes in, **ES**:6, 168–169
L-state, for PLZT ceramics, **D**:2, 75–78
LSW (Lifshit–Slyozov–Wagner) theory, **ES**:20, 213
LTG/NP, **E**:84, 137–142
LT-UHV/CVD, *see* CVD,low-temperature ultra-high vacuum
Luce diode, **ES**:13C, 467–468
collective ion acceleration, **ES**:13C, 452
Luce-like diode, **ES**:13C, 467–469
Lucite, as lens insulator, **ES**:16, 238
Luckasiewicz operator, **E**:89, 278, 288
Ludford, R.J., **ES**:16, 495
Lueg, **ES**:14, 30, 31
Luft, J.H., **ES**:16, 194
Luminance, beam, *see* Beam luminance
Luminance sensitivity, *see* Visual phenomena
Luminescence, **ES**:24, 69
crystal structure and, **E**:99, 243
high level, **E**:82, 258
low level, **E**:82, 258
phosphostimulated, *see* Phosphostimulated luminescence
spectra, **E**:82, 202, 216, 217, 219, 223
Luminescence centers, *see* Activators
Luminescent particles, plume of, **ES**:4, 142

Luminosity, in electron spectroscopy, **ES**:13B, 271
Lumped-element junction circulator, **ES**:5, 101–115
admittance of shunt-tuned device, **ES**:5, 103–105
description, **ES**:5, 101–103
design, **ES**:5, 111–112
matching of, **ES**:5, 105
operating point, **ES**:5, 107
performance, **ES**:5, 112–115
series-tuned device, **ES**:5, 110–111
shunt-tuned device, **ES**:5, 104–110
Smith chart for, **ES**:5, 109
transmission loss, **ES**:5, 107
Lunar samples, election of, **ES**:6, 314
Lunar surface exploration
experimental problem in, **ES**:6, 338–359
instrumentation for, **ES**:6, 314–316
X-ray emission analysis for, **ES**:6, 313–359
Lune, **E**:103, 73
Lupanov, Y.N., **ES**:11, 219
LURE (Laboratoire pour l'Utilisation du Rayonnement Electromagtnetique), **ES**:22, 5, 32
Luukkala, M., **ES**:11, 221
Luxons, **E**:101, 161, 163
LVSEM, *see* Low-voltage scanning electron microscopes
LWPP, *see* Least-weight path problem
Lyle, **ES**:9, 173, 174
Lymph circulation, **M**:6, 1
Lymphocytes, **M**:5, 46
Lynch, **ES**:9, 168, 173, 174
Lysosomal acid phosphatase, azo dye technique, **M**:6, 186
Lysosomal enzymes, fluorogenic probes of, **M**:14, 137–140
Lysosomal hydrolases, **M**:6, 189
Lysosomes, **M**:6, 183, 220
in cell death, **M**:6, 184
in degenerating neurones, **M**:6, 184
electron microscopy, **M**:6, 183
formation, **M**:6, 183
function, **M**:6, 183, 184
identification, **M**:6, 176
secondary, **M**:6, 184
in single cells, **M**:6, 183
staining, **M**:6, 182
Lysozyme, **M**:5, 317, 318

M

Mabboux, G., **ES:**16, 107
MacArthur, Gen. Douglas, **ES:**16, 83
Macgregor-Morris, J.G., **ES:**16, 483–484
Mach band effect, **ES:**12, 9, 60
Mach effect, **M:**2, 41, 46, 55, 63, 64, 65, 69; **M:**3, 52
  and size dimensions, **M:**2, 73
  theory of, **M:**2, 70, 71
Machine intelligence
  linguistics, **E:**94, 270–271
  logical tasks, **E:**94, 272
  recursive behavior, **E:**94, 272
  Turing test, **E:**94, 266–272
Machine learning, rough set theory, **E:**94, 184
Machine vision, **E:**97, 61–78
  Gabor function, **E:**97, 61–66
  Gaussian wavelets, **E:**97, 61, 63
Mach–Zender interferometer, **E:**89, 11, 146–149; **E:**99, 203–205, 219; **M:**1, 68, 80; **M:**10, 113; **M:**12, 40
Mackey icosahedral atom cluster, **E:**101, 58
Mackinnon soliton, **E:**101, 152–153, 181
  Barut generalized approach, **E:**101, 159–160
Maclaurin series, **ES:**19, 93–94
Macovski, A., **ES:**11, 217, 220
Macrogeneration, **ES:**10, 251–253, 259–262, 264
Macromolecular diffusion, **M:**6, 2
Macromolecules, **ES:**20, 249
  distribution artifacts, **M:**8, 114–115
  interaction with surfaces, **M:**8, 113–114
  mounting for electron microscopy, **M:**8, 107–132
  physico-chemistry in solution, **M:**8, 108–110
  structure preservation, **M:**8, 114–119, 222–224
  three-dimensional structure, electron microscopy and, **M:**7, 281–377
Macropulse, **ES:**22, 334
Macrotasking, Cray computers, **E:**85, 275–286
Madey, J.M.J., **ES:**22, 3, 6, 28, 110, 205, 210, 214, 238
Madey theorem, **ES:**22, 110, 205, 210, 214, 238

MAG3D (software package), **M:**13, 25
  flowchart for, **M:**13, 27
Magellan, **ES:**9, 2
Maginnes, M.G., **ES:**11, 12, 217, 220
Magnan, C., **ES:**16, 113
Magnesium, K band for, **ES:**6, 164
Magnesium oxide, **ES:**1, 161, 168, 230
  early electron microscopy of, **ES:**16, 238, 240, 249
  energy selected images, **M:**4, 355, 358
Magnet
  in ion implantation system, **ES:**13B, 46–47, 54, 56
  sector, **E:**86, 228, 261, 266, 278
  toroidal, **E:**86, 267
Magnet analyzers, magnetostatic field and charged particle trajectories in sector, **E:**103, 302–306
Magnetically insulated acceleration gap, **ES:**13C, 416–421
Magnetically insulated ion diode, **ES:**13C, 301–309
  simulation code, **ES:**13C, 321–324
Magnetically insulated transmission line, **ES:**13C, 177–179, 305
Magnetically shielded cathode, **ES:**4, 75, 77
Magnetic bottle, **M:**12, 96
Magnetic charges, **ES:**18, 228
Magnetic circuits
  in saturated magnetic lens, **ES:**17, 400–401
  in unsaturated magnetic lens, **ES:**17, 396–399
Magnetic compression, **ES:**22, 406, 408
Magnetic confinement fusion, **ES:**13C, 208
Magnetic contrast, mirror EM, **M:**4, 258–259
Magnetic currents, **ES:**18, 229
Magnetic deflection, ion separation, **ES:**13B, 135–140
Magnetic deflection analyzer, **ES:**13B, 262–263, 268
Magnetic deflection field distribution, calculation, **E:**83, 138–139
Magnetic deflection system, **ES:**17, 126–134
Magnetic deflection systems, **D:**1, 216
  electrode systems for, **D:**1, 169
Magnetic deflectors, **M:**13, 149–152
Magnetic dipole, **ES:**15, 57, 94
  moment, **E:**87, 146–147
  sensor, **ES:**15, 135
Magnetic distortion field, **E:**94, 114–119

Magnetic domains
  HVEM use in studies of, **ES**:16, 138–143
  patterns, mirror EM, **M**:4, 226
Magnetic double layer, **ES**:15, 95
Magnetic electron lens
  aberrations of, **ES**:16, 26, 341–342
  assessment, **M**:5, 233, 234
  design principles, **M**:5, 209, 210
  development of, **ES**:16, 25, 46, 107, 226, 341–358
  diagram of, **ES**:16, 108
  flux density, **M**:5, 212, 213, 214
  Glaser function, **M**:5, 213
  Glaser model, **M**:5, 212, 213, 214
  limitations, **M**:5, 209
  objective lens design, **M**:5, 211–214
  superconducting, **M**:5, 210
  for 3-MV electron microscope, **ES**:16, 120
Magnetic electron microscope/microscopy
  commercial production, **E**:96, 136–137
  development at Japanese universities, **E**:96, 245–247, 251–252
  invention, **E**:96, 132–135
  magnetic microstructure, **E**:98, 331–332
  resolution, **E**:96, 134–135
Magnetic field(s), **ES**:22, 262, 271, 282
  analytical calculation, **M**:13, 128–153
  angular deflection in, **ES**:6, 294
  backscatter yield in, **ES**:6, 301, 308
  calculation of, **ES**:6, 293–294
  collective ion acceleration, **ES**:13C, 451, 460, 463
  collector geometry in, **ES**:6, 298–301
  currents for arrangement of, **M**:13, 141
  detected signal due to, **ES**:6, 295–297
  double planar symmetric, **ES**:17, 76
  earth's, **DS**:1, 66
  effects of, see Magnetic field effects
  and electric fields, combined, **M**:13, 107–119
  electron deflection in, **D**:1, 168
  electron guns, **ES**:13C, 142–143, 145, 151–154, 158–159, 161–162, 164, 167–168
  in electron optical system, **M**:13, 3
  high-current ion accelerator, **ES**:13C, 408–409, 426, 434
    magnetically insulated accelerator gaps, **ES**:13C, 416–421
  high-power pulsed electron beams, **ES**:13C, 352–353, 358–361
    beam focusing, **ES**:13C, 378–385
    in dense plasma, **ES**:13C, 370
    magnetically vacuum transmission lines, **ES**:13C, 373, 375
  homogeneous, **E**:86, 245; **ES**:17, 253, 264, 271, 273, 280, 294, 306–307, 326, 331, 339–341, 345, 351, 357, 359
  image displays of, **ES**:6, 305–308
  inhomogeneous, **E**:86, 240, 245; **ES**:17, 253, 264, 271, 273, 294, 311–315, 316–326, 331, 351
  ion beam transport be electron control, **ES**:13C, 414–416
  living systems, see Biomagnetism
  nonrotationally symmetric, **ES**:17, 193–197
  numerical calculation, **M**:13, 153–173
  numerical computation of, **ES**:13A, 1–44
  plasma channel beam transport, **ES**:13C, 330–331
  quantum phenomena, **E**:92, 88
  in retarded potential difference method, **ES**:13B, 349–350
  rotationally symmetric, **ES**:17, 14–19
  scanning measurement of, **ES**:6, 291–311
  secondary electron distribution in, **ES**:6, 296–299
  software for, **M**:13, 25–44
  space charge optics, **ES**:13C, 7–8
    continuos focusing with axial symmetry, **ES**:13C, 27
    focusing in uniform axial magnetic field, **ES**:13C, 28–31
    high-current beams, **ES**:13C, 20–21
    uniform beam of elliptical cross section, **ES**:13C, 17, 19
  specimen and collector currents in, **ES**:6, 309–311
  specimen preparation in, **ES**:6, 301–302
  stray, **E**:83, 221
  superconductors in, **M**:14, 6–15
    general properties, **M**:14, 6–7
    Ginzberg–Landau theory, **M**:14, 9–11
    London theory, **M**:14, 7–9
    magnetic flux structures, **M**:14, 13–15
    microscope theory, **M**:14, 11–13
  thin film lens elements, **M**:14, 73–80
    and Biot–Savart law, **M**:14, 73–75
    multipole expansion, **M**:14, 77–80
    of one-turn spiral, **M**:14, 75–77

SUBJECT INDEX

transverse, **ES:**17, 196–197
  with cone-shaped poles, **ES:**17, 264–265
  with torus-shaped poles, **ES:**17, 265–266
  typical measurements results for, **ES:**6, 302–305
unbunched beam, **ES:**13C, 55
variations calculus of, **M:**13, 211
Magnetic field effects
  CdS, **ES:**1, 128
  Dy^{2+} : CaF_2 maser, **ES:**2, 127
  Ge, **ES:**1, 140, 141, 144
  He-Ne maser, **ES:**2, 150, 193
  He-Xe maser, **ES:**2, 150
  image, **M:**1, 152
  InAs diode maser, **ES:**2, 168, 248
  InSb diode maser, **ES:**2, 168, 248
  Ruby, **ES:**2, 112, 113, 114
  Ruby master, **ES:**2, 135
  Tm^{2+} : CaF_2 maser, **ES:**2, 128
  in ZnS, **ES:**1, 37, 120, 219
Magnetic field strength, **ES:**18, 131
Magnetic films, structure of, **M:**3, 183–190
Magnetic firinging fields, mirror electron microscopy, **E:**94, 97, 119–124
Magnetic flux
  density deviations, in mass dispersing system, **ES:**13B, 143–145
  superconductors
    imaging, **M:**4, 248
    structures in, **M:**14, 13–15
Magnetic focusing lens, aberration reduction, **M:**8, 246–247, 256
Magnetic force microscopy theory, **E:**87, 133–190, *see also* Ferromagnetic microprobes
  applications, **E:**87, 188–190
  contrast formations basics, **E:**87, 133–138
  contrast modeling, **E:**87, 137, 157–181
    electrical current detection, **E:**87, 180–181
    interdomain boundaries, **E:**87, 176–180
    longitudinal recording media, **E:**87, 159–164
    magneto-optic recording media, **E:**87, 167–169
    periodic charge distributions, **E:**87, 157–158
    type-II superconductors, **E:**87, 169–176
    vertical recording media, **E:**87, 164–167
  effective-domain model, **E:**87, 134–136, 145–147

ferromagnetic probe, **E:**87, 133–134
geometrical arrangements, **E:**87, 136–137
imaging of interdomain boundaries, **E:**87, 189
magnetic microstructure, **E:**98, 331
magnetostatic free energy, **E:**87, 136
magnetostatix potential, **E:**87, 135
perpendicular anisotropy, **E:**87, 189
point-probe approximation, **E:**87, 136–137
scanning susceptibility microscopy, **E:**87, 183–188
sensitivity, lateral resolution, and probe optimization concepts, **E:**87, 181–183
Magnetic immersion lenses, **M:**13, 92–107
  MODEL1, **M:**13, 95–97
  MODEL2, **M:**13, 98
  MODEL3, **M:**13, 99–103
  optical properties, **M:**13, 104–107
Magnetic induction, **ES:**17, 17, 18, 74–75, 128, 129, 158–159, 160; **ES:**22, 65
Magnetic interaction, **ES:**21, 32
Magnetic lens, **E:**91, 261–262, 264–265; **M:**10, 234–236
Magnetic lens(es), **E:**91, 261–**E:**91, 262, 264–265; **ES:**13A, 9–13; **ES:**13B, 335; **ES:**13C, 27; **M:**10, 234–236
  aberration coefficient, **ES:**13A, 60, 64–66, 86, 91–94, 105
  aberration reduction, **ES:**13A, 106–109, 111–114, 119, 138
  axial field computation in, **M:**13, 51–54
  calculating optical properties, **E:**83, 137
  canonical aberrations, **E:**97, 381–388
  charged-particle wave optics
    axially symmetric lenses, **E:**97, 282–316, 333–335
    quadrupole lenses, **E:**97, 317–320, 336
  design, **M:**2, 225
  field measurement, **M:**2, 228
  dynamic programming, **ES:**13A, 98, 100
  electromagnetic, *see* Electromagnetic lens(es)
  electron, *see* Magnetic electron lens
  in electron beam lithography system, **ES:**13B, 75, 103, 122
  with elliptical defects
    in bore, **M:**13, 57–59
    tolerance calculation, **M:**13, 54–59
  equations of motion, **ES:**13A, 47, 52
  FEM and FDM on, **M:**13, 129, 153

fields of, **M**:13, 140-145
  distribution, **M**:1, 125, 143
  focusing
    first order, **M**:13, 182-185
    in SEMs, **M**:13, 113-114
  geometry of, **M**:13, 52
  IEM on, **M**:13, 153-154
  immersion, *see* Magnetic immersion lenses
  integration transformation, **E**:97, 389-392, 396-381
  in ion implantation system, **ES**:13B, 49
  in ion microbeam implantation system, **ES**:13B, 59, 61
  in mass spectrometer, **ES**:13B, 145
  octopole, **ES**:17, 187
  optimization of, **M**:13, 207-216
  paraxial properties, **ES**:13C, 7-8
  power-series expansions
    eikonal, **E**:97, 366-369
    Hamiltonian function, **E**:97, 361-366
  quadrupole, **ES**:17, 187
  sextupole, **ES**:17, 187
  short, **ES**:17, 43-44
  spherical aberration of, **M**:1, 216
  strong, **ES**:17, 44-45
  by synthesis, **M**:13, 209-210
  weak, **ES**:17, 43-44
Magnetic levitation, **ES**:20, 262
Magnetic loops, **ES**:9, 296; **ES**:15, 99
Magnetic loss, **ES**:5, 8, 13-16
  loss term for low-loss materials, **ES**:5, 20
Magnetic materials
  domain structure, **E**:98, 324, 325-327, 388-389
  electron holography, **E**:98, 331, 362-363, 422-423
    principles, **E**:98, 363-373
    STEM holography, **E**:98, 373-387, 422-423
  in FDM method, **M**:13, 24-25
  fine magnetic particles, **E**:98, 408-409
    chromium dioxide particles, **E**:98, 415-422
    phase image simulations, **E**:98, 409-415
  history, **E**:98, 324
  Lorentz microscopy, **E**:98, 422-423
    differential phase contrast mode, **E**:98, 350-358, 422
    Foucault mode, **E**:98, 360-362

Fresnel mode, **E**:98, 335-350, 422
  particle-wave duality, **E**:98, 333-335
  small-angle electron diffraction, **E**:98, 358-360
microstructure imaging techniques, **E**:98, 328-333
mirror electron microscopy, **E**:94, 97-98
multilayer structures, **E**:98, 400, 402
  cobalt/copper, **E**:98, 406-408
  cobalt/palladium, **E**:98, 402-406
  neodymium-iron-boron, **ES**:22, 260
  rare-earth-cobalt, **ES**:22, 260
thin films
  cobalt, **E**:98, 389-397
  nickel, **E**:98, 397-399, 400-401
Magnetic mirrors, electron beam technology, **ES**:13C, 172
Magnetic moments, **E**:87, 155-156
  monopole, **E**:87, 146-147
Magnetic nanostructures, **E**:102, 172-174
Magnetic Ohm's law, **ES**:23, 49
Magnetic-optic recording media, **E**:87, 167-169
Magnetic permeability, **ES**:17, 10, 214, 390, 400, 401
Magnetic phase object, one-dimensional structure, **M**:5, 250-252
Magnetic pole pieces, **ES**:17, 44, 45, 74
  elliptical distortion, **ES**:17, 79, 80
  inclined end-face, **ES**:17, 79, 80, 81
Magnetic prisms, **ES**:4, 227
  beam transport through gaps of multiple, **E**:103, 318-328
Magnetic properties of ferrites, **ES**:5, 5-17
Magnetic quadruple arrays
  beam transport, **ES**:13C, 27, 33-35
  final focusing system, **ES**:13C, 132-133
Magnetic quadrupole, **ES**:9, 257
Magnetic recording tape, **ES**:6, 291-292, 301-302
Magnetic scalar potential, **ES**:17, 193, 198, 214, 245, 390-396
Magnetic scanning, **ES**:4, 198
Magnetic sector atom-probe FIM, **ES**:20, 5, 61, 81, 83
Magnetic sector field mass-dispersing system, **ES**:13B, 136-141, 145, 156
  adjustment, **ES**:13B, 145
  image aberrations, **ES**:13B, 146-147

technical problems and limitations, **ES**:13B, 141–145
Magnetic selector, in electron spectroscopy, **ES**:13B, 277–281
Magnetic shadow microscope, **E**:91, 280
Magnetic shielding, **DS**:1, 68, 112–114
  of electron spectrometers, **ES**:13B, 369
  in high-temperature superconductivity, **M**:14, 38
Magnetic signal, under bias conditions, **ES**:6, 311
Magnetic spectrometer, of gun microscope, **ES**:13A, 300
Magnetic step excitation, **ES**:18, 135
Magnetic stigmator, in electron beam lithography system, **ES**:13B, 107–108
Magnetic structures, GS algorithm, **M**:7, 224, 240
Magnetic susceptibility, **ES**:5, 6
Magnetic susceptibility tensor, **ES**:5, 58, 60–63
Magnetic tapes, **ES**:10, 182–183, 187, 195, 263
Magnetic thin films, **E**:98, 387–389
  cobalt, **E**:98, 389–397
  nickel, **E**:98, 397–399, 400–401
Magnetic vector potential, **ES**:17, 5, 17, 49, 74–75, 130, 195–196, 205–206, 255, 262, 303–304, 311, 316, 396
  canonical aberration theory, to tenth order approximation, **E**:91, 5
Magnetite, ion micrograph, **ES**:13B, 29–30
Magnetization, **ES**:5, 6, 8, 9
  longitudinal, *see* Linear ferrite devices
  transverse, *see* Linear ferrite devices
Magnetization curve, **ES**:22, 260
Magnetohydrodynamics code, plasma channel formation theory, **ES**:13C, 332–334
Magnetomotive force, **ES**:15, 80, 124
Magneto–optical techniques, magnetic microstructure, **E**:98, 329
Magnetoplasma physics, **E**:92, 80, 81
  anisotropic energy bands, **E**:92, 85–88
  band structure anisotropy effect, **E**:92, 90–93
  chiral-ferrite media, **E**:92, 117, 132
    constitutive relations, **E**:92, 126
    dispersion relations, **E**:92, 126
    dyadic Green's function, **E**:92, 123

chiral media, **E**:92, 117, 132
  constitutive relations, **E**:92, 118–119
  dispersion relations, **E**:92, 125–129
  electric field polarization, **E**:92, 130–132
  vector Helmholtz equations, **E**:92, 122–125
conductivity tensor, **E**:92, 83–85, 90–93
ferrite media, **E**:92, 117, 132
  assembly process, **E**:92, 179–181
  chiral-ferrite media, **E**:92, 117, 119, 123, 126, 132
  circuit parameters, **E**:92, 181–183
  constitutive relations, **E**:92, 119, 120
  finite-element 2-D equations, **E**:92, 162–167
  Helmholtz wave equation, **E**:92, 159–162
finite-element method, **E**:92, 132–134, 145–157, 183
  2-D equations, **E**:92, 162–167
  propagating structures, **E**:92, 94–95
guided wave structures, **E**:92, 183–200
permittivity tensor, **E**:92, 114–117
planar guiding structures, **E**:92, 95–132
  anisotropic determinantal equation, **E**:92, 112–114
  dyadic Green's functions, **E**:92, 103–106, 108, 112
  normal mode field, **E**:92, 95–101
  slot surface fields, **E**:92, 108–111
  strip surface currents, **E**:92, 106–108
  transformation operator matrix, **E**:92, 102–103
propagation constant, variational formula, **E**:92, 93
quantum phenomena, **E**:92, 88–90
semiconductors, **E**:92, 81–83
variational analysis
  complex media, **E**:92, 142–145
  gyroelectric-gyromagnetic, **E**:92, 136–138, 139–141
  propagation constant, **E**:92, 93
Magnetoresistance, **E**:91, 175
  magnetic multilayers, **E**:98, 400, 402
Magnetostatic Aharonov–Bohm effect, **E**:89, 146
  double quantum wells, **E**:89, 149–156, 166
Magnetostatic field, **E**:82, 4, 8
  electron deflection in, **D**:1, 167
Magnetostatic lenses, fabrication of, **E**:102, 211–212

214 SUBJECT INDEX

Magnetostatic multipole, **E**:85, 245–251
  induced transformation of M function, **E**:85, 248–250
  M function, **E**:85, 245–247
  symmetry transformation, **E**:85, 250–251
  transformation, **E**:85, 247–248
Magnetostatic potential, **ES**:7, 5
Magnetostatics, **ES**:13A, 5–13
  axisymmetric systems, equations for, **ES**:13A, 11–12
  constitutive error approach and, **E**:102, 51–54
  fundamental equations, **ES**:13A, 5–6
  nonlinear eddy current problems and, **E**:102, 38–41
  systems associated with currents, **ES**:13A, 6–11
Magnetostriction, **E**:98, 326
  single-electron cells, **E**:89, 237
Magnetron, **ES**:22, 366
Magnetron injection gun, **ES**:4, 64, 65, 77, 82, 83, 85
Magnification, **ES**:17, 107, 109, 225, 278, 285, 290, 358
  angular, **ES**:17, 28, 53, 111
  asymptotic, **ES**:17, 413
  final-lens, **DS**:1, 33
  in microscope objective, **M**:14, 253–254
  radial, **DS**:1, 64
  real, **ES**:17, 413
  in SEM, **E**:83, 204
  tangential, **DS**:1, 62
  transverse, **ES**:17, 27, 53
Magnitude image, **E**:93, 239, 254, 320
Magnitudes
  geometrical
    comparison, **M**:5, 97
    properties, **M**:5, 97
  geometric/geometric comparison, **M**:5, 96, 97
  geometric/optical comparison, **M**:5, 96, 97
  measurement, **M**:5, 95, 96–99
  optical
    comparison, **M**:5, 97, 98
    properties, **M**:5, 97, 99
  optical/optical comparison, **M**:5, 98, 99
Magnus formula, **E**:97, 347–349
Mahl, H., in history of electron microscopy, **ES**:16, 2, 227, 254
Maile, **ES**:9, 491

Mainardi–Codazzi equations of classical surface theory, **E**:103, 113–114
Mainlobe, **ES**:15, 9
Maintenance, of EL output in ZnS, **ES**:1, 68–**ES**:1, 77
  moisture. effect of, **ES**:1, 69, 76
Main trajectory, **ES**:17, 253, 259, 269, 342, 347
  circular, **ES**:17, 268, 272, 273, 292
  linear, **ES**:17, 272
Majority carrier charge-coupled devices, **ES**:8, 15
Majority filter, **E**:92, 65–68
Majorization, **E**:91, 47
Malavard, L., **ES**:16, 234
Malfunction coefficients, **E**:94, 393
Malfunction estimation, structural properties method, **E**:94, 325, 392–394
Malter effect, **E**:83, 34; **ES**:1, 168
Malzer effect, **ES**:4, 10
Mammalian muscle fiber, **M**:6, 193
Manelis, **ES**:18, 238; **ES**:23, 334
Manifold, **E**:84, 137, 181
Mann, **ES**:9, 8; **ES**:14, 31
Manton, I., **ES**:16, 495
Manufacturing imperfections, **E**:86, 225
Many-body effects, **E**:82, 216, 217
  field electron emission, **M**:8, 218–220
Many-body parameter r_s, **E**:82, 205, 220
Many-body problem, **E**:101, 228–230
Manz, **ES**:9, 73
Map, automatic digitization, **E**:84, 250–254
MAP (maximum a posteriori) estimate, **E**:97, 88
  edge-preserving algorithm, **E**:97, 92, 102–103, 104
Mapping, **E**:97, 51, 193
  backward, **E**:85, 124
  classical relational calculus, **E**:89, 275–276, 282
  forward, **E**:85, 116
  fuzzy relations, **E**:89, 286–287
  image compression, **E**:97, 51–52
  predicate-conditioned
    sets of regions, **E**:84, 235
    subcomplexes, **E**:84, 236
  SIMD mesh-connected computers, **E**:90, 366–368
  template to computer architectures, **E**:84, 78

t-mapping, **E:**89, 330–332, 383
  anti-extensive, **E:**89, 350–351
  binary, **E:**89, 336, 366
  cascaded, **E:**89, 345–348, 363–366, 381–383
  dual, **E:**89, 348–349, 354–358
  extensive, **E:**89, 350–351
  gray-scale, **E:**89, 336–337, 366–374
  intersection, **E:**89, 339–343, 376–377
  over-filtering, **E:**89, 351–353
  translation, **E:**89, 337–338
  underfiltering, **E:**89, 351, 353–354
  union, **E:**89, 338–339, 342–343, 375–376
  voxel, **E:**85, 215
Mapping optical transforms, **M:**7, 55–62
Mapping problem, **E:**87, 284–285
Mapping region, **E:**92, 36
Maranu, **ES:**23, 21
Marble, deformation transforms, **M:**7, 61
Marburger, **ES:**9, 421, 486
March, **ES:**9, 417
Marchenko, inversion method, **ES:**19, 324, 332, 337
  appendix, **ES:**19, 349
  generalization, **ES:**19, 340
  spectral representation, **ES:**19, 345
Marchenko equation, **ES:**19, 9
Marconi, **ES:**14, 1
Marcuvitz, **ES:**15, 228
Maréchal, A., **ES:**16, 254
Marginal posterior mean, cost function, **E:**97, 102
Mark, H., **ES:**16, 50
Marker function, **E:**99, 48–49
Mark II electron microscope, **ES:**16, 403, 408, 412
Marking, of cathode surface, **ES:**3, 42
Markoff
  method, **ES:**21, 90, 501
  process, **ES:**21, 64
Markov chain, unified (r,s)-mutual information measures, **E:**91, 111–112
Markov parameters, **E:**90, 108, 111
Markov process, **E:**88, 7, 45, 47
Markov process model, **ES:**12, 5, 120, 121, 128, 141, 161, 177, 178
  pel process and, **ES:**12, 240n.7, 241–249, 257, 259, 263, 267
  source assumption and, **ES:**12, 117, 160, 163

Markov random fields, **E:**88, 307
  Gibbs distributions, **E:**97, 106–108
  image processing, **E:**97, 90, 105
Marland, **ES:**9, 2
Marom, E., **ES:**11, 3, 15, 168, 218, 221
Marshall, T.C., **ES:**22, 5, 63
Martin, **ES:**23, 43, 305
Martin, L.C., in history of electron microscope, **ES:**16, 82, 228, 420–421, 423, 484, 486, 503
Marton, C., **ES:**16, 59, 502, 505, 516, 518
Marton, L.
  biography of, **ES:**16, 501–518
  electron microscope development, **E:**96, 67–70, 102
  heavy metal stain development, **E:**96, 69, 136, 183
  in history of electron microscopy, **ES:**16, 2, 59, 109, 143, 168, 226–229, 317, 327, 342, 343, 376, 584, 589
  improvements in electron microscopy, **E:**96, 70–71, 183
  publications of, **ES:**16, 518–523
Marton microspectroscope, **ES:**6, 5–6
Marx generator, **ES:**13C, 173–175
Maschke limit, in space charge optics, **ES:**13C, 36
Maser media, requirements for, **ES:**2, 88, 161–162
Maser radiation, *see also* Mode(s)
  spatial distribution, **ES:**2, 83–85, 166–167, 183, 186, 190–191
  spectral nature, **ES:**2, 39–42, 164–165, *see also* Bandwidth, of maser oscillators
  statistical nature, **ES:**2, 181–182
Masers
  survey of, **ES:**2, 97, 98
  three and four level, **ES:**2, 51–52, 86–89, 91, 99–102
Mask
  accept, **E:**86, 108–110
  controlled operation, **E:**86, 126–128
  image, **E:**86, 128, 130, 132–133
  in lithography, **ES:**13B, 74, 76–78, 82, 122–124
  reject, **E:**86, 108–110
Masked photocathode, **ES:**13B, 77, 122, 125–126
Masking function, **E:**99, 292–293
Mask making, **ES:**4, 181

216 SUBJECT INDEX

Mask repair, **M**:12, 152
Mask-to-screen spacing, **DS**:1, 102
Mask transmission, **DS**:1, 49, 53
　focus-grill tube, **DS**:1, 137, 145
　focus-mask tube, **DS**:1, 146, 148
　maximum, **DS**:1, 36
Maslov index, **E**:103, 13, 23
Masond, **ES**:23, 333
Mass
　quantum mechanics, **E**:90, 159–160, 187
　and weight determination, **M**:3, 80, 81
Mass absorption coefficients, and atomic number correction, **ES**:6, 113–114
Massachusetts Institute of Technology, development of electron microscope at, **ES**:16, 287–293
Mass analyzers, with transaxial mirrors, **E**:89, 469–476
Mass filter, **ES**:13B, 174–179, 184–188, 190–228, 253–254
　compared with monopole, **ES**:13B, 233–234
　field distortions, **ES**:13B, 215–226
　fields of finite length, **ES**:13B, 191–194
　fringing fields, **ES**:13B, 194–207
　ion sources, **ES**:13B, 207–215
　performance and technology, **ES**:13B, 226–228
　stability diagram, **ES**:13B, 180–181, 220
Massively parallel computers, **E**:90, 364
Mass penetration, backscatter and, **ES**:6, 84–88
Mass resolution, **ES**:20, 6
　of imaging atom-probe, **ES**:20, 68
　of magnetic sector atom-probe, **ES**:20, 64
　of ToF atom-probe, **ES**:20, 55
Mass separators, **M**:11, 113, *see also* Isotope separator
　extraction of ion beams from plasma, **ES**:13C, 209
Mass spectrograph, **ES**:13B, 133–172
　double-focusing, **ES**:13B, 139–141
　general aspects, **ES**:13B, 135–152
　ion source, **ES**:13B, 152
　technical problems and limitations, **ES**:13B, 141–148
Mass spectrometer, **ES**:13B, 16–17, 134
　adjustment, **ES**:13B, 145
　contamination, **ES**:13B, 147
　coupling to gas chromatograph, **ES**:13B, 156
　with currents, **ES**:13A, 6–11
　double-focusing, **ES**:13B, 140
　ion sources, **ES**:13B, 148–149, 152
　mass determination, **ES**:13B, 152–157
　quadrupole, **ES**:13B, 173–256
　time-of-flight spectrometer, **ES**:13B, 141
Mass spectrometer–mass spectrometer coupling, **ES**:13B, 157
Mass spectrometry, **E**:83, 3, 35, *see also* Mass spectrometer
　electron impact ion source, **ES**:13B, 153
　filtering system, **ES**:13B, 17–25
　isotope abundance measurements, **ES**:13B, 158–159
　secondary ions, collection of, **ES**:13B, 2–16, 22–24
　time-of-light, **M**:10, 81
　two-plate electrodes, **E**:89, 425–430
Mass transfer, **E**:83, 42
Mass transport processes, **ES**:6, 285–288
　growth kinetics in, **ES**:6, 285–288
　microsegregation in, **ES**:6, 284
　oxidation in, **ES**:6, 281–284
MA (moving average) systems, signal description, **E**:94, 322
Matano analysis, **ES**:6, 271
Matched beam, **ES**:22, 174, 183
Matched filtering, optical symbolic substitution, **E**:89, 74
Match/matching, **ES**:13C, 13
　global, **E**:86, 156
　high-intensity beam to focusing channel, **ES**:13C, 75–78
　partial, **E**:86, 155–156
　power source and radiator, **ES**:15, 138
　recognition, **E**:88, 272–278
　　Dempster–Shafer theory of evidence, **E**:88, 278
　　feature selection, **E**:88, 274
　　multivalued recognition, **E**:88, 274
　　remote sensing, **E**:88, 274–276
　　rough sets, **E**:88, 278
　　rule-based systems, **E**:88, 277
　　syntactic classification, **E**:88, 275–277
Match-point in refractometry, **M**:1, 85
Materials science, HVEM use in studies of, **ES**:16, 127–143

SUBJECT INDEX

Mathematical axiom, **ES**:15, 24
Mathematical model, fuzzy set theory, **E**:89, 255–264
Mathematical morphology, **E**:84, 63; **E**:89, 325–389; **E**:90, 356; **E**:99, 6, 8
  basis algorithms, **E**:89, 334–349, 383–384
    binary t-mappings, **E**:89, 336, 366
    general basis algorithm, **E**:89, 337–349, 363–365, 370–374
    gray-scale t-mappings, **E**:89, 336–337, 366–374
    rank order-statistic filters, **E**:89, 335
  basis representation
    filtering properties, **E**:89, 349–358
    transforming, **E**:89, 374–3383
  convex function, **E**:99, 13–14
  dilation and erosion, **E**:84, 63, 87
  filtering, **E**:89, 349–358
    anti-extensive, t-mappings, **E**:89, 350–351
    extensive t-mappings, **E**:89, 350–351
    over-filtering, **E**:89, 351–354
    self-duality, **E**:89, 354–358
    under-filtering, **E**:89, 351–354
  general basis algorithm, **E**:89, 337
    gray-scale function mapping, **E**:89, 371–374
    t-mapping, **E**:89, 337–349
    translation-invariant mapping, **E**:89, 363–365
  gray-scale function mappings, **E**:89, 366–374
  history, **E**:84, 86
  hit or miss transform, **E**:84, 87
  image enhancement, **E**:92, 48–52
  limitations, **E**:84, 65
  opening and closing, **E**:84, 87
  scale-dependent morphology, **E**:99, 11–15
  theory, **E**:89, 326–333
    basis representation, **E**:89, 331–333
    closing, **E**:89, 329–330, 336, 345, 372–374
    dilation, **E**:89, 328–329, 343–344
    erosion, **E**:89, 328–329, 343–344, 374
    kernel representation, **E**:89, 330–331
    Matheron's theorem, **E**:89, 330
    opening, **E**:89, 329–330, 336, 345, 372–374
  toeplitz blocks, **E**:84, 89
  top-hat transformation, **E**:92, 63–64
  transform, as block toeplitz matrix with toeplitz blocks, **E**:84, 89
  translation invariant set mappings, **E**:89, 361–366
  watershed transform, **E**:99, 46, 47–48
Mathematics
  group algebra, **E**:94, 2–78
  of optical tomography
    microscope, **M**:14, 222–229
    missing cone and regularized reconstruction, **M**:14, 222–225
    non-negative-constrained reconstruction, **M**:14, 226–229
    support-constrained reconstruction, **M**:14, 225–226
  rough set theory, **E**:94, 151–194
Matheron's theory, **E**:89, 330
Mathieu equation, **ES**:13B, 178
Matrix(matrices), **E**:90, 4, 11–13
  adjugate matrix, **E**:90, 115
  composition, **ES**:20, 201
  conjugation matrix, **E**:90, 4
  contribution, **ES**:20, 79, 199
  convolution property, **E**:94, 29–35
  definite matrix, **E**:90, 56–58
  direct property matrices, **E**:94, 39–40
  Fisher information, **E**:90, 134
  fuzzy relations, **E**:89, 288–289
  generalized matrix, **E**:90, 112–113
  general linear dependence, **E**:90, 116
  group elements, **E**:94, 11–12
  Hankel matrix, **E**:90, 119
  -matrix operation, **E**:85, 25–26, 45–46, 63
  matrix power series, **E**:90, 80, 84
  notation, **E**:90, 6
  Pauli spin matrix, **E**:90, 164
  powering, **E**:90, 14
  p-regularity, **E**:90, 44–45
  principal permanent matrix, **E**:90, 117
  projection matrix, **E**:90, 83
  scattering matrix, **E**:90, 228–229
  selvage scattering matrix, **E**:90, 246
  semidirect tensor product matrices, **E**:94, 40–41
  square matrix, **E**:90, 116, 117
  system matrix, **E**:90, 4, 14, 79
  transitive closure matrix, **E**:90, 54–55, 79 80
  upper-triangular matrix, **E**:90, 53–54
  -vector operation, **E**:85, 24–26, 45

Matrix devices for character displays, **D**:4, 24–31, *see also* Liquid-crystal devices; Matrix liquid-crystal display diodes; Matrix-type displays
  double-diode symmetrical-threshold elements for addressing of, **D**:4, 53–54
  module controller in, **D**:4, 27–29
  single diodes in addressing of, **D**:4, 51–53
Matrix element, **ES**:2, 254, *see also* Dipole moment
Matrix formalism, in coherence study, **M**:7, 172
Matrix inversion methods, **ES**:10, 98–101, 144–147
Matrix liquid-crystal display diodes
  circuit diagrams for, **D**:4, 25
  electrically controlled birefringence in, **D**:4, 72–76
Matrix liquid-crystal display module controller, block diagram of, **D**:4, 28
Matrix operations, *see also* Minimax algebra; Minimax matrix theory
  pointwise maximum and product, **E**:84, 71
Matrix power series, **E**:90, 80, 84
Matrix representation, difference equation, **ES**:9, 424
Matrix scanning
  corrections, **M**:6, 299
  scan duration, **M**:6, 299
Matrix screen, **DS**:1, 14, 36, 117–128
  brightness gain, **DS**:1, 122
  construction, **DS**:1, 123–128
  contrast, **DS**:1, 122
Matrix-squaring, **E**:90, 47–48
Matrix transforms, group algebra, **E**:94, 27–44
Matrix-type displays
  amplitude-selective addressing scheme in, **D**:4, 15–17
  basic concepts of, **D**:4, 12–23
  crosstalk in, **D**:4, 14
  diode rectifier elements in, **D**:4, 51–54
  displayed images in, **D**:4, 42
  double-matrix panel in, **D**:4, 20–21
  driving circuits for, **D**:4, 24–27, 40–42
  driving waveforms for, **D**:4, 39–40
  driving waveforms for double-matrix panels in, **D**:4, 21–22
  higher-order multiple-matrix panel in, **D**:4, 22–23

  multiplexing waveforms in, **D**:4, 18–20
  nonlinear elements for improved addressing of, **D**:4, 50–58
  oscilloscope displays for, **D**:4, 38–39
  special addressing techniques in, **D**:4, 38–40
  viewing angle dependence in, **D**:4, 18
Matrix-type panel, construction and operation of, **D**:4, 12–14
Matsuda plate, **ES**:17, 362
Matsuda plates, **E**:103, 290, *see also* Split shielding plates
  on sector field analyzers and Wien filters, **E**:103, 344–346
Matsumo, **ES**:9, 172, 494
Mattauch–Herzog spectrometer, **M**:11, 143
Matter, information approach, **E**:90, 171–174
Mattern, **ES**:23, 19, 334
Matthias, A., in history of electron microscope, **ES**:16, 2, 105, 418, 423, 501, 562
Maurer, **ES**:9, 487
Max algebra
  conjugation of products, **E**:90, 24–25
  greatest-weight path problem, **E**:90, 41–44, 80, 84
  notation, **E**:90, 5–6, 16–19
  processes, **E**:90, 10–13
Max algorithm/quantizer, **ES**:12, 120, 162, 178
MAXIAL (software package)
  axial fields in, **M**:13, 42–44
  and Wien filter, **M**:13, 115
Maxima of the posterior marginals estimate, *see* MPM estimate
Maximons, **E**:101, 211
Maximum
  local, **E**:90, 92
  rational functions, **E**:90, 106–107
Maximum a posteriori estimate, *see* MAP estimate
Maximum likelihood
  criterion, **E**:97, 104, 145, 149
  estimate
    exact, autoregressive parameters, **E**:84, 298–300
    explicit, **E**:84, 281–282, 284
    linear covariance model, **E**:84, 282
    member of Jordan algebra, **E**:84, 284, 301
  estimator, **E**:85, 50

Maximum liklihood
  estimate
    pseudolikelihood, E:97, 148
Maximum phase flux, ES:22, 58, 86, 189, 212, 253
Maximum pseudolikelihood estimate, E:97, 148
Maximum spatial frequency, electron off-axis holography, E:89, 24
Maximum spot density, see Langmuir
Maximum value rule, E:84, 211, 220
Max/min-median filter, E:92, 40–42
Max Planck Institutes, ES:16, 24
Maxpolynomials, E:90, 80, 88–98
  characteristic maxpolynomial, E:90, 118
  concavity, E:90, 107
  convexity, E:90, 107
  Evolution algorithm, E:90, 99–102
  generalized matrices, E:90, 112–113
  inessential terms, E:90, 102–103
  merging, E:90, 88–91
  rectification, E:90, 105–106
  Resolution algorithm, E:90, 99–103
Maxwell, ES:9, 33; ES:14, 1, 19; ES:18, 41; ES:23, 47
Maxwell, Lord, ES:16, 33
Maxwell–Ampere law, ES:22, 384
Maxwell–Bloch equations, ES:19, 423
Maxwell–Boltzmann distribution, ES:21, 40, 69
  half, ES:21, 43, 404
Maxwell equations, E:82, 2, 3, 5, 16, 19, 20, 26, 27, 28, 36, 38, 39, 41, 42; E:101, 161–162, 166, 172; ES:5, 22, 29; ES:17, 4–5; ES:19, 90–92
  information approach, E:90, 186–187
  one-dimensional linear time cavity, E:101, 184, 185
  quasi-stationary
    analysis of resonant cavities and, E:102, 74
    eddy current problem and, E:102, 9
    electromagnetic problem and constitutive error approach, E:102, 63–65
  solutions, ES:18, 42
  three-dimensional rectangular space cavity, E:101, 175
  three-dimensional spherical space cavity, E:101, 178, 179
  three-dimensional square space-time cavity, E:101, 193
  vector derivatives, E:95, 281–282
  from vector wave equation, E:90, 196–198
Maxwellian distribution, ES:13C, 515–516, 528
Maxwellian emission equation, ES:3, 209
Maxwellian form, ES:3, 84–85, 205, 209, see also Langmuir
Maxwell's natural districts, E:103, 99–102
MBBA (p-[N-(p-methoxybenzylidene)]-p'-n-butylaniline), phase diagram for mixture with EBBA, D:4, 6
MBE, ES:24, 28, 30, 33, 191, 233
  semiconductor quantum devices, E:89, 95, 97
  source, M:11, 76
McCulloch, D., ES:16, 295
McCulloch–Pitts model, neurons, E:94, 276
MC data file, for MC program, ES:21, 433, 435
McFarlane, A.S., ES:16, 486, 493, 494, 495
McIntosh, ES:18, 238
McLeod, F.D., ES:11, 218
McLeod, J.W., ES:16, 487
McMillan, E.M., ES:22, 331
McMillan, J.H., ES:16, 514
McMullan, D., in development of scanning electron microscope, ES:16, 443–482
MCONT (software package), M:13, 41–42
MCPLOT, MC plot program, ES:21, 435
McWhorter model, E:87, 215
MDA, see Magnetic deflection analyzer
M-dimensional unified (r,s)-divergence measures, E:91, 38–40, 75–95
MDS, see Metastable deexcitation spectroscopy
Mead, ES:15, 265
Mean atomic number, ES:6, 16
Mean cathode loading, ES:3, 41, 50
  density in crossover, ES:3, 211–212
  to peak current density in spot, ES:3, 214
Mean circular frequency, ES:4, 126
Mean composition, E:89, 282–283
Mean curvature, E:84, 174, 191
Mean filter method, orientation analysis, E:93, 290
Mean opinion score, E:82, 101

Mean quadratic energy broadening, ES:13C, 476–477, 486, 489, 495, 499–515, 523–524
  closet encounter approach, ES:13C, 505–515
  Knauer method, ES:13C, 500–503, 513–515
  Loeffler and Crewe treatments, ES:13C, 503–505, 513–515
  polarized electron, ES:13C, 521–522
Mean resultant length, orientation analysis, E:93, 290
Mean resultant vector, E:93, 287, 293, 298
Mean-square deviation, ES:9, 23
Mean-square error, ES:12, 12–13, 54, 77, 86–89
  in cosine transform, ES:12, 160, 163
  in linear prediction, ES:12, 82, 84, 207
  normalized, ES:12, 165, 181, 183, 184
  in transform and hybrid transform coding, ES:12, 16, 17, 119
  weighted, ES:12, 63, 65, 122
  of zonal coding, ES:12, 278
Mean square field fluctuation approximation, ES:21, 16, 104–106
Mean-square subjective distortion, ES:12, 53–54
Mean stage-time, E:90, 58–59, 71
Measure
  of disorder, E:90, 137–138
  estimation, E:90, 139, 186, 187
  of uncertainty, E:91, 37
Measurement, E:85, 24, 41, 49
  Heisenberg's uncertainty principle, E:90, 169
  matrix, E:85, 17, 19, 21, 47, 55
  noise, E:85, 24, 38, 41, 48, 65, 68
  scalar, E:85, 21–24, 36
  vector, E:85, 19, 21, 24–25, 36, 47, 55
Measurement analysis
  of leukocytes, M:5, 69, 70, 71, 72
  problems, M:5, 69
Measuring methods
  of aberration coefficients, ES:7, 359–362
  by area measurement, M:5, 120
  by automatic linear analysis, M:5, 126–132
  by linear analysis, M:5, 120, 121
  optimization, M:5, 120, 121
  by point counting, M:5, 120
  by point-line patterns, M:5, 121–123
  by visual linear analysis, M:5, 123–126

Mechanical instability, ES:10, 16
Mechanically coupled focusing system, for beating heart, M:6, 44, 45
Mechanically scanned arrays
  CCD imagers and, D:3, 271–287
  linear, D:3, 272–278
Mechanical scanning, in ion implantation system, ES:13B, 46–47, 50
Mechanical structure, ES:24, 5
Medial axes, E:84, 256
Median filter, mathematical morphology, E:89, 335
Median multistage filter, E:92, 40
Medical applications of masers, ES:2, 227
Medical diagnosis, ES:11, 16, 17, 126, 181
  fuzzy relations, E:89, 272, 298–300
Medical imaging, E:85, 79
Medical Research Council (England), early electron microscope at, ES:16, 486, 487
Medical thermographic systems, D:3, 73
Medicine, LERS and, E:94, 193–194
Mees, C.E.K., ES:16, 280–281, 283, 286
Megavolt electron microscope, see High-voltage electron microscope
Meindl, J.D., ES:11, 12, 217, 220
Meinke, ES:18, 37, 239
Meissner effect, M:10, 239–240; M:14, 8, 10
Meitner, L., ES:16, 23–24
Melanoma, radiation resistance, M:5, 337
Mellin transform, E:84, 158
Melting points
  diatomic molecules, E:98, 13, 14
  four-body problem, E:98, 4–13
Melt puddle, ES:4, 163
Melzer, ES:9, 54, 490
MEM, see Mirror electron microscope/microscopy
Membership
  cells in subset, E:84, 210
  label, E:84, 210, 224
  rules, E:84, 211
  local, E:84, 218
Membrane ATPase, M:6, 190
  Ernst localization method, M:6, 193, 194
  fixative sensitivity, M:6, 193
  histochemistry, M:6, 193
  lead sensitivity, M:6, 192, 193
  localization, M:6, 193
Membrane crystals, negative staining, M:8, 123

SUBJECT INDEX

Membrane filter, LVSEM images, **E**:83, 249–250
Membrane potential, fluorescent probe of, **M**:14, 152–158
Membranes, electron microscopy, **M**:7, 259, 288
Memory, **E**:91, 148, 151; **E**:94, 289–290, *see also* Learning
  buffer control and, **ES**:12, 135, 138–139, 203
  cubic, **E**:85, 162
  digital, *see* Digital memory
  frame, **ES**:12, 192, 200, 201, 203
  in NASA model, **ES**:12, 140
  predictive coding requirements, **ES**:12, 17, 91
Memory effects, **ES**:1, 50, 175, 194, 204, 210, 216, 221, 223, 225
Memory storage, single-spin single-electron devices, **E**:89, 233, 234
Mensuration methods, **M**:3, 33
Menten method, in alkaline phosphatase microscopy, **M**:6, 173, 174
Menter, J.W., **ES**:16, 32, 449
Mercury-198 lamp, **ES**:4, 98
Mercury arc, spectrum, **DS**:1, 127
Mercury cadmium telluride, as detector material, **D**:3, 2
Merging, maxpolynomials, **E**:90, 88–91
Meridian ray, **ES**:21, 37, 345
Meridional image surface, **ES**:17, 66–68
  curvature of, **ES**:17, 67
Merit function, **E**:90, 257
MERLIN array, **E**:91, 289
Merocyanines, fluorescent probe, **M**:14, 158
Mesa structure, **E**:91, 214
Mesentery blood flow, **M**:6, 24
MESFET memory, **E**:86, 32, 36
MESFETs, *see* Metal-semiconductor field-effect transistors
Mesh, generation of, in network method of calculation of magnetic lens, **ES**:13A, 14–17
Mesh-connected computers, **E**:90, 356–357
  SIMD mesh-connected computers, **E**:90, 353–368
Mesoscopic devices, **E**:89, 94, 99; **E**:91, 213–228
  Aharonov–Bohm effect, **E**:91, 224
  anomalous Hall effects, **E**:91, 244
  magnetic phenomena, **E**:91, 223–224

Mesoscopic physics, **E**:102, 90
  quantum wire, **E**:91, 291–222
Message coding
  in bilevel image representation, **D**:4, 211–213
  vs. image coding, **D**:4, 211
Message passing, **E**:85, 268–271
Metachromasy, of fluorescence, **M**:8, 53
Metal(s)
  body centered, **ES**:4, 191
  diffusion, mirror EM, **M**:4, 226
  electron microscopic detection of, **ES**:16, 551
  ion implantation, **ES**:13B, 55
  megavolt electron microscopy of, **ES**:16, 117
  mirror electron microscopy, **E**:94, 95–96
Metal conductors, **E**:83, 7, 9, 22
Metal film monitor, **ES**:4, 157
Metal-insulator-metal system, **E**:94, 124
Metal-insulator-semiconductor system, mirror electron microscopy, **E**:94, 124–144
Metallic glass, **ES**:20, 246
Metallic oxide structures, **M**:10, 68
Metallography
  electron beam scanning in, **ES**:6, 252–255
  electron microscope in, **ES**:6, 255–258
  electron probe analysis in, **ES**:6, 246–266
  EMMA techniques in, **ES**:6, 258–259
  homogeneous sample in, **ES**:6, 263
  kinetic processes in, **ES**:6, 266–288
  materials characterizations in, **ES**:6, 260–266
  quantitative, **ES**:6, 255–260
  X-ray spectroscopy in, **ES**:6, 246–251
Metallurgical analysis, **ES**:13A, 324
Metallurgical application of atom-probe, **ES**:20, 2, 197
Metallurgy
  computer in, **ES**:6, 260
  diffusion couple technique in, **ES**:6, 273–274
  diffussion analysis in, **ES**:6, 266–272
  electron microscopy use in, **ES**:16, 97–98
  HVEM studies, **ES**:16, 127–143
  electron probe analysis in, **ES**:6, 245–288
  equilibrium phase diagrams in, **ES**:6, 272–276
  growth kinetics in, **ES**:6, 285–288
  and image analysing computer, **M**:4, 364–368, 379–380

SUBJECT INDEX

mass transport problems in, **ES**:6, 276–288
photoelectron microscopy, **M**:10, 294–300
quench and anneal technique in, **ES**:6, 274–275
Metal-oxide-semiconductor capacitor, **D**:3, 173–174
  energy bands and, **D**:3, 181
  silicon energy gap and, **D**:3, 199
Metal-oxide semiconductor field-effect transistors, **E**:87, 218, 226, 230, 245; **E**:89, 98; **E**:91, 150 223; **ES**:8, 2, 3; **ES**:24, 1, 5, 13, 89, 91, 223, 234, 253, 254
  -addressed matrix liquid-crystal display panel, characteristics of, **D**:4, 69
  switch in CCD output circuit, **D**:3, 220–221
Metal-oxide semiconductor transistor-addressed liquid-crystal panel
  addressing circuit of, **D**:4, 66
  assembly of display and drives for, **D**:4, 67–68
  displayed images on, **D**:4, 68–69
  driving waveforms of, **D**:4, 66
Metal oxide silicon, **E**:83, 14
Metal-oxide-silicon capacitor, **ES**:8, 6–11
  BBD, *see* Bucket-brigade devices
Metal–rare gas complex, **ES**:20, 35, 88
  helium complex, **ES**:20, 35
  neon complex, **ES**:20, 35
Metal-semiconductor field-effect transistors, **E**:83, 70, 71, 73, 75; **E**:99, 79
Metal specimens
  anodized films on, **ES**:6, 221–224
  deposition on, **ES**:6, 219–220
  etching and polishing of, **ES**:6, 200
  homogeneity of, **ES**:6, 263–264
  leaching-etching effects in, **ES**:6, 217–220
  preparation of, **ES**:6, 197–225
  scratches and overetching in, **ES**:6, 211–217
  selection of section in, **ES**:6, 199
  smearing of, **ES**:6, 218–219
  surface roughness of, **ES**:6, 205–217
Metal-vacuum interfaces, field electron emission theory, **M**:8, 208
Metastable compound, **ES**:13B, 156–157
Metastable deexcitation spectroscopy, **ES**:13B, 262–263
Metastable layers, **ES**:24, 5, 13
Metastable phases, **ES**:20, 5, 197
Metelkin, **ES**:23, 330

Meteor Crater, Arizona, sperule analysis from, **ES**:6, 239
Meteorites
  electron probe analysis of, **ES**:6, 237–238, 256, 266, 281–282, 286–287
  nondispersive X-ray emission analysis of, **ES**:6, 358–359
  spectrum of, **ES**:6, 358–359
  Widmanstatten pattern in, **ES**:6, 286–288
Meteorology, **E**:85, 79
Methacrylate, embedding in, **M**:2, 318, 324
Methanol, **ES**:20, 130
  dissociation of, on Ru, **ES**:20, 138
Metherel, A.F., **ES**:11, 3
Method
  of cases inference, **E**:89, 322–323
  of characteristics, **ES**:18, 1
  of standing waves, **ES**:18, 1
Metioscope, **M**:10, 226, 228
Metric data, **E**:84, 225, 227; **ES**:9, 406, 419
Metrology, **ES**:4, 92
  length, **ES**:4, 118
Metropolis algorithm, **E**:97, 119, 120
Metropolitan-Vickers Electrical Company, **E**:91, 261; **ES**:16, 27, 490
  electron microscopes developed at, **ES**:16, 82, 228, 471–442, 484, 495, 499, 513
  EM1, **ES**:16, 24, 36
  EM2, **E**:96, 431–433
  EM3, **E**:96, 435, 441
  EM4, **E**:96, 450–452
  EM5, **E**:96, 442–443
  in history of electron microscope, **ES**:16, 84, 87
  microscope production history, **E**:96, 430–433
MFPLOT (software package), **M**:13, 42, 43–44
M function ϕ, **E**:85, 237
  symmetry group $G\phi$, **E**:85, 238
    determination of constraints, **E**:85, 252–253
    possible types, **E**:85, 238–239
    transformation $T(g, v)$, **E**:85, 238
MgO-type emitters, **ES**:4, 2
MHD (magnetohydrodynamics) code, plasma channel formation theory, **ES**:13C, 332–334
MHOLZ, *see* Minus high-order Laue zones

SUBJECT INDEX

MIAS (multipoint multimedia conference system), **E:**91, 205
Mica, as substrate for stearate crystal, **ES:**6, 139–140
Micaceous pelite, **M:**7, 37
Mica gneiss, **M:**7, 37
Mica support film macro-molecule mounting, **M:**8, 114, 123–124
Michelson interferometer, **M:**8, 29; **M:**10, 113, 176
  construction, **M:**6, 111, 112
  interference polarizer, **M:**6, 111, 112, 113, 114
  interference system, **M:**6, 112
  optical system, **M:**6, 111
Micheslon interferometer, optical symbolic substitution, **E:**89, 77
Microanalysis, *see also* Electron probe microanalysis
  electron probe, *see* Electron probe microanalysis
  fluorescence in, **ES:**6, 2
  interpolation and extrapolation in, **ES:**6, 1–13
  ion, *see* Ion microanalysis
  olfactory sense in, **ES:**6, 2
  sensitivities in, **ES:**6, 2–3
  spectroscopy in, **ES:**6, 1–2
  survey of, **ES:**6, 1–13
Microanalyzer
  Castaing, **ES:**6, 4–5, 8–9
  Hillier, **ES:**6, 4–5
  X-ray photoelectric emission type, **ES:**6, 7
Microbeam focusing, **ES:**13B, 63–65
Microcanonical distribution, **ES:**13A, 187
Microchannel plate, **D:**1, 11–12
  BSE detectors, **E:**83, 225–226
  field-ion microscope and, **D:**1, 34
  glass for, **D:**1, 28
  glass multimultifibers in, **D:**1, 30–31
  in high-speed photography, **D:**1, 62
  image devices and, **D:**1, 32–33
Microchip, telecommunications, **E:**91, 151, 195, 202
Microcircuit(s), **ES:**13B, 74, 121
  edge detection, **M:**8, 44, 49
  use of mirror EM, **M:**4, 226
Microcirculation, **M:**6, 1, 2
  in cat buccal gingiva, **M:**6, 11, 12
  in cat heart, **M:**6, 10

in cat mesentery, **M:**6, 10, 11
in moving tissue, **M:**6, 2
in rat cremaster muscle, **M:**6, 11, 12, 13
Micrococcus radiodurans, **M:**5, 314, 315, 336
Microcrystals, **M:**6, 120
  centroids of, **ES:**4, 250
Microdensitometer/microdensitometry, **ES:**10, 173–175, 234, 249
  Vicker's integrating, **M:**10, 9
Microdiffraction, electron, **M:**2, 197
Microdrops, collisions, **E:**98, 13–21, 22
Micro-electric fields
  and ray trace, **M:**13, 77–78
  and ray traces, **M:**13, 78
  in SEM techniques, **M:**13, 76
Microelectronics
  ion sources, **ES:**13A, 263
  photoelectron microscopy, **M:**10, 300–305
Microemitter arrays, **E:**83, 53, 54
Microfabric, **E:**93, 220
Microfabric analysis
  noisy images, **E:**93, 277
  orientation analysis, **E:**93, 220–326
  photogrammetric equations, **E:**93, 222
  pixel resolution, **E:**93, 275–276
  quantitative, **E:**93, 221–224
  soil and sediment, **E:**93, 221–227, 231, 259, 275–276, 281, 318–319
Microfabrication, **ES:**22, 44
  system, **ES:**13A, 102–103
Microfields, semi-conducting surfaces, imaging, **M:**4, 248
Microfilm recording system, laser in, **D:**2, 51–52
Microfocus X-ray unit, **ES:**16, 366
Microgram sample, **ES:**6, 1
Micrography
  apparatus, **M:**7, 82–85
  exposure time determination, **M:**7, 87
  recording techniques, procedures, **M:**7, 86–89
Microgrid, Japanese contributions, **E:**96, 775–778
Microincineration, for electron microscopy, **M:**3, 100–146, 150–153
  accuracy of, **M:**3, 118–135, 140, 152
  apparatus for, **M:**3, 108, 112, 153
  at high temperature, **M:**3, 108 112, 131, 150
  for light microscopy, **M:**3, 99

at low temperatre, **M:**3, 102, 112–116, 131, 144, 150
Microinstabilities, in space charge optics, **ES:**13C, 2
Microkymography, **M:**7, 73–99
  applications, **M:**7, 94–99
  indirect, **M:**7, 92
  picture content, **M:**7, 89–94
  principles, **M:**7, 75–80
  procedures, **M:**7, 86–89
  quantitative evaluation, **M:**7, 89–94
Micro-machining, **M:**1, 272
Micromagnetic theory, **E:**98, 324, 325, 327–328
Micro metal working, **ES:**4, 140, 141, 152, 157, 158, 161
Micrometer, filar, **M:**3, 50
  Humphries, **M:**3, 60–63
  Malies–Firth Brown, **M:**3, 50, 51
Microminiaturization, **E:**83, 3
Micro-organisms
  motion, analysis, **M:**7, 12
  propulsion, **M:**7, 2
Microperoxidase, **M:**6, 218
Microplasmas, **E:**87, 236; **ES:**1, 11, 145, 150–153, 159–161, 166; **M:**10, 61
  measurement, **M:**10, 61–62
Microprobe, ion, *see* Ion microprobe
Microprobe analysis, *See* Electron probe microanalysis
Microprocessor, **E:**86, 4; **E:**91, 151; **ES:**11, 101
  for digital processing, **M:**10, 14
  focusing, **ES:**11, 115
Micropulse, **ES:**22, 120, 333
Microradiographic images, **ES:**6, 8
Micro scales, **ES:**21, 143, 160
Microscope/microscopy, **ES:**6, 10–11; **ES:**11, 1, 2, 10, 126, 127; **M:**12, 279, see also *specific microscopes; specific techniques*
  Abbe's wave theory, **E:**91, 276
  acoustic, **ES:**11, 128
  aperture, **M:**5, 101
  automatic focusing, **M:**8, 26
  automation, **M:**5, 39, 43, 44, 45, 50–60, 113
  confocal scanning, *see* Confocal scanning microscopy
  data processing system, **M:**5, 103–106
  diffraction electron microscope, **E:**91, 278–279

  electron, *see* Electron microscope/microscopy
  electronic, **ES:**11, 128
  electrostatic electron microscope, **E:**91, 274, 278
  features, **M:**5, 38, 39
  field-electron, *see* Field-electron microscope
  field-ion, *see* Field-ion microscope
  fluorescence and, **ES:**6, 2
  high voltage, *see* High voltage electron microscope
  image contrast, **M:**5, 102
  image formation, **M:**8, 3–4
  image quality, **M:**5, 100
  interference, **M:**2, 1
  irradiation density, **M:**5, 100, 101
  laser scanning, confocal, **E:**85, 206
  laser tomogrpahy, *see* Laser tomography microscope
  lens, **ES:**11, 129
  light sensor, **M:**5, 109–111
  light sensor irradiation, **M:**5, 100–102
  of living tissue, **M:**1, 2, 5, 15, 29
  magnetic microstructure, **E:**98, 330–333
    Lorentz microscopy, **E:**98, 333–362, 422–423
    magnetic force microscopy, **E:**98, 331
    mirror electron microscopy, **E:**98, 332
    photoelectron microscopy, **E:**98, 330
    scanning electorn microscopy, **E:**98, 331–332
    scanning electorn microscopy with polarization analysis, **E:**98, 333
    scanning transmission electron microscopy, **E:**98, 335–337, 342, 353, 357, 358, 360
    spin-polarized low-energy electron microscopy, **E:**98, 333
  magnetic shadow microscope, **E:**91, 280
  objective, *see* Microscope objective
  optical system, **M:**5, 17–20, 106–109
  optical tomography, *see* Optical tomography microscope
  polarization, **M:**2, 1
  projection shadow microscope, **E:**91, 274, 278
  protected objectives, **M:**5, 19
  remote control, **M:**5, 20–38
  scanning mechanisms, **M:**8, 35–37

SUBJECT INDEX

scanning stage, **M:**5, 106
sharpness of definition, **M:**5, 102
signal display, **M:**5, 111–113
spectral band width, **M:**5, 100
spin-polarized scanning tunneling microscope, **E:**89, 225, 236–237
substrate examined
  analytical description, **M:**8, 7–10
  qualitative description, **M:**8, 5–7
  with superconducting lenses, **M:**14, 23–24
system layout, **M:**5, 103, 104
three-dimensional, **M:**14, 214–215
transmission electron microscope, **E:**91, 260–274, 280–282
types of, **E:**83, 203
uniform illumination, **M:**5, 101
Microscope objective, **M:**5, 101; **m:**5, 17–**M:**5, 19
  aberrations, **M:**14, 257–270
    chromatic, correction of, *see* Chromatic aberration
    cover slides, **M:**14, 301–309
    monochromatic, correction of, *see* Monochromatic aberration
    secondary spectrum, **M:**14, 276–277, 309–320
  design of, **M:**14, 249–333
    status and methodology of, **M:**14, 298–300
  features of, **M:**14, 329–333
  focal length, **M:**14, 251–253
  focal point, **M:**14, 251–253
  ideal image, **M:**14, 254–257
  long working distance, **M:**14, 320–326
  magnification, **M:**14, 253–254
  reflected fluorescent observation, **M:**14, 326–329
  resolution, **M:**14, 254–257
  telecentric optical system, **M:**14, 329–332
Microscope theory, of superconductors, **M:**14, 11–13
Microscopic beam brightness, **ES:**13A, 176–177, 179, 182, 192–193, 198
Microscopic current, **ES:**22, 87
Microscopic examination
  of α-active materials, **M:**5, 16
  of irradiated materials, **M:**5, 16–38
  in polarized light, **M:**5, 101, 102
  in reflected light, **M:**5, 101
  specimen preparation, **M:**5, 102, 103

specimen staining, **M:**5, 102
  in transmitted light, **M:**5, 101
Microscopic particle distribution, **ES:**21, 52, 336
Microsegregation, **ES:**6, 284
Microspectrofluorometer, **M:**14, 128–130
Microspectroscope, **ES:**6, 5–6
Microstar system, **M:**6, 6
Microstrip, antenna, radiator, **E:**82, 1–49
  electric field inside, **E:**82, 4–10, 13–15, 27
  Green's function of, **E:**82, 3–5, 12
  printed patch, **E:**82, 1–49
Microstructure, **E:**93, 220; **ES:**24, 29
Microtasking, Cray computers, **E:**85, 286–292
Microtips, charged, **E:**99, 229–235
Microtome, *see also* Ultramicrotomy
  for first electron microscope specimens, **ES:**16, 15–17, 95
Microtransforms, production, **M:**7, 53, 55
Microtriodes, **E:**83, 6, 35, 67, 68
Microtron, **ES:**22, 6, 31, 401
  conventional, **ES:**22, 402
  racetrack, **ES:**22, 403
Microtubule(s)
  information transfer, **E:**94, 292, 306–307
  three-dimensional structure, **M:**7, 345–347
Microvascular organization, **M:**6, 2
MICRO-VIDEOMAT, **M:**5, 130, 132, 137, 142, 144, 156, 157
Microvilli, **M:**6, 77
Microwave(s)
  device, **ES:**22, 2
  high-power generation, **ES:**13C, 184
    current limit, **ES:**13C, 192, 194
  probing via boreholes, **ES:**19, 51–57
  region, **ES:**22, 6
Microwave beam tubes, **E:**83, 35
Microwave cavity, as electron lens, **ES:**13A, 48, 53–56, 118–121
Microwave conductivity tensor, **E:**92, 83–86
Microwave devices, space charge beam spreading, **ES:**13C, 23
Microwave frequency deflection systems, **D:**1, 220–221
Microwave power amplifier tubes, **E:**83, 77
Microwave technology
  history, **E:**91, 181–182
  radioastronomy, **E:**91, 289–290
  radio relay, **E:**91, 193–194

Microwave tube, **ES**:13C, 3, 55
  focusing, **ES**:13C, 27
  hydrodynamic model, **ES**:13C, 61
  numerical simulation techniques, **ES**:13C, 315
Microwigglers, **ES**:22, 263
Middleton, **ES**:14, 70
Mikhaylov, **ES**:14, 162
Miller, **ES**:15, 266; **ES**:23, 333
Miller effect, **D**:3, 220
Miller empirical formula, **E**:99, 120, 121, 123–124
Millford, **ES**:18, 238
Millimeter wavelength devices
  circulator, **ES**:5, 92
  isolators, **ES**:5, 44, 57
  phase shifter, **ES**:5, 186, 187
Millimeter-wave radar, **ES**:14, 28
Mills Cross telescope, **E**:91, 287
Mills sample holder, development, **E**:96, 50
Milne–Thomson, **ES**:9, 420, 429, 477
MIMD model, **E**:85, 260–261
MIM (metal-insulator-metal) system, **E**:94, 124
Mind, *see also* Brain
  consciousness, **E**:94, 261–264
  emergent behavior, **E**:94, 262
  mind-body problem, **E**:94, 261–262
  Vedic cognitive science, **E**:94, 264–265, 267
Mine detection, **ES**:11, 16
Mineral analysis
  examples of, **ES**:6, 233–240
  future trends in, **ES**:6, 241
  most difficult type, **ES**:6, 233
  oscilloscope displays in, **ES**:6, 230–231
  problems inherent in, **ES**:6, 228–229
  qualitative, **ES**:6, 229–232
  quantitative, **ES**:6, 232–233
  sample preparation in, **ES**:6, 228
Mineralogy, **M**:5, 99
  electron probe microanalysis in, **ES**:6, 227–241
  and image analysing computer, **M**:4, 380
Minerals, microfabric, orientation analysis, **E**:93, 226
Mineral segmented image, **E**:93, 315, 317
Miniature scanning electron microscope, **E**:102, 187
  applications, **E**:102, 187–189
  chromatic aberration calculation, **E**:102, 220–222
  detector problems, **E**:102, 217–220
  electron optical calculations, **E**:102, 220–224
  electron source, **E**:102, 212–217
  fabrication of electrostatic lenses, **E**:102, 189–211
  fabrication of megnetostatic lenses, **E**:102, 211–212
  future of, **E**:102, 232
  LIGA lathe, **E**:102, 203–211
  miniaturization methods, types of, **E**:102, 190–191
  operation and image formation, **E**:102, 228–232
  performance of stacked Einzel lens, **E**:102, 225–232
  scaling laws for electrostatic lenses, **E**:102, 189
  slicing, **E**:102, 198–203
  stacking, **E**:102, 191–197
  tilted, **E**:102, 224
Minicomputer, for beam emittance measurements, **ES**:13A, 202, 235–240
Minimal phase solution, **ES**:10, 74, 77
Minimal representation, translation-invariant set mapping, **E**:89, 360–362
Minimax algebra, **E**:84, 66
  Chebyshev approximations, **E**:90, 34–35
  connectivity, **E**:90, 45–51
  critical events, **E**:90, 16–26
  discrete events, **E**:90, 2–16
  efficient rational algebra, **E**:90, 99–119
  equivalent linear programming criterion, **E**:84, 102
  infinite processes, **E**:90, 75–84
  maxpolynomials, **E**:90, 88–98
  notation, **E**:90, 5–6, 16–19
  path problems, **E**:90, 36–45
  properties, **E**:84, 90
  properties mapped to image algebra, **E**:84, 90
    alternating **tt*** products, **E**:84, 96
    conjugacy, **E**:84, 93
    /-defined and /-undefined products, **E**:84, 98
    homomorphisms, classification of right linear, **E**:84, 92
    linear dependence, **E**:84, 103

SUBJECT INDEX

linear independence, **E:**84, 104
scalar multiplication, **E:**84, 91
rank
  column, row O-astic, **E:**84, 105
  dual, **E:**84, 106
  existence and relation to SLI, **E:**84, 106
scheduling, **E:**90, 26-36
similarities to linear algebra, **E:**84, 71
steady state, **E:**90, 58-74
strongly linear independent, **E:**84, 103
systems of equations, solutions, **E:**84, 98
  boolean equations, **E:**84, 100
  existence and uniqueness, **E:**84, 101
templates
  adjugate, **E:**84, 107
  based on set, **E:**84, 104
  definite, **E:**84, 108
  elementary, **E:**84, 110
  equivalent, **E:**84, 110
  identity, **E:**84, 92
  increasing, **E:**84, 106
  inverse, **E:**84, 109
  invertible, **E:**84, 109
  metric, **E:**84, 109
  permanent, **E:**84, 106
Minimax matrix theory, **E:**84, 67
Minimization
  of quadrupole aberrations, **ES:**7, 333-346
  technique, **ES:**22, 203
  truth-table, **E:**89, 66-68
Minimum
  local, **E:**90, 92
  rational functions, **E:**90, 106-107
Minimum beam cross section, for laminar flow, **ES:**21, 343
Minimum resolvable temperature, for pyroelectric, vidicon, **D:**3, 46-47
Minimum-seeking method, of X-ray distribution, **ES:**6, 29
Minimum transfer frequency
  chip responsivity and, **D:**3, 233-235
  diffusion, **D:**3, 236, 238
  discrete charge motion, **D:**3, 284-287
  integration, **D:**3, 236-238, 281-282
  of lens, **D:**3, 240
  synchronism, **D:**3, 283
  transfer inefficiency, **D:**3, 286
  vs. aliasing, **D:**3, 243-252

Minimum transform
  minimax algebra, **E:**90, 114
  square matrix, **E:**90, 116, 117
Minimum uncertainty product, **E:**90, 169
Minkowski addition, **E:**89, 328; **E:**101, 107-108, 137, 138
Minkowski inequalities, **E:**91, 46, 64, 101, 106
Minkowski operations, addition and subtraction, **E:**84, 63, 87
Minkowski subtraction, **E:**89, 328; **E:**101, 136, 137
Minot microtome, **ES:**16, 16
Minterms, **E:**89, 66-68
Minus high-order Laue Zones, **E:**90, 304
Mirror(s), **ES:**22, 287
  alignment, **ES:**22, 327
  aluminum, **ES:**22, 319
  charged particle focusing and energy separation, **E:**89, 399-410
    transaxial mirrors, **E:**89, 433-441
  charged particle trajectory equations, **E:**89, 393-399
  dielectric, **ES:**22, 319, 321
    overcoated, **ES:**22, 319
  electron, *see* Electron mirror
  electron-optical parameters, **E:**89, 393-399, 442-443
  electrostatic, *see* Electrostatic mirror
  figure, **ES:**22, 328
  four-electrode mirror, **E:**89, 421-425
  gold, **ES:**22, 319
  in laser display beam deflection, **D:**2, 32-36
  metallic, **ES:**22, 319
  mirror with a wall, **E:**89, 420-425
  silver, **ES:**22, 319
  three-electrode mirrors, **E:**89, 417-420, 458-468
  transaxial, **E:**89, 392-396
    charged particle focusing and energy separation, **E:**89, 433-441
  two-electrode mirrors, **E:**89, 392, 411-417, 441-458
  two-plate electrodes, **E:**89, 392
    in mass spectrometer, **E:**89, 425-430
    parallel electrode plates, **E:**89, 411-420
    wedge-shaped mirrors, **E:**89, 430-432
Mirror-bank energy analyzers, **E:**89, 391-478
  charged particle focusing and energy separation, **E:**89, 399-410

Charged particle trajectory equations, E:89, 393–399
  multicascade, E:89, 430–433, 469–472
  static mass analyzer, E:89, 472–476
  transaxial mirrors, E:89, 441–476
  two-cascade, E:89, 430–432
  two-plate electrodes
    separated by direct slits, E:89, 410–432
    transaxial mirrors, E:89, 441–476
Mirror-based electron analyzers, two-cascade, E:89, 430–432
Mirror damage, ES:22, 318
  harmonics, ES:22, 322
  heating, ES:22, 319, 321
  multiple pulses, ES:22, 320
  neutrons, ES:22, 322
  pulse-length scaling, ES:22, 320, 321
  sparking, ES:22, 320, 322
  threshold, ES:22, 321
Mirror electron microscope/microscopy, E:102, 273; M:4, 161–260; M:12, 96, 97
  aberrations of imaging lenses, E:102, 276, 277–278
  angular spread, E:102, 276, 277
    impact of, E:102, 278–279
  applications, E:94, 95–98; M:4, 226–227
  brightness distribution, calculating, E:102, 303–304
  conclusions, E:102, 322–323
  contact potential difference, E:102, 300, 307, 309–311
  contrast formation, M:4, 167–207
  crystals, E:94, 96–97
  current density distribution, E:102, 320–322
  description, M:4, 207–217
  diffraction, E:102, 276–277
  distortions, E:102, 288–293
  electron deviation by microfields, calculating, E:102, 316–320
  energy spread, E:102, 276–277
  finite height, E:102, 276, 277
  geometric optics, calculating, E:102, 313–316
  history, E:94, 85–87, 144
  image contrast in focused operation mode, calculating, E:102, 311–322
  image formation, E:94, 87–95
  image of islands, calculating, E:102, 300–311
  instrument, E:94, 83–85
  limiting sensitivity of, calculating, E:102, 293–300
  longitudinal velocities, impact of, E:102, 281–287
    with magnetic prism, M:4, 238, 240, 241
  optimal bias voltage applied, E:102, 279–281
  practice, M:4, 237–249
  quantitative contrast technique, E:94, 98–108
    electron distortion field, E:94, 109–114
    magnetic distortion field, E:94, 114–119
    magnetic fringing field, E:94, 119–124
    metal-insulator-conductor samples, E:94, 124–144
    superconductors, E:94, 98
  resolution of, E:102, 274–287
  results, M:4, 218–226
  scanning mirror EM, M:4, 227–232
  shadow projection mirror EM, M:4, 249–259
  specimen perturbation, M:4, 233–7
  trajectories of electron motion, calculating, E:102, 302–303, 305–309
  without beam deflection, M:4, 238, 239
Mirror image, ES:11, 5
Mirror prism, for energy analysis, M:4, 302–318, 342–345
Mirror symmetric plane, ES:17, 253, 256, 259, 262–263, 272, 316
Mirror symmetry, ES:17, 316
  opposite-sign, ES:17, 127, 153
  same-sign, ES:17, 127, 153
Misalignment, E:86, 226, 227, 246
  caused by SE detector, E:83, 223–224
Misfit dislocations, ES:24, 30; M:11, 85
Misidentification, of ion signals, ES:20, 80
Mismatch, load and radiation resistance, ES:15, 121
Misner, ES:9, 15, 97, 417
Misregister, thermal, DS:1, 105–107
Missing row model, ES:20, 265
MIS system, see Metal-insulator-semiconductor system
MIS (metal-insulator-semiconductor) system, mirror electron microscopy, E:94, 124–144
MITATT diodes, ES:24, 223, 249

Mitochondria, **M:**6, 212
  chain enzymes, **M:**6, 214, 216
  enzyme distribution, **M:**6, 220
  fixation, **M:**2, 276, 280, 287
  mineral content, **M:**3, 118–123, 135, 144
  oxidative processes, **M:**6, 208
  respiration, **M:**6, 212, 216
  structural components, **M:**6, 216
Mitochondrial ATPase, **M:**6, 190
  fixation sensitivity, **M:**6, 193
  histochemistry, **M:**6, 193
  lead inhibition, **M:**6, 193
  location in mitochondria, **M:**6, 193
Mitochondrial probes, **M:**14, 141–147
Mitochondrial staining, **M:**6, 212, 215, 216
  DAB technique, **M:**6, 212
  ferricyanide technique, **M:**6, 215
  problems, **M:**6, 215, 216
Mitochondria SiO replication, **M:**8, 85, 93
Mitotic cell chromosomes isolation, **M:**8, 93
Mixed annealing minimization algorithm, **E:**97, 122–123, 158
Mixed crystals, semiconductor history, **E:**91, 182–183
Mixed time-frequency transforms, signal description, **E:**94, 320–321
MIX electron microscope, **ES:**16, 259
Mixter Laboratories for Electron Microscopy, **ES:**16, 201
Miyata, **ES:**9, 487
MKG, *see* Microkymography
MKSA system, units, **ES:**9, 235
MKS system, conversion factors, **ES:**5, 4
ML, *see* Maximum likelihood
MLE (maximum likelihood estimator), **E:**85, 50
ML/I, **ES:**10, 251–254, 259–262, 264, 268–273
Mn, enrichment, **ES:**20, 207
MNOS memory, **ES:**8, 255–260
Mo, **ES:**20, 33, 45, 96
  H/Mo, **ES:**20, 98, 99
  Mo–Re alloys, **ES:**20, 15, 72
  ($\sqrt{3} \times \sqrt{3}$) on Si, **ES:**20, 263
Mobile communications, **ES:**9, 311
Mobility, **ES:**24, 3, 7, 54, 86–95, 135, 137, 144–148, 182, 197, 220, 229–235, 239
  in 2D gas, **ES:**24, 91

of carriers
  in III–V compounds, **ES:**1, 169
  in ZnS, **ES:**1, 85, 116, 200, 226
  of holes in Ge, **ES:**24, 223
  low temperature, **ES:**24, 4
MOCVD, **E:**86, 66
Modal analysis, **M:**3, 69–77
  in biology and medicine, **M:**3, 72
  errors, **M:**3, 90–93
  graticules for, **M:**3, 73–75
Modal filter
  crystal aperture scanning transmission electron microscopy, **E:**93, 96–97
  domain segmentation, **E:**93, 287–292
Modal structure, **ES:**4, 152, 156, 157
Mode(s)
  analysis, *see* Fourier analysis
  bending, **ES:**22, 312
  competition, **ES:**22, 306
  distortion, **ES:**22, 197
  equation of motion, **ES:**2, 36–37, 253, 255–256
  in gaseous masers, **ES:**2, 66–68, 183
  in ionic crystal masers, **ES:**2, 185–188
  of oscillation, **ES:**4, 152
  physical, **E:**82, 63
  in *p-n* diode masers, **ES:**2, 160, 165
  quality, **ES:**22, 185
  resonant cavity, **ES:**22, 396
  rf cavity, **ES:**22, 341
  selection and control, **ES:**2, 80–81, 195–197
  spectrum, **ES:**22, 348
  spurious, **E:**82, 40
  transverse electric, **ES:**22, 345
  transverse magnetic, **ES:**22, 345
  walking, **ES:**22, 313
Mode competition, **ES:**2, 39–40
Mode control
  longitudinal, **ES:**22, 308
  transverse, **ES:**22, 317
Mode coupling, **ES:**2, 47–50
Model
  boundary, **E:**85, 96
  constructive, **E:**85, 96
  decomposition, **E:**85, 96
  electron gun, **ES:**3, 10, 127–128, 133–134
  geometric, **E:**86, 149–150, 166
  image, **E:**86, 88, 111, 128
  imaging, **E:**86, 166

logical, **E**:86, 145–146, 165
mathematical, **E**:85, 78
object, **E**:86, 90, 92, 104
senior, **E**:86, 166
voxel, **E**:85, 100
  binary, **E**:85, 101, 199
  gray value, **E**:85, 100
  labelled, **E**:85, 100
Model-driven parallel architectures, **E**:87, 292–296
Model error, in MC program, **ES**:21, 429
Mode-locked
  laser, **ES**:22, 120, 406
  pulses, **ES**:22, 304
Mode–medium interaction, **ES**:22, 185, 306, 312
Mode repulsion, **ES**:2, 47, 185
Mode separation, **ES**:2, 69, 72, 165, 183, 185
Mode shifting, in p-n diodes, **ES**:2, 163, 164, 168
Mode spacing, **ES**:4, 100
Mode volume, effective, **ES**:2, 73–74
MODFET, **E**:89, 98; **ES**:24, 1, 5, 223, 233–239
  memory, **E**:86, 54
Modified forward-backward linear prediction method, **E**:94, 370
Modified local average thresholding, in bilevel display image processing, **D**:4, 165
Modified signed-digit number system, **E**:89, 59–65
  content-addressable memory, **E**:89, 70–71
  OSS coding, **E**:89, 68–70
Modified transfer, matrix for, **ES**:7, 21–22
Modularity, human visual system, **E**:97, 39
Modulated plane wave, **E**:86, 193, 195, 199, 204
Modulated-reflectance spectroscopy, **M**:8, 44
Modulated structure, **ES**:20, 216
Modulation, **E**:83, 59, 77, 78
Modulation amplitude, **ES**:4, 100
Modulation constant, **ES**:3, 19–23
Modulation contrast microscope, **M**:8, 20
Modulation-doped field-effect transistor, **E**:89, 98
Modulation factor, FM, **ES**:14, 70
Modulation transfer function, **E**:89, 32, 34–35; **E**:92, 26; **M**:11, 27; **M**:12, 55; **D**:1, 47; **DS**:1, 4, 5
  of cascaded image intensifier, **D**:1, 53

electron off-axis holography, **E**:89, 32, 34–35
Gaussian spot, **DS**:1, 23
of image intensifier tube, **D**:1, 51, 56
lenticular filter, **DS**:1, 171
for NEA photocathodes, **D**:1, 101–106
noise factor and, **D**:1, 58
of proximity tube, **D**:1, 59, 148
for TSE dynodes, **D**:1, 142
Modulator, **ES**:24, 250, 251, *see also* Grid
  defined, **E**:99, 67
  linear, **ES**:14, 4
Modulator section, **ES**:22, 214, 222
Module controller, in matrix devices for character display, **D**:4, 27–29
Modulo 2 addition, defined, **ES**:9, 33
Modus ponens inference, **E**:89, 316, 318–320
Moffat, **ES**:14, 31, 32
Mohamed, **ES**:9, 213, 215
Mohamed, N.J., **ES**:11, 40, 106, 107, 108, 110, 143
Mohler, **ES**:15, 267; **ES**:18, 237
Moire, **DS**:1, 50–62
  imperfect interlace, **DS**:1, 61
Moire fringes, **M**:11, 82
  crystal aperture scanning transmission electron microscopy, **E**:93, 90, 96–97
MOL, *see* Moving objective lens
Molecular absorption, **ES**:14, 25, 27
Molecular beam epitaxy, semiconductor quantum devices, **E**:89, 95, 97
Molecular bonds, diatomic molecules, **E**:98, 67–74
Molecular gaseous masers, **ES**:2, 152, 241
Molecular interactions, renormalized, **E**:87, 61–65
Molecular scale analysis, Van der Waals forces, application, **E**:87, 97–100
Molecular squeezing, *see* Solvation forces
Molecular structure modification at interfaces, **M**:8, 113
Moler, **ES**:14, 358
Mollenstadt, G., **ES**:16, 307, 310, 376
Mollenstadt electron interferometer, **ES**:16, 310
Möllenstedt, G.
  biprism, **E**:96, 800
  convergent-beam electron diffraction, research, **E**:96, 585–591, 593–594

SUBJECT INDEX

Möllenstedt lens analyzer, **ES:**13B, 308–310
Moloney leukemia viruses
   contours, **M:**8, 91
   freeze-etch replication, **M:**8, 93
   head-to-tail configuration, **M:**8, 93
   point-drying preparation, **M:**8, 91–93, 94–95
   potassium phospho-tungstate negative staining, **M:**8, 91, 94–95
   shadow casting, **M:**8, 91
   SiO replication, **M:**8, 90–91
   uranyl acetate staining-critical point-drying preparation, **M:**8, 91–93, 94–95
Molybdenum, **E:**83, 36, 37, 38; **ES:**4, 163, 166
   tips, **E:**83, 58, 63
Moment
   of displacement distribution, **ES:**21, 110
   generating function, **ES:**21, 111
Moment method, **E:**82, 1–3, 10–12, 41
   basis functions, **E:**82, 1–3, 12–15, 26–27
   convergence rate, **E:**82, 1–3, 15, 20–21, 41–43
   matrix elements, **E:**82, 13–14, 43–48
Momentum, **ES:**17, 7
   canonical, **ES:**17, 9, 22
   mechanical, **ES:**17, 7
   momentum–energy space, **E:**90, 157–158, 185
   position–momentum relation, **E:**90, 166–167, 187
Momentum–energy space, information approach, **E:**90, 157–158, 185
Monatomic scattering centers, **ES:**4, 265
Monochromatic aberration
   correction of, **M:**14, 281–298
   curvature of field, **M:**14, 294–298
   image plane, **M:**14, 290–294
   lateral, **M:**14, 288–289
   spherical, **M:**14, 282–288
Monochromatic beam, **ES:**21, 29, 500, *see also* Nonmonochromatic beams
Monochromator, **ES:**22, 310
   aberrations, **ES:**13A, 81, 83
   bandwidth, **M:**6, 152
   diffraction grating, **M:**6, 151
   in electron spectroscopy, **ES:**13B, 261, 264, 266, 331–333, 341, 345–346
   energy calibration, **ES:**13B, 352
   space charge, **ES:**13B, 328–329, 354
   prismatic, **M:**6, 151

Monocinetron, **ES:**13B, 328, 331
Monocytes, **M:**5, 46
Mono-directional transformation, **ES:**3, 9, 120, 136
Monogenic function, **E:**95, 303
Monolayer fibroblasts, SiO replication, **M:**8, 85
Monolayer overgrowth, **M:**11, 60, 61
Monomode fibers, history, **E:**99, 71
Monopole(s), **ES:**13B, 174, 176–177, 188–189, 228–235, 254; **ES:**18, 228
   acceptance with fringing fields, **ES:**13B, 228–233
   compared with mass filter, **ES:**13B, 233–234
   performance, **ES:**13B, 234–235
Monopole lens field, **M:**12, 133
Monopulse, distortion, **ES:**15, 213
   pattern, **ES:**15, 165, 168, 173
Monoscope, **E:**91, 240
Monotone property, **E:**99, 4, 20–22, 22–23, 28–29, 47–48
Monotonicity, **E:**89, 277, 278
Monotonic transformations, **E:**103, 70–71
Monte Carlo calculations
   for backscattered electron population, **ES:**6, 36
   for depth distribution of X-rays, **ES:**6, 28
   in electron diffusion, **ES:**6, 23
   in electron trajectory, **ES:**6, 27–29
Monte Carlo methods, **M:**13, 74, 76
   and Coulomb interaction, **M:**13, 217
   electron scattering simulation, **E:**83, 217–218, 241–242
   penetration, **E:**83, 219
   image regularization, **E:**97, 119–120
   simulation of particle beams
     historical notes on, **ES:**21, 25–26
     introduction to, **ES:**21, 400–431
     program organization, **ES:**21, 432–439
     vs. analytical theory, **ES:**21, 431, 447–463
     for geometry and current dependency, **ES:**21, 455–458
     for voltage and current dependency, **ES:**21, 450–454
Mooney, **ES:**14, 204, 216
Moore, **ES:**14, 25
Morente, **ES:**18, 43, 236
Morey, **ES:**14, 31, 32, 39, 41, 42; **ES:**15, 4, 263

Morgan algebra, fuzzy set theory, **E**:89, 256
Morgera-Cooper coefficient, **E**:84, 271
Morimura, M., **ES**:16, 124
Morita, **ES**:9, 187, 489
Morito, N., **ES**:16, 318
Moro, **ES**:9, 139, 491
Morozov's discrepancy principle, **E**:97, 143
Morphological convolution, **E**:99, 44
Morphological directions of crystals, **M**:1, 70
Morphological filter, image enhancement, **E**:92, 49–52, 75
Morphological neural networks, **E**:84, 62, 89
Morphological operation
  function, **E**:88, 202
  set, **E**:88, 202
  skeleton, **E**:88, 239
Morphological scale-space, **E**:99, 55
  fingerprints, **E**:99, 4–5, 29–37, 55
  future work, **E**:99, 56–57
  limitations, **E**:99, 55–56
  multiscale closing-opening, **E**:99, 22–29, 53, 55
  multiscale dilation-erosion, **E**:99, 8, 16–22, 53, 55
Morphology, mathematical, **E**:86, 89, 107, 165
Morris, **ES**:9, 231
Morse critical points, **E**:103, 72–73, 118–120, 144–145
Morse potential, **ES**:20, 29
Morton, G., **ES**:16, 584
MOS (metal oxide silicon), **E**:83, 14
MOS (metallic oxide structures), **M**:10, 68
Mosaic crystals, random orientation of, **ES**:6, 373
MOS capacitor, *see* Metal-oxide-semiconductor capacitor
MOSFETs, *see* Metal-oxide semiconductor field-effect transistors
MOS panel construction, **D**:4, 65
Mossbauer study, **ES**:20, 214
MOS technology, **ES**:24, 223
MOS transfer gate, **D**:4, 24
MOS transistor-matrix liquid-crystal panel, image display with, **D**:4, 70
MOS transistor switching elements, **D**:4, 64–69
Motion analysis, vision system, **E**:97, 72–74
Motion curves
  microkymograph, **M**:7, 92
  in photomicrography, **M**:7, 90–92

Motion equations, **ES**:17, 19–20, 21, 36
  coupling due to magnetic fields of optical elements, **ES**:13A, 187–189
  general, **ES**:17, 402
  Hamiltonian, **ES**:13A, 164
  numerical methods of solving, **ES**:13A, 47–60
Motion Generator, non-linear, **M**:3, 18
Motor control circuit, **M**:1, 20, 36
Motor end-plate, **M**:6, 188, 197, 198, 199
  cholinesterase distribution, **M**:6, 205
  mammalian, **M**:6, 204, 206
  synaptic region, **M**:6, 204
Mott formula, **E**:86, 219, 221
Mott scattering, spacetime algebra, **E**:95, 314–315
Mott's critical concentration N_c, **E**:82, 198, 200, 223, 259
Motz, H., **ES**:22, 3
Mouse
  heart muscle, **M**:6, 215, 216
  hypothalmus neurone, **M**:6, 182
  kidney, **M**:6, 210
Mouse kidney proximal tubules, **M**:6, 217
  protein uptake study by HRP, **M**:6, 217
Mouse L-cells (thymidine kinase mutant LTK^{-1}), SiO replication, **M**:8, 85, 87, 88–91
  shadow projections, **M**:8, 87, 89
Movement, *see also* Motion *entries*
  analysis by microkymography, **M**:7, 92
  bacteria, tracking microscope and, **M**:7, 1, 5
  determination using microscopes, **M**:7, 73
  direct registration, **M**:7, 74
  of electron image, **M**:1, 150
  equations of, perfect quadrupole fields, **ES**:13B, 176–190
  quantitative analysis by microkymography, **M**:7, 92
  of specimen in electron microscope, **M**:1, 120, 132, 150
Movement resolution and compensation, **ES**:12, 202–211
Move objective lens, **E**:83, 156–159
Moving average systems, signal description, **E**:94, 322
Moving images, **ES**:11, 15, 137
  experimental, **ES**:11, 144, 145
  possession of movie, **ES**:11, 146

SUBJECT INDEX

Moving objective lens, **ES**:13A, 103; **ES**:17, 181, 185
   in electron beam lithography system, **ES**:13B, 102–103, 111
Moving particle, **E**:101, 220
Moving slit diaphragm, recording with, **M**:7, 79–80
Moving target processor, **ES**:23, 33
MPB (multiphoton bremsstrahlung), **ES**:13B, 262–263
MPL (maximum pseudolikelihood) estimate, **E**:97, 148
MPM (maximum of the posterior marginals) estimate, **E**:97, 88–102
MQW detectors, *see* Detector(s), MQW
MQWs, *see* Multiple quantum wells
MQW/SL (multiquantum well/superlattice photodiodes), **E**:99, 94–96
MRFs, *see* Markov random fields
MRT, *see* Minimum resolvable temperature
MSD
   arithmetic, **E**:89, 61–65, 70–71
   content-addressable memory, **E**:89, 70–71
   OSS coding, **E**:89, 68–70
MSE, *see* Mean-square error
MSEM, *see* Miniature scanning electron microscope
MSETUP (software package), **M**:13, 31–38
MSM photodetector, *see under* Photodetector(s)
MSOLVE (software package), **M**:13, 31
   solving equations in, **M**:13, 38–39
M spectra, in X-ray emission, **ES**:6, 173–174
MSSD, *see* Mean-square subjective distortion
MTF, *see* Minimum transfer frequency; Modulation transfer function
MTI technique, beam forming, **ES**:14, 216
MTRAJ (software package), **M**:13, 39–41
Muddy sandstone, transforms, **M**:7, 63
Mu (μ) determinations, **ES**:3, 19–23
Mueller, R.K., **ES**:11, 3, 168, 217, 218, 219, 220
Muffin-tin distribution, **ES**:13C, 501, 507, 509–511
Mullard's electron beam maskmaker, **ES**:13B, 77–78
Müller, **ES**:15, 267
Müller, E.W., **ES**:16, 188, 198–199, 229, 306

Müller, H.O., **ES**:16, 2, 407
Mulling, **ES**:15, 265
Multiampere beam, **ES**:13B, 61
Multicascade energy analyzers, **E**:89, 430–432, 467–472
Multichannel equations, **ES**:19, 142–147
Multicolor liquid-crystal displays, **D**:4, 72–83
Multicomponent system
   atomic number correction in, **ES**:6, 97, 109–111
   examples of, **ES**:6, 109–111
   radiation intensity ratios in, **ES**:6, 81
Multidimensional Cooley–Tukey algorithm, **E**:93, 28–30
Multidimensional equations
   algebraic structure, **ES**:19, 397–400
   integrable, **ES**:19, 392–397
   inverse problem, **ES**:19, 141, 153–166
Multidimensional parameters, Fisher information, **E**:90, 133–135
Multidimensional spectral transforms, **ES**:19, 359–368
Multidimensional systems, reduction recursion operators, **ES**:19, 389–406
Multifocus lenses, **M**:12, 196
Multifunctionality, semiconductor quantum devices, **E**:89, 164
Multigrid
   algorithm, fundamental, **E**:82, 329
   analog computers, **E**:82, 364
   anisotropic problems, **E**:82, 346
   convergence analysis, **E**:82, 332, 338
   cycles, **E**:82, 331
   hyperbolic problems, **E**:82, 328, 337
   mixed problems, **E**:82, 359
   parallel computing, **E**:82, 364
   preconditioning by, **E**:82, 347, 351
   with several coarse grids, **E**:82, 354, 356
   software, **E**:82, 365
   Stokes' equation, **E**:82, 359
   tutorial, **E**:82, 328
   variational approach, **E**:82, 337
Multilayer coil, in magnetic lens, **M**:13, 140–141
Multilayered perception, **F**:87, 7f
Multilayered superconductors, critical current density in, **M**:14, 36–38

Multilayer structures, magnetic materials,
    E:98, 400, 402
  cobalt/copper, **E:**98, 406–408
  cobalt/palladium, **E:**98, 402–406
Multilens system, **ES:**17, 109–110, 114–117
Multilevel displays, processing images for,
    D:4, 201–202
Multilocality, **E:**103, 81
Multimode fibers, history, **E:**99, 70–71
Multioutput filter, **E:**94, 385
Multipacting, **ES:**22, 364
Multipactoring, **ES:**22, 364
Multipath
  in radar, **ES:**14, 144
  transmission, **ES:**9, 284
Multiphoton bremsstrahlung (MPB), **ES:**13B,
    262–263
Multiplanar
  reformatting, **E:**85, 133
  reprojection, **E:**85, 133
Multiple-beam deflection, in color TV tubes,
    D:1, 209–215
Multiple-beam equation, **ES:**4, 125
Multiple independent collision approach in
    Coulomb interaction, **M:**13, 218
Multiple quantum wells, **ES:**24, 191–204
  δ doped, **ES:**24, 191, 192, 194
  detectors, *see* Detector(s), MQW
  n type, **ES:**24, 200–204
  p type, **ES:**24, 191, 194, 195
  structure, **ES:**24, 191, 192
Multiple reflection, **ES:**4, 96, 126
Multiple scattering, **ES:**10, 7, 9
Multiple-slit diaphragm in step microkymography, **M:**7, 77
Multiple transformations, mathematical
    morphology, **E:**89, 377
Multiplets, beam transport through gaps of
    quadrupole, **E:**103, 329–336
Multiple value fixed radix number system,
    E:89, 59
Multiplexed correlator, optical symbolic substitution, **E:**89, 82–84
Multiplexing, **ES:**11, 147
  acoustic processing, **ES:**9, 219
  bandwidth, **ES:**11, 152
  carrier frequency, **ES:**11, 161
  CTD, **ES:**8, 207–209
  demodulation, **ES:**11, 161
  frequency, **ES:**11, 148

  frequency allocation, **ES:**11, 157
  Nakamura, Y, **ES:**11, 221
  near boundary, **ES:**11, 170
  noise rejection, **ES:**11, 136
  Nonaka, M., **ES:**11, 221
  Nongaillard, B., **ES:**11, 217
  nonsinusoidal voltages, **ES:**11, 23
  nonuniform resolution, **ES:**11, 8
  Norton, R.E., **ES:**11, 220
  orthogonal, **ES:**11, 149
  representative numbers, **ES:**9, 226; **ES:**11,
      153
  space division or target area-sharing in,
      D:2, 172–178
  time, **ES:**11, 149
  waveforms in matrix-type displays, **D:**4,
      18–20
Multiple yokes, in electrostatic deflection,
    D:1, 201–205
Multiplication
  linear-time rational calculation, **E:**90, 106
  maxpolynomials, **E:**90, 89–91
Multiplication short noise, avalanche photodiodes, **E:**99, 151
Multiplicative objects, **ES:**10, 7, 20
Multiplier, **ES:**9, 140, 209, 217
Multiply charged molecular ion, formation
    of, **ES:**13B, 155
Multiply connected, eddy current region,
    E:82, 31, 35, 36
Multiply ionized ion, implantation, **ES:**13B,
    55–57
Multipoint multimedia conference system,
    E:91, 205
Multipole, **E:**85, 237
  aberration correction in electron optical
      systems, **ES:**13A, 121–128, 134–139
  control relation, **E:**85, 237
  determination of symmetry group G_p, **E:**85,
      251–252
  harmonic potentials, **E:**85, 238
  partial harmonic potentials, **E:**85, 238
  constraint relations among, **E:**85, 239
Multipole corrector, **E:**86, 278
Multi-pulse excited linear prediction coding,
    E:82, 171
Multiquantum well/superlattice photodiodes, **E:**99, 94–96
Multiresolution codebooks, **E:**97, 202

Multiresolution pyrmids, joint space-frequency representation, **E**:97, 13–16
Multiscale closing-opening, **E**:99, 22–29, 53, 55
Multiscale dilation-erosion, **E**:99, 8, 16–22, 53, 55
Multishell lattice codebooks, **E**:97, 219
Multislice approach
  electromagnetic lenses, **E**:93, 179, 181–182, 187–188
    cylindrical, **E**:93, 175–176
    Glaser-Schiske diffraction integral, **E**:93, 195–202
    improved phase-object approach, **E**:93, 190–192
    quadrupole, **E**:93, 175–176, 181–185
    round symmetric, **E**:93, 186–202
    spherical aberration, **E**:93, 107–215
    spherical wave propagation, **E**:93, 194–195
    thick lens theory, **E**:93, 192–194
  image formation, **E**:93, 174–176
  lens analysis, **E**:93, 173–216
    paraxial properties, **E**:93, 194–207
  optical, **E**:93, 174–176, 185–186
  propagation
    basic equations, **E**:93, 175–178, 186–190
    improved equations, **E**:93, 202–207
Multislice simulations, **M**:11, 21
Multislice theory, development, **E**:96, 51
Multispectral CT microscope, **M**:14, 237–241
  experiments, **M**:14, 239–241
  principle and theory, **M**:14, 237–239
Multispectral processing, orientation analysis, **E**:93, 311–319, 321
Multistage one-dimensional filter, **E**:92, 39–44
Multiterminal formulas, electron-wave devices, **E**:89, 117–118
Multitip emitters, **ES**:4, 7
Multivalley ellipsoids, **E**:82, 210
Multivariate entropy, unified (r,s), **E**:91, 95, 102–107
Multiview CT microscope, **M**:14, 241–243
Multiwave three-dimensional imaging with fluorescence, **M**:14, 184–189
Multiwire proportional counter, **ES**:13A, 233–234

Mulvey, T., **ES**:16, 42, 105, 125, 306, 370
  recollections of electron microscope development in England, **ES**:16, 417–442
Mulvey's projector lens, **M**:10, 239
μ-metal, **ES**:20, 64
Munich, cryomicroscope developed at, **ES**:16, 214–215
Munich electron microscopy, **M**:10, 239
Murphy, **ES**:15, 268
Murthy, S.S.R., **ES**:11, 143, 219
Murty, **ES**:9, 489
Muscle cells, **M**:5, 342
Muscle proteins, three-dimensional structure, **M**:7, 352–356
Music, recorded, wavelet transform, **ES**:19, 306
Mutiaperture extraction optics, **ES**:13C, 209–210
Mutigap effects, in high-current ion accelerators, **ES**:13C, 421–431
Mutual coherence, **M**:7, 105–112
Mutual coherence function, **ES**:4, 109, 110, 112, 114, 124, 130, 131; **M**:7, 108
Mutual intensity, **M**:7, 111
  calculation, **M**:7, 112
  propagation, **M**:7, 112–116
  transfer, **M**:7, 117–119
Mutual phase axis, **E**:94, 232
Mutual repulsion of electrons, *see* Space charge
Myelin figures, **M**:2, 270
Myelin sheath, electron microscopy of, **ES**:16, 192, 193, 195, 202
Myeloperoxidase, **M**:6, 218
Myers, L.M., **ES**:16, 485
Mylar
  electron beam diode, **ES**:13C, 183–184
  transmission line insulation, **ES**:13C, 177
Myoglobin, **M**:6, 211
Myoneural junction, **M**:6, 204, 206
  enzyme distribution, **M**:6, 204, 206
Myosin
  actin complex, reconstruction, **M**:7, 353
  early electron microscope studies on structure of, **ES**:16, 17–19
  electron micrographs, **M**:7, 352
Myosin ATPase, **M**:6, 190
  histochemistry, **M**:6, 193
  lead inhibition, **M**:6, 193
  localization, **M**:6, 193

N

N
  chemisorbed nitrogen, ES:20, 132
  field desorption of, ES:20, 29
N[1]5, ES:20, 81, 133
NAG, E:82, 367
Nagle, ES:15, 268
Naito, ES:18, 37
Naive labeling algorithm, E:90, 398–400
NAND gate, E:89, 229–231
Nanofabrication
  electron-beam lithography, E:102, 88–89, 91–105
  focused ion beams, E:102, 89, 105–114
  other fabrication techniques, E:102, 123–124
  pattern transfer, E:102, 125–137
  resolution differences, comparison of, E:102, 125
  resolution limits of organic resists, E:102, 138–158
  scanning probe microscope, E:102, 89, 114–121
  top-down method, E:102, 88
  X-ray lithography, E:102, 89, 121–123
Nanofabrication applications, E:102, 158
  Coulomb blockade, E:102, 162–168
  magnetic dots, E:102, 168–171
  quantum interference, E:102, 159–161
  superlattices, E:102, 161–162
Nanometer lithography, ES:20, 270
Nanostructure electronic devices, E:89, 94, 99
Nanotechnology
  conclusions, E:102, 174–176
  developments of, E:102, 87–90
Nanotip, see also Field emission tips
  application, E:95, 64, 112, 149
    atomic beam splitter, E:95, 145–149
    atomic resolution under FEM, E:95, 112–115
    Fresnel projection microscopy, E:95, 124–132, 134, 136–140, 142–144
    local cooling, E:95, 118, 121–124
    local heating, E:95, 118–121
    microguns, E:95, 150
    monochromatic electron beam, E:95, 115, 118
    beam opening angle, E:95, 97–98
    diffraction through a tunnel barrier, E:95, 106–107
    geometric effect, E:95, 105–106
  confinement of field emitting area, E:95, 84–96
  current saturation, E:95, 110–112
  current-voltage characteristics, E:95, 99–100, 110–112
  design, E:95, 64, 81
  experimental setup, E:95, 82–84
  field emission
    characteristics, E:95, 81–82, 104
    stability, E:95, 98, 107
  iron nanotip
    atomic metallic ion emission, E:95, 147–148
    beam splitting mechanism, E:95, 148–149
    field emission, E:95, 145
  localized band structure, E:95, 107–110
  local work function decrease, E:95, 87
  in situ field sharpening, E:95, 87–88
    buildup tips, E:95, 91–92
    field surface melting mechanism, E:95, 93–94
    growth and formation of nanoprotrusions, E:95, 94–96
    local field enhancement, E:95, 88–89
    sharpening in applied field, E:95, 89–91
  total energy distribution, E:95, 100–103, 107–110
  ultrasharp tips, E:95, 85–87
Narasima Raju, ES:9, 146
Narod, ES:14, 31
Narrow angle, definition of, ES:3, 4–5, 53, 59
Narrow-band filters, ES:4, 98
Narrowband gap semiconductors, IR use, ES:8, 198–199
Narrow relative bandwidth, ES:9, 330, 331
NASA, image compression system model of, ES:12, 139–140
NASA, lunar exploration by, ES:6, 313
National Bureau of Standards, Marton's work at, ES:16, 517–518
National Institute for Medical Research (Hampstead, England), early electron microscopes at, ES:16, 83, 486, 497
National Institute of Standards and Technology, ES:22, 49

SUBJECT INDEX

National Physical Laboratory (Teddington, England), early electron microscopes at, ES:16, 82, 83, 485–486, 489
National Synchrotron Light Source, ES:22, 36
National Television System Committee signals, ES:12, 79, 80, 100, 103, 211, 212
  in TV liquid-crystal displays, D:4, 32
  standards of, D:2, 170–171, 184, 186, 189–190, 203–207, 224, 231, 240
Natural coordinate frame, E:86, 236
Natural districts, E:103, 99–102
Naumov, ES:14, 25, 27; ES:23, 21, 335
Naval Ocean Systems Center, ES:12, 169
Naval Research Laboratory, ES:22, 5
Navigation
  accuracy, E:85, 8, 15
  equation, E:85, 4
  error, E:85, 11–16, 66, 68
  system, E:85, 7, 56
Nawrath, ES:9, 158, 484
N-body problem, reduction to 2-body problem, ES:21, 81, 95–104, 498, 499
N_2 maser, ES:2, 152, 247
NDC (negative differential conductance), ES:24, 239
NDR, see Negative differential resistance
Nd^{3+} masers, ES:2, 121–124, 231–233
Nd^{3+} : $CaWO_4$
  radiation characteristics, ES:2, 186, 189–190
  spectral width, ES:2, 176
  spiking, ES:2, 192
  using a fiber, ES:2, 78
Nd:YAG laser, ES:22, 34, 42; M:10, 86
  in laser-addressed light valve, D:2, 54
  in pulse mode, D:2, 56
  repetitively Q-switched, D:2, 56–57
  in scanned laser beam techniques, D:2, 54
Ne, ES:20, 106
  –He complex, ES:20, 106
  on W and Nb, ES:20, 92, 98
NEA (negative electron affinity), E:83, 10, 29; D:1, 85
NEA (negative electron affinity) devices, D:1, 72–74, 144–159
NEA (negative electron affinity) materials, D:1, 71–160
  band bending in, D:1, 83–86
  conventional emitters and, D:1, 74–79

donor surface states in, D:1, 83–84
surface escape probability in, D:1, 86–92
surface models in, D:1, 82–83
surface preparation and activation processes in, D:1, 81
surface properties in, D:1, 79–92
transmission secondary emission dynodes in, D:1, 125–145
NEA (negative electron affinity) photocathodes, D:1, 92–125
  0.9 μm sensitive cathode in, D:1, 119–125
  1.06 μm sensitive cathode in, D:1, 112–113
  applications of, D:1, 144
  fabrication techniques in, D:1, 106–113
  GaAs cathodes and, D:1, 109–111
  GaAs transmission type, D:1, 114–118
  MTF function in, D:1, 101–105
  photoemission experimental results for, D:1, 113–125
  resolution in, D:1, 101–106
  structure of, D:1, 106–113
  substrate-cathode combinations in, D:1, 107–109
Near boundary, ES:11, 170
Nearest neighbor condition, E:82, 138
Nearest neighbor distribution, ES:21, 102, 472–473
Nearest-neighbor techniques, in Coulomb interaction, M:13, 218
Near field radiation, M:12, 245
Nearly complete collision, dynamics of, ES:21, 151–156, 170–176, 274, 499
  conditions for, ES:21, 153, 203, 416
Near-zone
  defined, ES:9, 237, 242
  effects, ES:9, 246
Neatrour, ES:23, 48
Necessary proof, ES:18, 81
Nechaev, ES:18, 238; ES:23, 334
Néel temperature, see Curie point
Néel wall, E:87, 179–180; E:98, 327, 388
Negative contrast, M:1, 85; M:6, 228
Negative differential conductance, ES:24, 239
Negative differential resistance, E:89, 126, 128; ES:24, 248
Negative effective permeability, use in field displacement isolator, ES:5, 47, 48
Negative electron affinity, see NEA entries
Negative-energy wave, ES:13C, 461, 464
Negative flux linkage, ES:4, 85

Negative frequencies, **ES**:4, 110
  components, **ES**:4, 108
Negative ions, **M**:11, 106
  source, **ES**:13B, 57–58, 68–69
Negatives, use of image analysing computer, **M**:4, 382
Negative staining, **M**:6, 227; **M**:8, 108, 116, 123–124
  of bacteria, **M**:6, 228
  biological macromolecules, **M**:7, 288–293
  of collagen, **M**:6, 233
  of elastin, **M**:6, 233
  electron-dense stain, **M**:6, 228
  of large protein macromolecules, **M**:6, 228
  of membranes, **M**:6, 228
  mounting method, **M**:6, 230, 231
  optical diffraction technique, **M**:6, 229
  pH, **M**:6, 227, 228
  with phosphotungstate, **M**:6, 227, 228
  photographic averaging, **M**:6, 229
  signal-to-noise ratio and, **M**:7, 258
  stain selection, **M**:6, 233–235
  of subcellular components, **M**:6, 228
  of viruses, **M**:6, 227, 228
  virus particle preparation, **M**:6, 229, 230–233
Negative stains
  ammonium molybdate, **M**:6, 235, 263, 267
  carbon film technique
    advantages, **M**:6, 261
    freeze-drying, **M**:6, 268
    for highly concentrated virus crystalline array, **M**:6, 261
    mica transfer sheet, **M**:6, 262, 263
    mounting of sample, **M**:6, 261
    problems, **M**:6, 261
    replica method, **M**:6, 265, 266
    specimen durability, **M**:6, 268
    specimen grid, **M**:6, 263
    specimen interference patterns, **M**:6, 268
    specimen location, ??
    specimen preparation, **M**:6, 261, 262, 263
    stain-buffer interaction, **M**:6, 268
  effect on electron micrograph, **M**:6, 233
  effect on unfixed membrane system, **M**:6, 237
  interaction with specimen, **M**:6, 234
  lanthanum acetate, **M**:6, 235
  lithium tungstate, **M**:6, 235
  phosphotungstic acid, **M**:6, 227, 228, 234
  potassium phosphotungstate, **M**:6, 228, 235, 263
  properties, **M**:6, 235
  selection, **M**:6, 233
  silicon tungstate, **M**:6, 235
  sodium phosphotungstate, **M**:6, 228, 235, 263
  tungstoborate, **M**:6, 235
  uranyl acetate, **M**:6, 235, 236, 263, 267
  uranyl aluminium formate, **M**:6, 235
  uranyl formate, **M**:6, 235, 263
  uranyl oxalate, **M**:6, 235
  wetting agent, **M**:6, 234
Negative temperature, **ES**:2, 9
Negative tolerance, **DS**:1, 13, 36, 118–128
Neglected residual technique, anisotropic media, **E**:92, 132–134, 145–157
NEI, *see* Noise-equivalent irradiance
Neides, **ES**:20, 35, 88
Neighborhood system, **E**:97, 105
Neighbor interaction function, **E**:97, 109
Nematic-to-cholesteric phase change display panel, **D**:4, 51
Neon
  field ionization, **ES**:13A, 277
  melting point, **E**:98, 10
Neon line, **ES**:4, 99
Neon promotion, **ES**:20, 17
NERFET, **ES**:24, 248
Nernst, W.H., **ES**:16, 24
Nerve fiber, electron microscopy of, **ES**:16, 194, 201–203
Nerve myelin, **M**:5, 331
Nervous tissue, **E**:94, 273–276
Nesting, **DS**:1, 35, 49, 130
Netherlands
  contributions to electron micrsocopy research
    biological specimens, **E**:96, 294–297
    cryofixation, **E**:96, 296
    lenses, **E**:96, 288–289
    Philips innovations, **E**:96, 289
    software, **E**:96, 297
  Delft University of Technology
    bacterial flagella studies, **E**:96, 280
    Le Poole microscope, **E**:96, 273–275, 288
    microscope construction, **E**:96, 275, 288
    organization of electron microscopy, research, **E**:96, 273–274

research staff, **E**:96, 279
specimen preparation, **E**:96, 279–281
yeast research, **E**:96, 271–273, 276, 281, 283–284
Dutch Society for Electron Microscopy, **E**:96, 298–296
early electron microscope development, in, **ES**:16, 387–416, 596–597
growth of electron microscopy, **E**:96, 281–284, 295–296
in history of electron microscope, **ES**:16, 55
World War II impact on research, **E**:96, 276–278
NETLIB, **E**:82, 365
Net space charge mechanisms, collective ion acceleration, **ES**:13C, 447–448
Network method, of computation of magnetic lens, **ES**:13A, 13–17
Neubauer, **ES**:15, 106
Neumann boundary(ies)
conditions at, electron guns, **ES**:13C, 159
in FDM methods, **M**:13, 34–35, 36
Neumann problem
in computation of electrostatic and magnetic fields, **ES**:13A, 13
of heat conduction, **ES**:19, 246–247
Neumann series expansion, **ES**:19, 335
Neural networks, **E**:87, 4f; **E**:88, 278–288; **E**:94, 265, *see also* Deconvolution
artificial, **E**:94, 294
Daugman's neural network, **E**:97, 31, 52
electronic hardware and, **E**:87, 38f
feedback and Feedforward networks, **E**:94, 265, 276–278
generalized Boltzmann machine, **E**:97, 150–151
Hopfield, *see* Hopfield neural network
iterative transformations, **E**:94, 278–284
models, **E**:94, 272–284
neuro-fuzzy approach, **E**:88, 278–288
back propagation, **E**:88, 282–286
connectionist expert system, **E**:88, 281
fuzzy neurons, **E**:88, 279
Kohonen's algorithm, **E**:88, 283
perception, **E**:88, 280–281
self-organizing network, **E**:88, 281
optical hardware and, **E**:87, 40f, 44
optimization, **E**:97, 88–89
quantum neural computing, **E**:94, 260–310

Neural process, quantum mechanics, **E**:94, 263
Neurons, **E**:94, 273–275, 276
cell death, **E**:94, 287
complex neurons, **E**:94, 279–281
HVEM in studies of, **ES**:16, 154–156
preparation for electron microscopy, **ES**:16, 173
receptive field, **E**:97, 40–41
subneuron field, **E**:94, 305–309
Neuropsychology
binding problem, **E**:94, 284–285
consciousness, **E**:94, 261, 263
flawed, **E**:94, 294
learning, **E**:94, 285–293
Neuroscience
developmental, **E**:94, 287
neural network model, **E**:94, 272–276
reductionist approach, **E**:94, 262
Neutral beam heating of fusion plasma, **ES**:13C, 207–208
Neutrality principle, **E**:89, 277, 278
Neutralization, **ES**:13C, 42
ion beams, **ES**:13C, 390–408, 416, 418, 424, 431, 433
collective ion acceleration, **ES**:13C, 446, 450
focusing intense neutralized beams, **ES**:13C, 408–414
transport by electron control, **ES**:13C, 414–416
in ion implantation system, **ES**:13B, 48–50
of space charge by positive ions, **ES**:3, 68, 75–76
Neutral networks, **E**:86, 74
Neutral particle injector, for fusion, **ES**:13C, 210
Neutron measurement, in ion beam diagnostics, **ES**:13C, 341
Neutron radiography, **E**:99, 264; **D**:1, 42, 44
Neutron topography, magnetic microstructure, **E**:98, 330–331
Newhouse, **ES**:14, 110
New larva, embryonic heart, stripe microkymography, **M**:7, 98
Newns–Anderson model, **ES**:20, 95, 100
Newton, **ES**:15, 228
Newtonian fields, **ES**:7, 11
Newtonian heating, **ES**:19, 246–250

Newtonian mechanics, EPI approach, **E**:90, 173
Newtonian methods, modified elastic scattering, **ES**:19, 118
Newton imaging formula, **ES**:17, 34, 107
Newton–Raphson iteration formula, **E**:94, 279
Newton–Raphson procedure, **E**:82, 52, 72
Newton–Sabatier method, inverse problem, **ES**:19, 107–108
Newton's iteration scheme, **ES**:19, 133
  Aitkin's active extra polation, **ES**:19, 40, 45
Newton's rings, in quality testing, **M**:10, 159–160
Newvicon, **M**:9, 343
NF decay length, **M**:12, 285
NF optical experiment, **M**:12, 281
(NH4)2S, **E**:86, 39
NH$_3$, **ES**:20, 130
NHK, *see* Japan Broadcasting Corporation
Ni, **ES**:20, 34, 45, 96, 134, 270
  H/Ni, **ES**:20, 98
  Ni–Al alloys, **ES**:20, 216, 220
  Ni–based alloys, **ES**:20, 216
    superalloy CMSX2, **ES**:20, 222
    superalloy IN939, **ES**:20, 222
  Ni–Cu alloys, **ES**:20, 109
    catalytic activity of, **ES**:20, 121
  Ni$_3$Al, **ES**:20, 243
  Ni(CO)$_x$, **ES**:20, 134
Nichols, **ES**:9, 486
Nicholson, **ES**:14, 44
Nickel
  atomic number correction for, **ES**:6, 283
  magnetic thin films, **E**:98, 397–399, 400–401
  photoelectron microscopy, **M**:10, 308, 309
  X-ray intensity curves for, **ES**:6, 212–214
Nickel alloys, oxidation of, **ES**:6, 282–283
Nickel-ion film, **M**:5, 285
Nickel iron vacancies, **ES**:6, 283
Nickel ribbons, **ES**:4, 167
Nielsen, **ES**:9, 476; **ES**:18, 37
Nieuwenhuys, A.M., **ES**:16, 50
Nie Zaiping, **ES**:15, 100
Nightingale, **ES**:9, 487
Night sky, radiation in, **D**:1, 49–50
Night vision, instrumental aids to, **D**:1, 49–51
Night Vision Laboratories, **D**:3, 53
Nikolajev, **ES**:15, 267

Nikon condensor, **M**:6, 22
Nikon interference-phase device
  as attachment, **M**:6, 101, 103
  comparison to Polanret system, **M**:6, 100, 101
  construction, **M**:6, 100, 101
  defects, **M**:6, 101
  image, **M**:6, 102
  with monochromatic light, **M**:6, 101
  polarizer system, **M**:6, 100, 101
  with white light, **M**:6, 101
Nikon-S-Ke microscope in tracking microscope, **M**:7, 3
90 degree electrostatic deflector, **ES**:20, 53
Nipkow disc, **M**:6, 136
Nipkow scanner, **M**:6, 140
Nipkow wheel scanning, **M**:10, 16, 61
Nitride, **ES**:20, 214
Nitrobenzene, stimulated Raman emission in, **ES**:2, 203, 205
Nitrogen
  diatomic molecular bond, **E**:98, 71–74
  in ion implantation system, **ES**:13B, 56
  K band for, **ES**:6, 161
Ni^{2+} : MgF$_2$ maser, **ES**:2, 120, 233
NIXIE. numerical indicator tube, **D**:3, 86
Nixon, W.C., **ES**:16, 34
NLPDE, *see* Partial differential equations, non-linear
NLS, *see* Nonlinear evolution equations; Schrödinger equation, and problem
N (Ne-NO, Ne-NO$_2$) maser, **ES**:2, 240
NML microscopes
  discrimination, **M**:8, 38
  edge detection by, **M**:8, 45
  scanning mechanisms, **M**:8, 35
NMOS transistor, **D**:4, 24
NMR spectrometers, production in Czechoslovakia, **ES**:16, 75
NMSE, *see* Mean-square error, normalized
NO, **ES**:20, 136
  on Pt and Ru, **ES**:20, 136
Nobel Institute for Physics, early electron microscopy at, **ES**:16, 169–178
Noble, **ES**:9, 231
Noble gases
  in ion implantation system, **ES**:13B, 56
  melting point, **E**:98, 9–10
Noble gas–hydrogen compound, **ES**:20, 81

SUBJECT INDEX

Noble gas masers, **ES:**2, 150–152, 242–243, 244–246
Noble metal films, **ES:**4, 190
Noda, **ES:**9, 173, 174
Nodes
  coherent node renumbering, **E:**90, 52
  eigen-node, **E:**90, 56
  intermediate node, **E:**90, 39
  isolated node, **E:**90, 50
  phase plane, **ES:**22, 116
Node-set, definition, **E:**90, 37
Noise, **ES:**10, 26–28, 30–32, 96–97, 120, 124, 140, 142–143, 151, 161–162, 165–166, 170, 175; **ES:**22, 57, 64, 121; **ES:**24, 180, 182, 186–189, 204, 215, 219, 243, *see also* Image degradation/distortion; Signal-to-noise ratio
  $1/f$, **E:**87, 209, 212, 218, 220, 223, 226, 230, 232, 240, 245
  additive, **E:**88, 309; **E:**92, 10–13
  analog optical fiber communication, **E:**99, 68
  autocorrelation function of, **E:**88, 310
  avalanche photodiodes, **E:**99, 88, 94–96, 150–153, 156
    flicker noise, **E:**99, 151–153, 154
    low-frequency noise measurements, **E:**99, 150, 156
    multiplication shot noise, **E:**99, 151
  Barkhausen, **E:**87, 240
  binary images, **E:**92, 66–68, 72–75
  burst, **E:**87, 208, 211, 219, 223, 232, 236
  and computer image processing
    random, **M:**4, 95–97
    scan-line, **M:**4, 101
    system, **M:**4, 97–101
  in correlation functions, **ES:**10, 197, 200, 204–210, 221
  in CTDs
    electrical injection noise, **ES:**8, 116–118
    generation noise, **ES:**8, 116
    image sensors, signal-to-noise ratio, **ES:**8, 185–188
    in signal detection, **ES:**8, 118–126
    transfer noise, **ES:**8, 109–115
  current, **E:**87, 206
  defined, **E:**99, 76
  diffusion, **E:**87, 219
  digital image processing, **M:**4, 135–145
    detector noise, **M:**4, 141–145
    digital step distribution, **M:**4, 136–138
    film grain, **M:**4, 138–139
    image sensor, **M:**4, 87
    quantization noise, **M:**4, 140–141
    system noise, **M:**4, 141
  discretization, **E:**92, 72–75
  effect of, **ES:**12, 64, 151, 167–168, 183
    error image and, **ES:**12, 123
    in electron beam lithography, **ES:**13B, 118–119
  electron off-axis holography, **E:**89, 31–32
  emission fluctuation, **E:**83, 7, 58
    spectrum, **E:**83, 61
  excess, **E:**87, 206, 209, 211, 234
  field ion sources, **ES:**13A, 278–279, 320
  filter response to, **E:**88, 312, 319
  and flare, scanning electron microscopy, **M:**10, 73–75
  flicker, **E:**87, 218
  frame replenishment coding and, **ES:**12, 193, 196, 199, 200, 202, 204
  Gaussian, **E:**88, 309
  generation-recombination, **E:**87, 209, 214, 217, 219, 221, 226, 231, 245
  granular, **ES:**12, 88, 92, 96, 108
  homogeneous, **E:**88, 310
  imaging plate system, **E:**99, 259–260
  Johnson, **E:**87, 206
  LMMSE, **E:**92, 11–13
  multiplication excess noise, **E:**99, 84–86
  multiplicative, **E:**92, 13–14
  Nyquist, **E:**87, 206
  power spectral $1/f$ noise, **E:**90, 174–185, 188
  in pyroelectric vidicons, **D:**3, 37–44
  quantum $1/f$, **E:**87, 214
  shot, **E:**87, 206; **ES:**10, 31; **ES:**22, 57, 121, 125
  simulaltion of, **ES:**12, 14, 51–52, 66
  and speckle, holographic microscopy, **M:**10, 159–173
  spectrum, **ES:**10, 245; **ES:**22, 127, 129
  thermal, **E:**87, 206; **E:**88, 303, 309
  uncorrelated, **E:**88, 310
  white, **E:**88, 310
Noise-equivalent irradiance, **D:**3, 231
Noise-equivalent power, **D:**3, 10
Noise factor, **ES:**2, 94
  in channel electron multiplication, **D:**1, 17–21

modulation transfer function and, **D:**1, 58
primary electron energy and, **D:**1, 22
single pulse saturation and, **D:**1, 24
Noiseless coding, **ES:**12, 220–222, 224, 268, 271
Noise rejection, **ES:**11, 136
Noise removal
 deblurring, **E:**97, 155–159
 image enhancement, **E:**97, 56–58
Noise shaping, **E:**97, 198
Noise suppression, **ES:**15, 177
Noise temperature, **ES:**2, 94; **ES:**14, 25, 26; **ES:**23, 18
Nomarski DIC system, **M:**6, 105
Nomarski method, imaging, **M:**10, 52, 53
Nomarski variable achromatic system
 comparison to Polanret system, **M:**6, 99
 construction, **M:**6, 99
 optical system, **M:**6, 99
 polarizer system, **M:**6, 99
 principles, **M:**6, 100
Nomenclature, **ES:**7, 355–356
Nomograms
 deflection defocusing, **ES:**3, 147–148
 deflector plate sensitivity, **ES:**3, 100–101
 Langmuir limit, **ES:**3, 149
 space charge in drift space, **ES:**3, 150
 spot density, **ES:**3, 149
Nonadaptive algorithms, in bilevel display image processing, **D:**4, 168–176
Nonadaptive rank-selection filter, **E:**92, 66–68
Nonbinary number systems, optical symbolic substitution, **E:**89, 59
Noncoherent integration, **ES:**23, 21
Noncoherent light, image-processing applications in, **D:**1, 269–278
Nonconfocal resonator, **ES:**2, 70, 72
Nonconformal transformations, **ES:**3, 119–120, 160–161, 175–180
Non-contact scanning force microscopy, **E:**87, 49–196, *see also* Electric force microscopy
 capabilities, **E:**87, 196
 force-*versus*-distance curves, **E:**87, 195
 instrumentation, **E:**87, 190–195
  beam deflection system, **E:**87, 192
  bimorph piezosensor, **E:**87, 192
  capacitance detection system, **E:**87, 191–192

 dynamic mode, **E:**87, 193–194
 electron tunneling, **E:**87, 191
 force-sensing probe, **E:**87, 190–191
 interferometer-based system, **E:**87, 192–193
 laser-diode feedback system, **E:**87, 193
 setup, **E:**87, 194–195
 probe-sample interactions, **E:**87, 51–129
  capillary action, **E:**87, 52–53
  capillary forces, **E:**87, 119–127
  ionic forces, **E:**87, 102–112
  method, **E:**87, 51–53
  patch charge forces, **E:**87, 127–129
  solvation forces, **E:**87, 112–119
  van der Waals forces, *see* van der Waals forces
Non-contact stylus microscopy, **M:**12, 242
Non-contaminating support films, **M:**8, 110
Noncrossover region, in pyroelectric vidicons, **D:**3, 58–59
Non-crystalline specimens phase solutions, **M:**7, 264
Noncubic materials, lattice spacings of, **ES:**6, 425
Nondestructive method, of beam measurement, **ES:**13A, 202, 204–205, 229–235, 250–251
Nondestructive readout, **E:**86, 49, 69
Nondispersive energy selector, **ES:**13B, 265–266
 space charge, **ES:**13B, 353–355
Nondispersive waveguide, **ES:**15, 226
Nondispersive X-ray emission analysis, **ES:**6, 313–359
 background correction in, **ES:**6, 333–334
 computer program for calculations in, **ES:**6, 355–338
 data analysis in, **ES:**6, 320–338
 detector for, **ES:**6, 317–319
 electronic arrangement for, **ES:**6, 319–320
 error calculation in, **ES:**6, 328–333
 gain shift in, **ES:**6, 334–336
 interference in, **ES:**6, 333, 345
 least-squares technique in, **ES:**6, 338–359
 library functions in, **ES:**6, 325–326
 linear least-squares analysis in, **ES:**6, 324–338
 matrix equations in, **ES:**6, 324–325
 nonnegativity constraint in, **ES:**6, 326–328
 pulse height spectrum in, **ES:**6, 320–324

SUBJECT INDEX

resolving correlations in, **ES:**6, 345–358
rock type classifications in, **ES:**6, 351–357
sources of, **ES:**6, 316–317
Non-elementary cycles, **E:**90, 39
Non-elementary path, **E:**90, 39
Non-elementary state functions, **E:**94, 333–335
Non-Euclidean geometry, **ES:**15, 23
Non-Fourier decompositions, **ES:**10, 199–200
Nongray scale algorithms, in bilevel display image processing, **D:**4, 163–168
Non-Hermitian eigensystems, perturbation methods
  nonperiodic structures, **E:**90, 272–293
  periodic structures, **E:**90, 250–272
Non-invasive probing of cell metabolism, **M:**14, 134–137
Nonisoplanatism, **E:**89, 9
Nonlaminar beam, **ES:**13A, 161
Nonlinear, **E:**82, 3, 7, 47, 52, 61, 68, 72
Nonlinear acoustic microscopy, **M:**11, 160
Nonlinear differential equation, **ES:**15, 81
Nonlinear eddy current problems
  finite element approach to, **E:**102, 44–50
  iterative procedures for, **E:**102, 41–44
  magnetostatics and, **E:**102, 39–41
Nonlinear evolution equations
  boundary value problems, **ES:**19, 409–421
  and Darboux transformation
    classical, **ES:**19, 445
    new, **ES:**19, 449–450
    two parameter, **ES:**19, 451–452
  Hilbert–Riemann problem, **ES:**19, 447
  infinite line 1ST, **ES:**19, 412–415
  inverse scattering transform, **ES:**19, 409–410
  Kortweg de Vries hierarchy, **ES:**19, 429–443
  multidimensional, **ES:**19, 359–368
  partial differential, **ES:**19, 457–462, 463–478
  Schrödinger equation
    1-D, **ES:**19, 445–449
    emergence, **ES:**19, 13–16
    semi-infinite line, **ES:**19, 409
  Shine–Gordon, **ES:**19, 370, 377–387
  superposition formula, **ES:**19, 378, 385
  2 + 1 dimensions, **ES:**19, 369–374
Nonlinear gray-value transformation, **E:**92, 4–6

Nonlinear high-gradient ion accelerator, **ES:**13B, 50–52, 59
Nonlinear inverse problems, geometrical approach, **ES:**19, 509–520
  application, non-linear least square, **ES:**19, 515–520
  theory for projection, non-convex set, **ES:**19, 512–515
Nonlinear laser microscopy, **M:**10, 84–87
  shot noise, **M:**10, 75
Nonlinear local contrast enhancement, **E:**92, 27–36
Nonlinear mean filter, **E:**92, 18
Nonlinear overrelaxation method, for computation of electrostatic and magnetic fields, **ES:**13A, 39
Nonlinear phenomena, **ES:**22, 37, *see also* Ferrite nonlinearity
Nonlinear polarization, **ES:**2, 207, 261–262
Nonlinear processing, **ES:**14, 316
Nonlinear susceptibility tensors, **ES:**2, 207–209, 213, 263
Nonlinear transformations, **E:**94, 379
Nonlinear wave hypothesis, **E:**101, 146
Nonlocal type 2 phenomenon, **E:**99, 188
Nonmaxima suppression, **E:**88, 301, 335, 338
Nonmonochromatic beams, **ES:**21, 316–324
Nonnegativity constraints, in nondispersive X-ray emission analysis, **ES:**6, 326–328
Non-obligatory strokes, **E:**84, 245
Non-orthogonal transformation, **ES:**22, 94
Nonparaxial beams, in space charge optics, **ES:**13C, 36–42
  Bennett pinch, **ES:**13C, 41–42
  lens imperfections and nonlinear focusing channels, **ES:**13C, 37–39
  neutralized beams, **ES:**13C, 42
  nonlinearities associated with self-fields, **ES:**13C, 39
  transverse thermal velocities, **ES:**13C, 40
  uniform focusing with self-fields, **ES:**13C, 39–41
Nonperiodic sequences of pulses, **ES:**15, 21
Nonperiodic structures, perturbation method, **E:**90, 272–293
Nonperiodic waves, receiver, **ES:**14, 139
Nonperiodic waves, resonance, **ES:**9, 293
Nonplanar waves, **ES:**18, 33

Non-radiative transitions in enhancement
  effect, **ES**:1, 218, 227–230
  field-induced, **ES**:1, 63, 99, 187, 204–207
  in ZnS, **ES**:1, 58, 63, 79, 111
Nonreciprocal phase shifters, **ES**:5, 194–207
  attenuation constant, **ES**:5, 200
  design of, **ES**:5, 201
  differential phase shift, **ES**:5, 199
  figure of merit, **ES**:5, 200
  operating point, **ES**:5, 197
  simplified analysis, **ES**:5, 199
  single-slab geometries, **ES**:5, 194
  slab thickness, **ES**:5, 195
  two-slab geometries, **ES**:5, 197
Nonreciprocal transfer switches, **ES**:5, 167
Nonrelativistic approximation, **ES**:17, 7
Nonrippling flow, **ES**:4, 67
Nonrotationally symmetric fields
  electric, **ES**:17, 187–193
  magnetic, **ES**:17, 193–197
Nonsinusoidal voltages, **ES**:11, 23
Nonsinusoidal waves, panel discussion, **ES**:14, 29
Nonsource governing equations, **E**:103, 185–189, 197–205
Nonsymmetric array, **ES**:15, 174
Nonsymmetric polarity effects, **ES**:9, 283
Nonuniform beam, spreading and focusing, **ES**:13C, 66–74
Nonuniform resolution, **ES**:11, 8
Nonuniform space charge, **ES**:13C, 135–136
Nonvolatile memory, **E**:86, 60, 71
No phonon line, **E**:82, 263
Nopoli, **ES**:9, 486
Noqchi, **ES**:9, 484
NOR gate, **E**:89, 231–232
Nörlund, **ES**:9, 416, 429, 432, 446, 476, 477
Normal, to surface, **E**:84, 173, 189
Normal beam, **ES**:13A, 186–187, 230
Normal component
  of current density, **E**:82, 9, 19, 22, 27, 28
  of current vector potential, **E**:82, 20, 28, 36
  of electric flux density, **E**:82, 56
  of magnetic flux density, **E**:82, 8, 15, 22, 26, 29, 32, 36, 70, 81
  of magnetic vector potential, **E**:82, 17, 26, 33
Normal equations, **E**:84, 289, 291, 297

Normal incidence
  absorption, **ES**:24, 197
  scanning system in electron beam lithography, **ES**:13B, 103–105
Normalization techniques, **ES**:3, 10, 35, 43, 64, 68–69
Normalized brightness, **ES**:13C, 482–483
  and entropy, **ES**:13C, 484
Normalized emittance, **ES**:13C, 12, 21, 44
  electron guns, **ES**:13C, 168–169
  high-intensity beams, **ES**:13C, 59
  ion beam accelerator, **ES**:13C, 423
Normalized potential, **ES**:17, 6–7
Normalized quantities, in beam study, **ES**:13A, 177–181, 185
Normalized units, **ES**:10, 11, 239
Normal mode field, **E**:92, 95–101
Notation, **ES**:7, 356–357
Notation, excitation polarization, **ES**:18, 12
NOT gate, **E**:89, 229
Nottingham effect, **E**:83, 13, 16, 63
  defined, **E**:95, 118
  electron field emission, in, **M**:8, 253, 255
  nanotip application
    local cooling, **E**:95, 118, 121–124
    local heating, **E**:95, 118–121
Novak, **ES**:14, 8, 9
Novosibirsk, **ES**:22, 6
NPL microscopes
  non-linearity of output, **M**:8, 40
  scanning mechanisms, **M**:8, 35
NSLS (National Synchrotron Light Source), **ES**:22, 36
NTSC, *see* National Television System Committee
Nuclear pore complex, LVSEM results, **E**:83, 242, 246
Nuclear power, **M**:5, 1
Nuclear shapes, determination, **ES**:19, 130–136
Nuclear track scanner, **M**:4, 362
Nucleation and growth, **ES**:20, 217, 222
Nucleation kinetics, **M**:11, 93
Nucleic acid bases, EELS, **M**:9, 113, 116
Nucleic acids, **M**:5, 329
  aggregates with proteins and, nucleo proteins, **M**:7, 288
  aggregation, **M**:8, 126
  fixation, **M**:2, 260, 262, 267, 280
  negative staining, **M**:7, 288; **M**:8, 124

-protein complexes, **M:**8, 125
  electron microscopy support surfaces, **M:**8, 126
  protein loss during sample preparation, **M:**8, 119
  proteins, interaction with, **M:**8, 127
  single-stranded, spreading, **M:**8, 127
  solid surface adsorption, **M:**8, 126
  specific interaction with proteins, **M:**8, 127
  spreading adsorption, **M:**8, 119, 124–125
  structure conservation, **M:**8, 117–119
  support surfaces for electron microscopy, **M:**8, 124–127
  three-dimensional structure, **M:**7, 282
Nucleohistone DNA arrangement, **M:**8, 66
Nucleohistone-dye complexes, **M:**8, 59
  fiber pulling from, **M:**8, 60
  orientation, **M:**8, 60
Nucleoproteides, three-dimensional structure, **M:**7, 282
Nucleoproteins, aggregates with proteins and nucleic acids, **M:**7, 288
Nucleotidase, **M:**6, 182, 183
Nucleotide base, **M:**5, 314
Nucleus, **M:**6, 77, 149
  imaging using crystal-aperture scanning transmission electron microscopy, **E:**93, 87–89, 104
Nudaurelia capensis β virus
  reconstruction, **M:**7, 372, 373
  three-dimensional reconstruction, **M:**7, 370
Number, of crossings, **E:**94, 361
Number systems
  binary number systems
    half adder, **E:**89, 233
    OSS, **E:**89, 58–59
    spin polarized single-electron logic device, **E:**89, 223–235
  modified signed-digit number systems, **E:**89, 59–65
    content-addressable memory, **E:**89, 70–71
    OSS coding, **E:**89, 68–70
  optical symbolic substitution, **E:**89, 58–59
  redundant number systems, **E:**89, 60
  residue number system, **E:**89, 59
  ternary signed-digitumber systems, **E:**89, 59
Numerical field electron emission calculations, **M:**8, 226–228
Numerical instability, **E:**85, 21

Numerical integration, ordinary differential equation, **ES:**17, 402–403
  by multistep method, **ES:**17, 403
  by predictor-corrector method, **ES:**17, 403
  by single step method, **ES:**17, 403
Numerical modeling, electron optical systems, **M:**13, 59–74
Numerical ray tracing, **ES:**21, 409–414
  integration error in, **ES:**21, 410, 429–430
Numerical simulations, **ES:**22, 100, 119, 120, 201, 223, 242
  contour maps, **E:**99, 214–216, 227
Numerical stability, **E:**85, 21, 24, 28, 32, 34, 36, 45–46, 50
Numerov–Manning–Millmann formula, **ES:**17, 413
Numerov method, for electron lens calculations, **ES:**13A, 58
Nutting, J., **ES:**16, 32, 56
  in development of dry-stripping technique, **ES:**16, 98
Nuyens, M., **ES:**16, 505
Nylon fibers and air bubbles, phase contrast photographs, **M:**8, 19
Nylon spinneret holes, scanning electron micrograph of, **ES:**16, 467
Nyquist, **ES:**23, 12
Nyquist limit, **ES:**14, 334
Nyquist rates, **ES:**12, 100, 103, 212

O

O, **ES:**20, 133
  segregation in W, **ES:**20, 237
Oatley, C.W.
  in development of scanning electron microscope, **ES:**16, 443–482
  early SEM, **E:**83, 205
  in history of electron microscope, **ES:**16, 5
OBD (optical beam deflection) analysis, **M:**12, 33
OBIC, **M:**10, 61–65, 68–69; **M:**12, 151
Object
  density function, **M:**5, 164
  Fourier transform, **M:**5, 164, 165, 167
  optical transfer theory, **M:**4, 9–23
  phase-advancing, **M:**6, 50, 51, 55, 71, 74, 81
  phase-retarding, **M:**6, 50, 51, 55, 56, 57, 71, 74, 81, 87
Object distance, **ES:**11, 109

Objections, of journal reviewers, **ES**:9, 392
Objective
　protection, **M**:5, 19
　spectral transmission, **M**:5, 17, 18, 19
Objective aberrations, round lenses, **ES**:7, 23
Objective focus, **M**:11, 37
Objective lens, **E**:83, 152, 167-168; **ES**:17, 33, 41, *see also* Microscope objective
　consisting of quadrupoles, **ES**:7, 91
　for electrostatic electron microscope, **ES**:16, 236-240
Object plane, **ES**:11, 10, 11; **ES**:21, 10, 39
Object reconstruction
　nonlinear imaging, **ES**:10, 28-30, 63, 68-74, 78-79, 93, 123-143, 149-150, 155-170
　one-sided imaging, **ES**:10, 24, 58-59, 63, 68-74
　three-dimensional, **ES**:10, 24-26
　weak objects in bright-field, **ES**:10, 23-24, 59, 72, 239-247
Object reconstruction., **E**:93, 110-112
　computer simulation, **E**:93, 127-130, 133-134, 162-166
Object-scanning
　advantages, **M**:10, 72-73
　and beam scanning, **M**:10, 71
　interference microscopy, **M**:10, 75-81
　methods, **M**:10, 70
　noise and flare, **M**:10, 73-75
Object space, **E**:85, 86, 117
　partitioning, **E**:85, 161
Object wave function, Fourier transform, **M**:7, 244
Oblique entrance and exit (ion beam), **ES**:17, 280-285, 287, 289, 328, 333-341, 341-342, 348, 351, 356
Oblique projection, three-dimensional reconstruction, **M**:7, 307
Observation, nature of, **E**:103, 77-81
Observation angle, **ES**:11, 19, 20, 25, 123
Observation constraint, **E**:103, 54
Observed propagation velocity, **ES**:18, 220
Ochoa, S., **ES**:16, 188
OCR (optical character recognition) algorithm, **ES**:12, 268-270
Octonary signals, **ES**:14, 348

Octopole, **M**:11, 139
Octopole lens(es), **ES**:9, 251; **ES**:13A, 121-128; **ES**:17, 206, 233; **M**:1, 235, 240, 256
　aberrations of, **ES**:7, 49-52, 346-353
　coefficient, **ES**:13A, 66-71
　correction, **ES**:13A, 134, 138
　created by lens asymmetry, **ES**:7, 353
　used to improve a round lens, **ES**:7, 96-100
　mode delay, **ES**:9, 304
Octree, **E**:85, 107, 122
OEICs, *see* Optoelectronic integrated circuits
OEICs (optoelectronic integrated circuits), **E**:99, 79
Off-axial modes, **ES**:4, 99, 100
Off-axis electron gun rays, energy distribution, **M**:8, 192-193, 197-199
　cathode orientation, and, **M**:8, 199-200
　measurement interpretation, **M**:8, 199-200
　space charge, effect, **M**:8, 199
Off-axis holography, **E**:89, 4, 5; **E**:94, 199; **E**:98, 323-324; **M**:7, 250; **M**:12, 33
　applications, **E**:89, 36-47
　crystal defects, **E**:89, 44-47
　thickness measurement, **E**:89, 36-38
　phase distribution, displaying, **E**:89, 18-19
　problems, **E**:89, 25-35
　hologram recording, **E**:89, 32-35
　limited coherence, **E**:89, 25-31
　noise problems, **E**:89, 31-32
　reconstruction
　　digital, **E**:89, 12-18
　　light optical, **E**:89, 10-12, 21-24
　scanning transmission electron microscopy, **E**:94, 232-244, 252-253
　transmission electron microscopy, **E**:94, 253-256
Off-axis target, **ES**:15, 208
Off-Bragg condition, **M**:11, 88
Office of Naval Research, **ES**:11, 143, 146
Off/on-axis, *see* Reference trajectory
OFHC copper, **ES**:4, 161, 162
Ohira, **ES**:9, 172, 494
Ohm, **ES**:15, 263; **ES**:18, 42
Ohta, **ES**:9, 44
Oilbirds, **ES**:11, 21
Oil dielectric, **ES**:13C, 176-177

Okayama University, atomic imaging, **E:**96, 625, −626
OKPulse, **ES:**22, 122, 149, 224, 234
Okubo, J., **ES:**16, 297
Okuto–Crowell theory, **E:**99, 136, 141, 148
Oleoresinous insulated 35 AWG copper, **ES:**4, 177
Olfactory methods, in microanalysis, **ES:**6, 2
Oligoclase porphyroblast, **M:**7, 37
Olivecrona, H., **ES:**16, 169
Olivine, **M:**6, 276, 281, 293
  ion micrograph, **ES:**13B, 29–30
Ollendorff's potential distribution, **ES:**16, 336
Olmedo, **ES:**18, 236; **ES:**23, 333
OMA (Optical Multichannel Analyzer), **M:**9, 281, 282–283
O (Ne-O$_2$, Ar-O$_2$) maser, **ES:**2, 143, 240, 242
Omega (shuffle/exchange) network, **E:**102, 253
On-chip power dissipation, in CCD, **D:**3, 206–207
Ondelette methods, *see* Wavelets
1DHG, **ES:**24, 251
1D hole gas, **ES:**24, 251
One-dimensional
  approximation, **ES:**22, 51, 151
  dielectric profile, **ES:**19, 90–95
  electromagnetic, inverse scattering, **ES:**19, 71–76
  generalization, GLM, **ES:**19, 171, 173
  non-linear equations, **ES:**19, 359
  phase retrieval, **E:**93, 110–112, 131
    deconvolution, **E:**93, 145–149
  processing, **M:**8, 1–2
  quantum wire, **E:**91, 219–222
  Schrödinger equation, **ES:**19, 445–446
  symmetry, fast Fourier transform, **E:**93, 53–55
  time-harmonic wave equation, **ES:**19, 79
One-dimensional hole gas, **ES:**24, 251
One-million-volt electron microscope, development at Toulouse, **ES:**16, 115–117
One-sided transform images, **ES:**10, 57–73
  common line problem, **ES:**10, 70–71
  dark-field conditions, **ES:**10, 73–77
  discrete images, **ES:**10, 62, 68
  periodic images, **ES:**10, 59–60, 76
  in two dimensions, **ES:**10, 68–71

163 degree toroidal electrostatic lens, *see* Poschenrieder lens
110 foil, **E:**93, 58
Onion cell chromosomes
  brightfield microscopy, **M:**6, 85
  KA amplitude contrast microscopy, **M:**6, 85
On-line imaging, **M:**11, 49, 50
On-line isotope separator, **ES:**13B, 165–169
Ono, **ES:**18, 237
Onsager relation, **E:**89, 227
Oolites, optical transforms, **M:**7, 38
Opacity, **E:**85, 139
Open
  boundary, **E:**84, 223
  screen, **E:**84, 224
  subcomplex, **E:**84, 205
  subset, **E:**84, 201, 204
Open boundary problems, constitutive error approach and, **E:**102, 78–81
Opening, **E:**88, 202, 239
  function, **E:**99, 9–10
  gray-scale, **E:**89, 372–374
  mathematical morphology, **E:**89, 329–330, 336, 345, 372–374
  multiscale closing-opening, **E:**99, 22–29
Operating systems, Cray computers, **E:**85, 273–275
Operational amplifiers, **ES:**11, 47, 78
Operationalism, **E:**94, 267
Operations, logical, **E:**85, 148
Operator(s), **ES:**15, 107
  band pass, **E:**86, 111
  morphological, **E:**86, 107, 109–111
OPL microscope
  commercial production, **E:**96, 460
  development in France, **ES:**16, 113
Optical absorption, **E:**82, 246, 269; **ES:**24, 3, 69, 97, 106, 109, 124, 125, 128, 183–185, 189, 192–194
  effect of electric field on, **ES:**1, 5, 196
  in GE and Si, **E:**82, 254
  theory of, **E:**82, 247
Optical absorption coefficient, of cathodochromic materials, **D:**4, 118
Optical activity tensor, **E:**92, 135
Optical antenna, **M:**12, 245, 272
Optical astronomy, phase retrieval, **E:**93, 131
  stellar speckle interferometry, **E:**93, 143–144

Optical beam deflection analysis, **M**:12, 33
Optical-beam quality, **ES**:22, 1, 30
Optical bench, **M**:12, 38
 simulation, **M**:4, 115-117
Optical character recognition algorithm, **ES**:12, 268-270
Optical character/word readers, **D**:1, 299
Optical contrast, **M**:6, 51
Optical convolution square techniques, **E**:93, 222-223
Optical correlations, real-time, **D**:1, 299
Optical damage, **ES**:22, 35
 fiber, **ES**:22, 42, 186, 198, 199
 field, **ES**:22, 79
 guiding, **ES**:22, 60, 92, 312
 mode structure, **ES**:22, 186
 propagation, **ES**:22, 186
 pulses, **ES**:22, 120
 quality, **ES**:22, 186
 region, **ES**:22, 4
 resonator, **ES**:22, 35, 287
 waveguide, **ES**:22, 276
Optical data processing, **M**:8, 1
 basic arrangement, **M**:8, 4
 cross-grating object, **M**:8, 4
 image formation, **M**:8, 2, 5
 lens arrangement, **M**:8, 2
 phase reversal, **M**:8, 22
 spatial filter insertion, effects of, **M**:8, 4
 wire mesh object, **M**:8, 4
Optical density, **ES**:10, 173, 175; **M**:8, 17
 definition of, **M**:1, 182
 measurement of, **M**:1, 183
Optical destaining, **M**:6, 121
Optical detectors, **ES**:4, 107; **ES**:24, 1, 5, see also Detector(s)
Optical diffraction, **M**:3, 191, 215
Optical diffraction analysis, **M**:7, 17-71
 bench set up, **M**:7, 53
 hardware, **M**:7, 51-55
 microscope equipment, **M**:7, 53-55
 procedures, **M**:7, 51-55
 processing, **M**:7, 55
 schematic diagram, **M**:7, 21
 spatial filtering in, **M**:7, 62-65
Optical diffraction camera, **M**:6, 251, 253
 advantages, **M**:6, 251
 camera length, **M**:6, 253
 limitations, **M**:6, 251, 253
 optimum magnification, **M**:6, 253

Optical diffraction pattern
 from amorphous electron micrograph, **M**:6, 251
 computer processing, **M**:6, 258, 259
 in electron microscope performance, **M**:6, 251
 formation, **M**:6, 250, 251, 252, 253
 noise, **M**:6, 251, 254
 from periodic electron micrograph, **M**:6, 251
 of single virus capsids, **M**:6, 261
 of viruses, **M**:6, 251, 253, 254, 256, 258
Optical diffractograms, **M**:11, 26, 40
Optical diffractometer, **M**:6, 250
 calibration, **M**:6, 255
 for electron micrograph analysis, **M**:6, 250, 253, 254
 mask, **M**:6, 255, 257, 258
 for noise removal from optical transform, **M**:6, 255
 as spatial frequency filtering system, **M**:6, 255
Optical display, **ES**:11, 11
Optical elements, MC routines for, **ES**:21, 406-409
Optical emission
 from Ga LMIS, **ES**:20, 155
 spectral analysis, **M**:9, 299, 316
Optical erase material, iodosodalite as, **D**:4, 127
Optical erase sodalites, readout and erase characteristics of, **D**:4, 127
Optical erase tubes
 operating range of, **D**:4, 120
 performance of, **D**:4, 122
Optical examination, **M**:5, 10
Optical fiber(s), **E**:99, 67-88
 advantages, **E**:99, 71-72
 cables, **E**:99, 71
 history, **E**:99, 70-71
Optical fiber communications, **E**:99, 67-70
 advantages, **E**:99, 71-72
 avalanche photodiodes, **E**:99, 81
 germanium APDs, **E**:99, 89-90
 InP-based, **E**:99, 142-146
 low-noise and fast-speed heterojunction APDs, **E**:99, 94-96
 SACGM InP/InGaAs APDs, **E**:99, 73, 92-94, 99-156

SUBJECT INDEX   249

SAM and SAGM InP/InGaAs APDs, **E:**99, 90–92
silicon APDs, **E:**99, 89
theory, **E:**99, 81–88
critical device parameters extraction, **E:**99, 102–120, 153, 155
dark current, **E:**99, 74, 88, 150–153, 154, 156
diadvantages, **E:**99, 72
error analysis, **E:**99, 110–113–**E:**99, 118–**E:**99, 119, 155
history, **E:**99, 70–71
metal-semiconductor-metal photodetector, **E:**99, 79
optical receivers, **E:**99, 72–73
photoconductive detector, **E:**99, 79–80
photodetectors, **E:**99, 74–89
photogain, **E:**99, 74, 120–150, 155, 156
phototransistor, **E:**99, 80
p–i–n photodiode, **E:**99, 77–78
p–n photodiode, **E:**99, 77
Schottky–barrier photodiode, **E:**99, 78–79
temperature-dependence, photogain and breakdown voltage, **E:**99, 135–150, 156
Optical fiber technology, **E:**91, 179–180, 182
communications, **E:**91, 199–207
glass, **E:**91, 199–201
Optical filtering, **M:**7, 295
Optical gap, **E:**82, 245
Optical imaging, **ES:**11, 3, 7, 126
Optical inhomogeneities, **M:**8, 6
Optical interconnections
applications, **E:**102, 253–263
architectures, **E:**102, 249–253
banyan, **E:**102, 237, 238, 239
butterfly, **E:**102, 237, 238, 239–240
clos, **E:**102, 237
conclusions, **E:**102, 267–268
crossover, **E:**102, 237, 238, 239
free space, **E:**102, 237–242, 249–250, 253–256, 264–265
guided-wave, **E:**102, 248, 253, 262–263, 266–267
index-guided, **E:**102, 237
liquid-crystal implementation, **E:**102, 245–246
packaging of, **E:**102, 263–264
perfect shuffle, **E:**102, 237 238, 239, 240
prismatic mirror array implementation, **E:**102, 240

problems and possibilities, **E:**102, 264–267
real-time holographic, **E:**102, 244–245, 250–252
reconfigurable, **E:**102, 243–246, 256–259, 265–266
role of, **E:**102, 236–236
self-electrooptic effect device implementation, **E:**102, 240–242
3D, **E:**102, 246–247, 252–253, 259–262, 266
types of, **E:**102, 236–248
Optical interconnects, coupling between, **E:**89, 210–213
Optical klystron factor, **ES:**22, 215, 221
Optical lens, **ES:**11, 9
Optical lens theory, **E:**93, 174–176, 186–190
Optically addressed devices ferrocrystals in, **D:**1, 244–250
photoconductor crystals in, **D:**1, 250–256
Optically conjugated planes, **ES:**21, 39
Optically pumped microwave maser, **ES:**2, 221–222
Optically transparent network, **E:**91, 210
Optical magnification in stripe photomicrography, film speed, stage speed and, **M:**7, 88
Optical memories
input from, **D:**1, 289–291
page composers for, **D:**2, 101–104
Optical methods, **ES:**10, 171–172
Optical microscope-image analysis, **M:**9, 323–352
accuracy of digitized image, **M:**9, 333–334
automated camera lucida systems, **M:**9, 346–348
automated cervical smear analysis, **M:**9, 350
automated focusing of microscope, **M:**9, 326, 343, 345
automated microscopy systems, **M:**9, 326, 342–346
automated movement of mechanical stage, **M:**9, 326, 343
available systems, **M:**9, 342–351
cost, **M:**9, 346, 348
Coulter system, **M:**9, 351
differential blood counting, **M:**9, 348–350
digitization, **M:**9, 329–334
diode array detectors, **M:**9, 326, 329
flow cytometer, **M:**9, 329, 351
flying spot microscope, **M:**9, 328, 330

hexagonal grid of pixels, **M**:9, 330, 332, 345
image dissector and, **M**:9, 328
image plane scanning, **M**:9, 327, 328
image processing systems, **M**:9, 346
light pen, separation of object from background and, **M**:9, 337
object plane scanning, **M**:9, 327–328, 329, 334
parallel scanning systems, **M**:9, 329
pattern analysis, **M**:9, 337–339
photometric errors, **M**:9, 334
picture acquisition, **M**:9, 326–329
picture analysis, **M**:9, 335–342, 345
picture storage, **M**:9, 334–335, 345–346
pixel density, **M**:9, 330–332
programming languages, picture analysis and, **M**:9, 340–342
random access memory, image storage and, **M**:9, 335
recording, picture analysis and, **M**:9, 342
rectangular grid of pixels, **M**:9, 330–332, 345
reporting, picture analysis and, **M**:9, 342
schemetization of quantitative microscopy and, **M**:9, 324–325
separation of object from background, **M**:9, 336–337
serial scanning systems, **M**:9, 327–329
signal digitization, **M**:9, 332–333
source plane scanning, **M**:9, 328, 329, 334
spatial digitization, **M**:9, 330–332
special purpose systems, **M**:9, 348–350
specimen preparation, **M**:9, 325–326
television camera input, **M**:9, 343
television camera tubes, **M**:9, 343
Optical Multichannel Analyzer, **M**:9, 281, 282–283
Optical phase difference integration, for dry-mass determination, **M**:6, 135
Optical potential(s), **E**:86, 184
electron diffraction, **E**:90, 216–217, 341–349
inversion methods, test, **ES**:19, 120
real/imaginery, **ES**:19, 119, 122–124
Optical power, **ES**:17, 27, 111
Optical probes, **M**:12, 267
Optical processing
coherent, **D**:1, 279–284
filters, **ES**:19, 61
optical symbolic substitution, **E**:89, 72–87

Optical properties, **E**:82, 206, 244; **E**:83, 61, 62
of crystals, **M**:1, 41
lithography, **E**:83, 110
projection, **E**:83, 110
Optical pulses, **E**:99, 68–69
Optical pumping
with coherent light, **ES**:2, 200–203, 221–222
configurations, **ES**:2, 106–110
Optical receivers, **E**:99, 72–73
Optical reconstruction, **M**:12, 37
computers and, **M**:7, 256
of electron micrographs, **M**:7, 253–256
Optical resolution limits, **M**:10, 14–15
Optical rotation, **M**:1, 72, 73, 88, 89
measurement, **M**:1, 94, 110
in the presence of binefringence, **M**:1, 95
Optical rotatory dispersion measurements, **M**:1, 96
Optical sampling, **ES**:9, 179
Optical sectioning, **M**:10, 34–49
automatic focus, **M**:10, 37, 43–47
surface profiling, **M**:10, 37–39
Optical shadowing, **M**:7, 232
Optical super resolution convolution method, **ES**:19, 281–286
Optical symbolic substitution, **E**:89, 54–58
architecture, **E**:89, 71–91
with acousto-optic cells, **E**:89, 81–82
with diffraction grating, **E**:89, 72–73
image processing, **E**:89, 87–91
with matched filtering, **E**:89, 74
with multiplexed correlator, **E**:89, 82–83
with opto-electronic devices, **E**:89, 79–80
with phase-only holograms, **E**:89, 74, 77–79
with shadow-casting and polarization, **E**:89, 84, 86, 87
coding techniques, **E**:89, 57–58, 68–70
content-addressable memory, **E**:89, 70–71
image processing, **E**:89, 87–91
signed-digit arithmetic, **E**:89, 59–71
algorithm for OSS rules, **E**:89, 61
higher order MSD arithmetic, **E**:89, 61–65
MSD OSS rule coding, **E**:89, 68–70
optical implementation, **E**:89, 70–71
theory, **E**:89, 60
truth-table minimization, **E**:89, 66–68

SUBJECT INDEX

Optical system, coherent, image processing, **M**:4, 129
Optical thickness, **M**:8, 6
  gradients, **M**:8, 7
  variation, **M**:8, 20; **M**:10, 16
Optical tomography microscope, **M**:14, 213–248, *see also* Laser tomography microscope
  experiments, **M**:14, 233–237
  introduction, **M**:14, 213–218
  multispectral microscope, **M**:14, 237–241
  multiview microscope, **M**:14, 241–243
  optics, **M**:14, 218–222
  phase microscope, **M**:14, 243–246
  reconstruction mathematics, **M**:14, 222–229
  review of, **M**:14, 215–218
    confocal scanning, **M**:14, 217
    digital processing, conventional, **M**:14, 215–216
    optical CT microscope, **M**:14, 217–218
    X-ray CT technique, **M**:14, 216
  with rotational off-axial aperture, **M**:14, 229–230
  system configuration, **M**:14, 229–237
Optical transfer function, in optical tomography microscope, **M**:14, 220–222
Optical transfer theory, **M**:4, 1–84
  aperture contrast, **M**:4, 71–74
  contrast by phase shift, **M**:4, 46–67
  history, **M**:4, 80–82
  illumination, **M**:4, 7–9
  image formation, **M**:4, 1–3
  object, **M**:4, 9–33
  optical image, formation, **M**:4, 23–45
  partially coherent or incoherent illumination, **M**:4, 75–79
  point resolution, **M**:4, 67–71
  symbols and definitions, **M**:4, 3–7
  test objects, **M**:4, 79–80
Optical transforms
  analysis, **M**:7, 55–62
  basic properties, **M**:7, 22
  examples, **M**:7, 34–43
  mapping, **M**:7, 55–62
  techniques, **E**:93, 222–223
Optical transmission, for PLZT image storage and display devices, **D**:2, 93–95
Optical tunnel microscopy, **M**:12, 301
Optical waveguides, **ES**:19, 79–88

Optic axis, of beam propagation, **ES**:13A, 170–172
Optics, **ES**:11, 8, 11, 97, *see also* Electron optics
  accelerators, *see* Accelerator(s), optics
  charged particles, *see* charged particle wave optics
  dynamic range, **ES**:11, 155
  electron microscopy, **E**:93, 174–176, 215–216
  of electron microscopy, **ES**:16, 98–99
  imaging, photomicrography, **M**:4, 388–389
  multislice approach, **E**:93, 1736–216
  in optical tomography
    laster CT microscope, **M**:14, 230–232
    microscope, **M**:14, 218–222
    optical transfer function, **M**:14, 220–222
    projection, **M**:14, 218–220
Optimal control, X-ray distribution and, **ES**:6, 29
Optimal solutions, image recovery problem, **E**:95, 158–159
Optimization
  of compound scanning system, **M**:13, 215–216
  of electron trajectories, **M**:13, 207–216
    analysis, method of, **M**:13, 214–216
    dynamic and non-linear programming in, **M**:13, 214
    and ray tracing, **M**:13, 199–207
    by synthesis, **M**:13, 208–214
    variation, calculus of, **M**:13, 209–213
  of lenses, **M**:13, 215
  neural network, **E**:97, 88–89
  parameter, **E**:86, 126–127, 129–130, 150
Optimized Dirac–Fock–Slater equation, **E**:86, 221
Optimum
  aperture of illumination, **M**:1, 136
  imaging aperture, **M**:1, 122
Optimum resonator coupling
  homogeneous broadening, **ES**:2, 89–92
  inhomogeneous broadening, **ES**:2, 93–94
OPTISF (software package), **M**:13, 104
Opto-electronic devices, optical symbolic substitution, **E**:89, 79–80
Optoelectronic integrated circuits, **E**:99, 79
Optoelectronics, **E**:102, 168 171
Optoelectronic switch, **ES**:24, 250
Opto-electronic switching, **E**:91, 209

Orange, **ES**:14, 32
Orbit, minimax algebra, **E**:90, 13–14, 21–23, 75–76
Orbital plane
  coordinate representation in, **ES**:21, 139–143
  orientation of, **ES**:21, 72, 136
Orderd pair, definition, **E**:90, 37
Ordered-disordered phase boundary, **ES**:20, 237
Order number, **ES**:4, 93, 94, 95, 100
Ordinary Fourier transform, **ES**:11, 43
Ore minerals, electron microscopy of, **ES**:16, 587
Organic dyes, color anisotropy of, **D**:4, 79
Organic materials
  electroluminescence in, **ES**:1, 90, 175
  field-induced luminescence in, **ES**:1, 182
Organic molecule, ion sources, **ES**:13B, 152–155
Organic resists
  description of, **E**:102, 97–101
  resolution limits of, **E**:102, 138–158
OR gate, **E**:89, 231–232
  minimax algebra, **E**:90, 18–19
Orientation
  of a crystal, **M**:1, 54
  domain segmentation, **E**:93, 287–299
  edge detection, **E**:93, 220, 231–244, 259, 320, 333
  optical diffraction analysis and, **M**:7, 43
  soil and sediment microfabric, **E**:93, 221–227, 231, 259, 275–276, 281, 318–319
Orientation analysis
  applications, **E**:93, 300
    with multispectral processing, **E**:93, 311–319
    with porosity analysis, **E**:93, 301–311
  automation, **E**:93, 320–322
  image acquisition, **E**:93, 228–231
  image analysis, **E**:93, 220–232, 323–326
    algorithms, **E**:93, 319–320
    domain segmentation, **E**:93, 278–299
    edge detection, **E**:93, 231–239
    index of anisotropy, **E**:93, 223, 245–246
    intensity gradient operators, **E**:93, 246–287
    quantitative parameter, **E**:93, 244–246
  image processing, **E**:93, 231–239
  image resolution, **E**:93, 275–276

  presentation of results, **E**:93, 239–244
    axis conventions, **E**:93, 279–280
  quantitative analysis, **E**:93, 222–224, 244–246
  statistical analysis, **E**:93, 278–294
Origins, **ES**:10, 38, 43, 195, 262
Orsay, **ES**:22, 5, 32
Orthicon tube, **M**:9, 40
Orthogonal
  defined, **ES**:9, 7, 18
  finite number of sampling points, **ES**:9, 25
  matrix, **E**:85, 27, 29, 33
  shift invariance, **ES**:9, 311
  transformation, **E**:85, 26–38, 41, 45, 47, 50–52, 62–63
Orthogonal beam landing, in electron beam deflection, **D**:1, 215–218
Orthogonal function(s), **ES**:11, 41
  signal description, **E**:94, 319
Orthogonality, **ES**:7, 8
  image representation, **E**:97, 6–7, 11, 13, 22
  principle, **E**:82, 121
Orthogonalization procedure, **E**:82, 169
Orthogonal multiplexing, **ES**:11, 149
Orthogonal multipole system, **ES**:17, 210, 229–230
Orthogonal sum, **E**:94, 172
Orthogonal system, **ES**:17, 208–210, 270
Orthogonal wavelets, **E**:97, 13–16
Orthographic projection, **M**:1, 48
Orthonormal, **ES**:9, 18
Osaka University
  atomic image processing by fast Fourier transform, **E**:96, 622–623
  high-voltage electron microscopy, **E**:96, 703–704
  Mark series microscope development, **E**:96, 263–267
  materials science research
    stacking faults, **E**:96, 619–620
    vacancies, **E**:96, 620, 622
Osborne, **ES**:9, 8
Oscillating mirror microscope scanner
  advantages, **M**:5, 52
  construction, **M**:5, 51, 52
  disadvantages, **M**:5, 53
  self-compensation, **M**:5, 52
Oscillation frequency, *see* Frequency pulling
Oscillator, **ES**:22, 19, 120, 124, 197, 287
Oscillioscope displays, **ES**:10, 178–179

SUBJECT INDEX

Oscillograph(s), **E:**91, 263–264
  continuously evacuted type, **ES:**16, 65
  sealed-tube type, **ES:**16, 227
Oscilloscope displays
  block diagram of, **D:**4, 41–42
  drive circuit, **D:**4, 41
  electron beam scanning and, **ES:**6, 252
  liquid-crystal, dual trace image from, **D:**4, 44
  in mineral analysis, **ES:**6, 230
Oscilloscope mapping, **ES:**6, 204
Oscilloscopes, **E:**91, 233–234; **ES:**17, 64
Oscilloscope tube, **ES:**21, 343
Osculating cardinal elements, **ES:**7, 11
Osmium method
  development of, **ES:**16, 96
  for electron microscope specimen staining, **ES:**16, 15–17, 109
OSS, *see* Optical symbolic substitution
OTM (optical tunnel microscopy), **M:**12, 301
Out diffusion, **ES:**24, 150, 156, 158, 175–178, 209
Out diffusion effects, **ES:**24, 164
Outer normal, **E:**82, 5, 15, 22, 34, 38
Outgoing wave, Green's function, **E:**90, 334
Outloop structure, **E:**103, 73–75
Output, single-electron devices, isolation, **E:**89, 238–240
Output coupling, **ES:**22, 322
  edge, **ES:**22, 325
  hole, **ES:**22, 324
  partially transmitting mirrors, **ES:**22, 322
Output files, for MC program, **ES:**21, 433, 434
Output wavenumber, **ES:**4, 100
Ovals
  rhombic stacking, **M:**7, 27
  stacks, transforms, **M:**7, 28
Overdoping, **E:**91, 144
Over-filtering, mathematical morphology, **E:**89, 351, 353–354
Overflow counting, in bilevel display image processing, **D:**4, 178–182
Overflow drains, blooming and, **ES:**8, 181–183
Overhangs, **E:**103, 138
Overlap distortion, **ES:**10, 37, 68, 196–197, 203, 219, 232, *see also* Aliasing
Overlap effects, **ES:**22, 194
Overlapped block matching algorithm, **E:**97, 235, 237–252

Overlays, **ES:**10, 185
Overrelaxation factor, **ES:**17, 373–374, 387
Overrelaxation method, *see* Successive overrelaxation *entries*
Overscanning, **DS:**1, 4
Over-the-horizon radar, **ES:**14, 30; **ES:**15, 195
Ox brain, tubulin, three-dimensional structure, **M:**7, 341, 346, 347
Oxford digital processing system, **M:**10, 14
Oxford model, scanning microscope, **M:**10, 3–4
Oxford University
  Fifth International Conference on Electron Microscopy (1946), **ES:**16, 497–498
  in history of electron microscopy, **ES:**16, 26–29, 87
  Sixth British Symposium on Electron Microscopy (1947), **ES:**16, 249
Oxidase, **M:**6, 209
  DAB technique, **M:**6, 209
  ferricyanide technique, **M:**6, 210
  histochemistry, **M:**6, 209
Oxidation
  of Cu, **ES:**20, 146
  field enhanced, **ES:**20, 133
  in mass transport processes, **ES:**6, 281–284
  of Ni, **ES:**20, 146
  of Rh, **ES:**20, 137
  of Ru, **ES:**20, 137
Oxidation-reduction enzymes
  amine reactant, **M:**6, 208
  capture agent, **M:**6, 208
  DAB technique, **M:**6, 208, 209, 210–212
  electron microscopy, **M:**6, 209, 210, 214, 215, 216
  ferricyanide technique, **M:**6, 208, 214–216
  histochemistry, **M:**6, 208
  optical microscopy, **M:**6, 209
  substrate, **M:**6, 208
  tetrazolium technique, **M:**6, 208, 212–214
Oxide-coated cathode, electron emission, **ES:**13B, 259–261
Ox liver, catalase, three-dimensional structure, **M:**7, 340–344
Oxonols, fluorescent probe, **M:**14, 152–156
Oxygen
  diatomic molecular bond, **E:**98, 72
  K bands for, **ES:**6, 161
Oxygen-processed field emission source, **ES:**13B, 91

P

P, **ES:**20, 123
 segregation to carbide, **ES:**20, 244
 surface segregation of, in FE–P alloys, **ES:**20, 239
$P6_1$ group, **E:**93, 11–12
$P6/mmm$ group, **E:**93, 12–13
Packing density, **E:**83, 37
Padeon equations
 N-padeons, type, **ES:**19, 1, 493–495, 496–501
 Padé -type approximants, **ES:**19, 495–496
Padgett, **ES:**18, 238
Padmavally's problem, **ES:**19, 252
Page, R.S., **ES:**16, 427, 429
Page composers, for optical memories, **D:**2, 101–104
Painlévé test, **ES:**19, 380
Paint pigments, early electron microscopy of, **ES:**16, 169, 291–293
Pair production, **ES:**4, 48
Palanisamy, **ES:**18, 238
Palermo, P.R., **ES:**11, 219
Paley, **ES:**9, 37, 51; **ES:**15, 23; **ES:**18, 9
Paley functions, **ES:**9, 50
Paley–Wiener theorem, **ES:**19, 10, 227
Palladium, **ES:**4, 167
Palladium–copper, magnetic multilayers, **E:**98, 402–406
Palladium–gold film, in electron beam lithography, **ES:**13B, 127
PAL signals, *see* Phase alternating line signals
PANAPLEX. display, **D:**3, 167
Pancake lenses, **M:**10, 237, 238; **M:**13, 140–141
Pancreatic condenser, **M:**6, 116
Pancreas, histological section, stripe photomicrography, **M:**7, 95
Pancreatic acinar cell endoplasmic reticulum, **M:**6, 188
Panel discussion, nonsinusoidal waves, **ES:**14, 29
Panning mode, in signal transfer function, **D:**3, 26–27, 31–32
Pappert, **ES:**14, 358
P.A.R. scanning microscope, **M:**1, 101
 spatial resolution, **M:**1, 111
Parabola isotope separator, **ES:**13B, 165
Parabola spectrograph, **ES:**13B, 135
Parabolic band, **ES:**24, 80
Parabolic curves, **E:**103, 88, 120–121
Parabolic mirror, **ES:**9, 279
Parabolic pole faces, **ES:**22, 157, 184
Paraffin crystals, **M:**5, 310
Paraffins
 binary solids, **E:**88, 183
 crystal structure analysis, **E:**88, 162
 methylene subcells, **E:**88, 155
 phase transitions, **E:**88, 176
Parainfluenza virus, **M:**6, 237
Parallel architectures, **E:**87, 260
Parallel Computing Forum, **E:**85, 297–299
Parallel-flow Pierce gun, **ES:**4, 66
Parallel image processing, **E:**90, 353–357
 Abingdon Cross benchmark, **E:**90, 383–389, 425
 algorithms, **E:**90, 424–425
  Abingdon Cross benchmark, **E:**90, 386, 388–389, 425
  fast local labeling algorithm, **E:**90, 407, 410–412
  global operations, **E:**90, 369–371
  image-template operations, **E:**90, 371–382, 417–420
  labeling of binary image components, **E:**90, 396–415
  Levialdi's parallel-shrink algorithm, **E:**90, 390–396, 415, 425
  local labeling algorithm, **E:**90, 400–415
  log-space algorithm, **E:**90, 405
  naive labeling algorithm, **E:**90, 398–400
  stack-based algorithm, **E:**90, 405, 417
 SIMD mesh-connected computers, **E:**90, 353–426
Parallel injection, **ES:**8, 168–169
Parallelism
 explicit, **E:**85, 265–271
 human visual system, **E:**97, 39
 impicit, **E:**85, 263–265
 message passing, **E:**85, 268–271
 monitor, **E:**85, 267–268
Parallelization, **M:**12, 94, 111, 113, 115, 126, 197
Parallel operation, **ES:**11, 15
Parallel/pipelined model for image processing, **E:**87, 293–294
Parallel-plate analyzer, **ES:**13B, 313–317
Parallel-plate electrode systems, **D:**1, 169

SUBJECT INDEX

Parallel plate transmission line, wraparound approximation, **ES:**5, 27, 75
Parallel polarization, **ES:**18, 165
Parallel polarized wave, **ES:**18, 116, 129
Parallel processing methodologies, **E:**87, 259–297, *see also* Application-driven methodologies
  algorithmic characteristics, **E:**87, 265–267
  changing data requirements, **E:**87, 266
  control parallelism, **E:**87, 269
  data access patterns, **E:**87, 266–267
  data parallellism, **E:**87, 269
  evolution with mix of symbolic and numeric processing, **E:**87, 263–264
  granularity, **E:**87, 273–274
  prototypical view, **E:**87, 262
  relationships between architectural and algorithmic features, **E:**87, 261–273
  research areas, **E:**87, 296–297
Parallel programming, **E:**85, 259–265, 297–299, *see also* Cray computers
  approaches, **E:**85, 261–263
  implicit parallelism, **E:**85, 263–265
Parallel projection method
  projection in image recovery, **E:**95, 207–208, 211–212, 215
  recovery with inconsistent restraints experiment, **E:**95, 235, 237
  numerical performance, **E:**95, 240
  results, **E:**95, 238–240
  set theoretic formulation, **E:**95, 237–238
Parallel scanning, in ion implantation, **ES:**13B, 47, 67
Parallel-shrink operators, **E:**90, 390–396, 417
Paramecium, **M:**5, 336
Parameter estimation
  channel, **E:**90, 128–129
  structural properties method, **E:**94, 365–376
Parametric image, **E:**84, 344
Parametric interaction, **ES:**2, 223–226, 264–265
Parasitic aberrations, **E:**86, 225
  quadrupoles, **ES:**7, 58–65
  in thin film stack pattern, **M:**14, 97–99
Parasitic beam distortions, in charged particle analyzers, **E:**103, 311
  design considerations to correct, **E:**103, 315–317
  types of electrode/magnet pole distortions, **E:**103, 313–315
  types of first-order, **E:**103, 312–313
Parasitic channel, **ES:**24, 225
Paraxial analysis, in space charge optics, **ES:**13C, 3
  beams with external focusing, **ES:**13C, 27–36
  paraxial scaling, **ES:**13C, 35
  smooth approximation to focusing in a periodic system, **ES:**13C, 31–33
  transport in a magnetic quadrupole channel, **ES:**13C, 33–35
  uniform axial magnetic field, focusing in, **ES:**13C, 28–31
  beams with self-fields but no external focusing, **ES:**13C, 17–26
  beam spreading and beam pinching, **ES:**13C, 22–25
  envelope scalloping in pinched beam, **ES:**13C, 25–26
  hydrodynamic viewpoint, **ES:**13C, 21–22
  image fields, **ES:**13C, 26
  limitations of theory in high-current beams, **ES:**13C, 19–21
  self-forces in uniform beam of elliptical cross section, **ES:**13C, 17–19
  paraxial ray equation, **ES:**13C, 4–9
Paraxial approximation, **ES:**10, 1, 3; **ES:**22, 155, 160, 290, 379, 385
Paraxial condition, **ES:**17, 46, 160
Paraxial delay, **E:**103, 34
Paraxial electron gun model, **M:**8, 140–142
Paraxial electron path equation, **ES:**16, 321
Paraxial envelope equation, **ES:**13A, 161
Paraxial equations, of motion, in
  quadrupoles, **ES:**7, 7
  in round lenses, **ES:**7, 3
Paraxial properties
  electron lenses, **E:**93, 194–207
  in particle optics, **ES:**13A, 47, 49–55
Paraxial ray equation(s), **E:**93, 194, 206; **ES:**13A, 160–161
  for axially symmetric field, **ES:**13B, 50
Paraxial ray formalism, in beam study, **ES:**13A, 160–161
Paraxial Schrödinger's equation, multislice method, **E:**93, 200–202

SUBJECT INDEX

Paraxial theory, **E**:99, 179
Paraxial trajectory, **E**:86, 231, 236; **ES**:17, 273–276
Paraxial wave equation, **ES**:22, 187, 195, 201
Paris, First International Conference in Electron Microscopy, **ES**:16, 88, 89, 499
Park, **ES**:23, 333
Parseval's theorem, **ES**:9, 24; **ES**:10, 35, 79, 80, 111, 221; **M**:7, 222
Parsons, D.F., **ES**:16, 124
Partial coherence, **E**:86, 175
  effects, representation, **M**:7, 135
  electron image formation and, **M**:7, 116–140
  electron off-axis holography, **E**:89, 25–31
Partial differential equations
  extension of the method, **ES**:19, 475–478
  integrable non-linear Schrodinger type, **ES**:19, 463–478
  loop algebras, **ES**:19, 457–462
  non-linear evolution, **ES**:19, 475–477
  1 + 1 dimensions, **ES**:19, 464–466
  solitary waves, **ES**:19, 492–505
  2 + 1 dimensions, **ES**:19, 466–475
Partial space charge cancellation, **ES**:3, 68, 75–76
Particle(s), *see also* Electromagnetic model, of extended particles; Wave–particle models, massive particles and
  charged, **ES**:17, 6–7
  density
    classification of, **ES**:21, 1–2, 507
      linear, λ definition of, **ES**:21, 30, 516 relativistic correction on, **ES**:21, 330 scaled λ, **ES**:21, 199, 507, 516 $\overline{\lambda}$, **ES**:21, 188, 507, 516k, **ES**:21, 340
    three-dimensional, **ES**:21, 30, 508
  distribution function $f(\mathbf{r}, \mathbf{v}, t)$, **ES**:21, 35, 86
  identical, **ES**:17, 6
  on a line, **E**:101, 221–224
  monoenergetic, **ES**:17, 6
  optics, brief description of, **ES**:21, 9
  in a scalar field, **E**:101, 224–227
  in suspension, quantitative preparation, **M**:8, 121–122
Particle accelerator, **ES**:17, 187, 253, *see also* Accelerator(s)
Particle analysis, holography, **M**:10, 196–208
  aerosols, **M**:10, 198–201, 206
  bubble tracks, **M**:10, 207
  fog, **M**:10, 201–202
  oilmist, **M**:10, 202–206
  submicron, **M**:10, 206
Particle composition, **ES**:20, 201
Particle counter, Lark, **M**:3, 59, 60
Particle current density, **E**:92, 115
Particle gun, **ES**:13A, 159
Particle-in-cell simulation method
  beam transport, **ES**:13C, 98, 102
  ion beam biode, **ES**:13C, 316
  vacuum diode, **ES**:13C, 195, 199
Particle mensuration, **M**:4, 362
Particle modeling, **E**:98, 2
  classical molecular forces, **E**:98, 3–4, 67–71
  numerical methodology, **E**:98, 4–6, 63–64
  quantitative, *see* Quantitative particle modeling
Particle motion, Hamiltonian formalism, **ES**:13A, 164–167
Particle optics
  aberration coefficient, **ES**:13A, 60–90
  computation of fields, **ES**:13A, 1–44
  emittance and brightness, **ES**:13A, 159–259
  equations of motion, numerical methods, of solving, **ES**:13A, 47–60
  ion implantation technology, **ES**:13B, 46–47, 52–55, 65
  ion microprobe, **ES**:13A, 321–347
  scanning transmission ion microscope, **ES**:13A, 261–320
  system optimization, **ES**:13A, 90–109
    aberration correction, **ES**:13A, 109–132
    Darmstadt high-resolution project, **ES**:13A, 132–140
Particle–particle interactions, energy distributions, **ES**:13C, 493–494
Particle physics, and image analysing computer, **M**:4, 381–382
Particle population classes
  arithmetic arrangement, **M**:5, 150, 151
  class structure, **M**:5, 152, 153
  geometric arrangement, **M**:5, 150, 151
  linear-equidistant arrangement, **M**:5, 150, 154, 156, 157
  logarithmic-equidistant arrangement, **M**:5, 150, 151, 153, 154, 157
  measurement, **M**:5, 152–156

Rosin–Rammler–Sperling distribution
  equation, **M**:5, 152, 159
Particle population comparison, STEREOM
  program, **M**:5, 157, 158
Particle population evaluation
  by circle system, **M**:5, 153
  of diamond powder, **M**:5, 153, 154, 155
  by TGZ 3 particle size analyzer, **M**:5, 154, 155, 156
Particle populations
  area, **M**:5, 145
  automatic analysis, **M**:5, 152
  characterization
    full, **M**:5, 150–156
    partial, **M**:5, 145–150
  comparative images evaluation, **M**:5, 148, 149
  comparison, **M**:5, 157–159
  cumulative frequency values, **M**:5, 152
  intersections, number of, **M**:5, 146
  mean circumference, **M**:5, 146
  mean equivalent diameter, **M**:5, 146
  mean particle area, **M**:5, 145, 146
  mean particle size, **M**:5, 147, 148
  mean size by circle method, **M**:5, 148
  mean size by diameter method, **M**:5, 147, 148
  particles, number of, **M**:5, 145
  population comparison, **M**:5, 157–159
  from sieve, **M**:5, 152
  subdivision, **M**:5, 152
Particle radius, **ES**:20, 201
Particle size, **M**:3, 35, 39, 59, 60, 82 et seq.
  effects in ZnS, **ES**:1, 35, 44, 62, 71, 125, 204
  grain, **M**:3, 39, 40, 41, 82
Particle size analysis
  of bronze, **M**:5, 156
  of dunite, **M**:5, 157
  of frog blood, **M**:5, 158, 159
  by linear analyzer, **M**:5, 156
  by phase computer, **M**:5, 156
  of soft iron, **M**:5, 158, 159
  by television microscope, **M**:5, 156
  by TGZ 3 automatic particle size analyzer, **M**:5, 154, 156
Particle size analyzer
  Hornsten, **M**:3, 64
  Humphries, **M**:3, 60
  Lark, **M**:3, 59
  Zeiss–Endter, **M**:3, 63

Particle trajectory
  computer simulation of vacuum of diodes, **ES**:13C, 195–197
  electron guns, **ES**:13C, 151, 154, 166
  high-power pulsed electron beams, **ES**:13C, 352
  ion extraction optics, **ES**:13C, 244–245, 263–266
  space charge optics, **ES**:13C, 4, 10
    envelope equation, **ES**:13C, 11–12
    spatial Boersch effect, **ES**:13C, 477, 492
Particle–wave duality, **E**:89, 99, 110, 118
  electrons, **E**:98, 333–335
Partition, rough definability, **E**:94, 167–171
Partition priority coding, **E**:97, 201
Partition theorem, **ES**:3, 161–162
Parylene polymers, **D**:1, 250–253
Paschen plot, **E**:83, 85, 86
Pasmurov, **ES**:23, 334
Pass filters, generating differential equations, **E**:94, 383
Passive beam forming, **ES**:11, 82, 127
Patch charge forces, **E**:87, 127–129
Patent
  electron microscope, **E**:96, 134
  electrostatic lens, **E**:96, 137
Path(s)
  in complex, definition, **E**:84, 208
  definition, **E**:90, 38–39
  dispersion of, **ES**:4, 96
  in graph, **E**:84, 198
  minimax algebra, **E**:90, 36–45
Path-connected complex, **E**:84, 208
Path difference, fundamental, **ES**:4, 128
Path weight, **E**:90, 39–40
Paton, J.S., **ES**:11, 221
Pattern generator, in electron beam lithography system, **ES**:13B, 76–77, 80, 83
Pattern interpretation, in divergent beam X-ray technique, **ES**:6, 375–403
Pattern/patterning, **E**:83, 36
  matching, **E**:86, 147
  recognition, **E**:86, 85, 90, 143, 175
  in thin film superconductors, **M**:14, 54–55
Pattern processing, **ES**:23, 34
  recognition, **ES**:23, 26
Pattern recognition, complex filtering and, **D**:1, 293 299
Pattern transfer techniques, **E**:102, 97
  additive, **E**:102, 125–132
  electroplating, **E**:102, 130–132

etching, **E:**102, 133–137
liftoff, **E:**102, 125–130
purpose of, **E:**102, 125
Pattern yokes, in electrostatic deflection, **D:**1, 205–207
Patterson function, **ES:**10, 197, *see also* Autocorrelation function
Paul, **ES:**9, 490
Pauli, **ES:**9, 417
Pauli principle, **ES:**13C, 480–481, 520
brightness, **ES:**13C, 483
eight-dimensional streamlines, **E:**95, 369–372, 374
fermionic field theory, **E:**95, 366
relativistic wavefunctions, **E:**95, 366–369
Pauli spin matrix, **E:**90, 164
Pauli spinor
momentum density, **E:**95, 286
momentum vector field, **E:**95, 286
observables, **E:**95, 285–287
operator action of matrices, **E:**95, 284–285
parameterization, **E:**95, 339
reflected wave, **E:**95, 323
rotors, **E:**95, 287–288
spherical monogenics, **E:**95, 303–305, 380–383
spin vector, **E:**95, 286
Pauli spin states, two-particle
basis vectors, **E:**95, 352
causal approach comparison, **E:**95, 358–360
nonrelativistic multiparticle observables, **E:**95, 355–357
nonrelativistic singlet state, **E:**95, 354–355
quantum correlator, **E:**95, 353–354
PBs, *see* Pulsed beams
PC, **E:**85, 25–26
PC cards, interconnection, **ES:**11, 135
PCF, visualization, **M:**7, 298, 299
PCM, *see* Pulse-code modulation
PCM television, **ES:**9, 163
PCTF, *see* Phase-contrast transfer function
PDA, *see* Plane deflector analyzer; Postdeflection amplification
PDA (plane deflector analyzer), **ES:**13B, 336
$Pd_8 1Si_1 9$, **ES:**20, 270
PDLC, *see* Polymer dispersed liquid crystal film

Peak
cathode loading, **ES:**3, 47–51
spot density, **ES:**3, 68–72, 90–94
Peak currents avoidance, **ES:**14, 295
Peak power pattern, **ES:**14, 92
Peak-to-background ratio, in stearate crystal, **ES:**6, 141–143
Peak-to-valley ratio, **ES:**24, 240, 244
Pearlman, **ES:**9, 265
Pearson's Υ^2-divergence, **E:**91, 43
Pechan prism, **M:**14, 230–232
PECVD, *see* CVD, plasma enhanced
PEEM, *see* Photoelectron emission microscopy
PEEM (photoelectron emission microscopy), **E:**94, 87
Peierls, **ES:**9, 417, 490
Pel (binary image coding), **ES:**12, 219n.1
P-elementary sets, **E:**94, 154
Pels, *see* Picture elements
Peltier cell system, **D:**1, 243–246
Pencil beam
definition of, **ES:**21, 31, 501
factor
for beam with crossover χ_c, **ES:**21, 215
for cylindrical beam χ_p, **ES:**21, 200
interaction force in, **ES:**21, 119, 120
regime
for axial velocity distribution
in beam with crossover, **ES:**21, 215
in homocentric cylindrical beam, **ES:**21, 200
for lateral velocity distribution
in beam with crossover, **ES:**21, 262
in homocentric cylindrical beam, **ES:**21, 241
for trajectory displacement distribution, **ES:**21, 287
Pencil of rays, electron gun, **M:**8, 139–140
aberrations, **M:**8, 144–147
asymptotes measurement, **M:**8, 147–148
crossover, **M:**8, 140–144, 145–146, 151
emittance diagrams, **M:**8, 152–153, 157–162
entrance pupil at the cathode, **M:**8, 141, 145–147
exit pupil, **M:**8, 141–142
Gaussian intensity profile, **M:**8, 152
geometric properties, **M:**8, 150
longitudinal aberration, **M:**8, 145

ray characterization, **M**:8, 149–152
ray gradient in the cathode image, **M**:8, 172
ray patterns, **M**:8, 155–157
scaling factor, **M**:8, 145–147
shadow curves, **M**:8, 148–152
spherical aberration constant, **M**:8, 145
trajectory calculation, **M**:8, 157–162
transverse aberration, **M**:8, 145
Pendellösung fringe, **ES**:16, 365
Pendulum analogy, **ES**:22, 111
equation, **ES**:22, 97, 110, 245
Pendzich, A., **ES**:16, 2
Penetration, **E**:83, 219
Penetration depth, **ES**:4, 142, 152
Penetration mass thickness, **DS**:1, 176
Penetration tube, **DS**:1, 11, 16–17, 176–193
color gamut, **DS**:1, 185, 186, 188
grid signal, **DS**:1, 190
gun structure, **DS**:1, 192
operation, **DS**:1, 188–193
screen structure, **DS**:1, 182
screen-voltage modulation, **DS**:1, 186, 190
three-beam, **DS**:1, 191–193
Penetron tube, **E**:91, 235–236
Penferroelectricity, **D**:2, 82
Penicillium chrysogenum spores, Interphako microscopy, **M**:6, 108
Penicillium sp. conidia, SiO replication, **M**:8, 85, 126
Penning effect, **D**:3, 96–97, 111
Penning ion source, **ES**:13B, 52, 56
Penning mixture, **D**:3, 157
Pennsylvania, geologic map, transform, **M**:7, 41
Pentaerythritol, mosaic spread in, **ES**:6, 427
Pentode extraction optical system, **ES**:13C, 210, 238, 283
n-Pentylamine, glow discharge in, **M**:8, 126
Pepperpot method
of beam measurement, **ES**:13A, 214–219, 250–251
electron gun geometrical properties determination by, **M**:8, 147
Peptidase, gold technique, **M**:6, 199
Perception, binding problem, **E**:94, 285
Perceptual criteria, **E**:82, 154
Percival coil technique, **D**:2, 223–224
Percolation, **E**:87, 233, 235
Peres, J., **ES**:16, 234

Perfect ambiguity function, **ES**:14, 304
Perfect beam, **ES**:13A, 161, 186–187, 195–200, 208–209, 229, 232; **ES**:13C, 57, *see also* Kapchinskij–Vladimirskij distribution
Perfect conductors
general properties, **M**:14, 6–7
Ginzberg–Landau theory, **M**:14, 9–11
London theory, **M**:14, 7–9
magnetic flux structures, **M**:14, 13–15
microscope theory, **M**:14, 11–13
Perfectly Matched Layer method, **E**:102, 80–81
Perfect plasma, **ES**:13C, 212–215, 232, 236–237, 252
effect of charged particle temperature, **ES**:13C, 267–268
effect of plasma density, **ES**:13C, 263–267
Perfect shuffle interconnections, **E**:102, 237–238, 239, 240
Perforated support films, **M**:8, 124
Performance, **E**:85, 142, 221
Perihelion
angle, **ES**:21, 144
time of passage, **ES**:21, 147
Period-1 DES, **E**:90, 110–111
Periodic
boundary conditions, **ES**:22, 145, 149, 223
focusing, **ES**:22, 294
Periodic charge, distributions, **E**:87, 157–158
Periodic continuation approximation, **E**:86, 191
Periodic focusing, **ES**:13C, 31–33
high-intensity beams, **ES**:13C, 50–51, 56, 60
computer simulation, **ES**:13C, 102–106
matching of beam to focusing channel, **ES**:13C, 77, 80
scaling laws in design of beam transport system, **ES**:13C, 112
stationary distributions, **ES**:13C, 92–94
Periodic intensity matching
in bilevel display image processing, **D**:4, 193
with compressed thresholds, **D**:4, 197–199
Periodic lens array, ion beam accelerators, **ES**:13C, 393–395
Periodic objects, **ES**:10, 13, 26–27, 59–60, 66, 120–121, 230–236

Periodic specimens, signal-to-noise ratio, **M:**7, 258
Periodic structures, perturbation method, **E:**90, 250-272
Periodite, pulse height spectrum for, **ES:**6, 340
Periodization, finite abelian group, **E:**93, 15
Peripheral current, backscattered electrons and, **ES:**6, 186-187
Peripheral Mode Insulator, **ES:**15, 262
Peripherals (computer), **ES:**10, 176-180, 182-184
  ink-jet printer, **E:**91, 237
  languages, **ES:**10, 186
  listings, **ES:**10, 105, 107, 116-119, 256-258, 268-277
  systems of, **ES:**10, 185-187
Peripheral vascular function, **M:**6, 1
Permalloy film, **M:**5, 255, 282, 283, 290, 291
Permanent, minimax algebra, **E:**90, 114
Permanent magnet
  field, **ES:**22, 272
  material, **ES:**22, 12
Permanent magnets, **E:**98, 324
Permeability, **E:**82, 3, 7, 13, 23, 39, 40, 41, 52, 61, 72; **ES:**22, 261, see also Permeability tensor
  free space, **ES:**5, 6
  off-diagonal component κ/μ, **ES:**5, 124, 125
Permeability tensor, **E:**92, 135; **ES:**5, 5-8
  components χ', μ'', **ES:**5, 7, 9
  components μ, κ, μ_i, **ES:**5, 6
  effective permeability, **ES:**5, 21
  eigenvalues, **ES:**5, 20
Permittivity, **E:**82, 3, 7, 40, 61, 92; **ES:**5, 5, 16
  inhomogeneous dielectric, **ES:**19, 89-90
  of media, **ES:**18, 169
Permittivity tensor, **E:**92, 114-117, 135
Permutability theorem, **ES:**19, 378
Peroxidase, **M:**6, 204, 212
  DAB technique, **M:**6, 210, 211, 220
  horseradish
    in immuno-histochemistry, **M:**6, 218, 219
    specific site coupling, **M:**6, 213, 219
    in tracer studies, **M:**6, 210, 217, 218
    as *in vivo* tracer, **M:**6, 217, 218
Peroxisomes, **M:**6, 220
  DAP technique, **M:**6, 212

Perpendicular entrance and exit, **ES:**17, 285, 287, 330, 343, 348
Perpendicular mirrors, **ES:**9, 279-281
Perpendicular polarization, **ES:**18, 116, 160
Perrier, F., **ES:**16, 115
Perrin, F., **ES:**16, 262
Perry, F.R., **ES:**16, 27
Persistence of emission, *see* Lifetime, of excited centers
Perturbation equation, **ES:**5, 59
Perturbation methods, electron diffraction
  nonperiodic structures, **E:**90, 272-293
  nonpperiodic structures, **E:**90, 272-293
  periodic structures, **E:**90, 250-272
Perturbation theory, **E:**86, 186; **M:**13, 54-55, 58, *see also* Charged particle optics, perturbation theory and
  and aberrations, **M:**13, 190
  and electron trajectories, **M:**13, 173-174, 180
  non-degenerate, **E:**90, 252-255
Perutz, M., **ES:**16, 34
Perveance, **ES:**21, 191
  electron beam diode, **ES:**13C, 180-182
  extraction of ion beams from plasma sources, **ES:**13C, 259-262
  solid emitters and plasma guns, **ES:**13C, 228-232
Peters, L., **ES:**14, 31; **ES:**15, 264; **ES:**16, 478
Petrographic thin sections
  optical diffraction analysis, **M:**7, 35
  photographic transparencies for optical diffraction analysis, **M:**7, 52
Petrology, and image analysing computer, **M:**4, 381
Petzval image surface, **ES:**17, 68
PEV, *see* Pyroelectric vidicons
PFA (proflavine), **M:**8, 53
Pfaffian differential equation, **E:**103, 66
Phage butyricum
  elementary disc, structure, **M:**7, 362
  structure, **M:**7, 360
  tail, geometrical parameters, **M:**7, 358, 360
Phage-dye complexes, **M:**8, 59
  orientation, **M:**8, 60
  sinusoidal intensity of fluorescence, **M:**8, 62
Phase, **ES:**22, 17, 81, 85, 177
  advance per round trip, **ES:**22, 295
  equation, **ES:**22, 85, 89, 178, 185

SUBJECT INDEX

focusing, **ES:**22, 370, 382
motions, **ES:**22, 369
oscillations, **ES:**22, 375
shift, **ES:**22, 192
signal description, **E:**94, 318
spread, **ES:**22, 378
stability, **ES:**22, 331, 368
velocity, **ES:**22, 352, 353
Phase advance
  defocusing effect of space charge, **ES:**13C, 78
  single particle, **ES:**13C, 55–56
Phase alternating line signals, **ES:**12, 79, 80, 100, 103–104
Phase amplifications, electron off-axis holography, **E:**89, 19–21, 47
Phase boundary, **ES:**20, 5
Phase breaking length, **E:**89, 100
Phase-carrying holograms, **M:**8, 22
Phase change, **ES:**4, 131
Phase-change guest-host color liquid-crystal cell, **D:**4, 82
Phase coherence length, **E:**89, 100
Phase connection principle, **E:**101, 144
Phase constant, **ES:**18, 58, *see also* Propagation constant
Phase contract, **M:**12, 28
Phase contrast, **M:**11, 154
  effects in electron microscope, **M:**1, 172, 178
  electron, **M:**2, 205
Phase contrast/bright- and dark-field microscopy
  with ultra-anoptral condenser, **M:**6, 116, 117
  with universal phase condenser, **M:**6, 116
Phase contrast/bright-field/polarization microscopy, **M:**6, 119
  equipment, **M:**6, 119
Phase contrast devices
  amplitude contrast device, **M:**6, 81–86
  with metallic phase rings, **M:**6, 72
  non-standard, **M:**6, 63
  positive/negative
    applications, **M:**6, 92, 93
    construction, **M:**6, 90, 91
    image faithfulness, **M:**6, 92
    negative phase ring, **M:**6, 92, 94
    optical system, **M:**6, 91
    phase ring composition, **M:**6, 92

  phase ring properties, **M:**6, 92
  polarizer, **M:**6, 92
  positive phase ring, **M:**6, 92, 94
  sensitivity, **M:**6, 92
sensitive negative, **M:**6, 70–77, 87
  advantages, **M:**6, 87
  applications, **M:**6, 72–77
  imaging properties, **M:**6, 71, 72
  KFA, **M:**6, 71, 72, 73, 74, 75, 76
  optical properties, **M:**6, 71
  soot phase ring, **M:**6, 70, 71
  specification, **M:**6, 70, 71
sensitive positive, **M:**6, 77–81, 85, 87
  advantages, **M:**6, 87
  applications, **M:**6, 79, 80, 81
  KFS, **M:**6, 77
  phase ring, **M:**6, 78
soot phase rings, **M:**6, 61, 65–86
  amplitude contrast device, **M:**6, 81–86
  highly sensitive negative, **M:**6, 70–77
  highly sensitive positive, **M:**6, 77–81
  KA, **M:**6, 82–86
  KFA, **M:**6, 71–77, 92
  KFS, **M:**6, 77–81
  in positive/negative phase contrast device, **M:**6, 92
standard, **M:**6, 63
variable
  advantages, **M:**6, 88
  with anisotropic phase plates, **M:**6, 96–104
  Beyer, **M:**6, 88–90
  for biological specimens, **M:**6, 87
  with birefringent phase plates, **M:**6, 103
  color phase contrast type, **M:**6, 95, 96
  contrast, **M:**6, 90–95
  for fine structure, **M:**6, 87
  Françon–Nomarski system, **M:**6, 104
  with isotropic phase plates, **M:**6, 87–96
  Nikon interference-phase device, **M:**6, 100–103
  Nomarski variable achromatic system, **M:**6, 99, 100
  Polanret system, **M:**6, 96–99
  polarizer, **M:**6, 90, 91, 92, 96, 97, 99, 100, 101, 104, 112, 113
  with re-imaging, **M:**6, 96
  with Rheinberg condenser annular diaphragm, **M:**6, 96

262 SUBJECT INDEX

with variable characteristic phase plates, **M:**6, 96
variable color-amplitude phase system, **M:**6, 103, 104
Varicolor system, **M:**6, 95
Zernike system, **M:**6, 95
Phase contrast electron microscopy
  of biological specimens, **M:**5, 299, 300
  defocusing technique, **M:**5, 174, 241, 245, 294
  for image improvement, **M:**5, 102, 299
  use, **M:**5, 240, 295
Phase contrast/fluorescence microscopy
  equipment, **M:**6, 117, 119
  negative phase objective, **M:**6, 119
  performance, **M:**6, 117, 118
Phase contrast/holographic microscopy
  defects, **M:**6, 128
  image reconstruction, **M:**6, 127
  principles, **M:**6, 126, 127
Phase contrast/interference microscopy
  Barer system, **M:**6, 115
  for broad structures, **M:**6, 116
  for fine structures, **M:**6, 116
  Interphako system, **M:**6, 105-110
  Meyer-Arendt system, **M:**6, 115
  with Michelson interferometer, **M:**6, 111-115
  mixed image, **M:**6, 115, 116
  Nomarski system, **M:**6, 115
  polarization interference system, **M:**6, 114
  uses, **M:**6, 105
Phase contrast method, **M:**1, 67, 74
Phase contrast microscopy
  combination with interference microscopy, **M:**6, 104-116
  contrast threshold, **M:**6, 62
  development, **M:**6, 129
  with holographic imaging, **M:**6, 126-128
  images, **M:**10, 25
  imaging properties, **M:**6, 57-62, 87
  interpretation, **M:**6, 53-57
  in i.r., **M:**6, 120, 121
  microdensitometric graphs, **M:**6, 61, 62
  nomenclature, **M:**6, 63, 64
  non-standard phase contrast device, **M:**6, 63
  phase contrast imaging, **M:**6, 62
  phase plate, **M:**6, 52, 53, 55, 56, 57, 58, 59, 60, 62

phase retardation, **M:**8, 22
phase ring, **M:**6, 52, 53, 88
in polarized light, **M:**6, 119, 120
positive/negative phase contrast change, **M:**6, 90
principles, **M:**6, 52, 53
quarter-wavelength phase plate, **M:**6, 53, 56, 57, 63, 90, 96, 97, 98, 99, 101
quarter-wavelength phase ring, **M:**6, 79, 89
sensitivity, **M:**6, 62, 87, 104
spatial filtering, **M:**8, 20
standard phase contrast device, **M:**6, 63
stereoscopic, **M:**6, 121-126
  depth evaluation, **M:**6, 123
  equipment, **M:**6, 121, 122
  floating image, **M:**6, 123
  highly sensitive negative objective, **M:**6, 123, 124
  polarizer, **M:**6, 121, 122, 123, 125
  pseudoscopic image, **M:**6, 123
  resolution, **M:**6, 124, 125
  stereoscopic image, **M:**6, 122, 123
system, **M:**6, 52
uses, **M:**6, 128
in u.v., **M:**6, 120, 121
with variable image contrast, **M:**6, 88
vector diagrams, **M:**6, 54-57
vector representation, **M:**6, 53-57
wave separation, **M:**6, 55, 56
Zernike nomenclature, **M:**6, 63
Phase contrast/polarization microscopy
  applications, **M:**6, 120
  equipment, **M:**6, 119
Phase-contrast transfer function, **E:**94, 209-211, 230, 231, 252; **M:**7, 297
Phase CT microscope, **M:**14, 243-246
Phase detection, electron off-axis holography, **E:**89, 5-7
Phase determination, **M:**7, 273-276
  practical problems in, **M:**7, 256-264
Phase diagrams, determining of, **ES:**6, 275-276
Phase-difference maps, **E:**99, 207-208
Phase distribution, electron off-axis holography, **E:**89, 18-19, 41
Phase driver, in SELF-SCAN displays, **D:**3, 131-132
Phase filters, **M:**8, 20-22
Phase front, radius of curvature of, **ES:**4, 153
Phase gratings, **M:**8, 20; **M:**12, 53

SUBJECT INDEX

Phase information, interpretation and use, **M:**7, 265–272
Phase matching
  in parametric interactions, **ES:**2, 224, 225
  in second harmonic generation, **ES:**2, 210–212
Phase measurement, in amplifiers, **ES:**2, 172
Phase memory, quantum devices, **E:**89, 100, 111
Phase modulation, **ES:**4, 113
  in optical diffraction analysis, **M:**7, 29
Phase-modulation techniques, **M:**1, 87, 88
Phase object, **M:**6, 50, 51; **M:**12, 31
Phase-object approximation, **E:**99, 174, 175–176, 184–186
Phase phenomena, in liquids, **M:**6, 128
Phase plane, **E:**94, 347; **ES:**22, 111, 164, 246
  generalized phase plane, **E:**94, 324–325, 347–365
  transverse, **ES:**22, 152, 159, 160, 165
Phase plane analysis, in quadrupole mass spectrometer, **ES:**13B, 174–175
Phase plate, **M:**6, 53, 55, 56, 57, 58, 59, 60, 62, 63, 64; **M:**12, 27, 128
  anisotropic, **M:**6, 96
  birefringent, **M:**6, 103
  development, **M:**10, 232
  negative, **M:**6, 53, 56, 57, 61
  positive, **M:**6, 53, 56, 57
  quarter wavelength, **M:**6, 53, 56, 63, 90, 96, 97, 98, 99, 101, 111, 114
  reflection, **M:**6, 104
  variable characteristic, **M:**6, 96
Phase problem
  direct methods for solving, **M:**7, 218–238
  in electron microscopy, **M:**7, 186–279
  indirect methods for solving, **M:**7, 193–218
  in X-ray crystallography, **M:**7, 189
Phase range, of elementary images, **M:**1, 133
Phase refinement, **M:**7, 273–276
Phase retardation measurements, **M:**1, 77, 109
  errors of, **M:**1, 100, 101
  by photometry, **M:**1, 82
  with polarizing interference microscope, **M:**1, 97
Phase retrieval, **E:**87, 3f
  by entire functions, **E:**93, 109–168
    algorithms, **E:**93, 110–112, 131–133
    blind-deconvolution problem, **E:**93, 144

coherent imaging through turbulence, **E:**93, 152–166
computer simulation, **E:**93, 127–130, 133–134
exponential filter, **E:**93, 111–112, 116–118
Fourier series expansion, **E:**93, 118–124, 131–133, 140–142
Hartley transform, **E:**93, 140–143
Hermitian object functions, **E:**93, 123–124, 126, 133
logarithmic Hilbert transform, **E:**93, 111–116, 120–121
Lorentzian filter, **E:**93, 124–126
one-dimensional, **E:**93, 110–112, 131, 145–149
theory, **E:**93, 112–131
two-dimensional, **E:**93, 110–112, 131–139, 161–162, 167
zero location method, **E:**93, 112, 118, 167
zero sheets method, **E:**93, 112, 131, 167
Phase ring, **M:**6, 52, 60, 61, 63, 88, 116
  dielectric, **M:**6, 92, 94
  narrow, **M:**6, 88
  in positive/negative phase contrast device, **M:**6, 90, 91, 92, 94, 95
  rapid change, **M:**6, 90, 91
  soot, **M:**6, 66, 67, 68–70, 71, 72, 77, 82, 92, 94
  soot/dielectric, **M:**6, 77, 78, 79
Phase separation, *see* Exsolution
Phase-shift function, **ES:**22, 108
Phase-shift method, **ES:**14, 59
Phase shift/shifter/shifting, **ES:**5, 171–213; **ES:**11, 33, see also *specific types of devices*
  analyses, **ES:**19, 117
  classification of, **ES:**5, 172
  comparison of, **ES:**5, 211
  configurations for analysis, **ES:**5, 23, 25, 27
  definition, **ES:**5, 171–172
  of Faraday rotation section, **ES:**5, 157
  figure of merit, **ES:**5, 172
  focusing, **ES:**11, 101
  in infinite ferrite medium, **ES:**5, 20
  latching, *see* Latching phase shifter
  with longitudinal biasing field, **ES:**5, 174–188
  geometries, **ES:**5, 174

maximum, of phase shifters, **ES:**5, 173
  of medium, **ES:**2, 27, 28, 30
  nonreciprocal, **ES:**5, 26, 194, *see also* Nonreciprocal phase shifters
  reciprocal, *see* Reciprocal phase shifters
  of resonator, **ES:**2, 28
  scattering matrix, **ES:**5, 171
  slab position, **ES:**5, 191–194
  with transverse biasing field, **ES:**5, 188–211
    characteristic equations, **ES:**5, 190
Phase solutions, restriction, other information in, **M:**7, 244–246
Phase space, **ES:**17, 114, 356, *see also* Beam phase space
  of axial coordinates, **ES:**21, 37
  distribution functions in, **ES:**13C, 56–58
  electron guns, **ES:**13C, 163–164
  image, **ES:**17, 356
  ion beam accelerator, **ES:**13C, 423–424, 429
  of lateral coordinates, **ES:**21, 37
  Liouville theorem, **ES:**13C, 479–480, 482
  object, **ES:**17, 356
  6-dimensional, **ES:**21, 35
  $6N$-dimensional, **ES:**21, 32
  in space charge optics, **ES:**13C, 10–17, 42–46
    distribution functions, **ES:**13C, 14–16
    envelope equation, **ES:**13C, 10–13
    particle trajectories, **ES:**13C, 10
Phase-space coordinates, **E:**103, 46
Phase-space pulsed beams, *see* Pulsed beams, phase-space
Phase-switching interferometer, radioastronomy, **E:**91, 286
Phase trajectories, signal processing, **E:**94, 324, 353–365
Phase uncertainty, electron off-axis holography, **E:**89, 23
Phase velocity, **ES:**18, 215
Phasors, **ES:**15, 107; **ES:**22, 17, 139
Phenomenological theories, **ES:**24, 61–68
Philadelphia, Fifth International Congress for Electron Microscopy (1962), **ES:**16, 116–117, 308, 541–542, 581
Philco, semiconductor history, **E:**91, 144
Philips
  computer control of microscopes, **E:**96, 511–512, 514
  electron microscope, **ES:**16, 55, 394, 397, 405, 407, 485, 498
    high-voltage type, **ES:**16, 379
  EM75, **E:**96, 443–444
  EM100, **E:**96, 433–435, 439
  EM200, **E:**96, 457–458
  EM201, **E:**96, 485
  EM300, **E:**96, 480–481, 481, 485
    aberration correction, **ES:**13A, 110–111
  EM400, **E:**96, 496–499
  PSEM500, **E:**96, 502
  SEM505, **E:**96, 505
  semiconductor history, **E:**91, 144, 177
  TWIN lens, **E:**96, 498–499, 514
Philips, A.F., **ES:**16, 405
Phillips, **ES:**9, 490
Phillips, R.M., **ES:**22, 3
Phillips 350 k V model, **M:**10, 257, 259
Phillips Analytical electron microscope, **M:**10, 258–259
Phonolite, **M:**7, 37
Phonon(s), **ES:**1, 139, 141, 145; **ES:**24, 86, 97, 244
  TO, **E:**82, 246, 250, 259, 263; **ES:**24, 100, 113
  center of zone, **E:**82, 263
  energy of, **E:**82, 246
  LA, **E:**82, 246
  LO, **E:**82, 246
  MC, **ES:**24, 98, 99, 100, 116
  momentum-conserving, **E:**82, 246
  momentum-conserving TA and TO, **E:**82, 256
  structure of, **ES:**24, 3
  TA, **E:**82, 246, 259, 263
Phonon excitation, **E:**86, 187
Phonon generation, **E:**83, 29
Phonon interaction, **ES:**4, 191
Phonon maser action, **ES:**2, 98, 229
Phosphatase histochemistry, **M:**6, 179, 180
Phospholipids
  phase transitions, **M:**8, 80
  retention of, **M:**3, 224–227
Phosphor(s), **M:**2, 2, 5
  cathodoluminescent, **E:**83, 81, 82; **D:**3, 163–164
  color tube, **DS:**1, 87–89
  defined, **E:**99, 242
  efficiency of, **M:**2, 6
  layer, **DS:**1, 173–188

miscellaneous, EL in, **ES:**1, 178, 179
photoluminescent, **D:**3, 160–162
rare-earth, **DS:**1, 88
in SELF-SCAN displays, **D:**3, 155–166
spectral distribution of, **M:**2, 6
ultraviolet, **DS:**1, 164
Phosphor application, **DS:**1, 89–91
Phosphor-bronze, **ES:**4, 167, 174
Phosphor-cathodochromic sandwich screen, **D:**4, 143, 149
Phosphorescence, **M:**14, 122
and delayed fluorescence imaging, **M:**14, 191–196
Phosphorous doped semiconductors, **ES:**8, 198
Phosphor screen, **M:**11, 10; **DS:**1, 44–45
beam index tube, **DS:**1, 161–162, 167
curved, **DS:**1, 45
dimensions, **DS:**1, 51
dot, **DS:**1, 89–91, 123–124
line, **DS:**1, 130, 138, 148–148, 161–162, 169
pattern distortion, **DS:**1, 62
photodeposition, **DS:**1, 45, 89–61, 123–124, 161–162
segmented, **DS:**1, 11–16
uniform, **DS:**1, 16–17
Phosphorus, K band for, **ES:**6, 166
Phosphorylase *a*
three-dimensional structure, **M:**7, 341
tubular crystals, three-dimensional structure, **M:**7, 339, 340
Phosphorylase *b*
electron micrograph, **M:**7, 294
micrograph, **M:**7, 295
three-dimensional structure, **M:**7, 295, 332, 339–340, 341
tubular crystal, electron micrograph, **M:**7, 296
Phosphostimulated luminescence, **E:**99, 242
applications
CBED pattern, **E:**99, 269–270
computed radiography, **E:**99, 242, 263–265
electron diffraction patterns, **E:**99, 270–274
high-resolution electron microscopy, **E:**99, 274–285
image processing, **E:**99, 285–286

quantitative images analysis, **E:**99, 274–285
radio luminography, **E:**99, 242, 263–265
RHEED, **E:**99, 286–288
transmission electron microscopy, **E:**99, 262–263, 265–269, 288
imaging plate
erasing, **E:**99, 253
exposure, **E:**99, 250–251
fading, **E:**99, 258–259
granularity, **E:**99, 259–262
reading, **E:**99, 251–253
resolution, **E:**99, 257
sensitivity, **E:**99, 262, 265–267
mechanisms, **E:**99, 242–248
Phosphotungstic acid staining, **M:**2, 278
Photoacoustic cell, **M:**12, 325
Photoacoustic spectroscopy, **M:**10, 58
Photobleaching, fluorescence recovery after, **M:**14, 174–177
Photocapacitive effect in ZnS, **ES:**1, 28, 39
Photocathode(s), **ES:**22, 407; **M:**10, 59; **M:**13, 59, 65
CsSb, **ES:**22, 408
LaB6, **ES:**22, 408
NEA, **D:**1, 92–125
Photochromic glass filters, **M:**8, 17–19
Photochromism, **M:**8, 17
Photoconductance, and surface excess carriers density, **M:**10, 61
Photoconductive detector, **E:**99, 79–80
Photoconductive films
cadmium sulfide, **D:**2, 141–147
cadmium sulfide-zinc sulfide, **D:**2, 147–156
for ceramic image storage and display devices, **D:**2, 137–165
in image storage and display devices, **D:**2, 115–118
READ-WRITE or READ-ERASE operation in, **D:**2, 156–159
rudimentary ferpic and, **D:**2, 70
sputter deposited transparent electrodes and, **D:**2, 159–165
Photoconductive single crystals, in imaging devices, **D:**1, 235–236
Photoconductivity, **ES:**1, 5, 39, 71, 75, 128–130, 208, 236–240
Photoconductors, **ES:**24, 182
inorganic, **D:**2, 140–159
organic, **D:**2, 137–140

Photocurrent, avalanche photodiodes, **E**:99, 87
Photodetection, *see* Heterodyne detection; Homodyne detection
Photodetector(s), **E**:99, 74–75; **ES**:4, 107, *see also* Detector(s)
 device requirements, **E**:99, 76–77
 irradiance, definition, **M**:10, 105
 night vision and, **D**:1, 49
 optical generation, charge carriers, **M**:10, 59
 performance characteristics, **E**:99, 75–76
 semiconductor photodetectors
  avalanche photodiodes, *see* Avalanche photodiodes
  MSM (metal–semiconductor–metal photodetector), **E**:99, 79
  photoconductive detector, **E**:99, 79–80
  phototransistors, **E**:99, 80
  p–i–n photodiode, **E**:99, 77–78
  p–n photodiode, **E**:99, 77
  Schottky–barrier photodiodes, **E**:99, 78–79
Photodiodes, **ES**:24, 182, 188, 214, 216; **M**:10, 59
 avalanche photodiodes, *see* Avalanche photodiodes
 InP/InGaAs avalanche photodiodes, **E**:99, 73, 90–94, 99–156
 ionization
  in absorption layer, **E**:99, 110–113
  in charge and grading layer, **E**:99, 113–115
 multiquantum well/superlattice photodiodes, **E**:99, 94–96
 photogain, **E**:99, 74, 120–150, 155
 p–i–n photodiode, **E**:99, 77–78
 p–n photodiode, **E**:99, 77
 Schottky–barrier photodiode, **E**:99, 78–79
Photo-displacement microscope, **M**:10, 58
Photodissociation, **ES**:2, 144
Photodynamic therapy, **ES**:22, 43
Photoelectric effect, in quantum detectors, **D**:3, 2
Photoelectric emission, **E**:83, 28
Photoelectric measurements
 image contrast enhancement, **M**:5, 102
 isolation of features, **M**:5, 103
 light sensor irradiation, **M**:5, 100, 101
 problems, **M**:5, 100

Photoelectric setting microscopes
 accuracy of setting, **M**:8, 38–39, 41–43
 advantages, **M**:8, 26
 alignment, **M**:8, 42–43
 applications, **M**:8, 25–27
 defocusing effects, **M**:8, 42–43, 49
 depth of field, **M**:8, 42
 direct display of line offset, **M**:8, 40–41
 discrimination, **M**:8, 38–39
 dithered-beam metrology, **M**:8, 44
 early types, **M**:8, 26, 27
 edge detection by, **M**:8, 44–45
 fiducial setting, **M**:8, 39–40
 focusing, **M**:8, 42–43
 functional parts, **M**:8, 26
 general layout, **M**:8, 27–29
 line position measurement, **M**:8, 39–41
 line structure and asymmetry, **M**:8, 41–42
 oblique illumination effects, **M**:8, 42
 operating frequency, **M**:8, 36
 oscillation system, **M**:8, 36–37
 repeatibility with, **M**:8, 38
 scanning mechanisms, **M**:8, 35–37
 sensitivity, **M**:8, 43
 setting on a line
  fixed image scanning, by, **M**:8, 31–35
  moving line sensing, **M**:8, 37
  radiometric balancing, by, **M**:8, 30–31
 signal-to-noise ratio, **M**:8, 38
 synthetic scanning, **M**:8, 43–44
 system selection, **M**:8, 46–47
 vertical scale movement, **M**:8, 43
Photoelectroluminescence, **ES**:1, 181
Photoelectron, **E**:83, 223
Photoelectron emission microscopy, **E**:94, 87
 acceleration process, effects, **M**:10, 276–278
 analyzers, methods, **M**:10, 319–321
 applications, biological sciences, **M**:10, 286, 290, 309–319
  physical sciences, **M**:10, 294–309
 Balzer's KE-3, **M**:10, 275
 biological applications, **M**:10, 286, 290, 309
 contrast mechanisms, **M**:10, 282–287
 conversion of TEM, **M**:10, 275
 Davisson–Calbick aperture, lens formula, **M**:10, 276
 depth of field, **M**:10, 288
 depth of information, **M**:10, 288–294
 diagram, **M**:10, 273

SUBJECT INDEX

electron energy analyzer, **M**:10, 287
electron optical system, **M**:10, 273
and electrostatic point projection microscopy, **M**:10, 324–326
emission energy, spherical aberration, **M**:10, 278–279
field emission microscope, photoelectron imaging, **M**:10, 326
future trends, **M**:10, 282, 326–327
as image converter, x-ray absorption, **M**:10, 323
image formation, **M**:10, 276–278
image intensifiers, **M**:10, 276
immunophotoelectron microscopy, **M**:10, 315–319
insulators, **M**:10, 300–305
lasers as light sources, **M**:10, 275
lateral resolution, **M**:10, 278–282
magnetic microstructure, **E**:98, 330
material contrast, **M**:10, 284–287
in metallurgy, **M**:10, 285, 287, 294–300
microelectronics, **M**:10, 300–305
one-lens emission system, **M**:10, 271
Oregon model, **M**:10, 274, 280–281
orientation contrast, **M**:10, 287
photoelectron magnification, x-ray images, **M**:10, 323
photoemission, **M**:10, 4, 289
stage process, **M**:10, 289
principles, **M**:10, 270–272, 276–294
related techniques, analytical microscopy, **M**:10, 319–321
resolution, calculation, **M**:10, 278–282
scanning, X-ray, in SEM, **M**:10, 321, 322
Schlieren technique, **M**:10, 287
Schottky effect, **M**:10, 283
semiconductors, **M**:10, 300–305
spectromicroscopy, **M**:10, 324–326
summary, **M**:10, 326
surface physics, **M**:10, 305–309
synchrotron radiation, **M**:10, 276
topographic contrast, **M**:10, 282–284
UHV, **M**:10, 274
X-ray microscope, **M**:10, 323
zinc silicate binary mixtures, **M**:10, 300–303
Photo-electronic techniques, **M**:1, 28
Photoelectron microscopy, **ES**:6, 36–38
Photoelectron quantum yields, **M**:10, 284–286
Photoelectrons, multiplication of by secondary emission, **D**:1, 2–5
Photoelectron spectromicroscopy, **M**:10, 228, 270
Photoelectron spectroscopy, **ES**:20, 110, 185, 235; **M**:10, 319; **M**:12, 111
chemical shift and, **M**:9, 114–115
Photoemission
as detection process, **D**:1, 3
from GaAs cathodes, **D**:1, 116
scanned surface, **M**:10, 322
statistical distribution for, **D**:1, 18
Photoemission electron microscopy, **M**:11, 69, 70
Photoemission microscopes, **M**:8, 140
Photoemitting scanning tunneling, **M**:12, 278
Photoetching techniques, **ES**:4, 140
Photogain
SAGCM InP/InGaAs avalanche photodiodes, **E**:99, 74, 120–150, 155
temperature dependence, **E**:99, 146–150
Photogrammetric equations, microfabric analysis, **E**:93, 222
Photographic averaging
application to electron microscopy, **M**:6, 243
application to virus electron micrographs, **M**:6, 243
of gold atomic lattice, **M**:6, 244
linear integration apparatus, **M**:6, 243, 246
loss of contrast, **M**:6, 247
optical diffraction negative analysis, **M**:6, 249, 250–255
photographic emulsion, **M**:6, 247
principles, **M**:6, 243
rotational integration apparatus, **M**:6, 243, 245
stroboscopic apparatus, **M**:6, 243, 245
techniques, **M**:6, 243
of two dimensional lattice, **M**:6, 243
Photographic contrast, **M**:1, 187, 190
Photographic densitometric measurements, **M**:1, 86
Photographic emulsions, **M**:1, 181; **M**:8, 17, 20
choice of, **M**:1, 201
for electrons, **M**:1, 180
resolution of, **M**:1, 198

Photographic film
  dark room procedures, **M:**7, 60
  in optical diffraction analysis, characteristics, **M:**7, 58, 59
Photographic graininess, **M:**1, 195
  theory of, **M:**1, 196
Photographic noise, electron off-axis holography, **E:**89, 31–32
Photographic plates, **M:**12, 54, 77
  for electron microscope, **ES:**16, 91–92
Photographic process, **M:**1, 181; **M:**2, 151
  development time and temperature, **M:**2, 157
  exposure temperature, **M:**2, 159
  fading, **M:**2, 160
Photographic transparencies, optical diffraction analysis, **M:**7, 24, 51, 52
Photograph scanner, **M:**4, 362
Photographs/photography
  electron microscope, **M:**10, 252–253
  high speed for mode studies, **ES:**2, 175, 187–188
  with maser light, **ES:**2, 226–227
  use of image analysing computer, **M:**4, 382
Photoinduced transient spectroscopy, **M:**10, 67
Photoionization microscopy, **M:**10, 8
Photolithographic mask monitoring, **M:**8, 44–45, 49
Photoluminescence, **E:**82, 244, 255, 257, 262; **ES:**24, 5, 49, 99, 105, 106, 110, 112, 113, 116, 118, 126, 251
  BGN from observed, **E:**82, 259
  biological stains, **M:**8, 53
  spectrum, **E:**82, 260
Photoluminescence excitation absorption, **E:**82, 256
Photoluminescent phosphors, **D:**3, 160–162
Photomicrography, **M:**4, 385–413
  automation, **M:**4, 391–413
    data processing, **M:**4, 396–413
    light intensity, **M:**4, 391–396
    special instruments, **M:**4, 402–413
  instruments, **M:**4, 387–388
  range, **M:**4, 386–387
  technical details, **M:**4, 388–391
Photomixing, microwave, **ES:**2, 173–175
Photomultiplier(s), **M:**2, 2, 10, 81, 82, 86, 90, 92, 107, 108; **M:**4, 394–395
  tracking microscope, **M:**7, 12

Photomultiplier tube(s), **E:**83, 223; **E:**99, 75
  analysis of, **M:**13, 59–74
  dynode stack, **M:**13, 67–74
  front end of, **M:**13, 59–66
  noise, **M:**4, 141–145
  numerical modeling of, **M:**13, 59
  schematic of, **M:**13, 60
  sectional views of, **M:**13, 62–63
Photon(s), **M:**2, 1, 2, 7, *see also* Wave–particle models, photons and
  representation, **ES:**18, 2
  virtual, distribution, non-contact scanning force microscopy, **E:**87, 53–54
Photon degeneracy, **ES:**2, 178–179
Photon energy, **M:**2, 3
Photonic switching, **E:**91, 209
Photon noise in CCD, **D:**3, 210
Photon tunneling, **M:**12, 269
Photorefractive volume holographic interconnections, **E:**102, 250, 251–252, 265, 266
Photo-resist/photoresistors, **M:**4, 396, 397–398, 400–401
  development, **DS:**1, 90
  spectral response, **DS:**1, 127
Photosensitivity calculations, for NEA cathodes, **D:**1, 92–101
Photothermal pulse analysis, **M:**12, 345
Photothermal radiometry, **M:**12, 327
Phototitus, **D:**1, 245–249, 252, 255, 270, 276–277, 288, 297–298
Phototransistor, **E:**99, 80
Photovoltaic effect, **ES:**1, 5, 6, 132, 155
  anomalous in ZnS and CdTe, **ES:**1, 33, 118, 119
Phrase grating function, **E:**86, 190, 194, 198
Phthalocyanine, relative photocurrent, **M:**10, 290
Phycomyces, motion, three-dimensional tracking system, **M:**7, 13
Physical information
  classical electrodynamics, **E:**90, 149–153, 186–187
  erratum and addendum, **E:**97, 409–411
  Fisher information, **E:**90, 124–139
  general relativity, **E:**90, 170–174, 188
  Poisson information equation, **E:**90, 139
  power spectral $1/f$ noise, **E:**90, 174–185, 188

principle of extreme physical information, **E**:90, 138, 139–147
quantum mechanics, **E**:90, 154–165, 184, 185, 187
special relativity, **E**:90, 147–149, 186
uncertainty principle, **E**:90, 165–169
zero information, **E**:90, 143–144, 164, 185
Physical information divergence, **E**:90, 144
Physical law, **ES**:15, 24
Physical optics, **E**:86, 176, 177, 187, 193
laser display resolution and, **D**:2, 6–11
Physical quantities, in beam study, **ES**:13A, 178–179, 185
Physical realizability, **ES**:15, 127
Physisorption, **ES**:20, 33
of O_2 on Si, **ES**:20, 176
PIC, *see* Particle-in-cell simulation method
Picard–Banach procedure, **E**:102, 42, 44, 49
Picard iteration procedure, **ES**:19, 243, 245
Pichler, **ES**:9, 8, 44, 90, 92, 121
Picht transformation, **M**:13, 181
Pickard, R., **ES**:16, 83
PIC simulation method, *see* Particle-in-cell simulation method
Picture elements, in bilevel display image processing, **D**:4, 161
PICTUREPHONE® system, **ES**:8, 160, 162–163
Pierce column, electron gun, **ES**:13C, 143–145, 165
Pierce electrode, **E**:83, 77; **ES**:13B, 53
Pierce geometry, **ES**:22, 394; **M**:11, 105
Pierce gun, **ES**:16, 243
Pierce-shape extraction optics, **ES**:13C, 232–235, 238, 258, 271, 273
effect of ion temperature, **ES**:13C, 268
Pierce-type gun, **ES**:4, 64, 66, 79
Pierra's extrapolated iteration, image recovery projection, **E**:95, 211–216
Piezo, **ES**:20, 259, 262
Piezoelectric detection, **M**:12, 330
Piezoelectric effect, **D**:1, 226–227
Piezoelectric translators, **E**:83, 87
Pillars, **E**:83, 82, 83
Pillbox electron spectrometer, **ES**:13B, 326–327
Pillbox resonator, **ES**:22, 342
Pilot beam, **DS**:1, 159
Pilot-wave theory, **E**:101, 144

Pinched beam, computer simulation, **ES**:13C, 198
Pinched beam diode, **ES**:13C, 185–188
Pinch reflex ion diode, **ES**:13C, 321
PIN detector, **ES**:13C, 338
Pinhole camera, in gamma-ray image conversion, **D**:1, 43–44
Pinip storage capacitor, **E**:86, 27
Pinkert, **ES**:9, 8
$p-i-n$ photodiodes, **E**:99, 77–78
π-bonded chain model, **ES**:20, 267
Pipeline, flexible, **E**:85, 173
Pipette apertures, **M**:12, 276
Pipe tube, **E**:91, 236
Pisa, E.J., **ES**:11, 220
Pisarenko method, **E**:94, 369–370
Pitch prediction, **E**:82, 125
PITS (photoinduced transient spectroscopy), **M**:10, 67
Pitt, A., **ES**:16, 276
Pivot point, **E**:94, 232, 239
PIXE analysis, *see* Proton-induced x-ray emission analysis
Pixel(s), **E**:83, 79, 80, 207; **E**:84, 197, 203; **E**:85, 88; **E**:88, 297
definition, **E**:84, 73
digital image, **E**:93, 228–229
domain segmentation, **E**:93, 288–289
edge detection, **E**:93, 233
electron off-axis holography, **E**:89, 24, 32
location and value, **E**:84, 73
numbering system, **E**:93, 233, 268, 284
optical symbolic substitution, **E**:89, 55–56
rectangular aspect ratio, **E**:93, 229, 272, 274–275
selected and nonselected, **D**:4, 49
SNR, **E**:84, 342
space-variant image restoration, **E**:99, 309–12
square pixels, **E**:93, 233, 274, 329
types, **E**:99, 303
Pixelwise operations, **E**:90, 360, 369, 424
PL, *see* Photoluminescence
Plagioclase, **M**:6, 276, 293
ion micrograph, **ES**:13B, 29–30
oligoclase porphyroblast in, **M**:7, 37
Plagioclase feldspars, **E**:101, 7, 8
Plan
analysis, **E**:86, 94
global processing, **E**:86, 95–96, 98, 105

Planar guiding structures, E:92, 95–132
  anisotropic determinantal equation, E:92, 112–114
  dyadic Green's functions
    admittance, E:92, 108, 112
    impedance, E:92, 103–106, 108
    normal mode field, E:92, 95–101
    slot surface fields, E:92, 108–111
    strip surface currents, E:92, 106–108
    transformation operator matrix, E:92, 102–103
Planar integrated circuit, E:91, 147–148, 195
Planar monomolecular films, electron microscopy, M:7, 288
Planar multipole representation, in EBT, M:13, 130–135
  integral representation, M:13, 133–135
Planar process, E:102, 97
Planar resonance scattering, Bloch waves, E:90, 313–317
Planar SAGCM InP/InGaAs avalanche photodiodes, E:99, 96–102, 121
Planar spiral antenna, ES:15, 103
Planar transistor, E:91, 145–146
Planar wave detection, ES:9, 194, 195
Planar wavefront, ES:11, 29, 30, 98, 127
Planar waves, ES:18, 30
Planck, M., ES:16, 24
Planck's constant, E:83, 11; ES:6, 22; ES:17, 7, 10
Plane(s)
  antisymmetric, ES:17, 202, 203, 204, 216
  of best focus, ES:21, 5, 24, 348–349, 426, 461
  of constant attenuation, ES:18, 171
  of constant phase, ES:18, 171
  defocusing, ES:17, 212–215
  focusing, ES:17, 212–215
  image, E:86, 232
  of localization, ES:4, 103
  median, E:86, 228, 234, 266
  object, E:86, 232
  profile, E:86, 232
  sudden change, ES:17, 334–336, 348, 354
  symmetric, ES:17, 204, 216
Plane deflector analyzer, ES:13B, 336
Plane mirror analyzer, ES:13B, 262, 268, 272, 285–291, 351
  fringing fields, ES:13B, 364
Plane-parallel beam splitter, ES:4, 135

Plane-wave representations, E:103, 3, 9–11, 45, 48
  spectral localization, E:103, 21–22
  time-dependent, E:103, 18–22
Plane wedge, ES:4, 103
Plano-spherical resonator, ES:2, 73
Plant tissues, M:6, 120, 210, 230
  photosynthesis, ??
Plant viruses, M:6, 228
  negative stain reaction, M:6, 234
PLAP, see Pulsed laser atom-probe
Plasma
  Bennett pinch relation, ES:13C, 25
  bridging problem, ES:13C, 313
  electron beam propagation
    in dense plasma, ES:13C, 366–372
    in low-density plasma, ES:13C, 366–372
  electron guns, ES:13C, 148
  electron neutralization, ES:13C, 397–398
  extraction of high-intensity ion beam from plasma sources, ES:13C, 207–293
    beam extraction optics, ES:13C, 232–256
    beam-to-optics matching in triode optics, ES:13C, 256–286
    conclusion, ES:13C, 286–287
    introduction, ES:13C, 207–212
    plasma-sheath and plasma-beam interfaces, ES:13C, 212–232
  formation
    in classical diode, ES:13C, 354
    in electron beam diode, ES:13C, 182–183, 186–187
  ion diode, ES:13C, 297
  interaction of paraxial beams with, ES:13C, 19
  ion source, ES:13C, 431–432
  motion, in ion diode, ES:13C, 299–300
Plasma–beam interface, ES:13C, 221–232, 239–241, 254–256
Plasma channel beam transport
  beam time-scale phenomena, ES:13C, 334–336
  channel formation theory, ES:13C, 332–334
  channel propagation experiments, ES:13C, 336–337
  ion beam transport, ES:13C, 329–338
    basic requirements, ES:13C, 330–332
Plasma-controlled accelerator, ES:13C, 457–458

SUBJECT INDEX

Plasma display panel, E:91, 245–246
Plasma effects, ES:4, 34
  in high-intensity beams, ES:13C, 51, 63–66
  squaring of emittance values, ES:13C, 109
Plasma electrode, *see* Screen electrode
Plasma expansion ball, ES:13C, 223–225
Plasma-filled diode, collective ion acceleration, ES:13C, 452
Plasma frequency, E:92, 81; ES:4, 66, 69; ES:21, 53, 79, 82; ES:22, 58
Plasma gun, ES:13C, 228, 230–231, 432
  ion source, ES:13C, 312
Plasma ion source, ES:13B, 150–151, 160–163
Plasma ion thruster, ES:13C, 209
Plasma meniscus, ES:13C, 210, 223–225, 232–233, 239–240, 254, 256, 263, 265, 273–276, 284–285
  effect of charged particle temperature, ES:13C, 267
  focusing, ES:13C, 227
Plasma oscillation frequency, high-intensity beams, ES:13C, 65–66, 82
Plasma physics, relation with methods of, ES:21, 11, 62, 85, 89
Plasma probing, holographic, M:10, 196
Plasma-sheath boundary, ES:13C, 212–221, 232
Plasma sources, M:11, 104
Plasma switching system, E:91, 250
Plasmatron source, M:11, 106
Plasmon
  loss, E:86, 187
  scattering, E:86, 186
Plasmon effects, M:12, 287
Plasmon losses, ES:4, 203, 205
Plastic flow, ES:24, 5, 26, 61, 64, 65, 68
Plastic flow theory, ES:24, 61, 63, 65, 67, *see also* Phenomenological theories
Plastic solution support film preparation, M:8, 120
Plateau curves, E:103, 75, 76
Platelets, blood, LVSEM images, E:83, 249–251
Platform system, E:85, 3, 7, 11, 55, –8
Plato, ES:9, 1
Plausibility function, E:94, 171
PLE (photoluminescence excitation) absorption, E:82, 256

Pleochroism, M:1, 72
Plessey Semiconductors, semiconductor history, E:91, 141, 147, 149, 150–166, 236
Plexiglas substitute, for ferpic devices, D:2, 84–86
Plinth, fuzzy set theory, E:89, 265–266
Pliochroic dye displays, D:4, 79–83
Ploem illumination system, M:6, 28, 29
Plumbicon, M:9, 60, 343
Plume, ES:4, 142, 150
Plummer, J.D., ES:11, 217, 220
PLZT (lead zirconate-titanate) ceramics, *see also* Image storage, and display devices
  alphanumeric display devices as, D:2, 123–137
  birefringence-mode image storage and display devices as, D:2, 83–104
  cadmium sulfide films and, D:2, 142–147
  crystalline structure changes in, D:2, 81–83
  display applications of, D:2, 65–167
  electrically erased devices as, D:2, 112–115
  electrooptic effects in, D:2, 67–69
  Fericon in, D:2, 81
  and ferroelectric-photoconduction image storage and display device, D:2, 69–70
  historical background of, D:2, 66–67
  interdigital-array ferpic and, D:2, 73–77
  ITO films and, D:2, 161–165
  lanthanum and temperature dependence of electrooptic effects in, D:2, 81–83
  lifetimes of, D:2, 120–122
  light scattering in, D:2, 119–120
  L-state polarization of, D:2, 75–78
  material preparation vs. performance in, D:2, 115–122
  9/65/35 materials in, D:2, 123, 134
  power considerations in, D:2, 131–133
  reflection mode devices and, D:2, 97–100
  relative usefulness of, overtime, D:2, 69
  rudimentary ferpic and, D:2, 70–73
  strain-biased, D:2, 83–104
  strain-biased ferpic and, D:2, 77–79
  thermally erased devices as, D:2, 105–111
  transmission mode devices as, D:2, 83–97
  transparent electrodes and, D:2, 159–160
  variable light-scattering effect in, D:2, 67–69 X/65/35 type, 81–83
PMA, *see* Plane mirror analyzer
PML (Perfectly Matched Layer) method, E:102, 80–81

SUBJECT INDEX

PMMA, *see* Poly(methyl methacrylate) entries
Pmmm group, **E**:93, 13, 48-49
PMOS transistor, **D**:4, 24
PMT, *see* Photomultiplier tube(s)
$p-n$ diode masers, **ES**:2, 248
$p-n$ junctions, **E**:91, 143, 147
    charge recovery transient, **E**:86, 15
    C-V characteristic, **E**:86, 9
    electrostatics, **E**:86, 8
    generation in, **E**:86, 10
    use of mirror EM, **M**:4, 244
$p-n-p$ alloy transistor, **E**:91, 144
$p-n$ photodiode, **E**:99, 77
p-[N-(p-methoxybenzylidene)]-p'-n-butylaniline, mixture with EBBA, **D**:4, 6
Pnp storage capacitor
    charge recovery transient, **E**:86, 19
    charge removal transient, **E**:86, 21
    C-V characteristic, **E**:86, 17
POA, *see* Phase-object approximation
Pockels effect, **ES**:2, 209, 215, 218; **M**:1, 90; **D**:1, 226-228
Pockels-effect imaging devices, **D**:1, 225-299
    ADP, KDP and DKDP types of, **D**:1, 230-240, 256-260, 290
    color data display in, **D**:1, 266-269
    color TV and, **D**:1, 176-177, 188-192, 209-215, 263-266
    complex filters and, **D**:1, 295-296
    electron-beam-addressed devices and, **D**:1, 236-244
    ferroelectric crystal devices and, **D**:1, 230-235, 244-250
    for high-resolution electron microscopes, **D**:1, 286-288
    image-and data-processing applications in coherent light and, **D**:1, 278-299
    image conversion in, **D**:1, 276-278
    image-processing applications in noncoherent light with, **D**:1, 269-278
    large-screen display applications of, **D**:1, 256-269
    on-axis spatial-frequency filtering and imaging with, **D**:1, 288
    optically addressed devices and, **D**:1, 244-256
    photoconductive crystals, in, **D**:1, 235-236, 250-256

    phototius and, **D**:1, 245-249, 252, 255, 270, 276-277, 288, 297-298
    PROM devices and, **D**:1, 250-256, 299
    real-time addition and subtraction of images in, **D**:1, 270-273
    single crystals in, **D**:1, 229-236
    star and satellite observation with, **D**:1, 284-288
Pockels-effect light valves, **D**:1, 293-294
Pockels readout optical memory or modulator devices, **D**:1, 250-256, 299
POCS, *see* Projection onto convex sets algorithm
Poincaré phase plane, **E**:94, 347, 350-352, 354-355
Poincaré sphere, **ES**:4, 110
Point analysis, **M**:3, 250-251
Point cloud, **E**:85, 99
Point contact rectifier, **E**:91, 142, 143
Point-detector scanning, *see also* Scanning electron microscope/microscopy
    comparisons, point source, **M**:10, 49-70
    differential phase contrast, **M**:10, 49-55
    optical system, **M**:10, 2
Pointed fiber, **M**:12, 246
Pointed filament, development and applications of, **ES**:16, 306-309, 327
Point estimates, image recovery problem, **E**:95, 158-159
Point group, **E**:93, 9-10
    extended Cooley-Tukey fast Fourier transform, **E**:93, 47-52
    reduced transform algorithm, **E**:93, 31-39
Point light source Fourier transforms, **M**:8, 15
Point-line pattern measurement
    constant magnitude field, **M**:5, 121, 122
    test object, **M**:5, 122, 123
Point-probe approximation, **E**:87, 136-137
Point-projection imaging, **M**:10, 220, 325-326
Point resolution, **M**:4, 67-71
Point scatterer, **ES**:23, 24
Point sets, **E**:90, 358
    definition, **E**:84, 73
Points in focus, **ES**:11, 97
Point-source field electron emission model, **M**:8, 221-223, 251
    applications, **M**:8, 255-256

Point-source scanning, *see also* Scanning electron microscope/microscopy comparison, point-detector, **M:**10, 49-70
Point spread function, **E:**93, 303, 304; **M:**12, 28
Poissance, extraction of ion beams from plasma sources, **ES:**13C, 230-231, 237, 259-262
Poisson-Boltzmann equation, **E:**87, 111
Poisson distribution, for multipliers, **D:**1, 18-20
Poisson equation, **ES:**17, 5; **ES:**21, 51
Poissonian counting error, **M:**6, 283, 284
Poisson information equation, **E:**90, 139
Poisson momentum relation, uncertainty principle, **E:**90, 166-167, 187-188
Poisson's equation
  in computation of electrostatic and magnetic fields, **ES:**13A, 1, 3, 11, 13-17
  electron guns, **ES:**13C, 159-161
   self-fields, calculations of, **ES:**13C, 154-155
Poisson square wave, **ES:**12, 248
Poisson statistics, **ES:**22, 57
  limitations set by in SEM, **E:**83, 207-208
Polanret system
  applications, **M:**6, 98
  construction, **M:**6, 96, 97
  disadvantages, **M:**6, 98, 99
  modifications, **M:**6, 98, 99
  phase shift variation, **M:**6, 97, 98
  polarizer system, **M:**6, 96, 97, 98
  transmittance ratio variation, **M:**6, 97, 98
  versatility, **M:**6, 98
Polanyi, M., **ES:**16, 23
Polar coordinates, **ES:**11, 6, 7, 98, 184; **ES:**23, 79, 85
  filter for, **ES:**9, 158
  focusing, **ES:**11, 104
Polarity symmetry, defined, **ES:**9, 283
Polarization, **E:**86, 183, 196; **ES:**18, 45
  of gas atoms, **ES:**20, 33
  notation, **ES:**18, 120
  parallel, **ES:**18, 165
  perpendicular, **ES:**18, 160
  spontaneous or permanent, **D:**3, 4
  in ZnS, **ES:**1, 30, 78-82, 92, 104, 182, 188
Polarization coding, optical symbolic substitution, **E:**89, 57, 59, 84-87
Polarization ellipse, **E:**92, 131-132

Polarization interference microscopy
  monochromatic light, **M:**6, 114
  with variable wavefront shear, **M:**6, 114
Polarized electron, reduction of Boersch effect, **ES:**13C, 519-525
Polarized Fermi particles, **ES:**13C, 520-523
Polarized fluorescence microscopy, **M:**8, 51-52
  apparatus, **M:**8, 53-55
  background intensity measurement, **M:**8, 58
  initial optimization, **M:**8, 59
  methods for analysis of, **M:**8, 66-72
  original instrument, **M:**8, 54
  photographic determination of direction of maximum intensity, **M:**8, 58
  principles, **M:**8, 53-55
Polarized fluorescence photobleaching recovery, **M:**14, 180
Polarized reflection, **ES:**18, 166, 167
Polarizing interference microscope, **M:**1, 80, 97
Polarizing microscope, **M:**1, 81; **M:**2, 11, 17
Polar molecules, **E:**102, 151-156
  hydrophilic surface preparation, use in, **M:**8, 121
Polaroids, **M:**8, 54
Polarons, theory of, **E:**92, 89, *see also* Self-trapped electrons
Polder tensor, *see* Permeability tensor
Polepiece lenses in electron microscopy, **M:**14, 20-21
Pole strength, **ES:**23, 112
Pollen, cryoultramicrotomy of, **ES:**16, 203
Pollen tube scan, with proton microprobe, **ES:**13A, 342-344
Poloidal analyzers, **E:**103, 291-293
  calculation of particle trajectories in, **E:**103, 352-361
  electrostatic field of, **E:**103, 348-352
  focusing properties of, **E:**103, 361-363
Poly(methyl methacrylate), **E:**83, 36; **ES:**13B, 77
Polychromatic source
  extended, **ES:**4, 107, 109, 110, 123
  plane, **ES:**4, 112
Polycrystalline diffraction patterns, theoretical, **ES:**4, 190
Polycrystalline ferromagnetics, **M:**5, 240
Polycrystalline films, **ES:**4, 244; **M:**5, 240, 289

Polyethylene, **M**:5, 309, 316, 317
  radiation damage, **M**:5, 317
Polyethylene crystals, **M**:5, 307
Polygon, planar, **E**:85, 103
Polygon corner, **E**:84, 245
Polylysine, **M**:8, 126
Polymer dispersed liquid crystal film, flat panel technology, **E**:91, 248
Polymerization, wet replication study of, **M**:8, 99
Polymers
  applications of LVSEM, **E**:83, 249–252
  chitosan, **E**:88, 137, 138, 165
  early structure analyses, **E**:88, 133
  lattice images, **E**:88, 158
  poly(butene-1), **E**:88, 167
  poly(ϵ-caprolactone), **E**:88, 166
  poly(trans-cyclohexanediyl dimethylene succinate), **E**:88, 165
  polyethylene, **E**:88, 166
  structures, **M**:3, 203–206
    by direct methods, **E**:88, 139
  synthetic, Fresnel projection microscopy, **E**:95, 132, 134, 136–139
Polymorphism, **E**:88, 69, 74
  implementation in C, **E**:88, 92
Polynomial filter, binary image enhancement, **E**:92, 68–70
Polynomial fit function, *see* Fit algorithm
Polynomials
  approximation, **ES**:19, 270–279
  geometrically weighted series, **ES**:19, 276–279
  ultra spherical, **ES**:19, 278
Polyoma virus
  electron micrographs, **M**:7, 369
  three-dimensional reconstruction, **M**:7, 367
Polyomyelitis virus, three-dimensional reconstruction, **M**:7, 367
Polypetides, structure, **M**:7, 288
Polyphos condenser, **M**:6, 116
Polypyrrole, **ES**:20, 249
Poly(glycidyl methacrylate) (PGMA) resist, **E**:102, 116
Poly(methyl methacrylate) resist, **E**:102, 97
  degradation of, under irradiation, **E**:102, 144–146
  development of exposed, **E**:102, 146–157
  dissolution of, **E**:102, 147–149
  electron-beam exposure, **E**:102, 138–146

  electron-beam lithography, **E**:102, 99–101
  electron scattering in resist and substrate, **E**:102, 139–140
  focused ion beam, **E**:102, 108–110
  intermolecular forces, **E**:102, 151–156
  liftoff, **E**:102, 126–130
  LIGA lathe, **E**:102, 203–211
  molecule size, **E**:102, 141–144
  in projection electron beam lithography, **ES**:13B, 126–127
  solubility of, **E**:102, 149–151
  statistical error, **E**:102, 140–141
  swelling, **E**:102, 157
Polysomatic defects, biopyriboles and, **E**:101, 27–32
Polysomatic reactions, in pyriboles, **E**:101, 31–32
Polysomatic series, defined, **E**:101, 28
Polysomatism, use of term, **E**:101, 28
Polysome, defined, **E**:101, 28
Polystyrene, **ES**:20, 253
  mass spectrum, **ES**:13B, 155
  particle suspension preparation, use in, **M**:8, 121–122
Polystyrene beads, flow of, **M**:1, 28
Polytype, defined, **E**:101, 28
Polyvinyl carbazole films, **D**:2, 140
  in interdigital-array ferpic, **D**:2, 76–77
  performance capabilities and photoconductive characteristics of, **D**:2, 90–91, 137–139
  in rudimentary ferpic, **D**:2, 70
  in transmission mode devices, **D**:2, 83
Ponderomotive force, **ES**:22, 111
Ponderomotive potential, **ES**:22, 111, 136, 236, 245
Ponte, M., **ES**:16, 230
Poppa electron microscope, **ES**:4, 191, 239
Population inversion, *see* Threshold condition
Porcello, **ES**:14, 32
Pores, transforms, **M**:7, 63
Porins, crystal structures of, **E**:88, 168–169
  Omp C, **E**:88, 169
  Omp F, **E**:88, 168
  Pho E, **E**:88, 169
  VDAC, **E**:88, 169
Porosity analysis, orientation analysis, **E**:93, 301–311
Porro prism reflector, **M**:6, 140

Porter, K.R., **ES:**16, 124, 156, 161, 185, 192
Porter–Blum microtome, development for electron microscopy, **ES:**16, 95, 96
Poschenrieder lens, **ES:**20, 54, 55, 141, 179, 181
Position, **ES:**22, 176
 equation, **ES:**22, 85
Position-sensitive detectors, **M:**8, 30, 31
Positive definite matrix, **E:**85, 22, 27, 37, 50
Positive energy wave, **ES:**13C, 461
Positive flux linkage, **ES:**4, 85
Positive ions
 detection efficiency for, **D:**1, 25–26
 space charge cancellation, **ES:**3, 75–76
Positively-charged support films, **M:**8, 121
 glow discharge preparation, **M:**8, 129–130
Positive spectrum, **ES:**4, 108
Positive staining, signal-to-noise ratio, **M:**7, 258
Positive tolerance, **DS:**1, 13, 118–123
POSIX, **E:**88, 71
Posner, **ES:**9, 73
Possibility (rough set theory), **E:**94, 166
Postacceleration, **ES:**3, 158–159
 ion beams, **ES:**13C, 434–439
Postacceleration diode, **ES:**13C, 201–204
Postacceleration gap, ion beam accelerator, **ES:**13C, 392
Postacceleration mass separation, in ion implantation, **ES:**13B, 46–47
Postdeflection acceleration, **ES:**17, 153
Postdeflection amplification, **E:**91, 236
Posterization, **E:**103, 68–69
Post-fixation, **M:**2, 276, 335
Post ionization, **ES:**20, 6, 41, 66, 107
 probability, **ES:**20, 43
 theoretical calculation of, **ES:**20, 43
Post-irradiation examination, **M:**5, 8, 9
 electron microprobe, **M:**5, 41
 electron microscope, **M:**5, 40, 41
 low power, **M:**5, 10–16
 microscope, **M:**5, 16–38
 scanning electron microscope, **M:**5, 41
 scheme, **M:**5, 9
Postlens deflection system, **ES:**13A, 103
Postprocessing, digital coding, **E:**97, 192–193
Postrior density, **E:**97, 100–101
Potassium chloride
 as cathodochromic material, **D:**4, 104
 screens, **D:**4, 89

Potassium dihydrogenase phosphate, **D:**3, 7
Potassium dihydrogen phosphate
 induced dc polarization in, **ES:**2, 215
 KD*P, second harmonic images, **M:**10, 87, 88
 modulator, **ES:**2, 128
 second harmonics in, **ES:**2, 212, 213, 214
 sum frequencies in, **ES:**2, 215
Potassium iodide crystal, color Schlieren system photograph, **M:**8, 14–15 (between)
Potassium titanate, Pyroelectric properties of, **D:**3, 5
Potato virus
 concentrated preparation, **M:**6, 263
 interference pattern, **M:**6, 270
Potential, **E:**90, 251
Potential beam, in cylindrical pipe, **ES:**13C, 150–151
Potential description
 of eddy current field, **E:**82, 25
 of static field
  by scalar potential, **E:**82, 9
  by vector potential, **E:**82, 15
 of waveguide and cavity, **E:**82, 40
Potential distribution, electrical microfield by MEM, **E:**94, 132–135
Potential eccentricity, **E:**86, 202
Potential electron diffraction
 crystal structure factors, **E:**90, 338–341
 full potential mode, **E:**90, 245, 248
 optical potential, **E:**90, 216–217, 341–349
 truncated potential mode, **E:**90, 244–245
Potential energy
 average, ion beam accelerator, **ES:**13C, 425–427
 of beam
  definition of, **ES:**21, 55
  relaxation of, *see* Relaxation
Potential fluctuation, **E:**82, 232, 235
Potential functions, **ES:**7, 71
 analytical models, **ES:**7, 82
 curve-fitting to, **ES:**7, 76
Potential well motion, in collective ion acceleration, **ES:**13C, 451, 453
Power, **ES:**22, 1, 3, 4, 6, 20, 27, 33, 35, 37, 131, *see also* Optimum resonator coupling
 absorbed or emitted, **ES:**2, 7
 of CTDs, **ES:**8, 138–141
 induced, **ES:**2, 90, 101

measurement of, **ES**:2, 169–170
spontaneous, **ES**:2, 34–35, 39–41
time development in pulsed masers, **ES**:2, 51
in one mode, **ES**:2, 26–29, 39–40, 260
Power conversion, efficiency, **ES**:11, 179
Power density, **E**:83, 30, 35, 63
long term, **ES**:15, 18
Power diagram, defined, **ES**:9, 267
Power driver circuit, **ES**:23, 43
flow, **ES**:23, 230
pattern, **ES**:23, 6
Power fluctuation, image resolution and, **M**:7, 262
Power matching, **ES**:15, 119
Poweroid structuring functions, **E**:99, 14–15, 41, 42–46
Power pattern, **ES**:15, 157
Power radiation efficiency, **ES**:15, 69
Powers, J., **ES**:11, 220
Power series
matrix power series, **E**:90, 80, 84
minimax algebra, **E**:90, 79–84
scalar power series, **E**:90, 80–83
Power-series expansions
double planar symmetric electric field, **ES**:17, 74–75
double planar symmetric magnetic field, **ES**:17, 74–75
of eikonals, **E**:91, 16–28, 34
electric field, **ES**:17, 255–261
electrostatic deflection field, **ES**:17, 154–155
for Hamiltonian functions, **E**:91, 8–13
magnetic deflection field, **ES**:17, 128–129
magnetic field, **ES**:17, 262–266
rotationally symmetric eletric field, **ES**:17, 16
rotationally symmetric magnetic field, **ES**:17, 17–18
Power Spectra Inc., **ES**:23, 44
Power spectral $1/f$ noise, **E**:90, 174–18, 188
Power spectral density, signal description, **E**:94, 322–324
Poynting flux, **E**:90, 150
Poynting theorem, **E**:82, 40; **E**:102, 42
Poynting vector, **E**:82, 87, 90; **ES**:9, 238, 252, 256, 261; **ES**:14, 47; **ES**:15, 52, 60; **ES**:23, 306

-, on axis, **ES**:23, 256
in Y-junction circulator, **ES**:5, 121
PPC (partition priority coding), **E**:97, 201
PPM, *see* Parallel projection method
Practical interferomatic sources, **ES**:4, 113
Prasada Rao, **ES**:18, 238
Pratt, **ES**:9, 73, 177; **ES**:18, 37
Preacceleration mass separation, in ion implantation, **ES**:13B, 46–47
Preamplifier noise, in pyroelectric vidicon, **D**:3, 39–42
Prebus, A., **ES**:16, 59, 280, 514, 584
Precipitates, **ES**:20, 5, 69, 199, 200
aiming error of, **ES**:20, 79
imaging of, **ES**:20, 9
nitride, **ES**:20, 214
Precipitation, AP studies of, **ES**:20, 202
Precise length measurement, **M**:8, 49
Precision static toroid yoke, **DS**:1, 115–116
Preconcentrating lenses, **ES**:3, 156–158, 186–188
Predeflection, **ES**:17, 181–184, 185–186
additional abberration due to, **ES**:17, 183
combined system with, **ES**:17, 181–184
Predicate, **E**:84, 234, 245
global, **E**:84, 236–239, 245
Predicate calculus, **E**:86, 82, 86, 144, 146, 164
Predicate-conditioned mapping
subcomplexes, **E**:84, 236
subgraphs, **E**:84, 235
Prediction, **E**:85, 20, 22, 34–35, 46, 49, 63
equation, **E**:85, 21, 35
Prediction error sequence, **E**:82, 122
Prediction vector, **E**:94, 369
Predictive encoding, in bilevel image representation, **D**:4, 211
Predictive image coding, **ES**:12, 15–16, 52, 73–110, *see also* Pulse-code modulation
adaptive prediction and quantization, **ES**:12, 90–97
binary, **ES**:12, 223
of color signals, **ES**:12, 79, 100–104, 109
efficiency of, **ES**:12, 193, 194–198
elemental-differential, **ES**:12, 196–197, 200, 210, 212
entropy, **ES**:12, 99–100, *see also* Entropy coding
history of, **ES**:12, 76–81
hybrid, **ES**:12, 17–18, 152, 157–186
information-preserving, **ES**:12, 97–100

linear, **ES**:12, 77, 81, 159–160, 194–198, 207, 209, 214
moving-area bit rate and, **ES**:12, 203
predictor and quantizer optimization, **ES**:12, 84–90
transmission errors and, **ES**:12, 104–107
two-dimensional, quality of, **ES**:12, 110
Predictive speech coding, **E**:82, 150
Predictor–corrector method, in particle optics calculations, **ES**:13A, 59
Preferential evaporation, **ES**:20, 9, 12, 15, 36, 77
Preferential imaging, **ES**:20, 12, 13
Prefiltering, CCD imaging and, **D**:3, 248–252
P-regularity, **E**:90, 44–45
Prelens deflection coils, **ES**:13A, 103
Prepulse, electron beam diode, **ES**:13C, 180
Prescriptive learning, **E**:94, 286–288
Preservation, of information, **ES**:9, 125
Presheath, of plasma-sheath interface, **ES**:13C, 213–215, 220
Pressure effects, in GaAs diode masers, **ES**:2, 163–164
Pressure tests, **E**:83, 53
Preston, G.D., **ES**:16, 39, 486
Prewitt operator, **E**:92, 34; **E**:93, 235, 236, 253, 264, 266, 267, 269, 277, 323
Price, **ES**:18, 236
Primal sketch, **E**:97, 64
Primal weighting, **E**:90, 37, 38
Primary colors, **DS**:1, 7
Primary conversion, and indirect detection, **D**:1, 42–43
Primary electrons
and deflection fields, **M**:13, 146
and EBT, **M**:13, 126
and electrostatic charging, **M**:13, 226–227
interactions, **M**:13, 76–77
Primary extraction, **ES**:6, 369
Primary interference patterns, **M**:8, 3
Primary radiation
absorption of, **ES**:6, 62, 64
fluorescence and, **ES**:6, 55
sandwich sample technique and, **ES**:6, 58–63
Primary radiation distribution
depth calculations for, **ES**:6, 59–60
secondary calculated for, **ES**:6, 60–61
Primary standard, of length, **ES**:4, 118

Primed panels, gray scale display on, **D**:3, 144–145
Prime factor algorithm, **E**:93, 2
Primitive, **E**:85, 97
Primitive experimentation, **ES**:15, 144
Principal direction, **ES**:7, 8
Principal idempotents, **E**:84, 275
Principal permanent matrix, **E**:90, 117
Principal permanent mean, **E**:90, 117
Principal plane
image, **ES**:17, 19, 277
object, **ES**:17, 19, 277–278
Principal point
image, **ES**:17, 19, 284, 413–417
object, **ES**:17, 19, 284, 413–417
Principal points, definitions of
quadrupoles, **ES**:7, 16
round lenses, **ES**:7, 12
Principal rays, **ES**:3, 4–5, 206, 211
image, **ES**:17, 29–32
object, **ES**:17, 29–32
Principal section, **ES**:7, 8
Principal vibration directions, **M**:1, 46, 51
Principle(s)
of extreme physical information, **E**:90, 138, 139–147, 178–179, 185–190
classical electrodynamics, **E**:90, 153, 186–187
general relativity, **E**:90, 170, 173, 188
power spectal $1/f$ noise, **E**:90, 176, 179–180, 183–185, 188
quantum mechanics, **E**:90, 154, 160, 164, 184, 185, 187
of least action, **ES**:17, 2, 8, 48, 267
of least time, **ES**:17, 2
Printdown, **DS**:1, 124
Printing
first-order, **DS**:1, 68, 69, 79, 80
second-order, **DS**:1, 80–85
Printing tolerance, **DS**:1, 128
Prior density, **E**:97, 88
Prior-DFT estimator, **E**:87, 13ff, 31f
Prior information, **E**:97, 100
Prismatic mirror array implementation, **E**:102, 240
Prismatic scanner
curvilinear format, **M**:6, 140
design, **M**:6, 137
dispersion, **M**:6, 141

glass cube, M:6, 138
prismatic assembly, M:6, 139, 140, 141
prismatic element, M:6, 139
rotor assembly speed, M:6, 141, 142
spot measurement, M:6, 141
in Vickers M85 microdensitometer, M:6, 143
Probabilistic error, E:85, 53
Probabilistic sum, fuzzy set theory, E:89, 261–262
Probability
of emission, ES:3, 84, see also Maxwellian emission equation
of error, unified (r,s)-divergence measures, E:91, 120–132
Probability density function, states of information, E:97, 98–101
Probability law-estimation procedure, E:90, 145–146
Probability theory, evidence theory, E:94, 171–182
Probe(s)
electron, E:83, 205
in fluorescence microspectroscopy
bioluminescent, M:14, 168–171
cell cations, M:14, 160–167
of cell cytoskeleton, M:14, 150–152
DNA, hybridization of, M:14, 172
and electron microscopy, M:14, 172–174
endoplasmic reticulum, M:14, 147–150
gene expression, M:14, 171–172
for Golgi apparatus, M:14, 140–141
latest methods in, M:14, 168–174
lysosomal enzymes, M:14, 137–140
membrane potential, M:14, 152–158
mitochondrial, M:14, 141–147
proton indicators, M:14, 158–160
formation, M:10, 229
Probe distribution function, ES:6, 120, 130, see also Electron probe
Probe-forming lens, consisting of quadrupoles, ES:7, 91
Probe-forming system, ES:17, 109
energy broadening, ES:13C, 477, 525
Problem solving, distributed, E:86, 139, 142
Proca theory extended, E:101, 171–173
PROCCO, MC routine, ES:21, 423
Procentual composition, E:89, 283–284
Process
sequence, E:86, 117, 119–120, 123–124, 133, 136–137

transfer, E:86, 116–120, 123–124, 133–135, 137–138
Processing elements, arrays, E:87, 274
algorithm design, E:87, 277
Processor
acceleration, ES:14, 311
slope, ES:15, 180
Product forms, E:90, 91–93
Production, of electron microscopes, ES:16, 74–75
Production system, E:86, 164
Profile plane, ES:17, 317, 334–336
characteristic, ES:17, 328
entrance, ES:17, 317–318
exit, ES:17, 317–318
Profile reconstruction, inverse scattering, ES:19, 79–88
Profile velocity, M:1, 5, 16, 27
Proflavine, M:8, 53
Program/programming
composition, E:86, 86, 94, 101, 109, 163
generation, E:86, 102
SIMD mesh-connected computers, E:90, 357, 369–382
specification, E:86, 98–99, 101
Projected potential, E:86, 189, 201; ES:10, 5, 150
Projection
finite number, reconstruction from, M:7, 327, 328
orthographic, E:85, 119
perspective, E:85, 114, 119
symmetry properties, M:7, 307–310
Projection display, E:91, 253–253
Projection electron beam lithography system, ES:13B, 82, 122–126
Projection emittance, ES:13A, 162
Projection matrix, E:90, 83
Projection onto convex sets algorithm
image recovery, E:95, 179–181, 183, 200–201, 238–240
image restoration with bounded noise, E:95, 248
limitations of convex feasibility problem solving
countable set theoretic formulation, E:95, 202
inconsistent problems, E:95, 201–202
serial structure, E:95, 201
slow convergence, E:95, 201

practical considerations, **E:**95, 232–234
subgradients, **E:**95, 256–257, 259
Projection shadow microscope, **E:**91, 274, 278
Projection system, **DS:**1, 18, 200–128
  Eidophor, **DS:**1, 18, 203–205
  light-valve, **DS:**1, 18, 203–207
  Schmidt, **DS:**1, 201–203
Projection tube derivation, **ES:**3, 175–180
Project MAC, **E:**91, 234–235
Projector lens, **ES:**17, 32
  consisting of quadrupoles, **ES:**7, 94
  for electrostatic electron microscope, **ES:**16, 240
  mirror EM, **M:**4, 214
Prokhorov, **ES:**9, 219
Prokhorov, V.G., **ES:**11, 126
PROM (Pockels readout optical memory or modulator) devices, **E:**86, 71; **D:**1, 250–256, 299
Propagating and evanescent spectra, **E:**103, 10, 19–20
Propagating boundary conditions, **ES:**18, 115, 155
Propagating excitation, **ES:**18, 118
Propagation
  basic equations, **E:**93, 176–177, 186–190
  charged-particle beam
    scalar theory, **E:**97, 279–282
    spinor theory, **E:**97, 330–332
  electromagnetic, highly anisotropic media, **E:**92, 80–200
  of electron wave, **ES:**10, 2
  frequency dependence, **ES:**9, 330
  Guassian wavefront, **E:**93, 204–207
  image formation, **E:**93, 174–176
  improved equations, **E:**93, 202–207
  light, in quadratic index media, **E:**93, 185–186
  quadrupole field, **E:**93, 181–185
  spacetime algebra, **E:**95, 310–311
  spherical wave in lens field, **E:**93, 194–195
  spinor potentials, **E:**95, 311–312
Propagation coefficient, **E:**82, 86
Propagation constant, **ES:**18, 58
  average value, **ES:**5, 33
  characteristic equation for, transfer matrix method, **ES:**5, 24
  for circularly polarized waves, **ES:**5, 39
  ferrite-filled coaxial line, **ES:**5, 30
  in ferrite rod, **ES:**5, 33

field displacement isolator, **ES:**5, 47–48
infinite ferrite medium, **ES:**5, 20–22
longitudinally magnetized devices, **ES:**5, 29
variational formula, **E:**92, 93
Propagation delay, **ES:**24, 178
Propagation function, **E:**86, 187, 188, 189, 196, 197
Propagation lines, **E:**103, 35
Propagation velocity, **ES:**18, 54, 215
Proportionality factor, **E:**94, 207
Proportionality law, **ES:**9, 124
Propositional calculus, **ES:**9, 15
Protein complex structure conservation, **M:**8, 117
Proteins, **M:**5, 305
  aggregate with nucleic acids and nucleoproteins, **M:**7, 288
  bacteriorhodopsin, **E:**88, 168
  in crystals and layers, **M:**7, 330–332
  fixation, **M:**2, 258, 263, 265
  porins, **E:**88, 168ff
  radiation damage, **M:**5, 317, 318
  structure, **M:**7, 288
Proton beam
  generation, **ES:**13C, 193
  measurement, **ES:**13C, 340
Proton indicators, fluorescent probe, **M:**14, 158–160
Proton-induced x-ray emission analysis, **ES:**13A, 322–324, 341
Proton microprobe, **ES:**13A, 268, 294–296, 341–344
Protoplasm, **M:**6, 175
Protoplasmic fibrils, early electron microscopy of, **ES:**16, 288
Prototype
  complex, **E:**84, 235
  graph, **E:**84, 229
  variability, **E:**84, 238, 245
Prototype tubes, **ES:**3, 9, 181–188
Protozoa, **M:**5, 314, 336
Proud, **ES:**15, 265
Proximity, spatial, **E:**86, 147
Proximity effect, in electron beam lithography, **ES:**13B, 120–122
Proximity focused image tube, **D:**1, 58–59, 147–159
  brightness gain for, **D:**1, 156–157
  high-speed photography and, **D:**1, 62
  schematic of, 154

Pulse height distribution, in channel electron multiplication, **D**:1, 17–21
Pr^{3+} : $CaWO_4$ and LaF_3 masers, **ES**:2, 124, 233
PSD (power spectral density), **E**:94, 322–324
Pseudocholinesterase
  acetylthiocholine technique, **M**:6, 200
  function, **M**:6, 200
  occcurrence, **M**:6, 200, 206
Pseudo-classical approximations, validity criteria, **M**:5, 268–285
Pseudocolor images, **ES**:11, 174
Pseudocolor processing strategy, **D**:4, 202
Pseudoconcavity, **E**:91, 66–69
Pseudoconvexity, **E**:91, 47, 66–67
Pseudogray scale
  animation of, **D**:4, 213–216
  enhancement of, **D**:4, 189–194
Pseudogray scale algorithms, **D**:4, 168–182
  in bilevel display image processing, **D**:4, 182–185
  nonadaptive algorithms and, **D**:4, 168–176
Pseudo-inverse matrix, **E**:85, 17
Pseudo-Kossel cones, **ES**:6, 366–368
Pseudo-Kossel technique, **ES**:6, 399
Pseudomonas acidovorans, HVEM IN studies of, **ES**:16, 146–150
Pseudopotential, **E**:86, 221
Pseudorandom binary sequence waveforms, for oscilloscope display, **D**:4, 42
Pseudoraster, **E**:84, 253
Pseudo-stereo system, **E**:91, 253–254
Pseudo-stigmatic imagery, **ES**:7, 95
Pseudovelocity, **E**:101, 146
  Das model and, **E**:101, 157–158
PSL, *see* Phosphostimulated luminescence
PST (precision static toroid) yoke, **DS**:1, 115–116
Psychons, **E**:94, 306
Psychophysics, vision modeling, **E**:97, 35, 39, 40, 43
Pt, **ES**:20, 13, 33, 45, 136, 268
  Pt–Co alloys, **ES**:20, 15
    antiphase boundary in, **ES**:20, 237
  Pt–Ir alloys, **ES**:20, 125
  Pt–Rh alloys, **ES**:20, 125
Ptolemy, **ES**:9, 1, 2; **ES**:23, 328

$p(\mathbf{k})$-transform
  approximation for
    for Boersch effect in narrow crossover, **ES**:21, 187
    by power law, **ES**:21, 121, 371, 503
  for axial velocity displacements
    in beam with crossover
      of arbitrary dimensions, **ES**:21, 207–210
      narrow, **ES**:21, 184–188, 218
    in homocentric cylindrical beam, **ES**:21, 196–198
  definition of, **ES**:21, 107–108
  large k-behaviour of, **ES**:21, 186, 220, 232, 267, 316
  for lateral velocity displacements
    in beam with crossover
      of arbitrary dimensions, **ES**:21, 253–257
      narrow, **ES**:21, 231–233, 266–267
    in homocentric cylindrical beam, **ES**:21, 237–240
  real and imaginary part of, **ES**:21, 112–113
  small k-behaviour of, **ES**:21, 121, 185, 198, 209, 218, 231, 239, 256, 267, 282, 314
  for trajectory displacements, in beam with crossover, **ES**:21, 281–284
Ptychography, **ES**:10, 29, 168
Pulsation, **M**:1, 4, 6, 27, 30
Pulse(s)
  finite periodic, **ES**:18, 227
  resolution, **ES**:14, 184
  sinusoidal, **ES**:18, 16
Pulse agility, **ES**:15, 17
Pulse arrival time, **ES**:11, 210, 212
Pulse-code modulation, **E**:91, 196; **ES**:12, 14, 15, 25, 52, 80, 81, 104, 106–107, 213–214
  channel/transmission errors and, **ES**:12, 80, 81, 104, 106–107, 213–214
  compared to DPCM, **ES**:12, 76, 77, 82–83, 104, 107, 109, 110
  compared to FRODEC, **ES**:12, 189
  digital transmission, **E**:91, 202–204
  in frame replenishment coding, **ES**:12, 192, 193, 196, 213–214
  hybrid DPCM and, **ES**:12, 81
  and prediction
    binary image compression, **ES**:12, 254, 257, 260–266

image coding, **ES**:12, 52–53, 74–76, 82–89, 94–95, 99, 104–107
and quantization, **ES**:12, 47, 53, 74, 82–83, 86–90, 92, 94–95, 97, 109, 180
in reducing bit rate, **ES**:12, 74–76, 80, 110
and round-off, in transform image coding, **ES**:12, 121
and transmission, **ES**:12, 104–107, 197, 213–214; **ES**:14, 331
transmission requirements for, **ES**:12, 6, 74–76, *see also* Predictive image coding
Pulse compression, **ES**:9, 340; **ES**:14, 141, 142
defined, **ES**:9, 19
density, **ES**:9, 343
images in SAM, **M**:11, 174
Pulsed beams
analytic delta, **E**:103, 38–40
aperture field, **E**:103, 37
applications, **E**:103, 5–6, 31
axial energy, **E**:103, 37
complex source, **E**:103, 31, 40
derived from differential wave equation, **E**:103, 31
globally exact, **E**:103, 40
isoaxial astigmatic, **E**:103, 35–36
phase-space, **E**:103, 29
applications, **E**:103, 6–7
frequency-domain formulation, **E**:103, 46–51
Gaussian window example, **E**:103, 49–51, 55–57
local spectrum approach, **E**:103, 46–47, 51–53, 57–59
radiating field, **E**:103, 47–49, 53–54
time-dependent radiation from extended apertures and, **E**:103, 44–60
time domain formulation, **E**:103, 51–59
properties and interpretation, **E**:103, 33–40
real field, **E**:103, 36
relation to time-harmonic Gaussian beams, **E**:103, 40–41
solution of time-dependent wave equation, **E**:103, 32–33
wavepacket curvature and transverse amplitude distribution, **E**:103, 34–35
Pulsed dc electroluminescence, **E**:91, 245

Pulsed electron beam transport, *see* Electron beam, high-power pulsed beam transport
Pulsed electropolishing method, **ES**:20, 239
Pulsed gaseous masers, **ES**:2, 147–148, 152
Pulsed laser, acousto-optic imaging with, **D**:2, 55–58
Pulsed laser atom-probe, **ES**:20, 172
analyses of GaAs and GaP, **ES**:20, 182, 190
Pulsed laser beam, **M**:12, 145
Pulsed laser evaporation, **ES**:20, 39
Pulsed linear accelerator, **ES**:13C, 311, 313, 390, 416, 435–439
injector gap, **ES**:13C, 434–435
Pulsed-power accelerator, **ES**:13C, 447
Pulsed sinusoid, **ES**:11, 143, 170, 183
Pulse duration, **ES**:4, 167
Pulsed wave, **ES**:11, 21
Pulse fraction (ratio), **ES**:20, 77, 178, 224
Pulse height analyzer, **ES**:20, 78
Pulse height spectra, **ES**:6, 318, 320–324, 340–344
PULSELAC (pulsed linear accelerator), **ES**:13C, 311, 313, 390, 416, 435–439
injector gap, **ES**:13C, 434–435
Pulse length, **ES**:4, 167, 172
Pulse position codes/coding, **ES**:14, 211, 262, 274; **ES**:15, 10
Pulse position filter, **ES**:14, 143
Pulse power technology, **ES**:13C, 177–179
electron beam diode, **ES**:13C, 173–179
Marx generators, **ES**:13C, 174–175
pulse-forming networks, **ES**:13C, 175–177
Pulse response, in cadmium sulfide-zinc sulfide films, **D**:2, 154–155
Pulse restoration, **ES**:15, 205
Pulse sampling, in color-TV index systems, **D**:2, 202–203
Pulse shape, **ES**:4, 172
coding, **ES**:14, 213; **ES**:15, 11
Pulse shape filter, **ES**:14, 143
Pulse sharpening by amplified traveling waves, **ES**:2, 61
Pulse shortening, **ES**:22, 400
Pulse slopes, beam forming, **ES**:14, 218
Pumice, vesicular structure, **M**:7, 37
Pump energy
absorbed at threshold, **ES**:2, 106
minimum, **ES**:2, 88

Pumping voltages, **ES**:4, 156
Pump laser, **ES**:22, 282
Pump power
  absorbed at threshold, **ES**:2, 104
  minimum, **ES**:2, 86–88
Pupil
  area microkymography, **M**:7, 97
  movement, mocrokymography and, **M**:7, 96
  registration, **M**:7, 74
Pupil function
  monochromatic system, **M**:10, 17
  single lens, **M**:10, 16–19
Pupillokymography, infra red, **M**:7, 74
Puppi, **ES**:18, 235
Puppy gingival microcirculation, **M**:6, 11, 12
Purine bases, DNA stacking orientation, **M**:8, 64
Purple membrane, **M**:8, 115
  adsorption-induced structure collapse, **M**:8, 116–117
  amplitude information, **M**:7, 275
  contour map, **M**:7, 209
  CTEM vs. STEM, **M**:7, 210
  electron diffraction pattern, **M**:7, 204, 206
  electron micrograph, **M**:7, 301
  image reconstruction, signal-to-noise ratio, **M**:7, 215
  micrographs, optical transform quadrants, **M**:7, 206
  negative staining, **M**:8, 123
  projected map, **M**:7, 208
  reconstructed image, **M**:7, 302
  three-dimensional structure, **M**:7, 335–337
  unstained, electron micrograph, **M**:7, 302
Pushbroom electronic wide-angle camera system, **D**:3, 291
Pushbroom imaging, **D**:3, 271–272
Puskar, **ES**:14, 32; **ES**:15, 268
Pustular dermatitis, **M**:6, 232
PVK, *see* Polyvinyl carbazole films
PVR, *see* Peak-to-valley ratio
PWM electronic-hydraulic servo control system, **M**:6, 43, 44
Pycnoscelus indicus, **M**:5, 75
Pylex–glass, **ES**:20, 51
Pyramidal image model, **E**:92, 36–38
Pyramid transform, *see* Image polynomials, pyramid transform and

Pyriboles
  chain-width disorder in, **E**:101, 30–31
  polysomatic reactions in, **E**:101, 31–32
  use of term, **E**:101, 28
Pyrimidine bases, DNA stacking orientation, **M**:8, 64
Pyrite, electron probe analysis of, **ES**:6, 233–234
Pyroelectric detectors, **D**:3, 3, 8–11, *see also* Pyroelectric vidicons
  noise and, **D**:3, 10–11
  schematic diagram of, **D**:3, 3
  signals from, **D**:3, 8
Pyroelectric imaging tubes, theory and performance of, **D**:3, 1–80, *see also* Pyroelectric vidicons
Pyroelectric materials
  low dielectric, **D**:3, 60–62
  simple detectors and, **D**:3, 4–11
  spontaneous or permanent polarization of, **D**:3, 4
Pyroelectric vidicons, **D**:3, 11–23, *see also* Pyroelectric imaging tubes; Triglycine sulfate vidicons
  anode potential stabilized mode for, **D**:3, 22–23
  applications of, **D**:3, 68–76
  beam lag in, **D**:3, 27–31
  ceramics for, **D**:3, 16
  electrons associated with, **D**:3, 13–15
  fabrication of targets for, **D**:3, 16–17
  final fabrication steps in, **D**:3, 17
  forest fire mapping with, **D**:3, 69–70
  gas method for, **D**:3, 19
  improved performance in, **D**:3, 54–68
  industrial applications of, **D**:3, 76
  Johnson noise and, **D**:3, 77
  lag constant and thermal diffusivity in, **D**:3, 48–52
  lag reduction in, **D**:3, 54–61
  leakage current method in, **D**:3, 32
  low lag reticulated, **D**:3, 68
  medical application of, **D**:3, 72–76
  noise in, **D**:3, 37–44
  operating of, **D**:3, 18–23
  operating tube life for, **D**:3, 53–54
  performance of, **D**:3, 23–54
  physical description of, **D**:3, 12–15
  preparation of material for, **D**:3, 15–17
  reticulated, **D**:3, 65–68

schematic of, **D:**3, 14
secondary emission pedestal mode for, **D:**3, 20–22
sensitivity of, **D:**3, 23–26
signal-to-noise ratio for, **D:**3, 45–47
signal transfer in panning and chopping mode, **D:**3, 26
solution-grown crystals for, **D:**3, 15
surveillance with, **D:**3, 70–71
target instruction in, **D:**3, 63–65
thermal diffusion reduction in, **D:**3, 62–68
Pyroxene, **M:**6, 276, 293
ion micrograph, **ES:**13B, 29–30
PZT ceramics, for pyroelectric vidicons, **D:**3, 16

Q

Q, *see* Quality factor
$Q(F)$, *see* Activation energy
Q-factor, **ES:**4, 99
Q_c, Q_E, Q_μ, Q_L, definitions, **ES:**5, 105, 106
QPC, *see* Quantum point contact
QR algorithm, **E:**85, 33–34, 63
q-spacing, **DS:**1, 102–103
Q-spoil maser
theory, **ES:**2, 56–59
types, **ES:**2, 133–134
Q spoil mode, **ES:**4, 140
Q switched pulse, **ES:**4, 150
Q-switched pulses, in acoustooptic imaging, **D:**2, 56–57
Quad-assembled MOS-transitor-matrix liquid-crystal panel, **D:**4, 70
QUADFET, *see* Quantum diffraction field effect transistor
Quad-matrix liquid-crystal display panel, TV picture image from, **D:**4, 37
Quadratically integrable, **ES:**9, 24
Quadratic difference, **ES:**14, 165
Quadratic distance difference, **ES:**11, 185
Quadratic filter, **E:**92, 68
Quadratic index media, light propagation, **E:**93, 185–186
Quadratic integrability, **ES:**18, 12
Quadratic structuring functions, **E:**99, 15, 45–46
Quadratic transient idealization, **ES:**14, 50

Quadrature, numerical, **E:**82, 340
Quadrature pyramid, joint space-frequency representations, **E:**97, 19, 20
Quadruplet, as objective or probe-forming lens, **ES:**7, 91
properties of, **ES:**7, 90, 292–330
transfer matrix for, **ES:**7, 21
Quadrupole
electric, **ES:**9, 250, 255
magnetic, **ES:**9, 257
MC routine for, **ES:**21, 407–408
mode delay, **ES:**9, 302
Quadrupole correctors, **E:**103, 317
Quadrupole electron lenses, multislice approach, **E:**93, 181–185
Quadrupole field, **ES:**13B, 174–190
in deflection defocusing, **D:**1, 194–196
of finite length, **ES:**13B, 191–194
Quadrupole filter, **ES:**13B, 135
analyzer, **ES:**13B, 326–327
Quadrupole focusing, unbunched beam, **ES:**13C, 55
Quadrupole lens(es), **ES:**13A, 121–128; **ES:**13B, 147–148, 208; **ES:**13C, 27; **ES:**17, 206, 208, 211–216, 221, 388–389; **M:**11, 114
aberration coefficient, **ES:**13A, 60–63, 66–71, 74–76, 80, 86
aberration correction, **ES:**13A, 134, 137–139
aperture aberrations
calculation, **M:**1, 246
correction, **M:**1, 255
effect of pole shape, **M:**1, 253
measurement, **M:**1, 250
astigmatic doublet, **M:**1, 251
combinations equivalent to round lenses, **M:**1, 241
electromagnetic, **ES:**17, 224, 233
electrostatic, **ES:**17, 211–214, 233
electrostatic quadruplets, **M:**1, 242
electrostatic triplets, **M:**1, 244, 260
ion microprobe, **ES:**13A, 331–333, 335, 337–339, 341
magnetic, **ES:**17, 214–216, 233, 243–248
mechanical defects of, **M:**1, 263
neutralized ion beams, **ES:**13C, 408

Quadrupole mass spectrometer, *see also* Radiofrequency quadrupole mass spectrometer
  atom-probe using a, **ES:**20, 69
Quadrupole multiplets, beam transport through gaps of, **E:**103, 329–336
Quadrupole-octopole lens, **M:**1, 259
Quadrupole radiation, **ES:**15, 59
Quadrupole systems, utility of, **ES:**7, 1, 87
Qualitative analysis light element, **ES:**6, 229–232, 251 of minerals
Qualitative structure of images, *see* Image(s), qualitative structure of
Quality, of lower/upper approximation, rough sets, **E:**94, 181
Quality factor, **ES:**22, 338, 363, 364
  diffraction and, **ES:**2, 11, 75
  loaded, **ES:**22, 360
  material and, **ES:**2, 14, 38, 258
  resonator and, **ES:**2, 8, 74–75
Quantified image, fuzzy relations, **E:**89, 289–290
Quantimet image analysing computer, **M:**4, 361–383
Quantimet microscope, **M:**5, 44
Quantitative area scanning
  effect of instability, **M:**6, 234, 235
  proportional drift correction, **M:**6, 285
  in pseudo-random pattern, **M:**6, 285
Quantitative electron probe microanalysis, *see also* Electron probe microanalysis
  atomic number correction tables for, **ES:**6, 73–114
  model for, **ES:**6, 69–70
Quantitative image analysis, **M:**5, 115
  imaging plate system, **E:**99, 274–285
  techniques, **E:**93, 222–224
Quantitative imaging, in fluorescence, **M:**14, 183–184
Quantitative ion microscopy, **ES:**13A, 308
Quantitative mirror electron microscopy, **E:**94, 98–144
  electron distortion field, **E:**94, 109–144
  magnetic distortion field, **E:**94, 114–119
  magnetic fringing field, **E:**94, 119–124
  metal-insulator-semiconductor samples, **E:**94, 124–144
Quantitative particle modeling, **E:**98, 2
  classical molecular forces, **E:**98, 3–4
  crack development, in stressed copper plate, **E:**98, 21, 23–30, 31–33
  diatomic molecules
    melting points, **E:**98, 13, 14
    molecular bonds, **E:**98, 67–74
  drops
    colliding microdrops of water, **E:**98, 13–21, 22
    liquid drop formation on solid surfaces, **E:**98, 30, 32–44
  fluid bubbles, **E:**98, 44–61
    melting points, **E:**98, 6–13
    numerical methodology, **E:**98, 4–6
    rapid kinetics, **E:**98, 61–67
Quantization, **E:**82, 110; **E:**84, 2
  adaptive, **E:**82, 114; **ES:**12, 92–97, 100–101
  amplitude, **ES:**12, 74–76
  defined, **E:**97, 51, 193; **ES:**12, 119
  digital image processing, **M:**4, 135–145
    detector noise, **M:**4, 141–145
    digital step distribution, **M:**4, 136–138
    film grain, **M:**4, 138–139
    quantization noise, **M:**4, 140–141
    system noise, **M:**4, 141
  of electromagnetic field, **ES:**2, 254
  image compression, **E:**97, 193, 194
  models, **ES:**12, 120, 121
  optimal, **E:**82, 113; **ES:**12, 86–90
  scalar, **E:**82, 110–111, 117; **E:**97, 193, 194
    finite state scalar quantization, **E:**97, 203
  wavelets, **E:**97, 200–201, 202–203
  succesive approximation wavelet lattice vector quantization, **E:**97, 191–194, 252
    coding algorithm, **E:**97, 220–226
    image coding, **E:**97, 226–332
    theory, **E:**97, 193–220
    vector quantization, **E:**97, 51–193
    video coding, **E:**97, 232–252
    wavelets, **E:**97, 201–202, 203
  successive approximation quantization
    convergence, **E:**97, 211–214
    orientation codebook, **E:**97, 214–216
    scalar case, **E:**97, 205–206
    vectors, **E:**97, 207–211
  uniform, **E:**82, 111–113
Quantizer
  equivalent, **E:**84, 13
  exhaustive search, **E:**84, 3
  lattice, **E:**84, 4

SUBJECT INDEX

residual, E:84, 4, 11
  exhaustive search, E:84, 5, 22
  reflected, E:84, 30
  scalar, E:84, 14
  vector, E:84, 26
single-stage
  scalar, E:84, 6
  vector, E:84, 9
tree structured, E:84, 4
Quantum
  mechanics, ES:22, 4, 51, 54
  and wave mechanics, E:84, 262–263, 276
  yield, ES:22, 46
Quantum bubble, E:89, 97
Quantum chips, E:89, 208–243
Quantum computation, neural computation, E:94, 298–305
Quantum conductance, E:89, 113–117
Quantum-confined systems, E:89, 96
Quantum confinement effects, ES:24, 113
Quantum counters, ES:2, 95–96, 172
Quantum-coupled architectures, E:89, 217–243
  spin-polarized single-electron logic devices, E:89, 223–235
Quantum dashes, E:89, 219, 220, 224
Quantum detectors, photoelectric effect and, D:3, 2
Quantum devices, ES:24, 251
  definition, E:89, 98
  semiconductor, E:89, 93–245
    Aharonov–Bohm effect-based devices, E:89, 106, 142–178
    connecting on a chip, E:89, 208–243
    coupling, E:89, 208–243
    directional couplers, E:89, 193–199
    electron wave devices, E:89, 99–120
    granular electronic devices, E:89, 208–243
    quantum-coupled devices, E:89, 208–243
    resonant tunneling devices, E:89, 121–142, 222, 245
    shortcomings, E:89, 210–222
    spin precessopn devices, E:89, 106, 199–203
    transistors, E:89, 106, 157, 160–165, 167, 189, 244
    T-structure transistors, E:89, 178–193
  superconductor, E:89, 98
  tunnel diode, E:89, 98

Quantum diffraction field-effect transistor, E:91, 226–227
Quantum dots, E:89, 97, 219, 220, 224
  nanofabrication and, E:102, 168–171
Quantum efficiency, ES:2, 104
  avalanche photodiodes, E:99, 87
  of image sensors, ES:8, 183–184
  photodetectors, E:99, 75
Quantum interference
  effects, E:89, 106–110, 120
  nanofabrication and, E:102, 159–161
  transistor, E:89, 106, 157, 160–165, 167, 178, 244
Quantum inverse problems, ES:19, 99–113, 141
Quantum mechanical coupling, E:89, 213–217
  shortcomings, E:89, 221–223
Quantum mechanical effects
  importance of, ES:21, 31
  mesoscopic devices, E:91, 213, 214, 216–218
Quantum mechanical tunneling, E:89, 216; ES:4, 2
  tunneling time, E:89, 136–142
Quantum mechanics, E:89, 99
  Copenhagen interpretation, E:94, 297
  information approach, E:90, 154–165, 184, 185, 187
  in local space, E:101, 202–206
  neural processes, E:94, 263
  operationalism, E:94, 267
  quantum neural computing, E:94, 260–310
  resonant tunneling devices, space charge effect, E:89, 130–133
  Vedic cognitive science, E:94, 264–265, 267
Quantum model, E:94, 296–298
Quantum neural computer/computing, E:94, 260, 266, 296–298, 300, 302, 309–310, 310
  binding problem, E:94, 284–285
  complementarity, E:94, 295–296
  consciousness, E:94, 261, 263
  definition, E:94, 298
  learning, E:94, 285–293
  mind-body problem, E:94, 261–262
  neural network models, E:94, 272–284
  quantum and neural computation, E:94, 298–305

structure and information, **E**:94, 305–309
Turing test, **E**:94, 265, 266–272
uncertainty, **E**:94, 294–295
Quantum noise, **ES**:4, 206, 207; **M**:1, 195; **M**:12, 43, 47
  electron off-axis holography, **E**:89, 31–32
Quantum phenomena, magnetoplasma physics, **E**:92, 88–90
Quantum physics
  complementarity, **E**:94, 262–263, 295–296
  consciousness, **E**:94, 263
Quantum point contact, **E**:91, 219–222, 224
Quantum theory, **M**:14, 123
  aberrations, **E**:97, 311–312
  charged particle wave optics, **E**:97, 257–259, 336–339
  scalar theory, **E**:97, 259–322
  spinor theory, **E**:97, 258, 322–336
Quantum well(s), **E**:89, 97; **E**:91, 213, 215; **ES**:24, 78, 250, 1193
  coupling, **E**:89, 195–199
  double quantum wells
    electrostatic, **E**:89, 157–178
    magnetostatic Aharonov–Bohm effect, **E**:89, 149–156
  resonant tunneling devices, **E**:89, 121–142
Quantum-well laser, **E**:91, 187
Quantum-well memory, **E**:86, 49
Quantum wire, **E**:89, 97
  Aharonov–Bohm interferometer, **E**:89, 172, 178, 180, 186, 199
  one-dimensional, **E**:91, 219–222
Quarteoze pelite, **M**:7, 37
Quarternary space-time, **ES**:9, 414
Quarter wavelength plate, **M**:6, 53, 56, 57, 63, 90, 96, 97, 98, 99, 101, 111, 114
  retarding, **M**:6, 96
Quarter wave phase ring, positive, **M**:6, 79, 89
Quartz, **E**:87, 224
  oligoclase porphyroblast in, **M**:7, 37
  oscillator gauge, **M**:11, 62
  second harmonic generation in, **ES**:2, 213
Quartzite, photomicrograph, transforms, **M**:7, 65
Quasicomplete Gabor transform, **E**:97, 34–37
Quasiconvexity, **E**:91, 47, 67
Quasicrystals, **ES**:20, 246
  decagonal
    Al-Ni-Co phases, structure of, **E**:101, 68–77

Al-Ni-Fe phases, structure of, **E**:101, 77–79
Al-Pd-Mn, structure of, **E**:101, 85–89
Al-Pd phase, structure of, **E**:101, 90–94
characteristics of diffraction patterns in, **E**:101, 47–48
columnar atom cluster framework, **E**:101, 67
crystalline approximant phase, structure of, **E**:101, 79–83, 89–90, 94–96
defocus values, **E**:101, 42, 53
high-resolution electron microscopy of, **E**:101, 52–53
polytypes of, **E**:101, 48–50
structure of, **E**:101, 66–96
  with 0.4-nm periodicity, **E**:101, 68–83
  and crystalline phases with 1.2 nm periodicity, **E**:101, 84–90
  and crystalline phases with 1.6-nm periodicity, **E**:101, 90–96
W-phase, **E**:101, 80, 82
electron diffraction of
  characteristics of diffraction patterns in decagonal, **E**:101, 47–48
  decagonal, **E**:101, 47–50
  good vs. poor quality, **E**:101, 42–44
  icosahedral, **E**:101, 44–47
  linear phason strain, **E**:101, 43, 44
  polytypes of decagonal, **E**:101, 48–50
high-resolution electron microscopy of
  decagonal, **E**:101, 52–53, 66–96
  defocus values, **E**:101, 42, 43
  experimental procedures, **E**:101, 41–42
  icosahedral, **E**:101, 50–66
  one-dimensional lattices, **E**:101, 38
  two-dimensional lattices, **E**:101, 39–41
icosahedral
  atomic arrangements of, **E**:101, 56–60
  decagonal contrast, **E**:101, 58
  defects in, **E**:101, 61–66
  dislocations, **E**:101, 63–66
  electron diffraction of, **E**:101, 44–47
  high-resolution electron microscopy of, **E**:101, 50–52
  linear phason strain, **E**:101, 43, 44, 61–6?
  structure of, **E**:101, 53–66
  topological features of lattices, **E**:101, 53–56

Quasi dark-field microscopy, M:6, 116
Quasi-direct bandgap, ES:24, 2, 3
Quasi-dissipative electron transport, E:89, 118–119
Quasi-elastic scattering, electron diffraction, E:90, 217–218
Quasi-Fermi level, ES:2, 156–157
Quasi-harmonic field, ES:4, 113
Quasi-monochromatic light, ES:4, 113, 115, 125, 126, 128
Quasi-monochromatic wave field, ES:4, 114
Quasi-static memory, E:86, 71
Quasi-static simulation code, ion beam diodes, ES:13C, 316–318
Quasi-stationary, E:82, 3, 20, 21
Quatember, ES:9, 121, 493
Quaternary signals, ES:14, 347
Quaternion groups
  index notation, E:94, 9–10
  matrix representation, E:94, 13
  matrix transforms, E:94, 36–39
Quench and anneal technique, ES:6, 274–275
Quenching, ES:22, 271
  of luminescence
    by electric fields, ES:1, 98, 99, 191–208
    field effect on infrared quenching, ES:1, 207, 208
    by infrared, ES:1, 90, 100
    mechanism of, ES:1, 203–207
Quench rate, ES:4, 164
Quiang Bohan, ES:15, 103
Quick–sample–change chamber, ES:20, 60
Quiescent plasma, M:11, 106
Quintuplet, as objective, ES:7, 91, 331
  as probe-forming lens, ES:7, 91, 331
  transfer matrix for, ES:7, 21, 332–333
Quotient
  space, E:84, 202, 225, 272–273, 286
  topology, E:84, 225
Quotient fields, of polynomials, E:101, 113
Quotient ring, group algebra, E:94, 25
QWs, see Quantum well(s)

R

Rabbit
  mesentery, M:6, 38
  muscle fiber, M:6, 205
Rabinson detector, development, E:96, 51
Radar, ES:16, 484
  chirp, ES:9, 340
  chirp-Doppler, ES:9, 343
  chirp receiver, ES:9, 344
  cross section reduction, ES:15, 31
    distortions, ES:15, 207
    windows, ES:15, 40
  Doppler receiver, ES:9, 318
  Doppler resolution, ES:9, 337
  fair-weather, ES:14, 144
  flat panel technology, E:91, 245
  ground clutter, ES:9, 284
  history, E:91, 143, 261, 268
  into-the-ground, ES:9, 283, 307
  line-of-sight, ES:9, 331
  over-the-horizon, ES:9, 269, 330, 356, 368, 376
  random signal, ES:9, 395
  range resolution, ES:9, 333, 336
  reflector discrimination, ES:9, 278
  side-looking, ES:9, 332, 360
  signature, ES:9, 393
  sine carrier, ES:9, 332
  smoothing of SAR speckle noise, E:92, 13–14
  synthetic aperture, ES:9, 397
  target analysis, ES:9, 283
  Walsh carrier, ES:9, 334
  wide band signals, ES:9, 330
Radar cross section, ES:23, 4
  reflector, ES:23, 4
  signature, ES:23, 3, 23
Radar images, contrast, ES:14, 215
Radar measurement, E:85, 54, 56, 66
Radar profiling, ES:14, 34, 35, 37
Radar sidelooking, ES:11, 182
Radar signals
  cryptosecure, ES:14, 304
  definition of structure, ES:14, 139, 140
Rademacher functions, defined, ES:9, 32
Radial electric field, ES:4, 74–75
Radial force balance relation, ES:4, 68
Radial insulator diode, ES:13C, 177–178
Radially ordered circulator, z-ordered layers, E:98, 260–283
Radial stray field, E:87, 144–146
Radiance
  actual source, ES:4, 114
  spatial distribution of, ES:4, 115, 119, 126
  spectral distribution of, ES:4, 114, 115, 116, 126, 128
Radiant emittance, ES:4, 102, 105
Radiating current, ES:15, 55

Radiating filed
  frequency-domain formulation, **E**:103, 47–49
  time domain formulation, **E**:103, 53–54
Radiation
  admittance, **ES**:15, 126
  efficiency, **ES**:15, 70
  energy, **ES**:15, 73
  power, **ES**:15, 69
  rectangular pulses, **ES**:15, 154
  resistance, **ES**:15, 78
  choice of in divergent beam X-ray technique, **ES**:6, 399–401, 415
  concentration by dielectric rods, **ES**:2, 108–109
  intensity ratios for, **ES**:6, 81–83
  in night sky, **D**:1, 49–50
  primary, *see* Primary radiation; Secondary radiation
  propeller shaft discharge, **ES**:14, 379
  from submarines, **ES**:14, 370
Radiation biology
  comparison with electron microscopy data, **M**:5, 311, 312, 313
  dosage units, **M**:5, 311
  linear energy transfer values, **M**:5, 311
Radiation constraint, **E**:103, 54, 58
Radiation-controlled electroluminescence, **ES**:1, 225, 230, 236–240
Radiation damage, **E**:83, 208–210, 219, 237, 251, 254, 256; **E**:86, 30; **ES**:10, 30–33, 69, 233, 255; **M**:2, 196, 236, 400; **M**:11, 51
  beam-induced conductivity, **E**:83, 234
  cathodeluminescence, **E**:83, 214
  deformation, shrinkage, **E**:83, 210, 256
  effects, **E**:83, 209, 212, 214, 237
  in electron microscopy, **ES**:13A, 142; **M**:7, 289
  HVEM use in studies of, **ES**:16, 143–144
  image interpretation and, **M**:7, 186
  inelastic electron scattering, **M**:7, 263
  living specimens, SEM, **E**:83, 209
  measurement, **M**:5, 307, 311
  phase determination and, **M**:7, 191
  phase information and, **M**:7, 256, 273
  phase problems and, **M**:7, 257
  reduction, **M**:5, 309, 310
  repair, **M**:5, 337, 338
  resolution and, **M**:7, 192
  semiconductors, **E**:83, 228
  specimen structure and, **M**:7, 213

Radiation damping, **ES**:2, 59–60
Radiation-diffusion problem, **ES**:19, 247–250
Radiation hard devices, **E**:83, 70
Radiation hazard reduction, **ES**:14, 331
Radiation pattern
  average power, **ES**:14, 93
  peak power, **ES**:14, 92
Radiation resistance, **ES**:9, 242, 253, 256
Radiation-sensitive specimens, damage-free imaging, **M**:9, 6–7
Radiation trapping
  in gases, **ES**:2, 140, 141
  in solids, **ES**:2, 116
Radiative heating, in thermal erase tubes, **D**:4, 133–137
Radiator array, **ES**:23, 290
Radiators, resonating, **ES**:14, 113
Radiator section, **ES**:22, 214, 223
Radioactive tracer, image intensifier, detection of, **M**:2, 39
Radioactivity, **M**:5, 2
Radio antennas, **M**:12, 245, 248
Radioastronomy, **E**:91, 285–290
  band limited constraint, **M**:7, 244
Radio channels
  nonperiodic waves, **ES**:9, 292
  nonsinusoidal carriers, **ES**:9, 292
  number of, **ES**:9, 285
Radiofrequency echogram, **E**:84, 325, 338
Radio frequency linear accelerator, **ES**:13C, 50, 52, 427
  beam charge, **ES**:13C, 54
  beam transport, **ES**:13C, 75
  bunched beams, **ES**:13C, 114–115
Radiofrequency quadrupole mass spectrometer, **ES**:13B, 173–256
  mass filter, **ES**:13B, 190–228
  perfect fields, **ES**:13B, 176–190
  present state of the art, **ES**:13B, 253–254
  three-dimensional ion trap, **ES**:13B, 235–252
Radioisotopes, as excitation source, **ES**:6, 316
Radiological protection, **M**:5, 2–5
  for β-particles, **M**:5, 3
  for γ-particles, **M**:5, 3
  for neutrons, **M**:5, 3
  for α-particles, **M**:5, 2, 3
  for X-rays, **M**:5, 3

Radio luminography, imaging plate with, **E:**99, 242, 263–265
Radiolysis, **E:**101, 5
Radiometric balancing, setting on a line by, **M:**8, 30–31
Radio navigation, **E:**85, 10–11
  error, **E:**85, 15–16
  system, **E:**85, 10, 14–15, 38, 53–54, 62
Radio sequence filter, **ES:**14, 121
Radio sequency filter, **ES:**9, 320
Radius, of curvature, **ES:**22, 192
Radon operator, **M:**7, 319
Radon transform, attenuated, **ES:**19, 22, 23
Rajamani, **ES:**15, 269; **ES:**18, 238
RAM (random access memory), of liquid-crystal display module controller, **D:**4, 28
Raman, **ES:**9, 146
  effect, **ES:**22, 136
  regime, **ES:**22, 58, 63
Raman effect, **M:**14, 122
Raman emission
  with maser sources, **ES:**2, 222–223
  stimulated
    gain per unit length, **ES:**2, 204
    with nearly resonant pumping, **ES:**2, 200–203
    as a parametric process, **ES:**2, 265
Raman microspectroscopy, confocal, **M:**14, 198–199
Raman scattering, **M:**12, 248
Raman spectroscopy, **M:**10, 58
Ramberg, E.G., in history of electron microscopy, **ES:**16, 5, 251, 367, 376, 514
Ramo, **ES:**15, 29
Ramp function, **ES:**18, 9
  electric, **ES:**18, 60
  magnetic, **ES:**18, 103
  propagation, **ES:**18, 148
Ramp wave
  parallel polarized, **ES:**18, 196
  perpendicular incidence, **ES:**18, 187
  perpendicularly polarized, **ES:**18, 192
Ramsauer, C., **ES:**16, 227
Ramsden ocular, **ES:**16, 398
Randall, J.T., **ES:**16, 42
Random acceleration concept, in ion implantation, **ES:**13B, 57
Random access memory, sequential digital systems, **E:**89, 234
Random-access storage tubes, **D:**1, 165

Random amplitude, **ES:**4, 113
Random area analysis, **ES:**20, 79, 199
Random noise, **ES:**4, 206; **ES:**19, 294–296, 298
Random number generator, **E:**85, 61; **ES:**21, 439–441
Random telegraph signal, **E:**87, 208, 211
Random vector, **E:**85, 18–19
Rang, O., **ES:**16, 254
Range–Doppler domain, **ES:**9, 335
Range–Doppler images, **ES:**11, 173
Range images, **ES:**11, 169
Range resolution, low-angle radar, **ES:**14, 154
Rank filtering, 3D, **E:**85, 179
Rank-order filtering, **E:**92, 14–18
Rank order-statistic filters, **E:**89, 335
Rank-selection filter, binary image enhancement, **E:**92, 65–68
Rao, **ES:**9, 483; **ES:**15, 265
Rapid freezing technique, Japanese contributions, **E:**96, 740–741, 783–784
Rapid kinetics, quantitative particle motion, **E:**98, 61–67
Rare earth ferrites, *see* Yttrium iron garnet
Rare-earth phosphors, **DS:**1, 88
Rare earth pole piece electron lens
  construction, **M:**5, 226
  flux density, **M:**5, 226, 227
  parameters, **M:**5, 227
Rare event coding, **ES:**12, 260
Rare gas ion laser, **D:**2, 3
  in laser displays, **D:**2, 11–14
  luminous efficiency of, **D:**2, 16
Raster, **E:**83, 204, 225
Raster algorithms, *see* Binary image(s), compression
Raster scan, in electron beam lithography, **ES:**13B, 112–114
Rat
  cornea, **M:**6, 194
  hypoglossal nucleus motor neurone, **M:**6, 181
  kidney, **M:**6, 194
  lachrymal gland, **M:**6, 211
  liver, **M:**6, 195
  pancreatic islet, **M:**6, 194
  spinal chord motor neurone, **M:**6, 201, 208
  tissue permeability, **M:**6, 217
  ventral horn cell, **M:**6, 207
Rat cremaster mount, **M:**6, 22

Rat cremaster muscle, microcirculation, **M**:6, 11, 12, 13
Rat diaphragm muscle fiber, synaptic gutter, **M**:6, 205
Rate, *see also* Bit rate
  defined, **ES**:12, 123
Rate-distortion theory, **E**:84, 2
Rate equations, **ES**:2, 21–22, 54, 61, 99–101, 138
Ratemeter
  advantages, **M**:6, 296
  analogue manipulation of signal, **M**:6, 297
  for low signal levels, **M**:6, 295
  spatial resolution loss, **M**:6, 295
  time constant, **M**:6, 294
Ratio
  of charge to mass, **ES**:17, 10, 253
  peak-to-background, in stearate crystal, **ES**:6, 141–143
  peak-to-valley, **ES**:24, 240, 244
  remanence, **ES**:5, 18, 203
  signal-to-noise, *see* Signal-to-noise ratio
Ratio imaging, in fluorescence, **M**:14, 180–182
Rational realization, **E**:90, 111
Rat kidney proximal tubules, staining for alkaline phosphatase, **M**:6, 185
Rat ovary tissue
  bright-field microscopy, **M**:6, 84
  KA amplitude contrast microscopy, **M**:6, 84
Rauch–Tung–Striebel algorithm, **E**:85, 50
Ray(s), **ES**:22, 289, 302
  casting, **E**:85, 114, 124, 144
    volume, **E**:85, 158
  generation, **E**:85, 125
  termination, **E**:85, 141
  tracing, **E**:85, 124
Ray-equation, **ES**:21, 9
  incorporating space charge force, **ES**:21, 340
  paraxial, **ES**:21, 10
Ray intersection effects, electron gun, **M**:8, 200
Rayleigh, **ES**:9, 13; **ES**:11, 175; **ES**:15, 219, 226
Rayleigh, Lord, **ES**:16, 31
Rayleigh criterion, **M**:12, 321; **M**:13, 268
  of resolution, **M**:10, 20
Rayleigh density, **ES**:12, 6

Rayleigh limit, **E**:103, 38
Rayleigh range, **ES**:22, 59, 179, 191, 195, 275, 282, 298, 300, 327, 328
Rayleigh–Ritz method, **ES**:22, 203
Rayleigh scattering, **M**:14, 122
Rayleigh–Sommerfeld diffraction, **M**:10, 139
Rayleigh statistical test
  domain segmentation, **E**:93, 292–293
  orientation analysis, **E**:93, 283
Rayleigh–Taylor instability, **ES**:13C, 90
Rayleigh theory of diffraction, **ES**:16, 254, 394
Rayleigh waves, **ES**:19, 192–193, 195–203; **M**:11, 162, 163, 164, 181
  2-D aperture, **ES**:19, 62–63
Raymond, **ES**:18, 236
Ray representation, **E**:103, 22–23
  time-dependent plane wave representation, **E**:103, 18–22
  and time-domain representation, of radiation, **E**:103, 22–23
Raytheon, **E**:91, 234, 238–239
Ray trace/tracing
  charging effects on insulating specimens, **M**:13, 77–78
  determination of aberrations by, **M**:13, 206–207
  differential equations for, **M**:13, 201–203
  direct electron, **M**:13, 39–41
  and electron trajectories, **M**:13, 173–174, 199–207
  in elliptical defects, **M**:13, 56–57
  in magnetic lens, **M**:13, 51–54
  in MC program, **ES**:21, 409–420
  numerical methods of, **M**:13, 203–207
  paraxial ray equation, **M**:13, 205–206
  specimens, **M**:13, 77–78
  through Wien filter, **M**:13, 110–113
Ray trajectory, electron guns, **ES**:13C, 154–158
Ray-transfer matrix, **ES**:22, 291
  empty space, **ES**:22, 291
  resonator, **ES**:22, 292
  thin lens, **ES**:22, 291
RBS (Rutherford Back Scattering), **ES**:20, 17, 185, 235
RCA Corporation, **D**:2, 49, 172, 195
  commercial microscope development, **E**:96, 479
  semiconductor history, **E**:91, 149

SUBJECT INDEX

RCA electron microscopes, **ES:**16, 27, 29, 36, 56, 68, 69, 201, 228, 248, 287, 379, 399, 495, 496, 584–585, 601
  early history of, **ES:**16, 57, 66
  in Britain, **ES:**16, 82–83, 86–88, 92, 424, 483–500
  Marton's work on, **ES:**16, 514
  small models, **ES:**16, 498
RCA Laboratories, Inc., **D:**4, 141
RCA scanning electron microscope, development of, **ES:**16, 443–445, 458
RCA types A, B, **M:**10, 222–223
  photography, **M:**10, 252
Re, **ES:**20, 13, 45
Reaction chamber, **ES:**20, 59, 129
Reactive ion etching, **E:**83, 45; **E:**102, 134–135, 190
READC, MC routine, **ES:**21, 435
Reader, **ES:**23, 33
Read-only memory
  in liquid-crystal display module controller, **D:**4, 28
  in SELF-SCAN display systems, **D:**3, 166
Readout switches, **ES:**11, 36
READ-WRITE and READ-ERASE operations, photoconductive layers and, **D:**2, 156–159
READ/WRITE mechanism, single-electron cells, **E:**89, 235–237
Real aberration(s), **ES:**17, 101, 105, 109, 216–220
  quadrupoles, **ES:**7, 36
    expressions for, **ES:**7, 37–38
    general formulae, **ES:**7, 49–50
    possibility of sign change of, **ES:**7, 52–53
  round lenses, **ES:**7, 23
    dependence on object position, **ES:**7, 24
Real aberration coefficient, **ES:**13A, 61
Real diffuse scattering, **E:**90, 348–349
Real field, **E:**103, 36
Real focal and focal length, **ES:**17, 33–35
  for objective lens, **ES:**17, 33–35, 414–415
Realizability, **E:**90, 117–119; **ES:**15, 23
  field strengths, **ES:**15, 127
  physical, **ES:**18, 6
Real number
  space-time defined, **ES:**9, 405
  topology defined, **ES:**9, 405
Real process, **E:**86, 183

Real-time holographic interconnections, **E:**102, 244–245
  architectures, **E:**102, 250–252
Real-time processes, extrapolation, **E:**94, 391–392
Rear port tube, **E:**91, 236
Reasoning, **E:**86, 83
  cooperative, **E:**86, 125, 139–140, 164, 167–168
  engine, **E:**86, 83, 93, 109–110, 112, 120, 125, 168
  geometric, **E:**86, 150–151, 153–154, 156, 166
  hypothesis-based, **E:**86, 146
  qualitative, **E:**86, 146
  sequential, **E:**86, 125, 167
  spatial, **E:**86, 114, 143, 148, 160, 162–164
    cooperative, **E:**86, 139, 160, 164
  symbolic, **E:**86, 90, 99
REBA electron beam generator, **ES:**13C, 195, 197
REB relativistic electron beam) diode, **ES:**13C, 316–317
Receiver(s)
  defined, **E:**99, 67
  for light, **ES:**2, 220
  nonperiodic waves, **ES:**14, 139
Receiver input voltage, **ES:**15, 112
Receiver operating characteristics, **ES:**9, 376
Receiving antenna, **ES:**23, 42
Receiving array, **ES:**15, 170
Reception
  curved surface, **ES:**9, 218
  linear phase sensitive, **E:**84, 326
Reception pattern, **ES:**14, 118
Reception plane, **ES:**11, 1, 2, 6
Receptive field
  Gabor function, **E:**97, 41–43
  gun, **ES:**22, 404
  linacs, **ES:**22, 6, 23, 28, 120, 295, 310, 330
  neuron, **E:**97, 40–41
  power, **ES:**22, 339
Receptor array, **ES:**14, 117
  angular resolution, **ES:**9, 347
  sampled, **ES:**9, 361
Reciprocal lattice, **ES:**10, 26, 42, 230–231
Reciprocal lattice vector, **E:**86, 186, 187, 203, 219, 221

Reciprocal phase shifters, **ES**:5, 207-211
  characteristic equation, **ES**:5, 207
  maximum phase shift, **ES**:5, 209
Reciprocal rods, **M**:11, 79
Reciprocal space, discretization, **M**:7, 312
Reciprocal vectors, **ES**:10, 42-43
Reciprocity law, **ES**:15, 152, 169
Reciprocity theorem, **ES**:10, 21; **M**:11, 59
Recknagel, A., **ES**:16, 513
Recognition
  program, **E**:84, 238
  of types of lines, **E**:84, 256
Recoil isotope separator, **ES**:13B, 165-166
Recollections, on history of electron microscope, **ES**:16, 583-587
Recombination, *see also* Emission, of light
  bimolecular in ZnS, **ES**:1, 40, 61, 110, 120
Recombination velocity, charge carriers, **M**:10, 60, 64
Reconfigurable optical interconnections, **E**:102, 243-246
  applications, **E**:102, 256-259
  problems and possibilities, **E**:102, 265-266
Reconstructed wave, **M**:12, 67, 86
Reconstruction, **E**:93, 110-112, *see also* Image reconstruction; Object reconstruction
  blind-deconvolution, **E**:93, 144-152
  coherent imaging, **E**:93, 152, 160-166
  computer simulation, **E**:93, 127-130, 133-134, 162-166
  digital, **E**:89, 5-6, 12-18, 21-24, 33-34, 36, 47
  from finite number of projections, **M**:7, 327-328
  Hartley transform, **E**:93, 140-143
  interferometric, **E**:89, 13-16
  light optical, **E**:89, 5-6, 10-12, 33-34
  by synthesis of modified projection function, **M**:7, 320
  two-dimensional, **E**:93, 131-139, 161-162; **M**:7, 293-303
Record, wavelet transform of music, **ES**:19, 306
Recording of data, digital image processing, **M**:4, 149-153
  conversion to output, **M**:4, 150-153
  display, **M**:4, 153
  electronic recording, **M**:4, 149-150

Recording tape, magnetic, **ES**:6, 291-292, 301-302
Recovery time, *see* Storage time
Rectangular box resonator, **ES**:2, 65
Rectangular cavity resonator, **ES**:15, 239
Rectangular model, **ES**:7, 82
  single quadrupole formulae, **ES**:7, 107-118
Rectangular pixels, **E**:93, 229, 272, 274-275
RECTBR, MC routine, **ES**:21, 425
Rectification, maxpolynomials, **E**:90, 105-106
Rectifier, history, **E**:91, 142
Rectify algorithm, **E**:90, 105
Rectinal rod, electron microscopy of, **ES**:16, 195
Recursion operators, **ES**:19, 389-406
Recursive dyadic Green's function, microstrip circulators
  three-dimensional model, **E**:98, 219-238
  two-dimensional model, **E**:98, 79-81, 98-108, 121-127, 316
Recursive filters, **E**:92, 21-22, 57; **ES**:8, 209-216
Recursive formulas, to tenth-order Hamiltonian functions, **E**:91, 7, 33-34
Recursive maximum likelihood estimate, **E**:84, 302-309
Recusive behavior, **E**:94, 291-292
  animal and machine behavior, **E**:94, 271-272
Red blood cells, **M**:11, 164
Red cadmium line, **ES**:4, 97, 119
REDUCE, computer language, **ES**:13A, 90
Reduced fingerprints, mathematical morphology, **E**:99, 32-37
Reduced transform algorithm, **E**:93, 2-3, 16, 31
  affine group, **E**:93, 30-31, 39-41
  fast Fourier transform algorithm, **E**:93, 16-17, 21-27
  hybrid RT/GT algorithm, **E**:93, 25-26
  point group, **E**:93, 31-39
  $X^{\#}$-invariant algorithm, **E**:93, 25-26
Reduct, **E**:94, 154
Reductionist approach, brain, **E**:94, 262-263, 285
Redundancy
  removal, **E**:97, 192, 193
  temporal, **E**:97, 235
Redundant number system, **E**:89, 60

Reed, R., recollections of electron microscopy in England, **ES**:16, 483–500
REEFER code, vacuum-diode simulation, **ES**:13C, 195–197, 199
Reference particle, **E**:86, 236, 241; **E**:103, 354, 358–359, *see also* Test particle
Reference plane, *see* Image plane
Reference trajectory
  average, **ES**:21, 306
  definition of, **ES**:21, 3–4, 93, 497
  off-axis, **ES**:21, 112–113, 304–316, 461
    approximating approach for, **ES**:21, 311–316
    exact approach for, **ES**:21, 306–311
Refinement, grid, **E**:82, 345
Reflectance, **ES**:4, 128, 147, 157, 158; **ES**:22, 35, 124, 319, 321
Reflectance spectroscopy, photodiode calibration, **E**:99, 100
Reflected beam amplitude, **E**:90, 229
Reflected power, **ES**:22, 361
Reflected waves, **ES**:9, 280; **ES**:15, 34; **ES**:18, 175
Reflecting switch, *see* Blocking switches
Reflecting wall potential, high-intensity beam, **ES**:13C, 64
Reflection, **ES**:22, 289
  air-water boundary, **ES**:14, 371
  boundaries, **ES**:18, 159
  modification, **ES**:18, 200
  neuroscience, **E**:94, 294
  polarized, **ES**:18, 166, 167
  of waves, **ES**:14, 147
Reflection check
  fluorescent observation at microscope objective, **M**:14, 326–329
  selective, **M**:14, 122
  total, fluorescence, **M**:14, 178–180
Reflection coefficients, **E**:82, 136; **E**:90, 318; **ES**:2, 25, 27, 75
Reflection electron microscope, **M**:4, 163; **M**:10, 228–229
Reflection function, **ES**:18, 173, 183, 187, 192, 196
Reflection high-energy electron diffraction, **E**:86, 176, 205, 211; **E**:90, 210, 241, 243, 317; **M**:11, 65
  from crystal slab, **E**:90, 248–250
  imaging plate system with, **E**:99, 286–288
  from semi-infinite crystal, **E**:90, 235, 243–248
  surface resonance scattering, **E**:90, 323–334
  tensor RHEED, **E**:90, 276–279
Reflection imaging, **M**:11, 58
Reflection index, complex, **ES**:18, 170
Reflection law, **ES**:18, 162, 163
Reflection matching, **ES**:15, 31
Reflection mode devices, **D**:2, 97–100
  performance capabilities of, **D**:2, 97–100
  structure and features of, **D**:2, 97
Reflection-mode secondary emission, **D**:1, 78–79, 125, 140–142
Reflective-type matrix, in liquid-crystal display devices, **D**:4, 29–30
Reflectivity measurements, **E**:82, 201
Reflex triode, **ES**:13C, 399
Reformulation, minimax algebra, **E**:90, 99–106
Refractile objects, **M**:6, 87, 117
Refractive guiding, **ES**:22, 197
Refractive index, **ES**:7, 29; **M**:14, 267–269
  of host, modification in equations due to, **ES**:2, 12–13, 252, 255–256
  of liquids, **M**:1, 69
  match, **M**:1, 46, 57
  of specimen, **M**:1, 99
Refractive index gradients
  controlled variation, **M**:8, 6, 8
  determination, **M**:8, 11–14
  spatial derivatives, **M**:8, 11
Refractometer, **M**:1, 57, 59, 70, 75
Refractory materials, **E**:83, 17, 18, 54, 57
Refreshed graphics, **E**:91, 235, 237
Refresh rate, **E**:86, 2, 25
Regenerated wavefront plane, **ES**:11, 6
Regeneration, **ES**:11, 6
  of micrographs, **ES**:10, 176–180
Regenerator circuit, CTD, **ES**:8, 58–59
Regenstreif, **ES**:7, 15
Regenstreif, E., **ES**:16, 231, 243, 249, 250, 254, 256–258, 262
Regge pole, **ES**:19, 139
Reggia–Spencer phase shifter, **ES**:5, 183–188
  analysis, **ES**:5, 22, 23
  characteristics, **ES**:5, 185
  description, **ES**:5, 183
  design, **ES**:5, 186–188
  higher-order modes in, **ES**:5, 184

latching device, **ES:**5, 188–189
matching, **ES:**5, 188
phase shift, **ES:**5, 185
rod diameter, **ES:**5, 184
Regimes, **ES:**21, 177, 226, 272, 503, *see also* Gaussian; Holtsmark; Lorentzian; Pencil beam
Region, **E:**84, 225
Region adjacency graph, **E:**84, 225, 229
Registration
  automatic, in electorn beam lithography, **ES:**13B, 117–119
  microkymography, principles and techniques, **M:**7, 78
Registration error, **DS:**1, 77
Regression, **E:**85, 17
Regular fall curves, **E:**103, 104
Regularity
  -free convergence of multigrid methods, **E:**82, 343
  of partial differential equations, **E:**82, 338, 340
Regularization, **E:**97, 87–89
  Bayesian approach, **E:**97, 87–88, 98–104
  discontinuities, **E:**97, 89–91, 108–118
    duality theorem, **E:**97, 115–118
    dual theorem, **E:**97, 91
    explicit treatment, **E:**97, 110–115, 154–166
    implicit treatment, **E:**97, 108–110, 166–181
    line continuation constraint, **E:**97, 130–141, 142
  edge-preserving algorithms, **E:**97, 91–93, 1118–129
    extended GNC algorithm, **E:**97, 132–136, 171–175
    GEM algorithm, **E:**97, 93, 127–129, 153, 162–166
    GNC algorithm, **E:**97, 90, 91, 93, 124, 153, 168–175, –127
  edge-preserving regularization, **E:**97, 93–94
    Markov random fields, **E:**97, 90, 105, 106–108
  theory, **E:**97, 104–118
  Hopfield energy function and, **E:**87, 17
  hyperparameters, **E:**97, 141–143
  ill-posed problem and, **E:**87, 12f

inverse problem, **E:**97, 96–98, 99–101
  Gaussian case, **E:**97, 103–104
  optimal estimators based on cost functions, **E:**97, 101–103
  posterior density, **E:**97, 100–101
  prior information, **E:**97, 100
  states of information, **E:**97, 98–101
Moore–Penrose generalized inverse and, **E:**87, 22
neural matrix inverse and, **E:**87, 26f
singular value decomposition and, **E:**87, 31
Regularization matrix, **ES:**19, 133
Regularization parameter, **E:**97, 96, 143–146
Regularizers, choice, **ES:**19, 261–267
Regular lattices, **E:**97, 216
Regular solution theory, **ES:**20, 110, 111, 123
Reibedanze, H., **ES:**16, 2
Reich, **ES:**9, 493; **ES:**15, 264
Reichert MeF microscope
  advantages, **M:**5, 20
  construction, **M:**5, 21, 22, 23, 24
  modifications, **M:**5, 22, 23, 24
  operation, **M:**5, 21, 22, 23, 24
  Telatom, **M:**5, 25–27
Reis, **ES:**9, 173, 174
Reitz, **ES:**18, 170
Rejection filters, generating differential equations, **E:**94, 381
Relation(s)
  classical relational calculus, **E:**89, 270–275
  fuzzy relations, **E:**89, 276, 279–288
  geometric, **E:**86, 143, 146–151, 164
  PART-OF, **E:**86, 86, 143, 154–155, 157–164
  between quadrupole aberration coefficients, **ES:**7, 46–47
  spatial, **E:**86, 86, 143, 149
  topological, **E:**86, 143–147, 164
Relative
  energy, **ES:**22, 371
  phase, **ES:**22, 371
Relative bandwidth, **ES:**14, 19; **ES:**15, 2; **ES:**18, 3, 37; **ES:**23, 3, 53
  examples, **ES:**14, 20, 21
  large, **ES:**15, 41
Relative function, **E:**94, 327
Relative information, **E:**91, 37
Relative phase, **ES:**11, 104
Relative propagation time, **ES:**11, 95, 104
Relativistic beam potential, **ES:**21, 329

SUBJECT INDEX

Relativistic correction, ES:17, 7
   to accelerating voltage, ES:7, 3
Relativistic effects, ES:21, 32, 329–331
Relativistic electron beam diode, ES:13C, 316–317
Relativistic potential, M:2, 169
Relativistic two-particle states
   relativistic singlet state and invariants, E:95, 361–364
   vectors, E:95, 361
Relativity, ES:18, 224
   general relativity, E:90, 170–174, 188
   special relativity, E:90, 147–149, 186
Relaxation, ES:7, 72
   of internal kinetic energy, ES:21, 13, 22, 50, 89, 193, 223, 504
   of potential energy, ES:21, 50, 55–57, 89, 193, 223, 504
Relaxation methods, of modeling electron optical system, M:13, 6
Relaxation microscopy, under fluorescence, M:14, 196–198
Relaxation oscillations, in masers
   observations, ES:2, 191–195
   theory, ES:2, 51–56
Relaxation process, and Boersch effect, ES:13C, 476
RELAY, E:91, 198
Reliability, E:87, 237
Relief
   applications, E:103, 66–67
   differential structure of
     creep field, nature of, E:103, 94–98
     differential invariants of second order, E:103, 86–94
     local jet, E:103, 84–85
     stable, E:103, 83–84
   global structure of
     cliff curves, E:103, 135–137
     convex/concave boundary, E:103, 137
     creep equation, E:103, 102–106
     De Saint-Venant's curves, E:103, 125–129, 135
     Gauss–Weingarten equations of classical surface theory, E:103, 110–113
     geometrical meaning of differential relations, E:103, 110–114
     intrinsic description, E:103, 107–110
     line element, E:103, 110
     Mainardi–Codazzi equations of classical surface theory, E:103, 113–114
     Morse critical points, E:103, 118–120
     natural districts, E:103, 99–102
     one-dimensional, E:103, 98–99
     parabolic curves, E:103, 120–121
     ridges and ruts, E:103, 121–129
     river transport, E:103, 130–135
     topographic curves, E:103, 114–118
     vertex loci, E:103, 138
   Hildebrand's depth flow, E:103, 69
   structure of
     contours, E:103, 138–140
     discrete representation, E:103, 140–147
     genericity and structural stability, E:103, 81–82
     images defined by gradient, E:103, 71
     intrinsic and extrinsic geometry, E:103, 70
     local structure, E:103, 81
     monotonic transformations, E:103, 70–71
     Morse critical points, E:103, 72–73, 118–120, 144–145
     nature of observation/resolution, E:103, 77–81
     qualitative structure of images, E:103, 71–76
     ridges and ruts, E:103, 66, 75, 76, 121–129, 145–147
     scalar fields in 2D, E:103, 66–70
     triangulations, E:103, 141–144
   use of term, E:103, 66
REM, E:86, 107, 109–110, 112, 124, 165
Remanence ratio, ES:5, 18, 203
Remanent magnetization, ES:5, 204
   Faraday-rotation switch, ES:5, 159
Remnant field, ES:22, 261
Remolded tip, E:93, 80, 82–83, 106
Remote control microscope
   accessories, M:5, 36, 38
   Bausch and Lomb, M:5, 35, 36
   Brachet Telemicroscope, M:5, 36
   choice, M:5, 38, 39
   commercial model, M:5, 38, 39
   cost, M:5, 38, 39
   ease of operation, M:5, 39
   evolution, M:5, 20–30
   Leitz MM5 RT, M:5, 31, 32
   modified standard model, M:5, 38

Reichert MeF, **M**:5, 20-27
    requirements, **M**:5, 20
Union Optical Company Farom, **M**:5,
    32-35
Vickers, **M**:5, 36
Zeiss Neophot, **M**:5, 27-30
Remotely piloted vehicles, **ES**:12, 125, 158,
    169, 170, 172, 173
    and satellites, **ES**:12, 24, 75, 125, 128
Remote sensing, inverse problem, **ES**:19,
    217-224
Remote sensing image
    contrast enhancement, **E**:92, 28-29
    detail enhancement, **E**:92, 45, 46
    extremum sharpening, **E**:92, 33, 46
    max/min-median filter, **E**:92, 41
    smoothing of SAR speckle noise, **E**:92,
        13-14
    top-hat transformation, **E**:92, 64
Renal tubular cell endoplasmic reticulum,
    M:6, 188
Rendering
    composite, **E**:85, 221
    method, **E**:85, 145, 211, 222
    surface, **E**:85, 133
    volume, **E**:85, 139, 146
Replica technique
    development, **E**:96, 150, 281, 338, 440, 462
    Japanese contributions, **E**:96, 774-775
    modifications, of, **ES**:16, 545-547
    Southern Africa contributions, **E**:96, 338
Replication, **E**:83, 46
Representation, **E**:84, 132; **E**:85, 112
    continuous, **E**:85, 98
    of data, **ES**:10, 181-182, 250
    discrete, **E**:85, 98
    explicit, **E**:84, 180
    images
        domain (u, v), **E**:84, 134
        domain (x, y), **E**:84, 133
    implicit, patterns, **E**:84, 179
    invariant, **E**:84, 133
        in strong sense, **E**:84, 133, 149-150
        objects, **E**:84, 177
        in weak sense, **E**:84, 133, 157-158
        objects, **E**:84, 174
    surfaces
        Monge patch, **E**:84, 168, 189
        parametric, **E**:84, 168, 188
    uniqueness, **E**:84, 132-133

Reproducibility, quantum-coupled devices,
    E:89, 222, 244
Reprojection
    additive, **E**:85, 139, 146
    maximum value, **E**:85, 139, 146
    multiplanar, **E**:85, 133
Reset driver in SELF-SCAN displays, **D**:3,
    132-133
Reset timing, in SELF-SCAN displays, **D**:3,
    127-128
Residual gas
    in electron microscope, **M**:1, 157
    scattering in ion microprobe, **ES**:13A,
        327-329
Residual gas atoms, **ES**:4, 190
Residual gas pressure, **ES**:3, 29, 68, 75-76
Residuation, minimax algebra, **E**:90, 113-114
Residue number system, **E**:89, 59
Residues, **ES**:10, 96-97, 104
Resin particle composites, **E**:83, 32
Resins, embedding, **M**:2, 322
Resist, **E**:83, 36
    electorn-sensitive, in electorn beam lithog-
        raphy, **ES**:13B, 74-77
    PMMA, **E**:83, 36
Resistance, radiation, **ES**:15, 78
Resistance box yokes, **D**:1, 199-200
Resistance heating, in thermal erase tubes,
    D:4, 131-133
Resistance network, **ES**:7, 74
Resistive sheet, **ES**:5, 38, 45, 49, 53
Resistor, **E**:87, 232, 235, 239
Resolution, **ES**:10, 11, 15, 18, 30-31,
    247-248; **ES**:11, 8, 9, 10, 24; **ES**:17, 61,
    83-88; **M**:2, 47, 108, 109, 110; **M**:5, 173,
    175, 176, 177, 188, 190, 191, 192, 211,
    215, 233, 234, 240, 298-303; **M**:11, 17,
    20
    atomic, see Atomic imaging
    in autoradiography, **M**:2, 152, 153; **M**:3,
        240-242
    bandwidth and power, **ES**:11, 215
    biological macromolecules, **M**:7, 286
    in biological microscopy, **M**:5, 176, 188
    classical, **ES**:11, 207
    by computer synthesis, **M**:4, 113-119
    crystal-aperture scanning transmission
        electron microscopy, **E**:93, 91-94
    in dark-field electron microscope, **M**:5, 302,
        342, 343

SUBJECT INDEX

deconvolution technique for, **ES:**6, 117–136
definitions of, **ES:**3, 10; **M:**1, 130
digital image processing, **M:**4, 130–135
electron microscope, **M:**2, 170
field-electron microscope, **M:**2, 350
field-ion microscope, **M:**2, 346
of FIM, **ES:**20, 16, 17
general parameters controlling, **ES:**3, 62–68, 119–141
high, problems, **M:**4, 86–87
high voltage microscope, **M:**2, 173, 194
of image sensors, **ES:**8, 173–178
imaging plate system, **E:**99, 257
improvement over time
  history, **E:**96, 791–801
  scanning electron microscopy, **E:**96, 525, 528
  transmission electron microscopy, **E:**96, 524, 526
of iron pole piece lens, **M:**5, 224, 225
of iron shrouded solenoid electron lens, **M:**5, 220
in laser display systems, **D:**2, 6–11
look-down radar, **ES:**14, 244
of magnetic structures, **M:**5, 243
mass, **ES:**17, 290–291, 359–362, 364
in microscope objective, **M:**14, 254–257
minimax algebra, **E:**90, 99–106
nature of, **E:**103, 77–81; **M:**5, 242, 243
orientation analysis, **E:**93, 275–276
parameter, **M:**2, 173, 224
phase error and, **M:**7, 267
photographic, **M:**1, 198
photometric, **M:**2, 84, 115
of PLZT image storage and display devices, **D:**2, 92–93
point, **M:**4, 67–71
points, **ES:**11, 181
of pulses, **ES:**14, 184
Rayleigh criterion, **M:**10, 20
reconstruction from finite number of projections and, **M:**7, 327, 328
Scherzer's limit, **E:**96, 797
in SEM, **E:**83, 206, 215–219–, 228
  backscattered electrons, **E:**83, 238
  image, **E:**83, 238
  at low beam voltage, **E:**83, 228, 231
  multifactorial approach, **E:**83, 241
  optimal, **E:**83, 220, 240–242, 253

  other limitations, **E:**83, 232, 236
  of present LVSEMs, **E:**83, 230–231, 238
  simulation, **E:**83, 218–219
  specimen position, **E:**83, 232
  specimen preparation, **E:**83, 232
  theoretical, **E:**83, 232, 239
  topographic, **E:**83, 219
  ultimate, **E:**83, 110
of solenoid electron lens, **M:**5, 216
spatial, **E:**85, 84, 213
of STM, **ES:**20, 262, 273
subatomic, **E:**93, 64
of superconducting electron lens, **M:**5, 202, 211, 234, 235
theoretical, **ES:**17, 87
of Topografiner, **ES:**20, 258
two point, conventional systems, **M:**10, 21, 22
Resolution algorithm, **E:**90, 100–101, 105
Resolution angle, **ES:**15, 191; **ES:**23, 6
  classical, **ES:**14, 192
  pulse slopes, **ES:**14, 223
Resolution cell, **E:**84, 326
Resolution function, in STEM, **M:**7, 199
Resolution limit
  of light microscope, **M:**1, 116
  of linear lattices, **M:**1, 126, 134, 136, 148
  of SAM, **M:**11, 174
  for two image points, **M:**1, 121, 143
Resolvable points, **ES:**15, 148
  theorem, **ES:**11, 182
Resolvable pulses, **ES:**11, 213
Resolved points, **ES:**11, 5
Resolving power, **E:**86, 234
  of an etalon, **ES:**4, 129
  of electron microprobe, **ES:**6, 31–38
  information theory and, **ES:**6, 34–35
  specimen current and, **ES:**6, 34
  and spot size of X-ray source, **ES:**6, 32–34
Resonance, **ES:**22, 12, 15, 55, 70, 82; **ES:**23, 1, 2
  condition, **ES:**22, 177, 208, 215, 236, 282
  of effective permeability, **ES:**5, 21
  electrical, **ES:**14, 3
  gyromagnetic, **ES:**5, 6
  of holes, **ES:**24, 240
  mathematics, **ES:**14, 2
  potential, **ES:**19, 120–121
  in resonance isolator, **ES:**5, 64
  subsidiary, **ES:**5, 14, 15

Resonance detuning parameter, **E**:90, 306
Resonance energy transfer, **M**:14, 196–198
  using fluorescence, **M**:14, 189–191
Resonance isolator, **ES**:5, 57–85
  bandwidth, **ES**:5, 62, 65, 68
  broadbanding of, **ES**:5, 68–70, 80
  in coaxial line, **ES**:5, 75–81
    analysis, **ES**:5, 77–78
    performance, **ES**:5, 79
  configurations, **ES**:5, 60, 67, 69
  dielectric loading, **ES**:5, 70–75
  figure of merit, **ES**:5, 67
  forward and reverse loss, **ES**:5, 65
  with lumped elements, **ES**:5, 81, 85
  optimum ferrite location, **ES**:5, 63–64, 80
  propagation constant, **ES**:5, 59–61
  in stripline, **ES**:5, 80–84
  in waveguide, **ES**:5, 58–75
Resonance linewidth, *see* Linewidth
Resonance scattering, electron diffraction, **E**:90, 293–334
Resonant
  carrier tunneling, **ES**:24, 239
  energies, **ES**:24, 240, 242
  injector, **ES**:24, 250
  level, **ES**:24, 242
  modes, **ES**:24, 107
  peak position, **ES**:24, 243
  peaks, **ES**:24, 198
  region, **ES**:24, 249
  state energy, **ES**:24, 242
  tunneling, **ES**:24, 249
Resonant antennas, **ES**:9, 298, 302
Resonant cavities, **ES**:22, 331
Resonant circuit, **ES**:15, 5, 6
  feedback loop, **ES**:14, 17
  relative bandwidth, **ES**:14, 19
Resonant dipole, **ES**:9, 305; **ES**:14, 49
Resonant energy, **ES**:22, 343
Resonant microscope, **M**:10, 79–80
Resonant monopole, **ES**:14, 114
Resonant phase, **ES**:22, 243
Resonant tunnel diodes, **ES**:24, 223, 239–245, 248–250
Resonant tunneling, **E**:89, 126, 128
Resonant tunneling devices, **E**:89, 121–142, 222, 245
  applications, **E**:89, 135–136
  inelastic scattering, **E**:89, 134–135
  reproducibility, **E**:89, 222, 244

  space-charge effects, **E**:89, 130–134
  spectroscopy, **E**:89, 135–136
  transistors, **E**:89, 136
  tunneling time, **E**:89, 136–142
Resonant tunneling electron spectroscopy, **E**:89, 135–136
Resonant tunneling transistors, **E**:89, 136
Resonating circuit, pulses, **ES**:14, 7
Resonating current, **ES**:15, 55
Resonating radiator, **ES**:15, 54
Resonating radiators, **ES**:14, 113
  periodic waves, **ES**:14, 115
Resonator(s), *see also* Mode(s); Optimum resonator coupling
  concentric, **ES**:22, 296, 327
  damping mechanisms, **ES**:2, 89
  damping rate, **ES**:2, 39
  damping time, **ES**:2, 8, 11
  imperfect, **ES**:2, 48, 69
  length, **ES**:22, 120
  lines of force, **ES**:15, 247
    cavity, **ES**:15, 239
  for millimeter waves, **ES**:2, 74
  modes, **ES**:22, 297
  non-standard configurations, **ES**:2, 79–83
  stability, **ES**:22, 295, 296, 302
  stable, **ES**:22, 295
  unstable, **ES**:22, 325
Response curve, in deconvolution technique, **ES**:6, 132
Response function
  in deconvolution technique, **ES**:6, 124–128
  resolving power and, **ES**:6, 31
  X-ray source and, **ES**:6, 35
Response peaks, **ES**:24, 198
Response time, of P.A.R. system, **M**:1, 111
Responsivity, photodetectors, **E**:99, 76
Rest charge, **ES**:18, 229
Rest lobe, **ES**:14, 95; **ES**:15, 184
Rest mass, **ES**:17, 7, 10
  general relativity, **E**:90, 174
Restoration
  of images, *see* Image reconstruction
  of objects, *see* Object reconstruction
Restriction function, **E**:90, 360
Retardation wavelength, **E**:87, 83–86
  as function of optical refractive indices, **E**:87, 84–85
  as function of ultraviolet absorption frequencies, **E**:87, 85–86

SUBJECT INDEX

Retarded fields, **E:**103, 4, 16
Retarded ion entry, in mass filter, **ES:**13B, 204–205
Retarded potential difference method, in electron spectroscopy, **ES:**13B, 348–352
 for measuring work function, **ES:**13B, 258
Retarding field analyzer, **ES:**13B, 266, 270, 312–324
Retarding field energy selector, **ES:**13B, 322–324
Retarding grid analyzer, **ES:**13B, 317–321; **M:**12, 169
Retarding potential energy analyzer, **ES:**20, 64, 92, 154
Reticulated pyroelectric vidicons, **D:**3, 65–68
 low lag, **D:**3, 68
Retinal rods, **M:**5, 338
Retter, **ES:**9, 153
Return-current induction, electron beam propagation in dense plasma, **ES:**13C, 366–372
Reutov, A.P., **ES:**11, 182; **ES:**14, 162
Reverberations, **ES:**11, 21
Reverse-biased PN, **E:**102, 217–218
Reverse-biased p–n junctions, **E:**99, 172–173, 174, 185, 216–229; **ES:**4, 44
Reynalds, O., **ES:**16, 213
RF, *see* Receptive field
rf linear accelerator, *see* Radio frequency linear accelerator
rf-stimulated emitter, **ES:**4, 2
RGB decomposition, **E:**101, 111
Rh, **ES:**20, 43, 44, 45
 oxidation of, **ES:**20, 137
RHEED, *see* Reflection high-energy electron diffraction
RHEED-TRAX, **M:**11, 94
Rhodes, **ES:**14, 83; **ES:**15, 105, 165
Rhombic stacking, ovals, **M:**7, 27
Ribbon ion beam, space charge effects, **ES:**13B, 48
Ribonucleic acid
 base damage by electron irradiation, **E:**95, 144
 Fresnel projection microscopy, **E:**95, 132, 134, 136, 138, 144
Ribosomes
 electron microscopy, **M:**7, 288
 negative staining, **M:**7, 288
 three-dimensional reconstruction, **M:**7, 367

Riccati equation, **ES:**19, 91
Richardson–Dushman equation, total emission current density, for, **M:**8, 167, 178
Richardson equations, **E:**83, 26
 thermionic emission, **M:**8, 212, 213
Richter's condition, **M:**6, 57, 96, 99
Richtmyer, **ES:**9, 421, 437
Richtstrahlwert, **ES:**13A, 182–184, 213; **M:**8, 139
Ridenour, **ES:**14, 24; **ES:**15, 40
Ridges, **E:**103, 66, 75, 76, 121–129, 145–147
RIE, *see* Reactive ion etching
Riecke–Ruska condenser-objective lens, **ES:**16, 439
Riemann, **ES:**15, 23; **ES:**18, 21
Riemann geometries, **ES:**9, 16
Riemann–Hilbert boundary value, **ES:**19, 369, 378, 397
Rigid motion in $\mathbb{R}^9$, **E:**84, 169–170
Rihaczek, **ES:**9, 333; **ES:**14, 203, 257, 258, 310
Ring circulator, **ES:**5, 95
Ring electrode (washer), electron gun, **ES:**13C, 145, 168
Ring pattern in maser radiation, **ES:**2, 45, 190–191
Ring resonator, **ES:**2, 82, 228
Ripple, of high voltage supply, **M:**1, 125
Ripple structure
 in thin permalloy film, **M:**5, 290, 291
 in thin polycrystalline films, **M:**5, 240, 289, 290, 291
Risetime pattern, **ES:**15, 157, 160
Risk
 for estimation, **E:**97, 144
 for protection, **E:**97, 144
RMLE, *see* Recursive maximum likelihood estimate
rms emittance, *see* Root-mean-square emittance
rms envelope equation, *see* Root-mean-square envelope equation
RNA
 complex formation, early promoter of T_7-DNA with, **M:**8, 127
 dye-binding, **M:**8, 53
 secondary structure, study of, **M:**8, 127
 single-stranded, spreading of, **M:**8, 127
RNA polymerase, **M:**8, 126
RNDTBR, MC routine, **ES:**21, 425

Roberts, C., **ES:**11, 217; **ES:**15, 210, 266
Robertson–Walker metric, **E:**101, 193
Roberts operator, **E:**89, 87–88, 90, 91; **E:**93, 235, 236, 266, 277, 323
Robinson, **ES:**23, 333
Robustness, minimax algebra, **E:**90, 76
Rock analysis, experimental problem in, **ES:**6, 338–359
Rocking curves
  CBED, **E:**90, 211, 218–221
  dynamical theory of diffraction, **E:**93, 60
Rock salt, mirror EM image, **M:**4, 204, 252, 253
Rock textures, optical transforms, **M:**7, 34
Rock types, classification, **ES:**6, 351–357
Rodgers, **ES:**14, 178
Rod radiator, **ES:**23, 40, 41
Rogowski, W., **ES:**16, 562
Röhm, E., **ES:**16, 507
Röhrig, J., **ES:**16, 567
Roi, N.A., **ES:**11, 179
ROM, *see* Read-only memory
Romani, L., **ES:**16, 234
Romeis, B., **ES:**16, 169
Ronchi-grid
  gradient-index microscope, **M:**8, 12
  photomicrographs, **M:**8, 13
Roof edge, **E:**93, 231
Root-mean-square emittance, **ES:**13A, 162, 198–200, 249, 252
  high-intensity beams, **ES:**13C, 59, 62–63, 67, 70
  computer simulation of beam transport, **ES:**13C, 102–106, 108–109
Root-mean-square envelope equation, high-intensity beams, **ES:**13C, 63, 67
Root mean square width
  of angular displacements, **ES:**21, 479–480
  of axial velocity distribution
    in beam with crossover, **ES:**21, 189, 210
    in homocentric cylindrical beam, **ES:**21, 198
  definition of, **ES:**21, 11–112, 95, 189
  of energy distribution, **ES:**21, 467, 468
  of lateral velocity distribution
    in beam with crossover, **ES:**21, 233, 257
    in homocentric cylindrical beam, **ES:**21, 239
  in MC program, **ES:**21, 425–426
  shortcomings of, **ES:**21, 466, 493
  of trajectory displacement distribution, **ES:**21, 283–284, 296, 486
Rosales iteration series, **ES:**19, 494–495
Rosenbrock's banana, **E:**83, 150
Rosen–Margenau–Page potential, **E:**98, 11
Rosetta, **ES:**14, 30, 31, 35, 36
Rosette diagram, **E:**93, 240, 241–243, 245, 254–255, 279
Rosich, **ES:**23, 48
Rosin–Rammler–Sperling distribution equation, **M:**5, 152
Ross, **ES:**14, 44; **ES:**15, 264; **ES:**18, 235
Ross, E.S., **ES:**11, 21
Rossiter, **ES:**14, 30, 31, 32, 37, 38
Roszeitis, **ES:**9, 185, 188
Rotating glass block
  apparatus, for flow velocity, **M:**1, 11, 31, 36
  eyepiece apparatus, for high flow velocities, **M:**1, 17, 33
Rotating mirror polygon, in laser display beam deflection, **D:**2, 32–36
Rotating-prism scanner, **M:**8, 31–32
Rotation, **E:**85, 114, 118; **ES:**10, 190
  in $\mathbb{R}^9$, **E:**84, 169, 176
Rotational averaging, **ES:**10, 234–236, 238
Rotational error, of lens, **ES:**21, 407
Rotationally symmetrical electrostatic device, **ES:**13A, 51
Rotational symmetry, two-dimensional image improvement by, **M:**7, 302
Rotation matrix, **E:**85, 12, 29
Rotation rate determination, *see* Ring resonator
Rothamsted Experimental Station, early electron microscopes at, **ES:**16, 83, 486
Rothschild, Lord, **ES:**16, 32
RoughClass, **E:**94, 184
RoughDAS, **E:**94, 184
Rough definability, **E:**94, 166–171
Rough measure, **E:**94, 182, 189
Roughness, geometrical and surface, **ES:**6, 205–217
Rough set, defined, **E:**94, 165–166
Rough set theory, **E:**94, 151–194
  applications, **E:**94, 182–194
  attribute significance, **E:**94, 182–183
  LERS, **E:**94, 184–193
  real-world applications, **E:**94, 193–194

concepts and definitions
 certainty and possibility, E:94, 166
 indiscernibility, E:94, 152–157
 lower and upper approximations of a set, E:94, 157–165
 rough definability, E:94, 166–171
 rough set, E:94, 165–166
 and evidence theory, E:94, 171–182
 basic properties, E:94, 171–176
 Dempster rule of combination, E:94, 176–180
 numerical measure of rough sets, E:94, 181–182
Rough surfaces, scanning electron micrograph of, ES:16, 470
Round compound field electron emission lens, M:8, 243–244
Rounding error, E:85, 32
Round lens
 aberration coefficient, ES:13A, 60–61, 63–66, 86
 extrema, ES:13A, 92–94
 matrix techniques, ES:13A, 72–74, 78–80
 multicomponent systems, ES:13A, 78–80
 aberration correction, ES:13A, 138
Round method, see Retarded potential difference method
Roundness, M:3, 36, 64
Round trip amplitude pattern, ES:11, 155
Round trip beam pattern, ES:11, 156
Rouvean, J.M., ES:11, 217
Row–column algorithm, E:93, 45
Rowe, ES:14, 358, 359, 372
Rowlinson potential, E:98, 45
Rozsival, M., ES:16, 56
RPV, see Remotely piloted vehicles
RRS function, M:5, 152
RSE, see Reflection-mode secondary emission
RT algorithm, see Reduced transform algorithm
RTCVD, see CVD, rapid thermal
R–T diagram, ES:13C, 342–343, 345
RTDs, see Resonant tunnel diodes
Ru, ES:20, 13, 134, 137
 oxidation of, ES:20, 137
 Ru(CO)$_x$, ES:20, 134
Rubber, electron microscopy of, ES:16, 542–545

Ruby, ES:4, 139
 spectroscopic data, ES:2, 112–116
Ruby maser
 CW, see CW solid masers
 pulsed, ES:2, 116–117, 230, see also Q-spoil maser
 beam width, ES:2, 186
 different pumping methods, ES:2, 110
 effect of electric field, ES:2, 135
 with imperfect crystals, ES:2, 117, 188–189
 interference experiments, ES:2, 180–181, 189
 mode studies, ES:2, 185–188
 polarization output, ES:2, 118
 spectral width, ES:2, 176
 spiking, ES:2, 53, 193–195
 spontaneous emission, ES:2, 41
 traveling wave amplifier, ES:2, 119–120
 using a composite dielectric rod, ES:2, 108, 109
 using a dielectric ring resonator, ES:2, 81–82
 using a fiber, ES:2, 78
 using concentrated or red ruby, ES:2, 116
 using the R_2 line, ES:2, 118
Rüdenberg, H.D., ES:16, 501
Rüdenberg, R., ES:16, 501, 590
Rudimentary ferpic
 in L-state, D:2, 75–78
 in PLZT ceramics, D:2, 70–73
Ruffles, E:103, 121
Rule
 algorithm selection, E:86, 121, 123
 constraint transformation, E:86, 121, 123
 cost computation, E:86, 121, 123
 dependency, E:86, 121, 123, 138
 failure, E:86, 121, 124
 for image segmentation heuristics, E:86, 113–114
 meta, E:86, 114, 125
 parameter selection, E:86, 121, 123
 for process control, E:86, 114
 production, E:86, 82, 96, 113–114, 116, 120–121, 124, 136–137, 141, 164
 selection, E:86, 121, 123, 137–138
 transfer process
  dependency, E:86, 121, 123, 138
  selection, E:86, 121, 123, 137–138

Rule induction, LERS, **E**:94, 184–194
Rumsey, **ES**:14, 83; **ES**:15, 79, 105
Runge–Kutta–Fehlberg formula, **M**:13, 202
Runge–Kutta formula, **M**:13, 41
  fourth order, **ES**:17, 405–406
  and ray tracing, **M**:13, 202–203, 205
Runge–Kutta method, **ES**:19, 93, 255
  single-step, **ES**:17, 404–408, 409
Runge–Kutta procedures, in particle optics, **ES**:13A, 58–59
Runge–Kutta technique, **ES**:22, 123
Runge–Kutta–Verner method, **E**:85, 60
Run-length coding, **ES**:12, 237–266
  models, **ES**:12, 239, 240, 243–244, 248–249, 252–253
  run parsing, **ES**:12, 237–238
Runnström, J., **ES**:16, 192
Ruska, E.
  career, **E**:96, 132–137, 416–418, 639, 792–793
  children, **E**:95, 26, 59–61
  contributions to minimizations of external vibration, **E**:95, 44–47
  death, **E**:95, 61
  electron microscope invention and development, **E**:96, 11–12, 65, 132–135, 416, 462–463
  Ernst Ruska Prize, **E**:96, 158
  extramural activities, **E**:95, 47–48
  family background, **E**:95, 4–13
  first microscopes of, **ES**:16, 569, 570
  in history of electron microscope, **ES**:16, 2, 4, 5, 13, 24, 25, 44–45, 46, 48, 50, 52, 66, 82, 88, 99, 105, 106, 108, 109, 168, 169, 226, 227, 229, 238, 281, 295, 317, 318, 331, 391, 392, 395–396, 420, 421, 423, 436, 440, 499, 505, 507, 508, 509, 513, 514, 557, 568, 570, 571, 583, 584, 589, 591, 597
  Knoll's influence, **E**:95, 13–14, 16–18, 39, 42
  magnetic lens development, **E**:96, 134
  marriage, **E**:95, 22–23, 59–61
  Max–Planck–Gesellschaft experience, **E**:95, 37–38
  military service, **E**:95, 23
  Nobel Prize, **E**:95, 53–54, 56–58; **E**:96, 131, 145, 159, 794
  politics, **E**:95, 48–50
  postwar experiences, **E**:95, 28–34
  retirement, **E**:95, 50–52
  scanning electron microscope, early thoughts, **E**:96, 635–638
  Siemens experience, **E**:95, 25–28, 30, 35–37
  single-field condenser-objective development, **E**:95, 41–42
  Soviet relationship, **E**:95, 28–30
  Technische Hochschule Berlin experience, **E**:95, 13–14, 16–18
  transmission electron microscope development, **E**:95, 4, 18, 20, 25, 37
Ruska, H., **ES**:16, 45, 109, 169, 188, 192, 225, 391
Russia
  commercial microscope development at Sumy, **E**:96, 428–429, 437–438, 454, 460, 470, 472–473, 482–484, 492, 494–496, 499–500, 502–503, 510, 516–517, 532
  electron diffraction camera production, **E**:96, 489–490, 500–501
  electron microprobe production, **E**:96, 465
  electron microscopy development in, **ES**:16, 591–592
  pioneers, **E**:96, 523, 574
Ruthemann, G., **ES**:16, 327
Rutherford, E., **ES**:16, 33, 38, 55
Rutherford backscattering, surface analysis by, **ES**:13A, 321–322
Rutherford scattering, as ion beam diagnostic, **ES**:13C, 339
Rutherford's scattering law, **ES**:21, 146
Ruts, **E**:103, 75, 76, 121–129, 145–147
Ryde, **ES**:14, 24; **ES**:23, 20
Ryzhik, **ES**:18, 233, 236; **ES**:23, 331

S

S, **ES**:20, 125
Saccharomyces cerevisiae, **M**:5, 333
Saddle point integration, **E**:103, 50, 59–60
Saddle points, **E**:103, 72, 144–145
SAE 1095 carbon steel, **ES**:4, 167
SAED, *see* Selected area electron diffraction
Sáenz, **ES**:18, 226, 237, 239
SAES (scanning Auger electron spectroscopy), **ES**:13B, 262
Safety requirements, **DS**:1, 111–112
Saftström, R., **ES**:16, 184
SAGCM avalanche photodiodes, **E**:99, 73, 92–94

critical device parameters extraction, E:99, 15, 102–120, 153
  error analysis, E:99, 110–113, 118–119, 155
  photogain, E:99, 74, 120–135, 155
    temperature dependence, E:99, 135–150
  planar, E:99, 96–102, 121
Sagittal image surface, ES:17, 66
  curvature of, ES:17, 67–68
SAGM InP/InGaAs avalanche photodiodes, E:99, 90–92
Sakaki, Y, M:12, 22
Sakaki, Y., ES:16, 307, 318, 379
Sakiotis, ES:15, 263, 265
Sakrison, ES:14, 192
Sakurai, ES:9, 187, 491
Salisbury, ES:15, 26; ES:18, 37
  screen, ES:15, 26, 58, 59
Salts, structural conservation, use in, M:8, 116–117
Saltzer, B.A., ES:11, 222
SAM, M:11, 153
  in liquid helium, M:11, 175
Samayoa, W., ES:11, 218
SAM InP/InGaAs avalanche photodiodes, E:99, 90–92
Sample-and-hold circuit, ES:9, 141
Sample current, see Specimen current
Sampled function, ES:11, 28, 34, 41; ES:18, 17
Sampled storage circuits, ES:11, 34, 46
Sample figure, E:86, 105–107
Sample function, ES:11, 28
Samples
  denumerable, ES:9, 26
  finite number, ES:9, 25
  nondenumerable, ES:9, 26
Sample/sampling, E:84, 2
  of Fourier series, ES:11, 49, 50, 57
  and hold, ES:11, 143
  of particles
    definition of, ES:21, 402
    length, ES:21, 405, 421
    minimum size, ES:21, 422
  timing circuits, ES:11, 39
  vision modeling, E:97, 3–4, 45–50
  visual cortex, E:97, 45–50
  volume, E:84, 322
Sampling aperture, ES:10, 173–175

Sampling axiom, ES:9, 72
Sampling filter, ES:11, 34, 36, 37, 38
Sampling interval, ES:10, 37–28, 93–94, 121, 148, 173–174
  electron off-axis holography, E:89, 23, 24
Sampling method
  integration variety, ES:9, 373
  linear transformation, ES:9, 382
  SNR, ES:9, 374
Sampling theorems, ES:10, 39–40
Sanders, ES:9, 486; ES:18, 42
Sandstone, transforms, M:7, 63
Sandwich sample technique, ES:6, 45–70
  atomic number effect and, ES:6, 68–69
  in X-ray distribution measurements, ES:6, 50–51
Sandy, ES:9, 8, 483
Sandy, G.F., ES:11, 219; ES:15, 269; ES:18, 238
Sanguine, ES:9, 292; ES:14, 357, 361, 362, 363, 368
Sanidine phenocrysts, M:7, 37
Sanrin, ES:23, 330
Sapphire lens, M:11, 154
Sapphire substrate, ES:4, 183
SAR, see Synthetic aperture radar
Sarkar, ES:23, 331
Sarry, ES:9, 111
Sasagawa, K., ES:16, 318
Sasaki, K., ES:11, 221
Sass, S., ES:16, 59
Satellite applications, see Remotely piloted vehicles
Satellite communications, E:91, 198–199
Satellite measurements, ES:19, 217
Satellite observation, D:1, 284–286
Sato, T., ES:11, 221; ES:18, 238
Saturated-absorption spectroscopy, M:8, 44
Saturated efficiency, ES:22, 235
Saturated gain, ES:22, 229
Saturated regime, ES:22, 110, 118, 129, 197, 199, 222, 242, 307
Saturation, ES:22, 34
  intensity, ES:22, 232, 254
  line shape in, ES:2, 22–23, 102, 104
  power, ES:22, 254
Saturation density, photographic, M:1, 184
Saturation magnetization, ES:5, 8–10, 13, 17
  normalized, ES:5, 6
Sauckel Army, ES:16, 231

Saunders, **ES**:14, 316
Sauter, **ES**:9, 236, 484; **ES**:14, 57; **ES**:15, 1, 264; **ES**:18, 43, 235
SA-W-LVQ, *see* Successive approximation quantization, wavelet lattice vector
Saw-tooth model, **ES**:20, 265
Sawtooth pulse pattern, **ES**:15, 184
Sawyer-Tower circuit, **D**:3, 6
Saychev, **ES**:23, 334
Sayer, L.J., **ES**:16, 44, 45
Sb, segregation to nitride interface, **ES**:20, 244
SBTF, *see* Sideband transfer function
SC, *see* Specimen current
Scalar field(s), **E**:85, 89, 99
  2D
    applications, **E**:103, 66, 67
    cartographic generalization, **E**:103, 68
    defined, **E**:103, 70
    Hildebrand's depth flow, **E**:103, 69
    posterization, **E**:103, 68-69
Scalar information, **E**:90, 135
Scalar measurement, **E**:85, 21-24, 36
Scalar potential(s), **E**:102, 11-12; **ES**:15, 45; **ES**:18, 34; **ES**:22, 65
  derivation, **ES**:23, 113, 115
  electric, **E**:82, 11, 26, 41
  magnetic, **E**:82, 27, 42, *see also* Magnetic scalar potential
    reduced, **E**:82, 12
    total, **E**:82, 13
    modified, **E**:82, 54, 61
Scalar power series, **E**:90, 80-83
Scalar quantization, **E**:97, 193, 194
  finite state scalar quantization, **E**:97, 203
  wavelets, **E**:97, 200-201, 202-203
Scalars, **E**:90, 5, 10, 23-24
Scalar theory, charged particle wave optics, **E**:97, 316-317
  axially symmetric electrostatic lenses, **E**:97, 320-321
  axially symmetric magnetic lenses, **E**:97, 282-316
  electrostatic quadrupole lenses, **E**:97, 321-322
  free propagation, **E**:97, 279-282
  general formalism, **E**:97, 259-279
  magnetic quadrupole lenses, **E**:97, 317-320

Scales
  measures
    for d_o, v_o-scaling, **ES**:21, 181
    for δ, v-scaling, **ES**:21, 169
    for micro-scaling, **ES**:21, 143, 160
    table of, **ES**:21, 516
    transformation, between δ, v- and d_o, v_o-scaling, **ES**:21, 206
Scale-space, **E**:103, 80
  defined, **E**:99, 2
  Gaussian scale-space, **E**:99, 3-5, 55
  gradient watershed region, **E**:99, 51-53
  morphology, **E**:99, 55
    fingerprints, **E**:99, 4-5, 29-37, 55
    future work, **E**:99, 56-57
    limitations, **E**:99, 55-56
    multiscale closing-opening scale-space, **E**:99, 22-29
    multiscale dilation-erosion scale-space, **E**:99, 16-22
    multiscale morphology, **E**:99, 8-15
  for regions, **E**:99, 46-53
  signal extrema, **E**:99, 20-2
  structuring functions, **E**:99, 37-46
Scale-space filtering, **E**:99, 2
Scaling, **E**:85, 118; **E**:86, 27; **ES**:10, 188
Scaling factors, **ES**:11, 47
Scaling laws, **ES**:22, 272
  brightness, **ES**:22, 280, 286
  constraints, **ES**:22, 281
  in design of beam transport system, **ES**:13C, 110-114
  for electrostatic lenses, **E**:102, 189
  extraction of ion beams from plasma sources, **ES**:13C, 237-238, 286
  gain, **ES**:22, 278
  optical wigglers, **ES**:22, 285
  permanent magnets, **ES**:22, 273
  shunt impedance, **ES**:22, 339
  superconducting magnets, **ES**:22, 273
  wiggler length, **ES**:22, 276
  wiggler periods, **ES**:22, 276
Scaling theory
  complications arising from finite emission velocity, **ES**:3, 195-199
  detailed analysis, **ES**:3, 191-199
  introduction, **ES**:3, 10-11
Scan/scanning, **E**:84, 329; **ES**:11, 8
  as an approach to microscopy, **E**:83, 203-204

SUBJECT INDEX

mechanical, **E**:83, 204
scanning speed, **E**:83, 234-235
types, **E**:83, 206-207
conversion, **E**:85, 108
front-to-back, **E**:85, 156
in image analysis, **M**:4, 362-363
incremental, **E**:85, 120
large drawing, **E**:84, 254
measurements, **M**:1, 98
microscope (phase modulated), **M**:1, 101
MRI, **E**:85, 206
plane, **E**:85, 131
recursive, back-to-front, **E**:85, 122
slice-by-slice back-to-back, **E**:85, 123, 143
Scan anode current, **D**:3, 124
Scandinavia
   contributions to electron microscopy
      cell ultrastructure, **E**:96, 307-308
      enzyme cytochemistry, **E**:96, 308-309
      materials science, **E**:96, 310-311
      methacrylate embedding method, **E**:96, 306
      ultramicrotome, **E**:96, 306, 310
   electron microscope development in, **ES**:16, 597
   growth of microscopy, **E**:96, 306-312, 314
   Scandinavian Society for Electron Microscopy
      board, **E**:96, 316-317
      courses, **E**:96, 319
      formation, **E**:96, 315
      growth, **E**:96, 315-316
      meetings, **E**:96, 317-319
      topics of research, **E**:96, 319
   Siegbahn electron microscope
      characteristics, **E**:96, 303-304
      commercial production, **E**:96, 304-306
      development, **E**:96, 301-302
Scan glow transfer, in SELF-SCAN display, **D**:3, 110-112
Scan Line Array Processor, **E**:87, 292
Scan-line spacing, **DS**:1, 51
Scan magnification, in electron beam deflection, **D**:1, 181-182
Scanned beam techniques applications of, **D**:2, 47-54
   in color-TV film recording, **D**:2, 48-49
Scanner
   beam-deflecting, **M**:6, 136
   for beam profile monitoring, **ES**:13A, 234-235

electromagnetically deflected mirror, **M**:6, 164-168
flying spot, **M**:6, 137
glass cube, **M**:6, 138
mirror drum, **M**:6, 137
prismatic, **M**:6, 137-142
refracting, **M**:6, 137, 138, 139, 140, 141
television camera, **M**:6, 30, 42, 137
Scanning, *see* Scan/scanning
Scanning acoustic microscopy, **M**:10, 70
Scanning Auger electron spectroscopy, **ES**:13B, 262
Scanning beam, **ES**:11, 92
Scanning electron diffraction system, **ES**:4, 191, 192, 208, 221
Scanning electron microscope, **ES**:6, 11
Scanning electron microscope/microscopy, **E**:83, 113, 203-273; **E**:101, 1; **ES**:13A, 103, 140; **ES**:16, 73, 100, 124; **ES**:21, 3; **M**:4, 162, 244; **M**:5, 41; **M**:6, 277; **M**:12, 98, *see also* Electron microscope/microscopy; Scanning transmission electron microscope/microscopy
   advantages, **E**:83, 236-237
   backscattered electrons, **E**:83, 205
   beam voltage, **E**:83, 207, 209, 220, 241
   block diagram of, **ES**:16, 450
   cathodoluminescent, **E**:83, 213
   CD measurement in, **M**:13, 127
   charging effects on insulating specimen in, **M**:13, 74-92
   commercial development in Europe, **E**:96, 466-471, 501-506, 509-513
   comparison, photoelectron microscopy, **M**:10, 291-293
   contamination deposited, **M**:10, 63
   contrast, **E**:83, 205-206, 208-209, 213, 235
   deflection elements in, **M**:13, 179-180
   deflection fields in, **M**:13, 146-152
   depth of information, **M**:10, 292-294
   development of, **E**:96, 142-143, 466-469, 638-639, 643-644; **ES**:16, 443-482; **M**:13, 124-125
   EBIC method, advantages, **M**:10, 69
   and electrostatic charging, **M**:13, 231
   environmental, **E**:83, 21
   field, **E**:83, 122
   first model of, **ES**:16, 10, 11
   focusing, deflection and collection system for, **M**:13, 113-119
   frozen-hydrated SEM, **E**:83, 252-256

SUBJECT INDEX

future developments, **E**:83, 255, 259
high resolution, **M**:10, 249
high voltage, **E**:83, 209, 236
history of, **E**:83, 204–205, 256–257, 258; **ES**:16, 1–21; **M**:10, 226–227
  first record, **ES**:16, 8
  table of facts, **ES**:16, 4–5
image processing and restoration, **M**:13, 295–298
imaging, purpose of, **E**:83, 237–238
inspection based on., **M**:13, 127
Japanese contributions, **E**:96, 704–705, 712–713
Knoll, early SEM, **E**:83, 204
limitations, **E**:83, 206, 220
living specimens, **E**:83, 209
low temperature, **E**:83, 213–214, 252–256
low voltage, *see* Low-voltage scanning electron microscopes
and magnetic immersion lenses., **M**:13, 92–107
magnetic microstructure, **E**:98, 331–332
magnification, **E**:83, 204
method, strategy of in, **M**:13, 76–78
Oatley, early SEM, **E**:83, 205
optimum conditions, **E**:83, 236–237, 241, 247, 253
origins, **M**:10, 220
with polarization analysis, magnetic microstructure, **E**:98, 333
probe size, calculation of, **M**:13, 292–295
production in Czechoslovakia, **ES**:16, 75
recording, **M**:10, 253
resolution, **E**:83, 206, 215–219, 228
  improvement over time, **E**:96, 525, 528
response to limitations, **E**:83, 220
scanning speed, **E**:83, 234–235
Schrödinger equation and solution, **M**:13, 248–251
secondary electrons, **E**:83, 215–219
semiconductor, *see* Semiconductor
signal types, **E**:83, 205
solid state detector, **M**:6, 282
sources, *see* Electron sources
specimen facilities for, **ES**:16, 457
surface photovoltage, **M**:10, 322
topographic image, **E**:83, 210, 218, 220, 235
transmitted, **E**:83, 204, 247
uses of, **ES**:16, 462–478

vaccum, **E**:83, 210, 218, 220, 228, 235, 259
and Wien filters, **M**:13, 107
Scanning interferometers, **M**:8, 26, 33
Scanning ion microanalyzer, **ES**:13A, 262–263
  microprobe formation, **ES**:13A, 263–270
Scanning ion microscope, optical systems for, **ES**:13A, 289–299
Scanning mechanisms, photoelectric setting microscopes, **M**:8, 35–37
Scanning microscope/microscopy, **M**:2, 42, 43, 62, 74, 80, 142
  confocal inverse problems, **ES**:19, 225–239
    coherent case, **ES**:19, 226–236
    imaging, scanning and recovery, **ES**:19, 232
    incoherent case, **ES**:19, 236–239
    Types I, II, images, **ES**:19, 235
  direct and photographic, **M**:2, 83, 84
  photometer, **M**:5, 125, 137
Scanning mirror electron microscopy, **M**:4, 249
  with magnetic quadrupoles, **M**:4, 227–232
Scanning optical microscope/microscopy
  acoustic microscope, **M**:10, 70, *see also* Confocal microscopy
  advantages, **M**:10, 8–14, 69–70
  antireflection coating, **M**:10, 65
  beam scanning, **M**:10, 70–81
    noise and flare, **M**:10, 74
  confocal microscopy, optical system, **M**:10, 2, 7
  diagram, **M**:10, 3
  differential phase contrast, **M**:10, 49–55
  diffusion length measurement, **M**:10, 60–61
  flying spot system, **M**:10, 2, 61–62
    advantages, **M**:10, 70
  heterodyne microscopy, **M**:10, 82–84
  image analysis, **M**:10, 9
  image processing, **M**:10, 9–14
  interference microscopy, **M**:10, 75–81
  laser source microscopy, **M**:10, 81–87
    CRT, **M**:10, 70
    heterodyne, **M**:10, 82–84
    non-linear, **M**:10, 84–87
  mechanical scanning, **M**:10, 62
  near field, **M**:12, 243
  Nipkow wheel, **M**:10, 16, 61

SUBJECT INDEX

noise and flare, **M**:10, 73–75, 74
  optical system, **M**:10, 2
non-linear microscopy, **M**:10, 84–87
OBIC methods, **M**:10, 61–65, 68–69
  EBIC/OBIC dislocations, **M**:10, 62–66
object-scanning, **M**:10, 70–81
  advantages, **M**:10, 72
one-dimensional, chopped beam, **M**:10, 59–62
optical generation of charge-carriers, **M**:10, 59–70
optical systems, **M**:10, 2
Oxford model, **M**:10, 3–4
penetration of electrons, **M**:10, 64
point detector scanning, comparison, point-source, **M**:10, 49–70
recombination velocity, **M**:10, 60
reflected light, and OBIC images, **M**:10, 64–66
rotating mirrors, **M**:10, 70
second generation harmonics, **M**:10, 84–89
single moving mirror, **M**:10, 62
spectroscopic microscopy, **M**:10, 55–58
stage design, **M**:10, 73
summary and conclusions, **M**:10, 87–90
two-dimensional scanning, **M**:10, 61–64
Scanning photoelectric microscope, **M**:6, 135
Scanning probe lithography, **E**:102, 115
Scanning probe microscopes, **E**:102, 89
  atomic-force microscope, **E**:102, 89, 114
  deposition, **E**:102, 121
  direct removal and manipulation of particles, **E**:102, 119–121
  exposure of resist materials, **E**:102, 115–116
  localized electrochemical modification, **E**:102, 116–119
  operation of, **E**:102, 114–115
  scanning tunneling microscope, **E**:102, 89, 114
Scanning reflection electron microscopy, **M**:11, 70
Scanning susceptibility microscopy, **E**:87, 183–188
  application, **E**:87, 184
  complete flux expulsion model, **E**:87, 186–187
  force and compliance-*versus*-distance curves, **E**:87, 185–186

probe-induced vortex nucleation process, **E**:87, 186–187
relative force variations, **E**:87, 188
sensor, **E**:87, 183–184
total repulsive force, **E**:87, 184
Scanning system(s)
  in electron beam lithography, **ES**:13B, 75–76, 103–105, 112–114, 127–128
  electron gun, **ES**:13B, 83
  in ion implantation, **ES**:13B, 54–55
  in ion microbeam implantation, **ES**:13B, 63–67
  optimization, **ES**:13A, 102–103
Scanning tip lithography, semiconductor quantum devices, **E**:89, 95, 97
Scanning transmission electron microscope/microscopy, **E**:83, 113; **E**:86, 175, 197; **E**:90, 289; **E**:93, 57; **E**:94, 197; **ES**:10, 18, 20–22; **ES**:13A, 102–103, 122–124, 141; **M**:7, 101; **M**:8, 110; **M**:11, 45; **M**:12, 96
  aberrations, **E**:93, 86–87
  automatic resolution by, **ES**:16, 160
  commercial development in Europe, **E**:96, 506–508, 519–520, 644–645
  crystal-aperture STEM, **E**:93, 57–107
  direct imaging of nucleus, **E**:93, 87–89, 104
  experimental, **E**:93, 66–87, 90–91
  imaging, **E**:93, 58–59, 63–66, 87–90, 94–106
  resolution, **E**:93, 91–94
  theory, **E**:93, 59–66
  currently built, **M**:10, 256
  electron microscopy and, **M**:7, 147
  holography, **E**:98, 373–387, 422–423
  off-axis, **E**:94, 232–244, 252–253
    Fourier transform, **E**:94, 244–246
    spectral signal-to-noise ratio, **E**:94, 246–252
  image formation, **E**:94, 221–231
  magnetic microstructure, **E**:98, 335–337, 342, 353, 357, 358, 360
  microfabric analysis, **E**:93, 222, 231, 276, 303, 304
  reciprocity theorem, **ES**:10, 21
  recording, **M**:10, 253
  support film contamination and, **M**:8, 128
  Type 1, geometry, **M**:10, 19–20

Scanning transmission ion microscope,
ES:13A, 261-320
  best operating conditions, ES:13A, 279
  field ion sources, ES:13A, 279-284,
    300-310
  future developments, ES:13A, 315-317
  high specific brightness, sources of,
    ES:13A, 270-289
  microprobe, ES:13A, 263-270
  optical systems for, ES:13A, 289-299
  optimum design parameters, ES:13A,
    267-268
  results with operating systems, ES:13A,
    299-315
Scanning tunneling microscope/microscopy,
  E:83, 87, 88; E:87, 49; E:89, 236, 237;
  E:102, 89, 114; ES:20, 4, 169, 256; M:11,
  74, 81; M:12, 244
  exposure of resist materials, E:102,
    115-116
  -FIM, ES:20, 262, 263
  invention, E:96, 799
  Japanese contributions, E:96, 719, 721
  localized electrochemical modification,
    E:102, 116-118
Scanning X-ray absorption microscopy, M:10,
  322
Scanning X-ray photoelectron microscopy,
  M:10, 321-323
Scan reversal, in color TV, D:1, 181-182
Scan timing, D:3, 128
Scatter/scattering, ES:10, 5-9
  angular distribution of, ES:6, 27, see also
    Backscattering
  anisotropic, E:84, 333
  axial resonance scattering, E:90, 302-310
  in beam measuring devices, ES:13A, 247
  Bloch waves
    axial resonance scattering, E:90,
      302-310
    planar resonance scattering, E:90,
      313-317
  Bragg diffraction, E:84, 322
  carrier-impurity, E:82, 200
  combined, model, E:84, 332
  compressible, ES:11, 175
  in crystals, see Imperfect crystals
  current limitation, ES:13C, 357-358
  defects diffuse scattering, E:90, 282-285
  diffuse, E:90, 217-218, 279-285
    model, E:84, 329, 332, 334
    real, E:90, 348-349
    virtual, E:90, 348-349
  distortions, ES:14, 157
  electron, E:83, 208, 217-219, 235
    Monte Carlo simulations, E:83, 217-218,
      241-242
  electron beam diode, ES:13C, 183-184
  electron diffraction, E:90, 214-218
  electron impurity, E:82, 208
  energy broadening, ES:13C, 476-477, 493,
    495-501, 506, 512-514
  factor, E:86, 189, 191, 221
  ICBM vs. reflector, ES:14, 241
  impurity, E:82, 211, 216, 227
  intervalley, E:82, 199, 200, 216, 217, 269
  as ion beam measurement, ES:13C, 339
  isotropic, E:84, 332
  matrix, E:86, 181, 183, 211, 215, 216
  multiple, E:82, 200, 242
  parameters, three-port circulator, E:98,
    117-120, 238-245, 302
  planar resonance, E:90, 313-317
  in PLZT ceramics, D:2, 119-120
  of radiation from biological macro-
    molecules, M:7, 282
  Rayleigh, E:84, 330, 332
  resolved structure, E:84, 333, 336
    characteristic dimension (scatterer spac-
      ing), E:84, 334
  selvage, E:90, 241, 245-248
  from small 3-D structures, ES:19, 61-67
  as source of electron microscope action,
    ES:16, 508-509
  structural, model, E:84, 332
  subresolution structure, E:84, 333
  substrate, E:90, 241, 243-245
  surface resonance, E:90, 323-334
  TDS scattering, E:90, 286-287, 323-334
  unresolved structure, E:84, 336
Scattered maser light, ES:2, 220
Scattered waves, E:90, 208; ES:9, 280
Scatterer
  incompressible, ES:11, 175
  number density, E:84, 328-330
  spacing, E:84, 336
  surface structure, ES:11, 176
Scattering amplitude, E:90, 207-209
Scattering contrast, ES:10, 8

Scattering cross section, **E**:90, 207–209; **ES**:11, 175
Scattering fingerprint state, in liquid-crystal cells, **D**:4, 48
Scattering frequency dependence, **ES**:11, 175
Scattering laws, **ES**:11, 175
Scattering maser light, **ES**:2, 220
Scattering matrix, **E**:90, 228–229; **ES**:5, 36, 87
Scattering-mode devices
  high-deed operation of, **D**:2, 122
  lifetimes of, **D**:2, 120–122
  longitudinal-mode in, **D**:2, 123–125
Scattering points, **ES**:11, 11
Scattering theory
  Born approximation, **E**:95, 313
  Coulomb scattering, **E**:95, 313–314
  Mott scattering, **E**:95, 314–315
  spacetime algebra, **E**:95, 312–315
SCCDs, *see* Surface channel CCDs
Scenedesmus, **M**:5, 336
Schaefer, L., **ES**:11, 218
Schäffer, H., **ES**:16, 566
Schauder's fixed point theorem, **ES**:19, 250
Scheduling problem, **E**:84, 94
Schelkunoff, **ES**:14, 83; **ES**:15, 46, 53, 54, 92, 93, 98, 105, 219, 265
Scherzer, O, **M**:12, 29
Scherzer, O., in history of electron microscopy, **ES**:16, 2, 28, 48–50, 227, 254, 297, 327, 342, 376, 504, 508, 513
Scherzer defocus, **M**:11, 32
Scherzer focus, **M**:12, 49
Scherzer theorem
  for chromatic aberration, **ES**:17, 73, 100
  for spherical aberration, **ES**:17, 61, 100
Schiff, L.I., **ES**:9, 452; **ES**:16, 327, 515
Schilling, **ES**:9, 2, 495
Schist, transforms, **M**:7, 45
Schlieren optics, **DS**:1, 204, 206
Schlieren projection system, **D**:2, 53
  thermally erased devices and, **D**:2, 105–106
Schlieren techniques, **M**:8, 6, 11–14
  color methods, **M**:8, 13–14
  Ronchi grid method, **M**:8, 12–13
  Toeplers method, **M**:8, 11
Schlussler, L., **ES**:11, 218
Schmid, **ES**:14, 8, 9
Schmidt projector, **DS**:1, 201–203

Schmidt-type optical system, **D**:4, 145, 150
Schmitt, F.O., **ES**:15, 267; **ES**:16, 192, 201, 287–288
Schoen, A.L., **ES**:16, 284
Schottky barrier, **E**:83, 22, 24, 71; **ES**:20, 25, 26
Schottky-barrier, **ES**:4, 2
Schottky-barrier photodiode, **E**:99, 78–79
Schottky-barrier photoemissive devices, **ES**:8, 197–198
Schottky devices, **M**:10, 68
  effect, photoelectron microscopy, **M**:10, 381
Schottky diode, **E**:83, 31; **E**:87, 226, 232
Schottky effect, **ES**:1, 3; **M**:8, 210
Schottky emission cathodes, **E**:95, 68–69
Schottky junction, **E**:102, 217–218
Schottky's theorem, **M**:12, 173
Schrader, **ES**:14, 216
Schramm, G., **ES**:16, 188–190, 191
Schreiber, H., **ES**:9, 8, 43, 483; **ES**:11, 21, 219; **ES**:14, 72; **ES**:15, 269; **ES**:18, 238
Schrödinger, E., **ES**:9, 406, 414; **ES**:16, 24
  cat experiment, **E**:94, 263–264
  Vedic cognitive science, **E**:94, 264–265, 267
Schrödinger equation, **E**:89, 112; **E**:94, 294–295; **E**:101, 144, 149, 197, 221, 225, 228
  in classical limit, **M**:5, 270
  electron optics, **E**:93, 174, 178, 184, 185, 187, 190, 200–202, 206, 208–209, 211
  non-relativistic, **M**:5, 269
  and problem, **ES**:19, 89–90, 362–364, *see also* Nonlinear evolution equations
  ambiguous potentials, **ES**:19, 323–349
  characterization problem, **ES**:19, 169–170
  Darboux transformations, **ES**:19, 445–455
  emergence, **ES**:19, 13–16
  inverse problem formalism, **ES**:19, 141–142
  non-linear, **ES**:19, 13–16
  forced, **ES**:19, 424–426
  NxN matrix, **ES**:19, 396
  one-dimensional, **ES**:19, 445–449
    appendix, **ES**:19, 349–355
    inverse problem, **ES**:19, 332–334
    Jost solutions, **ES**:19, 332, 334
    notation, **ES**:19, 323–332
    remarks, **ES**:19, 346–349

SUBJECT INDEX

partial differential equations, **ES**:19, 464–478
scattering solutions, **ES**:19, 153–156
spatial solution, **ES**:19, 434, 441–442
spectral problem, **ES**:19, 360
semi-classical approximation, **M**:5, 246–249
and solution
and current density, **M**:13, 254–255
electron charge, conservation of, **M**:13, 254–255
partial derivatives and Jacobian determinant of, **M**:13, 251–254
Schrödinger wave equation, **E**:90, 124, 161, 164, 215
Schubert, **ES**:15, 268
Schulze, W., **ES**:16, 297
Schumann, **ES**:14, 359; **ES**:18, 170
Schumann resonances, **ES**:14, 359, 374
Schur complement, **E**:85, 39–42, 50, 52
Schur-convexity, **E**:91, 48, 67–68, 70
Schuster, **ES**:9, 13
Schwartz, **ES**:14, 59, 70, 110
Schwarz–Christoffel transformation, **E**:103, 373–374
Schwarz–Hora effect, **M**:7, 171
visability, **M**:7, 171
Schwarz inequality, **ES**:19, 265
Schwarzschild, **ES**:15, 1; **ES**:18, 43, 46
Schwinger, **ES**:18, 42
Scientific applications of masers, **ES**:2, 227–229
Scintillator, for electron detectors, **E**:83, 223–227
BSE detector, **E**:83, 223–224, 226
Scintillator photomultiplier, **ES**:4, 226, 229, 230
Scotch tape, use in dry-stripping technique, **ES**:16, 94–97
Scott, **ES**:14, 31
Scrambling, **ES**:10, 196
SCRATCHPAD, computer language, **ES**:13A, 90
Screen(s)
phosphor, *see* Phosphor screen
viewing, coatings, **M**:10, 251–252
Screen electrode (plasma electrode; focusing electrode), extraction optics, **ES**:13C, 223, 258, 265
Screen excitation, **ES**:3, 217–220

Screening
length, **E**:82, 204, 225, 230, 237
linear, **E**:82, 203, 205, 230
RPA dielectric, **E**:82, 213
Thomas–Fermi, **E**:82, 236
Thomas–Fermi theory of, **E**:82, 203, 233
Screen microkymography, **M**:7, 76, 79
quantitative evaluation, **M**:7, 89
registration principles and techniques, **M**:7, 78
Screen photomicrography, **M**:7, 76
Screen photomicrokymography, registration principles and techniques, **M**:7, 78
Screw dislocation, **M**:11, 88
Scripts, neuroscience, **E**:94, 290
SCS matrix, *see* Symmetric centrosymmetric matrix
SCS (symmetric centrosymmetric) matrix, **E**:84, 272–275
Scully, M.O., **ES**:22, 76
S-curves, **M**:12, 221, 231
SDA, *see* Spherical deflector analyzer
Seafarer, **ES**:14, 357, 368
Searle, **ES**:9, 79, 491
Searle operation, **ES**:9, 65, 66
Seasoning, **E**:83, 6
Sea urchin egg, image, **E**:83, 253–256
Seawater
attenuation, **ES**:14, 338
best frequency band, **ES**:14, 349
impedance, **ES**:14, 373
penetration depth, **ES**:14, 339
propagation time, **ES**:14, 339
signal distortion, **ES**:14, 340
wavelength, **ES**:14, 373
Seberry, **ES**:18, 236
SECAM, *see* Sequential Couleur à Memoire signals
Sech best-fit curve, **ES**:7, 76
model, **ES**:7, 84
Second adsorption site, **ES**:20, 89
Secondary cavities, **ES**:4, 153, 154
Secondary-electron-conduction tube, **M**:9, 32, 40, 41, 44; **D**:1, 64–65
Secondary electron emission, **M**:12, 155
as analysis technique, **ES**:6, 177–197
in magnetic field, **ES**:6, 296–299
Secondary electron images, **ES**:6, 194–195
Secondary electrons, **E**:83, 205–206, 208, 216–219; **ES**:22, 335, 364

andelectrostatic charging, **M:**13, 225–226
in channel multipliers, **D:**1, 9
coefficient, **E:**83, 208, 234
computation, **M:**13, 82–89
and deflection fields, **M:**13, 146
detector
  Everhart-Thornley, **E:**83, 223
  TEM/SEM, **E:**83, 222
  high beam energy scan, **M:**13, 82
  imaging, **E:**83, 216
  low beam energy scan, **M:**13, 89
  in low-voltage inspection, **M:**13, 127
  Monte Carlo, electron scattering simulation, **E:**83, 218
  performance, **E:**83, 230
  production, **E:**83, 216–219
  trajectories, **M:**13, 204
  z contrast, SE mode, **E:**83, 216
Secondary emission
  beam index tube, **DS:**1, 159, 160
  focus-grill tube, **DS:**1, 141
  multiplication of photoelectrons, by, **D:**1, 2–5
  pedestal mode, for Pyroelectric vidicon, **D:**3, 20–22, 53
  random nature of, **D:**1, 6
Secondary extinction, **ES:**6, 369–371
Secondary hardening steel, **ES:**20, 216
Secondary ion collection, **M:**11, 140
Secondary ion emission, **ES:**13B, 1–2, 32
  collection of ions, **ES:**13B, 2–16, 22–24
Secondary ion mass spectroscopy, **ES:**13B, 158, 210; **M:**10, 303–304, 305; **M:**11, 101, 102
  high resolution, **ES:**20, 150
  photodiode calibration, **E:**99, 100–101
Secondary radiation
  depth as function of, **ES:**6, 59
  distribution of, **ES:**6, 56, 66–68
Secondary scattering, **E:**88, 151
Secondary spectrum, correction of
  axial, **M:**14, 276–277
  chromatic aberration, **M:**14, 309–320
Secondary wave, **ES:**4, 108
Second fundamental form, **E:**84, 190
  coefficients, **E:**84, 173
Second harmonic generation, **ES:**2, 210–214, 262–264
Second law of thermodynamics, information approach, **E:**90, 189

Second order aberration, in ion optics, **ES:**17, 291–327, 328–358
  of cylindrical condenser, **ES:**17, 301
  of general crossed fields, **ES:**17, 326
  of homogeneous magnetic field, **ES:**17, 315
  of toroidal condenser, **ES:**17, 306
Second-order Hamiltonian function, power-series expansion, **E:**91, 8
Second-order perturbation, **E:**90, 254–255
Second zone lenses, **M:**10, 236–237
Section, of bounding surface, **E:**82, 5, 6, 7, 8, 9, 10, 11, 16, 17, 19, 26, 28
Sectionally analytic functions, **ES:**10, 64
Section emittance, in beam study, **ES:**13A, 162, 184, 223–224, 228–229
Sectioning for microincineraton, **M:**3, 107, 141–143, 150, 152
Section projection, in beam study, **ES:**13A, 226, 228
Section thickness, **M:**3, 228–238
Sector field
  crossed., **ES:**17, 272, 330, 356
  electric, **ES:**17, 272, 273, 286, 287, 288, 328, 330, 343, 351–356, 359
  magnetic, **ES:**17, 272, 273, 287, 288, 328–331, 331–339, 341–351, 359
  in particle optics, aberrations, **ES:**13A, 76–78, 80–82
Sector field analyzers, **E:**103, 289–291
  dimensionless coordinates by scaling, **E:**103, 296–297
  electrostatic field and charged particle trajectories in toroidal, **E:**103, 295–301
  electrostatic field in, with split shielding plates, **E:**103, 336–343
  magnetostatic field and charged particle trajectories in magnet, **E:**103, 302–306
  Matsuda plates and effects on, **E:**103, 344–346
  shielding, with split shielding plates, **E:**103, 346–348
Sectorial power, **ES:**9, 239
Sector magnet, **M:**11, 114
SEC tube, *see* Secondary-electron-conduction tube
Sediment, microfabric, orientation analysis, **E:**93, 221–224, 231
Seed, of initial conditions, **ES:**21, 25, 413, 424, 430–431
Seed crystals, **ES:**4, 166

SUBJECT INDEX

SEED (self-electrooptic effect device) implementation, E:102, 240–242
Seeing, E:85, 81
Seeman, ES:18, 238
SEGEN (software package), M:13, 76
Segmentation, E:84, 224
  in OCR algorithm, ES:12, 268
  of picture, see Frame replenishment coding
Segmented screens, DS:1, 11–16
Segregation, ES:24, 32
Seidel aberrations, M:14, 257–270
Seidel aberrations in electron lens, ES:16, 327–335
  compensation for, ES:16, 331
Seismic prospecting
  processing of data, ES:19, 534
  wave propagation, ES:19, 533
Seismic studies, E:85, 80
Seismology, iterative techniques, ES:19, 179–189
Seitz, F., ES:16, 305
Selected and nonselected pixels, operation of, D:4, 49
Selected area analysis, ES:20, 79, 199, 224
Selected area diffraction, M:11, 44
Selected area electron diffraction, E:90, 214
Selected area illumination, M:1, 138, 164
Selection, spatial, E:85, 147, 215
Selection switches, ES:11, 36
Selective adsorption, macromolecules, M:8, 114–115
Selective evaporation, see preferential evaporation
Selective imaging, see preferential imaging
Selective receivers, ES:14, 119; ES:15, 9
Selective reception, ES:9, 314
Selective reflection, M:14, 122
Selector, energy, see Energy selector
Selenium, E:91, 142
Selenium cells, M:4, 395, 397
Self, philosophy, E:94, 294
Self-adjointness, E:92, 134
Self-adjoint operators
  eigenvalues for for TE_z modes modes, E:103, 173–176
  eigenvalues for for TM_z modes, E:103, 170–173
  eigenvectors for TE_z modes, E:103, 179–182
  eigenvectors for for TM_z modes, E:103, 177–179
  TE_z operator properties, E:103, 165–170
  TM_z operator properties, E:103, 157–165
Self-aligned technology, ES:24, 152, 159
Self-alignment and spacer technology, ES:24, 145
Self-cleaning technique, ES:20, 1
Self coherence, ES:4, 116
Self-coherence, M:7, 108
Self-complementary antennas, ES:14, 84; ES:15, 103
Self-conjugated, E:103, 88, 112
Self-distance, E:90, 144
Self-duality, mathematical morphology, E:89, 354–358
Self-electrooptic effect device implementation, E:102, 240–242
Self-field
  electron guns, ES:13C, 142–143, 145, 151–154, 161–162, 164–165
  high-intensity beams, ES:13C, 51, 53–54
  bunched beam, ES:13C, 54
  unbunched beam, ES:13C, 55
  ion beam accelerator, ES:13C, 426
  in space charge optics, ES:13C, 2
  nonlinearities associated with, ES:13C, 39
  paraxial beams with no external focusing, ES:13C, 17–26
  uniform focusing with, ES:13C, 39–41
  toroidal field lenses, ES:13C, 411
Self-focusing energy selector, ES:13B, 276, 306
Self-force, electron guns, ES:13C, 142–143, 154, 162
Self-induced drift, in charge transfer, ES:8, 80–82
Self-luminous source, ES:4, 125
Self-magnetically insulated diode, ES:13C, 305
Self-magnetically insulated vacuum line, ES:13C, 373–377
Self-magnetic confinement, ES:13C, 384
Self-pinch diode, ES:13C, 302–305
SELF-SCAN. displays, D:3, 89
  anode driver in, D:3, 133–134
  block diagram of, D:3, 130–131
  cathodoluminescent phosphors in, D:3, 163–164

character generator in, **D**:3, 134–131
color displays in, **D**:3, 164–166
complete drive circuit for, **D**:3, 135
continuous tone imaging in, **D**:3, 143–154
display cell design in, **D**:3, 177–122
80-character displays in, **D**:3, 137–138
first imaging demonstration in, **D**:3, 146–147
gas discharge cell properties and, **D**:3, 90–107
and gray scale display in primed panel, **D**:3, 144–145
with increased character capacity, **D**:3, 135–143
internal construction of, **D**:3, 110
internal line sequencing in, **D**:3, 108
materials and processes in, **D**:3, 114–115
panel design processing in, **D**:3, 89–107, 144–123
phase driver in, **D**:3, 131–132
phosphors in, **D**:3, 155–166
photoluminescent phosphors in, **D**:3, 160–162
principles of, **D**:3, 107–114
reset cathode design in, **D**:3, 122–123
reset driver in, **D**:3, 132–133
ROM techniques in, **D**:3, 166
scan cell design in, **D**:3, 115–117
scan signals in, **D**:3, 124–125
self-aligning mesa cathode for, **D**:3, 153
16-characteristics of gases used in, **D**:3, 157–160
spectral characteristics of gases used in, **D**:3, 157–160
television applications of, **D**:3, 148–154
timing in, **D**:3, 127–129
trends in, **D**:3, 166–167
256-character displays in, **D**:3, 138–143
typical characteristics of, **D**:3, 123–129
Self-scanned arrays, **D**:3, 226–271
diode, **M**:8, 31
responsivity in, **D**:3, 226–240
Self-sustained discharge, in gas discharge cells, **D**:3, 95–96
Self-sustained emission, **ES**:4, 20, 21
Self-trapped electrons
flow, **ES**:13C, 186
polarons, **ES**:1, 196
Selvage, crystal, **E**:90, 241
Selvage scattering, **E**:90, 241, 245–248

SEM, *see* Scanning electron microscope/microscopy
SEM 2 scanning electron microscope, **ES**:16, 471
SEM 3 scanning electron microscope, **ES**:16, 476–477
SEM 4 scanning electron microscope, **ES**:16, 471
SEM 5 scanning electron microscope, **ES**:16, 471
Semantic label, **E**:84, 230
Semeran, **ES**:9, 493
Semiconductor/semiconducting devices, **E**:83, 7–10, 19, 24, 31, 67, 68, 73; **E**:91, 142–146, 149–150; **E**:92, 81–83, 86, 89, 116; **ES**:20, 37, 48, 81; **M**:8, 218; **M**:12, 148, 162, *see also* Semiconductor quantum devices; *specific devices*
applications of LVSEM, **E**:83, 227–228, 249–250
BSE detectors, **E**:83, 225
charging, **E**:83, 234
compensated, **E**:82, 206, 230, 233, 244
compound, **ES**:20, 39, 177
crystal analysis in, **ES**:6, 417
doped, **E**:83, 7, 20, 24, 71
extrinsic, **ES**:8, 198
doped compensated, **E**:82, 207
FIM study on, **ES**:20, 165
Group III–V compounds, **E**:91, 171–188
heavily doped, **E**:82, 199
history, **E**:91, 142–166, 171–188
infra red technique, **M**:10, 8
integrated circuits, **E**:91, 146–149
intrinsic, **ES**:20, 66
ion implantation, **ES**:13B, 55
lightly doped, **E**:82, 199
low voltage SEM, **E**:83, 227–228
mesoscopic devices, **E**:91, 213–227
mirror electron microscopy, **E**:94, 96
moderately, **E**:82, 200
modulation-doped semiconductor heterojunction, **E**:91, 214
narrowband gap, **ES**:8, 198–199
optical generation of charge carriers, **M**:10, 59–70
photoelectron microscopy, **M**:10, 300–305
product group, **E**:94, 20
quantum theory, **E**:91, 142
radiation damage, **E**:83, 228

tensor products, **E**:94, 20-21
undoped, **E**:83, 7
use of SEMs in, **M**:13, 125, 127, 153
wafers, **ES**:20, 165
Semiconductor beam emission, **ES**:4, 6
Semiconductor doping, **E**:83, 7, 20, 24, 71; **ES**:8, 198; **ES**:13B, 60
　dopant, field ion source, **ES**:13B, 63
Semiconductor industry, **E**:91, 146, 149-151, 166-169
　United Kingdom, **E**:91, 149-151, 168-169, 177-178, 181
Semiconductor laser, **E**:91, 179
Semiconductor-metal interface, **ES**:20, 184
Semiconductor photodetectors
　avalanche photodiodes, *see* Avalanche photodiodes
　metal-semiconductor-metal photodetectors, **E**:99, 79
　photoconductive detector, **E**:99, 79-80
　phototransistors, **E**:99, 80
　$p-i-n$ photodiode, **E**:99, 77-78
　$p-n$ photodiode, **E**:99, 77
　Schottky-barrier photodiodes, **E**:99, 78-79
Semiconductor quantum devices, **E**:89, 93-245
　Aharonov-Bohm effect-based devices, **E**:89, 106, 142-178
　connecting on a chip, **E**:89, 208-243
　electron wave devices, **E**:89, 99-120
　　directional couplers, **E**:89, 193-199
　granular electronic devices, **E**:89, 203-208, 245
　quantum-coupled devices, **E**:89, 208-243
　reproducibility, **E**:89, 222
　resonant tunneling devices, **E**:89, 121-142, 222, 245
　spin precession devices, **E**:89, 106, 199-203
　transistors, **E**:89, 106, 157, 160-165, 167, 189, 244
　T-structure transistors, **E**:89, 178-193
Semiconductor target, **ES**:13B, 66, 68
Semidirect product group algebra, **E**:94, 19-22
Semi-group properties, structuring functions, **E**:99, 15, 37-38
Semi-infinite crystals, **E**:90, 235, 243-248
Semi-lattice ordered group, **E**:84, 66
Semi-lattice ordered semi-group, **E**:84, 68

SEMIRAMIS, photographic memories, **D**:1, 289
SEMPA, *see* Scanning electron microscope/microscopy, with polarization analysis
SEMPER, **E**:93, 229, 319, 322
Senalorov, **ES**:18, 238
Sénarmont compensator, **M**:6, 97, 99, 111
Sénarmont OPD measurement, **M**:6, 114
Senatorov, **ES**:23, 334
Senin, **ES**:14, 81
Senina, **ES**:9, 489
Sensitivity, **ES**:17, 359, 360
　of deflectors, **ES**:3, 98-102, 108-111
　imaging plate system, **E**:99, 254-257, 262
　of P.A.R. system, **M**:1, 111
Sensors, **E**:83, 86
Sensor Technology Group, **ES**:11, 143, 146
Sensor THEED, **E**:90, 255-256
Sensory perception, **E**:85, 80
Separation
　criterion, **E**:94, 237
　of variables, **ES**:15, 222; **ES**:18, 1
Separatrix/separatrices, **E**:103, 120; **ES**:22, 113, 246, 256, 373
SEPM, *see* Secondary emission, pedestal mode
Sequency, defined, **ES**:9, 8
Sequency converter, **ES**:9, 32; **ES**:14, 131
Sequency filters
　attenuation, sinusoids, **ES**:14, 125
　attenuation plots, **ES**:14, 123, 124
　bandpass, **ES**:14, 126
　band-pass, **ES**:9, 142
　band-stop, **ES**:9, 138
　high-pass, **ES**:9, 142
　low-pass, **ES**:9, 138
Sequential Couleur à Memoire signals, **ES**:12, 79, 80, 100
Sequential resonant tunneling, **E**:89, 129
Sergeev, **ES**:9, 486
Serial mass spectrometer, **E**:89, 430
Serial operation, **ES**:11, 15
Serial-parallel-serial memory, **ES**:8, 243-247
Serial photography, movement determination by, **M**:7, 73
Serial transformations, mathematical morphology, **E**:89, 377-381
Series expansions, **E**:86, 255, 264

SUBJECT INDEX

finite number of samples, **ES:**9, 25
nondenumerable samples, **ES:**9, 23
weighted, **ES:**19, 269–279
Series restorations, **ES:**10, 242–247
Serpentine memory organization, **ES:**8, 249–255
Serret–Frenet frame, **E:**103, 110
Servo-controlled focusing system, **M:**6, 28, 30, 38–45, 46
   drive system, **M:**6, 43, 44
   focus sensing, **M:**6, 39–42
   signal processing, **M:**6, 42
Servo feedback loop, in electron beam lithography system, **ES:**13B, 82
Servo force, **E:**87, 129
Servo microscope system, **M:**6, 40, 41
Servo system drive
   air bearing, **M:**6, 43
   electric-hydraulic, **M:**6, 43, 44
   objective support, **M:**6, 43
   spring bearing, **M:**6, 43
Servo system signal
   processing, **M:**6, 42
   sensitivity, **M:**6, 42
   stability, **M:**6, 42
Sessile drop formation on a solid surface, **E:**98, 42–44
Set(s), **E:**85, 148, 205, 233
   definability, **E:**94, 166–171
   definable, **E:**94, 158–159
   identity transformation, **E:**85, 234
   lower and upper approximations, **E:**94, 157–165
Set mapping, *see also* τ-mapping
   filtering properties, **E:**89, 349–358
   mathematical morphology, **E:**89, 327–328
   translation-invariant, **E:**89, 358–366
Seto, S., **ES:**16, 318, 379
Set theoretic estimates, image recovery problem, **E:**95, 159–160
Set theory, fuzzy set theory, **E:**89, 255–264
Setting on a line
   fixed image scanning by, **M:**8, 30–35
   harmonic detection by, **M:**8, 33–34
   radiometric balancing, by, **M:**8, 30–31
   time-measuring techniques by, **M:**8, 32–33
Setzer, **ES:**14, 24; **ES:**15, 17, 40, 195; **ES:**23, 20
Sextupole lens, **ES:**17, 187, 239
SG equation, *see* Shine–Gordon

Shading, **E:**85, 114, 217; **ES:**11, 155
   depth, **E:**85, 133, 198
   gradient binary, **E:**85, 135
   gray-level, **E:**85, 135
      adaptive, **E:**85, 137
   normal-based
      contextual, **E:**85, 135
      gradient, **E:**85, 134
   Z-buffer gradient, **E:**85, 134
Shading compensation, **E:**92, 20–26
   background extraction
      gray-value tracking, **E:**92, 24
      linear regression, **E:**92, 22–24
      rank-order stastistics, **E:**92, 25–26
      weighted unsharp masking, **E:**92, 24–25
Shading-off effect, **M:**6, 58, 59, 87, 88, 90, 98, 101, 104, 129
   reduction, **M:**6, 87
   relation to phase plate properties, **M:**6, 59, 60, 61, 62
Shadowcasting methods
   in electron microscopy, **ES:**16, 94, 294, 324, 358–367, 407, 494, 548–551, 584–585
   optical symbolic substitution, **E:**89, 84–87
Shadow curves, electron gun rays analysis, **M:**8, 150
   breadth, **M:**8, 151–152
   emittance diagram conversion, **M:**8, 152–153
   experimental determination, **M:**8, 153–157
   shape, **M:**8, 148–150, 153–155
Shadow-electron microscope, **M:**10, 229
Shadow imaging, mirror electron microscopy, **E:**94, 87–95
Shadowing, **E:**85, 114
Shadow mask
   dot screen, **DS:**1, 1, 13, 98–100
   line screen, **DS:**1, 13, 133–134
   support, **DS:**1, 100–102
Shadow-mask tube, **DS:**1, 1–3, 12–14, 42–134
   25V90, **DS:**1, 42, 43
   110° systems, **DS:**1, 114–117
   brightness, **DS:**1, 210
   bulb, **DS:**1, 45–46, 107–112
   color, **E:**91, 233, 235–236
   curved-screen, **DS:**1, 45
   deflection-center displacement, **DS:**1, 64
   deflection yoke, **DS:**1, 43, 114–117, 131–133
   dimensions, **DS:**1, 108–109

SUBJECT INDEX

dot-pattern distortion, **DS**:1, 35
dot size, **DS**:1, 48
electron gun, **DS**:1, 46–47, 91–98
first-order printing, **DS**:1, 68, 69, 79, 80
glass properties, **DS**:1, 110
history, **DS**:1, 1–3, 44–46
implosion protection, **DS**:1, 111–112
magnetic-field effect, **DS**:1, 66–68
magnetic shielding, **DS**:1, 112–114
mask curvature, **DS**:1, 63
mask transmission, **DS**:1, 49, 53
matrix screen, **DS**:1, 14, 36, 117–128
moire, **DS**:1, 50–62
neck size, **DS**:1, 47, 91
nomenclature, **DS**:1, 42
principle, **DS**:1, 12–14, 42–44
safety requirements, **DS**:1, 111–112
sealing, **DS**:1, 46
second-order printing, **DS**:1, 80–85
single-gun, **DS**:1, 47
tolerances, **DS**:1, 110–111
Shadow method, for beam emittance diagram display, **ES**:13A, 221–222
Shadow microscope, **ES**:16, 229
Shadow projection mirror EM, **M**:4, 249–259
Shadow-projection technique, **ES**:7, 359–362
Shah, **ES**:9, 487
Shannon, **ES**:9, 287
Shannon entropy, **E**:90, 125
Shannon–Gibbs inequalities, **E**:91, 38, 42, 53–57
Shannon lower bound theory, **ES**:12, 22, 23, 25, 26, 32–35, 47, 62, 68
Shannon's entropy, **E**:91, 37, 38, 96
Shannon's relationship, **ES**:19, 40
Shao Ding-rong, **ES**:15, 141, 266, 267
Shape analysis, using image polynomials, **E**:101, 134–138
Shape and structure, SiO replication, **M**:8, 85
Shape coefficients, **M**:3, 35
Shape estimation, **E**:88, 251
Shape functions, edge element, **E**:102, 17–22
Shape interfaces, inverse problem, and wave equation, **ES**:19, 533–550
Shape parameter γ, **ES**:21, 502–503, 505–506, 527
effective, **ES**:21, 520, 521, 523, 524, 527
total effective, **ES**:21, 527–528
Shape representation, algebraic, **E**:86, 149–151, 164

Shapiro matrix, **E**:89, 181, 183
Shaw, H., **ES**:11, 218
Shearing interference system
construction, **M**:6, 107, 110
differential interference, **M**:6, 110
polarizer, **M**:6, 112
Shear wave velocities, **ES**:19, 183
Sheep red blood cells, SiO replication, **M**:8, 85–86
Sheet antenna, **ES**:15, 59
Sheet radiator, **ES**:15, 61
Sheet-to-sheet welds, **ES**:4, 174
Sheffield, F.M.L., **ES**:16, 486
Shen, H., **ES**:11, 222; **ES**:23, 48
Sheng, **ES**:9, 491
Sheridan, N.K., **ES**:11, 3, 221
Shestopalow, **ES**:23, 335
Shibata, **ES**:9, 172, 177, 487
Shielded cells, **M**:5, 5–8
concrete shielded, **M**:5, 5, 6
glass windows, **M**:5, 7, 8
lead shielded, **M**:5, 5, 6
windows, **M**:5, 6–8
zinc bromide windows, **M**:5, 8
Shielding of external force, in high-intensity beams, **ES**:13C, 63–66
Shift/shifting, *see also* Displacement
of crossover position, **ES**:3, 64–68
dyadic, **ES**:9, 407
integer number, **ES**:9, 407
modulo 4, **ES**:9, 415
Shift-invariant case, **E**:90, 135–136
Shift registers, **ES**:11, 33
Shih, **ES**:15, 265
Shilling, **ES**:14, 59
Shimadzu, S., **ES**:16, 318, 379
Shimadzu Company, early electron microscope manufacture by, **ES**:16, 89, 318, 322, 323, 341, 354, 379, 380, 381
Shimadzu Corporation
early research interests
bacteriology, **E**:96, 669
diatom taxonomy, **E**:96, 670
gene imaging, **E**:96, 699
metallurgy, **E**:96, 669
photoemulsion, **E**:96, 668–669
SM-1, **E**:96, 665–666, 670
SM-1A, **E**:96, 666–667
SM-1B, **E**:96, 667

Shine–Gordon equation, **ES**:19, 370, 377–387, 423, 471
1ST-solvability, **ES**:19, 380
Shirkov, **ES**:15, 267
Shirley Institute (Manchester)
  early electron microscope at, **ES**:16, 486, 487
  in history of electron microscopy, **ES**:16, 81, 83–86, 94
Shockley–Read–Hall generation, **E**:86, 10
Shortest path problem, **E**:84, 64
Short-focal-length lens, **E**:83, 123
Short-period eliminator, **ES**:14, 128
Short-pulse lasers, **ES**:22, 304, 310
Shorts, in charge-coupled area image sensors, **ES**:8, 188–189
Short scan, in SELF-SCAN displays, **D**:3, 129
Short-term memory, **E**:94, 289–290
Short-time Fourier transform, signal description, **E**:94, 320, 321
Shot noise, **ES**:4, 210, 211
Shot noise formula, **ES**:4, 209
Showalter, **ES**:9, 483
Shreider, **ES**:9, 493
Shrinking, binary image components, **E**:90, 389–396, 407–408
Shrinking spial path, **E**:90, 375
Shrouded coils, in electron microscopy, **M**:14, 21–23
Shtirin, **ES**:14, 81
Shubnikov–deHaas
  experiments, **ES**:24, 4
  measurements, **ES**:24, 78
Shunt impedance, **ES**:22, 339, 360
  effective, **ES**:22, 339, 340, 359
Si, **ES**:20, 37, 45, 165, 171–177
  (2 x 1), **ES**:20, 265
  (7 x 7), **ES**:20, 259, 261, 265
  hydrogen promoted evaporation of, **ES**:20, 39
  reconstruction of, **ES**:20, 169
  segregation in steel, **ES**:20, 239
  shisker, **ES**:20, 165
  SiC, **ES**:20, 170, 184
  SiC/Ti, **ES**:20, 194
  Si/Ni, **ES**:20, 185
  Si/Pd, **ES**:20, 186
  Si/Ti, **ES**:20, 194
SI (International System of Units), **ES**:17, 9–10

Si(111)7X7 structure, **M**:11, 80
Si bipolar technology, **ES**:24, 134
SiC, **E**:86, 72
Sickle cell anemia, French research contributions, **E**:96, 95–96
Sideband holography, **M**:7, 167, 168
Sidebands, **ES**:22, 136, 139, 144; **M**:12, 35
Sideband transfer function, **E**:94, 219–220, 246–252
Sidelobe, **ES**:15, 9
  to mainlobe ratio, **ES**:11, 154
Sidelobelooking sonar, processing, **ES**:11, 189, 192, 197
Sidelobe reduction, **ES**:11, 147, 154
  circuits, **ES**:11, 158
  frequency allocation, **ES**:11, 157
Sidelobe suppression function, **ES**:9, 117
Sidelooking radar, **ES**:11, 182; **ES**:14, 167
Sidewinder missile, **E**:91, 174
SI diodes, **M**:9, 281–282
Siebeck, R., **ES**:16, 109
Siedentopf, **ES**:14, 376
Siegbahn, M., **ES**:16, 42, 169, *see also* Scandinavia
  in development of diamond knife, **ES**:16, 178–180
  work in electron microscopy at Nobel Institute for physics, **ES**:16, 169–171
Siegbahn electron microscope, development of, **ES**:16, 171–176
Siegbahn–Schonander microscope, **ES**:16, 43, 67
Siemens Company, **ES**:16, 13, 14, 16, 27, 570, 571, 589
  cryomicroscope developed by, **ES**:16, 214–215
  electrostaatic astimatism corrector, **E**:96, 446
  Elmiskop 1, **E**:96, 454–455, 462–463
  Elmiskop 2, **E**:96, 443
  Elmiskop 51, **E**:96, 482
  Elmiskop 101, **E**:96, 480
  Elmiskop 102, **E**:96, 495
  Elmiskop CT, **E**:96, 150, 485–496, 529
  Elmiskop I, **ES**:16, 203, 437
  prototype electron microscope development, **E**:96, 4118–422
  semiconductors history, **E**:91, 172–173, 176, 177
  ST 100F, **E**:96, 507, 531, 691

318   SUBJECT INDEX

Übermikroskop, E:96, 423–429, 436
ÜM, M:10, 222, 223
　photography, M:10, 252
ÜM 100, E:96, 436, 446
　withdrawal from microscope production,
　　E:96, 530–531, 791
　World War II impact, E:96, 427–428
Siemens electron microscopes, ES:16, 27,
　29–31, 40, 45, 50, 84, 229, 495, 497, 527
　development of, ES:16, 2, 64, 82, 109, 514,
　　525
　list of in Sayer report, ES:16, 44
SIGMA, E:86, 116, 160
Sigma band, E:85, 55
Signal
　definition, E:94, 316, 317
　density resolution, E:99, 261–262
　fingerprint, E:99, 4–5
　modeling of, E:88, 311
Signal description
　criteria for comparing methods, E:94,
　　325–327
　defined, E:94, 317
　direct description, E:94, 318
　equivalent linear time-invariant discrete
　　systems, E:94, 322
　expansion in a series of orthogonal functions, E:94, 319
　generalized phase planes, E:94, 324–325,
　　347–365
　higher order spectra, E:94, 322–324
　integrated transforms, E:94, 320
　mixed time-frequency transforms, E:94,
　　320–321
　phase and envelope, E:94, 318
　structural properties method, E:94,
　　327–347
　　applications, E:94, 365–394
　　generalized phase planes, E:94, 324–325
　　generating differential equations, E:94,
　　　324, 327, 336–347
　　state function, E:94, 324, 327, 329–335
　Wavelet transforms, E:94, 321
Signal design, defined, ES:9, 331
Signal detection, ES:11, 28
　CTD, noise in, ES:8, 118–126
　statistical theory, E:84, 338
　structural properties method, E:94,
　　378–379

Signal distortions, ES:14, 29
　in seawater, ES:14, 340
Signal handling, CTD, ES:8, 62–69
Signal identification, structural properties
　method, E:94, 383–386
Signal/noise ratio, M:12, 175, 227
Signal pole lens, M:12, 101
Signal processing, E:97, 192
　compression, E:97, 51, 192–194
　CTD, ES:8, 201–235, see also Charge
　　transfer devices
　　analog delay, ES:8, 201–207
　　correlation operations, ES:8, 231–233
　　multiplexing, ES:8, 207–209
　　recursive filters, ES:8, 209–216
　　transversal filters, ES:8, 216–231
　　waveform generation, ES:8, 235
　digital coding, E:97, 192–194
　feedforward networks, E:94, 277
　Gabor functions, E:97, 5
　group algebra, E:94, 46
　in image sensors, ES:8, 234
　nervous system, E:94, 274–275, 279
　phase trajectories, E:94, 353–365
　separation, E:94, 376–399
　theory, E:97, 2–3
Signal redundancy, E:97, 192
Signals band limited, ES:11, 208
Signal theory, E:94, 315–317
Signal-to-interference ratio, E:84, 265–271
Signal-to-noise ratio, E:82, 100; E:83,
　208–209; E:84, 329, 333; ES:2, 171;
　ES:10, 17, 26, 205, 210, 240; ES:23, 10,
　15, 17; ES:24, 184, 187; M:1, 111
　analog optical fiber communication, E:99,
　　68
　beam forming, ES:15, 193
　CCD's and, D:3, 265–271
　in electron beam lithography, ES:13B,
　　118–119
　frame replenishment coding, ES:12, 199
　hybrid image coding, ES:12, 165, 181, 183,
　　184
　in image sensors, ES:8, 185–188
　predictive image coding, ES:12, 77–78,
　　85–86, 88
　segmental, E:82, 101
　spectral
　　bright field imaging, E:94, 220

SUBJECT INDEX

STEM off-axis holography, E:94, 246–252, 253
TEM off-axis holography, E:94, 218–221
transmission electron microscopy, E:94, 211–213
STEM, M:7, 147
transform image coding, ES:12, 151
Signal transfer, in panning and chopping mode, D:3, 26–32
Signal transfer function, D:3, 62, 66–67
 in chopping mode, D:3, 32–37
 in panning mode, D:3, 35
 thermal diffusion effects on, D:3, 26–27
Signal uncertainty, E:97, 10
Signed digit arithmetic, optical symbolic substitution, E:89, 59–71
Si IC technology, ES:24, 254
Sikorski, J., ES:16, 471
Silicon, E:83, 20, 21, 33, 43, 46; ES:1, 145–153
 alloys with Ge, ES:1, 168
 amorphous films, lattice fringes, M:7, 156
 cones, E:83, 45
 emitters, E:83, 24
 energy distribution curve, ES:13B, 14
 forward-biased junctions, ES:1, 145–147
 heavily doped, n type, E:82, 252
 Johnson limit, E:89, 243
 K band for, ES:6, 175
 lightly doped, E:82, 206
 moderately doped, E:82, 225
 oxygen in, ES:1, 153
 properties, E:92, 82
 reverse-biased junctions, ES:1, 147–153
 semiconductor history, E:91, 147, 150, 176, 178, 1710 173
 substrate, E:83, 29
 whisker emitter, ES:13B, 155
Silicon-aluminum-magnesium correlations, ES:6, 345–358
Silicon avalanche photodiodes, E:99, 89
Silicon bandgap, distribution of interface states in, D:3, 199
Silicon carbide, ES:1, 1, 6, 7, 90, 115, 130–139
 relationship to ZnS, ES:1, 31
Silicon CCD, vs. vidicon, D:3, 176
Silicon detector, Li-drifted, M:6, 281
Silicon-intensifier-target tube, D:1, 145
 in low-light-level television, D:1, 64–65
Silicon junction emitters, planar, ES:4, 48
Silicon n–p–n emitter, ES:4, 49

Silicon source, E:102, 214–217
Silicon target, for ion implantation, ES:13B, 68
Silicon wafer substrate, for electron beam lithography, ES:13B, 74–75, 122, 125
Silver azide, thermal decomposition of, ES:16, 463
Silver grains in autoradiography, M:3, 243–245
Silver halide crystals, early electron microscopy of, ES:16, 17–19, 284–287, 302–306
Silver halides, dissociation, M:8, 17
SIM, see Scanning ion microscope
SIMD mesh-connected computers, parallel image processing, E:90, 353–426
Similarity relations, E:89, 294–296
Similar operating points, ES:3, 11–12, 130
Simon, G.T., ES:16, 280
SIMOX, ES:24, 191
Simple linear dependence, minimax algebra, E:90, 36
SIMS, see Secondary ion mass spectroscopy
SIMTRON (spatial injection modulation of electrons), E:83, 78
Simulated annealing, E:87, 4, 16, 25f
 minimization algorithm, E:97, 120–122, 155
Simulated flight data, E:85, 57–61
Simulated line scan
 charging effect on insulating specimens, M:13, 78
 high beam energy scan, M:13, 86–86
 low beam energy scan, M:13, 86, 91–92
Simulation(s)
 crystal-aperture scanning transmission electron microscopy, E:93, 66–73
 electrical microfield contrast simulation, E:94, 135–140
 EMS image structures, E:94, 135–140
 object reconstruction, E:93, 127–130, 133–134, 162–166
 parameter estimation, E:94, 375–376
Simultaneous arrival, of ions, ES:20, 77
Simultaneous beams, ES:11, 93
Simultaneous iterative reconstruction techniques, E:95, 177, 183; M:7, 327
Sine and slant transforms, see Transform image coding
Sine condition in microscope objective, M:14, 258–259

Sine law, **ES:**3, 205–206
Sine transform, non-linear analogue, **ES:**19, 409–421
Sine wave sampling, in color-TV index systems, **D:**2, 203–207
Single-aperture extraction optics, high-intensity ion beams, **ES:**13C, 208–209
Single atoms, direct images of, **M:**8, 238
Single-axial-mode, **ES:**4, 99
Single-crystal cathode tips, orientation, electron beam brightness measurement and, **M:**8, 183–186
Single crystals, **E:**83, 12, 13, 19, 46
  optical diffraction analysis, **M:**7, 33
  in Pockels-effect imaging devices, **D:**1, 229–236
  semiconductor history, **E:**91, 143
  tips, **E:**83, 33
Single-deflection scanning, **ES:**13B, 66
Single diodes, for addressing matrix elements, **D:**4, 51
Single-electron
  excitation, **E:**86, 187
  inelastic scattering, **E:**86, 186
Single-electron logic devices, quantum-coupled spin-polarized, **E:**89, 223–235, 241–243
Single-field condenser-objective, **M:**1, 137
  advantages of, **M:**1, 146
  cross-section of, **M:**1, 146
  development, **E:**95, 41–42
  field distribution, **M:**1, 143
  lattice resolution of, **M:**1, 148
  lens versions, **ES:**16, 6
  parameters of, **M:**1, 145
  permissible disturbances in, **M:**1, 147
  point resolution of, **M:**1, 144
  ray paths in, **M:**1, 139
Single global covering algorithm, **E:**94, 188–190, 191
Single-gun tubes, **DS:**1, 38–41, 47
Single-hit law (photographic), **M:**1, 189, 191, 193
Single-impact ionization, **E:**86, 186
Single instruction multiple data mesh-connected computer, parallel image processing, **E:**90, 353–426
Single local covering algorithm, **E:**94, 190–191
Single-mode operation, **ES:**22, 306

Single-particle motion, betatron frequency and phase advance, **ES:**13C, 55–56
Single-particle regime, **ES:**22, 78
Single-point image
  aberration-free lenses, **M:**10, 21
  formula, **M:**10, 20
  intensity, **M:**10, 17
Single pole lenses, **M:**10, 237–238
  pupil function, **M:**10, 16–19
Single-shell lattice codebooks, **E:**97, 218
Single sideband holography, **M:**7, 220, 251, 255
  image reconstruction, **M:**7, 254, 255
  separation of conjugate images in, **M:**7, 252
Single side-band images, *see* One-sided transform images
Single sideband modulation, **ES:**11, 149; **ES:**14, 59, 62, 65, 66
Single slit diaphragm in stripe microkymography, **M:**7, 75
Single slot, surface field, **E:**92, 108–109
Single thresholding algorithm, in bilevel display image processing, **D:**4, 163
Singular fall curves, **E:**103, 104, 110, 129
Singularity, of currents
  edge (end), function of, **E:**82, 2–3, 13–15, 17–18, 41
  feed (attachment), **E:**82, 2–3, 13–15, 17–18, 41
Singular location, **E:**84, 248
Singular matrix, **E:**85, 33–34
Singular value analysis, **E:**87, 13
Singular value decomposition, **E:**85, 32–34, 36, 62; **E:**87, 22, 27, 31f, 34; **ES:**19, 179, 181
  truncated, **ES:**19, 262–263
Sinha, **ES:**15, 269; **ES:**18, 238
Sinh–Gordon equation, **ES:**19, 379, 384
Sintered sodalite, **D:**4, 98–100
  scanning electron micrograph of, **D:**4, 99
Sintering, of cathodochromic sodalites, **D:**4, 98 100
Sinus, Latin meaning, **ES:**9, 399
Sinusoidal carrier, **ES:**11, 21; **ES:**14, 56
Sinusoidal pulse, **ES:**18, 16; **ES:**23, 237
  pattern, **ES:**15, 187
Sinusoidal step function, **ES:**15, 98
Sinusoidal voltage/signal, **ES:**15, 180

Sinusoidal waves, **ES**:14, 29
  efficient generation, **ES**:9, 348
Sinusoids, transfer efficiency and, **D**:3, 202–203
SiO replicates, **M**:8, 85–93
  analysis and interpretation, **M**:8, 97–99
  feasibility studies, **M**:8, 77–79
  low vapour pressure liquids, of, **M**:8, 79
  microsurface spreading and, **M**:8, 93–97
  nucleation, wet surfaces on, **M**:8, 79
  water drops, **M**:8, 77–79, 82
  wet ferritin particles, **M**:8, 85
  wet specimens, **M**:8, 97–103
SIPM, *see* Scanning ion microanalyzer
SIP microscopes, **M**:8, 32–33
  discrimination, **M**:8, 38
  line position measurement, **M**:8, 39
  non-linearity of output, **M**:8, 40–41
  scanning mechanisms, **M**:8, 35
SIR (signal-to-interference ratio), **E**:84, 265–271
SIRT, *see* Simultaneous iterative reconstruction techniques
SIT, *see* Silicon-intensifier-target tube
Si technology, **ES**:24, 2, 134, 180, 237, 249
Sitnikov, **ES**:14, 81
Sivakumar, **ES**:15, 268; **ES**:18, 238
Six-electrode lens, **ES**:13A, 127
Sixth-order Hamiltonian function, power-series expansion, **E**:91, 8–9, 13
60 degree magnetic sector lens, **ES**:20, 61
Size analysis
  airthmetic of, **M**:3, 82–85
  errors, **M**:3, 88–90
  limits of, **M**:3, 42
  in sections, **M**:3, 85–88
  semi-automatic, **M**:3, 49
  techniques, **M**:3, 42
Size constancy, **DS**:1, 4
Size scaling, *see* Scaling theory
Sjöstrand, F., **ES**:16, 47, 58
Skeleton, **E**:85, 186
Skeletonization, **E**:101, 138
Skeletonizing technique, **E**:84, 115
  application to data compression, **E**:84, 120
  image algebra notation, **E**:84, 119
  matrix notation, **E**:84, 115
Skctchpad system, **E**:91, 235
Skillman, **ES**:14, 204, 216
Skin depth, **ES**:22, 338

Skindivers, discrimination, **ES**:11, 176
ŠKODA Works, continuously developed oscillograph developed at, **ES**:16, 64–66
Skolnik, **ES**:9, 333
Skolnik, M.C., **ES**:11, 220; **ES**:14, 46; **ES**:15, 264; **ES**:23, 2, 3, 5, 7, 11, 17, 21, 22
Skudrzyk, E., **ES**:9, 367; **ES**:11, 133
Slab crystals, **E**:90, 229–230
  RHEED, **E**:90, 248–250
Slab stabilization, drop formation, **E**:98, 40–42
SLAC, *see* Stanford Linear Accelerator Center
Slant functions, **ES**:9, 174, 175
Slant-stack transform, **E**:103, 4, 19
  local, **E**:103, 6, 52–53
Slater, **ES**:15, 228
Slater–Kirkwood potential, **E**:98, 12
Slebinskiy, **ES**:23, 334
Slew rate, **ES**:15, 217
Slice method
  application of
    of energy distribution, **ES**:21, 214–215
    for FWHM of angular deflection distribution, **ES**:21, 264–266
    of trajectory displacement distribution, **ES**:21, 293–295
  definition of, **ES**:21, 133–134, 506
  in external acceleration field, **ES**:21, 324–325
Slicing, **E**:85, 201; **E**:102, 198–203
Slides, conventional, in object scanning, **M**:10, 73
Sliding correlator, **ES**:14, 143; **ES**:15, 10, 178; **ES**:23, 2, 12, 34, 35
Sliding memory plane, **E**:87, 289
Slip, **ES**:22, 135, 138
  length, **ES**:22, 139, 144, 306
Slit lens, **DS**:1, 135
Slit scattering, in ion microprobe, **ES**:13A, 328–330, 336
Slit-type ion source, **ES**:13B, 149, 163
Slope, of modulation curve, **ES**:3, 17, 24
Slope angle, **E**:103, 95
Slope line, **E**:103, 86
Slope pattern, **ES**:15, 157, 160
Slope processor, **ES**:15, 180, 192
Slope squared function, **E**:103, 85, 86, 87, 97, 112

SLOR (successive line over relaxation) method, **M**:13, 157, 159
Slot, **E**:86, 117–118
  subpart, **E**:86, 154
Slot antenna, **ES**:15, 79
  averages, **ES**:15, 131
  efficiency, **ES**:15, 87
  sensor, **ES**:15, 123
Slow hopping, **ES**:15, 18
Slowly-varying phase and amplitude approximation, **ES**:22, 79, 91
Slow scan graphics system, **D**:2, 112–114
Slow-scan TV, cathodochromic CRT in, **D**:4, 148, *see also* Television images; TV liquid-crystal displays
Slow-wave circuit, **ES**:4, 64
Slow-wave interaction, **ES**:4, 64
SLs, *see* Superlattice(s)
Slutsker, **ES**:15, 265
SMA (spherical mirror analyzer), **ES**:13B, 272
Small-angle approximation, **E**:86, 194, 195
Small angle diffraction, **M**:7, 163
  electron, *see* Electron diffraction
Smallest open neighborhood, **E**:84, 205
Small-gain regime, **ES**:22, 101
Small molecules
  early structure analyses, **E**:88, 115
  lattice images, **E**:88, 158
  structure analyses, examples of, **E**:88, 157ff
  structures by direct methods, **E**:88, 139
Small parameter, **E**:86, 252, 263
Smallpox virus, early electron microscopy of, **ES**:16, 493
Small relative bandwidth, **ES**:15, 25
Small-signal
  gain, **ES**:22, 101, 104, 205, 210, 214, 217, 220, 230, 238, 240, 277, 283
  regime, **ES**:22, 17, 101, 199
Smalltalk, **E**:88, 68, 77
S (SF_6, He-SF_6) maser, **ES**:2, 240
$SmCo_2$, magent, **ES**:20, 60
Smearing
  of metal specimens, **ES**:6, 218–219
  microtransforms, **M**:7, 41
  in microtransforms, **M**:7, 48
  in optical diffraction analysis, **M**:7, 33, 41
Smell, **E**:85, 81
Smetic liquid crystals, **E**:91, 247
Smiles, J., **ES**:16, 406, 486, 493, 495
Smirnov, **ES**:18, 2, 49

Smith, **ES**:9, 485; **ES**:14, 82, 83, 85; **ES**:15, 105
Smith, C., **ES**:16, 55–56
Smith, K.C.A., **ES**:16, 453
Smith, N.D.P., **ES**:16, 493
Smith, P., **ES**:16, 57, 585
Smith, S., **ES**:11, 221
Smoke particles, electron microscopy of, in World War II, **ES**:16, 92
Smooth approximation, in particle beam focusing, **ES**:13C, 28, 31–33
Smoothed out distribution of charge, **ES**:21, 4, 61, 338, 497
Smoothing, **E**:88, 303, 304; **E**:92, 9–19
  with additive noise or texture, **E**:92, 10–13
  filter, **E**:88, 322, 323
  with multiplicative noise or texture, **E**:92, 13–14
  rank-order filtering, **E**:92, 14–18
    adaptive quantile filter, **E**:92, 14–16
    center-weighted median filter, **E**:92, 17
    composite enhancement filter, **E**:92, 16–17
    iterative noise peak elimination filter, **E**:92, 17–18
  streak suppression, **E**:92, 19
Smoothing algorithm, **E**:85, 49–50
Smoothing filter, **E**:84, 342–343
Smoothing property, **E**:82, 336
Smoothness, image processing, **E**:97, 89, 97
Sm^{2+} : CaF_2 maser, **ES**:2, 126–127
  power output, **ES**:2, 90
  spiking, **ES**:2, 192
  spontaneous emission from, **ES**:2, 192
  using a sphere, **ES**:2, 81
Snell, **ES**:18, 162
Snell's law, **E**:95, 317; **M**:14, 269
SNOM, **M**:12, 241
SNOM detector, **M**:12, 259
SNOM theory, **M**:12, 252
SNO resolution, **M**:12, 299
Snorkel lens, **M**:10, 238
Snow, C.P., **ES**:16, 488
SNR, *see* Signal-to-noise ratio
S/N ratio, *see* Signal-to-noise ratio
Snyder, R.L., **ES**:9, 417
Snyder, R.L., in history of electron microscopy, **ES**:16, 5, 443
Sobel, **ES**:9, 244; **ES**:14, 81
Sobel edge detector, **E**:88, 304

SUBJECT INDEX

Sobel operator, **E**:93, 235, 236, 253, 261–262, 266, 267, 269, 277, 323
SOC field, *see* Sphere-on-orthogonal-cone field
Social computing, **E**:94, 263
Sodalite(s), *see also* Cathodochromic sodalite
  cathodochromic, *see* Cathodochromic sodalite
  color center in, **D**:4, 107, 112–133
  optical mode coloration in, **D**:4, 112
  performance of in display devices, **D**:4, 97
  synthetic, **D**:4, 96–97
Sodalite cages, schematic diagram of, **D**:4, 96
Sodalite powder, coating of, **D**:4, 120–121
Sodium
  energy distribution curve, **ES**:13B, 14
  K band for, **ES**:6, 162
Sodium chloride
  crystals
    color Schlieren system photographs, **M**:8, 14–15 (between)
    electron microscopy copy of, **ES**:16, 205
    mirror EM image, **M**:4, 242–243
Sodium hydroxide, cathodochromic sodalites and, **D**:4, 98
Sodium light, doublet structure of, **ES**:4, 95, 99
Sodium silicate support films, **M**:8, 123
Soft algebra, fuzzy set theory, **E**:89, 256
Soft erosion, **E**:92, 49
Soft error, **E**:86, 28
Soft iron, **M**:5, 147, 148, 158, 159
Soft morphological filter, **E**:92, 49–52
Software
  accuracy of, **M**:13, 48
  bi-potential lens, spherical aberration of, **M**:13, 48–51
  for direct electron ray tracing, **M**:13, 39–41
  for FDM, **M**:13, 31–32
  for spherical capacitor tests, **M**:13, 45–48
  testing, **M**:13, 44–59
  for three dimensional systems, **M**:13, 25–44
  tolerance calculations, **M**:13, 54–59
SOIL, *see* Swing objective immersion lens
Soil(s)
  microfabric, orientation analysis, **E**:93, 221–224, 226–227, 259, 275–276, 281, 318–319
  use of image analysing computer, **M**:4, 380

Soil temperature, remote sensing, **ES**:19, 218–221
  applications, **ES**:19, 222–223
Sojfer, **ES**:15, 267
Sokoloff, **ES**:9, 484
SOL, *see* Swing objective lens
Solar cells, **ES**:20, 272; **ES**:24, 250
Solenoid(s), **ES**:13A, 3–9
  and magnetic quadrupoles, **ES**:7, 5, 292
  thin in magnetic lens, **M**:13, 140–141
Solenoid electron lens
  aberration, **M**:5, 216
  disadvantages, **M**:5, 217
  electron optical power, **M**:5, 217
  flux density, **M**:5, 215, 216
  resolution, **M**:5, 216
  sequence of coils, **M**:5, 217
Solenoid focusing
  electron guns, **ES**:13C, 143–147, 165, 168
    envelope equation, **ES**:13C, 152
  high-intensity beams
    computer simulation of beam transport, **ES**:13C, 100–101
    envelope stability, **ES**:13C, 82–83
    in Larmor frame, **ES**:13C, 55
    nonuniform beam, **ES**:13C, 67–74
    scaling laws in design of beam transport system, **ES**:13C, 113
  neutralized ion beams, **ES**:13C, 408
Solenoid lenses, **M**:14, 18–19
Solid beam, **ES**:4, 67
Solid-emitter gun, **ES**:13C, 227–232
Solidification, in mass transport processes, **ES**:6, 276–281
Solid/liquid interfaces
  macromolecules interaction with, **M**:8, 113–114
  properties, **M**:8, 111–113
Solid state image sensors, *see* Image sensors
Solid-state physics, **ES**:22, 24, 38
  use of mirror EM, **M**:4, 247–248
Solid-vacuum transition, **E**:87, 50–51
Solitary waves, n-soliton solutions, **ES**:19, 493
Solitons, **ES**:19, 378
  and bisolitons, **ES**:19, 482
  multisolitons, **ES**:19, 492–505
  two-soliton solution, **ES**:19, 386–387
Solomon, **ES**:18, 237
Solvation forces, **E**:87, 112–119
  Clausius–Mossotti equation, **E**:87, 115

dielectric permittivity, E:87, 115
excess near-surface molecular density, E:87, 112–113
force per unit probe radius, E:87, 117–118
oscillating attractive/repulsive interaction, E:87, 118
oscillating Hamaker constant, E:87, 116
oscillatory, E:87, 114
periodic molecular ordering, E:87, 116–117
probe-sample interaction, E:87, 114–115
Solvay, E., ES:16, 511
Solymar, ES:14, 110
Somatosensory cortex, experiments, E:94, 291
Sommerfeld, ES:9, 9, 436; ES:18, 3, 216
Sommerfeld parameter, ES:19, 119
Sommerfeld's free electron gas model, M:8, 216
Sommerfeld theory, M:12, 242, 254
SON (smallest open neighborhood), E:84, 205
Sonar, carrier free, ES:9, 349
Sonar images, ES:11, 2
Sonoluminescence, M:14, 122
Sony Corporation, D:2, 198
Soot layers
  absorption coefficient, M:6, 68
  for negative phase ring, M:6, 70
  optical path difference, M:6, 67
  optical properties, M:6, 66–68, 71
  optical thickness variation, M:8, 20
  preparation, M:6, 66
  refractive index, M:6, 67, 68, 70, 78
Soot phase ring
  amplitude ring, M:6, 82
  curling, M:6, 68, 69
  development, M:6, 65, 66
  durability, M:6, 68
  hardening, M:6, 66, 68, 69, 70
  history, M:6, 65, 66
  from illuminating gas, M:6, 68, 71
  from kerosene, M:6, 68, 71
  manufacture, M:6, 68–70
  negative, M:6, 66, 77
  positive, M:6, 66, 78
  preparation, M:6, 66, 70, 71, 77, 78, 82
  quarter wavelength, M:6, 77
  soot-dielectric, M:6, 77, 78, 79, 82
  from stearin, M:6, 65, 66, 68, 71, 78
S(D) operators, E:94, 335
SOR, see Successive overrelaxation
Soroko, ES:9, 400; ES:14, 81

Sorption phenomena, use of mirror EM, M:4, 227
Sorting algorithm, ES:21, 426
Sound field, E:84, 319
Sound projector, ES:11, 10, 14
Sound signals, detection of abrupt changes, ES:19, 289–306
Source(s)
  electron, see Electron sources
  MC routine for, ES:21, 402–406, 420–421
  velocity distribution at, ES:21, 43, 403
Source brightness, M:11, 111
Source code, GRASP library, E:94, 63–78
Source-dependent expansion, ES:22, 203
Source governing equations, E:103, 189–193, 197–205
Source intensity distribution, ES:10, 14, 17, 169
Sourceless Maxwell equations, E:92, 135, 159
Source size, estimation in electron microscope, M:7, 135
Southern Africa
  contributions to electron microscopy
    andrology, E:96, 333
    botany, E:96, 331–332
    ceramics, E:96, 341
    dentistry, E:96, 332
    earth science, E:96, 341–342
    electron microprobes, E:96, 341–342
    embrylogy, E:96, 332–333, 335
    instrumentation, E:96, 330–331
    medicine, E:96, 332–336
    physical sciences, E:96, 336–341
    plastic deformation, E:96, 338–341
    replica technique, E:96, 338
    semiconductors, E:96, 337
    specimen preparation, E:96, 331
    thin films, E:96, 336–337
    virology, E:96, 334–335
  electron microscopy facilities, E:96, 323–325, 343
  Electron Microscopy Society of Southern Africa conferences, E:96, 325–327
  delegates to international meetings, E:96, 329
  formation, E:96, 323
  international federation, E:96, 325
  presidents, E:96, 330
  prizes, E:96, 327–328

publications, E:96, 326-327
workshops, E:96, 328-329
future of electron microscopy, E:96, 343-344
language barrier, E:96, 325
Southern bean mosaic virus
concentrated preparation, M:6, 263
electron micrography of, ES:16, 586
Southern chloride crystal, electron microscopy of, ES:16, 205
Southworth, ES:15, 228
Soviet Union, ES:14, 40, 81
Space
drift, ES:17, 331
field free, ES:17, 334, 342, 344
image, ES:17, 273
for matrices, right semi-lattice, two-sided, and function, E:84, 69
object, ES:17, 273
paradigm, E:94, 261
for templates, E:84, 91
Space cavity, *see also* Kaluza-Klein space, two-wave model of; Local space
three-dimensional rectangular, E:101, 175-178
three-dimensional spherical, E:101, 178-183
two-dimensional square space-time cavity, E:101, 187-194
Space charge, ES:22, 51, 394, 404; M:1, 225, 267; DS:1, 21
aberration, M:1, 267
basic properties of beams with, ES:13C, 53-70
bunched beam, ES:13C, 54-55
calculation of space charge force, ES:13C, 53-55
distribution functions in phase space, ES:13C, 56-58
emittance concepts and equivalent beams, ES:13C, 58-59
envelope equations, ES:13C, 62-63
hydrodynamic approach, ES:13C, 61-62
long beam with elliptical cross section, ES:13C, 53-54
nonuniform beams, spreading and focusing of, ES:13C, 66-70
plasma effects, ES:13C, 63-66
single-particle motion, ES:13C, 55-56
Vlasov equation, ES:13C, 59-60

beam compression, ES:13C, 125
beam-spread curve, ES:13C, 22-23
beam spreading and focusing by solenoid, ES:13C, 66-74
and beam transport, ES:13C, 49-52, 75
computer simulation, ES:13C, 97-98
overview, ES:13C, 106-109
scaling laws in design of transport system, ES:13C, 110-111
and Boersch effect, ES:13C, 476-477
chromatic and geometric aberrations, ES:13C, 131
in collective ion acceleration, ES:13C, 447-448, 450
energy broadening, ES:13C, 527
extraction of ion beams from plasma sources, ES:13C, 211-212, 285
flow solutions, ES:13C, 232-241
high-power pulsed electron beam transport, ES:13C, 354-357
magnetically insulated vacuum transmission lines, ES:13C, 374
ion beam accelerators, ES:13C, 424-426
limitation, DS:1, 26, 31, 34
of ion beam acceleration and transport, ES:13C, 390-396
methods of neutralization, ES:13C, 396-399
nonuniform, ES:13C, 135-136
oscillations, ES:22, 58
solid emitter, ES:13C, 227, 229
theory, ES:20, 161
waves, ES:13C, 460-461-ES:13C, 463, 465; ES:22, 3, 5, 58, 63
Space charge accelerator, ES:13C, 453-460
Space charge density, ES:17, 4-5
Space charge effect(s), E:83, 49; ES:21, 333-362
aberration correction, ES:13A, 110-111
in beam measuring devices, ES:13A, 247-248
in beam with laminar flow, ES:21, 342-345
in beam with narrow crossover, ES:21, 355-356, 525-526
definition of, ES:21, 4, 334, 497, -335
defocusing by, ES:13C, 78
definition of, ES:21, 5, 24, 461, 497
results for, ES:21, 349, 354-355, 359, 525, 526, 528
effective beam length for, ES:21, 361

in electron guns, **ES**:13A, 56; **M**:8, 199, 203
in electron spectroscopy, **ES**:13B, 264
electron transport devices, **E**:89, 120, 130–134
in energy selectors, **ES**:13B, 353–360
first order optical properties of, **ES**:21, 347–351
 addition of, **ES**:21, 361
general aspects of, **ES**:21, 333–342
historical notes on, **ES**:21, 23–24
in homocentric cylindrical beam, **ES**:21, 357–360, 526–527
in ion implantation, **ES**:13B, 47–50
and Liouville invariance, **ES**:13A, 170
magnification by, **ES**:21, 350, 355, 525
in mass separators, **ES**:13B, 150–152
in monochromators, **ES**:13B, 328–329
nonrefocusable broadening due to, **ES**:21, 6, 24, 351–354, 498
resulting equations for, **ES**:21, 525–527
spherical aberration of, **ES**:21, 353, 356, 359, 526, 527
 addition of, **ES**:21, 526
 disk of least confusion due to, **ES**:21, 354, 356
 and effective defocusing, **ES**:21, 354
 spot-width measures for, **ES**:21, 376–391
third order optical properties of, **ES**:21, 351–354, 356
and trajectory displacement effect, **ES**:21, 461
lens, **ES**:21, 339
Space-charge forces, **ES**:4, 66
Space-charge ion beam, **ES**:13B, 48
 acceleration, **ES**:13B, 50 52
Space charge lens, **ES**:13B, 49, 55
Space-charge-limited current
 ion diodes, **ES**:13C, 297–299
 vacuum diode, **ES**:13C, 193–194
Space charge optics, **ES**:13C, 1–48
 concluding remarks, **ES**:13C, 46
 introduction, **ES**:13C, 2–3
 nonparaxial beams, **ES**:13C, 36–42
 notation, units, and references, **ES**:13C, 3–4
 paraxial beams with external focusing, **ES**:13C, 27–36
 paraxial beams with no external focusing, **ES**:13C, 17–26

 paraxial ray equation, **ES**:13C, 4–9
 phase space, Liouville's theorem, and Vlasov equation, **ES**:13C, 42–46
 phase space representation and emittance concept, **ES**:13C, 10–17
Space-charge parameter, **ES**:4, 82
Space charge sheath, of plasma-sheath interface, **ES**:13C, 213–214, 223–225
Space charge spreading
 mathematical specification, **ES**:3, 86–87
 neutralization by positive ions, **ES**:3, 68, 75–76
 nopmogram for, **ES**:3, 150
 physical discussion, **ES**:3, 83–84
 universal curve, **ES**:3, 87
Space cloth, **ES**:15, 26, 59
Space current density, **ES**:17, 4–5
Space mission images
 Mariner, **M**:4, 92, 93, 94, 96
 Ranger, **M**:4, 88, 90, 91, 95, 97, 98, 99
 Surveyor, **M**:4, 104, 105
Spacetime algebra
 classical and semiclassical mechanics, **E**:95, 374–377
 Grassman algebra, **E**:95, 377–379
 introduction, **E**:95, 273–278
 multiparticle quantum theory, **E**:95, 347, 349, 379
  eight-dimensional streamlines and Pauli exclusion, **E**:95, 369–372, 374
 multiparticle quantum theory, applications, **E**:95, 379
 multiparticle wave equations, **E**:95, 364–366
 notation, **E**:95, 351
 Pauli principle, **E**:95, 366–369
 relativistic two-particle states, **E**:95, 361–364
 two-particle Pauli states, **E**:95, 352–360
 multivectors, **E**:95, 277
 operators, **E**:95, 276
 product types, **E**:95, 275
 reversion operation, **E**:95, 276
 rotors, **E**:95, 276
 spacetime calculus, **E**:95, 280–283
 spacetime split, **E**:95, 278–280
 spinors, *see* Spinor
 vector derivative, **E**:95, 280–282
Space-time continuum, **ES**:15, 261
 experimental check, **ES**:9, 406

SUBJECT INDEX

Space-time function, **ES**:11, 31
Space-time models, **ES**:9, 404
Space-variant image restoration, **E**:99, 293–294, 320–321
  image model, **E**:99, 300–309
  image restoration, **E**:99, 308–317
  image signal, **E**:99, 294–295
  Kalman filtering, **E**:99, 292, 293, 295
    estimation algorithm, **E**:99, 297–298
    state-space representation, **E**:99, 295–297
    steady-state solution, **E**:99, 299
    numerical results, **E**:99, 318–320
Spark source mass spectrometry, **ES**:13B, 158
Spatial analysis in optical diffraction analysis, **M**:7, 43–51
Spatial beats, in striped color encoding systems, **D**:2, 227–231
Spatial Boersch effect, **ES**:13C, 477, 490–493, 498
Spatial coherence, **M**:11, 16
  of field emission source, measurement, **M**:7, 158
  partial, **E**:89, 26–31
Spatial distribution
  of constituent elements, **ES**:20, 68
  of excited population, **ES**:2, 49–50, 55–56, 188
  of radiance, **ES**:4, 115, 119, 126
Spatial filter/filtering, **ES**:22, 315, 316; **M**:8, 1–22
  amplitude and phase operation, **M**:8, 20–22
  amplitude operation, **M**:8, 15–19
  amplitude vs. frequency response in, **D**:2, 229
  complex, **M**:8, 20–22
  definition, **M**:8, 2
  electric, **ES**:11, 10
  filter design, **M**:8, 2, 4, 5
  lens arrangement, **M**:8, 2
  mask with maxima alignment, **M**:8, 17
  methodology, **M**:8, 2–5
  optical diffraction analysis by, **M**:7, 62–65
  photochromic glass, **M**:8, 17–19
  Schlieren systems, **M**:8, 11–14
  substrate examined
    analytical description, **M**:8, 7–10
    qualitative description, **M**:8, 5–7
Spatial Fourier transform, **ES**:11, 33, 41

Spatial frequency, **M**:12, 31
Spatial frequency filtering
  and imaging, **D**:1, 288
  imaging plate, **E**:99, 285
Spatial injection modulation of electrons, **E**:83, 78, 79
Spatial intensity distributions, **ES**:4, 140
Spatial processing, **ES**:11, 6, 135
Spatial resolution, **M**:1, 87; **M**:12, 321
  bandwidth, **ES**:14, 162
  of image sensors, **ES**:8, 173–178
Spatial sampling, visual cortex, **E**:97, 47–50
Spatial shift, *see* Displacement
Spatial spectrum, time-dependent, **E**:103, 18
Spatial transform, **ES**:11, 7
Spatial transform method, non-linear partial differential equations, **ES**:19, 431–432
  in KdV case, **ES**:19, 432–436
Specialization order, **E**:84, 201
Specialny, J., in history of electron microscopy, **ES**:16, 68
Special-purpose transfer arrays, **ES**:8, 266–268
Special relativity
  information approach, **E**:90, 147–149, 186
  in local space, **E**:101, 198–202
Special theory of relativity, **ES**:9, 15
Specification
  by abstract command, **E**:86, 99, 101, 103
  by example, **E**:86, 99, 105, 107
  goal, **E**:86, 105, 107, 109, 112, 116, 120, 124
  through conversation, **E**:86, 99
Specific brightness, of ion source, **ES**:13A, 264–265, 268–270
  electrohydrodynamic ion sources, **ES**:13A, 284–289
  field ionization sources, **ES**:13A, 270–284
Specimen(s)
  for electron microscopy, early preparation of, **ES**:16, 89–90
  with repeating units, phase problems and, **M**:7, 258, 259
  transfer functions and, **M**:7, 119–122
Specimen current, **ES**:6, 17, *see also* Backscattered current
  as analysis technique, **ES**:6, 177
  backscattered electron and, **ES**:6, 36–37
  beam generation and, **ES**:6, 129
  concentration discontinuity and, **ES**:6, 124–128

electron density and, **ES**:6, 119
oscilloscope mapping of, **ES**:6, 204
quantitative analysis of alloys by, **ES**:6, 193
resolving power and, **ES**:6, 34
secondary electron images and, **ES**:6, 194–195
vs. distance, **ES**:6, 124–127
Specimen current method, applications of, **ES**:6, 38–42
Specimen damage, **M**:2, 196
  in electron microscope, **M**:3, 197, 200
  scope, **M**:3, 197, 200
  and high resolution, **M**:4, 87
  in scanning microscopy, **M**:10, 73–74
  variation in height, **M**:10, 30
  using AEM, **E**:101, 5–6
Specimen drift, image resolution and, **M**:7, 262
Specimen grids, for microincineration, **M**:3, 104, 116, 150
Specimen holders, **M**:11, 76
Specimen perturbation, and reflected electron beam phase, **M**:4, 233–237
Specimen preparation, **E**:83, 212, 232, 242
  coating, **E**:83, 219, 233
  contamination, related to, **E**:83, 239
  critical point drying, **E**:83, 239, 242, 245
  cryo-preparation, **E**:83, 252–255
  density, *see* Density
  double-layer coating, Pt-C, **E**:83, 247–248
  effect of, **ES**:6, 197–225
    etching and polishing of, **ES**:6, 200
    example of, **ES**:6, 200–205
    information desired in, **ES**:6, 198–199
    leaching and etching effects in, **ES**:6, 217–220
    problems of, **ES**:6, 198–205
    scratches and overetching in, **ES**:6, 211–217
    surface roughness in, **ES**:6, 205–217
  fixation, **E**:83, 232–233
  freeze-drying, **E**:83, 232, 239
  freeze-fracture/thaw fix, SEM, **E**:83, 242, 245
  living, SEM, **E**:83, 209
  nuclear pore complex, **E**:83, 242, 245–246
  phase determination and, **M**:7, 191
  phase information and, **M**:7, 273
  phase problems and, **M**:7, 257
Specimen size, phase problems and, **M**:7, 246

Specimen stage(s), **M**:11, 8, 74, 76, 77
  cooling of, **M**:1, 164
  design of, **M**:1, 151
  mirror EM, **M**:4, 211–212
Specimen stage-space cooling, **M**:1, 159
Specimen structure, phase information and, **M**:7, 256
Specimen temperature, **M**:1, 152, 156
  ionization of, **M**:1, 157
Specimen thickness
  phase error, **M**:7, 267
  phase information and, **M**:7, 273
  phase object approximation and, **M**:7, 194, 265
  stained, phase determination and, **M**:7, 269, 270
Speckle, **E**:84, 326, 328
  attenuation effect, **E**:84, 329
  autocorrelation function, **E**:84, 331
  full-width-at-half maximum, **E**:84, 331
  fuly developed, **E**:84, 330
  object-dependent, **M**:10, 72
  reduction, **E**:84, 342
  size, axial, lateral, **E**:84, 329, 331, 334, 338
Speckle interferometry, **E**:93, 143–144; **D**:1, 284–285
Speckle noise, **E**:92, 13–14
Speckle patterns, **M**:7, 162, 172
Spectra, *see also* Spectrum
  HL, **E**:82, 259
  LL, **E**:82, 259
Spectral characteristics, **ES**:4, 114, 125
Spectral components, **ES**:4, 108, 112
Spectral distribution of radiance, **ES**:4, 114–115, 116, 126, 128
Spectral fluence, **ES**:22, 64
Spectral formulations, **E**:103, 17
Spectral methods, **E**:82, 360
Spectral narrowing
  above threshold, **ES**:2, 29
  below threshold, **ES**:2, 41, 164, 165
Spectral output, width of, **ES**:4, 99
Spectral photoresponsive curves, theoretical, **D**:1, 96–99
Spectral profile, **ES**:4, 96, 117
Spectral purity, **ES**:4, 99
Spectral range, **ES**:2, 79
Spectral response, *see* Detector(s), spectral response of

SUBJECT INDEX

Spectral responsivity, of image sensors, **ES:**8, 183-184
Spectral signal-to-noise ratio
  bright-field imaging, **E:**94, 220
  off-axis holography
    STEM hologram, **E:**94, 246-252, 253
    TEM hologram, **E:**94, 218-221
    transmission electron microscopy, **E:**94, 211-213
Spectral theory of transients, **E:**103, 4
Spectral transform, *see* Inverse scattering transform
Spectral width, **ES:**22, 303
Spectral Wronskian tool, bilinear relation, **ES:**19, 437-438
Spectraplex vidicon, **D:**2, 195
Spectre II system, **M:**5, 45
Spectrofluorimetry, **M:**8, 59
Spectrogram/spectrometry, **M:**11, 120
  complex spectrogram, **E:**97, 9-10
  depth of focus for, **ES:**6, 261
  discrete spectrogram, **E:**97, 11
  in electron probe microanalyzer, **ES:**6, 12
  energy, **ES:**17, 1, 253, 272
  light-element, **ES:**6, 138-139
  mass, **ES:**17, 1, 3, 188, 253, 257, 266, 272, 294, 311, 345, 359-364
  momentum, **ES:**17, 253
  reconstructing signal from, **E:**97, 19
  spectrometer constant, **M:**12, 182
  traces in mineral analysis, **ES:**6, 229-231
  two-plate electrodes, **E:**89, 425-430
Spectromicroscopy, **M:**10, 55-58
  deep level transient, **M:**10, 67
  image storage, **M:**10, 55
  photoinduced transient, **M:**10, 67
  secondary ion, **M:**10, 303-304, 305
Spectrophotometry, **M:**8, 59
Spectroscopy, **ES:**22, 38, 39
  in chemical analysis, **ES:**6, 1-2
  resonant tunneling electron spectroscopy, **E:**89, 135-136
Spectrum, **ES:**22, 12, 94, 146, 239, 241
Spectrum analyzers, **M:**8, 37
Spectrum-plate measurements, **M:**8, 32
Specular reflector, **E:**84, 333
Speech, **E:**88, 226
  autocorrelation function of, **E:**82, 104
  coding, **E:**82, 97
    linear prediction in, **E:**82, 120

low-delay, *see* Low-delay speech coding
    low-rate, **E:**82, 97
    performance criteria in, **E:**82, 100
    predictive, **E:**82, 150
  power spectral density of, **E:**82, 107
  probability density function of, **E:**82, 108
  production model, **E:**82, 102
  signal characterization, **E:**82, 103
  spectral flatness of, **E:**82, 109
Speech signals, **ES:**19, 305
Speed
  of emulsions to electrons, table of, **M:**1, 193
  propagation, **E:**84, 321
Spermatozoa
  cryoultramicrotomy of, **ES:**16, 203
  guinea-pig, strip photomicrograph, **M:**7, 98
  hamster, stripe microkymography, **M:**7, 98
  movement, microkymography and, **M:**7, 99
  movement registration, **M:**7, 90
  rhythmic motion curve, **M:**7, 90
  velocity, tracking microscope and, **M:**7, 11
Spetner, **ES:**9, 249, 308; **ES:**14, 57; **ES:**15, 57; **ES:**18, 43
Sphere
  of focus, **ES:**9, 207, 219
  representation of, **M:**13, 29-30
Sphere-on-orthogonal-cone field
  electron emission model, **M:**8, 223-225
  equipotential lines, **M:**8, 225
  lens aberrations, **M:**8, 241
Sphere packing, **E:**97, 216
Spherical aberration, **E:**83, 207, 229; **E:**91, 259-260, 267, 270, 277, 282-283; **E:**101, 21, 26-28; **ES:**10, 4, 9, 239; **ES:**13Λ, 46-47; **ES:**13C, 37-38; **ES:**17, 29-62, 58, 87, 92-95, 170, 217, 220-221, 240; **M:**2, 171, 200; **M:**4, 86; **M:**5, 165, 167, 173, 175, 193, 196, 197, 198, 244, 298; **M:**11, 38, 125
  of asymmetric electrostatic lenses, **M:**1, 221
  asympototic (round lenses), **ES:**7, 28
    real, **ES:**7, 23
    relation between forward and backward values of, **ES:**7, 33
  and axial astigmatism in electron optical transfer function, **M:**13, 278-279
  calculation of, **ES:**17, 418
  of combinations of lenses, **M:**1, 219

SUBJECT INDEX

constant, see Spherical aberration constant
correction, see Spherical aberration correction
Darmstadt project, **ES:**13A, 134–135, 137, 139
definition of coefficients, **M:**1, 205
and defocus in electron optical transfer function, **M:**13, 274–277
effect on transformation theory, **ES:**3, 134–138
electron beam lithography system, **ES:**13B, 83, 97–98, 102, 108, 110, 112
electron guns, **ES:**13C, 143, 145, 167, 169
electron optical transfer function, **M:**13, 280–284
in electron optics, **M:**1, 204
elimination in narrow angle guns by stops, **ES:**3, 3–6
field ion guns, **ES:**13A, 289
fifth order, **M:**1, 206, 236, 251, 263, 265
and Fraunhofer diffraction, **M:**13, 261–268
general expressions for the coefficients, **M:**1, 206
ion microscopy, **ES:**13A, 266–267
ion probe, **ES:**13B, 36
lenses with minimum, **M:**1, 209
longitudinal, **ES:**17, 61
measurement of, **ES:**17, 92–99
in microscope objective, **M:**14, 258–259
minimization, **ES:**13A, 91–95, 97, 100, 102, 109–132
mirror-bank energy analyzers, **E:**89, 404–408
monochromatic, **M:**14, 282–288
multislice approach to lens analysis, **E:**93, 207–215
resolution in electron microscopy and, **M:**7, 287
rotationally symmetric third order in electron optical transfer function, **M:**13, 280–284
scanning transmission electron microscopy, **E:**93, 86–87
by space charge, see Space charge lens
spot-width measures for, **ES:**21, 391–396
thin film stack pattern, **M:**14, 96–97
of thin helical lenses, **M:**14, 62–66

Spherical aberration coefficient, **ES:**13A, 4 49, 64, 112
derivation of, **ES:**16, 321
Spherical aberration constant, **ES:**21, 391
of electron lenses, **M:**1, 122, 127, 132, 14: 205
Spherical aberration correction, **ES:**13C, 13 **ES:**17, 100
adjustment of, **M:**1, 268
Archard's lenses, **M:**1, 239
astigmatic systems, **M:**1, 232
Burfoot's lens, **M:**1, 237
by coaxial lenses, **M:**1, 230
by combination of lens and mirror, **M:**1, 229
corrector systems, **M:**1, 208
Deltrap's system, **M:**1, 261, 266
Glaser's corrector, **M:**1, 240
by grid lenses, **M:**1, 228
high frequency lenses, **M:**1, 224
improvement parameter, **M:**1, 265
by induced charges, **M:**1, 227
prospects for, **M:**1, 269
Scherzer's system, **M:**1, 233
Seeliger's system, **M:**1, 236
space-charge, **E:**91, 274
by space charge, **M:**1, 225
Whitmer's lens, **M:**1, 237
by zone plate, **M:**1, 270
Spherical analyzer, **ES:**13B, 351
Spherical capacitors
air, tests of, **M:**13, 45–46
air/dielectric filling, tests of, **M:**13, 46–4⁻
Spherical cathodes, **ES:**4, 75
brightness curves, different orientations, in, **M:**8, 185
emission images, **M:**8, 183
field electron emission model, **M:**8, 222
Spherical coordinates, **ES:**11, 25
Spherical corrector, **ES:**17, 188, 221, 234, 235–237, 240
Spherical deflector analyzer, **ES:**13B, 262–236, 268, 272, 302–308, 324–325, 335, 344
ghost peaks, **ES:**13B, 361, 363
space charge, **ES:**13B, 358–359
Spherical mean orientation analysis, **E:**93, 284
Spherical mirror analyzer, **ES:**13B, 272

Spherical monogenic derivatization, **E**:95, 380-383
Spherical monogenic Pauli spinor, **E**:95, 303-305
Spherical Pierce gun cathode, **ES**:4, 83
Spherical wave, **ES**:18, 231
 propagation in lens field, **E**:93, 194-195
Spherical wavefronts, **ES**:9, 204; **ES**:11, 96, 99, 130
Sphericity, **M**:3, 36, 64
Spheroidal co-ordinates
 admissible potentials, **ES**:19, 103-105
 asymptotics and phase-analysis, **ES**:19, 106-107
 finite-difference inverse problem, **ES**:19, 108-109
 potentials without continuous spectra, **ES**:19, 105-106
 prolate/oblate, **ES**:19, 101-103
 quantum inverse problem, **ES**:19, 107-108
 separation of variables, **ES**:19, 102-103
 WKB approximation, **ES**:19, 109-111
Spheroidal graphite iron, **M**:5, 141, 142, 144
SPIDER, **E**:86, 98, 100, 102, 104
Spikes/spiking, **ES**:4, 149; **ES**:22, 143, *see also* Relaxation oscillations, in masers
Spilt gate structure, **E**:91, 214, 220, 227
Spin, quantum mechanics, **E**:90, 163-164
Spinak, S., **ES**:11, 220
Spindt cathodes, **E**:83, 15, 36-38, 47, 52, 58, 76, 77
 results, **E**:83, 55
Spindt source, **E**:102, 212-214
Spin dynamics, **E**:97, 337
Spinel structure, **ES**:5, 8, 10
Spin measurement
 Dirac current, **E**:95, 339, 342
 relativistic model, **E**:95, 342-344
 spacetime algebra, **E**:95, 339, 342
 wavepacket simulations, **E**:95, 344, 346-347
Spinodal decomposition, **E**:101, 6-7; **ES**:20, 209, 211, 217, 219
 in alkali feldspars, **E**:101, 8-9, 10
 in orthorhombic amphiboles, **E**:101, 25-26
Spinor, *see also* Dirac spinor; Pauli spinor
 definition, **E**:95, 283-284
 types, **E**:95, 283
Spinor theory, charged particle wave optics, **E**:97, 258

axially symmetric magnetic lenses, **E**:97, 333-335
 free propagation, **E**:97, 330-332
 general formalism, **E**:97, 322-330
 magnetic quadrupole lenses, **E**:97, 336
Spin-phonon coupling, **E**:89, 241-242
Spin polarization, single-electron logic devices, **E**:89, 223-235, 241-2443
Spin-polarized low-energy electorn microscopy, magnetic microstructure, **E**:98, 333
Spin-polarized scanning electron microscopy, Japanese contributions, **E**:96, 716-718
Spin-polarized scanning tunneling microscope, **E**:89, 225, 236-237
Spin precession devices, **E**:89, 106, 199-203
Spin-spin coupling, quantum devices, **E**:89, 225-226
Spin-wave linewidth, **ES**:5, 14
Spin waves, **ES**:5, 13, 14
 higher order modes, **ES**:5, 14
Spiral antenna, **ES**:15, 103
Spiral distortion, **ES**:13A, 105-106, 108
Spivak, G., **ES**:16, 56
SPL (scanning probe lithography), **E**:102, 115
SPLEEM (spin-polarized low-energy electorn microscopy), **E**:98, 333
Split-brain research, **E**:94, 261, 263
Split detector microscopy, **M**:10, 50
Split shielding plates, *see also* Matsuda plates
 plates electrostatic field in sector field analyzers with, **E**:103, 336-343
 shielding sector field analyzer with, **E**:103, 346-348
Splitting
 plane, **E**:85, 120, 151
 polyhedra, **E**:85, 152
SPM, *see* Scanning probe microscopes
Spoke diagram, **M**:7, 62
Spontaneous emission, **ES**:22, 3, 13, 34, 35, 64, 68, 85, 109, 121, 125, 135, 205, 210, 239
Spontaneous polarization
 of ferroelectrics, **D**:3, 5
 of pyroelectric materials, **D**:3, 4
 temperature and, **D**:3, 7
Spot
 current distribution, **ES**:3, 54, 89, 201-203
 distortion on deflection, **ES**:3, 97-98, 111-117

Gaussian, **DS**:1, 22
  normalized density data, **ES**:3, 68–72
  size data, **ES**:3, 64–68
  size measurement, **ES**:3, 53–59, 64–68
Spot current
  space-charge limit, **DS**:1, 31, 34
  thermal limit, **DS**:1, 28, 29
Spot radius, **ES**:4, 132, 135
Spot size, **E**:83, 122
  of diffused X-ray source, **ES**:6, 25–30
  of electron beam, **ES**:6, 23–26
  limits of, **ES**:6, 118
  measurement, **E**:83, 181–185
  on reflector, *see also* Einstein A coefficient
    above threshold, **ES**:2, 39, 40, 41–42, 47, 164, 191
    amplification by traveling waves, **ES**:2, 34–35
  resolving power and, **ES**:6, 32–34
Spread spectrum, **ES**:11, 16
  insonification, **ES**:11, 177
  transmission, **ES**:14, 73; **ES**:15, 13
Spread spectrum communications, **ES**:9, 42, 292, 330
Spring points, **E**:103, 137
SPSTM, **E**:89, 225, 236–237
Spurious modes, **E**:102, 69–70
Sputnik, **E**:91, 198
Sputter-deposited ITO films, and transparent electrodes, **D**:2, 159–165
Sputtering, **E**:83, 13, 14
  coefficient for ions, **E**:83, 63
  damage, **E**:83, 53
  E × B separator, **ES**:13B, 69
  erosion, **E**:83, 33, 35, 62
  in gun microscope with EHD sources, **ES**:13A, 311
  in ion implantation, **ES**:13B, 67–68
Sputtering yield, **M**:11, 114
Square beam, in electron beam lithographic system, **ES**:13B, 80, 114–115
Square image, **ES**:11, 9
Square matrix, minimax algebra, **E**:90, 116, 117
Square pixels, **E**:93, 229, 233, 274
Square template, **E**:90, 362
SQUID, **E**:89, 98
SSE, *see* Sum square error
S-SEED, **E**:89, 79–80

SSMS (spark source mass spectrometry), **ES**:13B, 158
SST, *see* Slant-stack transform
STA, *see* Spacetime algebra
Stability
  condition, **ES**:22, 296, 302
  parameters, **ES**:22, 295
Stability condition, **ES**:9, 421
Stabilization
  high voltage, **M**:2, 190, 216
  lens current, **M**:2, 191, 220
Stable phase region, **ES**:22, 247
Stack-based algorithm, **E**:90, 405, 417
Stacked capacitor cell, **E**:86, 65
Stacked ring diode, **ES**:13C, 177–178
Stacking, **E**:102, 191–197
  performance of stacked Einzel lens, **E**:102, 225–232
Stacking faults, **M**:2, 233, 385, *see also* Crystallographic effects
Stafford, **ES**:9, 487
Stage
  mechanical, **M**:3, 65
  movement in micrography, **M**:7, 83
  point-counting, **M**:3, 75–77
Staggered arrays, in transverse mode devices, **D**:2, 129
Stain(s)
  in biological objects, **ES**:10, 7, 258
  for electron microscopy, **ES**:16, 289, 291
Stained mitotic chromosomes, orientation, **M**:8, 60–63
Staining, **M**:2, 253, 268, 276, 325 *et seq.*
  contrast in electron microscopy of biological macromolecules and, **M**:7, 287
  image interpretation and, **M**:7, 186
  phase information and, **M**:7, 273
  weak phase approximation and, **M**:7, 266
Stainless steel, **ES**:20, 109, 216, 239, 242, 243, 304, 410; **M**:5, 330
  HVEM use in studies of, **ES**:16, 127–132
  spectrographic scan of, **ES**:6, 247
Staircase avalanche photodiodes, **E**:99, 94–95
Standard deviation, of AP data, **ES**:20, 199
Standard materials, of known DNA packing, **M**:8, 59
Standard orientation, **ES**:7, 5
Standard scattering equation, **E**:86, 205
Standard triode, **ES**:3, 10

Standard X-ray area scan
  advantages, M:6, 288
  background level, M:6, 289, 290
  corrections, M:6, 289
  CRT pulse reproduction, M:6, 291
  flexibility, M:6, 288
  grey level response, M:6, 289, 290, 291, 292
  grey scale, M:6, 291
  image definition, M:6, 290
  limitations, M:6, 289, 291
  orthographic projection of specimen, M:6, 288
  pulse superposition, M:6, 290
  scan speed variation, M:6, 288
  simplicity, M:6, 289, 291
  variables, M:6, 288
Standing waves, ES:15, 241, 248, 249; ES:18, 1
Stanfill, ES:14, 31, 35, 36
Stanford Linear Accelerator Center, ES:22, 21, 36, 331, 357
Stanford University, ES:22, 3, 4, 19, 28, 49, 330
  Marton's work on electron microscope at, ES:16, 515–517
Staphylococcus, M:5, 335; M:6, 160
  Fourier transforms, M:8, 18
  HVEM studies on, ES:16, 156
Star and satellite observation, D:1, 284–286
Stark effect, ES:1, 3, 5; ES:24, 250, *see also* Electric field, effect in Ruby
State(s)
  deep in the tail, E:82, 236
  estimation, E:85, 20, 25
  of information, regularization, E:97, 98–99
  localized, E:82, 232
  variable, E:85, 21, 24, 39, 45, 48, 51, 53
State functions
  elementary state functions, E:94, 329–333
  nonelementary state functions, E:94, 333–335
  signal description, E:94, 324, 329
State-space, Kalman filtering, E:99, 295–297
Static field
  current, E:82, 4, 8
  defined, ES:9, 237
Static mass analyzers, E:89, 472–476
Static RAM, E:86, 2
Static semiconductor permittivity, E:92, 116
Static SIMS, M:11, 104

Stationary delay point, E:103, 21, 24, 27, 59, 60
Stationary distributions, high-intensity beams, ES:13C, 84–96
Stationary fields, E:102, 5–6
Stationary orbit, satellite communications, E:91, 198–199
Stationary-phase approximation, E:86, 194, 195
Stationary solution, defined, ES:9, 421
Statistic/statistical, ES:22, 121, 125, 161
  angular deflections, *see* Angular deflection, statistical
  complete sufficient, E:84, 272–274, 284, 289
  effects, definition of, ES:21, 4, 497
  error, in MC program, ES:21, 428, 430
  explicit, E:84, 278, 281–282
  limitations, set by Poisson, E:83, 207–208
  minimal, E:84, 265, 285
  part of calculation, in analytical theory
    for angular deflections, ES:21, 228
    for Boersch effect, ES:21, 179
    definition of, ES:21, 93, 95
    for trajectory displacement effect, ES:21, 276
Statistical analysis, orientation analysis data, E:93, 278–294
Statistical beam, ES:15, 190
Statistical coding, ES:12, 15, 152–153
Statistical information theory, E:91, 37–41
  unified (r,s)-mutual information measures, E:91, 110–132
Statz-deMars equations, ES:2, 52–55
Staying time, E:94, 399–400
STD, *see* Subscriber trunk dialing
Steady state
  convergence to, E:90, 75–79
  minimax algebra, E:90, 58–74
  without strong connectivity, E:90, 70–74
Steady-state distribution, E:101, 145
Steady state equations, ES:23, 49
Steady state limit, ES:18, 118
Steady state system, ES:13A, 165
Stealth technology, ES:15, 31, 42; ES:18, 36
Stearate crystal
  analysis of, ES:6, 138–144
  background measurement of, ES:6, 144
  carbon scan of, ES:6, 142–143
  in emission measurements, ES:6, 249

peak-to-background ratio, **ES**:6, 141–142
  quality of, **ES**:6, 140–141
Steel, *see also* Stainless steel
  scanning electron micrograph of, **ES**:16, 455
  thermal cycling, **M**:10, 297
Steel inclusions, and image analysing computer, **M**:4, 364–368
Steenbock, M., **ES**:16, 590, 592–595, 602–608
Steepest descent methods, **ES**:10, 100–105, 123–129, 133–134, 153–154
  double length steps, **ES**:10, 100–101, 123
  minimum seeking, **ES**:10, 102–104, 125–126, 153
Stefan–Boltzmann equation, **ES**:2, 105
Steinberg, R.F., **ES**:11, 219
Steinhaus, **ES**:9, 490
Stellar dynamics, relation with methods of, **ES**:21, 35, 62, 79
Stellar speckle interferometry, **E**:93, 143–144
STEM, *see* Scanning transmission electron microscope/microscopy
STEP, computer text-editing system, **ES**:13A, 90
Stepanov, **ES**:18, 37
Step current, magnetic dipole, **ES**:15, 97
Step edge, **E**:93, 231
Step function
  definition of, **ES**:21, 43
  electric, **ES**:18, 44
    magnetic, **ES**:18, 81
    superposition, **ES**:18, 8
Step microkymography, **M**:7, 76
  picture content, **M**:7, 89
  registration principles and techniques, **M**:7, 78
Step photomicrography, **M**:7, 77
Step wave
  parallel polarized, **ES**:18, 182
  perpendicularly polarized, **ES**:18, 178
Stereo, **E**:85, 14
  matching, **E**:86, 140
  vision, **E**:86, 86, 125, 139–140, 142
Stereo display, in tracking microscope, **M**:7, 9
Stereo electron microscope
  exchangeable objective systems for, **ES**:16, 13–14
  first model of, **ES**:16, 11–13
Stereo imaging, **E**:91, 253–255; **M**:11, 154

Stereological data
  distribution, **M**:5, 134, 135
  estimation formula, **M**:5, 132, 133
  for human chromosome, **M**:5, 159, 160
  mean values, **M**:5, 133, 134
  for spheroidal graphite iron, **M**:5, 141, 142
  standard deviation, **M**:5, 132
  for vascular bundle cells, **M**:5, 140
Stereology, **M**:5, 115; **M**:7, 48
  quantitative, **M**:7, 65
Stereometric characteristics
  contiguity, **M**:5, 142
  counting criteria, **M**:5, 137
  directional factors, **M**:5, 143
  form factors, **M**:5, 144, 145
  measurement of area, **M**:5, 140, 141, 142
  number of intersections, **M**:5, 138, 139, 140
  number of particles, **M**:5, 137, 138
  particle populations, **M**:5, 145–159
Stereometry, **M**:5, 115
  area-measurement techniques, **M**:5, 120
  linear analyses, **M**:5, 120, 121
  point-counting method, **M**:5, 120
  problems, **M**:5, 116–120
  sample representativity, **M**:5, 135, 136
  statistical evaluation of data, **M**:5, 132
  verification of data, **M**:5, 132–135
Stereoscopic microscopy, maximum numerical aperture, **M**:10, 47–49
Stereoscopic pictures, **ES**:11, 171
Stereo SEM images, **E**:83, 245–246, 248, 250
Stereo vision, **E**:97, 74–75
Stern, Prof., **ES**:16, 231
Stern–Gerlach apparatus, spin polarization, **E**:95, 287, 339
Sterzer, **ES**:9, 244, 495
Stethoscope principle, **M**:12, 323
Stewart, A.D.G., **ES**:16, 478
Stewart, G.E., **ES**:11, 218
Stewart, M.J., **ES**:16, 487
STF, *see* Signal transfer function
STFT (short-time Fourier transform), **E**:94, 320, 321
Stick figure, **E**:85, 102
Stigmatic focusing, **M**:11, 114
Stigmator(s), **ES**:17, 187; **M**:1, 154, 264
  development of, **ES**:16, 294–295, 367–375
  in electorn beam lithography system, **ES**:13B, 107–108

electric octopole, **ES:**17, 238
electromagnetic octopole, **ES:**17, 238
of gun microscope, **ES:**13A, 300
for LVSEM, wobble supply, **E:**83, 131, 230–231
Still images, **ES:**11, 15
  coding, **E:**97, 226–232
STIM, *see* Scanning transmission ion microscope
Stimulated emission, **ES:**2, 6, 259–260; **ES:**22, 4; **M:**14, 122
  conditions for, **ES:**2, 8, 157
Stirring procedure, **M:**1, 60, 61
STL, semiconductor quantum devices, **E:**89, 95
STM, *see* Scanning tunneling microscope/microscopy
Stochastic error, **E:**85, 15
Stochastic gradient, **E:**82, 132
Stochastic integration, image regularization, **E:**97, 119
Stochastic ion acceleration, **ES:**13C, 447–448
Stochastic probe broadening, **ES:**21, 21, 488
Stochastic process, **E:**85, 17, 19
Stochastic ray deflections, **ES:**21, 21, 483
Stoichiometry
  of Ga/As/Pd, **ES:**20, 191
  of III–V semiconductors, **ES:**20, 180, 181, 182
  of Si/Ni/, **ES:**20, 186
  of Si/Pd, **ES:**20, 188
Stokes' law, **M:**14, 125
Stokes' line, **ES:**22, 136
  and anti-Stokes lines, **E:**82, 265
Stokes' stimulated emission, **ES:**2, 203–205
Stokes' theorem, **E:**82, 16, 25; **M:**13, 175
Stone, K.L., **ES:**11, 218
Stopping power, of electrons, **ES:**6, 17–18
Stopping rules, iterative regularization methods, **ES:**19, 261–267
Storage
  computer, **ES:**10, 100, 181–183, 250
  CTD memory, capacity, **ES:**8, 238–243
Storage rings, **ES:**13C, 55; **ES:**22, 6, 32, 213, 257, 295
Storage technology, **E:**91, 237–238
Storage time, **E:**86, 16, 20
  effect of doping on, **E:**86, 26
  effect of temperature on, **E:**86, 23
Storage tube, **E:**91, 237, 238

STOREC, MC routine, **ES:**21, 435
STOREP, MC routine, **ES:**21, 435
Stoschek, **ES:**15, 268
Straight-edge, image, various systems, **M:**10, 22, 23–24
Strain, **E:**87, 220, 222, 225; **ES:**24, 25, 27
  compressive, **ES:**24, 4
  in crystals, **ES:**2, 115, 196, *see also* Pressure effects
  tetragonal, **ES:**24, 4
Strain-biased devices, **D:**2, 83–104
  application to page composers, **D:**2, 101–104
  image storage and damping devices, **D:**2, 83–104
  optical memories and, **D:**2, 101–104
  performance limitations of, **D:**2, 100–101
  in PLZT ceramics, **D:**2, 77–79
  in reflection mode, **D:**2, 97–100
Strain biasing, birefringence changes and, **D:**2, 85–89
Strained layer(s)
  dislocation velocities in, **ES:**24, 53, 56
  luminescence studies of, **ES:**24, 109–115
  metastable, **ES:**24, 13, 51
  microstructure of, **ES:**24, 2, 29–31
Strained layer epitaxy, **ES:**24, 2
Strained-layer superlattice, **E:**90, 238
Strain relaxation, **ES:**24, 5, 7, 9, 13, 17, 18, 24, 29, 30, 34, 43–45, 49, 50, 58, 159
  in laterally small layers, **ES:**24, 35–38
  phenomenological theories of, **ES:**24, 43, 61–68
  in thick layers, **ES:**24, 25–27
Strapdown navigation system, **E:**85, 8–9, 11
Strategic defense, **ES:**22, 47, 48
Stratified media, **ES:**18, 210
Stratton, **ES:**9, 236; **ES:**14, 57; **ES:**18, 215, 216
Stray ac fields, **M:**11, 12
STRAYFIELD (software package), **M:**13, 43, 104
  and Wien filter, **M:**13, 113, 115
Stray fields, **E:**83, 221
Streak image microkymography, **M:**7, 76
Streak images, **M:**1, 17, 21, 32, 33, 36
Streak suppression, **E:**92, 19
Street, **ES:**9, 496
Strehl intensity, **M:**7, 139

Strehl ratio, **ES**:22, 316
Strict cuts, fuzzy set theory, **E**:89, 264–265
Strict phase contrast, **M**:6, 90
Strioscopy, **M**:5, 300
Strip beam, in ion implantation, **ES**:13B, 48, 52, 67
Striped color encoding systems, *see also* Color-TV camera systems
  colorimetry in, **D**:2, 224–227
  comb filter circuit in, **D**:2, 231–235
  linearized circuit for, **D**:2, 219
  signal-to-noise ratio in, **D**:2, 220–224
  spatial beats in, **D**:2, 227–231
  spectral characteristics of, **D**:2, 218, 235–244
  standardization and calibration in, **D**:2, 216–217
Stripe detector, **E**:94, 237–239, 248
Stripe microkymography, **M**:7, 75–77
  blood flow determination, **M**:7, 96
  picture content, **M**:7, 89
  registration principles and techniques, **M**:7, 78
Stripe pattern, in photomicrography, **M**:7, 90–92
Stripe photomicrography, **M**:7, 74
  equipment for, **M**:7, 84, 85
  exposure time determination, **M**:7, 87
  pancreas section, **M**:7, 95
  picture content, **M**:7, 89–94
  principles, **M**:7, 81–82
  procedure, **M**:7, 86–89
  quantitative evaluation, **M**:7, 89–94
  recording technique, **M**:7, 86–89
  registration principles and techniques, **M**:7, 78
Strip-line radiators, **ES**:9, 304
Strip processor, **E**:99, 314
Strip surface currents, **E**:92, 106–108
Strip transmission line, **ES**:13C, 175, 177
Stroboscopic measurements, **M**:12, 144, 146
Stroboscopic mirror EM, **M**:4, 249, 256, 257
Stroboscopic technique, for flow velocity, **M**:1, 8, 22
Stroke's principle of reversibility, **ES**:4, 108
Strong connectivity, **E**:90, 48–49
Strong exchange interactions, ferromagnets, **E**:98, 325
Strongly definable partition, **E**:94, 168
Strong objects, **ES**:10, 7, 19–22, 71–72, 93, 140–143, 149–150
Strong realization problem, DES, **E**:90, 108–109
Strong transitive closure, **E**:90, 45–46
Strontium sulfide, **ES**:1, 167, 188–191
Strovink, W., **ES**:16, 295
Strowger switch, **E**:91, 192, 202
Structural properties method, **E**:94, 316
  applications
    data compression, **E**:94, 386–391
    extrapolation of time series and real-time processes, **E**:94, 391–392
    filtering and rejection of signals, **E**:94, 379–383
    malfunction diagnosis, **E**:94, 325, 392–394
    parameter estimation, **E**:94, 365–376
    signal identification, **E**:94, 383–386
    signal separation, **E**:94, 376–379
  definition and terminology, **E**:94, 327–329
  elementary state functions, **E**:94, 329–333
  generating differential equations, **E**:94, 324, 327, 336–347
  nonelementary state functions, **E**:94, 333–335
Structural resolving power, **M**:7, 138, 140
Structural stability, **E**:103, 82
Structure conservation, biological macromolecules, **M**:8, 114–119, 122–124
Structure constant, **E**:84, 277–278
Structured centrosymmetric matrix estimation performance
  autoregressive parameters, **E**:84, 292–293, 302–309
  covariance, **E**:84, 287
  ideal structure, **E**:84, 278–279
  isomorphic block diagonal form, **E**:84, 280–281
  isomorphism of simple algebras, **E**:84, 276–278
  Jordan subalgebra dimension, **E**:84, 275–276
  relation to Toeplitz matrix, **E**:84, 270
  role in autoregressive parameter estimation, **E**:84, 290–291, 293–296, 301
  structure set, **E**:84, 272–275
  trace covariance bound, **E**:84, 285–286
Structure factor, **E**:86, 189; **ES**:10, 7

Structure refinement
  density flattening, **E:**88, 146
  effect of dynamical scattering, **E:**88, 150
  Fourier refinement, **E:**88, 145
  least squares refinement, **E:**88, 143
Structure set
  commutative, **E:**84, 271–272
  for Dirac matrix, **E:**84, 277
  extension
    quotient space, **E:**84, 272–273
    recursive, **E:**84, 274–275
  free, **E:**84, 272
  inverse covariance, **E:**84, 272, 313
  for minimum variance estimation, **E:**84, 286
  Toeplitz covariance matrix, **E:**84, 269–270
Structuring element, **E:**84, 65, 87–88
Structuring functions, **E:**89, 368; **E:**99, 9, 13–15, 18–20
  convex structuring functions, **E:**99, 13–14
  dimensionality, **E:**99, 40–42
  flat structuring function, **E:**99, 44
  poweroid structuring functions, **E:**99, 14–15, 41, 42–46
  quadratic structuring functions, **E:**99, 15, 45–46
  scale-space, **E:**99, 37–46
  semi-group properties, **E:**99, 15, 37–38
  signal extrema, **E:**99, 20–22
STT (spectral theory of transients), **E:**103, 4
Stub tuner, **E:**91, 226
Stub-tuning, **E:**89, 179
Stuckelberg–Feynman switching principle, **E:**101, 214, 216
Stumpers, **ES:**9, 8
Sturm–Liouville problem, **ES:**19, 9, 193
Sturrock, P., **ES:**16, 48, 50
Styryl dyes, fluorescent probe, **M:**14, 156–158
Su, K., **ES:**11, 222
Suarez, J., **ES:**11, 218
Sub-band coding, **E:**82, 158
Subcomplex
  definition, **E:**84, 205
  mapping, **E:**84, 236
Subcomposition, **E:**89, 271, 283–284
Subensemble, in MC program, **ES:**21, 428
Subgraph isomorphism, **E:**84, 229–235
Submarine communication, **ES:**14, 31
  circuits, **ES:**14, 353
  comparison of systems, **ES:**14, 357
  lighting, **ES:**14, 368
Submarines, **ES:**11, 16
  radiation from, **ES:**14, 370
Submicron lithography, ion sources, **ES:**13A, 263
Submillimeter region, **ES:**22, 5
Subneuron field, **E:**94, 305–309
Suboptimal algorithms, **E:**97, 124–127
Subscriber trunk dialing, **E:**91, 192
Subsidiary absorption, **ES:**5, 15
  in switch, **ES:**5, 165
Substitution method, linear equations, **ES:**19, 523–532
  discretized substitution rule, **ES:**19, 528
Substrates
  aluminum, **E:**83, 34
  damage to, **ES:**4, 180
  microscopic examination of
    analytical description, **M:**8, 7–10
    qualitative description, **M:**8, 5–7
    refractive index, **M:**8, 6
    transparent, **M:**8, 6
  sapphire, **E:**83, 36
  silicon, **E:**83, 29
Substrate scattering, **E:**90, 241, 243–245
Substrate surfaces, manipulation, **E:**87, 97
Subthreshold current, **E:**86, 37
Subtraction
  Minkowski subtraction, **E:**89, 328
  optical symbolic substitution, **E:**89, 60, 61, 64–65, 70
Subtractive display, flat panel technology, **E:**91, 246–247
Successive approximation, **ES:**17, 51, 204, 269, 296
Successive approximation quantization
  convergence, **E:**97, 211–214
  orientation codebook, **E:**97, 214–216
  scalar case, **E:**97, 205–206
  vectors, **E:**97, 207–211
  wavelet lattice vector, **E:**97, 191–194, 252
    coding algorithm, **E:**97, 220–226
    image coding, **E:**97, 226–232
    theory, **E:**97, 193–220
      successive approximation quantization, **E:**97, 205–220
      wavelet transforms, **E:**97, 195–205
    video coding, **E:**97, 232–252

Successive line overrelaxation method, **M**:13, 157, 159
  modeling in electron optical systems, **M**:13, 6
  as numerical method, **M**:13, 157, 159
Successive overrelaxation
  iteration, **ES**:17, 372–374
  method, **ES**:17, 380, 383–384, 385–387
  technique, coupled linear equation solution by, **M**:8, 227
Successive overrelaxation approximation method, **ES**:13A, 37
Succinic dehydrogenase
  distribution, **M**:6, 216
  ferricyanide technique, **M**:6, 216, 222
  localization, **M**:6, 214
  mitochondria, **M**:6, 214, 216, 220
  tetrazolium salt technique, **M**:6, 214
Sudden perturbed approximation, **E**:86, 207, 208, 210
Suetake, **ES**:18, 37
Sufficient proof, **ES**:18, 81
Sugar beet cell mitosis
  brightfield microscopy, **M**:6, 86
  KA amplitude contrast microscopy, **M**:6, 86
Sugar medium, sustaining properties, **M**:8, 117
Sugata, E., **ES**:16, 124, 318
Sulfur
  K band for, **ES**:6, 166–167
  L spectrum for, **ES**:6, 168–170
Sulfur doping, in cathodochromic sodalite, **D**:4, 113–114
Sulphatase, **M**:6, 181
  electron microscopy, **M**:6, 181, 182, 183
  histochemistry, **M**:6, 179, 180, 221
Sum, of deviation functions, **E**:86, 205
Sum frequency generation, **ES**:2, 215
Summing circuits, **ES**:11, 47
Summits, **E**:103, 72, 92–93
Sum square error, **ES**:10, 102, 107–108, 122, 124, 126, 144, 153–154, 156, 163–164
Sumy, *see* Russia
Sunada, T., **ES**:11, 221
Supercomposition, **E**:89, 271, 283–284
Superconducting Accelerator (SCA), **ES**:22, 5, 330
Superconducting electron lens
  aberrations, **M**:5, 211, 214, 216, 217, 234
  assessment, **M**:5, 234
  astigmatism, **M**:5, 202, 217
  comparison to Glaser model, **M**:5, 225, 226, 227
  cryogenic equipment, **M**:5, 211, 225, 235
  diamagnetic flux shield type, **M**:5, 228–233
  flux density distribution, **M**:5, 209, 210, 212, 213, 214, 216, 217, 218, 220, 221, 225, 226, 227, 229, 230, 232
  Glaser function, **M**:5, 212, 213, 214
  with iron pole piece, **M**:5, 224, 225
  iron-shrouded solenoid, **M**:5, 218–220
  performance, **M**:5, 235
  with pole pieces, **M**:5, 224–233
  with rare earth pole piece, **M**:5, 225–228
  resolution, **M**:5, 202, 211, 234, 235
  simple solenoid, **M**:5, 215–217
  trapped flux type, **M**:5, 220–224
  without pole pieces, **M**:5, 215–224
Superconducting electron microscope, **ES**:13A, 142
Superconducting lens(es), **ES**:13A, 41–43, 110, 121–122, 268, 295–296; **M**:10, 238–241
  for electron microscopes, design trends, **M**:14, 24–25
  microscopes with, **M**:14, 23–24
Superconducting-magnet field, **ES**:22, 273
Superconducting quantum interference device, **E**:89, 98; **ES**:19, 207, 210
Superconductivity, **ES**:22, 362
Superconductors, **M**:5, 201
  in electron microscope lens, **M**:5, 201, 202
  in electron microscopy, **M**:14, 16–25
    diamagnetic shielding lenses, **M**:14, 20–21
    early work, **M**:14, 16–17
    shrouded coils and pole piece lenses, **M**:14, 21–23
    solenoid lenses, **M**:14, 18–19
    trapped-flux lenses, **M**:14, 19–20
  filamentary, **M**:5, 207
  general properties, **M**:14, 6–7
  Ginzberg–Landau theory, **M**:14, 9–11
  high field, **M**:5, 205–208
  high-temperature, *see* High-temperature superconductivity
  layered structure of, **M**:14, 29–30
  London theory, **M**:14, 7–9
  magnetic flux structures, **M**:14, 13–15

SUBJECT INDEX 339

magnetization curves, **M:**5, 203, 206
microscope theory, **M:**14, 11-13
mirror electron microscopy, **E:**94, 98
scanning susceptibility microscopy application, **E:**87, 184
two-fluid model, **M:**14, 8-9
type I, **M:**5, 202, 203, 205
type II, **E:**87, 169-176; **M:**5, 203, 205-208, 240
  commercial, **M:**5, 208
  constant field magnitude contours, **E:**87, 174-175
  critical current density, **M:**5, 208
  critical field, **M:**5, 208
  critical temperature, **M:**5, 208
  domain walls, **M:**5, 240
  flux jumps, **M:**5, 207
  Ginzburg-Landau equations, **E:**87, 172-173
  instabilities, **M:**5, 207
  magnetic configurations, **M:**5, 240
  magnetization curve, **M:**5, 206
  manetostatic boundary value problem, **E:**87, 169-170
  pinning points, **M:**5, 206
  reciprocal lattice, **E:**87, 171
  resistive effect, **M:**5, 206
  steady state properties, **M:**5, 205, 206
  surface stray field, **E:**87, 172-173
  vortex lattice deformation, **E:**87, 175-176
Superdensity, **ES:**4, 66
Superheterodyne principle, **ES:**9, 319
Superimposed lattices, crystal-aperture scanning transmission electron microscopy, **E:**93, 96
Superlattice(s), **E:**90, 238; **ES:**24, 2, 4, 32, 38, 39, 106, 109, 121, 124-126, 194
  band structure of, **ES:**24, 121-124
  critical thickness of, **ES:**24, 38-39
  with direct bandgap, **ES:**24, 129-131
  electroreflectance of, **ES:**24, 127-193
  luminescence of, **ES:**24, 12, 126, 127
  nanofabrication and, **E:**102, 161-162
  reflections, **M:**11, 89
  symmetrically strained, **ES:**24, 4, 5, 39, 77
  zone-folding effects in, **ES:**24, 106
Supermicroscopy, electron microscope role in, **ES:**16, 226
Superparamagnetic probe, **E:**87, 182-183

Superposition, validity of, **ES:**7, 77
Superposition intergral, **ES:**18, 15
Superposition law, **ES:**9, 124
Superquadrics, **E:**86, 149-150
Super-radiation, **ES:**2, 35, 164, *see also* Radiation damping
Superresolution, **ES:**10, 169, 248; **ES:**11, 207; **ES:**19, 281-286
Sup-generating mapping, **E:**89, 378
Supply-function, field electron emissions, **M:**8, 211-213
Support films, **ES:**10, 27, 31-32
  crystalline, **ES:**10, 27-28
  for electron microscopy, **M:**8, 110
    charge, **M:**8, 129
    glow discharge treatment, **M:**8, 120, 127-130
    hydrophilic properties, methods of producing, **M:**8, 120-121, 128-129
    preparation, **M:**8, 119-121
    properties, **M:**8, 111-113, 129, 132
  for microincineration, **M:**3, 105, 134
  structure of, **M:**1, 171
Support function, **E:**103, 115, 117-118
Suppression, of maser oscillation
  by frequency sensitive reflectors, **ES:**2, 118, 230, 231
  by prisms, **ES:**2, 149-150
Suppressors, of secondary electrons, **ES:**3, 56
Surface(s), **E:**83, 7, 10, 17, 28, 34, 35
  of array, **ES:**23, 57
  composition change of, **ES:**20, 108
  currents, **ES:**22, 268, 273
  netted, **E:**85, 191
  opaque, **E:**85, 113
  rendering, **E:**85, 133
  resistance, **ES:**22, 363
  structure of, **M:**2, 401
Surface analysis
  by high-energy ions, **ES:**13A, 321-324
  by ion micro beams, **ES:**13B, 59-60
Surface asperities, **ES:**4, 161
Surface atomic steps, **M:**11, 64
Surface breakdown, **ES:**4, 158, 159
Surface brightness, field electron emissions, **M:**8, 216, 248-251
Surface-channel CCD's, **ES:**8, 11 12; **D:**3, 292-293, *see also* Charge-coupled device(s)

charge trapping, **ES**:8, 98-106
signal handling capabilities, **ES**:8, 62-67
Surface collapse, particle adsorption, during, **M**:8, 16
Surface conductivity, use of mirror EM, **M**:4, 226
Surface current, density, **E**:82, 26-32, 41
  coefficients of, **E**:82, 2-3, 17-18, 28-35
  horizontal, **E**:82, 3-8, 14-15, 17-18, 26-27
  vertical, **E**:82, 2-3, 8-10, 14-15, 26-27
Surface decoration, **M**:11, 58
Surface diffusion, **ES**:20, 2
Surface dynamic processes, **M**:11, 91
Surface effects, **E**:87, 228
Surface elastic waves, layered half-space, **ES**:19, 191-203
Surface electric field, **ES**:20, 64, 83
Surface energy, **ES**:20, 108, 120
Surface escape probability, in NEA devices, **D**:1, 86-89
Surface generation velocity, **E**:86, 14, 29
Surface imaging, **M**:11, 57, 58
Surface ionization sources, **M**:11, 106
Surface models, of negative electron affinity materials, **D**:1, 82-83
Surface potential, **M**:12, 163
  mirror electron microscopy, **E**:94, 98
Surface preparation, **ES**:4, 177
Surface reaction, **ES**:20, 6, 127, 128
Surface reconstruction, **ES**:20, 4, 16
  of Si, **ES**:20, 169
Surface relaxation, **ES**:20, 111
  parameter, **ES**:20, 119
Surface relief, in magnetic field, **ES**:6, 296-297
Surface resonance, **E**:90, 317-334
Surface resonance scattering, RHEED, **E**:90, 323-334
Surface roughness, in metal specimens, **ES**:6, 205-211
Surface segregation, **ES**:20, 107
  chemisorption enhanced, **ES**:20, 125
  of P in Fe-P alloys, **ES**:20, 239
Surface spreading technique, chromosome superstructure study, in, **M**:8, 93-97
Surface temperature, **ES**:4, 142
Surface temperature, of the tip, **ES**:20, 48
Surface tension, **M**:8, 111-112
  damage to biological macromolecules, **M**:8, 115-116

Surface transfer channels, **ES**:8, 44-47
Surface treatment, **E**:86, 39
Surface/volume ratio, **M**:3, 77-80
Surface waves, **E**:82, 7-8
Surfactants, **ES**:24, 32
Surgery, **ES**:22, 42
Surikov, B.S ., **ES**:11, 219
Surveillance gap, look-down radar, **ES**:14, 247
Surveillance radar, **ES**:23, 22
Susceptibility meter, **E**:91, 174, 175
Sutton, J.L., **ES**:11, 3, 15, 168, 217, 222
Suzuki, M., **ES**:11, 217
Suzuki, S., **ES**:16, 318, 322, 328
Svaetichin, G., **ES**:16, 188, 192
svd, *see* Singular value decomposition
Swanson, **ES**:9, 486
Swartwood, **ES**:9, 183, 485
Sweden, *see* Scandinavia
Sweet, W.H., **ES**:16, 201
Swick, **ES**:9, 485
Swiftlets, **ES**:11, 21
Swing objective immersion lens, **E**:83, 170-181; **E**:102, 96
  optimization, **E**:83, 174-177
  practical structure, **E**:83, 177-181
Swing objective lens, **E**:83, 162, 173
Switched isolators, **ES**:5, 161
Switches, **ES**:5, 148-170, see also *specific types of switches*
  latching operation, **ES**:5, 170
Switching, quantum-coupled devices, **E**:89, 221, 222, 225, 241-242
Switching power, **ES**:5, 169-170
Switching principle, **E**:101, 214, 216
Switching speed, **ES**:5, 169-170
Switching speed, single-electron cells, **E**:89, 241-242
Switching systems, **E**:91, 164, 192 201-**E**:91, 204
  computer-controlled, **E**:91, 164, 201-204
  electromechanical, **E**:91, 192, 201-204
  electronic, **E**:91, 202
  exchange switch systems, **E**:91, 201-204
  opto-electronic, **E**:91, 209
  photonic, **E**:91, 209
  plasma, **E**:91, 250
  Strowger switch, **E**:91, 192, 202
Switchpoints, CTD, merging, **ES**:8, 60-61
Switzerland, in history of electron microscope, **ES**:16, 56-57, 597

SXM, **M**:12, 244
SYCOM satellite, **E**:91, 199
Sydow, **ES**:18, 239
Sylvester, **ES**:9, 46
Sylvester theorem, **ES**:22, 292
SYMBER, MC routine, **ES**:21, 424
Symbolic substitution, optical, *see* Optical symbolic substitution
Symbol list, **ES**:3, 6–7
Symmetrically strained SLs, **ES**:24, 4
Symmetric centrosymmetric matrix, **E**:84, 272–275
Symmetric lens, **ES**:13A, 66, 331
Symmetric quadruplet, **ES**:7, 292, 302
Symmetrics, strong and hereditary, **ES**:19, 397–399
Symmetric self-electro–optic effect device, **E**:89, 79–80
Symmetrized Chernoff measure, **E**:91, 126–129
Symmetry(ies), **ES**:15, 215
  in discrete Fourier transforms, **ES**:10, 35
  effect on aberration polynomials
    quadrupoles, **ES**:7, 47
    round lenses, **ES**:7, 31–33
  effect on focal characteristic of quadrupoles, **ES**:7, 41
  effect on focal characteristic of round lenses, **ES**:7, 31
  effect on potential functions, **ES**:7, 4
  group of, **E**:82, 357
  and uniqueness failure, **ES**:10, 80, 83–84, 91, 140
  in waveguide, **ES**:5, 24, *see also* Transfer matrix
Symmetry properties, projections, **M**:7, 307–310
Synapse, **E**:86, 74
Synchronism, **ES**:22, 120, 125, 131, 150
Synchronization
  cryptosecure, **ES**:15, 16
  hardware support, **E**:87, 272–273
Synchronous demodulation, **ES**:11, 3, 165; **ES**:14, 79
Synchronous detection technique, **ES**:13B, 348
Synchronous energy, **ES**:22, 370
Synchronous model of parallel image processing, **E**:87, 292–293
Synchronous particle, **ES**:22, 370

Synchronous phase, **ES**:22, 370
Synchronous reception, **ES**:9, 321
Synchrotron
  frequency, **ES**:22, 98, 115, 136, 248
  instabilities, **ES**:22, 119, 130, 136, 142, 150, 226, 309
  motions, **ES**:22, 135, 368
  oscillations, **ES**:22, 98, 115, 119, 137, 243
  period, **ES**:22, 115, 247, 371
  radiation, **ES**:22, 3, 4, 32, 35, 36, 37, 64
  wavenumber, **ES**:22, 372
Synchrotron phase space, **ES**:13A, 172
Synchrotron radiation, **M**:10, 323
Synchrotron radiation detector, for beam profile monitoring, **ES**:13A, 235
Synklysmotron, **ES**:13A, 119–120
Synthesis
  of modifies projection functions, three-dimensional images, **M**:7, 318–321
  by projection functions, three-dimensional images, **M**:7, 314
Synthetic aperture, **ES**:11, 179
  beam axis, **ES**:14, 228
  beam switching, **ES**:14, 231
  coded signals, **ES**:11, 204
  error accumulation, **ES**:11, 216
  errors, **ES**:11, 186
  image contrast, **ES**:11, 202
  moving vehicle, **ES**:11, 187
  multiple points, **ES**:11, 191, 203
  noise, **ES**:11, 212
  processing, **ES**:11, 189, 192, 197, 200
  pulse compression, **ES**:11, 202
  pulse shape, **ES**:11, 203
  radar
    conventional, **ES**:11, 185
    distance error, **ES**:14, 166
    dynamic range, **ES**:14, 183
    tracking, **ES**:14, 226
    two dimensions, **ES**:14, 178
  resolution, **ES**:11, 206
  stationary sonar, **ES**:11, 194
  techniques, **ES**:11, 126
  theory, **ES**:11, 182
  two-dimensional, **ES**:11, 196
Synthetic aperture radar
  detail enhancement, **E**:92, 45, 46
  extremum sharpening, **E**:92, 33, 46
  max/min-median filter, **E**:92, 41

smoothing of speckle noise, E:92, 13–14
top-hat transformation, E:92, 64
Synthetic scanning, M:8, 43–44
Synthetic sodalites, D:4, 96–97
System
 of coordinates, ES:11, 9
 electromagnetic deflection, ES:17, 9, 125–186, 367
 electromagnetic multipole, ES:17, 9, 187–250, 367
 electron optical, ES:17, 3, 9, 367
 electron optical imaging, ES:17, 9, 13–122, 367
 ion optical, ES:17, 4, 9, 253–364, 367
 matrix, E:85, 21
 model matrix, E:85, 59, 64
 noise matrix, E:85, 24–25, 36, 38, 47, 57, 64–65
 octopole, ES:17, 205–206
 quadrupole, ES:17, 204
 sextupole, ES:17, 204, 237
 state vector, E:85, 17, 36, 41–43, 45, 47, 50, 52
System clock, E:91, 233–234
System file, for MC program, ES:21, 433, 434
System matrix, E:90, 4, 14, 79
Systolic array computer, E:85, 25–26
Systolic model of computation, E:87, 278
Szilard, L., ES:16, 506

T

Tables
 of aberration coefficients for HR-LVSEMs, E:83, 229
 of recent LVSEM publications, E:83, 243–244
Tachometer, M:1, 20
Tachyokinematic effect, E:101, 214
 spacelike theorem, E:101, 217–221
 timelike theorem, E:101, 215–217
Tachyonic theory, Corben, E:101, 154–155
Tachyons
 critical frames, E:101, 184
 photons as bradyon-, E:101, 162–163
 spin, E:101, 207
 transcendent, E:101, 163, 177, 187, 210, 218, 223, 231
Tada, ES:15, 267
Tadano, B., ES:16, 318, 379

Taenite, in meteorites, ES:6, 286–287
Tai, ES:15, 253
Tail, ES:20, 253
 due to out diffusion, ES:24, 176
Takahashi, S., ES:16, 327
Take-off angle, X-rays, ES:6, 47–48, 65, 212, 215, 217
Taki, ES:9, 489
Talaljan, ES:9, 484
Talifero, ES:23, 333
Tam, ES:14, 31
Tamm, R., ES:16, 562
Tandem accelerator, ES:13B, 57–58, 68
Tandem van de Graaf accelerator, ES:13A, 324–325
Tangential component
 of current vector potential, E:82, 19, 28, 35
 of electric field intensity, E:82, 5, 19, 22, 26, 28, 36, 39, 81
 of magnetic field intensity, E:82, 7, 8, 15, 22, 28, 29, 32, 35, 36, 39, 70, 80, 333
 of magnetic vector potential, E:82, 16, 17, 29, 36
Tangent vector, E:84, 137, 171, 173, 189
Tani, Y., ES:16, 89, 318, 321, 379
Tantalum, ion beam diaphragm, ES:13B, 65
Tantalum films, ES:4, 156, 157, 177
Tantalum nitride resistor, ES:4, 183
Tantalum substrate, ES:4, 181
Tapered plates, ES:3, 99–102, 105–111
Tapering, ES:11, 155
Tapped delay lines, ES:11, 5, 18, 23
Tap weights, see Transversal filters
Target(s)
 invisible, ES:14, 46
 in ion implantation system, ES:13B, 46, 55, 65
 contamination, ES:13B, 67–68
 off-axis, ES:15, 208
Target-area-sharing multiplex systems, D:2, 172–178
Target noise, pyroelectric vidicon, D:3, 42–44
Target recongnition, ES:23, 32
Ta-Shing Chu, ES:14, 358
Taste, E:85, 81
TAT 8, E:91, 200
Taub, ES:9, 2; ES:14, 59
Taylor, ES:23, 19
Taylor, D., ES:16, 28, 45
Taylor, W.H., ES:16, 34

SUBJECT INDEX

Taylor cone, **ES:**13A, 284–288, 314; **ES:**20, 150, 161
Taylor series, **ES:**17, 369–370, 404
  method of, in computation of electrostatic and magnetic fields, **ES:**13A, 18–19
Taylor series expansion, in FDM methods, **M:**13, 7, 12
TBR, MC routine, **ES:**21, 425
TD, *see* Time-domain
TDI (time-delay-and -integration) arrays, **D:**3, 278–287
  pushbroom operation with, **D:**3, 291
T-divergence, **E:**91, 40
  M-dimensional generalization, **E:**91, 79–82
TDS scattering, **E:**90, 286–287
Teaching duties, in electron microscope applications laboratory, **ES:**16, 551–554
TEAM, *see* Testing of Electromagnetic Analysis Methods
Technical drawings, **E:**84, 254–257
Technologicality, **E:**94, 325
TED, *see* Total energy distribution
TE_z operator properties, **E:**103, 165–170
  eigenvalues for, **E:**103, 173–176
  eigenvectors for, **E:**103, 179–182
Tektronics, **E:**91, 237, 241, 250
  oscilloscope, **E:**91, 207–209
Telecentric optical system, in microscope objective, **M:**14, 329–332
Telecentric slit objectives, **M:**8, 43
Telecommunications, **E:**91, 151, 164
  broadcasting, **E:**91, 207–209
  coaxial cable, **E:**91, 193–194
  computer-controlled switching, **E:**91, 164, 201–204
  digital revolution, **E:**91, 195–197
  electronic newspaper, **E:**91, 209
  facsimile machine, **E:**91, 204
  future, **E:**91, 205–212
  guided missiles, **E:**91, 149, 174
  history, **E:**91, 190–205
  microchip, **E:**91, 151, 195, 202
  microwave radio relay, **E:**91, 193–194
  optical fiber communications, **E:**91, 198–199
  teleconferencing, **E:**91, 150, 189–190, 205, 206, 208, 211
  teletext, **E:**91, 204–205, 241
  transistors, **E:**91, 195
  United Kingdom, **E:**91, 191–194, 196–205

video library service, **E:**91, 207–208
virtual reality, **E:**91, 208–209
Teleconferencing, **E:**91, 150, 189–190, 205, 206, 208, 211
Telefocus electron gun, **M:**10, 247
Telefunken, electron optics research at, **ES:**16, 485
Telegrapher's equation, **ES:**14, 15
Telelens effect, **ES:**11, 173
Telescope, **ES:**11, 1, 2, 10, 126
  radioastronomy, **E:**91, 285–290
Teletext, **E:**91, 204–205, 241
Teletype system
  characteristic numbers, **ES:**14, 335
  power spectra, **ES:**14, 345
Teletype transmission, **ES:**14, 332
Television, **E:**91, 207–209, *see also* Color imagery; Frame replenishment coding; Videotelephone
  black-and-white projection in, **D:**1, 259–263
  broadcast/real time, **ES:**12, 3, 18, 24, 55, 75, 81, 88, 110, 127, 158, 189–190, 191, 205, 211–212, 236
  color, *see* Color television
  color standards, **ES:**12, 3, 211
  conference, **ES:**12, 189, 190, 194, 198, 205, 211
  electron beams in, **D:**1, 165
  flat screen, **E:**91, 236
  frame store, **E:**91, 242
  history, **E:**91, 193–194, 196, 198
  large-screen projection of, **D:**1, 226, 256–269
  plasma display tube, **E:**91, 245–246
  three-dimensional, **E:**91, 253, 254
  United Kingdom, **E:**91, 193
Television camera, **M:**4, 145–148, *see also* Color-TV camera; TV camera
  color, CCD image sensing, **ES:**8, 169–171
Television data compression, **ES:**9, 163
Television displays
  acoustooptic deflection in, **D:**2, 41
  helium-neon laser in, **D:**2, 3
  sampling of signal in, **D:**2, 231
Television images/imaging
  double-matrix liquid-crystal displays for, **D:**4, 31–38, *see also* TV liquid-crystal displays

SELF-SCAN effects in, **D**:3, 148–154
SNR levels in, **D**:3, 267–271
Television microscope, **M**:5, 129–132, 137, 142, 156
  advantages, **M**:5, 129
  electronic slide-in units, **M**:5, 131
Television systems, interlacing in, **ES**:8, 157–160
Teller, E., **ES**:16, 40–41
Tellurium, properties, **E**:92, 82
TELS, *see* Transmission energy loss spectroscopy
TELSTAR, **E**:91, 198, 199
TEM, *see* Transmission electron microscopes/microscopy
TEM$_{00}$ mode, **ES**:4, 132
TE mode, *see* Transverse electric mode
Temperature, **ES**:22, 61, 161, 380, 407, *see also* Beam temperature
  beam, **ES**:13C, 483–490
  critical, **E**:83, 13
  effect on threshold
    GaAs diode maser, **ES**:2, 248
    Nd^{3+} maser, **ES**:2, 123–124
    Ruby maser, **ES**:2, 116
    U^{3+} : CaF$_2$ maser, **ES**:2, 131
  effect on wavelength
    GaAs diode maser, **ES**:2, 163–164
    Ruby maser, **ES**:2, 115
  effects on ZnS
    on color of EL emission, **ES**:1, 25, 51, 52
    on efficiency of EL, **ES**:1, 110–112
    in enhancement of luminescence, **ES**:1, 210, 220, 223, 228–229, 235
    and frequency, interrelation, **ES**:1, 52, 53
    in Gudden-phol effect, **ES**:1, 183–186
    on intensity of EL emission, **ES**:1, 56–61, 75, 77, 105–107, 110–113
    on maintenance of EL output, **ES**:1, 70, 73
    in quenching of luminescence, **ES**:1, 194, 206
    on waveform of EL emission, **ES**:1, 79, 86–100, 203
  of pump radiation, **ES**:2, 105
  rise in, **ES**:22, 319
    specimen due to electron bombardment, **E**:96, 258, 260–261
  variation in, **E**:82, 270

Temperature compensation, **DS**:1, 104–107
Temperature dependence
  devices, **ES**:5, 12
  materials, **ES**:5, 12
  of saturation magnetization, **ES**:5, 12
Temperature-field domains, electron emission mechanisms, for, **M**:8, 209, 213, 214
Tempering, **ES**:20, 209
Template
  additive and multiplicative conjugates, **E**:84, 78
  constant, **E**:84, 82
  correspondence with structuring element, **E**:84, 85
  decomposition, **E**:84, 78, 84
  definition, **E**:84, 76
  example, **E**:84, 77
  induced functions, **E**:84, 82
  null, negative and positive, **E**:84, 82
  one-point, **E**:84, 82
  operations between image and template, **E**:84, 78
    backward and forward additive maximum, **E**:84, 80
    backward and forward linear convolution, **E**:84, 79
    backward and forward multiplicative maximum, **E**:84, 80
    continuous domain, **E**:84, 81
    generalized backward and forward, **E**:84, 79
    multiplicative additive and minimum, **E**:84, 81
  operations between templates, **E**:84, 81
    convolution type
      additive maximum, **E**:84, 83
      dual to additive maximum, **E**:84, 84
      generalized backward, **E**:84, 83
      linear convolution, **E**:84, 83
    pointwise, **E**:84, 82
  row/column/doubly-P-astic, **E**:84, 98
  strictly doubly F-astic, **E**:84, 110
  support, infinite negative and positive, **E**:84, 77
  target point, **E**:84, 77
  translation invariant and variant, **E**:84, 78
  transpose, **E**:84, 78
Temporal intensity distributions, **ES**:4, 140
Temporal redundancy, **E**:97, 235
Temporal visibility, **ES**:4, 128

SUBJECT INDEX

TEM wave, **ES**:18, 44, 115, 116, 119, 231
Tensile strain, **ES**:24, 70, 71, 77, 91, 123, 124, 185, 200, 202, 219, 232, 234, 236, 248, 252
Tensile stress, **ES**:24, 9
Tensor
 permeability, **E**:82, 3, 39, 41, 42, 61
 permittivity, **E**:82, 3, 39, 61
Tensor permeability, *see* Permeability tensor
Tensor products, group algebra, **E**:94, 16–17
Tensor RHEED, **E**:90, 276–279
Tenth-order Hamiltonian function, power-series expansion, **E**:91, 11–13
Terada, M., **ES**:16, 47
Ter–Fourier transform, **ES**:9, 156, 157
Terminating index, **E**:90, 81
Ternary signed-digit number system, optical symbolic substitution, **E**:89, 59
Terzuoli, **ES**:15, 265
Tesla, commercial microscope production, **E**:96, 452, 475, 495, 503, 506, 512, 517–518, 532–534
Tesla Brno, electron microscope production by, **ES**:16, 74–75
Tessalation, surface, **E**:85, 108
Testing of Electromagnetic Analysis Methods, **E**:102, 2
 workshop, **E**:82, 75, 80
Test objects, for contrast transfer properties, **M**:4, 79–80
Test particle, **ES**:21, 3, 92, 497
Test signal, malfunction diagnosis by structural properties method, **E**:94, 325, 392–394
Test specimens, SEM, **E**:83, 231
Tetley, J.N., **ES**:16, 488–489
Tetracene crystals, **M**:5, 310, 316
Tetrahedral junction switch, **ES**:5, 160, 162
Tetrazolium salt technique
 for dehydrogenase, **M**:6, 212, 213, 214, 215
 diformazan formation, **M**:6, 213
 Distyryl-Nitro-BT reagent, **M**:6, 214
 in electron microscopy, **M**:6, 214
 Nitro-BT reagent, **M**:6, 213, 214
 in optical microscopy, **M**:6, 213
 tetranitro reagent, **M**:6, 214
Tetrode, electron gun, **ES**:13C, 145
Tetrode construction, **ES**:3, 25, 156–157, 170, 187

Tetrode extraction optical system, **ES**:13C, 210, 238, 283
T-even bacterial virus, **M**:6, 232
TE wave, *see* Transverse electric wave(s)
Texas Instruments, Inc., **D**:2, 3
 quantum-coupled integrated circuits, **E**:89, 218, 221–222
 semiconductor history, **E**:91, 143, 147, 149, 169, 195
Texture
 analysis, **E**:84, 329
  Gaussian wavelets, **E**:97, 64–68
  non-parametric, **E**:84, 337, 345
   cooccurrence matrix, **E**:84, 337
   MAX-MIN method, **E**:84, 338
 cooccurrence matrix approach, **E**:95, 389
 definition, **E**:95, 387–388
 feature frequency matrix, **E**:95, 388, 390–391, 393, 400–403, 405–406
 feature image, **E**:95, 390–391
 generation, **E**:84, 325
 image transformation, **E**:95, 389
 local mask methods, **E**:95, 389
 multichannel filter, **E**:95, 389
 power spectrum, **E**:84, 336
 properties, **E**:95, 390
T-F emission, **ES**:4, 5
TFFECs, **E**:83, 16, 67
TFT, *see* Thin-film transistor
TGFB, *see* Triglycine fluoroberyllate
TGS, *see* Triglycine sulfate
TGZ 3 Particle Size Analyzer, **M**:5, 154, 155, 156, 157, 159
THEED, *see* Transmission high-energy electron diffraction
Theorem of Gondran and Minoux, **E**:90, 115–117
Theory
 classical, **E**:82, 269
 of hidden variables, **E**:101, 144
 high density, **E**:82, 200, 207, 223
 of Kane, semiclassical, **E**:82, 232
 Kane's, **E**:82, 234
 Klauder's multiple scattering, **E**:82, 200, 223
Thermal conductivity, **ES**:4, 144, 147
Thermal desorption, **ES**:13B, 258
 of As, **ES**:20, 40
Thermal diffuse scattering, **E**:86, 186

SUBJECT INDEX

Thermal diffusion, **ES**:8, 80
   reduction of in pyroelectric vidicon, **D**:3, 62–68
   in signal transfer function, **D**:3, 26–27
Thermal diffusivity, **ES**:4, 144
Thermal drift, in electron microscopy, **M**:1, 150, 164
Thermal effects, on focal properties of beams, **ES**:13A, 161
Thermal electron gun, **ES**:13A, 56
Thermal emission effects, in charge transfer, **ES**:8, 95
Thermal emitter, **ES**:13C, 229
Thermal erase materials, coloration process in, **D**:4, 130
Thermal erase mode coloration
   in cathodochromic sodalite, **D**:4, 107
   ionic displacement in, **D**:4, 112–113
   visible light and, **D**:4, 111
Thermal erase sodalite transmission mode storage display tube, **D**:4, 146–147
Thermal erase tubes, **D**:4, 130–137
   construction of, **D**:4, 131–137
   electron beam erasing with single gun in, **D**:4, 135–137
   radiative heating in, **D**:4, 133–135
   resistive heating in, **D**:4, 131–133
Thermal fading, photochromic glass, **M**:8, 18
Thermal-field emission guns, **ES**:13A, 56; **M**:9, 191
Thermally erased devices, **D**:2, 105–111
   high lanthanum materials in, **D**:2, 105–110
   low lanthanum materials in, **D**:2, 110–111
   resolution capabilities of, **D**:2, 109–110
Thermal noise, **ES**:15, 188; **ES**:23, 11
Thermal radiation, **ES**:22, 37
Thermal spread, **DS**:1, 21, 25
Thermal velocities, **ES**:21, 40–42, 469
   effects, *see* Langmuir
Thermal waves, **M**:12, 313, 317
   propagation, **M**:10, 58
Thermionic cathode(s), **ES**:4, 2; **ES**:22, 380; **M**:10, 244–248
   electron emission, **ES**:13B, 260, 339
Thermionic desorption, **ES**:13B, 258
Thermionic emission, **E**:86, 53
   angular emission distribution, **M**:8, 215
   current density, **M**:8, 213
   lens action, analytical model, **M**:8, 223
   operating conditions for, **ES**:21, 192
   velocity distribution for, **ES**:21, 43, 404
Thermionic-field emission, **E**:86, 53
Thermionic gun, **ES**:13B, 87
Thermodynamic limits
   for relaxation of kinetic energy, **ES**:21, 50, 223, 467, 504
   for relaxation of potential energy, **ES**:21, 50, 55–57, 223, 468, 504
Thermodynamics
   description of the beam, **ES**:21, 43
   information approach, **E**:90, 189
   principles, and distribution of particles within beam, **ES**:13C, 483–490
Thermoluminescence and other glow effects, **ES**:1, 4, 188
   in ZnS, **ES**:1, 37, 59, 60, 75, 87, 90, 92, 95, 184
Thermomagnetic breakdown, **ES**:22, 364
Thermonuclear fusion, *see also* Inertial confinement fusion
   intense electron beams, **ES**:13C, 172
   neutral beam heating of fusion plasmas, **ES**:13C, 208
   neutral particle in injector, **ES**:13C, 210
Thesaurus construction, fuzzy relations, **E**:89, 307, 310–311
Thick lens theory, **E**:93, 192–194
Thickness
   of grid material, **ES**:3, 23
   measurement with electron off-axis holography, **E**:89, 37–38
Thiesmeyer, L.B., **ES**:16, 471
Thin film(s)
   for beam profile monitoring, **ES**:13A, 233–234
   criterion for mineral analysis, **E**:101, 3–4
   densely packed crystallite, **ES**:4, 250
   in electron beam lithography, **ES**:13B, 127
   emitters, **ES**:4, 2
   French contributions, **E**:96, 110–112, 120
   Japanese contributions, **E**:96, 611, 614
   magnetic, **E**:98, 387–399, 400–401, 402–408
   resistors, **ES**:4, 181
   scribing, **ES**:4, 183
   Southern Africa contributions, **E**:96, 336–337
   use of mirror EM, **M**:4, 226
Thin-film electroluminescence, **E**:91, 245

Thin-film electronic devices, imaging, **M:**4, 248
Thin-film growth, **ES:**13B, 60
Thin-film lens elements
  concept of, **M:**14, 66–69
  introduction to, **M:**14, 66–73
  magnetic field of, **M:**14, 73–80
    and Biot–Savart law, **M:**14, 73–75
    multipole expansion, **M:**14, 77–80
    of one-turn spiral, **M:**14, 75–77
  types of, **M:**14, 69–73
Thin-film probes, **E:**87, 148–157
Thin-film stack pattern
  capacitive alignment of, **M:**14, 81–83
    basic principles, **M:**14, 81–82
    differential capacitive position sensor, **M:**14, 82–83
  geometry of, **M:**14, 83–90
    adjacent layers, connection between, **M:**14, 88–90
    capacitive electrodes, **M:**14, 85–88
    helical pattern, **M:**14, 84–85
    introduction, **M:**14, 83–84
  optical properties, **M:**14, 90–99
    field distribution, **M:**14, 92–94
    first-order properties, **M:**14, 94–95
    introduction, **M:**14, 90–92
    parasitic aberration, **M:**14, 97–99
    spherical and chromatic aberration, **M:**14, 96–97
  prototype element
    experimental work on, **M:**14, 100–110
      capacitive alignment procedure, **M:**14, 102–109
      fabrication of element, **M:**14, 101–103
      experimental work on, using $YBa_2Cu_3O_{7-x}$, **M:**14, 109–110
Thin-film superconductors
  analysis of, **M:**14, 51–53
  critical current density in, **M:**14, 36–38
  evaporation techniques, **M:**14, 47–53
  experiments with, **M:**14, 54–58
  fabrication, **M:**14, 40–54
    equipment, **M:**14, 47–48
    evaporation techniques, **M:**14, 47–48
    laster ablation techniques, **M:**14, 45–47
    other techniques, **M:**14, 53–54
    procedure, **M:**14, 48–51
    sputtering techniques, **M:**14, 43–45

field distribution, **M:**14, 56–57
introduction to, **M:**14, 41–43
measurements in, **M:**14, 55–57
patterning, **M:**14, 54–55
stack pattern
  capacitive alignment, **M:**14, 81–83
  design of, **M:**14, 80–99
  geometry of, **M:**14, 83–90
  optical properties, **M:**14, 90–99
  superconducting properties, **M:**14, 55–56
  technical feasibility, **M:**14, 57–58
Thin film technology, **ES:**24, 254
Thin-film transistor-addressed liquid-crystal display panel, **D:**4, 64
Thin-film transistor-addressed matrix panel
  circuit arrangement for, **D:**4, 59–60
  image display, **D:**4, 63
Thin-film transistor-capacitor matrix, **D:**4, 59
Thin-film transistor-controlled matrix, with external addressing circuits, **D:**4, 61–63
Thin-film transistor matrix circuit, **D:**4, 59–60
Thin-film transistor-switching cell, **D:**4, 60–61
  elements, **D:**4, 59–64
Thin helical lenses
  focal properties, **M:**14, 58–62
  introduction to, **M:**14, 58–66
  spherical aberration, **M:**14, 62–66
Thin-lens approximation, **ES:**7, 53–54, 108; **ES:**21, 406
Thinning, 3D, **E:**85, 186
Third harmonic generation, **ES:**2, 216
Third order aberration, *see* Geometric aberrations
Third-order equations, of motion, **ES:**7, 8–10
Thoma, **ES:**18, 239
Thomas, **ES:**14, 38
Thomas correction, for atomic number, **ES:**6, 94, 107
Thomas–Fermi model, space charge effects, **E:**89, 132–134
Thompson, **ES:**23, 44
Thompson, G.P., **ES:**16, 39
  in history of electron microscope, **ES:**16, 36–38, 583
Thompson scattering, **ES:**2, 229
Thomson, J.J., **ES:**16, 31, 36, 55, 483
Thomson–Whiddington law, **ES:**6, 19; **DS:**1, 176
Thoriated tungsten filament, **ES:**4, 11
  electron emission, **ES:**13B, 260

SUBJECT INDEX

Thorium-232, **ES:**19, 134–136
Thorn, J.V., **ES:**11, 3
Thorne, **ES:**9, 491
Thornley, R.F.M., in history of electron microscopy, **ES:**16, 5, 458, 462
Thouless energy, **E:**89, 108
Thouless temperature, **E:**89, 107
Three-beam tubes, **DS:**1, 34, 137, 145, 156
Three-cylinder electrostatic lens, **ES:**13A, 5
Three-dimensional approximation, **ES:**22, 151
Three-dimensional circulators, *see* Circulator(s)
Three-dimensional crystallographic group, group-invariant transform algorithms, **E:**93, 2–3
Three-dimensional display, **E:**91, 252–253
Three-dimensional image/imaging, **ES:**11, 169
  multiwave, with fluorescence, **M:**14, 184–189
  reconstruction, **E:**97, 59–60
Three-dimensional inverse problems, **ES:**19, 99–113
Three-dimensional ion trap, **ES:**13B, 174–179, 190, 220, 235–252, 254
  ion acceptance, **ES:**13B, 235–237
  ion collisions, **ES:**13B, 243–248
  ion detection, methods of, **ES:**13B, 238–243
  kinetic energy distribution, **ES:**13B, 248–250
  performance and applications, **ES:**13B, 250–252
  stability diagram, **ES:**13B, 180–181
Three-dimensional microscopy, **M:**14, 214–215
Three-dimensional optical interconnections, **E:**102, 246–247
  applications, **E:**102, 259–262
  architectures, **E:**102, 252–253
  problems and possibilities, **E:**102, 266
Three-dimensional orientation data, **E:**93, 283–287, 325
Three-dimensional rare gas solids, **M:**11, 61
Three-dimensional reconstruction(s), **ES:**10, 24–26, 212
  general, **M:**7, 321–324
  mathematical apparatus, **M:**7, 304–330
  overall scheme, **M:**7, 329, 330

Three-dimensional structure biological macromolecules, electron microscopy and, **M:**7, 281–377
  experimental studies, **M:**7, 330–373
Three-dimensional systems
  charging effects on insulating specimens, **M:**13, 77–78
  computation, high beam energy scan, **M:**13, 79–82
  focusing, in SEMs, **M:**13, 113–119
  object representation in, **M:**13, 26–30
  software for, **M:**13, 25–44
  spherical capacitor tests, **M:**13, 45–48
  testing software for, **M:**13, 44–59
Three-electrode ion gun, **ES:**13A, 289, 293
Three-electrode lens, **ES:**13A, 123, 125–126
Three-electrode mirrors, energy analyzers, **E:**89, 417–420, 458–469
Three-gradient method, of beam measurement, **ES:**13A, 231, 250–251
Three-lens system, field ion gun, **ES:**13A, 293
Three-million-volt electron microscope
  development at Toulouse, **ES:**16, 117–120
  high-voltage supplies for, **ES:**16, 121–123
Three-port circulator, scattering parameters, **E:**98, 117–120, 238–245, 302
Three-position method, of beam measurement, **ES:**13A, 231–250–**ES:**13A, 251
Three-stage electron microscopes
  aberrations of, **ES:**16, 342–348
  EM3 development as, **ES:**16, 426–427
  310 field emissions, STEM, **E:**93, 58–59, 79–87
Three-wave particle model, **E:**101, 145–146
Threshold, **ES:**22, 101, 142, 143
  beam breakup, **ES:**22, 365
  capture, **ES:**22, 254
  choice of, **E:**88, 337
  effect of crystal imperfections on, **ES:**2, 119, 189–190, *see also* Charge compensation
  mirror damage, **ES:**22, 321
Threshold condition, **ES:**2, 8, 10, 12, 13, 30, 52, 92, 257
Threshold current in $p-n$ diodes, **ES:**2, 159 160
Threshold dependence
  on concentration, *see* Dy^{2+}, CaF_2 maser
  on resonator geometry, **ES:**2, 74, 190
Threshold devices, **ES:**4, 156

SUBJECT INDEX

Thresholding, **E**:88, 301, 336; **E**:93, 223, 231–232; **E**:103, 68
Threshold pumping rate, **ES**:2, 53, 100–101
Threshold setting errors, image analysing computer, **M**:4, 375–378
Threshold spot size determination, **ES**:4, 156
Through focal series, **M**:11, 44
Through-focus, **E**:86, 181, 182
  series in electron microscopy, **M**:1, 171
Through lens detector, **M**:12, 93, 98, 108, 125, 131
Through-thickness, **E**:86, 181, 198
Through-wafer interconnections, **E**:102, 253
Thumbtack ambiguity function, **ES**:14, 259, 281, 285, 307
Thurstone, F.L., **ES**:9, 349, 496; **ES**:11, 4, 15, 21, 181, 221, 222
Ti, **ES**:20, 194
TICAS system, **M**:5, 45
Ticonal, in electron lenses, **ES**:16, 391
Tilleard, D.L., **ES**:16, 493
Tight binding, **ES**:20, 29, 101
Tikhinov–Phillips method, **ES**:19, 32
Tikhonov regularizer, **ES**:19, 253, 255, 262, 264
Tilt, **E**:86, 245, 250, 260; **E**:103, 86–87, 95
Tilted illumination, **ES**:10, 13–16, 24
Tilt pairs, **ES**:10, 168
TI mapping, **E**:89, 358–366
  general basis algorithm, **E**:89, 363–365
Time (computer), **ES**:10, 96, 100, 122–123, 181, 184, 199, 252
Time cavity
  one-dimensional linear, **E**:101, 183–185
  three-dimensional spherical, **E**:101, 185–187
  two-dimensional square space-, **E**:101, 187–194
Time-delay-and-integration arrays, **D**:3, 278–287
Time dependency, in particle optics, **ES**:13A, 53–56
Time-dependent plane-wave representation, **E**:103, 18–22
  spectrum example, **E**:103, 26–27
  well-collimated condition, **E**:103, 28–29
Time-dependent radiation
  patterns, E:103, 23–24, 27–28
  phase-space pulsed beam analysis for, **E**:103, 44–60

Time-dependent spatial spectrum, **E**:103, 18
Time-dependent wave equation, pulsed beam solutions of, **E**:103, 32–33
Time division multiplex systems, in color encoding, **D**:2, 171–172
Time-domain, **ES**:20, 35
  diffraction limit, **E**:103, 38
  diffraction tomography, **E**:103, 5
  Fresnel/collimation distance, **E**:103, 5, 17–18, 24
  phase-space pulsed beams and, **E**:103, 51–59
  problems with using, **E**:103, 3
Time-domain representation of radiation, **E**:103, 15–24
  analytic signal representation, **E**:103, 15–16
  Green's function representation, **E**:103, 16–18
  radiation patterns, **E**:103, 23–24
Time–energy relation, uncertainty principle, **E**:90, 167–168
Time evolution, spectral data, **ES**:19, 367–368
Time filters, **ES**:11, 134, 136
  acoustic imaging, **ES**:9, 224
  circuits, **ES**:11, 150
  Fourier transform, **ES**:11, 137
  frequency response, **ES**:11, 141
  series connection, **ES**:11, 140
  variability, examples, **ES**:9, 70
  variable radiator, **ES**:9, 299
Time-gain-compensation, **E**:84, 329, 340, 344
Time-harmonic, **E**:82, 75
Time-harmonic Gaussian beams, **E**:103, 40–41
Time-harmonic radiation
  Green's function representation, **E**:103, 7–8
  plane-wave representation, **E**:103, 9–11
  propagating and evanescent spectra, **E**:103, 10, 19–20
  radiation patterns, **E**:103, 14
  Ray representation, **E**:103, 11–13
Time-invariance, **ES**:11, 24
Time-measuring microscopes, **M**:8, 33
Time multiplexing, **ES**:11, 149, 155
Time of flight
  in absence of acceleration, **ES**:21, 30
  in ion beam diagnosis, **ES**:13C, 340
  for ion separation, **ES**:13B, 135, 141

in presence of acceleration, **ES:**21, 326, 418
relativistic correction on, **ES:**21, 330
spectrometer, **M:**11, 143; **M:**12, 109
Time-of-flight analyzers, **E:**103, 292; **ES:**13B, 310-312
Time-of-flight atom-probe FIM, **ES:**20, 4, 51
  energy compensated, **ES:**20, 55
  high performance focusing type, **ES:**20, 56, 178
  imaging and, modes together, **ES:**20, 68
  straight, **ES:**20, 52, 58, 179
  -TEM, **ES:**20, 236, 239, 242
  by Vacuum Generator, Inc., **ES:**20, 197
Time resolution, **ES:**11, 209
Time scripts, **E:**94, 290, 291
Time series, extrapolation, **E:**94, 391-392
Time step algorithm, **ES:**21, 410-411, 429-430
Time-variable
  linear, **ES:**14, 4
  operations, **ES:**11, 24
Time variation, sinusoidal, **E:**82, 38, 40, 41
Tip cathode electron guns, analytical field calculation, **M:**8, 228
Tips
  disruption of, **E:**83, 13, 21, 22, 63, 64
  field emission, **E:**83, 12-17, 33, 43, 47, 53, 58, 63, 76
  single crystal, **E:**83, 33
TIRF (total internal reflection fluorescence), **M:**14, 178-179
Tissue effect, **ES:**22, 40, 43
Tissue mimicking phantom, **E:**84, 340, 344
Titanium, L spectrum for, **ES:**6, 169
Titanium alloy, photoelectron microscopy, **M:**10, 298
Titanium plasma source, **ES:**13C, 312
Titled illumination, **M:**11, 24
Titles beam holography, **M:**7, 167
Titles illumination
  bright field microscopy, **M:**7, 249-251
  in STEM, **M:**7, 147-158
Titus tube, **D:**1, 238, 245, 256, 260, 263, 265, 291, 294; **D:**2, 91
T-Junction circulator, **ES:**5, 100
T-junctions, **E:**103, 139
T-layer structural preservation, **M:**8, 115
TLEED, *see* Transmission low-energy electron diffraction

τ-mapping, **E:**89, 330-332, 383
  anti-extensive, **E:**89, 350-351
  binary, **E:**89, 336-366
  cascaded, **E:**89, 345-348, 363-366, 381-383
  dual, **E:**89, 348-349, 354-358
  extensive, **E:**89, 350-351
  gray-scale, **E:**89, 336-337, 366-374
  intersection, **E:**89, 339-343
    reversing, **E:**89, 376-377
  over-filtering, **E:**89, 351-353
  translation, **E:**89, 337-338
  under-filtering, **E:**89, 351, 353-354
  union, **E:**89, 338-339, 342-343
    reversing, **E:**89, 375, 376
TM_z operator properties, **E:**103, 157-165
Tm^{2+} : CaF_2 maser, **ES:**2, 127, 234
Tm^{3+} : $CaWO_4$ maser, **ES:**2, 124, 134
TM wave, *see* Transverse magnetic wave(s)
TN cell, *see* Twisted nematic cell
TNFE, *see* Twisted nematic field effect
Tobacco mosaic virus, **M:**6, 227, 232
  concentrated preparation, **M:**6, 263
  early electron microscopy of, **ES:**16, 189-191, 494
  electron micrograph, **M:**6, 271
  modulus of Fourier transform, **M:**7, 314
  negatively staines, structure and, **M:**7, 292
  polydiscs, three dimensional reconstruction, **M:**7, 349, 350
  three dimensional structure, **M:**7, 347-349
  two-dimensional distribution, **M:**7, 313
  ultrathin sections of, **ES:**16, 184
Tobacco mosaic virus protein, electron micrograph enhancement, **M:**6, 243, 247
  stacked disc type, **M:**6, 243, 247
Tobacco mosaic virus rods
  electron micrograph diffraction pattern, **M:**6, 253, 254
  stacked disc type, electron micrograph enhancement, **M:**6, 248
  X-ray diffraction, **M:**6, 254
Tobaggan algorithm, **E:**92, 34
Tobey, **ES:**15, 266; **ES:**23, 331
Toda, K., **ES:**11, 218
Toda lattice, **ES:**19, 392
  soliton birthrate, **ES:**19, 423
Todd, J.B., **ES:**16, 83, 487
Toepler's Schlieren method, **M:**8, 11

SUBJECT INDEX

Toeplitz equation, E:101, 100, 113, 114
　generalized inverse of operator, E:101, 121–125
　inversion of, E:101, 115–119
　iterative method for inversion of, E:101, 118–119
Toeplitz matrix
　biased correlation estimate, E:84, 303
　estimation performance
　　autoregressive parameters, E:84, 292–293, 302–309
　　covariance, E:84, 287
　　SIR, E:84, 270–271
　inverse, E:84, 271–272
　lowest Jordan subalgebra dimension, E:84, 275–276
　maximum likelihood estimate, E:84, 269, 282, 285
　relation to symmetric centrosymmetric matrix, E:84, 270
　role in autoregressive parameter estimation, E:84, 289–291, 293–296
　structure set, E:84, 269–270
　trace covariance bound, E:84, 285–286
ToF, *see* Time of flight; Time-of-flight *entries*
Tohoku University
　early work on electron microscope at, ES:16, 297–315
　electrostatic electron microscope development, E:96, 247–248
　magnetic-type emission microscope development, E:96, 245–247
　pointed cathode studies, E:96, 689–690
Tokamaks, E:102, 3, 39
Tolansky multiple beam interference, M:6, 115
Tolerance, E:86, 225
Tomato bushy stunt virus
　reconstruction, M:7, 371
　three-dimensional reconstruction, M:7, 370
Tomography, *see also* Computed tomography; Diffraction tomography; Emission tomography
　image formation, E:97, 59–60
　image reconstruction, E:97, 159–166
Tonicity, in fixation, M:2, 290, 302, 307, 310
Tooth, microstructural studies on, ES:16, 586
Top contouring, E:93, 287
Top-hat transformation, mathematical morphology, E:92, 63–64

Topografiner, ES:20, 258
Topographical imaging, M:7, 232
Topographical maps, E:84, 250–254
Topographic contrast, E:83, 206, 213, 218, 231, 235–236
　evolution, E:83, 220
　high resolution, E:83, 228, 236
Topographic curves, E:103, 75–76
　congruence of fall tangents and second caustic surface, E:103, 114–115
　global relief and, E:103, 114–118
　support function, E:103, 115, 117–118
Topological space, axioms, E:84, 201
Topologic group, ES:9, 95
Topology, ES:18, 21
　space-time, ES:15, 261
　of space-time, experimental check, ES:9, 406
Topping, N., ES:16, 585
Torguet, R., ES:11, 217
Toroidal analyzers, *see* Sector field analyzers
Toroidal field lens, ES:13C, 408–411
Torrieri, ES:15, 17, 18
Toshiba Corporation
　early electron microscope manufacture by, ES:16, 89
　EUL series, E:96, 676–677
　Toshiba No. 1, E:96, 673, 675
　Toshiba No. 2, E:96, 675–676
TO-space, E:84, 220
Total cathode current, ES:3, 15–24
Total current, ES:15, 46
Total current density, field electron emissions, M:8, 211–213, 218, 220
Total derivative, ES:22, 87, 165, 389
Total electron gun beam, space charge effects on the cross-section, M:8, 199
　energy distribution, M:8, 200–203
　across the beam away from the axis, M:8, 202
　half-width, M:8, 201, 202
　optic axis, on, M:8, 201–202
Total energy distribution, field electron emission, M:8, 214–215
　curves, M:8, 216, 219
　full width at half maximum, M:8, 220
Total internal reflection fluorescence, M:14, 178–179
Totally undefinable partition, E:94, 170–171
Total reflection fluorescence, M:14, 178–180

Total residual error, **E**:84, 12
Total source radiance, **ES**:4, 116
Touch, **E**:85, 81
Touch-tone dialing, **E**:91, 202
Toulouse
  early electron microscope built at, **ES**:16, 110
  megavolt electron microscope development at, **ES**:16, 115–125, 381
Tourmaline, pyroelectric properties of, **D**:3, 5
Townsend, J.S.E., **ES**:16, 26
Townsend coefficients, **D**:3, 92–94
Townsend multiplication, **D**:3, 111
Toy, F.C., **ES**:16, 495
TPM (thresholded posterior means) esimate, **E**:97, 88–120
Trace element analysis, **ES**:13A, 321–324, 341–342; **M**:11, 113, 142
  in metallography, **ES**:6, 261–266
Trace inner product, **E**:84, 265, 270
Trace space, **ES**:13C, 56–57
  in beam study, **ES**:13A, 163, 174–176, 249, see also Microscopic beam brightness
    four-dimensional density distribution, **ES**:13A, 214–229
    integrated density distribution, **ES**:13A, 205–214
    nonuniformity of density distribution in, **ES**:13A, 192–193
Trace-width, in electron spectroscopy, **ES**:13B, 271
Trachtman, **ES**:14, 81
Trachyte, **M**:7, 37
Tracking, boundary, **E**:84, 220
Tracking chambers, for tracking microscope, **M**:7, 8
Tracking loop, for Walsh waves, **FS**:9, 322
Tracking microscope, **M**:7, 1–157
  data analysis, **M**:7, 9–11
  design, **M**:7, 2–5
  motivation, **M**:7, 1
  operation, **M**:7, 5–11
  possible improvements, **M**:7, 12
  rationale, **M**:7, 1, 2
Tracking radar, **ES**:14, 225; **ES**:23, 22
  accuracy, **ES**:14, 233
  angular resolution, **ES**:14, 233
  armored vehicle, **ES**:14, 159
Train, **ES**:20, 253

Trajectory(ies)
  of electron motion, calculating, **E**:102, 302–303, 305–309
  Gaussian, **ES**:17, 24–29, 46, 47, 101, 107, 210–216
  of particle, see Particle trajectory
  in phase space, **ES**:13A, 162, 166
  real, **ES**:17, 46, 47, 101, 107
Trajectory analysis, electron beams, **M**:8, 157–162
  build-up process, **M**:8, 253
Trajectory displacement effect, **ES**:21, 271–301
  in beam with crossover
    of arbitrary dimensions, **ES**:21, 292–297, 511, 512, 514, 522–524
    homocentric, **ES**:21, 276–289
  comparison of theories for, **ES**:21, 486–491
  definition of, **ES**:21, 5, 272
  experimental data of, **ES**:21, 19
  general aspects of, **ES**:21, 272–276
  historical notes on, **ES**:21, 19–23
  in homocentric cylindrical beam, **ES**:21, 290–292, 510, 524–525
  relation with angular deflections, **ES**:21, 273–274, 297–300
  resulting equations for, **ES**:21, 522–525
  table of, **ES**:21, 519
  spot-width measures for, **ES**:21, 371–376
Trajectory equation
  of deflection field, **ES**:17, 131
  field electron emission, **M**:8, 244
  Gaussian, **ES**:17, 24, 25, 46–51, 101, 132, 162, 166, 411–413
  general, **ES**:17, 24, 401
  real, **ES**:17, 46
  of static electric and magnetic fields, **ES**:17, 19 20
Trajectory tracing, **ES**:13A, 57–60
Trakhman, **ES**:9, 38
Transaxial mirror(s), **E**:89, 392, 396; **ES**:13A, 51–52
  charged particle focusing and energy separation, **E**:89, 433–441
  energy analyzers, **E**:89, 441–469
  mass analyzer, **E**:89, 469–476
Transconductance, **E**:83, 69
Transducer
  aperture, **E**:84, 344
  array, **E**:84, 344

SUBJECT INDEX

backing medium, **E**:84, 319
continuous wave, **E**:84, 319
directivity function, **E**:84, 320
dynamic focus, **E**:84, 344
geometrical, **E**:84, 331
linear array, **E**:84, 341
multifocus mode, **E**:84, 344
phased array., **E**:84, 341
piezoelectric layer, **E**:84, 318
pulsed mode, **E**:84, 319
pulse-echo mode, **E**:84, 318
pulse waveform, envelope, **E**:84, 319, 331
synthetic focus, **E**:84, 345
tracking microscope, **M**:7, 3, 4, 5, 12
Transfer channels
  lateral confinement, **ES**:8, 42–44
  merging, **ES**:8, 60–61
  surface and bulk, **ES**:8, 44–47
Transfer efficiency
  measurement of, **D**:3, 200–210
  pulse and, **D**:3, 201–202
  sinusoids and, **D**:3, 202
Transfer electrode structures, **ES**:8, 19
  four per CCD cell, **ES**:8, 23–25
  integrated BBDs, **ES**:8, 30–32
  minimum geometry CCDs, **ES**:8, 32–39
  special CCD structures, **ES**:8, 39–42
  three per CCD cell, **ES**:8, 19–23
  two per CCD cell, **ES**:8, 25–30
Transfer function, **M**:12, 27, 31
  tissue, **E**:84, 320, 323
Transfer functions, **ES**:10, 10, 12, 24; **M**:7, 117–122
  amplitude contrast, **ES**:10, 10
  determination, **ES**:10, 28, 236–239
  extended sources, **M**:7, 123
  optimal transfer conditions, l, **ES**:10, 11
  phase contrast, **ES**:10, 10–16
  wave function, **ES**:10, 9
  for weakly scattering specimens, **M**:7, 122–140
  zeros, **ES**:10, 11, 16, 23
Transfer function theory, **M**:7, 102
Transfer inefficiency, CTD, **ES**:8, 70–108
  calculation, **ES**:8, 76–79
  charge transfer effects on, **ES**:8, 80–97
  charge trapping effects on, **ES**:8, 97–108
  qualitative effects, **ES**:8, 70–73
  quantitative effects, **ES**:8, 73–76
  spurious effects, **ES**:8, 96–97

Transfer lens system
  advantages, **M**:6, 7
  focal length, **M**:6, 7
  image position, **M**:6, 6
  magnification, **M**:6, 6, 7
  resolution, **M**:6, 6, 7
Transfer matrix, **E**:86, 232, 234; **ES**:5, 23–25; **ES**:17, 112–117, 335, 357
  axial, **ES**:17, 330, 336, 339, 349–351
  describing oblique entrance effect, **ES**:17, 336, 343, 351
  describing oblique exit effect, **ES**:17, 338, 343, 351
  drift space, **ES**:7, 13
  for ferrite section, **ES**:5, 24
  first order, **ES**:17, 112–114, 356–356
  general, **ES**:17, 331
  including curved field boundary effect, **ES**:17, 342–344, 351, 354–355
  including fringing field effect, **ES**:17, 351, 353, 354–355
  quadrupoles, **ES**:7, 17
    between conjugates, **ES**:7, 18
    Dušek, **ES**:7, 17
    between principal planes, **ES**:7, 18
    Regenstrief, **ES**:7, 19
  radial, **ES**:17, 330, 336, 339, 350–351
  Regenstrief's rules for multiplication of, **ES**:7, 19–22
  use of Gaussian brackets, **ES**:7, 18–19
  round lenses, **ES**:7, 13
    between conjugates, **ES**:7, 14
    Dušek, **ES**:7, 14
    between principal planes, **ES**:7, 15
    Regenstrief, **ES**:7, 15
  for second order aberration, **ES**:17, 357, 358
  symmetry conditions, **ES**:5, 24
  for third order aberration, **ES**:17, 112–114
  total, **ES**:17, 339
Transfer noise, **ES**:8, 109–115
  in CCD, **D**:3, 215–216
Transfer optics, **ES**:13B, 11–12, 21–22, 24
Transfer switches, **ES**:5, 162–170
  description, **ES**:5, 162
  nonreciprocal, **ES**:5, 167
  with phase shifters, **ES**:5, 166–167
    bandwidth, **ES**:5, 166
    quadrature circuit, **ES**:5, 166
    symmetrical circuit, **ES**:5, 166

Transfer theory, of systems with coherent illumination, **M:**7, 103
Transform(s)
  C-matrix, **E:**88, 41
  comparison, **ES:**9, 158, 178
  cosine, *see* Discrete cosine transform
  fill-in, **E:**86, 110
  Fourier, **E:**88, 6
  group algebra, **E:**94, 27
  integer, **E:**88, 25
  Karhunen–Loeve, **E:**88, 7
  optimal, **E:**88, 5
  orthogonal, **E:**88, 3
    for image coding, **E:**88, 5–10
  sequential decomposition, **E:**86, 10
  sine, *see* Discrete sine transform
  sinusoidal, **E:**88, 10–15
    integer, **E:**88, 24–40
      derivation, **E:**88, 30
  split decomposition, **E:**86, 110–111
  symmetry cosine, **E:**88, 9
  Walsh, **E:**88, 15, 25, *see also* Walsh matrix
  wavelet, *see* Wavelet transforms
Transform algorithms, phase retrieval, **E:**93, 110
Transformation(s)
  Bäcklund, **ES:**19, 5
  commutators of, **ES:**19, 9
  Darboux-Bäcklund, **ES:**19, 5–6
  equation, **E:**85, 11
  error, **E:**85, 12
  geometric, **E:**85, 182
  matrix, **E:**85, 3, 8, 29, 118
  mixed product, **ES:**19, 9
  τ-mapping, **E:**89, 374–385
    multiple transformations, **E:**89, 377
    serial transformations, **E:**89, 377–381
  viewing, **E:**85, 117
Transformation group, **E:**84, 133, 146, 184
Transformation operator, **E:**92, 102–103
Transformation theory, **ES:**3, 119–140
Transform coding, **E:**97, 51–193
  bit allocation, **E:**88, 4
  block diagram, **E:**88, 3
  quantization error, **E:**88, 4
Transformed Compton wave, **E:**101, 147
Transform efficiency, **E:**88, 45
Transform image coding, **E:**88, 7; **ES:**12, 16–17, 25, 113–154
  adaptivity/nonadaptivity in, **ES:**12, 118–119, 125–152
  basic techniques, **ES:**12, 114–126
  buffering concepts in, *see* Buffer(s)
  channel errors and, **ES:**12, 151–152
  classifiers in, **ES:**12, 136–137
  cosine, **ES:**12, 16, 113, 117, 121, 123, 141, 143, 160, 162–163, 170, 174, 176–178
  DPCM compared to, **ES:**12, 157–158
  entropy, **ES:**12, 121–122, 152, 153, *see also* Entropy coding
  Fourier, **ES:**12, 11–12, 16, 38, 113, 116–118, 122, 160, 170, 171, 175
  Haar, **ES:**12, 16, 118
  Hadamard, **ES:**12, 16, 113, 117, 118, 139, 140, 160
  hybrid transform/DPCM (predictive), **ES:**12, 17–18, 152, 157–186
  image quality and, **ES:**12, 122–123
  implementation, **ES:**12, 123–125, 137–152
  Karhunen–Loeve or Hoteling, **ES:**12, 16, 113, 115–118, 121, 140, 143, 160
  learning procedures in, **ES:**12, 135–136
  quantization and round-off errors in, **ES:**12, 6
  quantization parameters in, **ES:**12, 119–121
  shift variance in, **ES:**12, 119, 122
  sine, **ES:**12, 16, 160
  slant, **ES:**12, 16, 117, 160
  specific designs, **ES:**12, 139–151
  statistical, **ES:**12, 15, 152–153
  threshold, **ES:**12, 120, 122
  threshold as term and, **ES:**12, 114
  transform size and, **ES:**12, 118 119
  Walsh, **ES:**12, 117
Transient radiation, **ES:**9, 240
Transients, representation, **ES:**18, 11
Transient time, **ES:**11, 208
Transillumination, **M:**6, 4, 9, 11, 13
  condenser system, **M:**6, 21–22
  darkfield, **M:**6, 17, 18, 21
  darkfield-brightfield, **M:**6, 21
  fluorescence, **M:**6, 21, 24
  light pipe system, **M:**6, 26–28
  light sources, **M:**6, 22–26
Transimpedance amplifier, **E:**99, 73
Transistors, **E:**83, 67; **E:**91, 144–146
  Aharonov–Bohm effect-based devices, **E:**89, 145, 146, 189

SUBJECT INDEX

alloy transistor, **E:**91, 144
bipolar transistors, **E:**89, 136
diffused transistor, **E:**91, 145
discrete transistor, **E:**91, 146
electrochemical transistor, **E:**91, 144
field effect transistor, **E:**91, 149–150, 216
   vacuum fluorescent display, **E:**91, 236
field-effect transistors, **E:**89, 98, 136
gallium arsenide, **E:**91, 180–181
granular electron transistors, **E:**89, 205–208
high electron mobility transistor, **E:**91, 186
history, **E:**91, 142, 143, 178–188
junction transistor, **E:**91, 144
planar transistor, **E:**91, 145–146
p–n–p alloy transistor, **E:**91, 186
quantum diffraction FET, **E:**91, 226–227
quantum interference transistors, **E:**89, 106, 157, 160–165, 167, 178
resonant tunneling transistors, **E:**89, 136, 245
spin precession transistors, **E:**89, 106, 199
telecommunications, **E:**91, 195
T-structure transistors, **E:**89, 178–193
Transition matrix, **E:**85, 18–19, 36, 47
Transition probability function, **ES:**21, 64, 86
Transition radiation detector, for beam profile monitoring, **ES:**13A, 235–236
Transition rates, **ES:**2, 6, 100, 104, 138, *see also* Einstein A coefficient; Stimulated emission
Transition region, **ES:**4, 67
Transitive closure matrix, **E:**90, 54–55, 79–80
Transits, **ES:**4, 131, 132
Transit time, of electrons in scaling, **ES:**3, 10, 192–194
Transit time effects, **M:**12, 147
Transit-time factor, **ES:**22, 337, 386
Transit times, **E:**83, 76
Translaminar beam, **ES:**13A, 193–194
Translation, **E:**85, 118
   autotasking, **E:**85, 294–297
   in $\mathbb{R}^9$, **E:**84, 169, 177
   τ-mapping, **E:**89, 337–338
Translation-invariant set mapping, **E:**89, 358–366
   basis algorithms, **E:**89, 361–363
   general basis algorithm, **E:**89, 363–365
Transmission, **ES:**17, 301, 359
Transmission amplitude, **E:**89, 124–125

Transmission capacity, **ES:**15, 25
Transmission coefficients, **E:**90, 318
Transmission cross coefficient, **M:**7, 120
Transmission efficiency, **ES:**20, 70
Transmission electron microscope/microscopy, **ES:**24, 106
Transmission electron microscopes/microscopy, **E:**90, 210, 211, 289; **E:**91, 260–274, 280–282; **E:**93, 69; **E:**94, 197; **ES:**13A, 141–142; **ES:**16, 73, *see also* Electron microscopy; High-resolution transmission electron microscopy; Interference microscope/microscopy; Scanning transmission electron microscope/microscopy
   commercial development in Europe, **E:**96, 472–486, 494–499, 513–519, 639–641, 645–647
   crystal-aperture scanning transmission electron microscopy, **E:**93, 57–107
   defocusing method, **M:**5, 240, 241
   development, **E:**95, 4, 18, 20, 25, 37
   early history and development of, **ES:**16, 1–21, 99–100, 317
   exsolution
      in alkali feldspars, **E:**101, 7–14
      in amphiboles, **E:**101, 14–27
   field emission gun instrument, **E:**96, 402
   first, in North America, **ES:**16, 280
   image formation, **E:**93, 174; **E:**94, 203–213
   imaging plate with, **E:**99, 262–263, 265–269, 288
   invention, **E:**96, 11–12, 65, 132–135
   low-dose imaging, **E:**94, 207–213
   microfabric analysis, **E:**93, 222, 223
   off-axis holography, **E:**94, 213–221, 252–253
   Fresnel diffraction, **E:**94, 253–256
   production in Czechoslovakia, **ES:**16, 75
   resolution improvement over time, **E:**96, 144, 402, 524, 526
   thin-film, criterion for mineral analysis, **E:**101, 3–4
   used in the earth sciences, **E:**101, 1–2
Transmission energy loss spectroscopy, **ES:**13B, 263, 310
Transmission high-energy electron diffraction, **E:**90, 210, 236–237, 290, 317
   by deformed crystal, **E:**90, 238–241
   by multilayer system, **E:**90, 238

Transmission line, **ES:**13C, 173, 175–177, 180; **ES:**15, 255, 260
  distortion-free, **ES:**14, 16
  equations, **ES:**14, 14
  magnetically insulated, **ES:**13C, 177–179, 373–377
Transmission loss
  junction circulator, **ES:**5, 107
  phase shifters, **ES:**5, 173
Transmission low-energy electron diffraction, **E:**90, 321
Transmission-mode cathodes, (In, Ga) As type, **D:**1, 119–125
  structure of, **D:**1, 106–113
Transmission mode devices, **D:**2, 83–96
Transmission of radiation, equation for, **ES:**2, 219
Transmission rate, **ES:**12, 1, *see also* Bit rate
  expression of, **ES:**12, 1
  of information, **ES:**9, 286, 287; **ES:**15, 2; **ES:**18, 2
Transmission SAM, **M:**11, 155
Transmission secondary emission dynodes, **D:**1, 125–145
  GaAs experimental results for, **D:**1, 140–144
  gain and resolution characteristics of, **D:**1, 129–136
  generalized band diagram for, **D:**1, 128
  speed of response for, **D:**1, 136–140
  structure and properties of, **D:**1, 127–129
Transmission secondary emission multiplication, **D:**1, 52
Transmission SNOM, **M:**12, 266
Transmission specimens, **ES:**4, 198
Transmissive-type matrix liquid-crystal display devices, **D:**4, 30–31
Transmitted beam amplitude, **E:**90, 229
Transmitted wave, **ES:**18, 175
Transparency, **E:**85, 138
  of description tool, **E:**94, 326
  optical, **M:**1, 182
Transparent electrodes, for PLZT ceramics, **D:**2, 159–160
Transparent network, **E:**91, 210
Transparent objects, refractive index, **M:**8, 6
Transport, **ES:**24, 78, 160, 243
TRANSPORT, program, **ES:**13A, 60
Transport equation, **ES:**6, 18–19
Transport theory, quantum mechanics, **E:**91, 215–216
Transposed matrix, **ES:**11, 86, 87
Transposed vector, **ES:**11, 85
Transputer, **E:**85, 165
Transversal filters, **E:**82, 2–39; **ES:**8, 216–218
  adjustable tap weights and tapped delay lines, **ES:**8, 227–231
  fixed tap weights and matched filters, **ES:**8, 218–227
Transverse
  current, **ES:**22, 86
  focusing, **ES:**22, 382
  mode spacing, **ES:**22, 314
  momentum, **ES:**22, 175
  motions, **ES:**22, 152, 159, 175
  oscillation, **ES:**22, 152, 313
  oscillation period, **ES:**22, 295
Transverse amplitude distribution, wavepacket curvature and, **E:**103, 34–35
Transverse electric mode, equations of motion, **ES:**13A, 55–57
Transverse electric wave(s), **ES:**15, 223
  three-dimensional rectangular space cavity and, **E:**101, 175–178
  three-dimensional spherical space cavity, **E:**101, 178–183
  two-wave model of longitudinal photons and, **E:**101, 165–169
Transverse field formulas, three-dimensional microstrip circulators, **E:**98, 133–134, 170–174
Transverse magnetic wave(s), **E:**101, 165; **ES:**15, 223
  equations of motion, **ES:**13A, 54–55
  three-dimensional rectangular space cavity and, **E:**101, 178
  three-dimensional spherical space cavity, **E:**101, 183
  two-wave model of longitudinal photons and, **E:**101, 165, 169–171
Transverse magnetization, *see* Linear ferrite devices
Transverse mode, **ES:**4, 152
Transverse mode devices
  engraved devices in, **D:**2, 129–131
  staggered arrays in, **D:**2, 129
  structure and performance of, **D:**2, 125–126
Transverse mode spacing, **ES:**22, 295, 301

SUBJECT INDEX

Transverse photons, **E**:101, 165
Trapatt diode, **ES**:9, 244, 332, 346
TRAPATT diodes, **ES**:15, 147
Trapezoidal fuzzy quality, **E**:89, 320
Trapped electrons, **ES**:22, 113
Trapped flux electron lens, **M**:14, 19–20
  advantages, **M**:5, 223
  astigmatism, **M**:5, 223, 224
  construction, **M**:5, 222, 223, 224
  disadvantages, **M**:5, 224
  flux density, **M**:5, 220, 221
  flux jump, **M**:5, 221, 223
  pinning points, **M**:5, 224
  superconducting cylinder type, **M**:5, 221, 222
  superconducting discs type, **M**:5, 222, 223
Trapping, quantum-coupled devices, **E**:89, 221–222
Traps, **E**:87, 222, 225, 227, 235
  electron, influence of
    in electroluminescence, **ES**:1, 32, 55, 57–59, 65–68, 75, 78, 82, 85–112
    in enhancement of luminescence, **ES**:1, 227–230
    in Gudden-phol effect, **ES**:1, 182–188
    in infrared stimulation of luminescence, **ES**:1, 191
    in quenching of luminescence, **ES**:1, 192, 204–207
Traveling wave antenna, **ES**:15, 99
Traveling-wave tubes, **ES**:4, 64; **ES**:22, 3
  amplifier, **E**:91, 194
Traversing image data, **E**:88, 94, 104
Tree
  algorithm state, **E**:86, 108–100
  binary, space partitioning, **E**:85, 106, 148
  decision, **E**:86, 109
  entangled, **E**:84, 22
  k-d, **E**:86, 147
  minimum spanning, **E**:86, 147
  operation, **E**:86, 100–101
  quad, **E**:86, 147
  unentangled, **E**:84, 22
Tree coding, **E**:82, 184
Tree-cotree decomposition, **E**:102, 16, 23–28
Trellis coding, **E**:82, 186
Trench capacitor cell, **E**:86, 65
Trial-and-error
  analysis, **E**:86, 88, 94, 98–99, 107, 116, 120

experiment, **E**:86, 99, 112
  segmentation, **E**:86, 92
Triangular compositions, applications, **E**:89, 297–311
Triangular conorm, fuzzy set theory, **E**:89, 261
Triangularization, **E**:85, 24, 37, 42, 47
Triangular model, **ES**:7, 84
Triangular norm, fuzzy set theory, **E**:89, 261, 278, 289
Triangulation(s), **E**:85, 109; **E**:103, 141–144
Triboluminescence, **M**:14, 122
Trichocysts
  early electron microscopy of, **ES**:16, 169
  LVSEM images, **E**:83, 247–248
Tricolor vidicon, **D**:2, 172–175
Triglycine fluoroberyllate, **D**:3, 7, 15
  deuterated, **D**:3, 50, 61, 75–76
Triglycine sulfate, **D**:3, 15, 50, 60–61, 69
Triglycine sulfate vidicons
  measured performance in, **D**:3, 47–52
  sensitivity vs. temperature and spatial frequency in, **D**:3, 47–48
Trillat, J.J., **ES**:16, 113, 114, 228
Trinicon index stripe color system, **D**:2, 198–202
Trinquier, J., **ES**:16, 125
Triode, basic, **ES**:3, 10
Triode(s), **E**:83, 67–72; **ES**:13C, 149
  extraction optical system, **ES**:13C, 210–211, 226, 283–284
    accel–decel extraction optics, **ES**:13C, 221–222, 238
    beam-to-optics matching, **ES**:13C, 256–286
  lateral, **E**:83, 68
  vertical, **E**:83, 68
Triode electron guns, **M**:8, 137–204
Triplet, as lens spectrometer, **ES**:7, 20
  properties of, **ES**:7, 90, 290–292
  transfer matrix for, **ES**:7, 66
Tripropylamine, glow discharge in, **M**:8, 126
Trivalent rate earth ions, spectroscopy of, **ES**:2, 120–121
Trochoidal analyzer, **M**:12, 114, 115, 209, 211, 214
Trochoidal selector, in electron spectroscopy, **ES**:13B, 283–285

Tropomyosin, actin complex, reconstruction, **M**:7, 354
Trotter, J., **ES**:16, 83, 86, 486
Trüb Taüber Company, commercial microscope production, **E**:96, 453–454, 486, 488
Trüb–Taüber electron microscope, **ES**:16, 56, 67, 597, 600; **M**:10, 226
True covariance matrix model
  free parameters, **E**:84, 266
  inverse linear, **E**:84, 271–272
  linear, **E**:84, 266–268, 273, 282
  nonsymmetric, **E**:84, 264
  orthogonal complement identity, **E**:84, 268
  simple symmetry, **E**:84, 265–266
Truncated potential mode, **E**:90, 244–245
Truncated pulses, **ES**:11, 208, 212
Truncated series expansions, **ES**:19, 269–279
Truncated singular value decompositions, **ES**:19, 262–263
Truncation, open boundary problems and, **E**:102, 79
Truth table
  minimization, **E**:89, 66–68
  NAND logic gate, **E**:89, 230–231
TRW, **ES**:22, 5, 29
Trypanosma cruzi, kinetoplast DNA, **M**:8, 119
Tschermakite substitution, **E**:101, 22, 25
TSE, *see* Transmission secondary emission
T-structure transistors, **E**:89, 178–193
  analog, **E**:89, 188–189
  digital applicatons, **E**:89, 189–191
  electro–optic applications, **E**:89, 191–193
Tsu–Esaki formula, **E**:89, 115
  quantum mechanical tunneling time, **E**:89, 136–142
Tubular crystals, globular proteins, three-dimensional structure, **M**:7, 339, 340
Tubules, **E**:83, 34
Tubulin
  flagella, three-dimensional structure, **M**:7, 341
  ox brain, three-dimensional structure, **M**:7, 341, 347
Tuck, J., **ES**:16, 27
Tuinila, **ES**:18, 37
Tumor cells, *see* Cancer cells
Tune depression, in beam transport, **ES**:13C, 110, 113

Tungsten
  crystal-aperture scanning transmission electron microscopy, **E**:93, 58–59, 79
  field evaporation, **ES**:13A, 284
  field ion emitter, **ES**:13A, 279–281, 283, 303
Tungsten carbide collimator, **ES**:13A, 330, 336
Tungsten field emission cathodes, **M**:8, 252–253
  emission pattern, oxygen processing, during, **M**:8, 254
Tungsten hairpin electron gun, **M**:10, 248–249
Tungsten thermionic cathodes
  emission current density, **M**:8, 179, 213
  emission images, **M**:8, 184
  temperature-field domains, **M**:8, 214
Tuning, introduced, **ES**:14, 1
Tunnel diodes, **E**:89, 98; **ES**:14, 112
Tunneling, **E**:82, 223; **E**:83, 10, 13, 20, 21, 23, 25, 61; **E**:86, 53; **ES**:24, 160, 243
  bandgap semiconductor, **E**:99, 88
  Dirac current, **E**:95, 333, 336
  incoherent tunneling, **E**:89, 128
  quantum mechanical tunneling, **E**:89, 136–142, 216
  resonant tunneling, **E**:89, 126, 128
  resonant tunneling devices, **E**:89, 121–142, 222, 245
  sequential resonant tunneling, **E**:89, 129
  spin-polarized scanning tunneling microscope, **E**:89, 225, 236–237
  time calculation, **E**:95, 326–327, 337–338
  two-dimensional simulation, **E**:95, 338–339
  wavepacket tunneling, **E**:95, 332–333, 336–338
Tunneling electron
  emission from surfaces, **ES**:1, 10, 150, 166, 168
  internal (Zener effect), **ES**:1, 3, 4, 10
  from localized centers (field ionization), **ES**:1, 4
  as mechanism for EL, **ES**:1, 10, 101
  in ZnS, **ES**:1, 81, 101–104, 108, 236
Tunneling time, quantum mechanical, **E**:89, 135–142
Tunnel resonance effects, field electron emissions, in, **M**:8, 220
Turbulence, coherent imaging, **E**:93, 153–166

SUBJECT INDEX

Turing test, machine intelligence, **E**:94, 266–272
Turner, C.W., **ES**:11, 221
Turning points, **ES**:22, 251
Turnip yellow mosaic virus, **M**:6, 234
  concentrated preparation, **M**:6, 263
  electron micrograph enhancement, **M**:6, 243, 248
  reconstruction, **M**:7, 371, 373
  three-dimensional reconstruction, **M**:7, 367, 368, 370
Turnstile circulator, **ES**:5, 96–99
  bandwidth, **ES**:5, 98
  isolation, **ES**:5, 98
  three-port, **ES**:5, 98
TV camera, **M**:4, 88–105
  Bivicon (two-raster), **D**:2, 176–178
  color, *see* Color-TV camera
  tricolor vidicon in, **D**:2, 172–175
  two-tube stripe color index in, **D**:2, 175–176
TV compression, three-dimensional, **ES**:9, 230
TV-image intensifier design, **M**:9, 29–46
  camera tubes, **M**:9, 39–44
  channel plates, **M**:9, 32–33
  charge-coupled devices and, **M**:9, 31, 44, 45
  current density dependence of DQE, **M**:9, 31
  direct converting targets with beam read-out, **M**:9, 31–32
  directly bombarded Se-target, **M**:9, 32
  gain, normalization mode and, **M**:9, 31
  high statistical definition of single electron signals, **M**:9, 31
  image intensifier tubes, **M**:9, 38–39
  KCl-target, **M**:9, 32
  quantum level diagram, **M**:9, 30–31
  rms noise of video amplifier, **M**:9, 31
  Si-mosaic target, **M**:9, 32
  solid-state image converters, **M**:9, 44–46
  transmission fluorescent screen as input stage, **M**:9, 31, 33–38
TV liquid-crystal displays
  block diagram of, **D**:4, 31–32
  CRT and, **D**:4, 37
  driving voltage waveforms in, **D**:4, 33–37
  in NTSC-TV system, **D**:4, 37

  series-to-parallel digital signal converting unit in, **D**:4, 34
  TV picture images produced by, **D**:4, 36–38
TV rate addressing, with cathodochromic system, **D**:4, 141–143
TV video recording system in microkymography, **M**:7, 93
12,2 formula, **E**:93, 252, 253
12,9 formula, **E**:93, 235, 237–239, 252, 253, 257, 261–266, 277
20,2 formula, **E**:93, 252, 253
20,5 formula, **E**:93, 252, 253, 257, 261–266, 261–267, 264, 266, 269, 272, 273, 274–275, 277, 286, 318, 323, 324
20S formula, **E**:93, 257–258, 266, 277
20T formula, **E**:93, 257–258, 266, 269, 277
20U formula, **E**:93, 257–258, 266, 277, 323
24,5 formula, **E**:93, 269–271, 273, 324
24,9 formula, **E**:93, 252, 272
24,14 formula, **E**:193,252
24,20 formula, **E**:93, 252, 253, 266, 277, 323–324
Twiddle factor, **E**:93, 28
Twin boundary, **ES**:20, 146, 237
Twinning, microtransform and, **M**:7, 49
Twisted nematic cell, **E**:91, 246
Twisted nematic field effect, **D**:4, 6
  TNFE guest-host dichroic cell, **D**:4, 80–81
  TNFE liquid-crystal cell, **D**:4, 78
  TNFE two-color display cell
    operating principle of, **D**:4, 77–79
    performance characteristics of, **D**:4, 78
Twisted-nematic liquid-crystal cells
  operating principles of, **D**:4, 7–9
  reflective-transmissive type, **D**:4, 9
  reflective type, **D**:4, 8–9
  transmissive type, **D**:4, 7
Two-aperture method
  of beam measurement, **ES**:13A, 205, 211–214, 214, 250–251
  of brightness measurement, **M**:8, 174–175, 179–182
  lens method, comparison with, **M**:8, 182–183
Two-beam interferometers, **ES**:4, 95, 96, 101; **M**:8, 34, 38
  signal-to-noise ratio, **M**:8, 38
Two color chromatic aberration, correction of, **M**:14, 273–276
Two-cylinder electrostatic lens, **ES**:13A, 3–5

2DEG, *see* Two-dimensional electron gas
2DHG, *See* Two-dimensional hole gas
Two defocus method
　phase determination and, **M**:7, 273
　phase problem and, **M**:7, 241
　phase problem solution and, **M**:7, 225–227
Two-dimensional beam former, **ES**:11, 84
Two-dimensional circulators, *see* Circulator(s)
Two-dimensional crystals, negative staining, **M**:8, 123
Two-dimensional electron gas, **E**:91, 214, 223; **ES**:24, 4, 27, 77, 91, 234
Two-dimensional gas, **ES**:24, 77
Two-dimensional hole gas, **ES**:24, 4, 91, 234, 236, 239
Two-dimensional holes, **ES**:24, 82
Two-dimensional images, reconstruction, **M**:7, 293–303
Two-dimensional orientation data, **E**:93, 280–283
Two-dimensional phase retrieval, **E**:93, 110–112, 131–139, 161–162, 167
　simulation, **E**:93, 133–134
Two-dimensional processing, **ES**:11, 25; **M**:8, 1
Two-dimensional sampling filter, **ES**:11, 38
Two dimensional scanning, **ES**:4, 199
Two-dimensional transfer arrays, **ES**:8, 261
　basic electrode arrangements, **ES**:8, 261–263
　layouts and applications, **ES**:8, 263–266
　sensor arrays, **ES**:8, 268
　special-purpose, **ES**:8, 266–268
Two-dimensional transform, **ES**:11, 36
Two-dimensional transforms
　wavelets, **E**:97, 197
Two-dimesional effect(s)', **ES**:24, 77
Two-electrode ion gun, **ES**:13A, 290, 293
Two-electrode mirrors, energy analyzers, **E**:89, 392, 411–417, 441–458
Two-element proton probe, **ES**:13A, 294–296
Two-fluid model of superconductors, **M**:14, 8–9
Two-frequency driving schemes, displays using, **D**:4, 43–46
Two-lens system
　demagnifying, **ES**:13A, 104
　field ion gun, **ES**:13A, 293

Two-pairs of crossed slits method, of beam measurement, **ES**:13A, 221–225, 227–229, 250–251
　sensitivity, **ES**:13A, 242
Two-particle distribution function
　for axial velocity displacements, in beam with crossover
　　of arbitrary dimensions, **ES**:21, 204–207
　　narrow, **ES**:21, 182–184
　for lateral velocity displacements, in beam with crossover
　　of arbitrary dimensions, **ES**:21, 245–253
　　narrow, **ES**:21, 229–231
Two photon absorption, **ES**:2, 199–200
Two-plate electrodes, energy analyzers, **E**:89, 392, 410–432, 441–476
Two-probe model, **E**:87, 149, 155
Two raster TV camera (Bivicon), **D**:2, 176–178
Two-slab problem, **E**:87, 55–61
Two-slit method, of beam measurement, **ES**:13A, 205–212, 250–251
　automation, **ES**:13A, 235, 239–240
　sensitivity, **ES**:13A, 242
　systematic errors, **ES**:13A, 241, 243–244
Two-tube electrostatic lens, **ES**:13A, 66
Two-tube stripe color index TV camera, **D**:2, 175–176
2,2 formula, **E**:93, 233, 252, 253, 261–262, 266, 277
Two-wave particle model, **E**:101, 46, *see also* Kaluza–Klein space, two-wave model of
　of longitudinal photons, **E**:101, 165–171
Two-way video system, with single optical erase mode cathodochromic CRT, **D**:4, 143–144
Tyndall, A.M., **ES**:16, 25
Type, structure, **E**:86, 116
Typhoid bacillus, early electron microscopy of, **ES**:16, 341
Tzukamoto, N., **ES**:11, 217

U

Überall, **ES**:15, 268; **ES**:18, 226, 237, 238
"Übermikroscop," **M**:10, 216, 223
Ubitron, **ES**:22, 3, 5, 6
UDU^T-formulation, **E**:85, 23, 26, 34, 36, 63
UHF Devices, *see* Lumped-element junction circulator

SUBJECT INDEX

UHV, **M**:11, 48, 103
UHV 1MeV TEM, **M**:11, 66
UHV/CVD, *see* CVD, ultra-high vacuum
UHV electron microscopes, **M**:11, 59, 75, 76
Ulbricht, W., **ES**:16, 52
Ullrich, **ES**:18, 37, 237, 239
ULSI, **ES**:24, 28
  quantum devices, **E**:89, 208-210, 215-217
Ultimate periodicity, minimax algebra, **E**:90, 78-79
Ultracomposition, **E**:89, 271, 280, 282
Ultra-FIM, **ES**:20, 17
Ultrafine magnetic particles, *see* Fine magnetic particles
Ultrafine power, **ES**:20, 161
Ultrahigh-order approximation, canonical aberration theory, **E**:91, 1-35
Ultrahigh-order canonical aberration theory, **E**:97, 360-406
Ultrahigh-vaccum electron microscope
  Japanese contributions, **E**:96, 716
  Vacuum Generators Company
    niche marketing, **E**:96, 532-533
    scanning electron microscope development, **E**:96, 508, 519
Ultralarge-scale integrated chips, **E**:89, 208, 209
Ultramicrotomy, **ES**:16, 167-223
  diamond knife and, **ES**:16, 182-184
  instrument development, **E**:96, 386, 461-462
  Japanese contributions, **E**:96, 725, 778-781
  Scandinavian contributions, **E**:96, 306, 310
Ultrasonic holograms, use of mirror EM, **M**:4, 258
Ultrasonic modulation of light, **ES**:2, 134, 228
Ultrasonic ophthalmoscope, **M**:11, 167
Ultrasonics, future development, **ES**:19, 46
Ultrastructure, seen by microincineration, **M**:3, 143, 151
Ultrathin film, MBE, **E**:89, 97
Ultraviolet, **ES**:22, 33
Ultraviolet-excited fluorescence, biological stains, **M**:8, 53
Ultraviolet masers, **ES**:2, 152, 247
Ultraviolet microscopy, **M**:10, 9
Ultraviolet phosphor, **DS**:1, 164
Ultraviolet photoemission spectroscopy, **ES**:13B, 262, 307
Ultraviolet proximity printing, **E**:83, 110
Ultraviolet radiation, **ES**:1, 181-240
  effect of non-uniform excitation, **ES**:1, 185, 199, 200, 226
  effect on electroluminescence in ZnS, **ES**:1, 66, 90, 201-203
  effect on glavanoluminescence in Al2O3, **ES**:1, 165
Ultra wideband signals, space-time representation of
  frequency-domain interpretation, **E**:103, 29
  initial field distribution, **E**:103, 24-26
  overview, **E**:103, 3-7
  phase-space pulsed beam analysis for time-dependent radiation, **E**:103, 44-60
  radiation patterns, **E**:103, 27-28
  time-dependent plane-wave spectrum example, **E**:103, 26-27
  time-domain representation of radiation, **E**:103, 15-24
  time-harmonic radiation, **E**:103, 7-14
  wavepackets and pulsed beams, **E**:103, 30-44
  well-collimated condition, **E**:103, 28-29
Umashankar, **ES**:15, 269
Umbilical, **E**:103, 93
Umbra transform, **E**:89, 366
ÜM electron microscopes, **ES**:16, 571
  100, **ES**:16, 572
  100a, **ES**:16, 573, 574
Uncertainty, **E**:88, 248; **E**:94, 294-295
  crystal-aperture scanning transmission electron microscopy, **E**:93, 57-58, 64
  fuzzy set theory, **E**:89, 256
  informational uncertainty, **E**:97, 10
  measures, **E**:88, 251-260
  principal, **E**:88, 303, 318
  rough sets, **E**:94, 181
Uncertainty measure, **E**:91, 37
Uncertainty principle, **E**:101, 227; **ES**:22, 55
  information approach, **E**:90, 165-169, 187-188
  quantum neural computer, **E**:94, 304, 305
  scale-spaces and, **E**:99, 3
Uncertainty relations, **E**:94, 307-309
Uncorrelated
  covariance, **E**:85, 22
  measurement, **E**:85, 24, 63
  noise, **E**:85, 24, 36

Under-filtering, mathematical morphology, **E**:89, 351, 353–354
Underground probing, boreholes, **ES**:19, 51–57
Underlying finite graph, **E**:90, 38
Underlying physics, **ES**:24, 4
Underpotential deposition, **ES**:20, 246
Underwater acoustics, **ES**:15, 195, 200
Undulations, **E**:103, 93
Undulator, **ES**:22, 3
 radiation, **ES**:22, 3, 13, 64
Unequal insonification, **ES**:11, 155
Unicellular organisms radiation damage, **M**:5, 336, 337, 343
UNICOS, **E**:85, 273
Unified (r,s)-divergence measures
 Fisher measure of information, **E**:91, 115–120
 probability of error, **E**:91, 41–42
Unified (r,s)-entropy, **E**:91, 41–42
 bivariate, **E**:91, 95–96, 98–102
 multivariate, **E**:91, 95, 102–107
 properties, **E**:91, 73–75
Unified (r,s)-inaccuracies, **E**:91, 41, 42
 optimization, **E**:91, 71–73
Unified (r,s)-information, **E**:91, 107–110
 Markov chains, **E**:91, 111–112
Unified (r,s)-information measures, **E**:91, 41–75
 applications, **E**:91, 110–132
  Fisher measure of information, **E**:91, 115–120
 composition relations, **E**:91, 48–53
 convexities, **E**:91, 46–48, 62–70
  majorization, **E**:91, 47
  in pairs, **E**:91, 68–70
  pseudoconvexity, **E**:91, 47, 66–67
  quasiconvexity, **E**:91, 47, 67
  Schur-convexity, **E**:91, 48, 67–68, 70
 inequalities among, **E**:91, 57–62
 Markov chains, **E**:91, 111–112
 M-dimensional, **E**:91, 38–40, 75–95
 mutual information, **E**:91, 107–110
  Markov chains, **E**:91, 111–112
 probability of error, **E**:91, 120–132
 Shannon–Gibbs inequalities, **E**:91, 42, 53–57
 unified (r,s)-entropy, **E**:91, 41–42
  bivariate, **E**:91, 95–96, 98–102
  multivariate, **E**:91, 95, 102–107
  properties, **E**:91, 73–75
 unified (r,s)-inaccuracies, **E**:91, 41, 42
  optimization, **E**:91, 71–73
Unified (r,s)-information radii, **E**:91, 113
 M-dimensional, **E**:91, 76–77
Unified (r,s)-relative information, **E**:91, 41, 43
 Kullback–Leibler, **E**:91, 60
Uniform axial magnetic field, particle beam focusing in, **ES**:13C, 28–31
Uniform focusing system, **ES**:13C, 10–11, 13–14, 16, 39–41
Uniformity, orientation analysis, **E**:93, 282
Uniformity enhancement, **E**:92, 9–10
 with additive noise or texture, **E**:92, 10–13
 with multiplicative noise or texture, **E**:92, 13–14
 nonlinear mean filter, **E**:92, 18
 rank-order filtering, **E**:92, 14–18
  adaptive quantile filter, **E**:92, 14–16
  center-weight median filter, **E**:92, 17
  composite enhancement filter, **E**:92, 16–17
   iterative noise peak elimination filter, **E**:92, 17–18
  streak suppression, **E**:92, 19
Uniform radiance, **ES**:4, 127
Uniform resolution, **ES**:11, 18
Unigrid, **E**:82, 346
UNILAC accelerator, **ES**:13C, 52
Unimodular images, **ES**:10, 51–54, 121
Union, τ-mapping, **E**:89, 338–339, 342–343
Union Optical Company Farom microscope
 construction, **M**:5, 33, 34, 35
 operation, **M**:5, 33
Unipole, **ES**:9, 251
Unipotential lens filter, **ES**:4, 227
Uniqueness
 bright-field/dark-field pairs, **ES**:10, 29
 dark-field one-sided pairs, **ES**:10, 169
 defocus pairs, **ES**:10, 149–150
 of eddy current field, **E**:82, 22
 of electrostatic field, **E**:82, 6
 image/diffraction pairs, **ES**:10, 79–93, 97, 128–129, 136, 144–147
 of magnetostatic field, **E**:82, 8
 of the phase solution, **M**:7, 238–246

SUBJECT INDEX

of scalar potential
  electric, **E:**82, 11, 27
  magnetic, **E:**82, 13, 15, 29
of static current field, **E:**82, 9
three data planes, **ES:**10, 162
of vector potential
  current, **E:**82, 20
  magnetic, **E:**82, 17, 26, 27
weak objects, **ES:**10, 81–83
Unitary matrix, **E:**86, 212
United Kingdom
  early work on electron microscope in, **ES:**16, 24–33, 82–100, 483–500
  electron microscopy, **M:**10, 221–224, 254–256
  electron physics during World War II, **E:**91, 260–274
  integrated circuits, **E:**91, 150–151, 168–169
  radioastronomy, **E:**91, 285–290
  semiconductor industry, **E:**91, 149–151, 168–169
United Nation Relief and Rehabilitation Administration (UNRRA), **ES:**16, 66
United States, **ES:**14, 24, 25
  computer technology, **E:**96, 368–369
  Electron Microscopy Society of America, *see* Electron Microscope Society of America
  electron optics, **E:**96, 347–348
  high-resolution electron microscopy, **E:**96, 367, 369
  high voltage electron microscope development in, **ES:**16, 124
  high-voltage electron microscopy, **E:**96, 366, 369
  in history of electron microscope, **ES:**16, 57–59, 275–296, 600–601
  history of electron microscopy, commercial microscopes, **E:**96, 354–356, 360–362, 365–366
  information sources, **E:**96, 348–352
  materials science, **E:**96, 363–364
  meetings, **E:**96, 348, 357
  microscope construction, **E:**96, 353–354
  radioastronomy, **E:**91, 287, 288
  research sites, **E:**96, 352–353, 356, 367
  semiconductor industry, **E:**91, 146, 149, 168–169
  significant events, **E:**96, 375–381
  specimen preparation, **E:**96, 362–363

United States Geological Survey, **ES:**6, 338
Unit gain frequency, **ES:**15, 217
Unit matrix, **ES:**11, 86
Units, **ES:**2, 7, 266, 267
Universal computer programs, **ES:**17, 419
Universal conductance fluctuations, mesoscopic devices, **E:**91, 216–218
Universal field, **E:**94, 307
Universality, of description tool, **E:**94, 326
Universal-Line-Standards Comparator, **M:**8, 27
Universal logic transfer arrays, **ES:**8, 274
Universal space charge beam spread curve, **ES:**3, 87
Universal state, for orientating crystals, **M:**1, 46
Universal yield curves, for backscattered electrons, **ES:**6, 180–181
University collage, London, in history of electron microscopy, **ES:**16, 24
University of California, Santa Barbara, **ES:**22, 20, 24, 39, 49
University of Texas, **ES:**11, 1, 143, 146
University of Tokyo, microscope development at
  electrostatic electron microscope, **E:**96, 251–256
  magnetic electron microscope, **E:**96, 251–252
University of Toronto, electron microscope development at, **ES:**16, 277–2280
Unperturbed trajectory, Vlasov equation, **ES:**13C, 60
UNRRA (United Nation Relief and Rehabilitation Administration), **ES:**16, 66
Unsharp masking, weighted, **E:**92, 24–25
Unstable beam, **ES:**15, 191
Unstable resonator, **ES:**22, 325
  negative branch, **ES:**22, 325
Update, **E:**85, 20–25, 36–46, 49, 63
Upper approximation, of a set, **E:**94, 157–165
Upper boundary, **E:**94, 164
Upper substitutional decision, **E:**94, 185
Upper triangular matrix, **E:**85, 22–23, 27–28, 30, 34–35, 37, 43, 45, 47, 51–52; **E:**90, 53–54
UPS (ultraviolet photoemission spectroscopy), **ES:**20, 110, 173
Ura, K., **ES:**16, 124

Uranium, isotope separation, **ES:**13B, 164–165
Uranium oxide, irradiation, **M:**7, 293
Uranyl acetate staining, **M:**2, 276, 280, 326
  critical point drying preparation, viruses of, **M:**8, 91–93
  critical point drying preparation and, viruses of, **M:**8, 94–95
Urey, H., **ES:**16, 188
Urick, R.J., **ES:**11, 22; **ES:**15, 151
Uryadnikov, **ES:**23, 334
Useful ionic yield, in mass spectrometry, **ES:**13B, 2, 14–15, 40
Usual Fourier transform, **ES:**11, 43
U^{3+} : CaF_2 maser, **ES:**2, 128–131, 234–235
  power output, **ES:**2, 90
  spiking, **ES:**2, 192
Uyeda, R., **ES:**16, 123, 327

V

Vacancies, **E:**87, 219, 221; **M:**11, 80
Vaccum, in SEM, **E:**83, 211, 228, 256–257, 259
  breakdown, **E:**83, 27, 49, 80
  contamination, **E:**83, 213, 237, 239
  differential pumping, **E:**83, 230
  electron gun, **E:**83, 229
  field emission triode, **E:**83, 72
  at low beam voltage, **E:**83, 221
  low temperature, effect of, **E:**83, 213, 237, 240
  modifications for LVSEM, **E:**83, 230
  molecular drag pumps, **E:**83, 230, 256, 259
  oil-free, **E:**83, 229–230
  Teflon™ JM vacuum seals, **E:**83, 230
  van der Waals force, **E:**83, 213
Vaccum Generators Company
  niche marketing, **E:**96, 532–533
  scanning electron microscope development, **E:**96, 508, 519
Vaccum system, mirror EM, **M:**4, 215
Vacoflux, **ES:**13A, 50, 338
Vacuum
  beam scattering, **ES:**13C, 357–358
    current limitations, **ES:**13C, 356–357
    finite magnetic field effect, **ES:**13C, 358–361
  high-power electron beam transport in, **ES:**13C, 354–361

  ion beam propagation through a vacuum, **ES:**13C, 395–396
  magnetostatics of, **ES:**13A, 5–13
Vacuum conditions, **ES:**3, 29, 68, 75–76, 153
Vacuum diode
  collective ion acceleration, **ES:**13C, 452
  computer simulation, **ES:**13C, 195–200
    foilless diode, **ES:**13C, 199–200
    high-impedance diode, **ES:**13C, 195–197
    low-impedance diode, **ES:**13C, 198–199
  current limits, **ES:**13C, 192–195
Vacuum evaporation, support film preparation by, **M:**8, 120
Vacuum film camera, electron microcinematography with aid of, **ES:**16, 14
Vacuum fluorescent display, **E:**91, 236
Vacuum neutralization, **ES:**13C, 398–399, 416
  longitudinal, **ES:**13C, 403–408
  transverse, **ES:**13C, 399–403
Vacuum transmission line, self-magnetic insulation, **ES:**13C, 373–377
Vacuum tunneling current, **ES:**20, 261
Vacuum ultraviolet, **ES:**22, 33
VAIL, *see* Variable axis immersion lens
VAL, *see* Variable axis lens
Valasek, J., **ES:**11, 109
Valence band(s), **E:**83, 2, 10, 21; **ES:**24, 5, 69–78, 82, 84, 89, 91, 123, 137, 152, 166, 168, 177, 185, 194, 196, 206, 212, 220, 225, 240, 242, 245, 250
Valence-band excitation, **E:**86, 187
Valine crystals, **M:**5, 309, 314, 316
Valley, **ES:**15, 270
Valley bottoms, **E:**103, 91–92
Value functions, **E:**94, 3, 45
Value set, **E:**90, 358
Vanasse, **ES:**9, 400
Vance, A.W., **ES:**16, 514, 584
Van Cittert–Zernicke theorem, **ES:**4, 114; **M:**7, 112, 114
van de Graaf accelerator, **ES:**13A, 324–325
  gas-insulated, **ES:**13B, 56
Vanderbilt, **ES:**18, 37, 236
Vanderbilt University, **ES:**22, 49
Vander Lugt filters, **M:**8, 22
Van der Waals forces, **E:**87, 53–102; **E:**102, 151–154, *see also* Hamaker constant
  absorbed surface layers, **E:**87, 90–92

SUBJECT INDEX

application, molecular-scale analysis and surface manipulation, E:87, 97–100
bead-substrate interaction, E:87, 99–100
continuum, E:87, 117
description, E:87, 53–55
dielectric contributions, E:87, 72–87
differential power law index, E:87, 70
dispersion interaction, E:87, 68–69
effective measure of curvature, E:87, 66
excess dielectric polarizability, E:87, 62
four-slab arrangement, E:87, 90–91
intermolecular force, E:87, 61
interpolation between asymptotic regimes, E:87, 60
lateral resolution, E:87, 71
macroscopic consequence, E:87, 54
metal probe interaction with metal and mica substrate, E:87, 88–90
molecular tip array, E:87, 99–100
multiple contributions, E:87, 96
non-contact microscopy, E:87, 101
observability, E:87, 87–89
particle-substrate dispersion interaction, E:87, 68
pressure, E:87, 56, 58–60
  four-slab, E:87, 91
  as function of separation, E:87, 86–87
  interaction with ionic pressure, E:87, 105–106
  two-slab, E:87, 87, 89
probe geometry effect, E:87, 65–72
retardation effect onset, E:87, 89
retardation wavelength, E:87, 83–86
retarded vacuum dispersion force, E:87, 95–96
size, shape and surface effects, E:87, 92–97
sliding-slab arrangement, E:87, 93–94, 96
theory limitations, E:87, 92–97
tip-particle interaction, E:87, 97, 99
transition distance, E:87, 83
transition to renormalized molecular interactions, E:87, 61–65
two-slab problem, E:87, 55–61
two-sphere configuration, E:87, 94, 96
van der Waals interaction, ES:20, 94
van Dorsten, A., in history of electron microscope, ES:16, 28, 55, 87, 406–408, 412, 413
van Etten, ES:15, 114
van Iterson, F.K.Th., ES:16, 405

van Iterson, W., ES:16, 405, 408
van Ments, M., ES:16, 410
Van Valkenburg, ES:9, 2
Vapor-deposited films, on metal specimens, ES:6, 223–224
Vapor phase, E:83, 14
Vapor-phase epitaxy, D:1, 107
Varadan, ES:23, 333
Varganov, ES:23, 334
Variability of prototypes, E:84, 238, 245
Variable axis immersion lens, E:83, 161, 170–172; E:102, 96; M:12, 125, 135, 190, 192, 200; M:13, 160
Variable axis lens, E:83, 160, 161; M:12, 125
Variable color-amplitude phase system
  dichroic filter, M:6, 103
  phase contrast image, M:6, 104
Variable energy selector, ES:13B, 329–330
Variable-phase complex filters, M:8, 22
Variable-phase contrast systems, M:8, 18
Variable range hopping, E:82, 206
Variable rest mass, E:101, 150
Variable shadow procedure, electron gun geometrical properties determination by, M:8, 147–148
Variable-shape beam, in electron beam lithography, ES:13B, 115–116, 127
Variable space memory, E:87, 290
Variable spot size transformation, ES:3, 126
Variable word-length coding, ES:12, 6, 15, 76, 94, 196, 206, 229–231
  complication of data handling and, ES:12, 99
  efficiency of, ES:12, 193, 197, 198, 205
Varian, R., ES:16, 515–516
Varian, S., ES:16, 515–516
Variational analysis
  complex media, E:92, 142–145
  gyroelectric-gyromagnetic, E:92, 136–138
  isotropic gyroelectric and gyromagnetic, E:92, 139–141
  propagation constant, E:92, 93
Variational correction, E:82, 212
Variational function, ES:17, 49, 70, 75, 130, 137, 154, 159–160, 161, 165–166, 176
  for deflection field, ES:17, 130–131
  for ion optics system, ES:17, 267, 268–269, 295, 301–302, 307, 311, 316
  for multipole field, ES:17, 206, 208–210, 230

for rotationally symmetric field, ES:17, 49–50, 104
Variational method, E:82, 212
Variational principle, E:82, 239; E:86, 248; ES:17, 2, 48, 70, 103, 130–131, 267–269, 356, 390
Variational problems, ES:17, 50, 131, 390
Varicella virus three-dimensional reconstruction, M:7, 368
Varicolor phase contrast device, M:6, 95
Varistor-addressed matrix liquid-crystal display panel, D:4, 56–58
Varistor elements
  displayed image and, D:4, 57
  main characteristics, operation, and driving waveforms of, D:4, 54–55
  panel construction and, D:4, 56–57
  use of, D:4, 54–58
Vasco da Gama, ES:9, 2
Vascular bundle cells, M:5, 140, 146
Vastel, J., ES:16, 243, 261
VDU, *see* Visual display unit
Vector(s)
  addition of colors in laser displays, D:2, 16–19
  eigenvectors, E:90, 63–67
  minimax algebra, E:90, 5
  normal, ES:17, 102
  orthogonal, ES:17, 102, 160
  potential, magnetic, *see* Magnetic vector potential
Vector coding
  adaptive predictive, E:82, 173
  excitation, E:82, 173
  predicitve, E:82, 157
Vector convolution, E:94, 11
Vector field, E:84, 136, 138, 170, 184
  holonomy, property, E:84, 138
  prolongations, E:84, 138, 141, 187
Vector filter, E:94, 385
Vector Helmholtz equation
  chiral media, E:92, 122–123, 126, 130
  sourceless, E:92, 135, 159
Vector potential(s), E:102, 11–12; ES:2, 252–253; ES:15, 45; ES:18, 34; ES:22, 65, 78; ES:23, 50, 55, 143
  current, E:82, 19, 27
  edge elements for, E:102, 15–30
  electric, E:82, 19, 42

magnetic, E:82, 16, 26, 41
popularity of, E:102, 15
Vector processor, E:85, 24–26, 32, 62–63
Vector quantization, E:82, 137; E:97, 51, 193
  adaptive, E:82, 143
  coding algorithm, E:97, 220–226
  image coding, E:97, 226–232
  optimal conditions, E:82, 137
  suboptimal, E:82, 142
  successive approximation wavelet vector quantization, E:97, 191–194
  theory, E:97, 193–220
  video coding, E:97, 232–252
  wavelets, E:97, 201–202, 203
Vector scan, in electron beam lithography, ES:13B, 78, 80, 112–114
Vector space(s)
  finite abelian group, E:93, 7–8
  group algebra elements, E:94, 28–29
Vector state function, E:94, 385
Vector sum excitation linear prediction, E:82, 176
Vector transform quantization, E:82, 159
Vector wavelet transform, E:97, 202
Vedic cognitive science, E:94, 264–265, 267
Veksler, V.I., ES:22, 331
Velocity
  addition law, ES:22, 61
  of blood, M:1, 7, 8, 10, 16, 23, 24, 25, 26, 29
  chi function, E:94, 328
  of emission, effect on maximum beam density, ES:3, 62, 205–215
  on scaling theory, ES:3, 195–199
  longitudinal, ES:22, 206
  of moving particles, M:1, 1, 28
  of propagation, ES:18, 54
  transverse, ES:22, 206
  waveguide, ES:15, 226
Velocity addition theorem, E:101, 200
Velocity distribution, ES:18, 216
  of particle beam, ES:13C, 484
Velocity lens, longitudinal beam control, ES:13C, 427–430
Velocity processing/processor, ES:14, 308, 316, 319
Venezuelan Institute for Neurobiology and Brain Research, ES:16, 184
  establishment of, ES:16, 187–191
Venezuelan Institute for Scientific Research, ES:16, 199–200

Venturini, **ES**:9, 492
VEPP-3, **ES**:22, 6
Vertical axis, **E**:85, 13
Vertical confinement, **ES**:24, 189
Vertical dimensions, **M**:3, 65–67
Vertical focalization, in mass spectrometry, **ES**:13B, 16
Vertical recording media, **E**:87, 164–167
Vertical semiconductor quantum devices, resonant tunneling devices, **E**:89, 121–142
Vertical stray field, **E**:87, 142–144, 152
Vertices, **E**:103, 93, 94
Very high-speed integrated circuits, **E**:89, 208–209
Very short-term memory, **E**:94, 289
Vestopal, **M**:2, 320
VG scanning transmission electron microscopy, **E**:93, 79, 80, 82, 106
VHSIC, quantum devices, **E**:89, 208–209
Vibration(s), **E**:83, 257
  scanning transmission electron microscopy, **E**:93, 86
Vibrational excitation in chemical reactions, **ES**:2, 145
Vichnevetsky, **ES**:18, 239
Vickers Image-Shearing Module Mark I, **M**:9, 232–234
  antipolarizing system, **M**:9, 234
  brightness equalizations, **M**:9, 233–234
  color filter, **M**:9, 234
  drive mechanism, **M**:9, 234
  shutter, **M**:9, 234
  zero shear correction, **M**:9, 233
Vickers Image-Shearing Module Mark II, **M**:9, 234–236
  digital readout unit, **M**:9, 236
  flexure pivot, **M**:9, 235
  lens system, **M**:9, 236
  optical system, **M**:9, 235–236
Vickers integrating microdensitometer, **M**:10, 9
M85
  accuracy, **M**:6, 160, 161
  actual/apparent absorbance, **M**:6, 155
  area measurement, **M**:6, 149
  calibration, **M**:6, 159
  curvilinear scan, **M**:6, 158, 166
  deflected mirror scanner, **M**:6, 164–168
  development, **M**:6, 135, 152, 164–168
  electromagnetic scanner, **M**:6, 164–166
  electronic system, **M**:6, 154
  fast prism, **M**:6, 140
  flying spot illumination, **M**:6, 142
  glare, **M**:6, 155, 156, 161
  illumination, **M**:6, 142
  indirect masking system, **M**:6, 148, 149
  integrated circuit, **M**:6, 159
  linearity, **M**:6, 161, 162
  masking system, **M**:6, 147–149
  microscope stage control, **M**:6, 164
  modular construction, **M**:6, 153
  monochromator, **M**:6, 150–152
  nodding mirror scanner, **M**:6, 165
  optical density, **M**:6, 147
  optical design, **M**:6, 136, 137
  optical lay-out, **M**:6, 143
  optical system, **M**:6, 142–145
  prototype, **M**:6, 155–163
  rectilinear scan, **M**:6, 158, 166
  reproducibility, **M**:6, 160, 161
  resolution, **M**:6, 144, 160, 167
  scan area, **M**:6, 164, 168
  scanning spot size, **M**:6, 156, 157
  scanning system, **M**:6, 136, 137–142
  scan speed, **M**:6, 168
  sensitivity range, **M**:6, 159
  slow prism, **M**:6, 141, 142, 157
  spectral response characteristics, **M**:6, 162, 163
  spurious density, **M**:6, 148
  star collimator, **M**:6, 142, 143, 144
  transmission-absorbance conversion system, **M**:6, 145–147
  uniformity of field, **M**:6, 145
Vickers microscopes, **M**:5, 36
Vicoder, defined, **ES**:9, 163
Video amplifier, wideband, for transverse mode electrooptic modulation, **D**:2, 29
Video coding, low bit rate, **E**:97, 232–252
Video Image Processor, **E**:87, 286–287
Video information processing circuit, **D**:3, 150
Video library service, **E**:91, 207–208
Video signal(s), **E**:84, 328; **E**:97, 192
Videotelephone
  frame replenishment coding in, **ES**:12, 189–190, 191, 193–194, 198, 205, 207, 211, 214

signals, **ES**:12, 79, 109, 190, 196–197, 205, 207, 211
Vidicon, **M**:6, 24
  magnetic, **D**:1, 216–217
  Pyroelectric, *see* Pyroelectric vidicons
  vs. silicon CCD array, **D**:3, 176
Vidicon cameras, CCD imagers and, **D**:3, 289, *see also* Television images/imaging; Vidicon tubes
Vidicon optics, vs. index stripe response, **D**:2, 209
Vidicon tubes, **M**:9, 40, 41–42, 44, 343
  evaluation of spectra, **M**:9, 280–281
  gamma exponent of, **D**:2, 217–218, 221
  gamma tracking characteristic and, **D**:2, 228
  image intensifier and, **M**:9, 281
  integrated stripe filter type, **D**:2, 195
  Spectraflex, **D**:2, 195
  tricolor, **D**:2, 172–175
  in Trinicon index stripe color system, **D**:2, 199
Viewing
  parameter, **E**:85, 211
  transformation, **E**:85, 117
Viewing angle, **ES**:11, 123
Viewing-angle dependence, in matrix-type displays, **D**:4, 18–19
Viewing plane, **ES**:11, 3
Viewing range, **ES**:11, 13
Viewing screens, **M**:10, 251–252
Viewing system(s), **ES**:11, 13; **M**:11, 9–11
Vignetting, **ES**:22, 273; **M**:12, 52
  in beam scanning microscopy, **M**:10, 71
Vilkomerson, D, **FS**:11, 221
Villous cell systems, SiO replication, **M**:8, 85
Virtual cathode
  collective ion accelerators, **ES**:13C, 457, 459
  electron guns, **ES**:13C, 149–150, 165–168
  formation, **ES**:13C, 20–21, 173
  high-current ion accelerator, **ES**:13C, 434
    magnetically insulated acceleration gaps, **ES**:13C, 417–420
  ion beam diode, **ES**:13C, 307, 310
  vacuum diode, **ES**:13C, 192–194
Virtual crossover position, **ES**:3, 58, 64–68, 169–170
Virtual diffuse scattering, **E**:90, 348–349

Virtual immersion lens, **M**:12, 189
Virtual process, **E**:86, 183
Virtual reality, **E**:85, 82; **E**:91, 208–209, 244, 255–256
Virtual slits, in selector, **ES**:13B, 335
Virus(es), **M**:5, 305
  and bacteria, **M**:10, 312
  biochemical analysis, **M**:6, 239
  buffer sensitivity, **M**:6, 236, 237
  capsid, **M**:6, 240, 241, 261, 268
  capsomere, **M**:6, 240, 267, 268
  collapse, **M**:6, 237
  core, **M**:6, 240
  cryoelectron microscopy, **E**:96, 739
  dissociation on specimen grid, **M**:6, 234
  electron microscopy, **M**:6, 227, 228, 229, 230, 234, 236, 237, 239, 240, 241, 242, 243, 261; **M**:7, 288
  of early work on, **ES**:16, 40, 585–587
  envelope, **M**:6, 240
  filament, **M**:6, 240, 241
  fixed, **M**:6, 236, 237
  freeze-etch replication, **M**:8, 93
  French contribution to ultrastructural studies, **E**:96, 94–95, 99–100
  helical, **M**:6, 240, 260
  hydrodynamic study, **M**:6, 239
  icosahedral, **M**:6, 240, 260, 265
  immunoelectron microscopy, **E**:96, 740
  Japanese contribution to ultrastructural studies, **E**:96, 682–683, 735–741
  negative staining, **M**:6, 227, 228, 229–238; **M**:7, 288
  nomenclature, **M**:6, 239–242
  nucleocapsid, **M**:6, 240, 260, 268
  optical diffraction patterns, **M**:6, 251, 253, 254, 256, 257, 265, 266
  osmotic sensitivity, **M**:6, 236
  pathogenic, **M**:6, 233
  potassium phospho-tungstate negative staining, **M**:8, 91, 94–95
  radiation damage, **M**:5, 318
  rapid-freeze method, **E**:96, 740–741
  resolution, **M**:6, 234
  rod, **M**:6, 240, 241
  shell, **M**:6, 240
  SiO replication, **M**:8, 90–91
  soft, **M**:6, 237, 238
  spherical, **M**:6, 227

three-dimensional reconstruction, **M:**7, 367–373
structure, **M:**6, 239, 240, 241, 242, 250
symmetry pattern, **M:**6, 240, 241, 242
three-dimensional structure, **M:**7, 282, 295
unfixed, **M:**6, 237
uranyl acetate staining-critical point-drying preparation, **M:**8, 91–93, 94–95
X-ray analysis, **M:**6, 239, 254, 258, 260
Virus capsid, **M:**6, 240, 241, 261
fine structure, **M:**6, 268
interference pattern, **M:**6, 268
Virus crystal, **M:**6, 229, 239, 258
Virus electron micrograph, **M:**6, 229, 230, 232, 239
analogues for interpretation, **M:**6, 258–261
duplication from models, **M:**6, 260
effect of buffer, **M:**6, 236, 237
effect of stain, **M:**6, 233, 234
hidden periodicity, **M:**6, 243
image reconstruction, **M:**6, 242
integration, **M:**6, 243, 245, 246, 247
interference, **M:**6, 242
moiré pattern, **M:**6, 242
noise, **M:**6, 242
photographic averaging, **M:**6, 243–250
resolution, **M:**6, 242
signal:noise ratio, **M:**6, 242, 243
superimposition, **M:**6, 242, 243
virus symmetry pattern, **M:**6, 240, 242
Virus/negative stain-carbon preparation
crystallite formation, **M:**6, 268, 271
image noise, **M:**6, 269
low molecular weight component removal, **M:**6, 270
radiation damage, **M:**6, 269
resolution limits, **M:**6, 268, 272
specimen thickness, **M:**6, 269
Virus/negative stain material, highly concentrated
for electron microscopy, **M:**6, 261
mounting, **M:**6, 261
negative stain-carbon film technique, **M:**6, 261, 262, 263, 264
Virus/negative stain preparation
buffer crystallite problem, **M:**6, 236
buffer removal, **M:**6, 237
buffers, **M:**6, 236
calibration by catalase, **M:**6, 255
electron micrographs, **M:**6, 232, 255, 257, 258
freeze drying, **M:**6, 237, 238
mounting, **M:**6, 230, 231, 232
nebulizer method, **M:**6, 231, 233
Pasteur pipette method, **M:**6, 230, 231
radiation damage, **M:**6, 242
resolution, **M:**6, 242, 258
separate application method, **M:**6, 231
specimen grid, **M:**6, 231, 233
virus:stain ratio, **M:**6, 230
Virus nucleic acid, **M:**6, 239
Virus particles
disruption, **M:**6, 268
helical model, **M:**6, 260
isolation, **M:**6, 229
linear repeating features, **M:**6, 243
low molecular weight components, **M:**6, 268
model construction, **M:**6, 260
one-sided image, **M:**6, 242, 260
periodicity, **M:**6, 243
phosphorus content, **M:**3, 123–126, 152
in regular crystalline array, **M:**6, 261, 265, 267
rotational symmetry, **M:**6, 243
surface interference patterns, **M:**6, 258, 268
three dimensional models, **M:**6, 258, 260
two-sided image, **M:**6, 242, 258, 260
X-ray analogue technique, **M:**6, 260, 261
Virus protein tube
electron micrograph, **M:**6, 256, 257
interference pattern, **M:**6, 256, 257
reconstructed image, **M:**6, 256, 257
Viscosimetry, **M:**2, 288, 299, 305
Visibility
curve, **ES:**4, 96, 97, 117, 118, 122
of fringes, **ES:**2, 178
nulls, **ES:**4, 99, 120
reduction of, **ES:**4, 94, 122, 130
spatial, **ES:**4, 128
temporal, **ES:**4, 128
Visible range layer, **ES:**11, 170
Vision
quantum and neural computing, **E:**94, 273, 283–284, 302
scripts, **E:**94, 290 291
Vision modeling
Gabor functions, **E:**97, 17, 34–37, 41–45

joint representations, **E**:97, 16–19, 37–50
receptive field, **E**:97, 40–44
sampling, **E**:97, 3–4, 45–50
VisTA system, **E**:87, 288–291
Visual acuity
  eye performance and, **D**:1, 47–49
  modulation transfer function and, **D**:1, 47–48
  signal processing and, **D**:1, 50–51
Visual acuity curves, **D**:1, 46–47
Visual and electrical spot size, **ES**:3, 182–183
Visual contour, **E**:103, 67
Visual cortex
  image representation, **E**:97, 37–39–**E**:97, 45
  sampling, **E**:97, 45–50
Visual display unit, **E**:91, 238–242, 243
Visual micrometer-microscopes, **M**:8, 26
Visual perception, at low light levels, **D**:1, 45–46
Visual phenomena
  busy edges, **ES**:12, 78, 86, 88, 91, 92, 109
  color sensitivity, **ES**:12, 36, 47, 64, 68–69
  flicker visibility, **ES**:12, 190–191, 201
  luminance sensitivity, **ES**:12, 9, 94
  reduction in sensitivity, **ES**:12, 39–40
  visibility function, **ES**:12, 51–54, 89–90, 92, 95–97, 100–101
  visual system properties, **ES**:12, 35–40, 45–48
Visual psychophysics, **E**:97, 35, 39, 40, 43
Visual streak image technique, **M**:1, 11, 32, 36
Vlasov equation, **ES**:13C, 44–46; **ES**:22, 58
  high-intensity beams, **FS**:13C, 59–60
  KV instabilities, **ES**:13C, 85
  long-bunched beams, **ES**:13C, 123
  stationary distribution instabilities, **ES**:13C, 94–95
Vlasov–Poisson equation, extraction of ion beams from plasma sources, **ES**:13C, 241–243, 283
VLSI device technology, ion beam maching, **ES**:13C, 208
Vocoders, **E**:82, 148
Voelcker, **ES**:9, 8
Voigtian line, **ES**:4, 117
Voigtian profile, **ES**:4, 118
Volcano, **E**:83, 85

Voltage
  breakdown, **E**:83, 11
  conditioning, **E**:83, 6
  effect of
    ac + dc, Superimposed, **ES**:1, 49, 50, 98, 101
    on color of EL emission, **ES**:1, 25, 51, 52
    dc excitation of ZnS, **ES**:1, 46–50, 59, 64, 94
    on efficiency of EL, **ES**:1, 60–62, 112
    in enhancement of luminescence, **ES**:1, 208, 209, 216, 217, 220–223, 230, 234, 235
    in Gudden–Pohl effect, **ES**:1, 183
    on intensity of EL emission, **ES**:1, 38, 42–50, 53, 70, 102, 103, 107, 113
    on maintenance of EL output, **ES**:1, 70, 75
    polarity effects in EL Zns, **ES**:1, 29, 47, 48, 80, 97, 98, 230
    pulses excitation of ZnS by, **ES**:1, 67, 68, 77–83, 86, 100, 109
    in quenching of luminescence, **ES**:1, 194, 199, 200
    threshold for EL, **ES**:1, 46, 102, 114, 120
    on waveform of EL emission, **ES**:1, 46, 84–101
  electric, **E**:82, 5, 10, 11, 26
  of FI tip, **ES**:13A, 303
  magnetic, **E**:82, 8, 12, 14, 28
Voltage classifier, **ES**:9, 329
Voltage coding, **M**:12, 143
Voltage contrast, **M**:12, 139, 142
  detectors, **M**:12, 184, 185
Voltage driver, **ES**:15, 85
Voltage fluctuations, **ES**:10, 14
  transfer theory and, **M**:7, 132
Voltage measurements, **M**.12, 167
Voltage modulation
  grill wire, **DS**:1, 149–150
  penetration screen, **DS**:1, 186, 190
Voltage pulses, **ES**:15, 84
Voltage ratio, final lens, **DS**:1, 32
Volterra equation, **ES**:19, 10, 255
  resolvent, **ES**:19, 13
Volterra's type, **E**:86, 194
Volume
  beam, **ES**:13C, 484–485
  calculation, **E**:85, 25
  data set, **E**:85, 89, 206

Volume currents, **ES**:22, 268, 273
Volume fraction of precipitate, **ES**:20, 201
von Ardenne, M.
  in history of electron microscopy, **ES**:16, 2, 4, 5, 7, 13, 14, 43, 50, 51–53, 67–68, 105, 169, 229, 230, 238, 241, 318, 395, 398, 443, 444, 446
  impact of World War II, **E**:96, 649–650
  relationship with Ruska, **E**:96, 639–641
  scanning electron microscope development with Siemens, **E**:96, 638–639, 643–644
  scanning transmission electron microscope development, **E**:96, 644–645
  translation of works into Japanese, **E**:96, 240, 649
  transmission electron microscopy contributions, **E**:96, 639–641, 645–647
von Aulock, **ES**:15, 262
von Borries, B.
  contributions to electron microscopy, **E**:96, 794–796
  in history of electron microscope, **ES**:16, 2, 4, 24, 45–48, 50, 82, 89, 105, 109, 226, 248, 318, 324, 354, 358, 391, 395, 396, 400, 407, 420, 423, 449, 508, 514, 568, 570, 584
von Braun, W., **ES**:16, 52
von de Leeden, P., **ES**:16, 389
von Helmholtz, H., **ES**:16, 168
von Laue, M., **ES**:16, 34
von Leeuwenhoek, **ES**:16, 104
von Muralt, A., **ES**:16, 192
von Ramm, O.T., **ES**:9, 349, 490; **ES**:11, 4, 15, 181, 219, 221, 222
Voronal diagram, **E**:86, 147
Vortex nucleation process, probe-induced, **E**:87, 186–187
Voxel(s), **E**:84, 203; **E**:85, 115
  address, **E**:85, 206
  carryover, **E**:85, 182
  filling, **E**:85, 182
  model, **E**:85, 116, 195, 206
  projection, **E**:85, 114, 142
  traversal, **E**:85, 127
  visible, **E**:85, 138
VSELP (vector sum excitation linear prediction), **E**:82, 176

VSWR
  introduced by phase shifting, **ES**:5, 173
  Y-junction circulators, **ES**:5, 105, 124

W

W, **ES**:20, 13, 16, 17, 32, 33, 35, 41, 44, 45, 74, 85, 96, 99, 236
W–Re alloys, **ES**:20, 237
WSi_2, **ES**:20, 237
Wadaka, S., **ES**:11, 221
Wade, G., **ES**:11, 218, 220, 222, 223
Wadsley defects, **E**:101, 30
Wagner, **ES**:9, 405, 485; **ES**:14, 148, 374; **ES**:18, 170
Waist radium, **ES**:4, 153
Wait, **ES**:14, 109, 358; **ES**:15, 29; **ES**:18, 210; **ES**:23, 48
Wake
  field, **ES**:22, 395, 398
  impedance, **ES**:22, 396
  potential, **ES**:22, 396
Wakefield, J., **ES**:16, 433
Wald, G., **ES**:16, 194
Walker, **ES**:9, 167, 168; **ES**:18, 238
Wall
  electric, **E**:82, 39, 86, 90, 92
  magnetic, **E**:82, 39, 87, 92
Wall, J., in history of electron microscope, **ES**:16, 5
Wallenberg, **ES**:9, 429, 432, 446
Waller, Ir.F.G., **ES**:16, 391
Wallin, **ES**:18, 37
Wallis, **ES**:9, 48; **ES**:14, 77
Wallman, **ES**:15, 23; **ES**:18, 9
Wall-stabilized plasma channel formation, **ES**:13C, 336–337
Walser, **ES**:18, 236
Walsh, **ES**:9, 8; **ES**:14, 77
Walsh convolution, **E**:94, 19
Walsh functions, **ES**:12, 117; **ES**:14, 77, 78, 81, 130, 137, 138; **ES**:15, 222
  definitions, **ES**:9, 6, 21, 29
  Gray code, **ES**:9, 36
  notation, **ES**:9, 35, 37
  shift theorem, **ES**:9, 43
Walsh matrix, **E**:88, 15
  binary, **E**:88, 20
  conversion between orderings, **E**:88, 22
  dyadic-ordered, **E**:88, 16, 22

natural-ordered, E:88, 17, 21
sequency-ordered, E:88, 16, 21
Walsh transform, E:88, 15
  fast computation algorithm, E:88, 25
Walsh wave receiver, ES:9, 317, 319
Walton, W.P., ES:11, 221
Wann, ES:9, 486
Warp cell, E:87, 278
Wartenberg, ES:18, 37
Washer, see Ring electrode
Washer bag distribution, ES:13C, 14, 39, 41, 43
  high-intensity beams, ES:13C, 51, 57–59, 64–65, 67, 69–71, 102, 104–107
  eigenfrequencies, ES:13C, 88, 90
  instability, ES:13C, 91
Washington Area Probe Users Group, ES:6, 45
Waste heat, ES:22, 20
Watanabe, Y., ES:16, 32; ES:18, 237
Water
  carbon dioxide bubble in, E:98, 44–61
  collision of microdrops, E:98, 13–21, 22
  fluid models, E:98, 45–52
  liquid drop formation on a solid surface, E:98, 30, 32–44
Water dielectric, ES:13C, 176–177
Water drop SiO replication, M:8, 77–79, 90–91
Waters, ES:9, 490
Watershed transform, E:99, 46, 47–48
Water vapour dropwise condensation studies, M:8, 80–81, 97–99
Watson, J., ES:15, 265; ES:16, 34
Watson U^2 test, E:93, 283
Watts, R.M., ES:11, 220
Waugh, T., ES:11, 218
Wave(s), see also specific wave
  captive, ES:15, 241
  digitally controlled, ES:14, 249
  on intense relativistic electron beams in collective ion acceleration, ES:13C, 447–448
  nonplanar, ES:18, 33
  parallel polarized, ES:18, 116, 129
  perpendicularly polarized, ES:18, 116
  planar, ES:18, 30
Wave aberration, E:89, 8, 9, 21, 48; ES:17, 56, 57; M:12, 30
  off-axis holography, E:89, 8, 9, 21, 48

Wave accelerator, ES:13C, 460–466
Wave equation(s), E:90, 124; ES:14, 16; ES:22, 186, 344
  homogeneous, ES:22, 341
  information approach, E:90, 161, 164, 184
  multiparticle, E:95, 364–366
  paraxial, ES:22, 187
Wave excitation, ES:18, 117
Wave field
  quasi monochromatic, ES:4, 144
  stationary, ES:4, 109, 125
Waveform(s)
  analog, generation, ES:8, 235
  average power transmitted, ES:9, 348
  light output
    continuous component, ES:1, 99–101
    in enhancement of luminescence, ES:1, 210, 220–222, 232, 233
    in Gudden–Pohl effect, ES:1, 183
    in-phase and out-of-phase peaks, ES:1, 46, 81–83, 97, 108
    modulation of, ES:1, 87, 99, 100, 226
    for non-sinusoidal excitation, ES:1, 77–83
    primary peaks, ES:1, 83–ES:1, 89, 202
    in quenching of luminescence, ES:1, 197–201
    radiation, effect of, ES:1, 201–203
    secondary peaks, ES:1, 89–99, 202
    for superimposed ac + dc, ES:1, 98, 101
  transfer efficiency and, ES:8, 93–94
Waveform discriminator, ES:9, 321; ES:14, 136
Wavefront(s), ES:11, 11, 24
  direct reconstruction of, M:10, 148–153
  reversed, M:10, 153–157
  division of, ES:4, 92, 101
Wavefront division interferometry, E:99, 194–200
Wave function(s)
  elastic, E:90, 217
  electron, E:90, 216
  neural processes, E:94, 263, 298, 301
  for rotationally symmetric fields, M:13, 247–255
    electron charge, conservation of, M:13, 254–255
    Fraunhofer diffraction
      in paraxial condition, M:13, 257–258

for rectangular aperture, **M**:13, 258-258
Fresnel diffraction
  in paraxial condition, **M**:13, 257-258
  for rectangular aperture, **M**:13, 258-261
  Jacobian determinant of Schrödinger equation, **M**:13, 251-254
  in paraxial condition, **M**:13, 255-261
  Schrödinger equation and solution, **M**:13, 248-251
Waveguide, **E**:82, 4, 38, 39, 40, 45, 61, 85, 86, 87; **ES**:22, 4, 60
  anisotropic, **E**:82, 85
  coaxial, **ES**:15, 256
  cylindrical, **ES**:15, 249
  dispersive, **ES**:15, 219
  large-surface, **ES**:15, 262
  lines of force, **ES**:15, 233, 238
  modes, **ES**:15, 220, 221
  nonperiodic waves, **ES**:15, 260
  rectangular, **ES**:15, 219
  with quadruple ridges, **ES**:5, 42
Wave impedance Z0, **ES**:9, 235
Wavelength
  of electrons, **E**:83, 205, 221; **M**:2, 170
  in lattice spacing measurements, **ES**:6, 402
  of magnetic field, **ES**:6, 293
  in seawater, **ES**:14, 373
  tuning of, **ES**:22, 1, 2, 4, 19, 22, 28, 32, 35, 37
Wavelength shifts, in X-ray emission spectra, **ES**:6, 156-157
Wavelet coefficients
  scalar quantization, **E**:97, 200-201, 202-203
  vector quantization, **E**:97, 201-202, 203
Wavelets
  edge detection, **E**:97, 63-64
  signal and image processing, **E**:97, 3-5, 11-13, 52-53
Wavelet transforms, **E**:97, 12, 52-53, 194
  defined, **E**:97, 195
  detection of changes in sound signals, **ES**:19, 289-306
  examples, **ES**:19, 296-306
  of homogeneous functions, **ES**:19, 292
  notations, **ES**:19, 291
  random signals and noise, **ES**:19, 294-296, 298

scale-covariant representations, **ES**:19, 290-291
  unitary operators, **ES**:19, 291
  image compression, **E**:97, 52-53, 194, 198-205
  signal description, **E**:94, 321
  theory, **E**:97, 195-197
  two dimensional, **E**:97, 197
Wave mechanics, application to development of electron microscope, **ES**:16, 37, 105-107
Wavenumber
  free space, **E**:82, 61, 62
  mean, **ES**:4, 115
  uncertainty, **ES**:4, 95
Wave optics, **ES**:11, 109
  differential phase contrast mode, **E**:98, 357-358
  Fresnel mode, **E**:98, 341-350
  multislice approach, **E**:93, 173-216
  relation to wave mechanics, **M**:5, 268, 269, 270
Wavepackets, **ES**:22, 10, 12, 55, 302, *see also* Pulsed beams
  applications, **E**:103, 30
  Bessel beams, **E**:103, 30
  bullets, **E**:103, 30-31
  coherence and, **M**:7, 172
  curvature and transverse amplitude distribution, **E**:103, 34-35
  eigen solutions, **E**:103, 31
  equation, **E**:103, 33
  forward vs. backward propagating fields, **E**:103, 30
  isodiffracting vs. isowidth apertures, **E**:103, 41-44
Wave-particle duality, **E**:89, 99, 110, 118; **E**:94, 295, 296
Wave-particle models
  massive particles and
    Barut generalized approach, **E**:101, 159-160
    comparisons of, **E**:101, 160-161
    Corben tachyonic theory, **E**:101, 154-155
    Das model and pseudovelocity, **E**:101, 157-158
    de Broglie-Bohm wave theory, **E**:101, 148-152

Elbaz model and Lorentz transformations, **E**:101, 158–159
Horodecki–Kostro theory, **E**:101, 147, 156–157
Jennison–Drinkwater electromagnetic theory, **E**:101, 153–154
Mackinnon soliton, **E**:101, 152–153
two-wave hypothesis, **E**:101, 156–157
photons and
conclusions, **E**:101, 174
conversion of light into B and D waves, **E**:101, 163–165
massless photons and ponderable matter, **E**:101, 171
photons as bradyon-tachyon compounds, **E**:101, 162–163
Proca theory extended, **E**:101, 171–173
two-wave model of longitudinal photons, **E**:101, 165–171
Wave propagation, inverse problem, shape interfaces, **ES**:19, 533–550
physical problem, **ES**:19, 533–543
shape sensitivity analyses, **ES**:19, 544–550
Wave theory, description of different waves, **E**:101, 144–148
Wavetrain, Gaussian, **ES**:4, 117
Wayland–Frahser intravital microscope applications, **M**:6, 36
in heart microcirculation study, **M**:6, 36
layout, **M**:6, 3
Weak compatibility, *see* Lax compatibility condition
Weakened law
of contradiction, **E**:89, 260
of excluded middle, **E**:89, 260
Weak formulation
of eigenvalue problem, **E**:82, 45
of second order elliptic differential equation, **E**:82, 43
of transient problem, **E**:82, 44
Weakly definable partition, **E**:94, 168
Weakly scattering specimens, transfer functions, **M**:7, 122–140
Weak objects, **ES**:10, 9
Weak overlap approximation, **E**:87, 108
Weak phase approximation
object, **ES**:10, 6
using electron diffraction data, **M**:7, 199–211
Weak phase object, phase information, **M**:7, 265–269

Weak phase-weak amplitude approximation, using 2 electron micrographs, **M**:7, 211–218
Weak phase -weak amplitude object, phase problems and, **M**:7, 269
Weak realization problem, **E**:90, 32–33
Weak transitive closure, **E**:90, 41–45
Weatherly, G.C., **ES**:16, 280
Weaver, J.L., **ES**:11, 220
Webb, D.C., **ES**:11, 217
Webb, J.H., **ES**:16, 284
Weber, **ES**:15, 269; **ES**:18, 238
Weber's law, **ES**:12, 60
Webster deceleration law, **ES**:6, 111
Wedge angle, **ES**:4, 103, 104
Wedge cut microtome, development of for electron microscopy, **ES**:16, 15–17
Wedges, rims and edge emitters, **E**:83, 38–43, 46, 75, 76, 78
Wedge-type interference filters, **M**:8, 14
Wegmann, L., **ES**:16, 597
Wehnelt cylinder, **M**:10, 245–247
Wehnelt electrode, **ES**:16, 245; **M**:8, 138
Wehnelt voltage, electron trajectories and, **M**:8, 140–144
Weibel, J., **ES**:16, 184
Weight concentration, intensity ratio and, **ES**:6, 95
Weighted decimation, **E**:93, 16
Weighted median filter, **E**:92, 17
Weighting filter, **E**:82, 154, 155, 163
Weighting function, **E**:82, 46, 47, 48, 51, 53, 60, 63
Weil, rational function, **ES**:19, 194–195, 198, 202
Wein filter, **ES**:13A, 59
Weingarten equations of classical surface theory, **E**:103, 110–113
Weiss, **ES**:9, 8; **ES**:15, 266
Weizsacker–Williams approximation, **ES**:22, 53, 282
Welch, **ES**:9, 73, 493, 495
Welch Direct Torr mechanical pump, **M**:8, 75
Welding, of ribbon leads, **ES**:4, 148
Well-collimated condition, **E**:103, 28–29
Wesch, **ES**:18, 37, 237
Western Microwave, **ES**:15, 262

SUBJECT INDEX

Westphal, **ES**:18, 43
Wet-cell microscopy, Japanese contributions, **E**:96, 786–787
Wet replication techniques, **M**:8, 52–53, 72–103
  apparatus, **M**:8, 72–77
  diffusion controlled evaporation, **M**:8, 80
  evaporant gas selection, **M**:8, 77
  feasibility, SiO, by, **M**:8, 77–79
  future applications, **M**:8, 99
  grid preparation, **M**:8, 81
  grid surface temperature studies, **M**:8, 80
  high resolution studies, **M**:8, 80–84
  hydration chamber, **M**:8, 72, 73, 74
    photographs, **M**:8, 73, 74
  hydrophilic substrate specimen mounting, **M**:8, 81
  microsurface spreading and, **M**:8, 93–97
  principle, **M**:8, 72–77
  results analysis and interpretation, **M**:8, 97–99
  shape replication by, **M**:8, 85–93
  SiO evaporant gas, **M**:8, 77–79
  supercooling, test for, **M**:8, 79–80
  water thinning onto hydrophilic grids, **M**:8, 80–84
  wet specimens, water thinning on, **M**:8, 97–99
  wet surface freezing, test for, **M**:8, 79–80
WFA, *see* Wien filter analyzer
WF Company, commercial microscope production, **E**:96, 429, 452, 458, 477–479, 482–483
Wheat, **M**:5, 317
Wheatley, D.J., **ES**:11, 221
Wheeler, **ES**:9, 491
Whelchel, **ES**:9, 73
Whinnery, **ES**:15, 29, 268
Whisker emitter, **ES**:13B, 155
Whiskers, **E**:83, 16, 54, 55; **ES**:13C, 297, 354
White, **ES**:14, 145
White blood cell differential count, **M**:5, 46
  automation, **M**:5, 46, 47, 48, 72, 73
  blood film preparation, **M**:5, 47, 48
  blood film spinner, **M**:5, 48, 49
  blood film spinning, **M**:5, 47, 48
  500-1000 cell, **M**:5, 73
  100-cell, **M**:5, 46, 50
  using CELLSCAN/GLOPR system, **M**:5, 50
Whitening filter, **E**:82, 122

White point, **DS**:1, 7, 178, 180
White uncertainty processes, **E**:95, 196–197
White video defects, **ES**:8, 189, 190
Whitman, R.L., **ES**:11, 3, 220
Wickenden, **ES**:18, 37
Wide bandgap collector, **ES**:24, 141–143
Wide metal collimator, **ES**:13A, 330, 336
Wide track scanner, **M**:4, 362
Wide viewing angle, **ES**:11, 5
Widmanstatten patterns, **ES**:6, 286–288
Width measures, see $d_{p, 1-p}$; Full Width median; FW_f spot-width; Root mean square width
Wiechert, E., **ES**:16, 483, 484
Wiener, **ES**:15, 23, 268; **ES**:18, 9, 238
Wiener filter/filtering, **E**:93, 303–305; **M**:10, 12, *see also* Filter/filtering, for image correction
Wiener–Khintchine theorem, **ES**:9, 92
Wiener weight vector, **E**:84, 266
Wien filter analyzer, **ES**:13B, 263, 268, 335
Wien filters, **E**:86, 279; **ES**:13B, 135, 166, 281–283; **M**:11, 114; **M**:12, 195; **M**:13, 107
  analysis of, **M**:13, 108–113
  electromagnetic field and charged particle trajectories for, **E**:103, 306–311
  geometry of filter and axial fields, **M**:13, 109–110
  Matsuda plates and effects on, **E**:103, 344–346
  principle of, **M**:13, 108–109
  ray tracing through, **M**:13, 110–113
Wiersma, E.C., **ES**:16, 389, 395
Wiggler, **ES**:22, 3
  compound, **ES**:22, 205, 259
  electromagnet, **ES**:22, 260
  electromagnetic, **ES**:22, 281
  field, **ES**:22, 78
  helical, **ES**:22, 159, 184, 264, 269
  hybrid, **ES**:22, 265
  laser, **ES**:22, 60, 281
  magnet, **ES**:22, 7
  microwave, **ES**:22, 26
  nonuniform, **ES**:22, 205
  optical, **ES**:22, 281
  optical klystron, **ES**:22, 33, 205, 213, 367
  permanent-magnet, **ES**:22, 260, 268
  phase-displacement, **ES**:22, 255
  plane-polarized, **ES**:22, 164, 175
  prebunching, **ES**:22, 259

radiation, **ES**:22, 3, 13, 64
superconducting, **ES**:22, 269
tapered, **ES**:22, 205, 232
uniform, **ES**:22, 205, 232
Wiggler phase, **ES**:22, 243
optimum, **ES**:22, 252
Wigner distribution function, **E**:97, 2–3, 9
Wigner–Ville description, signal description, **E**:94, 320, 321
Wiley, C., **ES**:11, 182; **ES**:14, 162
Williams, **ES**:15, 269; **ES**:18, 238
Williams, C.J., **ES**:11, 219
Williams, I., **ES**:16, 432
Williams, R., **ES**:16, 384
Williams, R.C., **ES**:16, 494
Willwerth, **ES**:14, 145
Wilska, A., **ES**:16, 597
Wilson, J., **ES**:16, 55, 486
Wiltse, **ES**:14, 27, 160
Window, **ES**:22, 121, 125, 145
mathematical morphology, **E**:89, 335
Windowed Fourier transform, *see* Short-time Fourier transform
Windowing, **ES**:10, 231–232
Window transformations, **E**:89, 358
Winged edge representation, **E**:103, 145
Winograd algorithm, **E**:94, 18
Winston, D., **ES**:11, 218
Wire cage radiator, **ES**:23, 39
Wireframe, **E**:85, 102
Wire-initiated plasma channel formation, **ES**:13C, 329, 333, 336–337
Wire-loop electrode, current-voltage characteristics of, **ES**:6, 148–149
Wire mesh, dust contaminated Fourier transforms, **M**:8, 16–17
Wire-to-sheet welds, **ES**:4, 173
Wire-to-wire welds, **ES**:4, 173
WISARD system, **E**:87, 287–288
WKB approximation, **ES**:10, 5; **ES**:19, 100, 109–112, 117
Wobbler focusing aid, **ES**:16, 410, 411
Wolf, J., **ES**:16, 56, 66
Wolff, O., **ES**:16, 542
in high resolution microscope development, **ES**:16, 557–582
Wollaston prism, **ES**:4, 92
Wolpers, C., **ES**:16, 497
Wood fibers scanning electron micrograph of, **ES**:16, 497

Woodruff, **ES**:15, 264
Woods, J., **ES**:16, 585; **ES**:18, 236
Woodward, **ES**:9, 333; **ES**:14, 257
Work function, **E**:83, 2, 9, 10, 15, 17, 57, 63, 75; **ES**:20, 25; **M**:12, 163, 176
cooling, **E**:83, 27, 30
field electron emission, dipole layer effect on, **M**:8, 220
NEA surface properties and, **D**:1, 79–92
World line, **ES**:9, 407
World War II
effect on course of electron microscopy, **ES**:16, 17, 64
electron microscope use during, **ES**:16, 92–94
in England, **ES**:16, 424–425, 483–500
in The Netherlands, **ES**:16, 392–403
WORMOS, **E**:87, 282–283
W-phase, **E**:101, 80, 82
Wrap-around approximation, **ES**:5, 27, 30, 75
Wreede, J.E., **ES**:11, 220
Wright, **ES**:18, 37
WRITE mechanism, single-electron cells, **E**:89, 235–237
Writing speed, conditions for constancy, **ES**:3, 217–220
Wronskian, **ES**:17, 29
Wronskian determinant, **ES**:19, 316
spectral, **ES**:19, 437–438, 442
Wronskian expression, **ES**:19, 329
W tip, of field ion emitter, **ES**:13A, 280–282, 301, 305, 320
Wyckoff, R.W.G., **ES**:16, 46, 67, 143, 407, 494

X

XAES (X-ray Auger electron spectroscopy), **ES**:13B, 262
XANES (X-ray absorption near edge structures), **M**:9, 113, 119
Xenon, melting, point, **E**:98, 10
Xie Chufang, **ES**:15, 100
$X^\#$ invariant reduced transform algorithm, **E**:93, 41–42
XPS, *see* Photoelectron spectroscopy
X ray(s), **ES**:11, 17; **ES**:22, 26, 35, 55, 57, *see also* Depth distribution; Primary radiation
characteristics, **ES**:6, 28–33, 78, 155, 177

depth distribution in, **ES:**6, 16, 26–31, 55–59
diffraction conics in, **ES:**6, 368–372
divergent beam, **ES:**6, 361–428, *see also* Divergent beam X-ray technique
electron diffusion and, **ES:**6, 22
$\phi(pz)$ curves for, **ES:**6, 48–58
fluorescent, **ES:**6, 2, 46, 54–68, 118, 240
intensity data for, **ES:**6, 46–48, 209–211
K absorption changes, **ES:**6, 155
nondispersive, *see* Nondispersive X-ray emission
primary and secondary distributions in, **ES:**6, 55–61
primary intensities of, **ES:**6, 64–68
protection against from 3MV electron microscope, **ES:**16, 120
reflection cones for, **ES:**6, 367
secondary distribution calculations for, **ES:**6, 66–68
sources, **ES:**13C, 171–172
take-off angle for, **ES:**6, 47–48, 65, 212, 215, 217
X-ray analogue technique, for negative stained virus particles, **M:**6, 258, 260, 261
X-ray analyzer, **ES:**6, 315
X-ray Auger electron spectroscopy, **ES:**13B, 262
X-ray beam generation, **ES:**6, 364–365
X-ray computed tomography technique, **M:**14, 216
X-ray conic sections, **ES:**6, 366
X-ray crystallography
  phase problem in, **M:**7, 189, 245
  phase retrieval, **E:**93, 167–168
X-ray detectors
  analytical microscopy, **M:**10, 258, 259
  ion microprobe, **ES:**13A, 345
X-ray dichroism, magnetic microstructure, **E:**98, 330
X-ray diffraction, **M:**3, 155, 214; **M:**4, 113, 115, 118
  extinction in, **ES:**6, 369–370
  study of exsolution, **E:**101, 6
X-ray distribution
  sandwich sample technique in, **ES:**6, 50
  three methods of calculating, **ES:**6, 30
X-ray emission
  as ion beam diagnostic, **ES:**13C, 338–339

nondispersive, **ES:**6, 313–359
trace element analysis, **ES:**13A, 322–324
X-ray emission spectra
  alloying and, **ES:**6, 164–165
  applications of, **ES:**6, 174–175
  changes in, **ES:**6, 155–175
  intensity of, **ES:**6, 157
  K series, **ES:**6, 158–168
  lines and bands in, **ES:**6, 157–158
  L series, **ES:**6, 168–173
  M series, in, **ES:**6, 173–174
  wavelength shifts in, **ES:**6, 156–157
X-ray excitation, **ES:**1, 181–240
  non-uniformity, effects of, **ES:**1, 226
  radioisotopes for, **ES:**6, 316
  soft X-ray, **ES:**1, 211, 212
X-ray fibber optics, **ES:**6, 12
X-ray fluorescence, **ES:**6, 2, 65; **ES:**13A, 262
X-ray image conversion, **D:**1, 34–41
X-ray intensity
  absorption correction for, **ES:**6, 47–48
  measurement of
    counting, **M:**6, 283, 284
    drift correction, **M:**6, 285
    with known standard, **M:**6, 285
    Poissonian standard deviation, **M:**6, 283
    precision, **M:**6, 283
    relative standard deviation, **M:**6, 283
    statistical limitations, **M:**6, 283, 284
  relative, **ES:**6, 46
  in specimen preparation, **ES:**6, 209–211
X-ray kymography, **M:**7, 74, 75
X-ray lithography, **E:**102, 89, 121–123
X-ray microanalysis
  development in China, **E:**96, 834–837
  development in Japan, **E:**96, 696, 704
X-ray microprobe analyzer, **M:**10, 225
  first model of, **ES:**16, 53–54
X-ray microscopy, historical note, **M:**10, 101–102
X-ray mirror, LVSEM image, **E:**83, 252
X-ray photoelectron microscopy, **M:**10, 319–323
X-ray pohotoemission spectroscopy, **ES:**13B, 262, 307, 340
X-ray projection microscope, invention, **E:**96, 143
X-ray protection, **M:**2, 225; **DS:**1, 110
X-ray scan color composite
  of alloy, **M:**6, 293

of basalt, **M**:6, 293
on color film, **M**:6, 294
effect of color, **M**:6, 292
limitations, **M**:6, 294
of minerals, **M**:6, 293
of paint, **M**:6, 293
secondary grey scan, **M**:6, 294
on television screen, **M**:6, 294
X-ray signal control
through periodic integrator, **M**:6, 294
through ratemeter, **M**:6, 294
X-ray source
resolving power and, **ES**:6, 32–34
spot size of, **ES**:6, 25–34
X-ray spectrograph, **ES**:6, 4
X-ray spectrometer, **ES**:6, 261
X-ray spectroscopy
metallography and, **ES**:6, 246–251
primary emitted intensities in, **ES**:6, 73–74
X-ray topography, magnetic microstructure, **E**:98, 329
X-ray transmission tomography, image reconstruction, **E**:97, 159
X-ray tubes, wide-angle, **ES**:6, 364–365
X-Y addressed sensor arrays, **D**:3, 172, 179, 292

Y

Yako, H., **ES**:16, 318
Yamaga, J., **ES**:11, 221
Yamashita, **ES**:18, 237
Yamashita, H., **ES**:16, 318, 379
Yang Youwei, **ES**:14, 81
YBaCuO, **ES**:20, 246
$YBa_2Cu_3O_{7-x}$, **M**:14, 28–29
critical field and current density in, **M**:14, 31–36
experiments with, **M**:14, 54–55, 57–58
substitution in, **M**:14, 30–31
in thin film stack pattern, **M**:14, 109–110
Yb^{3+} glass maser, **ES**:2, 125
spiking, **ES**:2, 193
Yeast
Dutch electron microscopy research, **E**:96, 271–273, 276, 281, 283–284
Japanese contribution to ultrastructure, **E**:96, 744–745
Yeast cells, **M**:6, 65
Interphako microscopy, **M**:6, 109

phase contrast/fluorescence microscopy, **M**:6, 118
positive/negative phase contrast microscopy, **M**:6, 94
Yeast protoplast, LVSEM result, **E**:83, 244
Y-junction circulator, **ES**:5, 100–137, *see also* Lumped-element junction circulator
frequency relations, **ES**:5, 104
matching of, **ES**:5, 105
scattering matrix, **ES**:5, 100
in stripline, **ES**:5, 116–129
bandwidth, **ES**:5, 123
description, **ES**:5, 166–118
design, **ES**:5, 124–127
ferrite material limitations, **ES**:5, 123–124
field theory, **ES**:5, 118–121
lumped-circuit representation, **ES**:5, 121–123
modes of operation, **ES**:5, 127
performance, **ES**:5, 129, 133
resonance frequency, **ES**:5, 120
transformer section, **ES**:5, 126
wave admittance, **ES**:5, 121
switched, **ES**:5, 169
in waveguide, **ES**:5, 129–137
E-plane circulator, **ES**:5, 135
H-plane circulator, **ES**:5, 132–135
performance, **ES**:5, 135
Yogoro, **ES**:18, 37
Yoshifumi, **ES**:9, 489
Yoshioka's coupled equations, **E**:86, 184, 195, 203
Young, **ES**:15, 90
Young's interference fringes, **M**:10, 115–116
Yttrium iron garnet, **ES**:5, 7
rare earth substitution, **ES**:5, 7, 10, 13, 16
Yuen, **ES**:9, 146, 370, 490
Yukawa potential, **E**:82, 205, 225

Z

Zakharov–Shabat problem, **ES**:19, 5
Zak tranform, Gabor expansion, **E**:97, 29–30
Zambuto, M., **ES**:11, 219
ZAP, *see* Zone axis pattern
ZAP (zone axis pattern), **E**:93, 58
Z-buffer, **E**:85, 117–174
Z contrast, *see* Density
Z-contrast imaging, **E**:90, 289–293

SUBJECT INDEX

Zecha, **ES:**14, 30
Zeek, **ES:**9, 483
Zeeman effect, **ES:**1, 141, *see also* Magnetic field
Zeiss
  collaboration with AEG, **E:**96, 428, 433
  computer control of microscopes, **E:**96, 516
  EF4, **E:**96, 472–473
  EF5, **E:**96, 473
  EF6, **E:**96, 473–474, 488–489
  electron microscope development, **E:**96, 448, 458
  EM 8, **M:**12, 9
  EM9, **E:**96, 473–474, 486
  EM10, **E:**96, 494–495
  EM109, **E:**96, 499
  EM902, **E:**96, 515–516
  EM912, **E:**96, 516
  energy filter incorporation, **E:**96, 792
Zeiss Neophot microscope
  construction, **M:**5, 27, 28, 29, 30
  operation, **M:**5, 28, 29, 30
Zeiss Optovar, in tracking microscope, **M:**7, 3
Zeiss photomicroscope, **M:**1, 101
Zener diode, **E:**87, 244
Zener effect, *see* Tunneling electron
Zenith acoustooptic system, **D:**2, 4
Zenith Radio Corp., **D:**2, 4
Zernicke phase contrast, **M:**5, 249
Zernike, **M:**12, 28, 40, 74, 76, 245
Zernike phase contrast, **M:**10, 25
  color phase contrast device, **M:**6, 95
  method, **M:**6, 52–62, 67, 89, 90
Zernike's interference method of studying, aberrations of optical lenses, **ES:**16, 42
Zernike's theory of phase difference microscope, **ES:**16, 376
Zero crossing, **E:**103, 88
Zero emission velocity approximations, **ES:**3, 11–12, 191–195
Zero field boundaries, in FDM Methods, **M:**13, 34–35
Zero-field spin splitting, **E:**89, 201
Zero flipping, **ES:**10, 51–52, 77, 87–89
  discrete images, **ES:**10, 54–55, 92
  periodic images, **ES:**10, 53, 54, 87–91
  two-dimensional images, **ES:**10, 55–57
Zero-frequency cyclotron wave, **ES:**13C, 188
Zero information, **E:**90, 143–144, 164, 185
Zero input response, **E:**82, 164
Zero location method, phase retrieval, **E:**93, 112, 118, 167
Zero-order Laue zone, **E:**90, 240
Zero product expansion, **ES:**10, 49, 53
Zero property, Lagrangian, **E:**90, 126–127
Zero rate of information transmission, **ES:**18, 2
Zero sheets method, phase retrieval, **E:**93, 112, 131, 167
Zero state response, **E:**82, 164
Zero-tree root, **E:**97, 224
Zero-trees, **E:**97, 202–203
Zeta surface potential, **M:**8, 112
Zhevakin, **ES:**14, 25, 27; **ES:**23, 21
Ziferan, **M:**8, 125
Zilinskas, G., **ES:**11, 143, 220
Zinc oxide
  early electron microscopy of, **ES:**16, 238, 240, 249
  effect of in ZnS, **ES:**1, 17–19, 25, 32, 35, 75, 76
  electoluminescence in, **ES:**1, 161, 167, 168
  quenching of luminescence in, **ES:**1, 194
Zinc selenide, **ES:**1, 21, 31, 166
Zinc silicate, **ES:**1, 177–179
  binary mixture, **M:**10, 300–303
Zinc sulfide, see also *under specific topics*
  As in, **ES:**1, 14, 231, 232
  In in, **ES:**1, 13, 15, 218
  Ag in, **ES:**1, 26, 32, 109, 193, 199, 200, 218
  Al in, **ES:**1, 13, 17, 19, 21, 22
  Au in, **ES:**1, 26, 109, 218, 221
  Ba in, **ES:**1, 218
  Cd in, **ES:**1, 21, 22, 75, 109, 218, 225
  Co in, **ES:**1, 27, 28, 45, 55, 99–101, 218
  Cr in, **ES:**1, 28, 218
  crystals, single, **ES:**1, 28–30, 34, 35, 59, 60, 81, 82, 109
  Cu_2S in, **ES:**1, 19, 21, 25, 26, 31–33, 35, 104, 107
  Cu in, **ES:**1, 16, 17, 35, 36, 52, 67, 68, *see also* Activators
  Fe in, **ES:**1, 27, 28, 45, 55, 218
  films, thin, **ES:**1, 28, 34, 45–49, 59, 64, 67, 81, 97, 98
  Hg in, **ES:**1, 22
  localization of emission in, **ES:**1, 28–39, 70, 104

mechanism of EL in, **ES**:1, 101–121
Mg in, **ES**:1, 22
Mn in, **ES**:1, 24–26, 47, 49, 50, 68, 71, 78, 90, 197, 216, 227–229, 232, *see also* Activators
Ni in, **ES**:1, 27, 28, 45, 55, 99, 193, 218, 231
nonhomogeneity in, **ES**:1, 18, 19, 31–33, 40
O in, **ES**:1, 17–19, 25, 32, 35, 75, 76
optical absorption, effect of field on, **ES**:1, 5
Pb in, **ES**:1, 18, 19
P in, **ES**:1, 14–231, 232
potential barriers in EL, **ES**:1, 34, 35, 38, 42, 95–97, 102–108
preparation of electroluminescent, **ES**:1, 17–21
rare earths in, **ES**:1, 27
Sb in, **ES**:1, 14, 231, 232
Se in, **ES**:1, 21, 22
surface effects in, **ES**:1, 18, 35, 36, 64, 204, 207
Tl in, **ES**:1, 27
Zinc telluride, **ES**:1, 31, 166
Zinner, **ES**:9, 1
Zinov'yev, **ES**:23, 334
Zirconium, M spectrum for, **ES**:6, 173–174
Zirconium-coated ion emitter, **ES**:13A, 283
Zitelli, L., **ES**:11, 218
Zitterbewegung, **ES**:9, 413
ZnO, **ES**:20, 170
Zobač, L., in history of electron microscopy, **ES**:16, 68

ZOLZ, *see* Zero-order Laue zone
Zonal coding strategy, **ES**:12, 161, 178
Zonal filtering, **E**:92, 25
Zone axis pattern, crystal-aperture scanning transmission electron microscopy, **E**:93, 58, 66–73
Zone axis tunnels, **E**:93, 62–65, 85, 107
through 110 foil, atomic structure, **E**:93, 73–79
Zone folding, **ES**:24, 2, 106
Zone plates, **ES**:10, 13; **M**:1, 137, 271
Zoom condenser, **E**:83, 128; **M**:3, 2
Zoom eyepieces, **M**:3, 3, 15
Zoom objectives, **M**:3, 3, 15
Zoom systems, **M**:3, 1
catalog, **M**:3, 13
design, **M**:3, 5
history, **M**:3, 1
mechanically compensated, **M**:3, 8
optically compensated, **M**:3, 10
Zotterman, Y., **ES**:16, 192
Z-scan, **D**:3, 143, 147, 149
Z-transformation, **E**:101, 100, 101, 107, 140
Z-transformation, **E**:85, 16
Zuniga–Haralick formula, **E**:93, 253–267, 269, 277, 323
Zwikker, C., **ES**:16, 389
Zwischen electrode, **M**:11, 106
Zworykin V.K., in history of electron microscope, **ES**:16, 5, 227–230, 284, 286, 318, 443, 446, 447, 449, 514, 601

Author Index

A

Abbiss, J. B., **E**:87, 1
Abdelatif, Y., **E**:93, 1
Adachi, K., **E**:96, 251
Ade, G., **E**:89, 1
Adler, I., **ES**:6, 313
Adriaanse, J.-P., **M**:14, 2
Afzelius, B. A., **E**:96, 301, 385
Agar, A. W., **E**:96, 415
Aggarwal, J. K., **E**:87, 259
Ahmed, H., **E**:102, 87
Alam, M. S., **E**:89, 53
Albanese, R., **E**:102, 2
Allen, R. D., **M**:1, 77
An, M., **E**:93, 1
Anupindi, N., **E**:93, 1
Arps, R. B., **ES**:12, 219
Asakura, K., **E**:96, 251
Aubert, J., **ES**:13A, 159

B

Ballu, Y., **ES**:13B, 257
Bandyopadhyay, S., **E**:89, 93
Barbe, D. F., **D**:3, 171
Barnes, C. F., **E**:84, 1
Barnett, M. E., **M**:4, 249
Basu, S., **M**:8, 51
Baun, W. L., **ES**:6, 155
Beadle, C., **M**:4, 361
Bedini, L., **E**:97, 85

Beizina, L. G., **E**:89, 391
Benford, J. R., **M**:3, 1
Berg, H. C., **M**:7, 1
Bertero, M., **ES**:19, 225
Bethge, H., **M**:4, 237
Billingsley, F. C., **M**:4, 127
Binh, V. T., **E**:95, 63
Birnbaum, G., **ES**:2
Biro, O., **E**:82, 1
Boccacci, P., **ES**:19, 225
Boiti, M., **ES**:19, 359
Bok, A. B., **M**:4, 161
Bonjour, P., **ES**:13A, 1
Bostrom, R. C., **M**:2, 77
Brandinger, J. J., **D**:2, 169
Brandon, D. G, **M**:2, 343
Brau, C. A., **ES**:22
Brault, J. W., **M**:1, 77
Bray, J., **E**:91, 189
Brianzi, P., **ES**:19, 225
Brodie, I., **E**:83, 1
Brown, J. D., **ES**:6, 45
Buzzi, J. M., **ES**:13C, 351

C

Cahay, M., **E**:89, 93
Calogero, F., **ES**:19, 463
Camarcat, N., **ES**:13C, 351
Campana, S. B., **D**:3, 171

Canadas, G., **ES:**19, 533
Castenholz, A., **M:**7, 73
Chadan, G., **ES:**19, 175
Challinor, A., **E:**95, 271
Cham, W. K., **E:**88, 1
Champness, P. E., **E:**101, 1
Chang, J., **ES:**13C, 295
Chapel, F., **ES:**19, 533
Chavent, G., **ES:**19, 509
Chen, W., **E:**102, 87
Chen, Z. W., **E:**83, 107
Ciddor, P. E., **M:**8, 25
Cola, R., **D:**3, 83
Colby, J. W., **ES:**6, 177
Colliex, C., **M:**9, 65
Combettes, P. L., **E:**95, 155
Cooper, J. A., Jr., **E:**86, 1
Cornille, H., **ES:**19, 481
Cosslett, V. E., **E:**96, 3; **ES:**16, 23; **M:**10, 215
Cowley, J. M., **E:**98, 323
Crewe, D. A., **E:**102, 187
Cristóbal, G., **E:**97, 1
Crosta, G., **ES:**19, 523
Csanády, A., **E:**96, 181
Cuer, M., **ES:**19, 533
Cumming, G. L., **ES:**19, 179
Cuninghame-Green, R. A., **E:**90, 1
Cuperman, V., **E:**82, 97

D

da Silva, E. A. B., **E:**97, 191
Davidson, J. L., **E:**84, 61
Davies, A. R., **ES:**19, 553
Dawson, P. H., **ES:**13B, 173
De Baets, B., **E:**89, 255
De Lang, H., **M:**4, 233
De Santis, A., **E:**99, 291
De Santis, P., **ES:**19, 281
DeMol, Ch., **ES:**19, 261
Deen, M. J., **E:**99, 65
Defrise, M., **ES:**19, 261
Degasperis, A., **ES:**19, 323
Delong, A., **ES:**16, 63
Doane, F. W., **E:**96, 79
Dobie, M. R., **E:**88, 63
Donjon, J., **D:**1, 225
Doran, C., **E:**95, 271
Dorset, D. L., **E:**88, 111
Dorsey, J. R., **ES:**6, 291

Doucet, H. J., **ES:**13C, 351
Druckmann, I., **E:**94, 315
Drummond, D. G., **ES:**16, 81
Dubbeldam, L., **M:**12, 140
Dubochet, J., **M:**8, 107
Duchene, B., **ES:**19, 35
Dupouy, G., **ES:**16, 103; **M:**2, 167

E

Eberly, D., **E:**94, 1
El-Kareh, A. B., **ES:**4
Erickson, H. P., **M:**5, 163
Evans, J. H., **M:**5, 1

F

Faughnan, B. W., **D:**4, 87
Fay, C. E., **ES:**5
Feinerman, A. D., **E:**102, 187
Fernández-Morán, H., **ES:**16, 167
Ferraro, M., **E:**84, 131
Ferrier, R. P., **M:**3, 155
Fiddy, M. A., **E:**87, 1; **ES:**19, 61
Fisher, D. G., **D:**1, 71
Fisher, R. M., **E:**96, 347
Fokas, A. S., **ES:**19, 409
Fourie, J. T., **E:**93, 57
Fraser, D. B., **D:**2, 65
Fredendall, G. L., **D:**2, 169
Freeman, J. R., **ES:**13C, 295
Frieden, B. R., **E:**90, 123; **E:**97, 409
Frost, R. L., **E:**84, 1
Fujita, H., **E:**96, 749
Fukami, A., **E:**96, 251
Funke, H., **ES:**19, 99

G

Gabler, F., **M:**4, 385
Gahm, J., **M:**5, 115
Galan-Malaga, H., **ES:**19, 51
Garcia, N., **E:**95, 63
Gaur, J., **D:**3, 83
Ge, B. D., **ES:**19, 71
Gerace, I., **E:**97, 85
Germani, A., **E:**99, 291
Geus, J. W., **E:**96, 287
Glickman, L. G., **E:**89, 391
Godehardt, R., **E:**94, 81
Goldstein, D. J., **M:**6, 135

AUTHOR INDEX

Goldstein, J. I., **ES:**6, 245
Goloskokov, Y. V., **E:**89, 391
Gorenflo, R., **ES:**19, 243
Gori, F., **ES:**19, 269, 281
Gorog, I., **D:**4, 87
Greenspan, D., **E:**98, 1
Grella, R., **ES:**19, 269
Griffith, O. H., **M:**10, 269
Grivet, P., **ES:**16, 225
Groom, M., **M:**8, 107
Grossmann, A., **ES:**19, 289
Grover, D., **E:**91, 231
Grümm, H., **E:**96, 59
Grunbaum, F. A., **ES:**19, 307
Grzymala-Busse, J. W., **E:**94, 151
Gull, S., **E:**95, 271

H

Haguenau, F., **E:**96, 93
Hall, C. E., **ES:**16, 275
Hallerman, G., **ES:**6, 197
Hanszen, K.-J., **M:**4, 1
Hardy, D. F., **M:**5, 201
Harmuth, H. F., **ES:**9; **ES:**11; **ES:**14; **ES:**15; **ES:**18; **ES:**23
Hartikainen, J., **M:**12, 313
Hartmann, U., **E:**87, 49
Hashimoto, H., **E:**96, 597
Haskell, B. G., **ES:**12, 189
Hassan, M. F., **ES:**19, 553
Hawkes, P. W., **E:**96, xiii, 405, 849; **ES:**13A, 45; **ES:**16, 589; **ES:**7; **M:**7, 101
Hazan, J.-P., **D:**1, 225
Heinrich, K. F. J., **M:**6, 275
Henkin, G. M., **ES:**19, 191
Herold, E. W., **DS:**1
Herrmann, K. H., **M:**9, 1
Hewish, A., **E:**91, 285
Heydenreich, J., **E:**96, 171; **M:**4, 237
Heyman, E., **E:**103, 1
Heyman, P. M., **D:**4, 87
Hibi, T., **ES:**16, 297
Hilsum, C., **E:**91, 171
Hines, R. L., **M:**9, 180
Hiraga, K., **E:**101, 37
Hirano, T., **E:**96, 735
Hirschberg, J. G., **M:**14, 121
Hofmann, I., **ES:**13C, 49
Holcomb, W. G., **M:**2, 77
Holden, A. J., **E:**91, 213

Holschneider, M., **ES:**19, 289
Holz, G., **D:**3, 83
Hörl, E. M., **E:**96, 55
Horne, R. W., **M:**6, 227
Hosaka, Y., **E:**96, 735
Hotop, H.-J., **E:**85, 1
Hounslow, M. W., **E:**93, 219
Hron, F., **ES:**19, 179
Huang, L. Y., **E:**96, 805
Huijsmans, D. P., **E:**85, 77
Hulstaert, C. E., **E:**96, 287
Humphries, D. W., **M:**3, 33
Humphries, S., Jr., **ES:**13C, 389
Hutchison, J. L., **E:**96, 393
Hutson, F. L., **ES:**19, 89
Hutter, R. G. E., **D:**1, 163

I

Ichikawa, A., **E:**96, 723
Iftekharuddin, K. M., **E:**102, 235
Imiya, A., **E:**101, 99
Ioannides, A. A., **ES:**19, 205
Ito, K., **E:**96, 659
Ivey, H. F., **ES:**1

J

Jaarinen, J., **M:**12, 313
Jackway, P. T., **E:**99, 1
Jagannathan, R., **E:**97, 257
Jain, S. C., **E:**82, 197; **ES:**24
Jansen, G. H., **ES:**21
Jaulent, M., **ES:**19, 429
Jense, G. J., **E:**85, 77
Jetto, L., **E:**99, 291
Jones, B. K., **E:**87, 201
Jones, R., **E:**89, 325
Jordan, A. K., **ES:**19, 79
Jouffrey, B., **E:**96, 101
Joy, R. T., **M:**5, 297
Judice, C. N., **D:**4, 157

K

Kahl, F., **E:**94, 197
Kak, S. C., **E:**94, 259
Kamogawa, H., **E:**96, 673
Kanaya, K., **E:**96, 257; **ES:**16, 317

Kaneko, E., **D**:4, 1
Karetskaya, S. P., **E**:89, 391
Karim, M. A., **E**:89, 53
Kasper, E., **M**:8, 207
Kaup, D. J., **ES**:19, 423
Kawata, S., **M**:14, 213
Kechriotis, G., **E**:93, 1
Kerre, E., **E**:89, 255
Khan, S. A., **E**:97, 257
Koenderink, J. J., **E**:103, 65
Kohen, C., **M**:14, 121
Kohen, E., **M**:14, 121
Komoda, T., **E**:96, 653, 685
Kovalevsky, V. A., **E**:84, 197
Krahl, D., **M**:9, 1
Krappe, H. J., **ES**:19, 129
Kronland-Martinet, R., **ES**:19, 289
Kropp, K., **M**:4, 385
Krowne, C. M., **E**:92, 79; **E**:98, 77; **E**:103, 151
Kruit, P., **E**:96, 287; **M**:12, 93
Kuo, K. H., **E**:96, xxviii
Kuswa, G. W., **ES**:13C, 295

L

Ladouceur, H. D., **ES**:19, 89
Lakshmanasamy, S., **ES**:19, 79
Lambert, F. J., **ES**:19, 509
Lambert, L., **E**:95, 3
Lasenby, A., **E**:95, 271
Lauer, R., **M**:8, 137
Lavine, R. B., **ES**:19, 169
Law, H. B., **DS**:1
Lawes, R. A., **E**:91, 139
Lawson, J. D., **ES**:13C, 1
Le Poole, J. B., **ES**:16, 387; **M**:4, 161
Lejeune, C., **ES**:13A, 159; **ES**:13C, 207
Lenz, F., **E**:96, 791
Leon, J. J.-P., **ES**:19, 369
Lessellier, D., **ES**:19, 35, 51
Levi, D., **ES**:19, 445
Levi-Setti, R., **ES**:13A, 261
Levine, E., **E**:82, 277
Lewis, P. H., **E**:88, 63
Lewis, P. R., **M**:6, 171
Li, Y., **E**:85, 231
Lichte, H., **M**:12, 25
Liebl, H., **M**:11, 101
Lightbody, M. T. M., **ES**:19, 61
Lockner, T. R., **ES**:13C, 389

Lu, C., **E**:93, 1
Luppa, H., **E**:96, 171
Luukkala, M., **M**:12, 313

M

Ma, C. L. F., **E**:99, 65
Maccari, A., **ES**:19, 463
Macres, V. G., **ES**:6, 73
Maldonado, J. R., **D**:2, 65
Mandel, J., **E**:82, 327
Mangclaviraj, V., **E**:96, xxiii
Mankos, M., **E**:98, 323
Manna, M., **ES**:19, 429
Maragos, P., **E**:88, 199
Marie, G., **D**:1, 225
Marinozzi, V., **M**:2, 251
Markushevich, V. M., **ES**:19, 191
Martin, B., **ES**:13A, 321
Martinelli, R. U., **D**:1, 71
Marton, L., **ES**:4; **ES**:6, 1
Massmann, H., **ES**:19, 129
Matsuyama, T., **E**:86, 81
Matteucci, G., **E**:99, 171
Matzner, H., **E**:82, 277
Maunsbach, A. B., **E**:96, 21, 301
May, K. E., **ES**:19, 117
Mayall, B. H., **M**:2, 77
McMullan, D., **ES**:16, 443
Mead, C. W., **ES**:6, 227
Meitzler, A. H., **D**:2, 65
Melamed, T., **E**:103, 1
Mendelsohn, M. L., **M**:2, 77
Mertens, R. P., **E**:82, 197
Metherell, A. J. F., **M**:4, 263
Meyer-Arendt, J. R., **M**:8, 1
Millonig, G., **M**:2, 251
Miseli, D. L., **M**:7, 185
Missiroli, G. F., **E**:99, 171
Moenke-Blankenburg, L., **M**:9, 243
Möllenstedt, G., **E**:96, 585; **M**:12, 1
Molski, M., **E**:101, 144
Monro, P. A. G., **M**:1, 1
Moore, D. S., **M**:6, 135
Morgera, S. D., **E**:84, 261
Mori, N., **E**:99, 241
Morlet, J., **ES**:19, 289
Morrell, A. M., **DS**:1
Moss, H., **ES**:3

Mueller-Neuteboom, S., **M**:8, 107
Mulvey, T., **E**:91, 259; **E**:95, 3; **E**:96, xix; **ES**:16, 417
Munro, E., **ES**:13B, 73
Musmann, B. G., **ES**:12, 73

Pratt, W. K., **ES**:12, 1
Preston, K., Jr., **M**:5, 43
Prewitt, J. M. S., **M**:2, 77
Pritchard, D. H., **D**:2, 169
Purcell, S. T., **E**:95, 63

N

Nachman, A. I., **ES**:19, 169
Nakajima, N., **E**:93, 109
Nathan, R., **M**:4, 85
Nation, J. A., **ES**:13C, 171
Natterer, F., **ES**:19, 21
Navarro, R., **E**:97, 1
Neil, V. K., **ES**:13C, 141
Nepijko, S., **E**:102, 274
Nicolo Amati, L., **ES**:19, 269
Niedrig, H., **E**:96, 131
Nobiling, R., **ES**:13A, 321

O

Oately, C., **ES**:16, 443
Ogle, J., **D**:3, 83
Oikawa, T., **E**:99, 241
Olson, C. L., **ES**:13C, 445
Ong, P. S., **ES**:6, 137
Oyama, A., **E**:96, 679

P

Padovani, C., **ES**:19, 269
Pal, S. K., **E**:88, 247
Palma, C., **ES**:19, 281
Paul, A. C., **ES**:13C, 141
Pawley, J. B., **E**:83, 203
Pelc, S. R., **M**:2, 151
Pempinelli, F., **ES**:19, 377
Peng, L.-M., **E**:90, 205
Perrott, R. H., **E**:85, 259
Petrou, M., **E**:88, 297
Pickering, H. W., **ES**:20
Picklesimer, M. L., **ES**:6, 197
Pike, E. R., **ES**:19, 225
Piller, H., **M**:5, 95
Pincus, H. J., **M**:7, 17
Plies, E., **M**:13, 123
Pluta, M., **M**:6, 49; **M**:10, 100
Pohl, D. W., **M**:12, 243
Pozzi, G., **E**:93, 173; **E**:99, 171

Q

Qian, L. Z., **E**:96, xxviii
Quintenz, J. P., **ES**:13C, 295

R

Raffy, M., **ES**:19, 217
Ramberg, E. G., **DS**:1
Ramm, A. G., **ES**:19, 153
Rapperport, E. J., **ES**:6, 117
Recknagel, A., **E**:96, 171
Reed, R., **ES**:16, 483
Rempfer, G. F., **M**:10, 269
Reynolds, G. T., **M**:2, 1
Richter, K. R., **E**:82, 1
Ritter, G. X., **E**:90, 353
Roese, J. A., **ES**:12, 157
Roos, J., **M**:4, 161
Rose, H., **E**:94, 197; **ES**:13C, 475
Rosen, D., **M**:9, 323
Rosenberger, H. E., **M**:3, 1
Rossner, H. H., **ES**:19, 129
Rouse, J. A., **M**:13, 2
Rubinacci, G., **E**:102, 2
Ruska, E., **M**:1, 115

S

Sabatier, P. C., **ES**:19, 1
Sakai, A., **ES**:20
Sakrison, D. J., **ES**:12, 21
Sakurai, T., **ES**:20
Salerno, E., **E**:97, 85
Sampson, D. G., **E**:97, 191
Santini, P. M., **ES**:19, 389
Saxton, W. O., **ES**:10
Saylor, C. P., **M**:1, 41
Schagen, P., **D**:1, 1
Schapink, F. W., **E**:96, 287
Scheinfein, M. R., **E**:98, 323
Schied, W., **ES**:19, 117
Schimmel, G., **E**:96, 149
Schiske, P., **E**:96, 59

Sedov, N. N., **E**:102, 274
Septier, A., **M**:1, 204
Séquin, C. H., **ES**:8
Shahriar, M., **ES**:19, 179
Shen, H. C., **E**:95, 387
Sheppard, C., **M**:10, 1
Shi, H., **E**:90, 353
Shidlovsky, I., **D**:4, 87
Shimadzu, S.-I., **E**:96, 665
Shimizu, Y., **M**:14, 249
Shinoda, G., **ES**:6, 15
Shtrikman, S., **E**:82, 277
Siegel, J., **D**:3, 83
Simon, G. T., **E**:96, 79
Singer, B., **D**:3, 1
Slodzian, G., **ES**:13B, 1
Slusky, R. D., **D**:4, 157
Smith, D. J., **M**:11, 2
Smith, F. H., **M**:6, 135
Smith, F. H., **M**:9, 223
Smith, K. C. A., **ES**:16, 443
Somaroo, S., **E**:95, 271
Somlyody, A., **D**:3, 83
Spehr, R., **ES**:13C, 475
Spindt, C. A., **E**:83, 1
Srivastava, D., **E**:95, 387
Steriti, R., **E**:87, 1
Stiller, D., **E**:96, 171
Süsskind, C., **ES**:16, 501
Svalbe, I. D., **E**:89, 325

T

Tabbara, W., **ES**:19, 35, 51
Tabernero, A., **E**:97, 1
Tadano, B., **E**:96, 227
Takenaka, H., **M**:14, 249
Taneda, T., **D**:2, 1
Taneja, I. J., **E**:91, 37
Tarof, L., **E**:99, 65
Tashiro, Y., **E**:96, 679
Tescher, A. G., **ES**:12, 113
Thijssen, J. M., **E**:84, 317
Thomas, G., **E**:96, 21
Thomas, R. S., **M**:3, 99
Tolimieri, R., **E**:93, 1
Tompsett, M. F., **ES**:8
Tonazzini, A., **E**:97, 85
Tovey, N. K., **E**:93, 219
Trombka, J. I., **ES**:6, 313

Turner, P. S., **E**:96, 39

U

Ura, K., **E**:96, 263

V

Vainshtein, B. K., **M**:7, 1
Valdrè, U., **E**:96, 193
Valentine, R. C., **M**:1, 180
van Doorn, A. J., **E**:103, 65
van Dyck, D., **E**:96, 67
van Iterson, W., **E**:96, 271
van Overstraeten, R. J., **E**:82, 197
Verkleij, A. J., **E**:96, 287
Vesk, M., **E**:96, 39
Virágh, S., **E**:96, 181
von Ardenne, M., **E**:96, 635; **ES**:16, 1
von Aulock, W. H., **ES**:5
Vuković, J. B., **E**:96, xxv

W

Wade, R. H., **M**:5, 239
Wang, J., **E**:93, 219
Watanabe, K., **E**:86, 173
Watanabe, Y., **E**:96, 723
Wayland, H., **M**:6, 1
Weichan, C., **ES**:16, 525
Welford, W. T., **M**:2, 41
Welton, M. G. E., **M**:2, 151
Wenzel, D., **E**:94, 1
Wickramasinghe, H. K., **M**:11, 153
Williams, M. A., **M**:3, 219
Wilson, B. L. H., **E**:91, 141
Wilson, J. N., **E**:90, 353
Wilson, R. G., **ES**:13B, 45
Winternitz, P., **ES**:19, 457
Witcomb, M. J., **E**:96, 323
Wolf, R. C., **ES**:6, 73
Wolfe-Coote, S. A., **E**:96, 323
Wolff, I. O., **ES**:16, 557
Wollnik, H., **ES**:13B, 133
Wyckoff, R. W. G., **ES**:16, 583

X

Ximen, J., **E**:91, 1; **E**:97, 359; **ES**:17; **M**:13, 244

Y

Yada, K., **E:**96, 217, 245, 773
Yagi, K., **M:**11, 57
Yakowitz, H., **ES:**6, 361
Yalamanchili, S., **E:**87, 259
Yamamoto, M., **D:**2, 1
Yavor, M. I., **E:**103, 277; **E:**86, 225

Z

Zakhariev, B. N., **ES:**19, 99, 141
Zamperoni, P., **E:**92, 1
Zayezdny, A. M., **E:**94, 315
Zeh, R. M., **M:**1, 77
Zolesio, J. P., **ES:**19, 533

Appendix

Advances in
Electronics and Electron Physics

VOLUME 82 (1991)

O. Biro and K. R. Richter: CAD in Electromagnetism, pp. 1-96
V. Cuperman: Speech Coding, pp. 97-196
S. C. Jain, R. P. Mertens, and R. J. Van Overstraeten: Bandgap Narrowing and Its Effects on the Properties of Moderately and Heavily Doped Germanium and Silicon, pp. 197-276
E. Levine, H. Matzner, and S. Shtrikman: The Rectangular Patch Microstrip Radiator—Solution by Singularity Adapted Moment Method, pp. 277-326
J. Mandel: Some Recent Advances in Multigrid Methods, pp. 327-378

VOLUME 83 (1992)

I. Brodie and C. A. Spindt: Vacuum Microelectronics, pp. 1-106
Z. W. Chen: Nanometric-Scale Electron Beam Lithography, pp. 107-202
J. B. Pawley: LVSEM for High Resolution Topographic and Density Contrast Imaging, pp. 203-274

VOLUME 84 (1992)

C. F. Barnes and R. L. Frost: Residual Vector Quantizers with Jointly Optimized Code Books, pp. 1-60
J. L. Davidson: Foundation and Applications of Lattice Transforms in Image Processing, pp. 61-130
M. Ferraro: Invariant Pattern Representations and Lie Groups Theory, pp. 131-196
V. A. Kovalevsky: Finite Topology and Image Analysis, pp. 197-260
S. D. Morgera: The Intertwining of Abstract Algebra and Structured Estimation Theory, pp. 261-316
J. M. Thijssen: Echographic Image Processing, pp. 317-350

VOLUME 85 (1993)

H.-J. Hotop: Recent Developments in Kalman Filtering with Applications in Navigation, pp. 1-76

D. P. Huijsmans and G. J. Jense: Recent Advances in 3D Display, pp. 77-230

Y. Li: Applications of Group Theory to Electron Optics, pp. 231-258

R. H. Perrott: Parallel Programming and Cray Computers, pp. 259-302

VOLUME 86 (1993)

J. A. Cooper, Jr.: Recent Advances in GaAs Dynamic Memories, pp. 1-80

T. Matsuyama: Expert Systems for Image Processing, and Recognition, pp. 81-172

K. Watanabe: n-beam Dynamical Calculations, pp. 173-224

M. I. Yavor: Methods for Calculation of Parasitic Aberrations and Machining Tolerances in Electron Optical Systems, pp. 225-282

VOLUME 87 (1994)

J. B. Abbiss, M. A. Fiddy, and R. Steriti: Image Restoration on the Hopfield Neural Network, pp. 1-48

U. Hartmann: Fundamentals and Special Applications of Non-contact Scanning Force Microscopy, pp. 49-200

B. K. Jones: Electrical Noise as a Measure of Quality and Reliability in Electronic Devices, pp. 201-258

S. Yalamanchili and J. K. Aggarwal: Parallel Processing Metholodogies for Image Processing and Computer Vision, pp. 259-300

VOLUME 88 (1994)

W. K. Cham: Integer Sinusodial Transforms, pp. 1-62

M. R. Dobie and P. H. Lewis: Data Structures for Image Processing in C, pp. 63-110

D. L. Dorset: Electron Crystallography of Organic Molecules, pp. 111-198

P. Maragos: Fractal Signal Analysis Using Mathematical Morphology, pp. 199-246

S. K. Pal: Fuzzy Set Theoretic Tools for Image Analysis, pp. 247-296

M. Petrou: The Differentiating Filter Approach to Edge Detection, 297-346

VOLUME 89 (1994)

G. Ade: Digital Techniques in Electron Off-Axis Holography, pp. 1-52

M. S. Alam and M. A. Karim: Optical Symbolic Substitution Architectures pp. 53-92

M. Cahay and S. Bandyopadhyay: Semiconductor Quantum Devices, pp. 93–254
B. De Baets and E. Kerre: Fuzzy Relations and Applications, pp. 255–324
R. Jones and I. D. Svalbe: Basis Algorithms in Mathematical Morphology, pp. 325–390
S. P. Karetskaya, L. G. Glickman, L. G. Beizina, and Yu. V. Goloskokov: Mirror-Bank Energy Analyzers, pp. 391–480

Advances in Imaging and Electron Physics

VOLUME 90 (1995)

R. A. Cuninghame-Green: Minimax Algebra and Applications, pp. 1–122
B. R. Frieden: Physical Information and the Derivation of Electron Physics, pp. 123–204
L.-M. Peng: New Developments of Electron Diffraction Theory, pp. 205–352
H. Shi, G. X. Ritter, and J. N. Wilson: Parallel Image Processing with Image Algebra on SIMD Mesh-Connected Computers, pp. 353–432

VOLUME 91 (1995)

J. Ximen: Canonical Aberration Theory in Electron Optics up to Ultra-high-Order Approximation, pp. 1–36
I. J. Taneja: New Developments on Generalized Information Measures, pp. 37–140

50 Years of Electronics

B. L. H. Wilson: The Exploitation of Semiconductors, pp. 141–188
J. Bray: Telecommunications: The Last, and the Next, 50 Years, pp. 189–212
A. J. Holden: Mesoscopic Devices Where Electrons Behave Like Light, pp. 213–230
D. Grover: The Evolution of Electronic Displays, 1942–1992, pp. 231–258
T. Mulvey: Gabor's Pessimistic 1942 View of Electron Microscopy and How He Stumbled on the Nobel Prize, pp. 259–290

VOLUME 92 (1995)

P. Zamperoni: Image Enhancement, pp. 1–78
C. M. Krowne: Electromagnetic Propagation and Field Behavior in Highly Anisotropic Media, pp. 79–214

VOLUME 93 (1995)

R. Tolimieri, M. An, Y. Abdelatif, C. Lu, G. Kechriotis, and N. Anupindi: Group Invariant Fourier Transform Algorithms, 1–56

J. T. Fourie: Crystal-Aperture STEM, pp. 57–108

N. Nakajima: Phase Retrieval Using the Properties of Entire Functions, pp. 109–172

G. Pozzi: Multislice Approach to Lens Analysis, pp. 173–218

N. K. Tovey, M. W. Hounslow, and J. Wang: Orientation Analysis and Its Applications in Image Analysis, pp. 219–330

VOLUME 94 (1995)

D. Wenzel and D. Eberly: Group Algebras in Signal and Image Processing, pp. 1–80

R. Godehardt: Mirror Electron Microscopy, pp. 81–150

J. W. Grzymala-Busse: Rough Sets, pp. 151–196

F. Kahl and H. Rose: Theoretical Concepts of Electron Holography, pp. 197–258

S. C. Kak: Quantum Neural Computing, pp. 259–314

A. M. Zayezdny and I. Druckmann: Signal Description: New Approaches, New Results, pp. 315–396

VOLUME 95 (1996)

L. Lambert and T. Mulvey: Ernst Ruska (1906–1988), Designer Extraordinaire of the Electron Microscope: A Memoir, pp. 3–62

V. T. Binh, N. Garcia, and S. T. Purcell: Electron Field Emission from Atom-Sources: Fabrication, Properties, and Applications of Nanotips, pp. 63–154

P. L. Combettes: The Convex Feasibility Problem in Image Recovery, pp. 155–270

C. Doran, A. Lasenby, S. Gull, S. Somaroo, and A. Challinor: Spacetime Algebra and Electron Physics, pp. 271–386

H. C. Shen and D. Srivastava: Texture Representation and Classification: The Feature Frequency Matrix Approach, pp. 387–408

VOLUME 96 (1996)
THE GROWTH OF ELECTRON MICROSCOPY
Part I IFSEM

V. E. Cosslett: Early History of the International Federation of Societies for Electron Microscopy, pp. 3–20

A. B. Maunsbach and G. Thomas: IFSEM 1995: Objectives, Organization, and Functions, pp. 21–38

APPENDIX

Part II Some Individual Societies

P. S. Turner: Electron Microscopy in Australia, pp. 39–54

E. M. Hörl: The Austrian Society for Electron Microscopy, pp. 55–58

H. Grümm and P. Schiske: Reminiscences of Walter Glaser, pp. 59–66

D. Van Dyck: Electron Microscopy in Belgium, pp. 67–78

G. T. Simon and F. W. Doane: The History of Electron Microscopy in Canada, pp. 79–92

F. Haguenau: Electron microscopy in France. Early Findings in the Life Sciences, pp. 93–100

B. Jouffrey: Electron microscopy in France. The Development for Physics and Materials Sciences, pp. 101–130

H. Niedrig: The Early History of Electron Microscopy in Germany, pp. 131–148

G. Schimmel: The History of the German Society for Electron Microscopy, pp. 149–170

J. Heydenreich, H. Luppa, A. Recknagel, and D. Stiller: Electron Microscopy in the Former German Democratic Republic, pp. 171–180

S. Virágh and A. Csanády: The Hungarian Group for Electron Microscopy, pp. 181–192

U. Valdrè: Electron Microscopy in Italy, pp. 193–216

K. Yada: The Growth of Electron Microscopy in Japan, pp. 217–226

B. Tadano: The 37th Subcommittee of the Japanese Society for the Promotion of Science, 1939–1947, pp. 227–244

K. Yada: History of Electron Microscopes at Tohoku University, pp. 245–250

A. Fukami, K. Adachi, and K. Asakura: Development of Electron Microscopes at Tokyo Imperial University, pp. 251–256

K. Kanaya: Development of Electron Microscopes at the Electrotechnical Laboratory, pp. 257–262

K. Ura: Early Electron Microscopres at Osaka University, 1934–1945, pp. 263–270

W. van Iterson: Electron Microsopy in the Netherlands. Earliest Developments, pp. 271–286

P. Kruit, F. W. Schapink, J. W. Geus, A. J. Verkleij, and C. E. Hulstaert: Electron Microscopy in the Netherlands. Developments since the 1950s, pp. 287–300

A. B. Maunsbach and B. A. Afzelius: The Development of Electron Microscopy in Scandinavia, pp. 301–322

M. J. Witcomb and S. A. Wolfe-Coote: Electron Microscopy in Southern Africa, pp. 323–346

R. M. Fisher: Highlights in the Development of Electron Microscopy in the United States: A Bibliography and Commentary of Published Accounts and EMSA Records, pp. 347-384

Part III Highlights of the IFSEM Congresses

B. A. Afzelius: Biology, pp. 385-392
J. L. Hutchinson: Materials Science, pp. 393-404
P. W. Hawkes: Electron Optics, pp. 405-414

Part IV Instrumental Developments

A. W. Agar: The Story of European Commercial Electron Microscopes, pp. 415-584
G. Möllenstedt: My Early Work on Convergent-Beam Electron Diffraction, pp. 585-596
H. Hashimoto: Atom Images and IFSEM Affairs in Kyoto, Osaka and Okayama, pp. 597-634
M. von Ardenne: Reminiscences on the Origins of the Scanning Electron Microscope and the Electron Microprobe, pp. 635-652

Electron Microscopes and Microscopy in Japan

T. Komoda: Electron Microscope Development at Hitachi in the 1940s, pp. 653-658
K. Ito: Development of the Electron Microscope at JEOL, pp. 659-664
S.-I. Shimadzu: Development and Application of Electron Microscopes, Model SM-1 Series, at Shimadzu Corporation, pp. 665-672
H. Kamogawa: Electron Microscope Research at the Toshiba Corporation, pp. 673-678
Y. Tashiro and A. Oyama: Development of the Electron Microscope at Kyoto Imperial University Faculty of Medicine, pp. 679-684
T. Komoda: Instrumentation, pp. 685-722
A. Ichikawa and Y. Watanabe: Application of Electron Microscopy to Biological Science, pp. 723-734
Y. Hosaka and T. Hirano: Application of Electron Microscopy to Biological Science (Microbiology), pp. 735-748
H. Fujita: Applications to Materials Science, pp. 749-772
K. Yada: Specimen Preparation Techniques, pp. 773-790

F. Lenz: Towards Atomic Resolution, pp. 791-804
L. Y. Huang: The Construction of Commercial Electron Microscopes in China, pp. 805-848

Appendix

P. W. Hawkes: Conference Proceedings and Conference Abstracts, pp. 849-874

VOLUME 97 (1996)

R. Navarro, A. Tabernero, and G. Cristóbal: Image Representation with Gabor Wavelets and Its Applications, pp. 1-84
L. Bedini, I. Gerace, E. Salerno, and A. Tonazzini: Models and Algorithms for Edge-Preserving Image Reconstruction, pp. 85-190
E. A. B. Da Silva and D. G. Sampson: Successive Approximation Wavelet Vector Quantization for Image and Video Coding, pp. 191-256
R. Jagannathan and S. A. Khan: Quantum Theory of the Optics of Charged Particles, pp. 257-358
J. Ximen: Ultrahigh-Order Canonical Aberration Calculation and Integration Transformation in Rotationally Symmetric Magnetic and Electrostatic Lenses, pp. 359-408
B. R. Frieden: Erratum and Addendum for Physical Information and the Derivation of Electron Physics, pp. 409-412

VOLUME 98 (1996)

D. Greenspan: Quantitative Particle Modeling, pp. 1-76
C. M. Krowne: Theory of the Recursive Dyadic Green's Function for Inhomogeneous Ferrite Canonically Shaped Microstrip Circulators, pp. 77-322
M. Mankos, M. R. Scheinfein, and J. M. Cowley: Electron Holography and Lorentz Microscopy of Magnetic Materials, pp. 323-426

VOLUME 99 (1997)

P. T. Jackway: Morphological Scale-Spaces, pp. 1-64
C. L. F. Ma, M. J. Deen, and L. E. Tarof: Characterization and Modeling of SAGCM InP/InGaAs Avalanche Photodiodes for Multigigabit Optical Fiber Communications, pp. 65-170
G. Matteucci, G. F. Missiroli, and G. Pozzi: Electron Holography of Long-Range Electrostatic Fields, pp. 171-240
N. Mori and T. Oikawa: The Imaging Plate and Its Applications, pp. 241-290
A. De Santis, A. Germani, and L. Jetto: Space-Variant Image Restoration, pp. 291-328
R. Navarro, A. Tabernero, and G. Cristóbal: Erratum and Addendum for Image Representation with Gabor Wavelets and Its Applications, pp. 329-330

VOLUME 100 (1997)
Cumulative Index Volume

VOLUME 101 (1997)

P. E. Champness: Applications of Transmission Electron Microscopy in Mineralogy, pp. 1–36
K. Hiraga: High-Resolution Electron Microscopy of Quasicrystals, pp. 37–98
A. Imiya: Formal Polynomials for Image Processing, pp. 99–142
M. Molski: The Dual de Broglie Wave, pp. 143–239

VOLUME 102 (1997)

R. Albanese and G. Rubinacci: Finite Element Methods for the Solution of 3D Eddy Current Problems, pp. 1–86
W. Chen and H. Ahmed: Nanofabrication for Electronics, pp. 87–186
A. D. Feinerman and D. A. Crewe: Miniature Electron Optics, pp. 187–234
K. M. Iftekharuddin and M. A. Karim: Optical Interconnection Networks, 235–272
S. A. Nepijko and N. N. Sedov: Aspects of Mirror Electron Microscopy, pp. 273–324

VOLUME 103 (1997)

E. Heyman and T. Melamed: Space-Time Representation of Ultra Wideband Signals, pp. 1–64
J. J. Koenderink and A. J. van Doorn: The Structure of Relief, pp. 65–150
C. M. Krowne: Dyadic Green's Function Microstrip Circulator Theory for Inhomogeneous Ferrite With and Without Penetrable Walls, pp. 151–276
M. I. Yavor: Charged Particle Optics of Systems with Narrow Gaps: A Perturbation Theory Approach, pp. 277–388

Advances in Electronics and Electron Physics

SUPPLEMENT 1 (1963)

H. F. Ivey: Electroluminescence and Related Effects, pp. 1–260

APPENDIX 397

SUPPLEMENT 2 (1964)

G. Birnbaum: Optical Masers, pp. 1-288

SUPPLEMENT 3 (1968)

H. Moss: Narrow Angle Electron Guns and Cathode Ray Tubes, pp. 1-220

SUPPLEMENT 4 (1968)

Electron Beam and Laser Beam Technology, L. Marton and A. B. El-Kareh (eds.).
W. M. Feist: Cold Electron Emitters, pp. 1-60
W. E. Waters: Theory of the Unrippled Space-Charge Flow in General Axially Symmetric Electron Beams, pp. 61-88
K. D. Mielenz: Gas Lasers and Conventional Sources in Interferometry, pp. 89-138
M. I. Cohen and J. P. Epperson: Application of Lasers to Microelectronic Fabrication, pp. 139-186
C. W. B. Grigson: Studies of Thin Polycrystalline Films by Electron Beams, pp. 187-290

SUPPLEMENT 5 (1968)

W. H. von Aulock and C. E. Fay: Linear Ferrite Devices for Microwave Applications, pp. 1-216

SUPPLEMENT 6 (1969)

Electron Probe Microanalysis, A. J. Tousimis and L. Marton (eds.).
L. Marton: Survey of Microanalysis—Interpolation and Extrapolation, pp. 1-14
G. Shinoda: Behavior of Electrons in a Specimen, pp. 15-44
J. D. Brown: The Sandwich Sample Technique Applied to Quantitative Microprobe Analysis, pp. 45-72
R. C. Wolf and V. G. Macres: Quantitative Microprobe Analysis: A Basis for Universal Atomic Number Correction Tables, pp. 73-116
E. J. Rapperport: Deconvolution: A Technique to Increase Electron Probe Resolution, pp. 117-136
P. S. Ong: Analysis for Low Atomic Number Elements with the Electron Microprobe, pp. 137-154
W. L. Baun: Changes in X-Ray Emission Spectra Observed between the Pure Elements and Elements in Combination with Others to Form Compounds or Alloys, pp. 155-176

J. W. Colby: Backscattered and Secondary Electron Emission as Ancillary Techniques in Electron Probe Analysis, pp. 177–196

G. Hallerman and M. L. Picklesimer: The Influence of the Preparation of Metal Specimens on the Precision of Electron Probe Microanalysis, pp. 197–226

C. W. Mead: Electron Probe Microanalysis in Mineralogy, 227–244

J. I. Goldstein: Electron Probe Analysis in Metallurgy, pp. 245–290

J. R. Dorsey: Scanning Electron Probe Measurement of Magnetic Fields, pp. 291–312

J. I. Trombka and I. Adler: Nondispersive X-Ray Emission Analysis for Lunar Surface Geochemical Exploration, pp. 313–260

H. Yakowitz: The Divergent Beam X-Ray Technique, pp. 361–432

SUPPLEMENT 7 (1970)

P. W. Hawkes: Quadrupoles in Electron Lens Design, pp. 1–372

SUPPLEMENT 8 (1975)

C. H. Séquin and M. F. Tompsett: Charge Transfer Devices: 1–309

SUPPLEMENT 9 (1977)

H. F. Harmuth: Sequency Theory, pp. 1–498

SUPPLEMENT 10 (1978)

W. O. Saxton: Computer Techniques for Image Processing in Electron Microscopy, pp. 1–284

SUPPLEMENT 11 (1979)

H. F. Harmuth: Acoustic Imaging with Electronic Circuits, pp. 1–224

SUPPLEMENT 12 (1979)

Image Transmission Techniques, W. K. Pratt (ed.).
W. K. Pratt: Image Transmission Techniques, pp. 1–20
D. J. Sakrison: Image Coding Applications of Vision Models, pp. 21–72
H. G. Musmann: Predictive Image Coding, pp. 73–112
A. G. Tescher: Transform Image Coding, pp. 113–156
J. A. Roese: Hybrid Transform/Predictive Image Coding, pp. 157–188
B. G. Haskell: Frame Replenishment Coding of Television, pp. 189–218
R. B. Arps: Binary Image Compression, pp. 219–276

SUPPLEMENT 13
Applied Charged Particle Optics, A. Septier (ed.).

PART A (1980)

P. Bonjour: Numerical Methods for Computing Electrostatic and Magnetic Fields, pp. 1–44
P. W. Hawkes: Methods of Computing Optical Properties and Combating Aberrations for Low-Intensity Beams, pp. 45–158
C. Lejeune and J. Aubert: Emittance and Brightness: Definitions and Measurements, pp. 159–260
R. Levi-Setti: High-Resolution Scanning Transmission Low-Energy Ion Microscopes and Microanalyzers, pp. 261–320
B. Martin and R. Nobiling: High-Energy Ion Microprobes, pp. 321–348

PART B (1980)

G. Slodzian: Microanalyzers Using Secondary Ion Emission, pp. 1–44
R. G. Wilson: Ion Implantation Technology and Machines, pp. 45–73
E. Munro: Electron Beam Lithography, pp. 74–132
H. Wollnik: Mass Spectrographs and Isotope Separators, pp. 133–172
P. H. Dawson: Radiofrequency Quadrupole Mass Spectrometers, pp. 173–256
Y. Ballu: High Resolution Electron Spectroscopy, pp. 257–382

PART C (1983)

J. D. Lawson: Space Charge Optics, pp. 1–48
I. Hofmann: Transport and Focusing of High-Intensity Unneutralized Beams, pp. 49–140
A. C. Paul and V. K. Neil: High-Current Relativistic Electron Guns, pp. 141–170
J. A. Nation: High-Power Relativistic Electron Beam Sources, pp. 171–206
C. Lejeune: Extraction of High-Intensity Ion Beams from Plasma Sources: Theoretical and Experimental Treatments, pp. 207–294
G. W. Kuswa, J. P. Quintenz, J. R. Freeman, and J. Chang: Generation of High-Power Pulsed Ion Beams, pp. 295–350
N. Camarcat, H. J. Doucet, and J. M. Buzzi: High-Power Pulsed Electron Transport, pp. 351–388
S. Humphries, Jr. and T. R. Lockner: High-Power Pulsed Ion Beam Acceleration and Transport, pp. 389–444

C. L. Olson: Collective Acceleration of Ions by an Intense Relativistic Electron Beam, pp. 445–474

H. Rose and R. Spher: Energy Broadening in High-Density Electron and Ion Beams: The Boersch Effect, pp. 475–530

SUPPLEMENT 14 (1981)

H. F. Harmuth: Nonsinusoidal Waves for Radar and Radio Communication, pp. 1–390

SUPPLEMENT 15 (1984)

H. F. Harmuth: Antennas and Waveguides for Nonsinusoidal Waves, pp. 1–270

SUPPLEMENT 16 (1985)

The Beginnings of Electron Microscopy, P. W. Hawkes (ed.).

M. von Ardenne: On the History of Scanning Electron Microscopy, of the Electron Microprobe, and of Early Contributions to Transmission Electron Microscopy, pp. 1–22

V. E. Cosslett: Random Recollections of the Early Days, pp. 23–62

A. Delong: Early History of Electron Microscopy in Czechoslovakia, pp. 63–80

D. G. Drummond: Personal Reminiscences of Early Days in Electron Microscopy, pp. 81–102

G. Dupouy: Megavolt Electron Microscopy, pp. 103–166

H. Fernández-Morán: Cryo-Electron Microscopy and Ultramicrotomy: Reminiscences and Reflections, pp. 167–224

P. Grivet: The French Electrostatic Electron Microscope (1941–1952), pp. 225–274

C. E. Hall: Recollections from the Early Years: Canada–USA, pp. 275–296

T. Hibi: My Recollection of the Early History of Our Work on Electron Optics and the Election Microscope, pp. 297–316

K. Kanaya: Reminiscences of the Development of Electron Optics and Electron Microscope Instrumentation in Japan, pp. 317–386

J. B. Le Poole: Early Electron Microscopy in The Netherlands, pp. 387–416

T. Mulvey: The Industrial Development of the Electron Microscope by the Metropolitan Vickers Electrical Company and AEI Limited, pp. 417–442

C. W. Oatley, D. McMullan, and K. C. A. Smith: The Development of the Scanning Electron Microscope, pp. 443–482

R. Reed: Some Recollections of Electron Microscopy in Britian from 1943 to 1948, pp. 483–500

C. Süsskind: L. L. Marton, 1901-1979, pp. 501-524
C. Weichan: 1950-1960: A Decade from the Viewpoint of an Applications Laboratory, pp. 525-556
O. Wolff: From the Cathode-Ray Oscillograph to the High-Resolution Electron Microscope, pp. 557-582
R. W. G. Wyckoff: Reminiscences, pp. 583-588
P. W. Hawkes: Complementary Accounts of the History of Electron Microscopy, pp. 589-618

SUPPLEMENT 17 (1986)

J. Ximen: Aberration Theory in Electron and Ion Optics, pp. 1-426

SUPPLEMENT 18 (1986)

H. F. Harmuth: Propagation of Nonsinusoidal Electromagnetic Waves, pp. 1-240

SUPPLEMENT 19 (1987)

Inverse Problems: An Interdisciplinary Study, P. C. Sabatier (ed.).
P. C. Sabatier: Introduction and a Few Questions, pp. 1-20
F. Natterer: Attenuation Correction in Emission Tomography, pp. 21-34
D. Lesselier, B. Duchêne, and W. Tabbara: Imaging Inhomogeneous Media by Diffraction Tomography Techniques. Critical Examination and Prospects, pp. 35-50
W. Tabbara, D. Lesselier, and H. Galan-Malaga: Electromagnetic Probing from Boreholes. Comparison of Exact and Approximate Methods, pp. 51-60
M. T. Lightbody and M. A. Fiddy: On the Effect of Finite Thickness on Scattering from Small 3-D Structures, pp. 61-70
D. B. Ge: Numerical and Approximate Methods for 1-D Electromagnetic Inverse Scattering, pp. 71-78
A. K. Jordan and S. Lakshmanasamy: Inverse Scattering Problem with Linearly Superposed Reflection Coefficients, pp. 79-88
H. D. Ladouceur and F. L. Hutson: Asymptotic Techniques in Inverse Scattering High-Frequency Profile Reconstruction, pp. 89-98
H. Funke and B. N. Zakhariev: The Quantum Inverse Problem for a Special Class of Nonspherical Potentials, pp. 99-116
K.-E. May and W, Schied: Inversion of Elastic $^{12}C + ^{12}C$ Phases with the Modified Newton Method, pp. 117-128
H. J. Krappe, H. Massmann, and H. H. Rossner: Some Non-Linear, Ill-Posed Problems in Nuclear Physics from a Practitioner's Point of View, pp. 129-140

B. N. Zakhariev: Quantum Inverse Three-Body Scattering Problem, pp. 141–152

A. G. Ramm: Characterization of the Scattering Data in Multidimensional Inverse Scattering Problem, pp. 153–168

R. B. Lavine and A. I. Nachman: The Faddeev-Lippmann-Schwinger Equation in Multidimensional Quantum Inverse Scattering, pp. 169–174

K. Chadan: The Inverse Problem in the Coupling Constant, pp. 175–178

M. Shahriar, F. Hron, and G. L. Cumming: Computer Aided Inversion of Ray Amplitudes and Travel Times by a Linearized Iterative Method, pp. 179–190

G. M. Henkin and V. M. Markushevich: Inverse Problems for the Surface Elastic Waves in a Layered Half-Space, pp. 191–204

A. A. Ioannides: Graphical Solutions and Representations for the Biomagnetic Inverse Problem, pp. 205–216

M. Raffy: Homogenized Parameters Defined by an Inverse Problem in Remote Sensing, pp. 217–224

M. Bertero, P. Boccacci, P. Brianzi, and E. R. Pike: Inverse Problems in Confocal Scanning Microscopy, pp. 225–242

R. Gorenflo: Nonlinear Abel Integral Equations: Applications, Analysis, Numerical Methods, pp. 243–260

M. Defrise and C. de Mol: A Note on Stopping Rules for Iterative Regularization Methods and Filtered SVD, pp. 261–268

F. Gori, R. Grella, L. Nicolo'-Amati, and C. Padovani: Impulse Response of Weighted Series Expansions, pp. 269–280

P. de Santis, F. Gori, G. Guattari, and C. Palma: A Convolution Method for Superresolution, pp. 281–288

A. Grossmann, M. Holschneider, R. Kronland-Martinet, and J. Morlet: Detection of Abrupt Changes in Sound Signals with the Help of Wavelet Transforms, pp. 289–306

F. A. Grünbaum: Differential Equations in the Spectral Parameter: The Higher Order Case, pp. 307–322

A. Degasperis: Ambiguous Potential, and Inverse Problem, for the One-Dimensional Schrödinger Equation, pp. 323–358

M. Boiti: Multidimensional Spectral Transform, pp. 359–368

J. J.-P. Leon: Two Dimensional Solvable Extension of the Dispersive Long Wave Equation, pp. 369–376

F. Pempinelli: The Shine-Gordon Equation, pp. 377–388

P. M. Santini: Integrable 2 + 1 Dimensional Equations, Their Recursion Operators and Bi-Hamiltonian Structures as Reduction of Multidimensional Systems, pp. 389–408

A. S. Fokas: Inverse Scattering Transform on the Half-Line—The Nonlinear Analogue of the Sine Transform, pp. 409–422
D. J. Kaup: Boundary Value Problems for Integrable Systems and a New Class of Inverse Problems, pp. 423–428
M. Jaulent and M. Manna: Solution of Nonlinear Equations by $\bar{\partial}$ Analysis: The KdV Hierarchy, pp. 429–444
D. Levi: Darboux and Bäcklund Transformations for the Schrödinger Equation, pp. 445–456
P. Winternitz: Loop Algebras as Symmetry Algebras of Nonlinear Partial Differential Equations Integrable by Inverse Scattering Techniques, pp. 457–462
F. Calogero and A. Maccari: Equations of Nonlinear Schrödinger Type in 1 + 1 and 2 + 1 Dimensions, Obtained from Integrable PDEs, pp. 463–480
H. Cornille: Exact 1 + 1 Dimensional Solutions of Discrete Boltzmann Models with Three and Four Different Densities, pp. 481–508
G. Chavent: A Geometrical Approach for the a priori Study of Non-Linear Inverse Problems, pp. 509–522
G. Crosta: A Substitution Method Applied to the Identification of the Leading Coefficient Appearing in the Linear Equations of Elliptic Type, pp. 523–532
G. Canadas, F. Chapel, M. Cuer, and J. P. Zolesio: Shape Interfaces in an Inverse Problem Related to the Wave Equation, pp. 533–552
A. R. Davies and M. F. Hassan: Optimality in the Regularization of Ill-Posed Inverse Problems, pp. 553–562

SUPPLEMENT 20 (1989)

T. Sakurai, A. Sakai, and H. W. Pickering: Atom-Probe Field Ion Microscopy and Its Applications, pp. 1–292

SUPPLEMENT 21 (1990)

G. H. Jansen: Coulomb Interactions in Particle Beams, pp. 1–536

SUPPLEMENT 22 (1990)

C. A. Brau: Free-Electron Lasers, pp. 1–408

SUPPLEMENT 23 (1990)

H. F. Harmuth: Radiation of Nonsinusodial Electromagnetic Waves, pp. 1–335

SUPPLEMENT 24 (1994)

S. C. Jain: Germanium–Silicon Strained Layers and Heterostructures, pp. 1–296

Advances in
Optical and Electron Microscopy

VOLUME 1 (1966)

P. A. G. Monro: Methods for Measuring the Velocity of Moving Particles under the Microscope, pp. 1–41

C. P. Saylor: Accurate Microscopical Determination of Optical Properties on One Small Crystal, pp. 42–76

R. D. Allen, J. W. Brault, and R. M. Zeh: Image Contrast and Phase-modulated Light Methods in Polarization and Interference Microscopy, pp. 77–115

E. Ruska: Past and Present Attempts to Attain the Resolution Limit of the Transmission Electron Microscope, pp. 116–179

R. C. Valentine: The Response of Photographic Emulsions to Electrons, pp. 180–203

A. Septier: The Struggle to Overcome Spherical Aberration in Electron Optics, pp. 204–274

VOLUME 2 (1968)

G. T. Reynolds: Image Intensification Applied to Microscope Systems, pp. 1–40

W. T. Welford: The Mach Effect and the Microscope, pp. 41–76

M. L. Mendelsohn, B. H. Mayall, J. M. S. Prewitt, R. C. Bostrom, and W. G. Holcomb: Digital Transformation and Computer Analysis of Microscopic Images, pp. 77–150

S. R. Pelc and M. G. E. Welton: Autoradiography and the Photographic Process, pp. 151–166

G. Dupouy: Electron Microscopy at Very High Voltages, pp. 167–250

G. Millonig and V. Marinozzi: Fixation and Embedding in Electron Microscopy, pp. 251–342

D. G. Brandon: Field-ion Microscopy, pp. 343–404

VOLUME 3 (1969)

J. R. Benford and H. E. Rosenberger: Zoom Systems in Microscopy, pp. 1–32

D. W. Humphries: Mensuration Methods in Optical Microscopy, pp. 33–98

R. S. Thomas: Microincineration Techniques for Electron-microscopic Localization of Biological Minerals, pp. 99–154

R. P. Ferrier: Small Angle Electron Diffraction in the Electron Microscope, pp. 155–218

M. A. Williams: The Assessment of Electron Microscopic Autoradiographs, pp. 219–272

VOLUME 4 (1971)

K.-J. Hanszen: The Optical Transfer Theory of the Electron Microscope: Fundamental Principles and Applications, pp. 1–84

R. Nathan: Image Processing for Electron Microscopy: I. Enhancement Procedures, pp. 85–126

F. C. Billingsley: Image Processing for Electron Microscopy: II. A Digital System, pp. 127–160

A. B. Bok, J. B. Le Poole, J. Roos, H. de Lang, H. Bethge, J. Heydenreich, and M. E. Barnett: Mirror Electron Microscopy, pp. 161–262

A. J. F. Metherell: Energy Analysing and Energy Selecting Electron Microscopy, pp. 263–360

C. Beadle: The Quantimet Image Analysing Computer and its Applications, pp. 361–384

F. Gabler and K. Kropp: Photomicrography and its Automation, pp. 385–414

VOLUME 5 (1973)

J. H. Evans: Remote Control Microscopy, pp. 1–42

K. Preston, Jr.: Automated Microscopy for Cytological Analysis, pp. 43–94

H. Piller: A Universal System for Measuring and Processing the Characteristic Geometrical and Optical Magnitudes of Microscopic Objects, pp. 95–114

J. Gahm: Instruments for Stereometric Analysis with the Microscope—Their Application and Accuracy of Measurement, pp. 115–162

H. P. Erickson: The Fourier Transform of an Electron Micrograph—First Order and Second Order Theory of Image Formation, pp. 163–200

D. F. Hardy: Superconducting Electron Lenses, pp. 201–238

R. H. Wade: Lorentz Microscopy or Electron Phase Microscopy of Magnetic Objects, pp. 239–296

R. T. Joy: The Electron Microscopical Observation of Aqueous Biological Specimens, pp. 297–352

VOLUME 6 (1975)

H. Wayland: Intravital Microscopy, pp. 1-48
M. Pluta: Non-standard Methods of Phase Contrast Microscopy, pp. 49-134
F. H. Smith, D. S. Moore, and D. J. Goldstein: Development of the Vickers M85 Integrating Microdensitometer, pp. 135-170
P. R. Lewis: Electron Microscopical Localization of Enzymes, pp. 171-226
R. W. Horne: Recent Advances in the Application of Negative Staining Techniques to the Study of Virus Particles Examined in the Electron Microscope, pp. 227-274
K. F. J. Heinrich: Scanning Electron Probe Microanalysis, pp. 275-302

VOLUME 7 (1978)

H. C. Berg: The Tracking Microscope, pp. 1-16
H. J. Pincus: Optical Diffraction Analysis in Microscopy, pp. 17-72
A. Castenholz: Microkymography and Related Techniques, 73-100
P. W. Hawkes: Coherence in Electron Optics, pp. 101-184
D. L. Misell: The Phase Problem in Electron Microscopy, pp. 185-280
B. K. Vainshtein: Electron Microscopical Analysis of the Three-Dimensional Structure of Biological Macromolecules, pp. 281-378

VOLUME 8 (1982)

J. R. Meyer-Arendt: Microscopy as a Spatial Filtering Process, pp. 1-24
P. E. Ciddor: Photoelectric Setting Microscopes, pp. 25-50
S. Basu: New Methods of Investigating Chromosome Structure, pp. 51-106
J. Dubochet, M. Groom, and S. Mueller-Neuteboom: The Mounting of Macromolecules for Electron Microscopy with Particular Reference to Surface Phenomena and the Treatment of Support Films by Glow Discharge, pp. 107-136
R. Lauer: Characteristics of Triode Electron Guns, pp. 137-206
E. Kasper: Field Electron Emission Systems, pp. 207-260

VOLUME 9 (1984)

K.-H. Herrmann and D. Krahl: Electronic Image Recording in Conventional Electron Microscopy, pp. 1-64
C. Colliex: Electron Energy Loss Spectroscopy in the Electron Microscope, pp. 65-179
R. L. Hines: Practical Problems in High-Resolution Electron Microscopy, pp. 180-222
F. H. Smith: Binocular Image-shearing Microscopes, pp. 223-242
L. Moenke-Blankenburg: Laser Microanalysis, pp. 243-322
D. Rosen: Instruments for Optical Microscope Image Analysis, pp. 323-354

VOLUME 10 (1987)

C. J. R. Sheppard: Scanning Optical Microscopy, pp. 1–98
M. Pluta: Holographic Microscopy, pp. 99–214
V. E. Cosslett: Fifty Years of Instrumental Development of the Electron Microscope, pp. 215–268
O. H. Griffith and G. F. Rempfer: Photoelectron Imaging: Photoelectron Microscopy and Related Techniques, pp. 269–338

VOLUME 11 (1989)

D. J. Smith: Instrumentation and Operation for High-Resolution Electron Microscopy, pp. 1–56
K. Yagi: Electron Microscopy of Surface Structure, pp. 57–100
H. Liebl: Ion Probe Microscopy, pp. 101–152
H. K. Wickramasinghe: Acoustic Microscopy, pp. 153–182

VOLUME 12 (1991)

G. Möllenstedt: The Invention of the Electron Fresnel Interference Biprism, pp. 1–24
H. Lichte: Electron Image Plane Off-axis Holography of Atomic Structures, pp. 25–92
P. Kruit: Magnetic Through-the-lens Detection in Electron Microscopy and Spectroscopy, Part 1, pp. 93–138
L. Dubbeldam: Advances in Voltage-contrast Detectors in Scanning Electron Microscopes, pp. 139–242
D. W. Pohl: Scanning Near-field Optical Microscopy (SNOM), 243–312
J. Hartikainen, J. Jaarinen, and M. Luukkala: Microscopic Thermal Wave Non-destructive Testing, pp. 313–360

VOLUME 13 (1994)

J. A. Rouse: Three-Dimensional Computer Modelling of Electron Optical Systems, 1–122
E. Plies: Electron Optics of Low-Voltage Electron Beam Testing and Inspection. Part I: Simulation Tools, pp. 123–243
J. Ximen: Fundamentals of Electron Wave Optics, pp. 244–302

VOLUME 14 (1994)

J.-P. Adriaanse: High-T_c Superconductors and Magnetic Electron Lenses, pp. 1–120
J. G. Hirschberg, E. Kohen, and C. Kohen: Microspectrofluorometry, pp. 121–212

S. Kawata: The Optical Computed Tomography Microscope, pp. 213-248
Y. Shimizu and H. Takenaka: Microscope Objective Design, pp. 249-334

Advances in Image Pickup and Display

VOLUME 1 (1974)

P. Schagen: Image Tubes with Channel Electron Multiplication, pp. 1-70
D. G. Fisher and R. U. Martinelli: Negative Electron Affinity Materials for Imaging Devices, pp. 71-162
R. G. E. Hutter: The Deflection of Electron Beams, pp. 163-224
G. Marie, J. Donjon, and J.-P. Hazan: Pockels-Effect Imaging Devices and Their Applications, pp. 225-302

VOLUME 2 (1975)

M. Yamamoto and T. Taneda: Laser Displays, pp. 1-64
J. R. Maldonado, D. B. Fraser, and A. H. Meitzler: Display Applications of PLZT Ceramics, pp. 65-168
J. J. Brandinger, G. L. Fredendall, and D. H. Pritchard: Striped Color Encoded Single Tube Color Television Camera Systems, pp. 169-246

VOLUME 3 (1977)

B. Singer: Theory and Performance Characteristics of Pyroelectric Imaging Tubes, pp. 1-82
R. Cola, J. Gaur, G. Holz, J. Olge, J. Siegel, and A. Somlyody: Gas Discharge Panels with Internal Line Sequencing (SELF-SCAN® Displays), pp. 83-170
D. F. Barbe and S. B. Campana: Imaging Arrays Using the Charge-Coupled Concept, pp. 171-296

VOLUME 4 (1981)

E. Kaneko: Liquid-Crystal Matrix Displays, pp. 1-86
B. W. Faughnan, P. M. Heyman, I. Gorog, and I. Shidlovsky: Cathodochromics: Their Properties and Uses in Display Systems, pp. 87-156

C. N. Judice and R. D. Slusky: Processing Images for Bilevel Digital Displays, pp. 157–230

SUPPLEMENT 1 (1974)

A. M. Morrell, H. B. Law, E. G. Ramberg, and E. W. Herold: Color Television Picture Tubes, pp. 1–218

ISBN 0-12-014746-7